冶金电化学原理

唐长斌　薛娟琴　编著

北　京
冶 金 工 业 出 版 社
2019

内容简介

本书根据高等学校冶金过程类专业电化学教学大纲编写，全面、深入地探讨了冶金电化学反应过程的热力学和动力学原理以及电化学分析技术理论。全书共分 11 章：第 1 章全面介绍了冶金电化学的研究对象、研究内容、研究方法及发展趋势；第 2 章和第 3 章分别介绍了水溶液电解质及熔盐电解质的结构及性质；第 4 章~第 6 章重点诠释了电化学热力学、界面特性和动力学理论；第 7 章和第 8 章分别介绍了典型的气体和金属阴极过程；第 9 章对阳极过程进行简介；第 10 章简要介绍了水溶液中电积及金属精炼电化学过程特征；第 11 章介绍了熔盐电解工艺基础相关理论。

本书可作为高等学校冶金工程、冶金物理化学、化学工程等专业的本科生及研究生教材，也可供上述相关专业的科研、技术人员参考。

图书在版编目（CIP）数据

冶金电化学原理/唐长斌，薛娟琴编著. —北京：冶金工业出版社，2013. 4（2019. 8 重印）
普通高等教育“十二五”规划教材
ISBN 978-7-5024-6140-9

Ⅰ. ①冶… Ⅱ. ①唐… ②薛… Ⅲ. ①冶金—电化学—高等学校—教材 Ⅳ. ①TF01

中国版本图书馆 CIP 数据核字（2013）第 065111 号

出版人 谭学余
地址 北京北河沿大街嵩祝院北巷 39 号，邮编 100009
电话 (010)64027926 电子信箱 yjcbs@cnmip.com.cn
责任编辑 于昕蕾 李梅 美术编辑 李新 版式设计 孙跃红
责任校对 王贺兰 石静 责任印制 牛晓波
ISBN 978-7-5024-6140-9
冶金工业出版社出版发行；各地新华书店经销；三河市双峰印刷装订有限公司印刷
2013 年 4 月第 1 版，2019 年 8 月第 3 次印刷
787mm×1092mm 1/16；23 印张；554 千字；354 页
50.00 元

冶金工业出版社 投稿电话 (010)64027932 投稿信箱 tougao@cnmip.com.cn
冶金工业出版社营销中心 电话 (010)64044283 传真 (010)64027893
冶金工业出版社天猫旗舰店 yjgycbs.tmall.com
（本书如有印装质量问题，本社营销中心负责退换）

前　言

电化学技术在国民经济建设发展中发挥着重要的作用。电化学冶金作为材料冶金加工的主要手段已广泛应用于Al、Na、Li、Mg、稀土等负电性很大的金属原材料制备，同时对于高纯度Zn、Cu、Ni、Co、Cr、Mn、Nb、Ta等金属及合金材料的低污染甚至无污染生产也是首选的工艺途径。与火法冶金及湿法冶金相比，电化学冶金具有应用范围广、产品的纯度高，能处理低品位和复杂的多金属矿等特点。利用电化学基本原理、方法及技术揭示电冶金过程（也含湿法冶金电化学过程）中的电化学反应历程，指导选择有效技术途径和适宜的工艺参量，积极主动地调控冶金过程以获得优质、高效冶金产品成为冶金电化学原理研究的基本任务和研究目标。同时，全面、深刻地揭示冶金电化学反应过程的热力学和动力学原理以及电化学分析技术理论，不仅仅是电化学基本理论和测试技术手段在冶金反应过程中的具体应用，也是对电化学科学技术的丰富和发展。

由于学科特点等原因，冶金电化学原理这一专业理论的建设和发展相对薄弱和滞后，我国仅有原冶金部部属中南矿业学院根据冶金物理化学专业冶金电化学课程教学大纲编写了《冶金电化学》（1983）及《冶金电化学研究方法》（1990），进行了有益的初步探索。近年来，伴随日益快速发展的电化学技术理论及技术，以及冶金科研及生产实际的迫切需要，冶金电化学专业理论急需完善、丰富和系统化，及时总结和归纳冶金电化学科研和生产实践中的理论，对于冶金工程领域的专门研究者和从业人员素质的提高也具有重要的帮助作用。为此，应学科发展、教学需要、科研成果巩固及技术教育的要求，本书的编写以期为冶金电化学原理专业理论的深化及发展做出有益的推动。

本书是综合作者从事冶金电化学技术相关专业多年的教学、科研经验及国内外最新研究成果，参阅大量的文献资料，在对冶金工程领域电化学理论和实践系统梳理后归纳编写而成的。全书共分11章：第1章绪论，全面地介绍了冶金电化学的研究对象、研究内容、研究方法及发展趋势；第2章和第3章分别介绍了水溶液电解质及熔盐电解质的结构及性质；第4章～第6章重点诠释了电化学热力学、界面特性和动力学理论；第7章和第8章分别介绍了典型的气体电极过程和金属阴极过程；第9章对阳极过程进行简介；第10章简要介绍了水溶液中电积、金属精炼及粉末制备电化学电解提取过程特征；第 11 章介绍了冶金熔盐电化学过程基础相关理论。全书是根据高等学校冶金过程类专业电化学教学大纲编写的，可作为高等学校冶金物理化学、冶金工程专业本科生及研究生应用的教材，又能作为应用化学、电化学、材料等专业学生选修课教学参考书，同时还可作为上述领域工作的工程技术人员和科研人员自学冶金电化学理论及技术的参考用书。

本书注重基本概念、基本知识和基础理论的介绍，力求理论联系实际，图文并茂，由浅入深。考虑高等院校专业调整带来读者的知识背景复杂而不齐以及较多的非电化学专业读者的需要，本书在撰写时对于读者的基本知识水平设定为具有初步的物理化学基础。每章文前有本章重点导读，有助于读者了解学习重点；文后还选编有思考题，供读者巩固所学知识及锻炼分析解决问题的能力。本书由西安建筑科技大学唐长斌和薛娟琴编著，唐长斌统稿并编写了第 2 章、第 4 章、第 8 章和第 10 章；薛娟琴编写了第 1 章、第 3 章的 3.1 节、第 6 章和第 9 章，并校阅了部分书稿；张玉洁编写了第 5 章、第 7 章；方钊编写了第 3 章（除 3.1 节）及第 11 章。毕强和许妮君对书稿写作中的资料收集和插图绘制方面做了大量的工作。研究生卢双堡、张桀协助完成了部分书稿中的文字检查和格式修订。本书得到了冶金工业出版社的大力支持和帮助，在此表示诚挚的谢意。书中引用了大量的文献资料，在此对这些作者一并表示衷心的感谢。

由于水平及时间所限，书中不妥之处在所难免，恳请同行和读者批评指正。

编 者

2013 年 1 月

目　录

1 绪 论

本章导读

认识冶金生产过程中的电化学现象，揭示相关反应特性及规律，以便更好地利用电化学理论和测试技术调控工业过程，有效地借助电化学反应的优势开发出新型电化学工程技术，这是冶金电化学原理的基本内容和研究发展的动力。冶金电化学作为电化学学科的重要分支，日益显现出蓬勃发展潜力，也为电化学原理及技术的发展注入新的内容。本章首先简介了电化学学科的研究对象、广泛应用、发展历史，进而从冶金工程技术视野阐明（冶金）物理化学、电化学、冶金电化学之间的彼此联系，对冶金电化学的研究内容、研究方法及发展趋势进行界定和综述，以便读者从总体上了解冶金电化学原理这一重要理论基础，并对冶金电化学测试这一日益广泛应用的技术有所了解。

1.1 电化学科学发展及应用

1.1.1 电化学的研究对象

通常，自然科学是按照所研究领域中研究对象所具有的特殊矛盾性划分的。其中，物理化学是旨在从物质的物理现象和化学现象的联系入手（即物质的化学变化及和化学变化相联系的物理过程）探究化学变化规律的一门科学。物理化学作为化学学科的一个分支，它主要探讨：（1）化学变化的方向及限度问题；（2）化学反应的速率和机理问题；（3）物质结构和性能的关系问题。因此，温度、压力、浓度、电场、磁场、光照等因素对化学反应的影响均成为物理化学研究的基本内容。而研究者在对化学现象与电现象之间的关系及相互转化过程规律的认识中，逐渐发现伴随电荷迁移的化学反应过程呈现出独特的性质，为此，一门专门研究电子导电相（金属、半导体和石墨）和离子导电相（溶液、熔盐和固体电解质）之间的界面上所发生的各种界面效应，即伴随电现象发生的化学反应的科学——电化学，作为物理化学的重要组成部分，在生产需求的推动下，经过电化学工作者的努力，获得长足的发展而形成为一支独立的学科，并呈现出日益绚丽的发展前景。

对于电化学作为一门独立的学科，它的研究对象被定义为研究离子导体与电子导体相界面效应。这些界面效应所具有的内在特殊矛盾性就是化学现象和电现象的对立统一。因此，具体而言，电化学的研究对象包括三部分：

（1）第一类导体：电子导体。凡是依靠物质内部自由电子的定向运动而导电的物体，即载流子为自由电子（或空穴）的导体，是电子导体。金属、合金、石墨以及某些固态金属化合物（如氧化物 PbO_2、Fe_3O_4，金属碳化物 WC 等）均属于电子导体，而依靠自由电子外，还可以通过空位导电的半导体本质上仍属电子导体。由电子导体串、并联组成电子导电回路，满足 Ohm 定律，是物理学电基础所研究的内容。

（2）第二类导体：离子导体。凡是依靠物质内的离子定向迁移而导电的物体，即载流子是电解质中的正、负离子的导体称为离子导体。各种电解质溶液、熔融态电解质和固体电解质均属于离子导体。这是经典电化学重要的基础内容，电解质溶液理论和离子熔体及固体电解质电化学理论对其进行了深入研究。

（3）两类导体的界面及其效应，这是现代电化学的主要内容。

对于离子导体实现导电不可避免地需要特定的装置——原电池回路和电解池回路（图 1-1），不同的回路装置将决定不同的能量转化形式和反应方向。首先考察原电池回路，在 Daniell 原电池中，电子导体的锌电极在 $ZnSO_4$溶液中自发地发生氧化反应（$Zn \longrightarrow Zn^{2+}+2e$），反应电子导体的锌变成锌离子进入溶液，而多余的自由电子通过电子回路移动至铜电极，在铜电极表面出现的电子被其周围的 Cu^{2+}很快得到，引发 Cu^{2+}的还原反应（$Cu^{2+}+2e \longrightarrow Cu$），使 Cu^{2+}在铜电极上沉积析出；随着反应的进行，对于被隔膜阻隔的两种电解液中，处于无规则热运动的正、负离子产生了 Zn^{2+}向远离锌电极表面的定向运动和溶液中的 Cu^{2+}向铜电极表面定向的移动。这样组成了两类导体的电荷传递，电流流经灯泡使其发光。

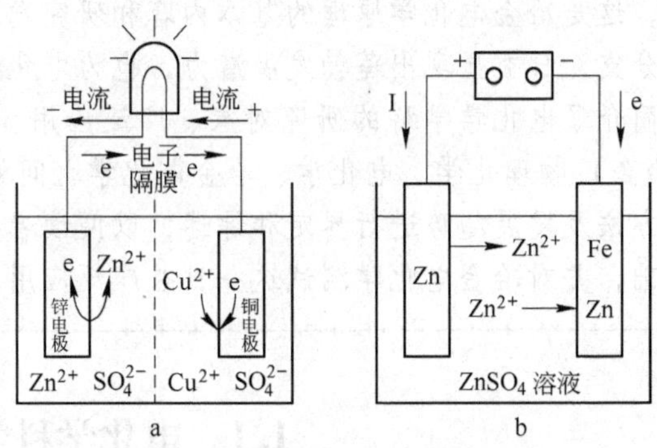

图 1-1　两类电化学装置示意图
a—Daniell 原电池回路；b—电解池回路

对于电解池回路而言，由于外电源提供给电解池能量，使得电解池这一负载上引发离子得失的反应，在外电场作用下，锌电极发生氧化反应（$Zn \longrightarrow Zn^{2+}+2e$），锌电极的锌变成锌离子进入电解液中，相反地，铁电极表面出现的电子被其周围的 Zn^{2+}很快得到，引发 Zn^{2+}的还原反应（$Zn^{2+}+2e \longrightarrow Zn$）使 Zn^{2+}在铁电极上电沉积出；电场作用下的离子移动、得失反应与外电路构成完整电解池回路，使得电流的输送持续不断地进行下去。总之，电子不能自由地进入电解质溶液中，为了使电流能在整个回路中通过，必须在电子导体/离子导体界面处进行导电离子的转换，即发生有电子参加的化学反应——电极反应，电极反应使得不同载流子在各自的导体上实现导电方式的转化，引发电子和离子持续运动。实现电能和化学能转化的电化学装置均由三部分构成：电解质，电极，外电路。整个电化学体系的电化学反应过程至少包括：阴极反应过程、阳极反应过程和电流流动过程。电化学反应本质上是氧化还原反应，电化学装置使该反应可以在不同区域独立进行，一般公认为，在电化学反应的两个电极中，在电极与电解质界面上，反应粒子从外电路得到电子发生还原反应，成为阴极反应；而在电极与电解质界面上，反应粒子把电子传给外电路失去电子发生氧化反应，成为阳极反应。根据电极反应把电化学过程的两个电极称为阳极或阴极，在各自的电极上发生相应的反应。但由于人们对原电池反应的认识，长期习惯于按照电极电位的高低，把两电极中电极电位较高的叫正极，电极电位低的叫负极，那么，在电解池中，正极失去电子发生阳极反应为阳极，负极得到电子发生阴极反应是阴极；在原电池中则不同，正极得到电子发生阴极还原反应是阴极，负极失去电子发生阳极氧化反应为阳极。注意，习惯上把电极材料，即电子导体（如金属、石墨等）称为电极，但也有人认为由电子导体（金属）和离子导体（电解质溶液或熔融盐等）组成的体系叫电极，常以金属/溶液表示。对于这一概念的含义目前不统一，因此，在对其含义的把握上需结合上下文理解。

电化学反应发生在电极/电解液界面上，涉及电荷得失的化学过程。研究这一过程发生的可能性（趋势）、进行速率、影响因素和控制实现等是电化学这一自然科学的必然使命。电化学反应发生在电极/电解液界面，因此界面的性质和结构，如双电层的形成，界面电场的性质，界面的吸附等都直接影响电化学反应的热力学和动力学特性；电化学反应过程是一类多步骤、连续进行的复杂特殊的异相催化反应过程，可简单地看作阴极及阳极反应过程和反应物质在溶/熔液中传递过程串联进行，主要对电化学反应过程有影响的电极表面附近液层中的传质特性以及阴、阳极反应动力学规律是电化学理论的核心；量子化学的建立和发展，使量子理论运用于电化学过程，解释和揭示其电极动力学特征的电子转移步骤，量子理论开创了更微观地研究电化学变化过程的途径。

1.1.2 电化学的发展历史

电化学科学像任何一门科学一样，是在生产力不断发展的基础上发展起来的。尽管1932年德国考古学家Wil Helm König在巴格达东方的Khujut Rabuah遗迹中发现了公元前250~226年Parthian时代称为巴格达电池的发掘物，其将铜制圆筒埋在壶中，在它的中心插入铁棒，灌入醋或葡萄酒即可得到电流，因而认为电化学的起源比较古老。但现在认为这门科学的诞生，是同意大利学者Luigi Galvani和Alessandro Count Volta的名字分不开的。1791年，Luigi Galvani（伽伐尼）从事青蛙生理功能研究中解剖青蛙时，偶然用外科手术刀触及青蛙内部的脚杆神经，发现青蛙的肌肉发生强烈的收缩，陷入僵硬性痉挛，构成了电化学电路，有人认为是电化学的开端。目前普遍认为1799年Volta（伏特）发明第一个化学电池写下了电化学史的第一页。Volta在分析和深入研究了Galvani的动物电气学提出的实验事实后，将锌片与铜片叠起来，中间用浸有H_2SO_4的毛呢隔开，构成电堆。于是世界上出现了第一个化学能转变为电能的化学电源。有了Volta电堆以后，人们开始可以随意地使用电流，为研究人员进行化学能和电能之间的转化研究提供了很大的可能性。学者们着手解决的第一个问题是电流对不同物质有什么作用？一改利用莱顿茄放电或雷电放电，而选用储量很大的电堆。1800年Sir Anthony Carlisle（卡利斯）和William Nichoson（尼克松）用Volta电堆来电解水，发现两个电极上有气体析出（当时人们还不知道，氢、氧是在不同的电极产生，而且还会产生酸和碱），这是电解水的第一次尝试。此后曾利用原电池进行了大量的电解（电能转变为化学能）的工作。俄罗斯学者Перелов（别特洛夫）在1803年建立了一个当时最强的化学电源后，发明了电弧。在1807年Sir Humphry Davy（戴维）做了碱金属的制取工作，用电解法析出金属钾和钠。Davy对于电化学的贡献不仅仅是对电解的研究，发现了钠、钡、锶、钙和硼，更重要的是发现了Faraday（法拉第），1913年选其作为助手，继续在物理和化学两个领域研究。学者们思考的第二个问题是产生电流和电能的根源是什么？根据Volta的概念，原电池中电能的产生是源于两种不同金属的接触（所谓的电动势接触理论），其实验事实为，如果两种金属相接触而后分开，借助验电器可以发现，一个金属带正电，而另一个金属带负电；同样地把电位序前面的金属与后面的金属接触以后可实现带电。据此，Volta 认为，原电池的电动势只是由接触电位差引起。Volta 电动势接触理论不能完全解释原电池工作时产生电能的现象，对于原电池即使很长时间流过电流后，互相接触的两个金属的界面也不会发生变化的现象，Volta 认为，原电池是一个永动机。后来经过实验验证否定了这种说法。在能量守恒定律建立以后，化学论认为电能的来源是在原电池中进行的化学反应的能量。学者们思考的第三个问题为电流是怎样通过溶液的？这方面的工作导致建立溶液结构和电导理论。电流通过溶液的第一个机理是接力赛跑机理，由格罗特吉斯提出。后来，Faraday 提出在电流的作用下物质离解为离子的看法，他引入了阴极、阳极、阴离子、阳离子、电解液等概念。此后又证实无需外电流，电解质就可以离解为离子。在电解质溶液性质和导电现象的现代概念的发展中，丹尼尔、希托夫、菲克、柯尔拉乌什、阿累尼乌斯（Arrhenius）、奥斯特瓦德、范特荷夫、能斯特（Nernst）、谢连森、瓦尔登、布朗施泰德、德拜、尤格尔、昂萨格都起过很大作用。其中，Arrhenius 提出了电离学说，奥斯特瓦德把质量作用定律用于电离平衡，推导出稀释定律，为 Arrhenius 的电离学说提供了有力的证据。1923 年德拜和休克尔提出来强电解质稀溶液理论，大大促进了电化学在理论探讨和实验方法方面的发展。

对于上述三个问题的思考、试验研究和分析归纳引发的大量的探索实践和科学实验知识的积累，推动了电化学理论的发展，成熟的理论又进一步指导新的实践。Volta 电堆出现后，对电流通过导体时的现象进行的研究，1826 年发现了 Ohm 定律；1833 年得到 Faraday 定律；1839 年 Sir William Grove（格罗夫）成功地研制成燃料电池；1870 年 Helmholtz（亥姆荷茨）提出了双电层结构的第一个定量理论；1887 年 S. A. Arrhenius 提出电离学说；在 Gibbs（1873）和 Helmholtz（1882）对电动势和原电池化学过程中能量变化关系提出的 Gibbs-Helmholtz 热力学方程式基础上，1889 年，Nernst 建立了关于电极电位的第一个理论，即提出表示电极电势与电极反应各组分浓度间关系的 Nernst 公式，也称为电极电位和电动势的渗透定律。这为电化学的发展做出了重大贡献，但这一定律的发现也导致电化学家们企图用化学热力学的方法处理一切电化学问题的倾向。后面的一段时间内，大部分电化学家把主要精力用于研究电解质溶液理论和原电池热力学，认为电流通过电极时，电极反应本身总是可逆的，在任何情况下都能应用 Nernst 公式。这种倾向使电化学的发展在这一期间比较缓慢。

起初电极过程的速率问题并未被人们重视。在广泛使用电源研究电化学能量转化本质中人们发现电极电位在电流通过时偏离其平衡值，提出了过电位的概念（1899）。对于电极过程中电极电位与热力学预测的不符，开始人们把它与电极附近物质的浓度变化联系起来，根据能斯特方程式来解释电位的变化（Nernst、布鲁纳尔等）。1905 年 Julius Tafel（塔菲尔）在研究氢的电极过程时发现了电极的极化现象，并测定了在各种金属上析氢的电化学反应速率，确定了氢气过电位和电流密度的关系，从而提出了 Tafel 方程。Tafel 公式是电化学动力学的第一个定律。1924 年，巴特列尔（Bulter）首先提出放电的电化学步骤有迟缓性的概念。他利用电极过程有限速度的概念给出了 Nernst 公式的动力学推导，并讨论了电位对放电和离子化步骤反应速度的影响。同年奥都别尔提出了电子通过电极-溶液界面传递迟缓性的说法。1930 年柯巴乔夫和涅克拉索夫指出氢原子的吸附能在电极上氢离子放电的动力学中的作用，但是，这些工作并没有使电化学动力学作为一门独立的学科而分立出来。到了20世纪三四十年代，苏联的弗鲁姆金（Фрумкин）学派从化学动力学角度开展的大量研究工作，特别是抓住电极和溶液的净化对电极反应动力学数据的重要影响这一关键问题，从实验技术上打开了新的局面，并在析氢过程动力学和双电层结构研究方面取得一系列重大进展。Helmholtz、古依、恰帕门和斯特恩（Stern）等经过不懈研究工作，使双电层理论已经达到一定的完善程度；弗鲁姆金发展了相界面上表面现象的热力学理论和有机物吸附时的双电层理论（1919~1926），并把双电层的零电荷电位的概念作为金属的基本特性引到电化学中（1928）；爱尔第-格鲁斯和弗利默尔首先定量地将电化学步骤迟缓性的概念应用于具体的析氢反应上（1930）；1933年，弗鲁姆金指出，理解电极过程动力学，必须考虑双电层的结构，因为双电层场影响着电极表面附近反应物质的浓度和过程的活化能，建立起现代电化学的两个重要方向之间的定量联系，开始了电极过程动力学发展的现代阶段。随后，英美的鲍克里斯（Bockris）、帕森斯（Parsons）、康韦（Conway）等在该领域做了大量奠基性工作，加上格来亨（Grahame）采用滴汞电极系统研究两类导体界面的研究，这些都大大推动了电化学理论的发展，开始形成了以研究电极反应速率及其影响因素为主要对象的电极过程动力学。1952年弗鲁姆金发表了电化学的重要著作《电极过程动力学》，使电化学理论前进了一大步。此后，各国的电化学家们都在电极过程动力学方面进行了大量研究，特别是电子工业的发展为电化学的研究提供了许多仪器设备，大大促进了电化学动力学的研究，现在已形成了一门具有独特的、严谨的理论体系的电极过程动力学，成为电化学科学的主体。

20世纪50年代以后，特别是60年代以来，电化学科学有了迅速的发展。在非稳态传质过程动力学、表面转化步骤及复杂电极过程动力学等理论方面和界面交流阻抗法、暂态测试方法、线性电位扫描法、旋转圆盘电极系统等实验技术方面都有了突破性的进展，使电化学科学日趋成熟。在热力学基础上，Pourbaix（布拜）学派经过20多年努力，创立了电位-pH图理论，使电化学热力学向前推进了一大步。在动力学方面，从格尔尼（1931）在爱尔第-格鲁斯和弗利默尔定量地把电化学步骤迟缓性的概念使用到析氢反应之后，就对电子通过相界面的传递过程做了第一个量子力学探讨的尝试，他认为，氢离子放电是按隧道机理进行的，电子从金属中的某一能级跃迁到溶液中的离子上。尤其是20世纪后50年，在电化学的发展历史上出现了两个里程碑：海洛夫斯基（Heyrovsky）因创立极谱技术而获得1959年的诺贝尔化学奖；马克斯（Marcus）因电子传递理论（包括均相和异相体系的电子传递）而获得了1992年诺贝尔化学奖。此外，20世纪60年代以来，由于固体物理和量子力学的长足发展，人们开始较多地将量子力学引进电化学领域，以此解释电化学问题，电化学理论有了新的发展，已逐步形成一个新的分支——量子电化学，这对于更进一步深入揭示反应的实质，大有希望。但目前量子理论尚处在发展阶段，要用它解决电化学过程和实际问题还需做大量的研究。20世纪70年代兴起的电化学原位（in-situ）表面光谱技术（如紫外可见反射光谱、喇曼光谱、红外反射光谱、二次谐波、合频光谱等）、电化学现场波谱技术以及非原位（ex-situ）的表面和界面表征技术，尤其是许多高真空谱学技术，使界面电化学的分子水平研究成为可能。20世纪80年代出现以扫描隧道显微镜为代表的扫描微探针技术，迅速被发展为电化学原位（或称现场）和非原位（或称非现场）显微技术，尤其是电化学扫描隧道显微镜及原子力显微镜，为界面电化学的研究提供了宝贵的原子水平事实。总之20世纪后50年，以上各种实验技术的发展促进了电化学在分子和原子水平的发展。而且20世纪后50年也是电化学新体系研究和实验信息的丰产期和应用技术的日益发展突破期。

1.1.3 电化学现象的普遍存在及电化学技术的广泛应用

在自然环境及工业各部门、各环节的生产环境中，电化学反应现象普遍存在。其原因在于：

(1) 两相普遍含有带电荷的粒子，如电子和离子。当两相开始相互接触时，各种带电荷的粒子在两相中的化学位一般是不相等的。这些带电荷的粒子间可能发生的相间转移（或相间化学反应）的自由能变化一般不为零，所以必然有电荷在相间自发转移，从而形成界面双电层和界面电位差。此外，两相界面常存在吸附的离子或带偶极矩的分子，也会导致电位差。

(2) 界面电位差的起因由于界面双电层的形成、双电层两侧各有符号相反、数量相等的过剩电荷分布着，过剩电荷只要存在极少量的就足以产生明显的界面电位差。界面电位差数量级为伏特，每伏相应的过剩电荷量约为 $0.1C/m^2$ 或 $1\times10^{-6}mol/m^2$，这少于该界面单原子层数量的10%，所以一般极易迅速达到。

(3) 地球上广泛存在的水的介电常数较大，是各类电解质很好的溶剂。加之，工业领域中有多种熔盐和各类固体电解质，因而，电解质环境普遍存在着。

(4) 电化学反应机制相对于化学反应机制具有易于性。首先，电化学反应是可以分成两个半反应分别在各自最适宜进行的地点进行，而不须在所有反应粒子碰撞在一起时才能发生，因此反应的概率要大得多。其次，既然两个半反应可以同时在不同的地点进行，它们就会分别选择在各自电极左侧反应物体系的吉布斯自由能最高、因而活化能位垒最低的地点进行，所以反应速度常数要远高于化学反应的速度常数。而且，化学反应途径中固体的反应产物是就地生成的，它们可能阻碍反应物粒子进一步碰撞；而电化学反应两个半电极反应进行时，最终的固体反应产物是由两个半反应生成的离子扩散后相遇生成的沉淀，它对两个半反应的进行影响很小或甚至可能没有影响。所以整个反应过程按两个半反应进行的阻力远远小于按化学反应路径进行的阻力。

正是由于电化学反应的普遍存在，电化学与化工、冶金、材料、航空、航天、环境保护、生物、医学等多个技术部门密切相关。由伏打电堆广泛应用而引发的电化学理论研究与实践探索不仅促进了电化学理论的成熟，加速了电化学工业的形成、发展和繁荣，而且推动了电化学技术向更广阔的科学领域的扩散与渗透，形成了许多跨学科或边缘领域的科学。电化学方法广泛应用于现代技术的各个方面，因而形成了应用电化学。例如，电化学冶金、化学电源、电化学腐蚀与防护、电化学控制和分析方法、有机和无机化合物的电合成、电化学传感器的开发等，都是应用电化学重要的研究应用领域。现在一般所讲的应用电化学科学是区别于电化学原理（理论）科学的，专指将有关的电化学原理应用于实际生产过程相关的领域，以适应实际需要而发展起来的一门科学。一方面基础研究推动着电化学应用技术不断进步；另一方面应用技术的研究和发展又为基础研究提出了新的课题，这样使电化学学科得以长足的发展。电化学应用的领域也就是应用电化学的关注对象。

电化学冶金包括电解提取和电解精炼。电解提取（电浸取）是通过电解从溶液或熔体中提取金属。周期表中几乎所有金属都可以用水溶液或熔盐电解提取，用这种方法常常得到较高纯度的金属（如镉和锌）。熔盐电解是作为得到铝、稀土金属、锂和钠等碱金属、镁和钙等碱土金属的工业方法之一，有的甚至可以说是唯一的工业方法。用电解方法可以获得致密金属，也可以制取金属粉末，特别是一系列高熔点金属，如铍、铀、钨、钼、锆、铌、钽、钛等，常以粉末状析出。电解精炼是在一定条件下，通过电解在阴极获得纯度更高的金属，用这种方法可以得到高纯度的铜、金、银、铅、镍、铋、锡等金属。电解是冶金工业中大规模用来提取金属的主要方法之一，它与火法冶金比较，具有产品纯度高，并且能处理低品位矿石和复杂的多金属矿的优点。

铝是地壳中蕴量极为丰富的金属元素，但由于它和氧有很强的亲和力，需要很强的还原剂才能将它分离出来。电解法制取铝也是历经重重困难才获得成功的，这是因为 Al_2O_3 熔点高达 2050℃，操作不便；AlF_3 接近共价化合物，它极易挥发，在熔融时的导电性能也很差。因此制取金属铝需用金属钾来还原，成本很高，致使这种质地软、重量轻，在空气中能保持良好光泽的耐腐蚀金属在 19 世纪末还是一种贵重的物品。经过许多科学工作者的研究才终于发现，三氯化铝在冰晶石 $3NaF \cdot AlF_3$（熔点 1008℃）中有一定的溶解度，加入 CaF_2 可以降低熔盐的熔点，用这样的熔盐作电解质，借助两个石墨电极进行电解（温度约为 950℃），在阴极可以得到熔融的金属铝。至此，才大大降低了铝的生产成本，以致现在金属铝除了作为航空、机械用主要轻金属外，已成为日常生活所不可缺少的必需品。金属钛也是这样，目前该金属的生产要用金属镁在氩气保护下还原制得海绵状钛，然后仍在氩气保护下用电弧法熔制成致密的金属，成本极高，只能供飞机制造等使用。用电解熔盐制钛的方法可以得到纯净的金属，优点很多，但由于含钛的熔盐性质不好掌握，因此还不能大规模进行工业生产，这影响了金属钛的应用范围。

除了用电解方法直接制取金属外，也常用电解法精炼金属。如铜的电解精炼铜，火法熔炼铜矿可把活性较大的杂质（如硫）氧化除去，但不能除去金、银等贵金属和活泼性与铜相似的杂质如砷、锑、铋等。这些杂质对铜的力学性能很不利（如发脆）；铜作为导电体使用必须达到很高的纯度（如含 0.01% 的砷就可使铜的电阻增加 30%），电解法是精炼铜的最佳方法。它是把粗铜作为阳极，以硫酸及硫酸铜的混合水溶液作电解液，精铜作阴极。通电时粗铜阳极氧化成铜离子进入溶液，而溶液中的铜离子迁移到达阴极后，还原成铜的沉淀。此时砷、锑、铋等被氧化进入溶液后水解成氧化物，与 CuS、CuSe 等杂质形成阳极泥沉淀。金、银等贵金属不能溶解，一起沉积在阳极泥中，这些贵金属回收后就足以抵消全部电解的费用。像锌、铁、钴、镍等金属由于电位序较负，它们从粗铜中氧化进入溶液后不会在阴极重新沉淀出来。因此电解精炼的铜可以达到很高的纯度(99.98%)。其他如锌、镉、铅、镍、银等金属也可用类似的方法进行精炼或提纯。

化学电源工业是电化学工业的一个重要部门。人们自从发现电现象以来，一直靠化学电源来提供稳定的电流。19 世纪中叶发明了发动机，使电的大规模利用成为可能，化学电源的重要性有所下降。但是，化学电源稳定可靠、便于移动，这是发动机所不能替代的。因此，它一直在不断地发展，各种不同类型的新型电源不断研制出来。特别是，各种便携式个人信息处理设备及移动网络终端（如多媒体摄/放设备、移动电话和笔记本电脑）等大量涌现及人们对电动汽车动力电源的迫切需求，使得新型高能化学电源的研究和开发在近十年来得到迅速发展。化学电源按其工作性质和储存方式可分为一次电池或原电池（primary battery）、二次电池或可充电电池或蓄电池（secondary battery or rechargeable）、储备电池（storage battery）和燃料电池（fuel cell）四大类。一次电池一经使用，不能复原，放电完毕即报废。蓄电池放完电后可以通过充电恢复原状、反复使用。储备电池其反应物质在电池"活化"之前被分离开，所以电池能长期储存。使用时"激活"，能在短时间内释放出高功率电能。燃料电池是在一种特殊的化学反应装置中连续加入燃料（液体或气体），通过化学反应使化学能不断转化为电能。

金属的腐蚀是指材料在周围环境的化学和电化学作用下的损坏。在常温下，大多数金属腐蚀都是电化学过程。例如，锅炉炉壁和管道受锅炉用水的腐蚀；内燃机冷却系统、液压系统的水腐蚀；船体和码头台架遭受海水腐蚀；石油钻井机钻头工作时受油气、泥浆等腐蚀以及地下管道在土壤中的腐蚀等，都是金属与电解质溶液接触时，由于金属构件、环境条件的不均匀构成了许多微小的自发电池，不断溶解。这种原电池中的电化学过程持续下去，金属就会遭到腐蚀破坏。在防腐措施中，有很大部分是电化学科学的应用，如电镀、阳极氧化、缓蚀剂、电化学保护等。所以，电化学是腐蚀与防护科学最重要的理论基础之一。

金属电沉积（electrodeposition）过程是指简单金属离子或配离子通过电化学方法在固体（导体或半导体）表面上放电还原为金属原子附着于电极表面，从而获得一金属层的过程。电镀（electroplating）是金属电沉积过程的一种，它是通过改变固体表面特性从而改善外观，提高耐蚀性、抗磨性，增强硬度，提供特殊的光、电、磁、热等表面性质的金属电沉积过程。电镀与一般电沉积过程的不同在于：镀层除应具有所需的机械、物理和化学性能外，还必须很好地附着于物体表面，且镀层均匀致密，孔隙率少等。金属镀层的性能依赖于其结构，而镀层的结构又受电沉积条件等的限制。电镀作为一种传统的表面处理不仅可以在金属零件上施镀，还可以在非金属零件（如塑料、陶瓷等）表面进行，称之为非金属电镀。另外，还可利用各种金属或非金属的图形和字模（如印刷板）作为阴极，在其表面进行电化学沉积，然后将金属电沉积层与型模分离，得到物体的正像金属复制品的工艺过程称为电铸。雅柯比（B. C. Jacobi）院士 1837 年发明了电铸，从最初制造各种浮雕、塑像等工艺美术品，逐渐进入工业，并获得广泛应用。现在从日常生活用品到国防军工高精尖产品都用到电铸的方法。用电铸方法制作的用品和零件具有精度高、材料省、质量轻、成本低、外形多样化等优点。电铸工艺主要包括制造制品的型模（金属或非金属的负像模等）、在非金属型模上覆盖导电层或在金属型模上覆盖分离层、在型模表面电沉积金属层（或成正像的金属复制品）、金属电沉积层与型模分离（电铸件脱模）和加工等四种工序。

处于一定介质条件下的金属，由于热力学上的不稳定性，总会自发地发生溶解或变为相应的钝化物，而为了防止金属腐蚀的发生，人们总是希望在金属表面生成钝化物。金属表面上钝化物的形成通常可通过化学方法或电化学方法氧化得到，亦可通过铬酸盐处理、磷酸盐处理和草酸盐处理得到。金属的阳极氧化是指通过电化学氧化使金属表面生成一层氧化物膜的过程。这种生成的氧化物膜借助降低金属本身的化学活泼性来提高它在环境介质中的热力学稳定性，从而达到作为金属制品防护层的目的。此外，阳极氧化得到的氧化物膜也可用于电解容器的制造、增加金属制品的耐磨性和提高金属制品的绝缘性等。近年来引起广泛关注的微弧氧化技术是作为一种特殊的阳极氧化，不同于在法拉第区进行的普通阳极氧化，而是一门新兴表面处理方法，它是在更高电压、大电流作用下，引发该材料表面产生微弧放电，原位生长一层类似陶瓷性质的微弧氧化膜层。它以工件表面出现火花现象为基本特征，且在热化学、电化学和等离子体化学的共同作用的复杂过程中存在生成膜层的相变，从而赋予其高的硬度，优异的耐磨、抗蚀性能。

电泳涂装也是电化学在表面处理中的又一应用。它利用成膜高分子化合物带有电荷的特点，把工件浸在电泳槽中作为另一极，通入直流电时，荷电的成膜物质向工件迁移，把水分子和离子挤跑，在工件表面上形成有机膜层。当其达到一定厚度时，由于它的绝缘作用而停止增厚，但膜层较薄的地方却继续增厚，因此所获的涂层厚度均匀，电泳涂装的特点是无毒、安全、自动操作、可以一次加工完成（一般涂漆需要好几层），特别适合大规模、大件、异型工件表面的涂装。

材料科学在当今新技术开发中占据着极其重要的地位。用电化学方法生产的各种表层功能材料和金属基复合结构材料，不但能满足各种场合的特殊需要，而且能简化生产工艺、节约贵重原材料和降低成本。通过电镀可以使产品获得金属防护层或具有特种功能的表面层。其他如电沉积非晶态合金、纳米级多层膜（交替沉积纳米级厚度的不同金属膜）以及梯度功能材料（整个厚度的沉积层内材料成分连续地变化着）等也均有十分广阔的开发前景。

电分析化学（electroanalytical methods）利用物质的电学及电化学性质来进行分析的试验方法和技术。它通常通过与待分析的试样溶液构成一化学电池（电解池或原电池），然后根据所组成电池的某些物理量（如两电极间的电位差，通过电解池的电流或电量，电解质溶液的电阻等）与其化学量之间的内在联系来进行测定。电化学分析方法综合了许多种借助使用电化学现象和过程的方法。这些方法的优越性是快速，而且有可能在很少的溶液和熔融盐体积中进行分析，有可能自动化等优点，这使得电化学分析方法在实现生产控制中引起人们极大的兴趣。电分析化学法的灵敏度和准确度都很高，手段多样，分析浓度范围宽，能进行组成、状态、价态和相态分析，适用于各种不同体系，应用面广。由于在测定过程中得到的是电信号，因而易于实现自动化和连续分析。

现代化学工业中的一个大的部门是无机物和有机物的电合成。用电化学方法可以制备氢、氧、过硫酸盐、高氯酸盐、氯、氟、碱、己二腈、药用制剂、有机物的过氟化等一系列其他物质。这些物质直接使用，或者作为制备其他产品的中间体。电解水可以分离氢的同位素，然后用于制重水。生产像聚氯乙烯、过氯乙烯等重要的聚合物，在很大程度上，都是以电化学制氯为基础的。原子能燃料富集的工业方法，在没有六氟化铀时，是不能实现的，而制得它们就必须有电解的产物——游离氟。

电解氯化钠水溶液是重要的工业性电化学工艺，是电解工业中生产规模最大的，又称氯碱工业。电解时，在阳极上氯离子被氧化生成氯气，在阴极上水被还原生成氢氧根离子和氢气。阴极上生成的氢氧根离子与从阳极室迁移过来的钠离子结合，在阴极室内生成氢氧化钠并浓缩。阳极电极反应为：$2Cl^- \longrightarrow Cl_2+2e$；阴极电极反应为：$2Na^++2H_2O+2e \longrightarrow 2NaOH+H_2$；总反应为 $2NaCl+2H_2O \longrightarrow 2NaOH+H_2+Cl_2$。此外还伴有一些副反应，例如，阳极产生的氯气有一部分将与水作用，生成盐酸和次氯酸（$Cl_2+H_2O \longrightarrow HCl+HClO$）；同样，阴极区溶液中的氢离子放电后氢氧根离子的浓度不断增加，并向周围扩散，氢氧根离子在电场的作用下也向阳极迁移，增加阳极区的 pH 值引发反应：$HClO+OH^- \longrightarrow H_2O+ClO^-$；$ClO^-$离子也可以在阳极重新氧化，或其本身发生歧化形成氯酸根离子，结果造成氯和碱产率降低，消耗了电能又降低了产品纯度。为此工业上采用石棉将阳极室和阴极室隔开，防止 OH^- 进入阳极室，以避免副反应的发生，大大地提高了电流效率。

火柴工业的原料和实验室常用的强氧化剂 $KClO_3$，也是用食盐水电解制得。从生产工艺上不需要石棉隔膜，而是要让阴、阳极溶液充分混合，使隔膜槽中不需要的副反应成为主要反应，使得 $NaClO_3$ 溶液用 KCl 置换得到 $KClO_3$ 结晶。此外，锌锰干电池中的活性 MnO_2、高锰酸钾、双氧水等强氧化剂也都是通过电解的方法制备。

医药品、香料、农药等高附加值的精细化学品，早期一直用有机合成和发酵法生产，后来才认识到采用电解合成的过程对这些精细化学品是极为有效的。有机电合成方法可以在温和的条件下制取许多高附加值的有机产品；利用电子这一干净的“试剂”去代替会造成环境污染的氧化剂和还原剂，是一种环境友好的洁净合成，代表了新世纪化学工业发展的一个方向，近30年来有机电合成在许多国家得到了迅速发展。电化学合成规模效益小，但对小规模生产还是比较有利的；通过调节电压、电流，反应易于控制。虽然电的价格较高，对于生产少量、多品种的精细化工产品来说，采用电化学方法还是很合适的。著名的科尔比（Kolbe）电解反应很好地展示了有机物电极反应的特征：$2CH_3COO^- \longrightarrow C_2H_6+2CO_2+2e$。电解乙酸盐溶液的反应一开始，在阳极上乙酸盐离子被氧化，生成烃和二氧化碳，这是电化学氧化引起的独特的反应。在乙酸溶液中如果使用铂电极，科尔比反应的电流效率可达100%。但是，使用钯阳极，电势低（1.2～1.6V vs. SCE），并且生成甲醛。在冰乙酸中如使用铂、钯、二氧化铅电极，几乎只进行科尔比反应，但用石墨电极则生成乙酸醇。通过调节电极的种类、电解质、电解条件可以控制有机电解反应。有机电合成技术的工业化，一般要解决传质、隔膜寿命和电极活性等问题，还要能设计出多功能的定型电解槽。1965年，美国孟三都（Monsanto）化学公司在贝泽（Baizer）教授长期研究的基础上建立了己二腈电化学合成工厂；几乎同时，美国的纳尔科（Nalco）公司实现了电合成四烷基铅的工业生产，这两个标志性过程可认为是有机电合成工业化的突破。近年来，随着绿色化学的提出，有机合成的绿色化更加引起了人们的重视。针对传统的有机合成往往存在着原料毒性大，生产过程步骤多，三废污染严重，保护人类健康和环境治理的一系列难题，选择有机电合成技术高效地合成对环境无害的有机化合物的“绿色化学”和“绿色合成”的一种，它在很大程度上从工艺本身消除了污染，保护了环境，因此，更值得继续深入研究和开发。

传感器（sensor）可看作信息采集和处理链中的一个逻辑元件。对于传感器的开发研究，是依据仿生学技术，实现“人造”的五种感官，实现“五官感觉的人工化”。1983年在日本福冈举行的“第一届国际化学传感器会议”中首次采用化学传感器（chemical sensor）这一专业名词，代表提供被检测体系（液相或气相）中化学组分实时信息的那一类器件。与物理传感器不同，化学传感器的检测对象是化学物质，在大多数情况下测定的是物质分子变化，尤其是要求对特定分子有选择性的响应，即对某些特定分子具有选择性的效果，再转换成各种信息表达出来；这就要求传感器的材料必须具有识别分子的功能。这也是当前传感器开发研究的一个重点——开发具有识别分子功能的优良材料。化学传感器研究的先驱者是Cremer，1906年，Cremer首次发现了玻璃膜电极的氢离子选择性应答现象。随着研究的不断深入，1930年，使用玻璃薄膜的pH值传感器进入了实用化阶段。

以后直至1960年，化学传感器的研究进展十分缓慢。1961年，Pungor发现了卤化银薄膜的离子选择性应答现象，1962年，日本学者清山发现了氧化锌对可燃性气体的选择性应答现象，这一切都为气体传感器的应用研究开辟了道路。1967年以后，电化学传感器的研究进入了新的时代，特别是近十多年来的迅速发展令人瞩目。电化学式传感器可以分为电位型传感器、电流型传感器和电导型传感器三类。电位型传感器（potentiometric sensor）是将溶解于电解质溶液中的离子作用于离子电极而产生的电动势作为传感器的输出而取出，从而实现离子的检测；电流型传感器（amperometric sensor）是在保持电极和电解质溶液的界面为一恒定的电位时，将被测物直接氧化或还原，并将流过外电路的电流作为传感器的输出而取出，从而实现离子的检测；电导型传感器是将被测物氧化或还原后电解质溶液电导的变化作为传感器的输出而取出，从而实现离子的检测。化学传感器的发展，丰富了分析化学并简化了某些分析测试方法，同时也促进了自动检测仪表和分析仪器的发展。

电化学与生物学和医学间也存在着密切关系。生物体内的细胞膜起着电化学电极的作用。植物的光合作用和动物对食物的消化作用，实质上都是按电化学机理进行的。生物体内双电层与电势差的存在，使得通过神经传递信息、电麻醉、心电图、脑电图等均成为与电化学有关的现象。若能通过电化学与其他学科相结合，弄清动物机体细胞生长的机理问题，必将对战胜癌症、心脏病、关节炎等疾病发挥重大作用。利用电化学传感器在生物学与医学的科研及诊断方面，也是十分有用的。电化学与生物学相结合而形成的交叉学科——生物电化学正在快速向前发展。

电化学方法还在选矿、材料加工、地质、环境保护等科学和技术部门得到广泛应用，而且还不断出现一些与电化学有关的新领域。因此形成了许多与电化学紧密结合的边缘学科，如熔盐电化学、腐蚀电化学、合金电化学、半导体电化学、催化电化学等使电化学的内容不断丰富和扩展。电解加工作为一种加工方法，它把被加工件当作阳极，加工刀具作为阴极，中间用电解液冲刷，当通电时工件金属按照刀具的模样随着刀具的吃进溶解下来，由于没有转动部件，刀具不易磨损。因此对于韧性特强的金属进行异型加工时最为有利。汽轮机、涡轮叶片上需钻许多直径为2～3mm，深达300mm的冷却孔，一般钻床根本无法完成这样的加工任务。但电解加工法可以使许多孔一次加工完成，并且满足精度的要求。在环境污染的治理方面，不但电解法被大量用于污水治理，而且还可借助于电渗析和应用原电池处理污水。随着对半导体电极过程的研究，逐步形成了半导体电化学。使用半导体电极组成的光电化学电池，是一种将太阳能转变为电能的新方法。利用半导体电极组成电池实现光解水制氢，也是太阳能利用的途径之一。地球上一年内接受的太阳能，约为地球每年消耗总能量的一万倍。如果人们能将1%的太阳能以1%的效率加以利用，就能解决地球的全部能源问题，这是十分吸引人的研究课题。

总之，现代电化学成为内容非常广泛的学科领域，为了便于组织学术交流，目前国际电化学学会（international society of electrochemistry，缩写ISE）将其会员的活动分为8个大组进行，各自涵盖的学术领域如下：

（1）界面电化学。固/液导电表面和界面的结构状况，双电层结构，电子和离子转移过程的理论，电催化理论，光电化学，电化学体系的统计力学和量子力学方法。

（2）电子导电相和离子导电相。金属、半导体、固态离子导体、熔盐、电解质溶液、离子/电子导电聚合物，以及嵌入化合物等的热力学和传输性质。

（3）分析电化学。用于化学分析、监测和过程控制的电化学方法与装置（如直流电法、交流电法和电位法等技术），电化学传感器（包括离子选择性电极和固态器件）。

（4）分子电化学。无机物、有机物和金属有机化合物电极过程的机理和结构状况，在合成中的应用。

（5）电化学能量转换。能量的电化学产生、传输和储存，蓄电池，燃料电池，光电化学过程与装置。

（6）腐蚀、电沉积和表面处理。腐蚀与保护的电化学状况、钝化、电化学固相沉积与溶解过程的理论及应用（包括电镀、电抛光、微建造和电化学成型）。

（7）工业电化学和电化学工程。工业电化学过程的基本概念及工艺学，环境及能量状况，电解槽设计、放大与优化，电化学反应器理论，质量、动量和电量传递的基本问题，工程应用的电化学装置。

（8）生物电化学。生物体系组分的氧化还原过程，生物膜及其模型物的电化学，电化学生物传感器和电化学技术在生物医学中的应用。

现代电化学已成为一门交叉学科，也是应用前景非常明显的学科。在过去的半个世纪中，电化学已为解决能源、材料、环境等的相关问题发挥了不可低估的作用，毫无疑问，在21世纪中该学科必将继续为解决人类面临的这些重大问题发挥更加显著的作用。

1.2　冶金工程与电化学

冶金工程是研究从矿石等资源中提取金属或金属化合物，并制成具有良好的使用性能和经济价值的材料的技术。冶金作为国民经济建设的基础，是国家实力和工业发展水平的标志，它为机械、能源、化工、交通、建筑、航空航天工业、国防军工等各行各业提供所需的材料产品。工业、农业、国防及科技的发展对冶金工业不断提出新的要求并推动着冶金工程技术的发展进步，反过来，冶金工程的发展又不断为人类文明进步提供新的物质基础。冶金工程是一系列物理化学单元过程的有机组合，要实现高效优质的生产就必须对其中的各个单元过程深入了解和优化，为此冶金物理化学、冶金电化学等学科被提出并不断地完善、发展和丰富。冶金物理化学，是物理化学在冶金过程中的应用，它是冶金学与材料制备的基础理论，是研究自矿石转变成金属或其化合物产品的全部冶炼过程中应用物理化学的原理和方法来研究冶金过程的一门学科。冶金过程物理化学的基本内容包括冶金热力学、冶金动力学及冶金电化学。其中，冶金电化学是旨在研究电化学在冶金中的应用。水溶液体系的电积和精炼，熔盐电解，电化学浮选、浸出及金属-熔渣平衡反应等过程均属于冶金电化学的研究范畴。因各学科的角度不同，各自关注的重心也不相同。而且从多视角分析研究冶金物理过程对所研究的问题将有助于全面透彻地理解。另外，从学科交叉融合发展来说，冶金电化学的发展和丰富对于冶金物理化学和从物理化学分支出的电化学也都具有有益的促进作用。电化学作为研究电能和化学能相互转化关系和转化过程中有关规律的科学，它旨在关注电化学体系能量变化过程中涉及的热力学和动力学规律的概括。而运用电化学原理和方法研究揭示冶金过程中的电化学反应特性不单单是电化学理论和技术在冶金行业的应用，事实上，冶金过程中所涉及的水溶液、熔盐、固体电解质反应规律也需要相应的特殊手段来诠释，因而，这对电化学理论和技术也起到了极大的推动和丰富。总之，冶金电化学作为冶金物理化学的重要内容，是对电化学的丰富和发展，并具有自身的特点，为此，有必要单独提出这门交叉学科并构建其理论体系，以便更好地为冶金工程技术和电化学科学发展提供理论基础和技术支撑。

冶金电化学作为研究冶金过程中的电化学现象及其应用的一门学科，其主要任务是合理地利用电化学基本原理、方法及技术专门进行矿物中分离和提取有价组分，以及进行金属的电沉积和精炼等。电解加工是冶金工业中大规模用来提取金属的主要方法之一，元素周期表中几乎所有的金属都可以用水溶液或熔盐电解方法来制取，表1-1所示为冶金工业中大规模用电解沉积或精炼方法制取的金属种类。由于涉及的金属品种、性质差异比较大，因此，系统地掌握冶金电化学的基本原理具有十分重要的意义。

表1-1 冶金工业中可大规模制取的金属种类

电解体系	电 积	电 精 炼
水溶液电解	Cu、Zn、Co、Ni、Fe、Cr、Mn、Cd、Pb、Sb、Sn、In、Ag、Au等	Cu、Ni、Co、Sn、Pb、Hg、Ag、Sb、In等
熔盐电解	Al、Mg、Na、Li、K、Ca、Sr、Ba、Be、B、Th、U、Ce、Ti、Zr、Mo、Ta、Nb、RE等	Al、V、Ti等

电化学冶金作为材料冶金加工主要手段广泛应用于Al、Na、Li、Mg等电负性很大的金属原材料制备；而对于高纯度Zn、Cu、Ni、Co、Cr、Mn、RE（稀土）、Nb、Ta等材料无污染或低污染生产也是首选的工艺途径。通过电化学反应使有色金属从所含盐类的水溶液或熔体中析出的电化学冶金过程，包括电解提取（又称电积）和电解精炼两种加工过程。与火法冶金及湿法冶金相比，电化学冶金具有应用范围大、产品的纯度高，能处理低品位和复杂的多金属矿等特点。利用电化学基本原理、方法及技术专门研究冶金过程中的电化学反应历程、行为并能相应地选择有效技术途径，合理、主动地调控冶金过程获得优质、高效冶金产品成为冶金电化学原理这一研究命题的基本任务和目标。

1.3 冶金电化学原理的主要内容

分析冶金过程中的电化学生产和服务于冶金加工过程的重要理论体系——冶金电化学基本原理，旨在对水溶液电解质体系的电冶金、熔盐中的金属/合金电解及固体电解质应用中的电化学现象、反应特征、机理过程进行揭示，剖析影响冶金过程的因素，为冶金工艺优化提供技术指导和理论分析基础。通常冶金电化学现象普遍存在于水溶液电解质体系、熔盐电解质和固体电解质三类第二导体中；而从电化学过程看，既有依靠腐蚀原电池反应过程进行的浸出、分离过程；又有依靠不同特性的电解池进行的电积、电精炼、矿浆电解、熔盐电解/精炼；另外，固体电解质则最主要是利用其能组成原电池，可对钢铁冶炼生产中的热力学参数研究和氧等成分分析（作为传感器）。为此，本着从简到繁，由普遍到特殊的原则，故在电化学原理知识体系结构设置上，首先考虑为读者介绍常见的水溶液电解质体系和熔盐电解质结构和性质（见本书第2章和第3章）；而后从电化学热力学（第4章）、双电层模型（第5章）、动力学（第6章）帮助读者建立经典的电化学分析方法和研究思路；随之，对于水溶液电冶金过程中的阴极过程（析氢、耗氧、金属沉积为典型）、阳极过程和冶金电积和精炼进行深入地具体诠释。熔盐电解理论是从水溶液体系电化学理论基础上发展起来的，既遵循水溶液体系电化学热力学和动力学的规律，又表现出高温熔盐因电解质差别而引发的不同的电极过程动力学和电解特征。而且，熔盐电化学研究也已经突破了单纯的电沉积金属，在电镀和电池能源上日益呈现出重要的应用前景，为此，对于熔盐电解理论从其特性（电极材料、电解槽体和电极过程特性）及熔渣（第11章）进行简要全面地论述。而对固体电解质因提出时间较短，其电化学理论发展仍显不够，虽表现出对冶金学科具有重要的影响，但因篇幅等原因，在此不赘述，请读者参阅相关文献。

1.4 冶金电化学的研究方法

电化学冶金工业生产的终极目标在于制备出产量大、质量优的各类产品；同时从降低生产成本的角度出发，又要求具有尽可能高的电流效率和尽可能低的电能消耗；另外，还要满足既综合利用各类资源，又能较好地保护环境。因此，首先是合理地选择电化学冶金方法；其次是通过相关的技术参量变化的确定，认识所研究冶金电化学过程的制约因素和过程机理；第三是根据所研究冶金电化学过程的特点进行工艺优化，试验推广，最终确定出最优的生产技术方法和参数。其中，冶金电化学过程的制约因素及过程机理确定，尤为重要，但绝非简单的事情。然而，在初步认识的基础上能自觉合理地选择运用冶金电化学原理所带给我们的有力的技术手段——电化学测试方法去帮助我们进一步分析，将有助于加深对所研究冶金过程理解，进而最终认清该电化学过程的制约因素、过程机理。

所谓“电化学测试”是指根据电化学原理控制实验条件进行实验测量，获取相应结果的过程。电化学测试技术是依据电化学原理设计并采用一定的测试手段（方法和仪器装置），适当控制实验测试条件，测定反映电极或电极过程的电化学参量或曲线的实验技术。其目的在于获取和揭示归结为电化学反应的化学物质变化的信息和规律。因此，电化学测试技术不仅随着电化学原理的不断成熟而发展，而且在很大程度上也有赖于测试技术手段的进步。作为一项实用的技术方法，从根本上离不开其“物化”的现代电子仪器技术的辅助，特别是现代电化学测试，必须采用适宜的电子仪器和电子计算机辅助实现。

在研究电化学体系时，一般有两种方法，其一，是对于所研究的电化学体系维持电化学池（包括原电池和电解池）的某些变量恒定，而测定其他变量（如电流、电量、电位和浓度）如何随受控量的变化而变化，获取体系的特性，如稳态极化曲线的测定，反映体系在极化状态下的稳定性趋势。对于电化学体系的主要影响变量如图1-2所示。其二，是把电化学体系当作一个“黑盒子”，对这个“黑盒子”施加某一扰动或激发函数（如电位阶跃），在体系的其他变量维持不变的情况下，测量某一响应函数（如引起电流随时间的变化）。实验的目的是从激发函数和响应函数的观察中，获得关于化学体系的信息，以及了解有关体系的恰当的模型（图1-3）。这一点相同于在许多其他类型的实验所应用的基本思想，如电路试验或光谱分光分析。在光谱分光测定中，激发函数是不同波长的光；响应函数是在这些波长下，体系透过的光的分数；体系的模型是倍尔（Beer）定律或分子模型；信息的内容包含吸收物质的浓度，它们的吸收率或它们的跃迁能。

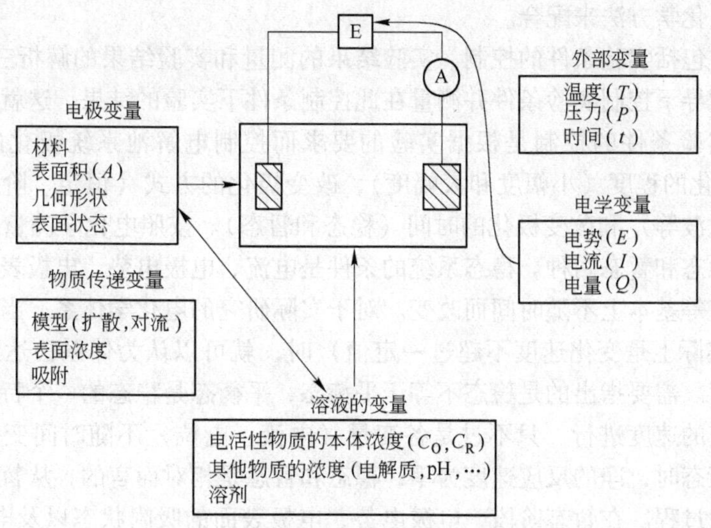

图 1-2 影响电极反应的主要变量

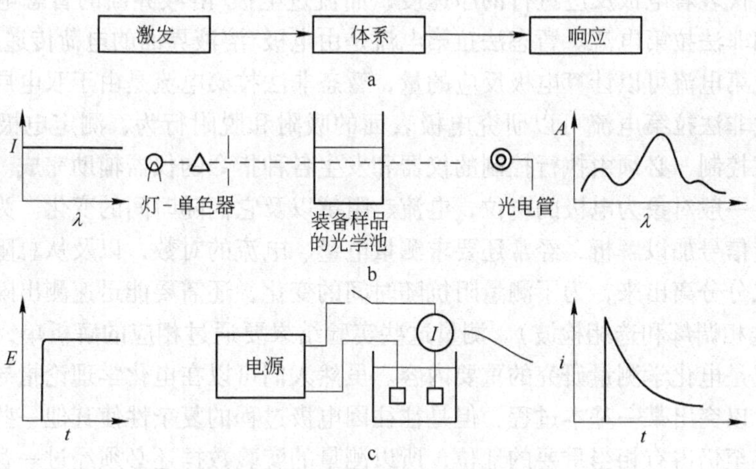

图 1-3 未知体系的研究方法

a—广义概念；b—光谱实验；c—电化学实验

电化学测定的优点是：

(1) 测定简单，可以将一般难以测定的化学量直接转变成容易测定的电参数。

(2) 测定灵敏度高，因为电化学反应是按法拉第定律进行的，所以，即使微量的物质变化也可以通过容易测定的电流或电量来测定。以铁的测定为例，1C（库仑）相当于0.29mg 的铁，而电量的测量精度可达 10^{-16}C，所以，利用电化学测定方法，即使是 10^{-19} g 数量级的极其微量的物质变化也可以在瞬间测定出来。

(3) 即时性，利用上述高精度的特点，可以把微反应量同时检验出，并进行定量。

(4) 经济性，使用的仪器都比较便宜，而且具有灵敏度高，即时性等优点。

因此，电化学测定是一种经济的测定方法。

非电化学方法，特别是光谱和能谱在电化学研究中的应用，近年来发展迅速，它对于电极表面结构和结构的变化，以及电极和溶液交界面的研究有独到之处。然而，非电化学方法也需要用电化学方法来配合。

电化学测试包括实验条件的控制、实验结果的测量和实验结果的解析三个主要内容。在电化学原理指导下控制实验条件并测量在此控制条件下实验的结果，这就是电化学测试的主要任务。实验条件的控制是根据实验的要求而控制电解池系统极化的电位、电流（或电量）和极化的程度（小幅度和大幅度），改变极化的方式（恒定、阶跃、方波、扫描、正弦波和载波等）和改变极化的时间（稳态和暂态）。按照电化学测量研究控制方法可笼统地分为稳态和暂态两种。稳态系统的条件是电流、电极电势、电极表面状态和电极表面物种的浓度等基本上不随时间而改变。对于实际研究的电化学体系，当电极电势和电流稳定不变（实际上是变化速度不超过一定值）时，就可以认为体系已达到稳态，可按稳态方法来处理。需要指出的是稳态不等于平衡态，平衡态是稳态的一个特例，稳态时电极反应仍以一定的速度进行，只不过是各变量（电流、电位）不随时间变化而已；而电极体系处于平衡态时，净的反应速度为零；稳态和暂态是相对而言的，从暂态到达稳态是一个逐渐过渡的过程。在暂态阶段，电极电势、电极表面的吸附状态以及电极/溶液界面扩散层内的浓度分布等都可能与时间有关，处于变化中。稳态的电流全部是由于电极反应所产生的，它代表着电极反应进行的净速度，而流过电极/溶液界面的暂态电流则包括了法拉第电流和非法拉第电流。暂态法拉第电流是由电极/溶液界面的电荷传递反应所产生，通过暂态法拉第电流可以计算电极反应的量，暂态非法拉第电流是由于双电层的结构改变引起的，通过非法拉第电流可以研究电极表面的吸附和脱附行为，测定电极的实际表面积。实现测试控制，必须由执行控制的仪器和发生各种指令的仪器辅助完成。在实验结果的测量方面，一般对象为电极的电位，电流、阻抗以及它们随时间的变化。为了便于对这些电解池响应信号加以解析，经常还要求测量电量、电流的对数，以及从总阻抗中把电阻成分和电容成分分离出来，为了测量阻抗随时间的变化，还需要能迅速测出瞬间阻抗变化的仪器（如选相调辉和选相检波）。测量这些实验结果要通过相应的解析单元获得。实验结果的解析也是电化学测量研究的重要内容。虽然人们可以在电化学理论指导下选择并控制实验条件，以突出某一基本过程，但是往往因电极过程的复杂性使其他一些过程还不能完全忽略，甚至仍占有相当重要的地位，所以测量的实验数据还必须经过一番解析，反映和揭示电化学过程规律和特性。例如，在一般的实验条件下测量银粉比表面积，可控制在不发生电化学反应的理想极化电位区，突出双电层充/放电过程以利于测量双电层电容；而在一般的实验条件下测量锌粉比表面积时，却无法找到不发生电化学反应的电位区，实验仅能控制在法拉第阻抗最大的电位区，因此必须采用其他的测试方法，并从理论上进行解析以求出双电层电容。对实验结果的解析通常可以用极限简化法或解析法，例如，推导出所研究的电极过程相应的数学方程，可以用方程的极限简化或解析的方法，配合适当的作图（有时采用解方程）的方式（例如 $\eta \sim \lg I$，$\eta \sim t^{1/2}$，$\theta \sim t^{1/2}$，电阻 ~ 容抗，阻抗 ~ $\omega^{-1/2}$等）得到直线或近似的直线（有时为二次曲线），再从截距和斜率等计算某些参数；又假如已知所研究的电极过程相应的等效电路，可以用电极等效电路的极限简化或解析的方法，测出等效电路的有关元件值从而计算某几个参数，还可以利用计算机进行模拟解析（直接的数字模拟或等效电路的参数模拟），或者利用电子计算机进行最优化曲线拟合来解出电化学参数，也就是利用已获得的一组实验点的数据建立一组方程（方程式的数目一般大于待定的电化学参数的数目，此方程组称为矛盾方程组或因定方程组），采用拟合方法求出最佳的待定电化学参数。测量了各种曲线并计算了电极的有关参数（如交换电流 I^0，Tafel 斜率等）之后，可以推算电极的反应级数、阻滞步骤及其活化配合物，这对于了解判别电极反应历程是很重要的。但是，对于电化学电极历程的深入研究，单凭上述的电化学研究方法还不足，还必须充分利用其他化学知识，特别是化学热力学、动力学和结构化学的知识。实验技术方面，也要非电化学的实验技术，如表面技术和光谱技术与电化学测试技术相互配合。例如，在光学方面利用椭圆术和反射光谱在电化学暂态的控制条件下研究电极表面覆盖层的消长情况，利用吸收光谱和电子自旋共振光谱研究电极过程不稳定的中间物，利用透射吸收光谱和镜面反射光谱研究薄层电解池上发生的电极过程等，可以提供有力的实验结果，其他如 X 射线、电子能谱、显微技术和示踪原子等在电化学研究上的应用也在发展中。

总之，针对冶金电化学反应过程的特点，依据相应的电化学原理，创造试验条件，借助电化学测试技术服务于冶金科研、生产，这已经为广大冶金科技工作者越来越广泛地选用。研究人员通过该技术与其他技术方法配合应用去探讨最佳的电解质组成，研究电极反应的条件，进而获得出最佳的工艺技术条件。所选择的工业电解质溶液要求物理和化学性质稳定，具有较高的导电性，能溶解所制取的金属盐，溶解度尽可能的大；无毒，价格低廉以及废溶液容易处理或回收循环使用，为此，需要系统地研究电解质溶液中离子的平衡和动态性质，杂质的影响及其组成-性质关系，从中找出合理的电解质组成。所选择的熔盐应满足以下条件：（1）理论分解电压高；（2）离子导电性好；（3）具有比较低的蒸汽压和黏度；（4）熔点低；（5）对原料溶解度大；（6）对电解槽腐蚀性小；（7）不与阳极产物及阴极产物反应；（8）来源广泛，成本低。为此，系统地研究熔盐物理化学性质和电化学特性，查明冶金电化学反应的电极过程（包括可逆和不可逆过程）、机理、速度影响因素十分必要，通过前者能确定离子放电的前提条件，借助后者可确定该过程反应机理及影响反应速度的重要因素，进而能够有目的地控制生产过程，找出最佳的电解工艺技术条件。

1.5 冶金电化学的发展趋势

通常，黄金、锌、铜、镍等湿法冶炼工艺流程一般包括磨矿、选矿、预处理、浸出、电积（精炼）、阳极泥回收，以及废水和尾矿处理等，在工艺流程的几乎每一单元中，冶金电化学都有着广泛的应用和重要的指导作用。以稀土、铝、镁等为代表的熔盐火法冶金过程，也离不开冶金电化学的实践应用。而且，随着科技进步和社会的发展，冶金电化学也涌现出一些新兴的发展态势。

1.5.1 熔盐电解制备合金蓬勃发展，基础研究亟待加强

由碱金属或碱土金属与卤化物、硅酸盐、碳酸盐、硝酸盐以及磷酸盐构成的熔融盐，在高温下熔化后形成的离子熔体，与水溶液相比具有在高温下的稳定性，在较宽范围内的低蒸气压，低黏度，良好的导电性，较高的离子迁移和扩散速度，高的热容量，溶解各种不同材料的能力，很宽的电化学窗口，且高温下反应动力学速度快，因此是电化学冶金理想的电解液，熔盐电解可以得到用水溶液电解方法不能生产的产品，其中包括制取所有轻

金属（Li、Na、K、Rb、Cs、Be、Mg、Ca、Sr、Ba、Al、Ti）、难熔重金属（Zr、Hf、V、Nb、Ta、Mo、W）、轻稀土金属和所有稀土金属合金、一些非金属（B、C、Si、Te）。近年来以稀土合金开发为代表的熔盐电解制备合金发展迅猛。如磁性材料用 Dy-Fe 合金、Gd-Fe 合金等，航空航天材料用 Y-Al 合金、Er-Al 合金、Y-Mg 合金等，贮氢电池用 La-Mg 合金、混稀镁合金等，而且 Dy-Fe 合金、Gd-Fe 合金已基本取代金属 Dy、Gd 而成为制备 NdFeB 磁性材料的主要原料。

熔融盐电解通常在高温下进行，而一般熔融盐腐蚀性大，电解所产生气体（如氯气等）反应强烈，故而设备材料方面出现的问题较多。熔融盐电解还有电解质成分容易挥发氧化、燃烧以及耗电量大等缺点。另外，熔融盐电解时常常可看到金属雾和阳极效应等特异现象。在熔融盐电解中，阴极上析出的金属多以熔融状态存在，在熔融金属与熔盐相接触的情况下，当高于某一温度时，就能看到熔融金属呈现一种特有的颜色而进入熔融盐中，这种状态恰如在熔融金属表面上有雾笼罩，所以称为金属雾。金属雾的形成是由于析出金属在熔融盐中的溶解扩散所致，且温度越高，溶解度越大。金属雾的生成使析出金属损失，电流效率降低，加入适当的添加剂，可以防止金属雾产生，添加剂能减少金属在盐中的溶解度，形成复盐和使金属雾凝聚沉淀等。熔融盐电解是采用不同阳极进行电解的，所以阳极成为气体发生极。在正常情况下，产生的气体形成气泡，连续从电极表面逸出，并由熔池排出。当电流密度提高到一定值时，阳极便为产生的气泡所覆盖，呈现出电极与电解质之间接触切断的情况，这时电流难以通过，槽电压也随之急剧上升，电极为此产生的热量所加热，而呈现出红色辉光，这一现象称为阳极效应。阳极效应开始产生的临界电流密度根据熔融盐的种类、组成、温度等变化，碱土金属卤化物的电流密度比碱金属的低，所以容易产生阳极效应，阳极效应是熔盐电解的有害现象，实验过程中应避免阳极效应现象发生。

无论从设备上，还是从尽量抑制副反应的意义上，熔融盐电解的温度都是低些为宜，所以可加入其他的低熔点电解质于混合熔融盐中，以降低混合熔融盐的熔点。此外，为了获得电导率高的熔融盐或改善目的金属与熔融盐的分离，还加入能提高适当密度差的辅助熔盐。不同熔盐体系的优化对于熔盐电解具有重要意义，但目前该方面的研究还有待深入。

1.5.2 低温离子液体在冶金萃取及电解方面具有广阔的发展前景

离子液体是由有机阳离子和无机或有机阴离子构成的、在室温或室温附近温度下成液体状态的盐类。它从传统的高温熔盐演变而来，但与常规的离子化合物有着很大的不同，常规的离子化合物只有在高温下才能变成液态，而有些离子液体的凝固点甚至可达 -96℃。与传统有机溶剂不同，离子液体具有许多独特的性质，例如：

（1）液态温度范围宽，从不低于或接近室温到 300℃以上，且具有良好的物理和化学稳定性；

（2）蒸气压低，不易挥发，通常无色无嗅；

（3）对很多无机和有机物质都表现出良好的溶解能力，且有些具有介质和催化双重功能；

（4）具有较大的极性可调性，可以形成两相或多相体系，适合作分离溶剂或构成反应-分离耦合体系；

（5）电化学稳定性高，具有较高的电导率和较宽的电化学窗口，可以用作电化学反应介质或电池溶液；

（6）离子液体的结构具有更大的可设计性，即可通过修饰或调变阴阳离子的结构或种类来调控离子液体的物理化学性质，以满足特定的应用需求。

金属离子的萃取分离是基于金属离子所形成的化合物在互不相溶的两相中分配比的差异，使金属离子富集到有机相从而达到与其他金属离子分离的目的。金属离子与离子液体形成疏水性基团，故而离子液体可以作溶剂来萃取金属离子，使金属离子进入离子液体相。迄今为止，有报道关于离子液体在碱金属和碱土金属离子、过渡金属离子、稀土金属离子和锕系金属离子的萃取分离。传统的有机溶剂有毒、易燃、易挥发。如果离子液体能用于金属离子的萃取分离，不但能提高萃取分离效率，而且无污染，这必将是绿色化学发展的方向。

另外，离子液体具有较宽的电化学窗口，结合了水溶液和高温熔盐体系的优点，在室温下即可得到在高温熔盐中才能电沉积得到的金属和合金，如 Al、Mg、Ti、Ta、Si、Ge 等，电积过程能耗低且没有高温熔盐那样的强腐蚀性。而且，液体中还可电沉积得到大多数能在水溶液中得到的金属，如 Cu、Zn、Cr、Ni 等，并且没有副反应，因而得到的金属质量更好。离子液体的上述特性及其良好的电导率，使之在金属电沉积研究应用中的前景广泛。

总之，离子液体作为一种真正的“绿色”溶剂，提供了与传统分子溶剂完全不同的环境，可广泛用于材料制备、催化、金属电沉积、燃料电池等领域。电化学反应在离子液体中进行则可能取得与传统电化学不同的、令人惊异的结果，因此，值得广泛研究。

1.5.3　高性能矿浆电解技术有待深入研究发展以获得更大应用

矿浆电解技术（slurry electrolysis）是将浸出、部分溶液净化和电积等过程结合在一个装置中进行，向这个装置加入磨细了的矿石或精矿，直接从这个装置中产出产品。矿浆电解是一项新技术，它的历史并不长，较明确地提出矿浆电解的概念是在 20 世纪 70 年代。1969 年 E. C. Brace 获得的一项关于铜电解沉积的美国专利，这是有关矿浆电解的最早报道，是矿浆电解的雏形。1972 年 P. R. Kruesi 提出一项可以从硫化铅矿中电解回收铅的专利，该专利提出可用这种方法处理其他一些硫化物。1975 年，J. C. Loretto 取得了一项美国专利，该专利指出，在一个电解槽中用离子交换膜将阳极室与阴极室分开，通过电解可回收纯铜和金属铁，除此之外，国内外许多研究人员在处理黄铜矿、铅锌硫化矿、钼和铼硫化物、铋矿、银矿、低品位锰矿、复杂多金属矿以及回收镍、钴和铁等领域进行广泛研究。

在单一金属矿产资源日益贫乏和环保要求日益严格的今天，矿浆电解具有明显的优势，具体如下：

（1）流程短。矿浆电解是在一个装置中同时完成金属矿物的浸出与金属的提取，是一种典型的短流程冶金技术。

（2）试剂耗量小，能耗低。这是相对于一般的湿法冶金浸出—净化—电解沉积工艺来说的。一般的电积过程，阳极反应多是水的分解反应，在阳极上析出氧气，这部分能量浪费了。而矿浆电解在阴极还原沉积金属的同时，阳极过程用于硫化矿的浸出或氧化，使通过阳极和阴极的电能均用于冶金过程，从而使矿浆电解工艺相对能耗下降。

(3) 金属分离效果好。由于不同的硫化矿在矿浆电解的阳极区存在一个氧化顺序，同时不同的金属离子在阴极上析出也存在一个还原顺序，因此，控制矿浆电解的氧化还原电位就能达到分离提取多种金属的目的；同时，通过选择不同的矿浆介质改变各种金属在矿浆介质中的溶解度，也可以改变各种金属的析出电位，有效地进行多种金属的电解分离。

(4) 环保。矿浆电解过程硫化矿中的硫主要转化为单质硫，从而有效避免了火法冶金有害气体的排放，同时使冶炼厂摆脱对硫酸市场的依赖；电解液可以循环使用，单质硫便于贮存和运输。因此，矿浆电解工艺基本上达到“零排放”，是一种环保的冶金工艺。

但矿浆电解同样也存在许多自身不可避免的缺点：

(1) 它和许多湿法冶金技术一样，是新兴的冶金技术，研究时间短，自身还存在许多问题。虽然对矿浆电解的机理研究取得了许多进展，但还是没有找到降低能耗、提高经济效益的方法，在经济上与火法冶金相比没有绝对的优势。

(2) 工程化进程阻力大。由于要在同一个装置中同时完成金属矿物的浸出与金属的提取，这不可避免地使电解槽结构复杂，工业生产操作困难；放大性能不佳，工程化阻力大。

(3) 反应速度慢。矿浆电解工艺上存在着浸出反应缓慢，反应时间长的缺点。

总之，对于矿浆电解普遍认同如下：

(1) 在酸性矿浆介质中进行的矿浆电解，各种硫化矿物的浸出机理存在很大差别，以何种浸出途径为主与矿物性质、矿浆介质和操作条件有关；

(2) 在酸性矿浆介质中进行矿浆电解，硫化矿物中的硫主要转化为元素硫，元素硫在阳极上基本不被氧化；

(3) 硫化矿物浸出的难易程度为：黄铁矿>辉钼矿>黄铜矿>镍黄铁矿>辉钴矿>闪锌矿>辉铜矿>磁黄铁矿>方铅矿。而且，矿浆电解作为一种新兴技术，有其独特的优势，符合人类可持续发展对冶金技术的要求，是一种很有发展前途的技术，需要很好地深入探讨，随其自身的不断发展与完善必将会得到更多的应用。

1.5.4 冶金电化学基础研究的深化和发展

冶金电化学基础研究的发展方向为：湿法冶金的电化学基础研究；功能电极材料及节能电极的理论基础；纳米尺度合金、线晶、多层膜等的电化学制备；电极过程动力学及电催化机理（包括界面电子迁移、成核及长大、薄膜中的电迁移与化学反应等）；电化学分离、提取与功能增进研究（如增氧、增氢、脱硫、多层化、磁性化、多功能修饰化等）；恶劣环境下使用的传感器等问题仍然需要进一步进行相关的基础理论和发展应用研究。

思考题

1-1 第一类导体和第二类导体有什么区别？

1-2 什么是电化学体系？请举出两、三个冶金工程实例加以说明。

1-3 能否说电化学反应就是氧化还原反应，为什么？

1-4 离子导体与电子导体有何不同？

1-5 请简述矿浆电解原理、特点和应用情况。

参考文献

[1] 傅献彩，沈文霞，姚天扬．物理化学［M］．北京：高等教育出版社，1990.

[2] 杨辉，卢文庆．应用电化学［M］．北京：科学出版社，2001.

[3] 田彦文，翟秀静，刘奎仁．冶金物理化学简明教程［M］.2 版．北京：化学工业出版社，2011.

[4] 谢德明，童少平，楼白杨．工业电化学基础［M］．北京：化学工业出版社，2009.

[5] 田昭武，苏文煅．电化学基础研究的进展［J］．电化学，1995，1（4）：375～383.

[6] 肖纪美，曹楚南．材料腐蚀学原理［M］．北京：化学工业出版社，2002.

[7] 周伟舫．电化学测量［M］．上海：上海科学技术出版社，1985.

[8] 阿伦 J 巴德，拉里 R 福克纳．电化学方法——原理和应用［M］.2 版．邵元华，朱果逸，董献堆，张柏林，译．北京：化学工业出版社，2005.

[9] 李荻．电化学原理［M］．修订版．北京：北京航空航天大学出版社，1999.

[10] 敖建平，熊友泉．电化学原理及测试技术［M］．南昌：南昌航空工业学院自编教材，2005.

[11] 达马斯金 B B，佩特里 O A. 电化学动力学导论［M］．谷林锳，秦尔华，王嘉荣，译．北京：科学出版社，1989.

[12] 龚竹青．理论电化学导论［M］．长沙：中南工业大学出版社，1988.

[13] 蒋汉瀛．冶金电化学［M］．北京：冶金工业出版社，1983.

[14] 贾梦秋，杨文胜．应用电化学［M］．北京：高等教育出版社，2004.

[15] 杨辉，卢文庆．应用电化学［M］．北京：科学出版社，2001.

[16] 高小霞．电分析化学导论［M］．北京：科学出版社，1986.

[17] 田昭武．电化学研究方法［M］．北京：科学出版社，1984.

[18] 武汉大学化学系．仪器分析［M］．北京：高等教育出版社，2001.

[19] 刘业翔．有色金属冶金基础研究的现状及对今后的建议［J］．中国有色金属学报，2004，14（S1）：21～24.

[20] 王常珍．固体电解质和化学传感器［M］．北京：冶金工业出版社，2000.

[21] 舒余德，陈白珍．冶金电化学研究方法［M］．长沙：中南工业大学出版社，1990.

[22] 张明杰，王兆文．熔盐电化学原理及应用［M］．北京：化学工业出版社，2006.

[23] 谢刚．熔融盐理论与应用［M］．北京：冶金工业出版社，1998.

[24] 黄怀国．湿法冶金中的电化学［J］．黄金科学技术，2003，11（2）：8～14.

[25] 董铁广．离子液体在黄铜矿湿法冶金中的应用研究［D］．昆明：昆明理工大学硕士论文，2009.

[26] 王冠娟．熔盐电解 Al-Li-La 系合金及其电化学行为研究［D］．哈尔滨：哈尔滨工程大学硕士论文，2011.

[27] 杨显万，张英杰．矿浆电解原理［M］．北京：冶金工业出版社，2000.

[28] 罗吉束．矿浆电解的研究现状及展望［J］．黄金科学技术，2003，11（6）：36～43.

2　电解质水溶液物理化学性质

本章导读

电解质溶液广泛存在于自然界环境和各种工业过程中，冶金生产也不例外。湿法冶金主要在水溶液中进行；火法冶金中的炉渣和熔盐作为离子熔体，也称为液态电解质；除此之外，固体电解质在高温物理化学和冶金工业中也具有重要的应用价值。电解质溶液不仅是构成电化学系统完成电化学反应必不可少的条件，同时它也是电化学反应物的提供者，因此了解电解质溶液的物理化学特性十分重要，本章着重阐述水溶液电解质离子的相互作用、导电等物理化学性质。

2.1　离子导体

能够导电的导体，根据传导电流的电荷载体（也称载流子）的不同，可以分为两类：第一类电子导体，如金属、合金、石墨、碳、金属的氧化物（PbO_2、Fe_3O_4等）和碳化物（WC 等）及导电聚合物（如聚乙烯、聚吡咯、聚苯胺、聚噻吩、聚对苯乙烯、聚对苯等能形成大的共轭π体系，通过 π 电子流动导电）；第二类离子导体，如电解质溶液、熔盐电解质和固体电解质。一般第二类导体的导电能力比第一类导体小得多，但与第一类导体相反，第二类导体的电阻率随温度升高而变小，大量实验证明，温度每升高 1℃，第二类导体的电阻率大约减小 2%。这是由于温度升高时，溶液的黏度降低，离子运动速度加快，在水溶液中离子水化作用减弱等原因，使导电能力增强。

2.1.1　电解质水溶液（aqueous electrolyte）

大部分液体虽可电解，但离解程度很小，所以不是导体。例如纯水（去离子水），其电阻率高达 $10^{10}\Omega\cdot m$ 以上。但加入电解质后，其离子浓度将大为增加，电阻率降至约 $10^{-1}\Omega\cdot m$，便成为导体。相对于有机溶剂电解质，以水为溶剂的电解质溶液是最常见和广泛使用的。本章将重点讨论电解质水溶液，简称电解质溶液或溶液。

值得一提的是，电解质在水中离解成正、负离子的现象叫电离。电离的程度与电解质的本性（键能的性质与强弱）、溶剂的极性强弱、溶液的浓度和温度等因素有关。根据电离程度的不同，可将电解质分为强电解质和弱电解质两大类。强电解质在溶液中几乎是全部电离的。强酸、强碱和大部分盐类属于强电解质，如 HCl、H_2SO_4、NaOH、NaCl、$CuSO_4$、CH_3COONa 等溶于水时。弱电解质在溶液中是部分电离的，存在着电离平衡。可以用电离度 α（α=溶质 i 已电离的分子数/溶质 i 的分子数）表示其特征。弱酸、弱碱，如 CH_3COOH、H_2CO_3、NH_3 等溶于水时常属于弱电解质。强电解质和弱电解质之间并无绝对的界限。有些电解质介于两者之间，如 H_3PO_4、H_2SO_3、$Ca(OH)_2$等。有的电解质在不同的溶剂中表现出完全不同的电离程度，如 CH_3COOH 在水中是弱电解质，而在液氨中则为强电解质。而按照离子在溶液中存在的形态可分为缔合式电解质和非缔合式电解质。离子在溶液中全部以自由离子形态存在的电解质叫非缔合式电解质。这类电解质实际上比较少见，主要有碱金属、碱土金属和过渡族金属的卤化物及过氯酸盐。但非缔合式电解质的概念在理论上很重要，近代电解质溶液理论就是按这类电解质推导出来的。除了自由离子外，还含有以静电作用缔合在一起的离子缔合体或未电离的分子的电解质则称为缔合式电解质。实际中遇到的大多数电解质均属此类。另外，按照电解质的键合类型可以分为真实的电解质和可能的电解质。凡是以离子键化合的电解质本身就是由正、负离子组成的离子晶体。它们熔化成液态时，即形成离子导体。它们在溶剂中溶解时，由于溶剂分子与离子间的相互作用，离子键遭到破坏而离解为正离子和负离子。所以，把离子键化合物称为真实的电解质，例如 NaCl、$CuSO_4$等。而以共价键化合的电解质，则只有在溶解过程中，通过溶剂与溶质（电解质）的化学作用才能形成离子。例如，HCl、CH_3COOH、NH_3等是共价键化合物，它们在水中的电离是通过下述反应生成配合物或水化物而实现的，即

$$HCl+H_2O \rightleftharpoons H_3O^++Cl^- \tag{2-1}$$

$$H_3C-C(=O)OH + H-O-H \rightleftharpoons \left[H_3C-C(=O)OH\right]^- + H_3O^+ \tag{2-2}$$

$$NH_3+H_2O \rightleftharpoons NH_4^++OH^- \tag{2-3}$$

这一类电解质就叫做可能的电解质。

2.1.2 熔盐电解质（molten salt electrolyte）

熔融电解质一般指熔融状态的盐类，即熔盐。通常所说的熔盐多指无机盐的熔融物。常温下熔盐类物质大部分是离子晶体，盐熔化后（离熔点不远时），其结构仍然和晶体有类似之处。大多数盐熔化后，体积相对增加不大，例如 KCl 为 17.3%，KNO_3 为 3.3%，$CaCl_2$为 0.9%；盐类的热容只比固体的热容稍大一些。这些数据表明熔盐中粒子间的平均距离与固态盐中粒子间的平均距离相近，盐熔化时各质点间的结合力只受到不大的削弱，熔盐中粒子的热运动性质仍然保持着固态粒子热运动的性质。根据 X 射线分析，在离结晶温度很近时的液态和其结晶态结构性质相近。虽然目前对熔盐结构仍未十分清楚，但是一般认为熔盐是完全离解的离子液体。对于碱金属卤化物，这是真实的。但其他如银离子的卤化物却或多或少有共价键。由于熔盐的电离度大，而且温度高使得离子运动速度增加，故其电导率一般比水溶液大得多。

最常见的熔融盐是由碱金属或碱土金属与卤化物、硅酸盐、碳酸盐、硝酸盐以及磷酸盐组成。然而，熔盐发展至今已不限于无机盐熔体，还包括氧化物熔体及熔融有机物，例如等摩尔分数的 NaCl-KCl、NaF（11.5%，摩尔分数，余同）-KF（42.0%）-LiF（46.5%）、La_2O_3（10%）-CuO（90%）。熔盐应用范围很广，大致有如下几方面：（1）电解冶金及材料科学，包括金属及其合金的电解制取与精炼、合成新材料、表面处理；（2）能源技术，如核能、能源贮存、电池；（3）固态电化学技术，如单晶生长、熔盐半导体、固体电解质；（4）环境技术，如净化大气、处理废物、无硫金属提取；（5）化学

工业，主要用作化学反应的介质。

近年来，室温熔盐-离子液体成为科学界关注的热点。离子液体是指在室温或接近室温下呈现液态的、完全由阴阳离子所组成的盐，也称为低温熔融盐。在离子液体中，阴阳离子之间的作用力大小与阴阳离子的电荷数量及半径有关，离子半径越大，它们之间的作用力越小，这种离子化合物的熔点就越低。由于低温熔盐没有高温熔盐腐蚀设备、耗能及易发生歧化反应的弊端，也不像有机溶剂溶解盐类能力低和导电性差，因此，近年来关于离子液体电沉积、萃取等开发研究引起了科研人员的高度关注。

2.1.3 固体电解质（solid electrolyte）

固体电解质是指在一定温度以上具有离子导电性质的一类固体物质，其离子导电性的产生与组成固体的元素性质和晶体的缺陷有关。譬如 AgI，在 147℃以上六方晶 β- AgI 转变为面心立方的 α- AgI，电导率增加了 1000 倍，成为可应用的固体电解质。固体电解质是离子迁移速率较高的固体物质。对于多数固体电解质而言，只有在较高温度下，电导率才能达到 10^{-6}S/cm 数量级，因此固体电解质的化学实际上是高温电化学，但对固体电解质还要求在高温下具有稳定的化学和物理性能。实际晶体都存在一定的缺陷，在固体电解质内离子之所以能够移动导电，其原因就是固体晶格内存在缺陷。通常，为了增加它的离子导电性，采用掺杂的方法，例如在 ZrO_2 中加入 CaO，由于 Zr 是+4 价，而 Ca 是+2 价，则 CaO 带到 ZrO_2 晶格中去的氧离子就少了一半，产生氧离子的空位（空穴），在电场的作用下，氧离子就会发生迁移-空穴导电，导电能力急剧增加。需要注意的是，固体电解质的导电以离子导电为主，但也有极少部分电子参与导电，而电子电导率占总电导率的分数过大的固体电解质，则不能用于精确的电化学测量和用于实用电池的电解质。

人们虽然早就发现某些离子晶体能导电，但电导率很低，20 世纪 60 年代中期发现了快离子导体（如 $RbAgI_5$），固体电解质才能得到较广泛的应用，目前固体电解质可用于制作微型电池、燃料电池、定时器、记忆元件和测氧分压探头等，这极大地推动了固体电解质的发展。具体内容请参阅相关文献。

2.2 水溶剂-电解质相互作用

电解质溶液的性质主要取决于溶质与溶剂的性质，以及溶液中各类粒子间的相互作用。水溶液电解质，由于广泛存在于自然界、工业环境以及生物体的水介质的结构特性，以及加入其中的电解质相互作用而表现出特有的结构和性能。

2.2.1 水的结构特点

水是共价化合物。按照共价键理论，最外层有 6 个电子的氧原子在化合成水分子时，它的 2s 电子和 2p 电子能形成 4 个 sp^3 杂化轨道。这 4 个杂化轨道有相同的能量，轨道的对称轴各自指向正四面体的四个顶角。两个未成对的电子分别与氢原子中的 1s 电子形成共价链，占据着两个杂化轨道（成键轨道）。另外两个 sp^3 杂化轨道则由两对不参与成键作用的成对电子（孤电子对）所占有。孤电子对的电子云密度较高，对成键电子对占用的杂化轨道有排斥作用，使这两个成键轨道的夹角（键角）被压缩为 104°45′，小于正四面体杂化的109°28′，因而使水分子具有不等性杂化结构（图2-1）。水分子中的O—H键是极性键，氧原子负电性很强，电子云向氧原子一边密集。而水分子又是键角为104°45′的非线性分子，所以水分子的极性较强，其偶极矩为6.17×10^{-3}℃·m。

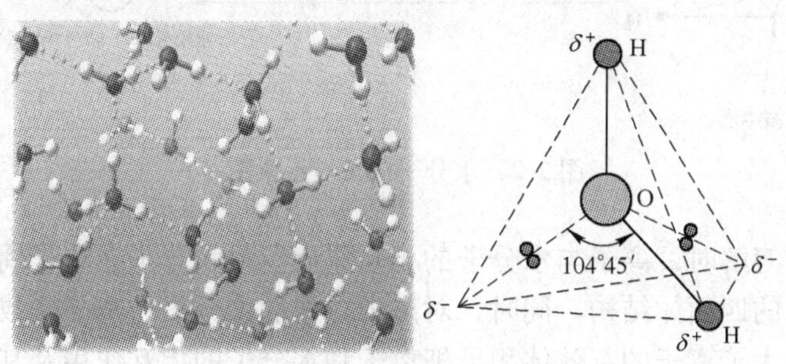

图2-1 液体水分子的结构

在水分子中，氢原子一端呈正电性，而且氢原子无内电子层，体积很小，极易与带孤电子对的负电性较强的原子以静电作用缔合，形成氢键。所以，固态水（冰）主要是以氢键缔合而形成的正四面体结构的晶体。取任意一个水分子作为四面体的中心分子，它的两个氢原子可与其他水分子中氧的孤电子对形成氢键，它的两个孤电子对也可以与其他水分子中的氢原子形成氢键。因此，中心水分子可与四个顶角上的水分子组成正四面体。冰中每一个水分子既是中心分子，又是邻近水分子的配位分子。这样，所有的水分子都以氢键缔合成一个整体。冰的正四面体结构并没被水分子填满，存在着空隙，所以冰的密度通常比较小。而当冰受热融化成水时，氢键并未完全被破坏，水中仍有大量不同数目的水分子靠氢键结合成大小不等的缔合体。其中由数十个水分子形成的缔合体部分地保留着冰的四面体结构，称之为“冰山（iceberg）”。所以，水实质上是由大大小小的缔合体和自由水分子所共同组成的缔合式液体。其中，缔合体处于不间断的解体与生成的变化之中，与自由水分子构成一种动态平衡。“冰山”及小的缔合体可以自由移动和相互靠近，因而在空间结构上比冰的空隙少，使水的密度比冰大。但是随着温度的升高，一方面有更多的氢键被破坏，“冰山”减少，使水的密度增大；另一方面，有更多的自由水分子形成，水分子的热运动随温度升高而增大，又将使水的密度减小。在这两个矛盾因素共同作用下，水的密度在4℃时具有最大值。

总之，液体水在短程范围内和短时间内具有和冰相似的四面体结构。液体水一般呈网络状结构，聚合的水分子是通过静电力的作用形成，但热运动不断将其破坏，因此处于动态平衡，同时也存在一些不缔合的游离水分子。

2.2.2 水溶剂-电解质相互作用

由于水分子是一种偶极分子（分子中的正电中心与负电中心不重合时称为偶极分子，也称为极性分子），其正、负电荷中心不集中在一点上（图2-2），因此，当离子晶体加入水中，晶体将受到溶剂水分子的偶极子作用发生电离，同时水分子受离子电场的作用而定向在离子周围形成水化壳，这就是水的第一种溶剂作用——离子水化；同时水分子还可以与“可能电解质”起化学作用，如由于质子转移或酸碱反应造成的：$HCl+H_2O=H_3O^++Cl^-$，冶金炉渣的酸碱性之分，这是水的第二种溶剂作用。其中离子水化的影响普遍存在。

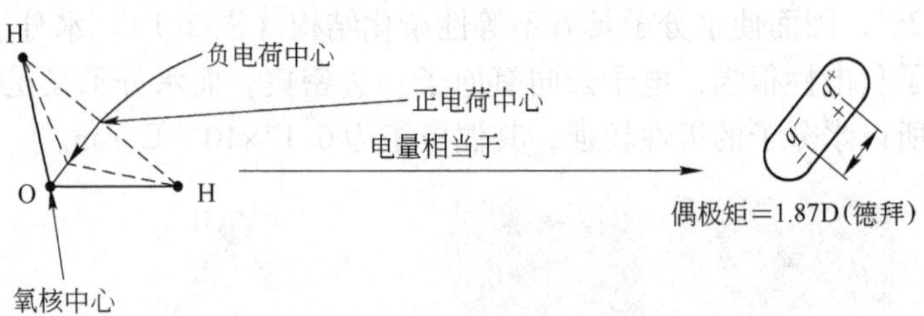

图 2-2　水分子偶极矩示意图

电解质在水中溶解时，离子与水分子的相互作用导致水分子在离子周围定向排列，破坏了附近水层原有的四面体结构。同时，对离子取向的水分子与离子形成一个整体，在溶液中一起运动，增大了离子的有效体积。把离子和水分子的相互作用及其引起的溶液状态的上述变化统称为离子水化或离子的水化作用。如果是泛指一般溶剂，可称为离子的溶剂化。离子与水分子的相互作用通常包括两个方面：离子与极性水分子之间的静电作用和它们之间的化学作用（如生成水合物）。

离子水化过程伴随有能量的变化。电解质之所以能在水中自发的离解，正在于电离时破坏了离子键或极性分子共价键所需要的能量来自水化作用所释放出的能量。所以，电离与离子水化是电解质溶解过程的不可分割的两个方面。图 2-3 以简化的形式表示了两类结构的电解质的电离和水化过程。水化作用释放的能量并非恰好等于破坏键能所需要的能量，因而电解质溶解过程伴随有热效应的产生。在一定温度下，1mol 自由气态离子由真空中进入大量水中形成无限稀释溶液时的热效应定义为离子的水化热。泛指一般溶剂时，则称为溶剂化热。实验证明，离子水化热具有加和性。所以 1mol 电解质的水化热 ΔH_{MX} 等于其正、负离子水化热的代数和。即：

$$\Delta H_{MX}=\Delta H_{M^+}+\Delta H_{X^-} \tag{2-4}$$

式中，ΔH_{M^+} 和 ΔH_{X^-} 分别为正、负离子水化热。由于溶液中不可能只有一种离子单独存在，所以不能直接测出离子的水化热，对于水化热可以用热力学方法求出。

由于离子与水分子相互作用的结果，离子周围的水分子和远处的自由水分子有不同的性质。近程作用的能量通常大于水分子间的氢键键能，使得水分子的热运动性质发生变化，其中主要是影响了水分子的平动运动；远程作用则主要是库仑力的作用，影响水分子的极化和取向，破坏了水原有的结构。在离子与水分子相互作用的有效范围内所包含的这些非自由水分子的数目就叫做水化数。包围着离子的非自由水分子层则称作水化膜。最靠近离子的水分子层在近程作用下定向并牢固地与离子结合在一起，失去了平动自由度，在溶液中基本上与离子一起运动。这一部分水化作用称为原水化或化学水化。这层水分子层叫原水化膜，所包含的水分子数叫原水化数。原水化数不受温度的影响。原水化膜外的水分子层只受到远程作用的影响，与离子的联系较松散，称为二级水化或物理水化。这部分水化膜称为二级水化膜，它所包含的水分子数目受温度影响很大，没有固定的数值。

应该说明的是，水化数只是一个定性的概念，目前尚无法进行定量测量和计算。许多学者使用各种方法测量过原水化数，结果都不一致。主要原因是原水化膜与二级水化膜很难截然分开。测出的原水化数中实际包含了一部分二级水化数。但是，从水化数的测量结果仍得出了定性的规律，即原水化数随离子半径的减小和离子电荷的增加而增大。也就是

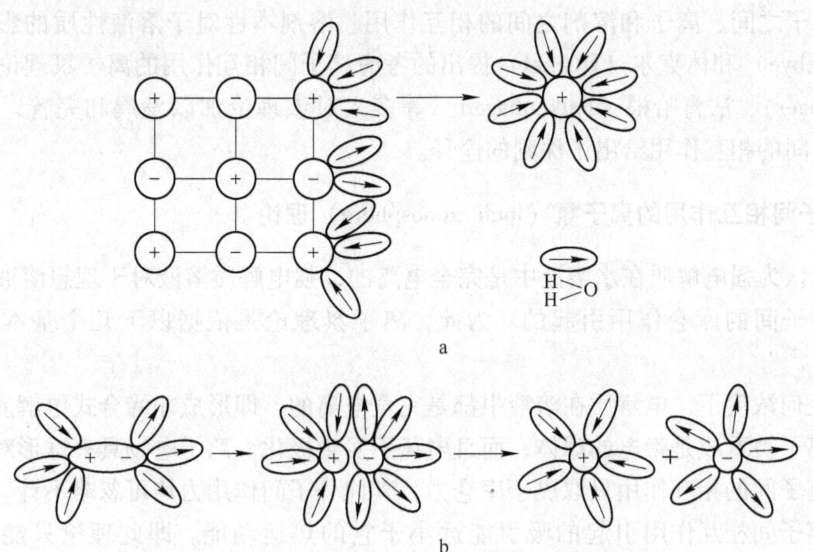

图 2-3 电解质在水中电离和水化过程的示意图

a—离子键化合物（NaCl 型）；b—极性共价键化合物（HCl 型）

⊕—正离子；⊖—负离子；(+ −)—极性分子（溶质）；(→)—水分子

说，原水化数与离子电场的库仑力大小有关。还应强调从动态平衡的观点去理解原水化膜概念。因为溶液中的离子和水分子都不是静止的，而是处于不停的热运动之中，所以并不存在一个固定不变的水化膜。离子的热运动使它只在某些水分子附近停留一定时间。而水分子要在这个离子周围取向，也需要一定的时间。因而只有离子停留时间大于水分子取向时间时，才能形成原水化膜。在这种情况下，离子每到一处，都要建立起新的水化膜，而组成水化膜的水分子也在不停地变换着。这样，从动态平衡的观点来看，任一瞬间，离子周围总是存在着一个水化膜的，相当于离子带着一个原水化膜在溶液中运动。如果离子停留时间小于水分子的取向时间，则不会形成原水化膜，例如，Cs^+离子和I^-离子的原水化数就是零。

总之，离子水化对电解质溶液的性质将产生两种重要影响：

（1）离子水化将减少溶液中自由水分子的数量，增加离子的体积，起到了均化作用，使得离子的扩散系数接近相同，离子水化也改变了电解质的活度系数和电导率等静态和动态性质；

（2）带电离子的水化破坏了附近水层的四面体结构，同时水的偶极子对离子的定向，使得离子附近水分子层的介电常数发生变化，这种情况会严重影响双电层的结构，将对电极过程、金属电沉积和结晶等都有一定的影响。

2.3 离子间相互作用理论简介

最早的 Arrhenius 电离学说认为在水溶液中溶质分为非电解质和电解质；电解质的分子在水中可以解离成带电离子；根据离解度可以区分强弱电解质等。但电离学说却没有考虑溶液中离子之间、离子和溶剂之间的相互作用、溶剂本性对于溶液性质的影响。1923年德拜（Debye）和休克尔（Hückel）提出的考虑离子间相互作用的离子氛理论，后经盎萨格（Onsager）、法肯哈根（Falkenhagen）等多人对该理论加以发展和完善，对电解质水溶液离子间的相互作用给出了深刻的诠释。

2.3.1 离子间相互作用的离子氛（ionic atmosphere）理论

该理论认为强电解质在水溶液中是完全电离的，强电解质溶液对于理想溶液的偏差完全是由于离子间的库仑作用引起的。为此，离子氛理论是依据以下几个基本假设而导出的：

（1）任何浓度下，电解质在溶液中都是完全电离的，即形成非缔合式电解质溶液。

（2）离子被看成是带电的球体，而且电荷不发生极化。离子电场具有球形对称性。

（3）离子间的相互作用只取决于库仑力，其他分子间作用力均可忽略不计。

（4）离子间相互作用引起的吸引能远小于它的热运动动能。即此理论只能适用于稀溶液。

（5）电解质的溶入对溶剂的相对介电常数没有影响。即可以用纯溶剂的相对介电常数代替溶液的相对介电常数。

虽然离子氛理论在推导过程中作了一些假设和近似处理，仅适用于非缔合式电解质稀溶液。但是，它所提出的基本论点和严谨的理论处理方法，在理论上有着重要的意义。

2.3.1.1 离子氛模型

按照上述假设，从微观结构看，溶液中的所有离子都处于不停的热运动之中。在热运动作用下，离子趋向于均匀分布。而正、负离子间的异性相吸、同性相斥的静电作用则促使它们按一定的规则排列。因而任何一个离子都是处于这两种矛盾因素的对立统一之中。而从众多的离子中任意取一个离子，称为中心离子，如图2-4所示，中心离子的电荷中心为A点，在距A点大于离子半径而又存在着离子间静电作用的某处取一个体积元dV。设A与dV的距离为r。假如中心离子是正离子，那么它周围的离子在静电作用下，负离子被吸引而力图靠近中心离子，正离子受排斥而力图远离中心离子。结果，在体积元dV中呈现负电性，即负离子出现的概率大于正离子。但是，在热运动影响下，正、负离子又倾向于在中心离子周围均匀分布。因而，离A点越远，热运动作用相对于静电作用越大，则正、负离子出现的概率越趋于相等。也就是说，r值越大，dV中的负电性越小。由于体积

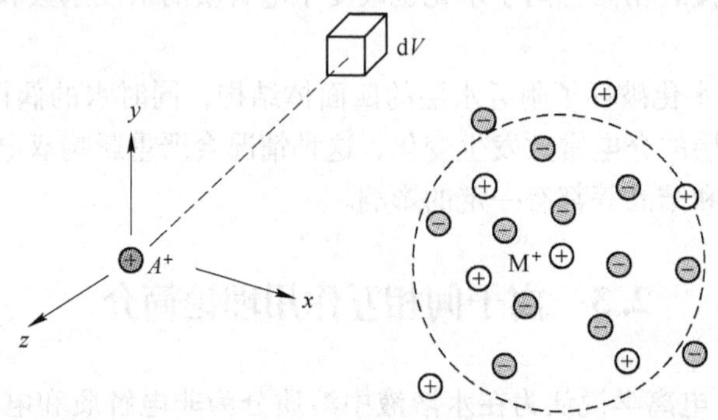

图2-4 离子氛示意图

元是任意选取的，它可以是中心离子外的任意一点，因而能够设想中心离子好像被符号相反的电荷层所包围着，且电荷密度随着与中心离子的距离增大而减小。中心离子电场具有球形对称性，故这一电荷层也是球形对称分布的。就像一层球壳一样。德拜、休克尔就把中心离子周围这一大小相等、符号相反的电荷所构成的球壳称为离子氛或离子云。

中心离子及其离子氛作为一个整体是电中性的，它与溶液中其他部分没有静电作用。中心离子又是任意选取的。因此可以把中心离子及其离子氛看作一个代表了溶液中离子间相互作用特点的典型单元，这就是德拜-休克尔理论提出的离子氛模型。研究清楚了离子氛模型中中心离子与离子氛的相互作用，就等于研究清楚了溶液中离子间的相互作用。

离子氛模型是一种以大于布朗运动起伏时间（约 10^{-12}s）所进行的瞬时观察的统计平均结果，离子氛实质上指的是中心离子周围的有相反符号的剩余电荷层而不是离子层。所以，在理解离子氛模型时应特别注意：

（1）在溶液中，任何离子都是等同的。它既是一个为离子氛所包围的中心离子，同时又是其他中心离子之离子氛的组成部分，而且同时为许多离子氛所共有。

（2）溶液中所有离子都是不停地运动着的，中心离子没有固定的位置，离子氛也没有固定的组成，离子氛中的离子是不间断地与其他离子氛中的离子进行着交换的。

（3）离子氛的电量等于中心离子的电量，溶液呈电中性。

（4）在无外加电场时，离子氛为球形分布。

2.3.1.2 离子氛电位和离子相互作用能

由于离子氛理论假设了离子间只有库仑力作用，因此稀电解质溶液中离子间的相互作用可以通过离子氛的存在所引起的中心离子电能的变化来描述。也就是说，把离子间相互作用引起的能量变化等效为在离子氛电场中对中心离子充电过程所做的电功。电功等于对中心离子充电的电量和离子氛在中心离子处引起的电位的乘积。电量是已知的。所以定量分析的核心是求离子氛在中心离子处引起的电位。

根据德拜-休克尔理论，离子氛是离散分布在中心离子周围的电荷群体。如果能知道这些电荷在空间的分布，那么就能求出它们所引起的电位了。因此，需要首先推导离子氛中体电荷密度 ρ 的分布规律。

以中心离子的电荷中心为坐标原点，在距原点 r 远处取一个微小的体积元 dV（图 2-4）。用 n_i表示 i 离子的浓度（1m^{3}中的离子平均个数），用 z_i表示 i 离子所带的电荷。则离子氛中的体电荷密度 ρ 为：

$$\rho = \sum_i n_i z_i e_0 \tag{2-5}$$

式中，e_0为电子电荷。假如不存在离子间相互作用，离子氛也就不存在，各种离子在热运动作用下均匀分布，溶液中各处都是电中性的。所以体积元 dV 中的体电荷密度应为零，即：

$$\rho = \sum_i n_i^0 z_i e_0 = 0 \tag{2-6}$$

式中，n_i^0 为无离子间相互作用时的 i 离子体浓度，个/m^3。

但实际上是存在着离子间相互作用的，在库仑力作用下，中心离子周围的离子非均匀分布，形成所谓离子氛。在离子氛中，任意一点都有一定的电位。假定 dV 中电位的时间平均值为ψ，离子在电场中的分布服从玻耳兹曼（Boltzmann）定律，那么dV中i离子的浓度为：

$$n_1 = n_1^0 \exp\left(-\frac{z_i e_0 \psi}{kT}\right) \tag{2-7}$$

dV中的体电荷密度ρ为：

$$\rho = \sum_i n_i z_i e_0 = \sum_i n_i^0 z_i e_0 \exp\left(-\frac{z_i e_0 \psi}{kT}\right) \tag{2-8}$$

由于假设了溶液很稀，静电作用能远小于热运动能，即$z_i e_0 \psi \ll kT$，故式2-8中的指数项可按泰勒（Taylor）级数展开：

$$\exp\left(-\frac{z_i e_0 \psi}{kT}\right) = 1 - \frac{z_i e_0 \psi}{kT} + \frac{1}{2}\left(\frac{z_i e_0 \psi}{kT}\right)^2 - \cdots \tag{2-9}$$

略去高次项，保留前两项，则可将玻耳兹曼定律线性化，使式2-8近似为：

$$\begin{aligned}\rho &= \sum_i n_i^0 z_i e_0 \left(1 - \frac{z_i e_0 \psi}{kT}\right) \\ &= \sum_i n_i^0 z_i e_0 - \sum_i \frac{n_1^0 z_1^2 e_0^2 \psi}{kT}\end{aligned} \tag{2-10}$$

根据式2-6，式2-10右边第一项为零，故式2-10可写为：

$$\rho = -\sum_i \frac{n_1^0 z_1^2 e_0^2 \psi}{kT} \tag{2-11}$$

式中，ρ与ψ均为未知量。要解这个二元方程，就必须寻找另一个ρ与ψ的关系式。德拜-休克尔理论将水看成是连续介质，把离子氛中的电荷看成该连续介质中的电荷，即假定离子氛电荷是连续分布曲线。这样，就可以借用泊松（Poisson）方程表达离子氛中体电荷密度与电位的关系。因而得到：

$$\nabla^2 \psi = -\frac{p}{\varepsilon_0 \varepsilon_r} \tag{2-12}$$

式中，∇为拉普拉斯（Laplacian）算符；ε_0为真空介电常数；ε_r为纯溶剂的相对介电常数。

离子氛是球形对称的，故可用极坐标表示泊松方程，即

$$\frac{1}{r} \times \frac{d^2(r\psi)}{dr^2} = -\frac{\rho}{\varepsilon_0 \varepsilon_r} \tag{2-13}$$

将式2-11代入式2-13得

$$\frac{1}{r} \times \frac{d^2(r\psi)}{dr^2} = -\frac{e_0^2 \psi}{\varepsilon_0 \varepsilon_r kT} \sum n_i^0 z_i^2 \tag{2-14}$$

这就是线性化的泊松-玻耳兹曼方程。当温度、电解液组成和浓度一定时，可将右边的常数项合并，用一个新的常数κ来表示：

$$\kappa = \left(\frac{e_0^2 \psi}{\varepsilon_0 \varepsilon_r kT} - \sum n_i^0 z_i^2\right)^{\frac{1}{2}} \tag{2-15}$$

则式2-14简化为：

$$\frac{d^2(r\psi)}{dr^2} = \kappa^2 r\psi \tag{2-16}$$

这是一个常系数二阶线性齐次方程，其通解为：

$$\psi = \frac{A}{r}\exp(-\kappa r) + \frac{\varepsilon}{r}\exp(\kappa r) \tag{2-17}$$

由于在距离中心离子足够远处，中心离子与离子氛的静电作用消失，故可设第一个边界条件为：$r \to \infty$ 时，$\psi = 0$。此时，$\exp(-\kappa r) \to 0$。因而确定 $B=0$，代入式 2-6 中得到：

$$\psi = \frac{A}{r}\exp(-\kappa r) \tag{2-18}$$

其次，溶液中的离子都是有一定体积的球体，不是点电荷。也就是说，上述推导中的坐标原点只能代表中心离子的球心，而不是中心离子本身。因此，中心离子与周围离子氛中的离子之间能够靠近的最小距离必定大于两个赤裸离子的半径之和。同时考虑到在溶液中离子都是水化的，水化膜在电场作用下可能变形，因而这一最小距离又应小于两个水化离子半径之和，如图 2-5 所示。设这个最小距离为 δ，称为离子的体积参数。显然，离子氛是从与原点相距 δ 的球面上才开始存在的，所以从距离 δ 开始，沿球体半径 r 到无穷远处积分，就可得到离子氛所包含的全部电荷。由离子氛的物理模型已经知道，离子氛的总电荷与中心离子电荷等值反号。中心离子的电荷是 $z_i e_0$，所以：

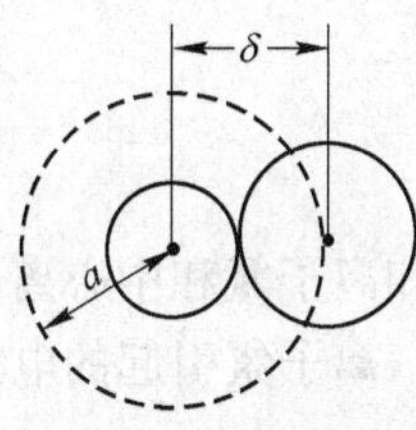

图 2-5 离子间相互靠近的最小距离

$$\int_0^{\infty} 4\pi r^2 \rho \mathrm{d}r = -z_i e_0 \tag{2-19}$$

将式 2-15 代入式 2-11，得到：

$$\rho = -\varepsilon_0 \varepsilon_r \kappa^2 \psi \tag{2-20}$$

将式 2-18 代入上式，得：

$$\rho = -\varepsilon_0 \varepsilon_r \kappa^2 \frac{A}{r}\exp(-\kappa r) \tag{2-21}$$

将式 2-21 代入式 2-19，得到：

$$\int_0^{\infty} 4\pi r \varepsilon_0 \varepsilon_r A \kappa^2 \exp(-\kappa r)\mathrm{d}r = z_i e_0 \tag{2-22}$$

对上式分部积分，得：

$$4\pi\varepsilon_0\varepsilon_r A(1+\kappa\delta)\exp(-\kappa\delta) = z_i e_0 \tag{2-23}$$

所以：

$$A = \frac{z_i}{4\pi\varepsilon_0\varepsilon_r} \times \frac{\exp(\kappa\delta)}{1+\kappa\delta} \tag{2-24}$$

把式 2-24 代入式 2-18 中，得：

$$\psi = \frac{z_i e_0}{4\pi\varepsilon_0\varepsilon_r} \times \frac{\exp(\kappa\delta)}{1+\kappa\delta} \times \frac{\exp(-\kappa r)}{r} \tag{2-25}$$

这就是与中心离子电荷中心相距 r 处的电位时间平均值。

在距离为 r 处的电位，实际上是由中心离子电荷和离子氛电荷共同在该点所引起的电位。根据电场线性叠加原理，若干电荷体系在某点共同引起的电位等于各个电荷体系所引起的电位的代数和。若用 ψ' 表示中心离子在 r 处引起的电位，ψ' 为离子氛在 r 处引起的电位，那么：

$$\psi = \psi' + \psi'' \tag{2-26}$$

根据静电学原理，容易得到：

$$\psi'=\frac{z_ie_0}{4\pi r\varepsilon_0\varepsilon_r} \tag{2-27}$$

将 ψ 和 ψ' 的关系式 2-25 和式 2-27 代入式 2-26，就可得到 ψ'' 的表达式，即：

$$\begin{aligned}\psi''&=\frac{z_ie_0}{4\pi\varepsilon_0\varepsilon_r}\times\frac{\exp(\kappa\delta)}{1+\kappa\delta}\times\frac{\exp(-\kappa r)}{r}-\frac{z_ie_0}{4\pi r\varepsilon_0\varepsilon_r}\\&=\frac{z_ie_0}{4\pi r\varepsilon_0\varepsilon_r}\left[\frac{\exp(\kappa\delta)\exp(-\kappa\lambda)}{1+\kappa\delta}-1\right]\end{aligned} \tag{2-28}$$

已知离子氛和中心离子都是球形对称的，且两者间的最小距离为 δ，所以在 $r=\delta$ 的球面上，离子氛引起的电位为：

$$\psi_\delta=-\frac{z_ie_0}{4\pi\varepsilon_0\varepsilon_r}\times\frac{\kappa}{1+\kappa\delta} \tag{2-29}$$

或

$$\psi_\delta=-\frac{z_ie_0}{4\pi\varepsilon_0\varepsilon_r}\times\frac{1}{1/\kappa+\delta} \tag{2-30}$$

按照静电学原理，半径为 δ 的带有单一电荷的球体内部各点电位相等。由于离子氛电荷不能进入 $r<\delta$ 的球体内部，故假设成球体的中心离子内部各点的电位应等于离子氛在 $r=\delta$ 的球面上产生的电位 ψ''_δ。

求出 ψ''_δ 后，就可以计算离子氛的存在所引起的中心离子电能的变化，也就是在离子氛电场中使中心离子从零电荷到 z_ie_0 电荷的充电过程所需做的电功。已知半径为 r 的荷电球体在电场中充电所需做的功为：

$$\mathrm{d}W=\psi_r\mathrm{d}q \tag{2-31}$$

式中，W 表示电功；ψ_r 是带电球体表面的电位，其数值随球体已带的电荷值 q 的变化而变化，即

$$\psi_1=\frac{q}{4\pi r\varepsilon_0\varepsilon_r} \tag{2-32}$$

所以，电荷从 0 到 q 的整个充电过程所做的电功应为：

$$W=\int_0^q\psi_r\mathrm{d}q=\int_0^q\frac{q}{4\pi r\varepsilon_0\varepsilon_r}\mathrm{d}q=\frac{q^2}{4\pi r\varepsilon_0\varepsilon_r}=\frac{1}{2}q\psi_r \tag{2-33}$$

将中心离子电荷 z_ie_0 和离子氛引起的电位 ψ''_δ 代入，即可得到由离子氛和中心离子相互作用所引起的电能变化 W_i，即：

$$W_i=-\frac{1}{2}q\psi_r=\frac{1}{2}z_ie_0\psi''_\delta \tag{2-34}$$

或

$$W_i=-\frac{1}{2}\times\frac{(z_ie_0)^2}{4\pi\varepsilon_0\varepsilon_r}\times\frac{1}{1/\kappa+\delta} \tag{2-35}$$

这就是离子氛理论所得出的单个离子的离子间相互作用能。对 1mol 离子来说，离子间相互作用能通常以化学能变化 $\Delta\mu_i$ 来表示，即：

$$\Delta\mu_i = \frac{1}{2}z_i e_0 N_A \psi''_\delta = -\frac{1}{2} \times \frac{N_A(z_i e_0)^2}{4\pi\varepsilon_0\varepsilon_r} \times \frac{1}{1/\kappa + \delta} \tag{2-36}$$

式中，N_A 为阿伏伽德罗（Avogadro）常数。

2.3.1.3 离子氛厚度

若一个半径为 r 的无限薄的空心球壳带有电荷 q，那么它的电位为：

$$\psi_r = \frac{q}{4\pi r\varepsilon_0\varepsilon_r} \tag{2-37}$$

比较式 2-37 和式 2-30 可看出，离子氛对中心离子产生的电位 ψ''_δ 相当于一个半径为 $1/\kappa + \delta$ 的极薄的空心球壳的电位。球壳所带的电荷为 $-z_i e_0$，全部均匀分布在球壳表面。所以，中心离子与离子氛的相互作用可以等效为中心离子与一个围绕它的半径为 $1/\kappa + \delta$ 的带电薄球壳之间的静电作用。因为只有在与球心距离大于 δ 的空间内才有离子氛电荷存在，所以通常把上述两个带电体的相互作用的有效距离确定为 $1/\kappa$，称为离子氛有效厚度，简称离子氛厚度或离子氛半径。

在实际应用中，常用摩尔浓度 c_i(mol/L) 表示离子浓度，根据 $n_i = 1000N_A c_i$，故离子氛厚度可表示为：

$$\frac{1}{\kappa} = \left(\frac{\varepsilon_0\varepsilon_r kT}{1000e_0^2 N_A} \times \frac{1}{\sum c_i z_i^2}\right)^{1/2} \tag{2-38}$$

从而可见，通过离子氛厚度 $1/\kappa$ 可以判断离子间相互作用的程度。$1/\kappa$ 越大，表明两个等效的带电体距离越远，因而相互作用越弱。同时，影响离子间相互作用的因素，如温度、离子浓度和价数、溶液的相对介电常数等也都可以通过式 2-38，即通过对 $1/\kappa$ 的影响反映出来。例如，其他条件不变时，高价离子周围的离子氛厚度较小。这表明因离子间库仑力增大而使其相互作用加强。表 2-1 列出了离子浓度和离子价数对 $1/\kappa$ 的影响（理论计算值）。同时，温度升高，热运动增加，静电力削弱，$1/\kappa$ 增大；当溶液无限稀释，$\sum c_i z_i^2 \to 0$，此时 $1/\kappa \to \infty$。

表 2-1 25℃时不同类型电解质溶液中的离子氛厚度 $1/\kappa$ (m)

溶液浓度/mol·L^{-1}	电解质类型			
	1-1 价	1-2 价；2-1 价	2-2 价	1-3 价；3-1 价
0.1	9.6×10^{-10}	5.5×10^{-10}	4.8×10^{-10}	3.9×10^{-10}
0.01	30.4×10^{-10}	17.6×10^{-10}	15.2×10^{-10}	12.4×10^{-10}
0.001	96×10^{-10}	55.5×10^{-10}	48.1×10^{-10}	39.3×10^{-10}
0.0001	304×10^{-10}	176×10^{-10}	152×10^{-10}	124×10^{-10}

2.3.2 离子缔合（ion association）理论

按照离子氛理论的假设，离子间的库仑吸引能远小于热运动动能，溶液中所有的离子都是独立存在的“自由离子”。这种假设在很稀的溶液中可以成立。然而，浓度较高时，由于离子间库仑吸引能与离子间距离有关，当离子间距离随浓度升高而缩小到某一临界值时，它们之间的库仑吸引能将大于热运动能。这时，几个电荷符号不同的离子可能联结成一个整体，一起在溶液中运动，这种现象就叫做离子缔合。

2.3.2.1 离子缔合

即便是强电解质，在低介电常数溶剂中也存在离子缔合，这已由电导、溶剂蒸气压、喇曼光谱及核磁共振等方面的研究所证实。而离子缔合在混合溶剂或高温时会变得相当严重，如在超临界水中，电解质基本上不是自由离子，而是以离子对形式存在。1926 年，卜耶隆（Bjerrum）首先提出离子缔合的概念，认为离子缔合是由于两个电荷符号相反的离子因库仑力的吸引作用而形成离子对，并一同运动。联结在一起的离子群体叫离子缔合体。一个正离子和一个负离子组成的缔合体叫离子对或离子偶。离子对只有一定的偶极矩，没有净电荷，是电中性的。所以，离子对不参与导电过程。但是，它与由共价键形成的分子有本质区别，离子的缔合是完全依靠库仑力的。

可以用缔合度表示溶液中离子缔合的程度。若用符号 θ 表示缔合度，则可将缔合度定义为：

$$\theta=\frac{\text{溶液中缔合为离子对的离子数}}{\text{溶液中的离子总数}} \tag{2-39}$$

在同一种溶液中，电解质浓度越高，离子间相互作用越强，离子缔合的可能性也越大，即缔合度越大。已形成的离子对在热运动作用下，有可能重新离解成自由离子。因此，溶液中的离子对和自由离子之间存在着缔合平衡：

$$M^{+}+A^{-}\rightleftharpoons (MA) \tag{2-40}$$

式中，M^+ 和 A^- 分别代表正、负自由离子；（MA）代表离子对。

上述平衡可用质量作用定律处理，故缔合平衡常数 K_A 为：

$$K_{A}=\frac{a_{(MA)}}{a_{M^{+}}a_{A^{-}}} \tag{2-41}$$

式中，$a_{(MA)}$、a_{M^+}、a_{A^-} 分别代表离子对和正、负离子的活度（活度与活度系数概念详见 2.4 节）。若电解质 MA 的浓度为 c，那么离子对（MA）的浓度即 θ_c。由于离子对是电中性的，故其活度系数可近似为 1。自由离子浓度则为 $(1-\theta)c$。正、负离子的活度系数分别以 γ_+ 和 γ_- 表示，则：

$$K_{A}=\frac{\theta_{c}}{(1-\theta)c\gamma_{+}(1-\theta)c\gamma_{-}} \tag{2-42}$$

用平均活度系数 $\gamma_\pm$ 代替 γ_+ 和 γ_- 后，得到：

$$K_{A}=\frac{\theta}{(1-\theta)^{2}c\gamma^{2}} \tag{2-43}$$

在很稀的溶液中，离子平均活度系数 $\gamma_\pm\approx1$；缔合度 θ 也很小，故 $(1-\theta)\approx1$。所以，式 2-43 可简化为：

$$K_{A}=\frac{\theta}{c} \tag{2-44}$$

从式 2-43 和式 2-44 中可知，在一定浓度的电解质溶液中，缔合度 θ 与缔合常数 K_A 成正比，即 K_A 越大，生成的离子对越多，θ 也越大。

2.3.2.2 卜耶隆离子缔合理论

卜耶隆首先从理论上对离子的缔合进行了分析，他假设溶液中含有 i 和 j 两种电荷相反的离子，并以一个 j 离子作为中心离子。那么，在与中心离子相距 r、厚度为 dr 的薄球壳内，电荷符号相反的 i 离子存在的概率应与下面三个因数成正比：

（1）溶液中 i 离子的总数目 N_i；

（2）球壳体积 $4\pi r^3 dr$ 和溶液体积 V 之比；

（3）玻耳兹曼分布因子 $\exp\left(-\frac{\psi z_i e_0}{kT}\right)$，其中 ψ 为距中心离子 r 处的电位。

因此，i 离子在薄球壳中存在的概率密度 P_r 为：

$$P_r dr = N_i \frac{4\pi r^2 dr}{v} \exp\left(-\frac{\psi z_i e_0}{kT}\right) \tag{2-45}$$

式中，电位 ψ 本来是由中心离子和离子氛两部分电荷在距离中心离子 r 处所引起的，但卜耶隆假设 r 很小时，离子氛所引起的电位可以忽略不计，即 $\psi \approx \psi'$。同时，用单位体积中的 i 离子数目 n_i 代替式中的 $\frac{N_i}{v}$，于是：

$$\psi = \frac{z_j e_0}{4\pi r \varepsilon_0 \varepsilon_r}$$

则有：

$$P_r dr = n_i 4\pi r^2 dr \exp\left(-\frac{\psi z_j z_i e_0^2}{4\pi r \varepsilon_0 \varepsilon_r kT}\right) \tag{2-46}$$

令：

$$\lambda = -\frac{z_j z_i e_0^2}{4\pi r \varepsilon_0 \varepsilon_r kT} = -\frac{|z_j z_i| e_0^2}{4\pi r \varepsilon_0 \varepsilon_r kT} \tag{2-47}$$

所以：

$$P_r dr = n_i 4\pi r^2 \exp\left(\frac{\lambda}{r}\right) dr \tag{2-48}$$

在上式中有两个相互矛盾的、与 r 有关的因数。即球壳体积 $4\pi r^2 dr$ 随 r 的增大而增大；指数项 $\exp(\lambda/r)$ 随 r 的增大而减小。当 r 很小，接近于离子体积参数 δ 时，由于水分子在离子电场下定向，趋于介电饱和状态，介电常数 ε_r 的数值也很小，因而 $\lambda \gg 1$，指数项变得很大，P_r 也很大。随着 r 的增大，上述两个矛盾因数中，以指数项的减小占优势逐渐转化为球壳体积的增大占优势。因此 P_r 随 r 的增大呈现出有极小值的非线性变化规律，如图 2-6 所示。在 $r=g$ 时，P_r 达到极小值。通过式 2-48，用 P_r 对 r 求导，很容易求出 g 值。即 $\frac{dP_r}{dr} = 0$。

$$4\pi n_i \exp\left(\frac{\lambda}{r}\right) 2r - 4\pi n_i r^2 \exp\left(\frac{\lambda}{r}\right) \frac{\lambda}{r^2} = 0$$

$$2r - \lambda = 0$$

$$r = \frac{\lambda}{2}$$

所以

$$g = \frac{\lambda}{2} = \frac{|z_j z_i| e_0^2}{8\pi r \varepsilon_0 \varepsilon_r kT} \tag{2-49}$$

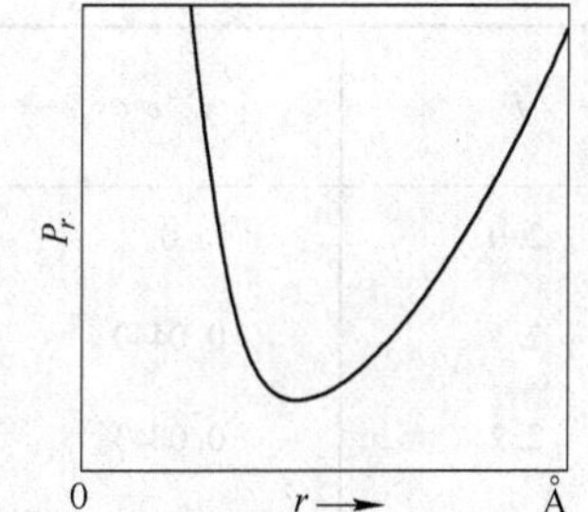

图 2-6　在中心离子周围出现相反电荷的概率密度

25℃时，对水溶液可计算出 $g=3.57\,|z_iz_j|\times10^{-10}$ m。对 1–1 价电解质，$g=3.57\times10^{-10}$ m；对 1–2 价电解质，$g=7.14\times10^{-10}$ m。

卜耶隆假定，只有在 $\delta\leqslant r\leqslant g$ 的范围内才能形成离子对。当 $r>g$ 时，尽管概率密度 P_r 可能很大，但正、负离子相距太远，不能形成离子对。因此，一种电解质的 g 值若大于 δ 值，就有可能发生离子的缔合。如果 $g<\delta$，则满足不了离子对的形成条件 $r\leqslant g$，不会发生离子缔合。

已知可用缔合度表示溶液中离子缔合的程度，根据 P_r 是在距中心离子 r 处能找到 i 离子的概率密度，以及离子对形成条件，将式 2-49 从 $r=\delta$ 到 $r=g$ 积分，其结果就是形成离子对的总概率，该总概率等于能缔合为离子对的 i 离子数和 i 离子总数之比，也即缔合度，用符号 θ 表示，则有：

$$\theta=\int_{\delta}^{g}P_r\mathrm{d}r=4\pi n_i\int_{\delta}^{g}r^2\exp\left(\frac{\lambda}{r}\right)\mathrm{d}r \tag{2-50}$$

为了对式 2-50 积分，引入一个新的变量 y，即 $y=\dfrac{\lambda}{r}=\dfrac{2g}{r}$，则有 $\mathrm{d}r=-\dfrac{\lambda}{y^2}\mathrm{d}y$。

把式 2-50 中的积分限加以相应的变换，令：

$$b=\frac{\lambda}{\delta}=\frac{2g}{\delta} \tag{2-51}$$

当 $r=\delta$ 时，$y=b$；$r=g$ 时，$y=2$。则式 2-50 变为：

$$\theta=4\pi n_i\lambda^3\int_b^2 y^{-4}e^y\mathrm{d}y$$

把式 2-47 代入上式，得：

$$\theta=4\pi n_i\left(\frac{|z_jz_i|\,e_0^2}{4\pi r\varepsilon_0\varepsilon_r kT}\right)^3\int_b^2 y^{-4}e^y\mathrm{d}y \tag{2-52}$$

如果已知离子浓度和体积参数、溶液介电常数，就可以由式 2-52 计算出缔合度 θ。表 2-2 列出了某些 b 值时的 $\int_b^2 y^{-4}e^y\mathrm{d}y$ 积分值；表 2-3 列出了卜耶隆计算的不同 δ 值和不同浓度时的离子缔合度。从表中可以看出浓度小于 0.01mol/L 时，缔合度很小，可以忽略不计。而浓度高于 0.01mol/L 时，必须考虑离子缔合的影响。

表 2-2 不同 b 值时的 $\int_b^2 y^{-4}e^y\mathrm{d}y$ 积分值

b	$\int_b^2 y^{-4}e^y\mathrm{d}y$	b	$\int_b^2 y^{-4}e^y\mathrm{d}y$	b	$\int_b^2 y^{-4}e^y\mathrm{d}y$
2.0	0	2.8	0.278	6	1.041
2.1	0.0440	3	0.326	7	1.42
2.2	0.0843	3.5	0.442	8	2.00
2.4	0.156	4	0.550	10	4.63
2.6	0.218	5	0.771	15	93.0

表 2-3 18℃时 1-1 价电解质在水中的缔合度 θ

δ/nm	0.282	0.235	0.176	0.101
c_i/mol · L^{-1} \ b	2.5	3	4	7
0.0005	—	—	—	0.002
0.001	—	0.001	0.001	0.004
0.002	0.002	0.002	0.003	0.007
0.005	0.002	0.004	0.007	0.016
0.01	0.005	0.008	0.012	0.030
0.02	0.008	0.013	0.022	0.053
0.05	0.017	0.028	0.046	0.105
0.1	0.029	0.048	0.072	0.163
0.2	0.048	0.079	0.121	0.240

另外，卜耶隆还进一步推导出离子缔合平衡常数的理论计算公式。已知离子缔合平衡可写成式 2-40，其缔合平衡常数 K_A 为：

$$K_A = \frac{\theta}{(1-\theta)^2 c\gamma_{\pm}^2}$$

式 2-43 在很稀的溶液中可简化成：

$$K_A = \frac{\theta}{c}$$

式中，c 为电解质的物质的量浓度。

将式 2-52 和关系式 $n_i = 1000c_iN_A$ 代入式 2-44，整理后可得到缔合常数 K_A 的理论计算公式，即：

$$K_A = 4000\pi N_A\left(\frac{|z_jz_i|e_0^2}{4\pi r\varepsilon_0\varepsilon_r kT}\right)^3\int_b^2 y^{-4}e^y\mathrm{d}y \tag{2-53}$$

从式 2-53 中可看出，缔合常数与离子价数、离子半径、溶液相对介电常数等因素有关。

2.3.2.3 伏阿斯（Fuoss）离子缔合理论

卜耶隆的缔合理论有两个明显的缺点：第一，把 $r<g$ 作为形成离子对的条件。而 g 往往比正、负离子半径之和大得多（特别是高价离子的情况），结果导致形成离子对时正、负离子不一定直接接触，这是不合理的；第二，卜耶隆把 g 硬性规定为自由离子与离子对之间转化的突变点，在 $r\leqslant g$ 时只有离子对，在 $r\geqslant g$ 时只有自由离子。这在物理意义上是不明确的。而且实际上缔合度相对于距离并没有突变点。为了避免卜耶隆理论的上述缺点，一些学者在按照正、负离子直接接触的模型推导缔合常数方面进行了研究。其中伏阿斯假设正离子是具有半径 δ（即离子体积参数）的圆球，将负离子看作点电荷。所以，形成离子对时，正、负离子中心距离恰好等于离子体积参数 δ，从而得到正、负离子直接接触的离子对模型。根据这一模型，伏阿斯推导出了另一个缔合常数公式。他假设体积 V 中含有正、负离子数均为 Z，形成离子对的数目为 Z_1，自由离子数为 Z_2，则 $Z_1 = Z - Z_2$。

若向溶液中加入 dZ 个正离子和 dZ 个负离子，那么加入的负离子能保持自由离子状态的离子数 dZ_1 与加入的负离子总量 dZ 和溶液中未被正离子占据的空间（$V-V_+Z$）成正比。即：

$$\mathrm{d}Z_1 = (V - V_+ Z)\mathrm{d}Z \tag{2-54}$$

式中，V_+ 为一个正离子的体积。加入的负离子中，能与溶液中正离子形成离子对的数目 dZ_2 则应与下列因数成正比：（1）加入的负离子数 dZ；（2）溶液中的自由正离子数 Z_1；（3）一个正离子的体积 V_+；（4）玻耳兹曼因子 e^{-U}/kT。由于正、负离子形成离子对的概率是相同的，故同时加入 dZ 个正、负离子时形成离子对的数目为：

$$\mathrm{d}Z_2 = 2V_+ Z_1 \exp\left(-\frac{U}{kT}\right)\mathrm{d}Z \tag{2-55}$$

显然应有：

$$\mathrm{d}Z = \mathrm{d}Z_1 + \mathrm{d}Z_2 \tag{2-56}$$

把式 2-54 与式 2-55 相除，得：

$$\frac{\mathrm{d}Z_2}{\mathrm{d}Z_1} = \frac{2V_+ Z_1}{V - V_+ Z}\exp\left(-\frac{U}{kT}\right) \tag{2-57}$$

在稀溶液中 $V_+Z \ll V$，可以忽略不计，所以：

$$\mathrm{d}Z_2 = \frac{2V_+ Z_1}{V}\exp\left(-\frac{U}{kT}\right)\mathrm{d}Z_1 \tag{2-58}$$

将上式积分后，可得到正、负离子加入量从 0 ~ N 时形成的离子对数目 N_2。设每种自由离子数为 N_1，积分结果如下：

$$N_2 = \frac{N_1^2}{V}\exp\left(-\frac{U}{kT}\right) \tag{2-59}$$

$$\frac{N_2}{V} = \left(\frac{N_1}{V}\right)^2 V_+ \exp\left(-\frac{U}{kT}\right) \tag{2-60}$$

根据伏阿斯离子对模型可知：

$$V_+ = \frac{4}{3}\pi\delta^3 \tag{2-61}$$

又知 $U = z_i e_0 \psi$，其中 ψ 为正离子表面（$r=\delta$ 处）的电位。由式 2-25 可得：

$$\psi = \frac{z_j e_0}{4\pi r\varepsilon_0\varepsilon_r} \times \frac{1}{\delta(1 + \kappa\delta)} \tag{2-62}$$

$$\frac{U}{kT} = \frac{z_j z_i e_0^2}{4\pi r\varepsilon_0\varepsilon_r kT} \times \frac{1}{\delta(1 + \kappa\delta)} \tag{2-63}$$

将式 2-47 和式 2-51 代入式 2-63，得：

$$\frac{U}{kT} = -\frac{b}{1 + \kappa\delta} \tag{2-64}$$

设电解质浓度为 c，自由离子浓度为 c_1，离子对浓度为 c_2，浓度单位均为 mol/L，则有：

$$\frac{N_2}{V} = n_2 = 1000c_2N_A = 1000c\theta N_A \tag{2-65}$$

$$\frac{N_1}{V} = n_1 = 1000c(1 - \theta)N_A \tag{2-66}$$

将式 2-61、式 2-63、式 2-65 和式 2-66 代入式 2-60，得到：

$$\theta_c = 1000c^2 (1-\theta)^2 N_A \left(\frac{4}{3}\pi\delta^3\right) \exp\left(\frac{b}{1+\kappa\delta}\right) \tag{2-67}$$

在稀溶液中，θ 很小，$(1-\theta)\approx 1$；而离子氛厚度 κ^{-1} 却很大，即 $\kappa^{-1}\to\infty$，$\kappa\to 0$。所以上式可简化为：

$$\frac{\theta}{c} = \frac{4000\pi N_A \delta^3 e^b}{3} \tag{2-68}$$

根据式 2-44，可得：

$$K_A = \frac{\theta}{c} = \frac{4000\pi N_A \delta^3 e^b}{3} \tag{2-69}$$

这就是伏阿斯的缔合常数公式。它与卜耶隆的缔合常数公式 2-53 有明显区别，但在溶剂的相对介电常数较小时，两者仍比较一致，都能与实验结果相符。这是因为 ε_r 较小时，b 值将很大。若 $b\gg 2$，则有：

$$\int_2^b y^{-4} e^y \mathrm{d}y \approx \frac{e^b}{b^4} \tag{2-70}$$

将式 2-70 代入式 2-53，并以 λ 表示有关常数，得：

$$K_A = \frac{4000\pi N_A \lambda^3 e^b}{b^4} \tag{2-71}$$

因为 $\lambda=\delta b$，所以：

$$K_A = \frac{4000\pi N_A \delta^3 e^b}{b} \tag{2-72}$$

比较式 2-69 与式 2-72 可知，由于相对介电常数 ε_r 引起 b 变化时，e^b 的变化比 b 变化大得多，故 $e^b/3$ 和 e^b/b 的差别不大，而由式 2-69 和式 2-72 所计算出的值十分接近。

根据离子缔合理论，缔合常数的大小与离子价数、离子半径及溶液的相对介电常数等因素有关。通常，在相对介电常数小、离子价数高的溶液中，容易发生离子缔合现象。在许多相对介电常数小的非水溶液中，形成离子对的概率就很大。当相对介电常数小于 15 时，离子间静电作用相当强。这种情况下，相当于偶极子的离子对还可能吸引自由离子形成三离子物，其缔合平衡为：

$$(M^+ A^-) + M^+ \rightleftharpoons (M^+ A^- M^+) \tag{2-73}$$

$$(M^+ A^-) + A^- \rightleftharpoons (A^- M^+ A^-) \tag{2-74}$$

如果溶液中离子对数量很大，缔合度 $\theta\approx 1$，那么自由离子的比例很小，即 $1-\theta$ 很小。假设自由离子的活度系数为 1，则式 2-43 可表示成：

$$\frac{1}{K_A} \approx (1-\theta)^2 c \tag{2-75}$$

引入离解常数 $K=1/K_A$，电离度 $\alpha=1-\theta$，则上式变为：

$$K = \frac{1}{K_A} \approx \alpha^2 c \tag{2-76}$$

或

$$\alpha = \sqrt{\frac{K}{c}} \tag{2-77}$$

如果以 α_3 代表三离子物在电解质总量中所占的比例，那么按照质量作用定律，三离子物

的离解常数 K_3 应为：

$$K_3 = \frac{c(1-\alpha)\alpha c}{\alpha_3 c} \approx \frac{\alpha c}{\alpha_3 c} \tag{2-78}$$

将式 2-78 代入上式，则：

$$\alpha_3 = \frac{\alpha c}{K_3} = \frac{\sqrt{Kc}}{K_3} \tag{2-79}$$

如果 $\varepsilon_r < 10$，那么则有可能进一步形成四离子的缔合体（四离子物）或更多离子的缔合体。

2.3.2.4　电解质溶液理论（electrolyte solution theory）简介

对于德拜和休克尔提出的离子氛理论基于首先不知道水的结构，假设溶剂是连续体；其次忽略了离子间的短程力（例如推斥力），假设离子间相互作用完全来自静电引力。从这样的假设导出的定量参数，如活度系数和渗透系数，只能用于很稀的浓度（在 0.01mol/L 下）。半个世纪以来，许多人提出适用于高浓度电解质溶液的经验公式，但是这些公式含有许多经验参数，严格说来，很难算是真正的理论。只有通过统计力学计算得到的公式，才能得出真正的理论。严谨的统计力学处理都需要近似计算，不是费时和费钱，就是结果极为复杂，不能把实验数据以简洁的方程表达出来。

1973 年，美国理论化学家皮策（Pitzer）建立了一个半经验式的统计力学电解质溶液理论，这个理论把德拜-休克尔理论延伸到了强电解质浓溶液（6mol/L）。从 1984 年开始，皮策和地质界相结合，将皮策理论推广到高温高压，即提出了高温高压下适用的皮策电解质溶液理论。皮策所建立的“普遍方程”考虑三种位能：（1）一对离子间的长程静电位能；（2）短程“硬心效应”（hard core effect）的位能，这个短程位能是除长程静电能以外的一切“有效位能”，它的主要部分是两个粒子间的推斥能；（3）三个离子间的相互作用能，它是很小的项，只在极高浓度下才起作用。皮策的理论虽然是半经验式的统计理论，但它有以下的优点：（1）它能用简洁和紧凑的形式写出电解质热力学性质，如渗透系数和活度系数等；（2）它的应用范围非常广阔，对称价的电解质和非对称价的电解质，无机的和有机的电解质（已超过 200 种）以及混合电解质溶液等热力学性质都能通过此理论准确地算出；（3）它可以用于浓溶液（6mol/L）。

李以圭和陆九芳编著的《电解质溶液理论》一书在回顾经典热力学、统计力学以及分子力学基础上，系统地介绍了电解质溶液理论及其最新进展，值得深入学习和参考。

2.4　电解质水溶液的静态性质——活度与活度系数

研究电解质溶液的结构旨在更好地诠释其与性质的对应关系。而通过静态性质（活度系数、热容、焓、熵）和动态性质（电导、扩散系数）的表征可以进一步增进对电解质溶液组成和结构的认识和理解。活度和活度系数是电解质溶液最重要的静态性质之一，且在电解质溶液的热力学中占据重要的地位。本节依据溶液中各种粒子间相互作用对电解质溶液静态性质的影响，来说明对活度系数的影响，这对于电解质溶液的结构和热力学描述的理解均十分有意义。

2.4.1 电解质溶液的活度和活度系数的定义

在物理化学中已学过，理想溶液中组分 i 的化学位等温式为：

$$u_i = u_i^{\ominus} + RT\ln x_i \tag{2-80}$$

式中，x_i为 i 组分的摩尔分数；$u_i^{\ominus}$ 为 i 组分的标准化学位；u_i 为 i 组分的化学位；R 为气体常数；T 为热力学温度。

对于无限稀释溶液具有与理想溶液类似的性质，其溶剂性质遵循拉乌尔（Raoult）定理，溶质性质遵循亨利（Henry）定律。所以，对无限稀释溶液仍可以采用式 2-80，只是对溶质来说，式中的 $u_i^{\ominus}$ 不等于该溶质纯态时的化学位。

真实溶液中，由于存在着各种粒子间的相互作用，使真实溶液的性质与理想溶液有一定的偏差，不能直接应用式 2-80。然而，为了保持化学位公式有统一的简单形式，就把真实溶液相对于理想溶液或无限稀释溶液的偏差全部通过浓度项来校正，而保留原有理想溶液或无限稀释溶液的标准态，即令 $u_i^{\ominus}$ 不变。这样，真实溶液与理想溶液或无限稀释溶液相联系时有共同的标准态，便于计算。为此路易斯（Lewis）引入一个新的参数——活度（activity）来代替式 2-80 中的浓度，即：

$$u_i = u_i^{\ominus} + RT\ln a_i \tag{2-81}$$

式中，a_i 为 i 组分的活度，它的物理意义是“有效浓度”。活度与浓度的比值能反映粒子间相互作用所引起的真实溶液与理想溶液的偏差，称为活度系数。通常用符号 γ 表示。即：

$$\gamma_i = \frac{a_i}{x_i} \tag{2-82}$$

同时，规定活度等于 1 的状态为标准状态。对于固态物质、液态物质和溶剂，这一标准状态就是它们的纯物质状态，即规定纯物质的活度等于 1。对溶液中的溶质，则选用具有单位浓度而又不存在粒子间相互作用的假想状态作为该溶质的标准状态。也就是这种假想状态同时具备无限稀释溶液的性质（活度系数等于 1）和活度为 1 的两个特性。

溶液可以采用不同的浓度标度，因而各自选用的标准状态不同，得到的活度和活度系数也不同。常用的浓度标度有摩尔分数 x，质量摩尔浓度 m 和体积摩尔浓度 c。与之对应的不同标度的活度系数和化学位等温式如下：

$$\gamma_i(x) = \frac{a_i(x)}{x_i} \tag{2-83}$$

$$\gamma_i(m) = \frac{a_i(m)}{m_i} \tag{2-84}$$

$$\gamma_i(c) = \frac{a_i(c)}{c_i} \tag{2-85}$$

$$u_i = u_i^{\ominus}(x) + RT\ln a_i(x) = u_i^{\ominus}(x) + RT\ln \gamma_i(x)x_i \tag{2-86}$$

$$u_i = u_i^{\ominus}(m) + RT\ln a_i(m) = u_i^{\ominus}(m) + RT\ln \gamma_i(m)m_i \tag{2-87}$$

$$u_i = u_i^{\ominus}(c) + RT\ln a_i(c) = u_i^{\ominus}(c) + RT\ln \gamma_i(c)c_i \tag{2-88}$$

在讨论理论问题时，常用摩尔分数 x 表示浓度，并将 $\gamma_i(x)$称为合理活度系数。在讨论电解质溶液时常用质量摩尔浓度 m 和体积摩尔浓度 c，称 $\gamma_i(m)$和 $\gamma_i(c)$为实用活度系数。采用不同浓度标度时，同一溶质的活度系数和标准化学位的数值是不同的。可以推导出上述三种活度系数之间关系为：

$$\gamma_i(x)=\frac{\rho+0.001c_i(M_1-M_i)}{\rho_1}\gamma_i(c) \tag{2-89a}$$

$$\gamma_i(x)=(1+0.001m_iM_1)\gamma_i(m) \tag{2-89b}$$

式中，M_i 为溶质 i 的相对分子质量；M_1 为溶剂的相对分子质量；ρ 为溶液的密度；ρ_1 为溶剂的密度。

而且，在电解质溶液中，电解质电离为正、负离子。每一种离子作为溶液的一个组分，在理论上都可以应用式 2-83 ~ 式 2-88。但是，活度要靠实验测定，而任何电解质都是电中性的，电离时同时离解生成正离子和负离子，不可能得到只含一种离子的溶液，也不可能只改变溶液中某一种离子的浓度。所以，单种离子的活度是无法测量的，只能通过实验测出整个电解质的活度，因此，引入电解质平均活度和平均活度系数的概念则十分必要。

设电解质 MA 的电离反应为：

$$MA \longrightarrow \nu_+M^+ + \nu_-A^- \tag{2-90}$$

式中，ν_+、ν_-分别为 M^+和 A^-的化学计量数。整个电解质的化学位应为：

$$\mu=\nu_+\mu_+ +\nu_-\mu_- \tag{2-91}$$

式中，μ_+、μ_-分别为正、负离子的化学位。将正负离子的化学位等温式代入式 2-91，得：

$$\mu=\nu_+(\mu_+^\ominus+RT\ln a_+)+\nu_-(\mu_-^\ominus+RT\ln a_-)$$

$$\mu=\nu_+\mu_+^\ominus+\nu_-\mu_-^\ominus+\nu_+RT\ln a_+ +\nu_-RT\ln a_- \tag{2-92}$$

式中，a_+、a_-分别为正、负离子的活度。因为 $\mu^\ominus=\nu_+\mu_+^\ominus+\nu_-\mu_-^\ominus$，所以：

$$\mu=\mu^\ominus+RT\ln a_\pm^{\nu_+}a_-^{\nu_-} \tag{2-93}$$

若采用质量摩尔浓度标度，则：

$$a_+=\gamma_+m_+ \tag{2-94}$$

$$a_-=\gamma_-m_- \tag{2-95}$$

$$\mu=\mu^\ominus+RT\ln(\gamma_+^{\nu_+}\gamma_-^{\nu_-})(m_+^{\nu_+}m_-^{\nu_-}) \tag{2-96}$$

为了简化，令 $\nu=\nu_++\nu_-$，则：

$$\gamma_\pm=(\gamma_+^{\nu+}\gamma_-^{\nu-})^{1/\nu} \tag{2-97}$$

$$m_\pm=(m_+^{\nu+}m_-^{\nu-})^{1/\nu} \tag{2-98}$$

$$a_\pm=(a_+^{\nu+}ma_-^{\nu-})^{1/\nu} \tag{2-99}$$

定义为 $\gamma_\pm$ 电解质平均活度系数，$m_\pm$ 为平均浓度，$a_\pm$ 为平均活度。于是式 2-96 可简化为：

$$\mu=\mu^\ominus+RT\ln(\gamma_\pm m_\pm)^\nu=\mu^\ominus+RT\ln a_\pm^\nu \tag{2-100}$$

进而可以得到电解质活度 a 和平均活度（mean activity）$a_\pm$、平均活度系数（mean activity coefficient）$\gamma_\pm$ 之间的关系式为：

$$a=a_\pm^\nu=(\gamma_\pm m_\pm)^\nu \tag{2-101}$$

电解质活度 a 可由实验测定，故可以通过 a 求得平均活度 $a_\pm$和平均活度系数 $\gamma_\pm$，并用 $\gamma_\pm$ 近似计算离子活度，即：

$$a_+=\gamma_\pm m_+ \tag{2-102}$$

$$a_{-}=\gamma_{\pm} m_{-} \tag{2-103}$$

目前，许多常见电解质溶液的平均活度系数均已求出，可以从电化学或物理化学手册中查到。相对于其他的浓度标度，都可以导出与式 2-96 ~ 式 2-103 相同的关系式。

2.4.2 离子强度定律

在研究影响活度系数的因素时，人们发现，在稀溶液中电解质平均活度系数与电解质浓度之间存在着一定的规律：

（1）在同一温度下，稀溶液中，$\gamma_{\pm}$ 随着质量摩尔浓度 m 的增大而下降；

（2）在同一温度和浓度下，在稀溶液范围内，对于价型（电解质中离子的化合价）相同的强电解质，其 $\gamma_{\pm}$ 相近；对于价型不同的电解质，其 $\gamma_{\pm}$ 不相同；

（3）对于各不同价型的电解质，当浓度相同时，正、负离子价数的乘积越高，$\gamma_{\pm}$ 偏离 1 的程度越大（即与理想溶液的偏差越大）；

（4）离子价数的影响比浓度要大，价型越高，影响越大。

1921 年路易斯等人在研究了大量不同离子价型电解质的实验数据后，总结出一个经验规律：电解质平均活度系数 $\gamma_{\pm}$ 与溶液中总的离子浓度和离子电荷（即离子价数）有关，而与离子本身无关。并把离子电荷与离子总浓度联系在一起，提出了一个新的参数——离子强度（ionic strength）I，即：

$$I=\frac{1}{2}\sum m_i z_i^2 \tag{2-104}$$

或

$$I=\frac{1}{2}\sum c_i z_i^2 \tag{2-105}$$

注意：离子强度 I 是有量纲的量，例如通过质量摩尔浓度获得的离子强度则与质量摩尔浓度量纲相同。I 值的大小反映了电解质溶液中离子电荷所形成静电场的强弱。

而电解质活度系数与离子强度的关系则为：

$$\lg\gamma_{\pm}=-A'\sqrt{I}=-A\left|z_{+}z_{-}\right|\sqrt{I} \tag{2-106}$$

式中，A' 为与温度有关，与浓度无关的常数，而与溶剂密度、介电常数、溶液组成等有关；z_{+}、z_{-} 为正、负离子的价数。式 2-106 表达的规律就叫做离子强度定律，或称 Lewis 公式。这是一个经验公式，它表明在离子强度相同的溶液中，离子价型相同的电解质的平均活度系数相等。事实证明离子强度定律适用于 $I<0.01$ 的很稀的溶液（小于 10^{-3} mol/L），故称为极限公式。在此浓度范围内，可以直接用式 2-106 准确计算平均活度系数，而无需进行实验测定。但随浓度升高，计算值与实验值的偏差增大，式 2-106 就不再适用了。注意：$\gamma_{\pm}$、z_{+} 和 z_{-} 是针对某一电解质而言，而 I 则是针对溶液中所有电解质。

一般情况下 $\gamma_{\pm}$ 总是小于 1，无限稀释时达到极限值 1，但当浓度增加到一定程度时，$\gamma_{\pm}$ 的值可能随着浓度的增加而变大，甚至超过 1。这是由于离子水化作用，较浓溶液中许多溶剂分子被束缚在离子周围的水化中不能自由行动，相当于使溶剂量相对下降而造成的结果。

2.4.3 粒子间相互作用与活度系数

2.4.3.1 德拜-休克尔极限公式

真实溶液对理想溶液的偏差是来自于粒子间相互作用所引起的体系自由能的变化。这一能量变化通常用化学位差来表示。

对于理想溶液 $$\mu_i = \mu_i^{\ominus} + RT\ln c_i \tag{2-107}$$

对于真实溶液 $$\mu_i' = \mu_i^{\ominus} + RT\ln \gamma_i c_i \tag{2-108}$$

所以 $$\Delta\mu = \mu_i - \mu_i' = RT\ln\gamma_i \tag{2-109}$$

如果认为溶液中只有离子间的库仑作用，那么，按照离子氛理论，化学位的变化应该等于离子间相互作用能。离子氛与中心离子相互作用引起的电能变化是：

$$W_i = -\frac{1}{2}\times\frac{(z_ie_0)^2}{4\pi\varepsilon_0\varepsilon_r}\times\frac{1}{1/\kappa+\delta}$$

对 1mol 离子来说，相互作用能为：

$$\Delta\mu_i = \frac{1}{2}z_ie_0N_A\psi''_\delta = -\frac{1}{2}\times\frac{N_A(z_ie_0)^2}{4\pi\varepsilon_0\varepsilon_r}\times\frac{1}{1/\kappa+\delta}$$

将式 2-36 代入式 2-109 中，可得到活度系数与离子间相互作用能的关系为：

$$\ln\gamma_i = -\frac{(z_ie_0)^2N_A}{8\pi\varepsilon_0\varepsilon_rRT}\times\frac{\kappa}{1+\kappa\delta} \tag{2-110}$$

为了便于和实验值比较，改用平均活度系数表示上述关系式。已知

$$\gamma_\pm = (\gamma_+^{\nu+}\gamma_-^{\nu-})^{1/\nu}$$

上式取对数得：

$$\ln\gamma_\pm = \frac{1}{\nu}(\nu_+\ln\gamma_+ + \nu_-\ln\gamma_-) \tag{2-111}$$

把式 2-110 代入式 2-111 得：

$$\begin{aligned}\ln\gamma_\pm &= \frac{1}{\nu}\left[\nu_+\left(-\frac{(z+e_0)^2N_A}{8\pi\varepsilon_0\varepsilon_rRT}\times\frac{\kappa}{1+\kappa\delta}\right)+\nu_-\left(-\frac{(z+e_0)^2N_A}{8\pi\varepsilon_0\varepsilon_rRT}\times\frac{\kappa}{1+\kappa\delta}\right)\right]\\ &= -\frac{e_0^2N_A}{8\pi\varepsilon_0\varepsilon_rRT}\times\frac{\kappa}{1+\kappa\delta}\left(\frac{\nu_+z_+^2+\nu_-z_-^2}{\nu}\right)\end{aligned} \tag{2-112}$$

因为溶液是电中性的，$\nu_+z_+ = \nu_-z_-$，所以

$$\nu_+z_+^2+\nu_-z_-^2 = \nu_+|z_+z_-| + \nu_-|z_+z_-| = \nu|z_+z_-| \tag{2-113}$$

将式 2-113 代入式 2-112 中，得：

$$\ln\gamma_\pm = -\frac{e_0^2N_A|z_+z_-|}{8\pi\varepsilon_0\varepsilon_rRT}\times\frac{\kappa}{1+\kappa\delta} \tag{2-114}$$

根据离子氛半径公式 2-38 可知：

$$\kappa = \left(\frac{1000e_0^2N_A}{\varepsilon_0\varepsilon_rkT}\sum c_iz_i^2\right)^{1/2}$$

又因为 $I = 1/2\sum c_iz_i^2$，所以式 2-114 可改写为：

$$\lg\gamma_\pm = -\frac{A|z_+z_-|\sqrt{I}}{1+\delta B\sqrt{I}} \tag{2-115}$$

其中 $$B = \left(\frac{2000e_0^2N_A}{\varepsilon_0\varepsilon_rkT}\right)^{1/2} \tag{2-116}$$

$$A = \frac{e_0^2N_A}{19.424\pi\varepsilon_0\varepsilon_rRT}\left(\frac{2000e_0^2N_A}{\varepsilon_0\varepsilon_rkT}\right)^{1/2} = \frac{e_0^2N_AB}{19.424\pi\varepsilon_0\varepsilon_rRT} \tag{2-117}$$

对于25℃的水溶液，取 $\varepsilon_r = 78.30$ 时，$A = 0.5115$，$B = 0.3291 \times 10^{10}$。式2-115就是根据离子氛理论得到的德拜–休克尔活度系数公式。如图2-7所示，在 $\sqrt{I} < 0.1$ 时，用式2-115计算 $\gamma_{\pm}$ 可得到较准确的结果。公式中的离子体积参数 δ 值无法从理论上确定，需要通过实验测定。通常是根据一种浓度时的活度系数测量值计算出 δ 值，再将 δ 值代入式2-115中计算其他浓度下的活度系数。实验结果表明，25℃时水溶液中 $\delta B \approx 1$，可以此作近似计算。

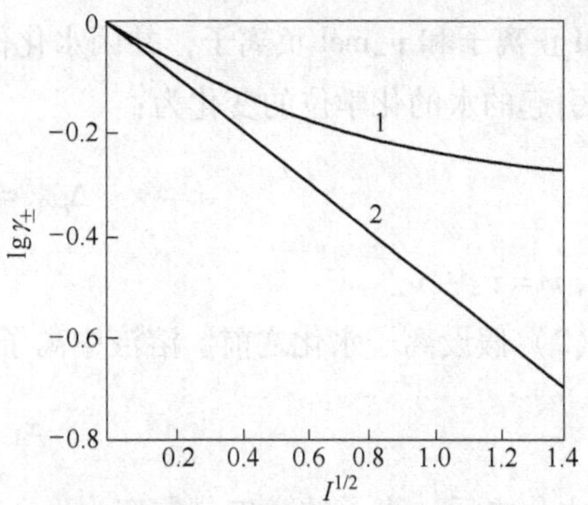

图2-7　在稀溶液中，活度系数 $\gamma_{\pm}$ 与离子强度 I 的关系曲线

1—实验曲线；2—计算曲线

当溶液很稀（如 $I < 0.003$）时，可将离子作为点电荷处理，即认为 $\delta \to 0$，故式2-115可变成与经验公式2-106一致的关系式，即：

$$\lg\gamma_{\pm}(m) = -A|z_+ z_-|\sqrt{I}$$

这个结果表明，对稀溶液来说，离子氛理论是完全正确的。式2-106也被称为德拜-休克尔极限公式。

以后，曾不断有人对德拜-休克尔极限公式进行修正，试图使它能适用于较高的浓度范围。例如，在式2-114中增加线性关系的浓度项：

$$\lg\gamma_{\pm}(m) = -\frac{A|z_+ z_-|\sqrt{I}}{1 + \delta B\sqrt{I}} + B'I \tag{2-118}$$

式中，B' 为常数，可通过 $\gamma_{\pm}$ 的实验值求出。另一个适用于25℃时浓度低于0.1mol/L的溶液的经验公式为：

$$\lg\gamma_{\pm}(m) = -0.50|z_+ z_-|\frac{\sqrt{I}}{1 + \sqrt{I}} \tag{2-119}$$

上述根据离子氛理论推导出的活度系数公式对非缔合式电解质是适用的。而有离子缔合现象时，由于溶液中自由离子的真实浓度降低了，离子缔合体及离子间的相互作用也偏离了离子氛模型，所以必须对上述活度系数公式作必要的修正。

2.4.3.2　离子水化的影响

在溶液中，离子水化的结果使一部分水分子进入水化膜而失去自由度，即使溶液中自由水分子数量减少；同时，自由水分子浓度的降低必然引起离子实际浓度的增加。这两方面的变化都将导致体系自由能的变化。所以，引起真实溶液对理想溶液偏差的因素中，除了离子间的库仑力作用外，还应考虑离子与溶剂之间的相互作用。下面从溶剂活度和离子浓度的变化来分析离子水化所引起的化学位的变化。

（1）加入电解质之前，水的活度为1。加入电解质后，由于离子水化，水的活度降到 a_w，因而引起水的化学位变化为：

$$\Delta\mu = RT\ln a_w - RT\ln 1 = RT\ln a_w \tag{2-120}$$

设 1L 溶液中水的物质的量为 n_w（通常为 50～56mol）；1mol 电解质溶于水后离解成 ν_+mol 正离子和 ν_-mol 负离子，并因水化作用消耗掉 $n_h$mol 的水分子。于是，加入 1mol 离子所引起的水的化学位的变化为：

$$\Delta\mu_1 = -\frac{n_h}{\nu}RT\ln a_w \tag{2-121}$$

式中，$\nu = \nu_+ + \nu_-$。

（2）假设离子水化之前，溶液中离子的摩尔分数为：

$$x_1 = \frac{\nu}{n_w + \nu} \tag{2-122}$$

离子水化之后，离子的摩尔分数变为：

$$x_2 = \frac{n_w + \nu}{n_w - n_h + \nu} \tag{2-123}$$

那么，离子浓度改变所引起的能量变化为：

$$\Delta\mu_2 = RT\ln\frac{x_2}{x_1} = RT\ln\frac{n_w + \nu}{n_w - n_h + \nu} \tag{2-124}$$

已知离子间相互作用引起的化学位变化是：

$$\Delta\mu_3 = RT\ln\gamma_\pm(x) \tag{2-125}$$

所以，从理想溶液转变为真实溶液时，1mol 离子所引起的体系自由能的变化应为三部分能量变化之和，即：

$$\Delta\mu = \Delta\mu_1 + \Delta\mu_2 + \Delta\mu_3 = RT\ln\gamma_\pm(x) - \frac{n_h}{\nu}RT\ln a_w + RT\ln\frac{n_w + \nu}{n_w - n_h + \nu} \tag{2-126}$$

若以 $\gamma'_\pm(x)$ 表示考虑了离子水化影响后的活度系数，那么应有：

$$\Delta\mu = RT\ln\gamma'_\pm(x) = RT\ln\gamma_\pm(x) - \frac{n_h}{\nu}RT\ln a_w + RT\ln\frac{n_w+\nu}{n_w-n_h+\nu} \tag{2-127}$$

将式 2-112 代入式 2-127，并用常用对数代替自然对数，得到：

$$\lg\gamma'_\pm(x) = -\frac{A|z_+z_-|\sqrt{I}}{1+\delta B\sqrt{I}} - \frac{n_h}{\nu}\lg a_w + \lg\frac{n_w+\nu}{n_w-n_h+\nu} \tag{2-128}$$

根据式 2-89 将 $\gamma'_\pm(x)$ 换成 $\gamma'_\pm(m)$，得：

$$\gamma'_\pm(x) = (1+0.018\nu m)\gamma'_\pm(m) \tag{2-129}$$

根据质量摩尔浓度定义可知：

$$m = \frac{1000}{18n_w}$$

$$n_w = \frac{1}{0.019m} \tag{2-130}$$

把式 2-129、式 2-130 代入式 2-128 中，得到：

$$\lg\gamma'_\pm(m) = -\frac{A|z_+z_-|\sqrt{I}}{1+\delta B\sqrt{I}} - \frac{n_h}{\nu}\lg a_w - \lg[1 + 0.018(\nu - n_h)m] \tag{2-131}$$

这就是包括了离子水化影响后得到的平均活度系数。由于 a_w 应小于 1；而水化数通常是大于 1 的，即 $n_h>\nu$，$\nu-n_h<0$。所以，式 2-131 中右边最后两项总是正值。这样，随着电解质浓度的增加，离子强度 I 增大，水的活度减小，即式 2-131 右边第一项减小，后两项增大。当浓度较小时，离子水化影响小于离子间库仑力作用，因而平均活度系数 $\gamma'_{\pm}(m)$ 随浓度增加而减小。但浓度增加到一定程度时，离子水化的影响可能超过离子间静电作用，使平均活度系数随浓度增加而增大。所以在 $\lg\gamma'_{\pm}(m)$ - m 关系曲线上将出现最小值，并可能出现活度系数大于 1 的现象。当电解质浓度 $m\to0$ 时，则 $a_w\to1$，式2-131右边最后两项均趋于零，式 2-131 就转化为式 2-117 了。这说明在很稀的溶液中，离子水化对活度系数的影响可以忽略不计。

式 2-131 中的参数 a_w 可通过实验测出。δ 和 n_h 可根据已知浓度下的活度系数实验值求出。已知 a_w、δ 和 n_h，就可以用式 2-131 计算不同浓度下的平均活度系数了。表 2-4 和表 2-5 列出了 25℃时某些电解质的 a_w、δ 和 n_h 值。图 2-8 给出了 NaCl 及 KCl 溶液中平均活度系数 $\gamma'_{\pm}(m)$ 的计算值与实验值的比较结果。从图 2-8 中可以看出，直到浓度为 4mol/L，理论计算值与实验值都能很好地吻合。这说明式 2-98 在一定浓度范围内是正确的。对许多 1-1 价的钾盐和钠盐，该公式有效的浓度范围为 0.1mol/L 至 4～5mol/L。对 NH_4Cl 为0.1～6mol/L。对其他 1-1 价和 2-1 价盐，有效范围为0.1～1mol/L 左右。浓度过高时，由于发生离子缔合，离子氛理论导出的公式已不适用，故式 2-112 和式 2-131 均不适用了。

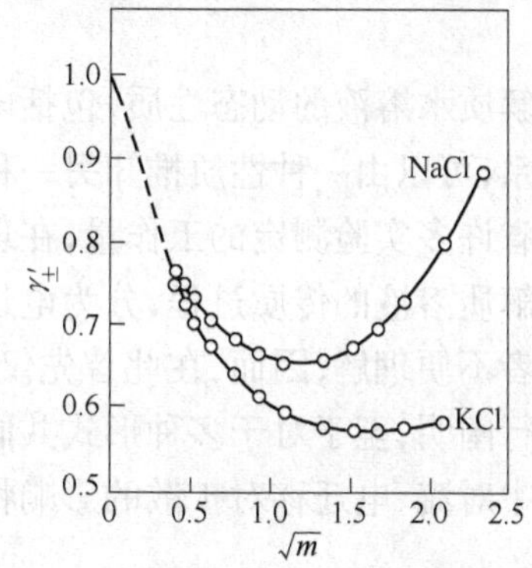

图 2-8 NaCl 及 KCl 溶液中平均活度系数 $\gamma'_{\pm}(m)$ 的计算值与实验值的比较（δ = 0.397nm，n_h = 3.5）

表 2-4 NaCl 溶液中水的活度 a_w（25℃）

c/mol·L^{-1}	a_w	c/mol·L^{-1}	a_w
0.1	0.99666	3.0	0.8932
0.5	0.98355	3.4	0.8769
1.0	0.96686	3.8	0.8600
1.4	0.9532	4.2	0.8228
1.8	0.9389	4.6	0.8250
2.2	0.9242	5.0	0.8068
2.6	0.9089	5.4	0.7883

上述离子水化对活度系数影响的理论分析仍有不完善之处，某些情况下与实验结果不相符合。例如按该理论，n_h 为电解质的两种离子的水化数之和，而实际上水化数没有加和性；又如，对同一种阳离子的卤化物，n_h 值大小顺序为：$I^->Br^->Cl^-$。I^-离子半径最大，其水

化数反而最小，这是不合理的。

表 2-5 某些电解质的 δ 值和 1mol/L 溶液中的 n_h 值(25℃)

电解质	δ/nm	n_h	电解质	δ/nm	n_h
HCl	0.447	8.0	NaI	0.447	5.5
HBr	0.518	8.6	KCl	0.363	1.9
HI	0.569	10.6	$MgCl_2$	0.502	13.7
NaCl	0.397	3.5	$CaCl_2$	0.473	12.0
NaBr	0.424	4.2	$BaCl_2$	0.445	7.7

2.5 电解质水溶液的动态性质

电解质水溶液的动态性质，包括电导、淌度、迁移数、扩散和黏度等，它们之间有一定的内在联系，可以由一种性质推知另一种性质，因此更能加深和扩大对其物理意义的了解，又可以节省许多实验测定的工作量，在理论和实践上都有很大意义。

电解质溶液的传质过程，分为电迁移、扩散及对流三种形式，为了避免问题过于复杂，使得初学者不便理解，因而，在此首先仅考虑电迁移单个传质，之后再对单个扩散的动态传质性能进行阐明，至于对于多种形式共同作用下电解质传质行为暂不作讨论，第6章液相传质动力学中对流、电迁移对扩散的影响将为复杂传质过程分析提供范例。

2.5.1 电解质溶液的电导、离子淌度、离子迁移数

2.5.1.1 电解质溶液电导的定义及离子独立移动定律

任何导体对电流的通过都有一定的阻力，这就是电工学中的电阻。和第一类导体一样，在外加电场作用下，电解质溶液中的离子也将从无规则的随机跃迁转变为定向运动，形成电流，电解质溶液也具有电阻 R，并服从欧姆定律。习惯上，却常常用电阻和电阻率的倒数来表示溶液的导电能力，即：

$$L = \frac{1}{R} \tag{2-132}$$

$$\kappa = \frac{1}{\rho} \tag{2-133}$$

则

$$L = \kappa \frac{S}{l} \tag{2-134}$$

其中 L 称为电导(conductance)，κ 称为电导率(conductivity)，单位分别为 S[西门子(siemens)，$1S=1\Omega^{-1}$]和 S/m，电导率 κ 表示边长为 1m 的立方体溶液的电导，故 κ 亦称为比电导。电导 L 的数值除与电解质溶液的本性有关外，还与离子浓度、电极大小、电极距离等相关，而电导率 κ 和电阻率 ρ 类似，是排除了导体几何因素影响的参数，与电解质种类、温度、浓度有关。若溶液中含有 n 种电解质时，则该溶液的电导率应为 n 种电解质电导率之和，即：

$$\kappa = \sum_{i=0}^{n} \kappa \tag{2-135}$$

根据电解质溶液导电的机理是溶液中离子的定向运动可知，几何因素固定之后，也就是离子在电场作用下迁移的路程和通过的溶液截面积一定时，溶液导电能力应与载流子——离子的运动速度有关。离子运动速度越大，传递电量就越快，则导电能力越强。另外，溶液导电能力应正比于离子的浓度。因此，凡是影响离子运动速度和离子浓度的因素，都会对溶液的导电能力发生影响。就电解质溶液来说，影响离子浓度的因素主要是电解质的浓度和电离度。同一种电解质，其浓度越大，电离后离子的浓度也越大；其电离度越大，则在同样的电解质浓度下，所电离的离子的浓度越大。影响离子运动速度的因素则更多一些，有以下几个主要因素。

(1)离子本性。主要是水化离子的半径。半径越大，在溶液中运动时受到的阻力越大，因而运动速度越小。其次是离子的价数，价数越高，受外电场作用越大，故离子运动速度越大。所以，不同离子在同一电场作用下，它们的运动速度是不一样的。

特别值得指出的是，水溶液中的 H^+离子和 OH^-离子具有特殊的迁移方式，它们的运动速度比一般离子要大得多。H^+离子比其他离子大 5～8 倍，OH^-离子大 2～3 倍。例如 H^+离子在水溶液中是以水合氢离子 H_3O^+形式存在的。水合氢离子除了像一般离子那样在电场下定向运动外，还存在一种更快的移动机构。这就是质子从 H_3O^+离子上转移到邻近的水分子上，形成新的水合氢离子，新的水合氢离子上的质子又重复上述过程。这样，像接力赛一样，质子 H^+被迅速传递过去。这一过程可用下式表示：

$$\left[\begin{array}{c} \mathrm{H} \\ | \\ \mathrm{H{-}O\cdots H} \end{array}\right]^+ + \begin{array}{c} \mathrm{H} \\ | \\ \mathrm{O{-}H} \end{array} \longrightarrow \begin{array}{c} \mathrm{H} \\ | \\ \mathrm{O{-}H} \end{array} + \left[\begin{array}{c} \mathrm{H} \\ | \\ \mathrm{H{-}O\cdots H} \end{array}\right]^+ \tag{2-136}$$

根据有关的分子结构数据计算，已知质子从 H_3O^+离子上转移到水分子上，需要通过 0.86×10^{-8} cm 的距离，相当于 H_3O^+离子移动了 33.1×10^{-8} cm，因而 H_3O^+离子的绝对运动速度比普通离子大得多。

(2)溶液总浓度。电解质溶液中，离子间存在着相互作用。浓度增大后，离子间距离减小，相互作用加强，使离子运功的阻力增大。

(3)温度。温度升高，离子运动速度增大。

(4)溶剂黏度越大，离子运动的阻力越大，故运动速度减小。

总之，电解质和溶剂的性质、温度、溶液浓度等因素均对电导率 κ 有较大影响。其中溶液浓度对电导率的影响比较复杂，如图 2-9 所示。不少电解质溶液的电导率与溶液浓度的关系中会出现极大值。

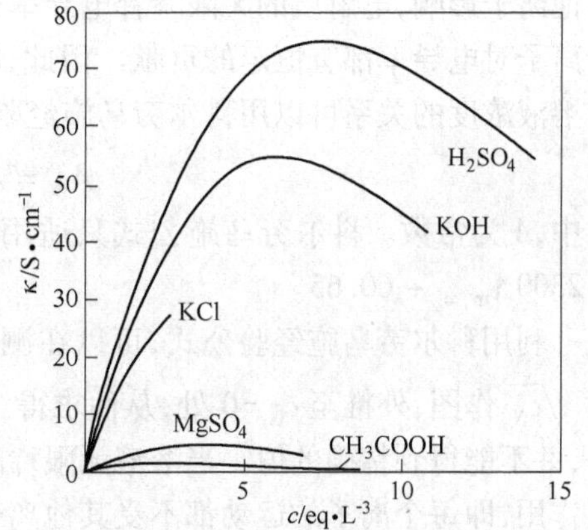

图 2-9 水溶液电导率与浓度的关系(20℃)

虽然电导率已消除了电导池几何结构的影响，但它仍与溶液浓度或单位体积的质点数有关。因此，无论是比较不同种类的电解质溶液在指定温度下的导电能力,还是比较同一电解质溶液在不同温度下的导电能力,都需要固定被比较溶液所包含的质点数。这就引入了一个比 κ 更实用的物理量 Λ_m,称为摩尔电导率。Λ_m 的单位为 $S \cdot m^2/mol$。Λ_m 表示在相距为单位长度的两平行电极之间放入 1mol 电解质的电导率,则有:

$$\Lambda_m = \frac{\kappa}{c} = \frac{L\left(\frac{l}{S}\right)}{n/(ls)} = \frac{L}{n}l^2 \tag{2-137}$$

当 $l=1m$,$n=1mol$ 时,$\Lambda_m = L$。

使用 Λ_m 时必须注意:(1)应写明物质的基本单元;(2)对于弱电解质是指包括解离和未离解部分在内总物质的量为 1mol 的弱电解质而言的;(3)一般情况下,取正、负离子各含 1mol 电荷作为电解质的物质的量为基本单元。

另外,在电化学中曾普遍采用当量(equivalent)电导率的概念。它是指在两个相距 1cm 的面积相等的平行板电极之间,含有 1mol 电解质的溶液所具有的电导率称为该电解质溶液的当量电导率。若以 V 表示溶液中含有 1mol 溶质时的体积(cm^3/eq),则当量电导率 λ 和电导率 κ 之间有如下关系:

$$\lambda = \kappa V \tag{2-138}$$

式中,λ 的单位为 $\Omega^{-1} \cdot cm^2 \cdot eq^{-1}$(eq 表示 mol);$V$ 的单位为 $cm^3 \cdot eq^{-1}$,它和当量浓度 c_N(eq/dm^3)的关系为:

$$V = \frac{1000}{c_N} \tag{2-139}$$

由于 V 表示含有 1mol 电解质的溶液体积,V 越大,溶液浓度越小,故又常把 V 称为冲淡度。将式 2-139 代入式 2-138,即可得:

$$\lambda = \kappa \frac{1000}{c_N} \tag{2-140}$$

式 2-140 即为当量电导率和电导率之间相互关系的数学表达式。

实验结果表明,随着溶液浓度的降低,摩尔电导率逐渐增大并趋向一个极限值 $\Lambda_{m,\infty}$,称为无限稀释溶液的摩尔电导率或极限摩尔电导率。

德国科学家科尔劳乌施(Kohlrausch)发现在无限稀释溶液中,每种离子独立移动,不受其他离子影响,电解质的无限稀释电导率认为是组成中各离子的无限稀释的电导率之和,每种离子对电导率都有恒定的贡献。因此,在很稀的溶液中(通常 $c_N<0.002N$),摩尔电导率与溶液浓度的关系可以用科尔劳乌施经验公式表示:

$$\Lambda_m = \Lambda_{m,\infty} - A\sqrt{c_N} \tag{2-141}$$

式中,A 为常数。科尔劳乌施公式只适用于强电解质溶液。对 1-1 价电解质,25℃时,$A = 0.2300\Lambda_{m,\infty} + 60.65$。

利用科尔劳乌施经验公式,可以在测出一系列强电解质稀溶液的当量电导率后,用 λ 对 $\sqrt{c_N}$ 作图,外推至 $c_N=0$ 处,从而求得 $\Lambda_{m,\infty}$。不过由于有时 $\Lambda_{m,\infty}$ - $\sqrt{c_N}$ 曲线的线性不够好,并不能得到精确的值。当溶液无限稀时,离子间的距离很大,可以完全忽略离子间的相互作用,即每个离子的运动都不受其他离子的影响,我们称这种情况下,离子的运动都是独立的。这时电解质溶液的当量电导就等于电解质全部电离后所产生的离子当量电导之和。

这一规律称为离子独立移动定律。若用 λ_+、λ_- 分别代表正、负离子的当量电导，则可用数学关系式表达这一定律，即：

$$\Lambda_{m,\infty} = \Lambda_{m,\infty +} + \Lambda_{m,\infty -} \tag{2-142}$$

应用离子独立移动定律，可以在已知离子极限当量电导时计算电解质的 λ_0，也可以通过强电解质 λ_0 计算弱电解质的极限当量电导率。例如，25℃时，用外推法求出了下列强电解质的 $\Lambda_{m,\infty 0}$（单位：$\Omega^{-1} \cdot cm^2 \cdot mol^{-1}$）：$\Lambda_{m,\infty HCl} = 426.1$；$\Lambda_{m,\infty NaCl} = 126.5$；$\Lambda_{m,\infty NaAc} = 91.0$。于是可计算醋酸（HAc）在无限稀释时的当量电导率如下：

$$\begin{aligned}\Lambda_{m,\infty HAc} &= \Lambda_{m,\infty H^+} + \Lambda_{m,\infty Ac^-} = \Lambda_{0,HCl} + \Lambda_{m,\infty NaAc} - \Lambda_{m,\infty NaCl} \\ &= 426.1 + 91.0 - 126.5 = 390.6\Omega^{-1} \cdot cm^2 \cdot eq^{-1}\end{aligned} \tag{2-143}$$

表 2-6 给出 25℃时一些离子的极限当量电导率值。

表 2-6 25℃时一些离子的极限摩尔电导率 （$\Omega^{-1} \cdot cm^2 \cdot mol^{-1}$）

阳离子	$\Lambda_{m,\infty +}$	阴离子	$\Lambda_{m,\infty -}$
H^+	349.81	OH^-	198.3
Li^+	38.68	F^-	55.4
Na^+	50.10	Cl^-	76.35
K^+	73.50	Br^-	78.14
NH_4^+	73.55	I^-	76.84
Ag^+	61.9	NO_3^-	71.64
Mg^{2+}	53.05	ClO_3^-	64.4
Ca^{2+}	59.5	ClO_4^-	67.36
Ni^{2+}	53	IO_3^-	40.54
Cu^{2+}	53.6	CH_3COO^-	40.90
Zn^{2+}	52.8	SO_4^{2-}	80.02
Cd^{2+}	54	CO_3^{2-}	69.3
Fe^{2+}	53.5	PO_4^{3-}	69.0
Al^{3+}	63	CrO_4^{2-}	85

2.5.1.2 电解质溶液淌度的定义

溶液中正、负离子在电场力作用下沿着相反方向的运动称为电迁移。离子的电迁移通常和溶液的导电能力密切相关。现考察电解液中一段截面积为 $1cm^2$ 的液柱，如图 2-10 所示。为简单起见，设溶液中只有正、负两种离子，其浓度分别为 c_+ 和 c_-，离子价数分别为 z_+、z_-。该电解质的当量浓度为 c_N，完全电离时应有：$c_+|z_+| = |c_-z_-| = c_N$。又假设图 2-10 中正、负离子在电场作用下的迁移速度分别为 v_+ 和 v_-（单位：cm/s）。液面 2 和液面 1 的距离为 v_+(cm)，故位于液面 2 和液面 1 之间的正离子将在 1s 内全部通过液面 1。同理，设液面 3 和液面 1 的距离为 v_-(cm)。把单位时间内通过单位截面积的载流子量称为电迁流量，用 J 表示，单位为 mol/(cm² · s)。那么，正离子的电迁流量为：

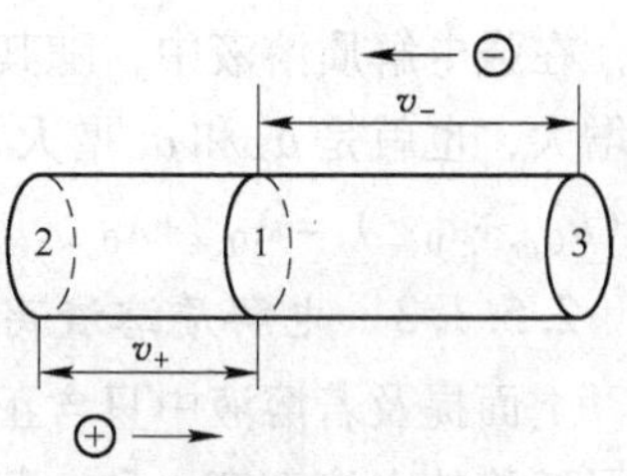

图 2-10 离子的电迁移

$$J_+=\frac{1}{1000}c_+v_+ \tag{2-144a}$$

若以电流密度表示，则为：

$$i_+=|z_+|FJ_+=\frac{|z_+|}{1000}Fc_+v_+ \tag{2-145a}$$

式中，F 为法拉第常数，表示 1mol 质子所带的电量。同理可得到负离子的电流通量 J_-，即：

$$J_-=\frac{1}{1000}c_-v_- \tag{2-144b}$$

$$i_-=|z_-|FJ_-=\frac{|z_-|}{1000}Fc_-v_- \tag{2-145b}$$

显然，总电流应是正、负离子所迁移的电流密度之和，故：

$$i=i_++i_-=\frac{|z_+|}{1000}Fc_+v_+-\frac{|z_-|}{1000}Fc_-v_- \tag{2-146}$$

由于 $c_+|z_+|=|c_-z_-|=c_N$，所以：

$$i=\frac{1}{1000}Fc_N(v_++v_-) \tag{2-147}$$

将 $i=\kappa E$ 代入式 2-147，得：

$$\frac{K}{c_N}=F\frac{1}{1000}\left(\frac{v_+}{E}+\frac{v_-}{E}\right) \tag{2-148}$$

式中，v_+/E 和 v_-/E 表示单位场强（V/cm）下离子的迁移速度，称为离子淌度，分别以 μ_+、μ_-表示，单位为 $cm^2/(V\cdot s)$。

将 $\lambda=1000K/c_N$ 的关系代入式 2-148，可得：

$$\lambda=F(\mu_++\mu_-)=\lambda_++\lambda_- \tag{2-149}$$

由 2-149 可看出，在电解质完全电离的条件下，当量电导率随浓度的变化是由 u_+和 u_-引起的。也就是说，μ_+和 μ_-的大小决定着离子当量电导率的大小，即：

$$\lambda_+=F\mu_+ \tag{2-150a}$$

$$\lambda_-=F\mu_- \tag{2-150b}$$

在强电解质溶液中，随其溶液浓度的减小，离子间相互作用减弱，因而离子的运动速度增大，也就是 μ_+和 μ_-增大，致使当量电导率 λ 增加。在无限稀释溶液中，显然有 $\lambda_0=F(\mu_{0,+}+\mu_{0,-})=\lambda_{0,+}+\lambda_{0,-}$，从而得出了与离子独立移动定律相同的结论。

2.5.1.3 电解质溶液离子迁移数定义

上面提及若溶液中只含正、负两种离子，则通过电解质溶液的总电流密度应当是两种离子迁移的电流密度之和，每种离子所迁移的电流只是总电流的一部分。这种关系可表示如下：

$$i_+=t_+i \tag{2-151a}$$

$$i_-=t_-i \tag{2-151b}$$

式中，t_+、t_-是小于 1 的分数。因为 $i=i_++i_-$，所以 $1=t_++t_-$。t_+和 t_-就叫做正、负离子的迁移数，其数值可由下式求得：

$$t_+ = \frac{i_+}{i_+ + i_-} \tag{2-152a}$$

$$t_- = \frac{i_-}{i_+ + i_-} \tag{2-152b}$$

由此可见，可以把离子迁移数定义为：某种离子迁移的电量在溶液中各种离子迁移的总电量中所占的百分数。

根据式 2-145 和式 2-150，并用离子淌度代替式 2-145 中的离子运动速度，则可以将离子迁移数表示为：

$$t_+ = \frac{|z_+|\mu_+ c_+}{|z_+|\mu_+ c_+ + |z_-|\mu_- c_-} = \frac{|z_+|\lambda_+ c_+}{|z_+|\lambda_+ c_+ + |z_-|\lambda_- c_-} \tag{2-153a}$$

$$t_- = \frac{|z_-|\mu_- c_-}{|z_+|\mu_+ c_+ + |z_-|\mu_- c_-} = \frac{|z_-|\lambda_- c_-}{|z_+|\lambda_+ c_+ + |z_-|\lambda_- c_-} \tag{2-153b}$$

如果溶液中有多种电解质同时存在，可以进行类似的推导，得到表示 i 种离子迁移数 t_i 的通式，即：

$$t_i = \frac{|z_i|\mu_i c_i}{\sum |z_i|\mu_i c_i} = \frac{|z_i|\lambda_i c_i}{\sum |z_i|\lambda_i c_i} \tag{2-154}$$

当然，这种情况下，所有离子的迁移数之和也应等于 1。

从式 2-154 可知，迁移数与浓度有关，但浓度并不是主要影响因素。表 2-7 中列出了水溶液中某些物质的正离子迁移数与浓度的关系。电解质的某一种离子的迁移数总是在很大程度上受到其他电解质的影响。当其他电解质的浓度很大时，甚至可以使某种离子的迁移数减小到趋近于零。例如，HCl 溶液中 H^+ 离子的当量电导率比 Cl^- 离子大得多（表 2-6），H^+ 离子的迁移数 t_{H^+} 当然也要远大于 Cl^- 离子的迁移数 t_{Cl^-}。但是，如果向溶液中加入大量 KCl，则有可能出现完全不同的情况，这时，$t_{H^+}+t_{Cl^-}+t_{K^+}=1$。假定 HCl 浓度为 10^{-3} mol/L，KCl 浓度为 1mol/L，且已知该溶液中 $u_{K^+}=6\times10^{-4}\ cm^2/(V\cdot s)$，$u_{H^+}=30\times10^{-4}\ cm^2/(V\cdot s)$。根据式 2-154 得出：

$$\frac{t_{K^+}}{t_{H^+}} = \frac{u_{K^+}c_{K^+}/\sum\mu_i c_i}{u_{H^+}c_{H^+}/\sum\mu_i c_i} = 200 \tag{2-155}$$

可见，尽管 H^+ 离子的迁移速度比 K^+ 离子大得多，但在这个混合溶液中，它所迁移的电流却只是 K^+ 离子的 1/200。这是因为 H^+ 离子的浓度远小于 K^+ 离子和 Cl^- 离子的浓度，因而 H^+ 离子迁移数十分小的缘故。

表 2-7　某些水溶液中正离子的迁移数（25℃）

当量浓度/eq·L^{-1}	HCl	LiCl	NaCl	KCl
0.01	0.8251	0.3289	0.3918	0.4902
0.02	0.8266	0.3261	0.3902	0.4901
0.05	0.8292	0.3211	0.3876	0.4899
0.1	0.8314	0.3168	0.3854	0.4898
0.2	0.8337	0.3112	0.3821	0.4894
0.5	—	0.300	—	0.4888
1.0	—	0.287	—	0.4882

在此值得一提的是，虽然 Li^+离子半径小，但比起 H^+和 OH^-的离子迁移速率却小得多。这与离子的迁移速率与离子本性（离子半径、价数等）、溶剂性质、温度、电位梯度等均有关。Li^+离子虽然半径小，但对水分子的作用较强，在其周围形成了紧密的水化层，使得 Li^+离子迁移阻力增大，因而，其电迁移速率较小。而 H^+和 OH^-的电迁移速率比起一般的阴、阳离子大得多，这是由于它们的导电机制与其他离子不同。H^+是无电子的氢原子核，对电子有特殊的吸引作用，化合物中的孤对电子是质子的理想吸引对象，因此质子与水分子很容易结合成三角锥形的 H_3O^+，在水溶液中它被三个水分子包围，存在的主要形式是 $H_3O^+ \cdot 3H_2O$。氢的迁移是一种链式传递，即从一个水分子传递给具有一定方向的相邻其他水分子，这种传递可在相当长距离内实现质子传递，称为质子跃迁机理。迁移实际上只是水分子的转向，所需能量很小，因此，迁移得十分快。根据现代质子跳跃理论，它可以通过隧道效应进行跳跃，然后定向传递，其效果就如同 H^+以很高的速率迁移一样。OH^-的电迁移机理与 H_3O^+相似。

离子迁移数可由实验中直接测出。因为水溶液中离子都是水化的，离子移动时总是要携带着一部分水分子，而且它们的水化数又各不相同，而通常又是根据浓度的变化来测定迁移数的，所以实验测定的迁移数包含了水迁移的影响。有时把这种迁移数称为表观迁移数，以区别于把水迁移影响扣除后所求出的真实迁移数。不过，在电化学的实际体系中，离子总是带着水分子一起迁移的，这种水迁移并不影响所讨论的问题。因此，除特殊注明者外，电化学中提到的迁移数都是表观迁移数。

2.5.2 电导与离子间相互作用

2.5.2.1 德拜-盎萨格(Onsager) 电导理论

德拜-休克尔曾用离子氛模型解释了稀溶液的电导规律，并推导了电导的理论公式。1926 年年仅 23 岁的盎萨格将德拜–休克尔理论推广到不可逆过程（有外加电场），称为盎萨格电导理论，用此理论满意地解释了科尔劳乌施关于强电解质溶液的电导与浓度线性关系。

从离子电迁移的概念可知，离子电迁移的推动力是电场力 f，其大小为：

$$f = |z_i| e_0 E \tag{2-156}$$

假如不存在离子间相互作用，如在无限稀释溶液中，可以把离子看成是不荷电的粒子。那么，按照流体力学，任何中性微粒在连续介质中运动时都会受到摩擦力 f_s的作用，其大小可由斯托克斯（Stokes）定律给出，即：

$$f_s = 6\pi\eta r_i v_i \tag{2-157}$$

式中，r_i为水化 i 离子的半径；v_i为 i 离子的运动速度；η 为介质的黏度。对一定的粒子和介质来说，r_i和 η 是常数，式 2-157 可写成：

$$f_s = Kv_i \tag{2-158}$$

应该说明，对于体积极小的离子来说，水作为介质是不连续的。在该理论中应用斯托克斯定律仅仅是为了能简单明了地说明问题实质而采用的近似处理方法。实际溶液中，离子间是存在相互作用的。因而除了摩擦阻力 f_s外，离子间相互作用的结果将给离子运动造成额外的阻力。根据离子氛理论，这种额外的阻碍作用主要有以下两种：

（1）电泳力和电泳效应。由于离子都是水化的，故在外电场作用下，中心离子与离子氛将带着各自的水化膜向相反的方向运动。这样，中心离子就不是在静止的水中运动而是在逆流的水中运动（图2-11），如同逆水行舟一般，将受到一种附加的阻力，称为电泳力。由于电泳力导致离子运动速度降低的阻碍作用叫做电泳效应。

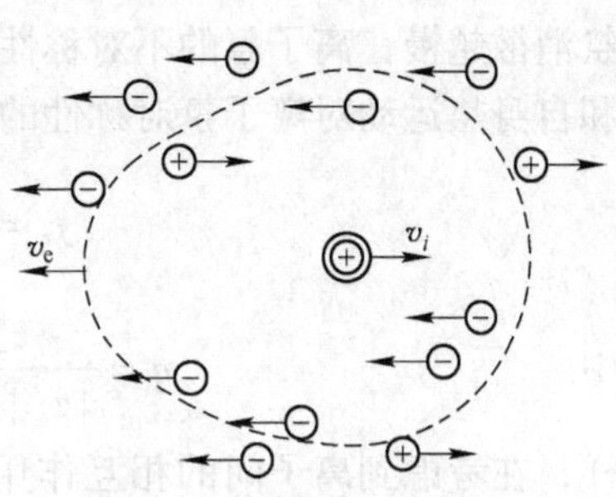

图2-11 中心离子与离子氛在电场中的迁移

理论计算结果，电泳力f_s的大小与离子和离子氛的运动速度有关，其关系式表示为：

$$f_e=\frac{e_0\ |z_i|v_e}{\mu_{i,0}} \tag{2-159}$$

式中，v_e为离子氛的运动速度；$\mu_{i,0}$为无限稀释溶液中i离子的离子淌度。

若将离子氛看成是半径为$1/\kappa$的球体，则它在溶液中的运动与胶体微粒在溶液中的运动类似。稳态时，离子氛运动的摩擦力f_e'应与其所受到的外电场推动力相等，即：

因为

$$f_e = 6\pi\kappa^{-1}\eta r_i v_e \tag{2-160}$$

而$f = e_0|z_i|E$，$f_e = f$，所以：

$$6\pi\kappa^{-1}\eta r_i v_i = e_0|z_i|E \tag{2-161}$$

将式2-161代入式2-159，并用离子当量电导率$\lambda_{i,0}$代替离子淌度$\mu_{i,0}$，则得到电泳力为：

$$f_e = \frac{e_0^2\ |z_i|^2 FE\kappa}{6\pi\eta\lambda_{i,0}} \tag{2-162}$$

（2）松弛力和松弛效应。平衡态时，中心离子周围被球形对称的离子氛所包围。当中心离子在电场作用下移动时，在它离开的位置上，由于形成离子氛的静电作用已不复存在，原有的离子氛将逐渐消散。而中心离子迁移到的新位置上，又将形成新的离子氛。旧离子氛的消散和新离子氛的形成都需要一定的时间。但是，在中心离子移动的过程中，新离子氛来不及完全形成，旧离子氛也来不及完全消散。结果运动着的中心离子的前方，离子氛电荷密度较小，而在其后方，离子氛电荷密度较大，破坏了离子氛的对称性，形成类似蛋形的不对称分布（图2-12）。中心离子后方的相反符号的剩余电荷将对中心离子的运动产生静电阻力，称为松弛力f_r。由离子氛不对称性引起的阻碍离子运动的作用叫松弛效应。

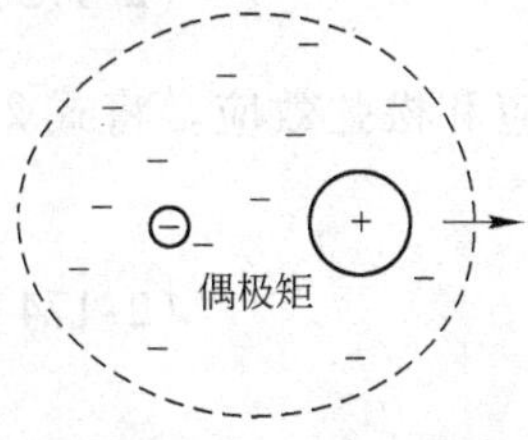

图2-12 松弛效应示意图

松弛力f_r的大小与离子氛的消散或形成速度有关。离子氛的消散过程相当于把中心离子突然抽走，离子氛通过离子热运动重新恢复到无规则分布的过程。这一过程所需要的时间称为松弛时间τ_r，其值与离子氛消散时离子所需移动的距离和移动速度有关。若以一个离子氛半径作为离子所需移动的距离，则可由下式给出τ_r，即：

$$\tau_r = \frac{e_0|z_i|(\kappa^{-1})^2}{2kT\mu_{i,0}} \tag{2-163}$$

离子氛半径κ^{-1}和浓度有关，所以τ_r也和溶液浓度有关。通常对室温下的水溶液，τ_r为$10^{-11}\sim10^{-10}$mol/L·s。

松弛时间与离子氛的消散（或形成）速度正好是相反的物理量。松弛时间越长，离子氛消散越慢，离子氛的不对称性也越大，因而松弛力越大。在同时考虑中心离子的电迁移和自身热运动对离子氛对称性的影响后，可以导出下列表示松弛力大小的关系式：

$$f_r = \frac{e_0^3 |z_i| E\kappa}{24\pi\varepsilon_0\varepsilon_r kT} \times \frac{2q|z_+ z_-|}{1+\sqrt{q}} \tag{2-164}$$

其中

$$q = \frac{|z_+ z_-|}{|z_+|+|z_-|} \times \frac{\lambda_{+,0}+\lambda_{-,0}}{|z_+|\lambda_{+,0}|z_-|\lambda_{-,0}} \tag{2-165}$$

这样，在考虑到离子间的相互作用后，离子在电场中运动时所受到的总的阻力应为摩擦力、电泳力和松弛力之和。在离子运动达到稳态时，应有：

$$f = f_s + f_e + f_r \tag{2-166}$$

将式 2-156 和 2-158 代入上式，得：

$$e_0|z_i|E = Kv_i + f_e + f_r \tag{2-167}$$

由式 2-148 和式 2-150 知：

$$\lambda_i = F\mu_i \tag{2-168}$$

$$\mu_i = \frac{v_i}{E} \tag{2-169}$$

所以

$$v_i = \frac{E\lambda_i}{F} \tag{2-170}$$

代入式 2-167 中得到：

$$e_0|z_i|E = \frac{KE\lambda_i}{F} + f_e + f_r$$

$$\lambda_i = \frac{e_0|z_i|F}{K} - \frac{F}{KE}(f_e + f_r) \tag{2-171}$$

由式 2-15 可知，在无限稀释溶液中 $K\to 0$，故根据式 2-162、式 2-164 应有：

$$f_e + f_r = 0 \tag{2-172}$$

所以，式 2-171 变为：

$$\lambda_{i,0} = \frac{e_0|z_i|F}{K} \tag{2-173}$$

它表明，在无限稀释溶液中可忽略离子间相互作用引起的电泳效应和松弛效应。将式 2-173 代入式 2-171，得：

$$\lambda_i = \lambda_{i,0} - \frac{F}{KE}(f_e + f_r) \tag{2-174}$$

再将式 2-162 和式 2-164 代入，得：

$$\lambda_i = \lambda_{i,0} - \left(\frac{e_0|z_i|F}{6\pi\eta} + \frac{2q|z_+ z_-|}{q} \times \frac{e_0^2\lambda_{i,0}}{24\pi\varepsilon_0\varepsilon_r kT}\right)\kappa \tag{2-175}$$

上两式表明，有离子间相互作用时，由于电泳效应和松弛效应的影响，离子电导率减小了，减小的程度主要取决于电泳力和松弛力的大小。式 2-175 就叫做盎萨格极限公式。

当溶液中只有正、负两种离子时，根据 $c_+|z_+| = |c_- z_-| = c_N$ 的关系，可得出：

$$\sum z_i^2 c_i = c_N(|z_+|+|z_-|) \tag{2-176}$$

将此关系式和式 2-38 一起代入式 2-175，遂可得到盎萨格公式的又一表达形式：

$$\lambda = \lambda_+ + \lambda_-$$
$$= \lambda_0 - \left[\frac{(|z_+| + |z_-|)e_0 F}{6\pi\eta}\left(\frac{1000 e_0{}^2 N_A}{\varepsilon_0 \varepsilon_r kT}\right)^{1/2} + \frac{2q|z_+ z_-|}{1+\sqrt{q}} \times \frac{e_0^2 \lambda_0}{24\pi\varepsilon_0\varepsilon_r kT}\left(\frac{1000 e_0{}^2 N_A}{\varepsilon_0 \varepsilon_r kT}\right)^{1/2}\right]$$
$$\times \sqrt{c_N(|z_+| + |z_-|)} \qquad (2\text{-}177)$$

当温度、溶剂和电解质不变时，可以把式2-177中的常数项合并，从而得到简化的、与科尔劳乌施经验公式一致的表达，即：

$$\lambda = \lambda_0 - (B_1 + B_1\lambda_0)\sqrt{c_N} \qquad (2\text{-}178)$$

对于1-1价电解质，有：

$$B_1 = \frac{9.25 \times 10^{-4}}{\eta(\varepsilon_r T)^{1/2}} \qquad (2\text{-}179)$$

$$B_2 = \frac{9.204 \times 10^5}{(\varepsilon_r T)^{3/2}} \qquad (2\text{-}180)$$

在科尔劳乌施经验公式适用的浓度范围内，盎萨格极限公式可以和实验数据较好地吻合。随着溶液浓度的增加，理论值和实验值的偏差也将增大。这是由于在盎萨格公式的推导中把离子看成点电荷而忽略了离子的体积，以及忽略了较高浓度下离子缔合的影响。

2.5.2.2 离子配合的影响

溶液中有离子对存在时，将使能导电的自由离子数目减少，当量电导率降低。可以从两个方面分析自由离子浓度减小对溶液当量电导率的影响。假设电解质是对称型的，离子缔合度为θ，那么：

（1）影响电泳力和松弛力的不再是溶液总浓度c_N，而应是$(1-\theta)c_N$或αc_N。这时，1mol以自由离子存在的电解质的当量电导率λ'可由式2-178给出，即：

$$\lambda' = \lambda_0 - (B_1 + B_1\lambda_0)\sqrt{\alpha c_N} \qquad (2\text{-}181)$$

（2）有离子对形成时，1mol电解质中只有α或$(1-\theta)$mol电解质是以自由离子形式存在的。所以，1mol含离子对的电解质具有的当量电导率应为：

$$\lambda = \alpha\lambda' = \alpha[\lambda_0 - (B_1 + B_1\lambda_0)\sqrt{\alpha c_N}] \qquad (2\text{-}182)$$

显然，式2-182中的λ值比没有离子对形成时的当量电导率λ'要小，其减小的程度取决于电离度α大小。

如果形成了三离子物，且α和α_3都比1小得多，那么，电解质的当量电导率为：

$$\lambda = \alpha\lambda_0 + \alpha_3\lambda_0^* \qquad (2\text{-}183)$$

式中，λ_0^*为各种三离子物极限当量电导之和。若将式2-77、式2-79代入式2-183，则：

$$\lambda = \frac{\sqrt{K}\lambda_0}{\sqrt{c_N}} + \frac{\sqrt{Kc_N}\lambda_0^*}{K_3} \qquad (2\text{-}184)$$

按照式2-184，随着浓度的增大，电解质的当量电导率将出现极小值。这在介电常数很小的溶剂中测定$\lambda \sim \sqrt{c_N}$曲线时得到了证实。

2.5.3 扩散传质中动态性能相互关系

扩散的发生是由于体系中不同部分含有不同物质，或同一物质在不同部位的浓度不同时引起浓度梯度而造成的现象。在多相反应或均相反应中，扩散过程是一个重要环节，扩散常常成为速率的控制步骤。在溶液理论中，扩散是最基本的迁移性质之一，通过扩散系数的测定可以确定微粒的相对分子质量、摩擦系数和溶解速度等。

1855 年菲克（Fick）提出的扩散定律即单位时间内通过单位面积的物质流量 J_i 与它的浓度梯度 $\mathrm{d}C_i/\mathrm{d}x$ 成正比，即第一定律的形式为：

$$J_i = -D_{扩}\frac{\mathrm{d}C_i}{\mathrm{d}x} \tag{2-185}$$

式中，$D_{扩}$ 是扩散系数，$\mathrm{cm^2/s}$。

电解质溶液中的离子不断地进行无规则运动，假定一种离子浓度在 yz 面上是常数，只随 x 方向而变。为了分析这种离子的扩散，设有一个垂直于 x 方向的参考面，叫做过渡面（T），如图 2-13 所示，由于离子是无规则的运动，所以它们同时从左向右，又从右向左通过 T 面，与中间 T 面距离 $\sqrt{x^2}$ 处分别有两个与其平行的面，这三个平面把体积分成 $C_{左}$ 和 $C_{右}$ 两部分。左边部分的物质的量为 $\sqrt{x^2}C_{左}$，右边为 $\sqrt{x^2}C_{右}$。因为离子的无规则运动，有从左向右运动，同时又有从右向左运动的，因此左部分中仅有一半的离子进入右部分，即 $\frac{1}{2}\sqrt{x^2}C_{左}$。在 1s 内通过 T 面的克离子数是：$\frac{1}{2}(\sqrt{x^2}/t)C_{左}$；同样，在 1s 内从右边通过 T 面的克离子数是 $\frac{1}{2}(\sqrt{x^2}/t)C_{右}$。因此，通过单位过渡面 T 的离子流量为：

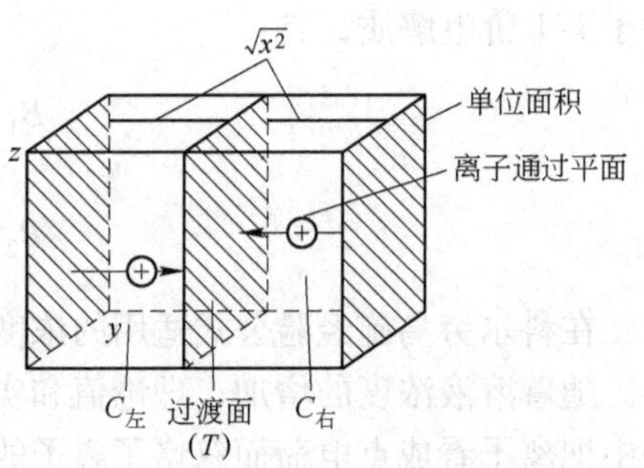

图 2-13 离子扩散过程示意图

$$J = \frac{1}{2}\frac{\sqrt{x^2}}{t}(C_{左} - C_{右}) \tag{2-186}$$

要使扩散发生，两部分应存在浓度梯度，因此，可把从左向右的浓度写成：

$$\frac{\mathrm{d}C}{\mathrm{d}x} = \frac{C_{右} - C_{左}}{\sqrt{x^2}} = -\frac{C_{左} - C_{右}}{\sqrt{x^2}}$$

或

$$C_{左} - C_{右} = -\sqrt{x^2} \times \frac{\mathrm{d}C}{\mathrm{d}x} \tag{2-187}$$

将式 2-187 代入式 2-186，可得：

$$J = -\frac{1}{2} \times \frac{x^2}{t} \times \frac{\mathrm{d}C}{\mathrm{d}x} \tag{2-188}$$

式 2-188 与菲克第一定律式 2-185 比较就可以得到：

$$\frac{x^2}{2t} = D_{扩} \quad 或 \quad x^2 = 2D_{扩}t \tag{2-189}$$

式 2-189 常被称为爱因斯坦-斯莫鲁柯斯基方程，它指出了一个离子无规则运动的微观过程与宏观的菲克定律中的系数 $D_{扩}$ 之间的联系。

不失一般性地定义，如果对一个无规则运动中的离子施加任意一个力使它移动，那么，离子的运动速度 v 应与施加于运动方向上的力 $\vec{f}$ 成正比，即：

$$v \propto \vec{f} \quad 或 \quad v = \bar{\mu}\vec{f} \tag{2-190}$$

式中，比例系数$\bar{\mu}$叫做绝对淌度。式2-190可写成：

$$\bar{\mu} = v/\vec{f} \tag{2-191}$$

式中，$\vec{f}$不限于电场力，由任何力来推动都可以，绝对淌度的定义是施加一单位作用力时离子的运动速度。因此，可将任一电场力化为力的单位（N），例如，设一电场力为0.05V/cm时，观察到离子运动速度为2×10^{-5}cm/s，计算这个推动力$\vec{f}$和绝对淌度$\bar{\mu}$。

从物理学中已知，作用于离子上每单位电力为电场强度I乘以每一离子的电荷$n_i e_0$，即：

$$\vec{f} = n_i e_0 I \frac{1}{300} = 4.8 \times 10^{-10} \times 0.05 \times \frac{1}{300} \times \frac{1}{10^5} = 8 \times 10^{-19}\text{N} \tag{2-192}$$

式中，1/300是把V转换为静电位的因子，同时力的单位为N。因此，用绝对淌度来表示时，得出：

$$\bar{\mu} = \frac{2 \times 10^{-5} \times 300 \times 10^5}{4.8 \times 10^{-10} \times 0.05} = 2.5 \times 10^{13}\ \text{cm/(s·N)} \tag{2-193}$$

$$\mu_i = \frac{v_i}{I} = \frac{v_i}{\vec{f}} \frac{n_i e_0}{300 \times 10^5} = \bar{\mu} \frac{n_i e_0}{300 \times 10^5} \tag{2-194}$$

即$\bar{\mu}$和μ_i之间有一简单的比例系数$n_i e_0/(300 \times 10^5)$。绝对淌度$\overline{\mu_i}$的概念更具有普遍意义，故在理论研究中常被采用。

对于离子无规则运动而发生的扩散过程和施加某种力于离子上使其定向运动（电导）的过程是不同的。实际上离子这种运动并不扣除它的无规则运动，而是互相叠加在一起，两者之间有着内在联系。离子发生扩散时，它的流量可由菲克第一定律表示，当电解池中插入两个电极时，离子的移动速度由式2-190表示，而离子移动产生的电流用式2-145计算。因此，离子电导的流量为：

$$J_{电导} = \frac{i}{nF} = Cv \tag{2-195}$$

把式2-190代入式2-195，得：

$$J_{电导} = \bar{\mu}C\vec{f} \tag{2-196}$$

由于离子电导流量可以通过调节电场力来控制，故可以使电导流量准确地补偿扩散流量。例如，阳离子向阴极扩散时，改变外电场使电极带上正电荷，使之刚好能排斥该阳离子的扩散而使其净流量为零，即$J_{扩散} + J_{电导} = 0$。根据式2-185和式2-196，得出：

$$-D_{扩}\frac{\mathrm{d}C}{\mathrm{d}x} + C\bar{\mu}\vec{f} = 0$$

因而：

$$\frac{\mathrm{d}C}{\mathrm{d}x} = \frac{\bar{\mu}C\vec{f}}{D_{扩}} \tag{2-197}$$

在这样条件下，可认为玻耳兹曼分布定律能够应用。设电场沿x方向改变，在任一距

离 x 上的离子浓度按玻耳兹曼分布为：

$$C = C^0 \exp(-U/kT) \tag{2-198}$$

式中，U 是在外加电场中离子的位能，C^0 是位能为零时区域中的浓度。对式 2-198 微分：

$$\frac{\mathrm{d}C}{\mathrm{d}x} = -C^0 \exp\left(-\frac{U}{kT}\right) \frac{1}{kT} \times \frac{\mathrm{d}U}{\mathrm{d}x} = -\frac{C}{kT} \times \frac{\mathrm{d}U}{\mathrm{d}x} \tag{2-199}$$

根据力的定义：

$$\vec{f} = -\frac{\mathrm{d}U}{\mathrm{d}x} \tag{2-200}$$

将式 2-200 代入式 2-199，得：

$$\frac{\mathrm{d}C}{\mathrm{d}x} = \frac{C}{kT}\vec{f} \tag{2-201}$$

对比一下式 2-197 和式 2-201，则：

$$\frac{\bar{\mu}}{D_{扩}} = \frac{1}{kT} \quad 或 \quad D_{扩} = \bar{\mu}kT \tag{2-202}$$

式 2-202 被称为爱因斯坦方程，它指出了扩散系数与绝对淌度的联系。通过这个式子不难导出扩散系数与当量电导率的关系式。设电解质是对称价型时，当量电导率与离子淌度有如下关系：

$$\Lambda = F(\mu_+ + \mu_-) \tag{2-203}$$

式中，F 为法拉第常数。现将淌度换成绝对淌度 $\bar{u}$，得：

$$\Lambda = n_i e_0 F(\bar{\mu}_+ + \bar{\mu}_-) \tag{2-204}$$

把爱因斯坦方程式 2-202 即 $\bar{\mu}_+ = D_{+扩}/kT$ 和 $\bar{\mu}_- = D_{-扩}/kT$ 代入式 2-204，得到：

$$\Lambda = -\frac{ne_0F}{kT}(D_{+扩} + D_{-扩}) \tag{2-205}$$

式 2-205 右边分子和分母分别乘上阿伏伽德罗常数 N_0，并考虑到玻耳兹曼常数 $k=R/N_0$ 和 $N_0e_0=F$，式 2-205 可写为：

$$\Lambda = \frac{nF^2}{RT}(D_{+扩} + D_{-扩}) \tag{2-206}$$

即为能斯特-爱因斯坦公式。

当体系中浓度不均匀时则发生扩散过程，浓度不同也就表明体系不同部位的化学位有差别，扩散过程的推动力是化学位梯度 $-\mathrm{d}\mu/\mathrm{d}x$。这个推动力产生一个稳态扩散流量 $J_{扩散}$，其相应的扩散速度为 $v_{扩}$，它是一个稳态扩散速度。扩散推动力 $-\mathrm{d}\mu/\mathrm{d}x$ 必须与斯托克斯的黏滞力 $6\pi r\eta_{黏} v_{扩}$ 造成的阻力相等，而且方向相反，即：

$$-\frac{\mathrm{d}\mu}{\mathrm{d}x} = 6\pi r\eta_{黏} v_{扩} \tag{2-207}$$

因此，绝对淌度式 2-191 可以表示为：

$$\bar{\mu} = \frac{v_{扩}}{\vec{f}} = \frac{v_{扩}}{-\mathrm{d}\mu/\mathrm{d}x} = \frac{v_{扩}}{6\pi r\mu_{黏} v_{扩}} = \frac{1}{6\pi r\mu_{黏}} \tag{2-208}$$

把爱因斯坦方程式 2-202 代入，得：

$$D_{扩} = \frac{kT}{6\pi r\mu_{黏}} \tag{2-209}$$

式 2-209 被称为斯托克斯–爱因斯坦公式。

扩散系数与当量电导率和黏度之间均有联系，参看式 2-206 式和式 2-209。联立这两个方程式并消去扩散系数，就可导出当量电导率和黏度之间的关系：

$$\Lambda = \frac{nF^2kT}{6\pi RT} \times \frac{1}{r\eta_{黏}} \tag{2-210}$$

因为 $F = N_0e_0$ 和 $k/R = 1/N_0$，则上式可写为：

$$\Lambda = \frac{ne_0F}{6\pi} \times \frac{1}{r\eta_{黏}} \quad 或 \quad \Lambda\eta_{黏} = 常数/r \tag{2-211}$$

如果溶剂化离子在不同黏度的溶剂中其半径是相同时，式 2-211 便得：

$$\Lambda\eta_{黏} = 常数 = \frac{ne_0F}{6\pi} \tag{2-212}$$

式 2-212 就是物理化学中已知的瓦尔顿经验规则。

思 考 题

2-1 有哪些类型的电解质？各有何特点？

2-2 什么是离子的水化？如何理解水化膜、水化数的物理含义？

2-3 水化离子和晶格中的离子在性质上有什么不同？

2-4 为什么说电离和水化是电解质溶解过程中不可分割的两个方面？

2-5 电解质的电离、离子的水化、离子氛的形成和离子的缔合各决定于哪一对矛盾的运动？

2-6 试述离子氛模型的物理图像。离子氛半径表示了什么物理意义？

2-7 按照离子氛理论，可用哪些参数来描述离子间的相互作用？为什么？

2-8 产生离子缔合的原因是什么？离子缔合体与配合离子、共价键化合物分子有什么区别？

2-9 为什么要引入活度的概念？它反映了什么物理实质？

2-10 电解质溶液的标准态是如何选定的？它和纯液体的标准状态有何不同？

2-11 电解质溶液的导电性和金属的导电性有什么异同之处？

2-12 为什么 H^+ 和 OH^- 的电导率特别大，而 Li^+ 的电导率又特别小？

2-13 影响电解质溶液导电性的因素有哪些？为什么？

2-14 “离子浓度越高，该种离子迁移的电量就越多，因此该离子的迁移数越大。”这个说法对不对？为什么？

2-15 什么是离子独立移动定律？它有什么实际意义？

2-16 盎萨格极限公式表示了什么物理意义？为什么它只适用于稀溶液？

2-17 试计算 0.1mol/kg Na_2SO_4 溶液的平均活度。

2-18 试用活度系数公式计算 25℃时，0.0025mol/L NaCl 溶液的平均活度系数。

2-19 已知 25℃时各离子的摩尔电导率（$\Omega^{-1} \cdot cm^2 \cdot mol^{-1}$）为：$\Lambda_m(H^+) = 349.7$，$\Lambda_m(K^+) = 73.5$，$\Lambda_m(Cl^-) = 76.3$。求 25℃时含有 0.001mol/L KCl 和 0.001mol/L HCl 的水溶液的电导率。水的电导率可忽略不计。

2-20 已知 18℃时，1.0×10^{-4} eq/dm^3 NaI 溶液的当量电导率为 $127\Omega^{-1} \cdot cm^{-1} \cdot eq^{-1}$，$\lambda_0(Na^+) = 50.1\Omega^{-1} \cdot cm^{-1} \cdot eq^{-1}$，$\lambda_0(Cl^-) = 76.3\Omega^{-1} \cdot cm^{-1} \cdot eq^{-1}$。试求：(1) 该溶液中 I^- 离子的迁移数；(2) 向 NaI 溶液中加入相同当量数的 NaCl 后，Na^+ 离子和 I^- 离子的迁移数。

2-21 18℃时测得 CaF_2 的饱和水溶液电导率为 $38.9\times10^{-6}\Omega^{-1} \cdot cm^{-1}$，水在 18℃时电导率为 $1.5\times10^{-8}\Omega^{-1}$

$\cdot$ cm^{-1}。又已知水溶液中各电解质的极限摩尔电导率($\Omega^{-1}\cdot cm^2\cdot mol^{-1}$)分别为：$\Lambda_{m,0}(CaCl_2)$= 233.4，$\Lambda_{m,0}(NaCl)$= 108.9，$\Lambda_{m,0}(NaF)$= 90.2。若 F^- 离子的水解作用可忽略不计，求 18℃时氟化钙的溶度积 K。

2-22 利用德拜-休克尔极限公式计算下列电解质的平均活度系数：

(1) KCl(0.0005mol/L)；(2) $ZnSO_4$(0.0001mol/L)；(3) $LaCl_3$(0.0025mol/L)；(4) KCl(0.0005mol/L)+$LaCl_3$(0.0005mol/L)

2-23 近似计算 0.2mol/L H_2SO_4溶液的 pH 值，已知该溶液中 H_2SO_4的平均活度系数为 0.209。

2-24 已知 25℃时，KCl 溶液的极限摩尔电导率为 149.82$\Omega^{-1}\cdot cm^2\cdot mol^{-1}$，其中 Cl^- 离子的迁移数是 0.5095；NaCl 溶液的极限摩尔电导率为 126.45$\Omega^{-1}\cdot cm^2\cdot mol^{-1}$，其中 Cl^- 离子的迁移数是 0.6035。根据这些数据：

(1) 计算各种离子的极限摩尔电导；

(2) 由上述计算结果证明离子独立移动定律的正确性；

(3) 计算各种离子在 25℃的无限稀释溶液中的离子淌度。

参 考 文 献

[1] 谢德明，童少平，楼白杨. 工业电化学基础 [M]. 北京：化学工业出版社，2009.

[2] 谢刚. 熔融盐理论与应用 [M]. 北京：冶金工业出版社，1998.

[3] 杨绮琴，方北龙，童叶翔. 应用电化学 [M]. 2 版. 广州：中山大学出版社，2005.

[4] 王常珍. 固体电解质和化学传感器 [M]. 北京：冶金工业出版社，2000.

[5] 李荻. 电化学原理 [M]. 北京：北京航空航天大学出版社，1995.

[6] 李以圭，陆九芳. 电解质溶液理论 [M]. 北京：清华大学出版社，2005.

[7] 郭鹤桐，刘淑兰. 理论电化学 [M]. 北京：宇航出版社，1984.

[8] 黄子卿. 电解质溶液导论 [M]. 修订版. 北京：科学出版社，1983.

[9] 黄中强. 电解质溶液热力学理论研究的进展 [J]. 玉林师范学院学报（自然科学版），2006，27 (5)：62 ~ 65.

[10] 蒋汉赢. 冶金电化学 [M]. 北京：冶金工业出版社，1983.

3 熔盐结构及其基本性质表征

本章导读

熔盐作为一种重要的高温离子熔体，在冶金工业、化学工业、电沉积和原子能工业（核能）中具有重要的应用，其理论和应用研究得以迅速发展，成为现代化学中极具活力的分支之一。在现代冶金中，熔盐电解是生产一系列有色金属的重要方法之一（目前大规模用熔盐电解提取的金属有30余种）。熔盐和熔盐电解密切相关。熔融盐电解质具有不同于水溶液的诸多性质，如高温下的稳定性，在较宽范围内的低蒸气压，低的黏度，良好的导电性，较高的离子迁移和扩散速率，高的热容量等。从结构、性质上了解熔盐这一不同于水溶液的特性对于熔盐电解十分重要，因而，本章着重讨论熔盐的结构及基本物理化学性质。

3.1 熔盐电解质简介

熔融盐与水溶液电解质同是离子导体（第二类导体），它们之间究竟有什么明显差别，造成这一差别的原因是什么，这是对于熔盐这一离子导体认识的基础。从存在条件和形态上考察，不难得出电解质水溶液是常温下稳定的液体，而熔盐则往往高于100℃以上（甚至1000℃以上）才能形成和稳定存在；从外观来看，稳定存在的这两种离子导体，熔盐与水溶液电解质一样均呈无色透明。表3-1中列出了若干典型液体的物理性质。从表3-1可以看到，水溶液和高温熔体之间的许多物理性质比较无显著差别，但两者的主要差别

表3-1 不同液体物理性质的比较

性质	水（25℃）	液体钠（熔点）	1mol/L NaCl 溶液（25℃）	NaCl 熔体（熔点）	$Na_2O \cdot SiO_2$
熔点/℃	0.0	97.83	-3.37	801	1088
蒸汽压/Pa	3.17×10^3	1.312×10^{-5}	2.240×10^3（20℃） 4.106×10^3（30℃）	4.5996×10	
摩尔体积 /cm^3	18.07	24.76	17.80	30.47	55.36
密度 /$g \cdot cm^{-3}$	0.997	0.927	1.0369	1.5555	2.250（1200℃）
压缩性 /$cm^2 \cdot Pa^{-1}$	457.00 等温	186.33 等温	395.56 等温	287.00 等温	588.00 绝热（1200℃）
扩散系数 /$cm^2 \cdot s^{-1}$	3.0×10^{-5}	2.344×10^{-7} 1.584×10^{-7}	$D_{Na^+}=1.25\times10^{-8}$ $D_{Cl^-}=1.77\times10^{-8}$	$D_{Na^+}=1.53\times10^{-4}$ $D_{Cl^-}=0.83\times10^{-4}$ （850℃）	

续表 3-1

性　质	水（25℃）	液体钠（熔点）	1mol/L NaCl 溶液（25℃）	NaCl 熔体（熔点）	$Na_2O\cdot SiO_2$
表面张力 /N · cm^{-1}	71.97×10^{-5}	192.2×10^{-5}	74.3×10^{-5}	113.3×10^{-5}	294×10^{-5} （1100℃）
黏度 /Pa · s	0.895×10^{-3}	0.690×10^{-3}	1.0582×10^{-3}	1.67×10^{-3}	980×10^{-3} （1200℃）
电导率 /$\Omega^{-1}\cdot cm^{-1}$	4.0×10^{-8}	1.04×10^{5}	0.8576 （mol · cm^{-1}）	3.58	4.8 （1750℃）

表现在它们的导电性，前者的电导率约为后者的10^8倍。虽然熔盐有很高的导电度，然而，熔盐与水溶液一样是离子传导而不是电子传导，它的比电导率约为液体金属汞在20℃时的比电导率（$1.1\times10^4\Omega^{-1}\cdot cm^{-1}$）的1/10000，而比熔点态的液体钠的比电导率低5个数量级。固体 NaCl 在800℃时的电导率为$1\times10^{-3}\Omega^{-1}\cdot cm^{-1}$。与表3-1中熔点时的氯化钠比较，电导率相差三个数量级。对于熔盐为什么具有这样高的电导率？这与熔盐离子与电解质水溶液中离子形成不同有关。由第2章已获知，水溶液中盐的电离是靠溶剂化作用来实现的，但这不是使离子晶体剥离的唯一方式，同样地，升高温度可以克服离子间的吸引力而形成离子熔体（图3-1）。因为熔盐的单位体积中离子数目要比水溶液要多，故其电导率高。从形成机制上看，熔盐也可视为溶剂是零时的电解质溶液，在熔盐中大量存在的应该是带异种电荷的离子。

按照以上的理解，关于熔盐的性质和结构还有许多重要的概念有待阐明。例如，上面提到熔盐中没有像水那样性质的惰性溶剂，那么熔盐中的离子淌度和迁移数等动态性质用什么作参考构架进行测量呢？水溶液中的配合离子或离子对是由大量的溶剂分子将其隔开的，这些离子集团是比较容易确定的。但对于熔盐体系来说，其中全部是离子，它们是经常相互接触的，它们之间能否形成了配合离子或离子对？如何区别它们之间形成了配合离子或离子对？这也是要探讨的一个重要问题。前面讨论电导率问题时还注意到，许多离子晶体在固态下也是以离子状态存在的，为什么一经熔化，其导电度就有如此显著的差别？熔化过程如何使离子间的作用力发生如此巨大的变化？它们在结构上的差别在哪里？这些问题必须从熔盐结构的研究中去寻求解答。然而熔盐结构介乎固态和气态之间，虽然固体或气体的结构都有比较成熟的研究，但是液态结构理论尚有待进一步阐明；高温熔体的种类繁多，它与常温下的水溶液结构又有所不同，加上高温实验技术上的困难，因此目前还未能建立一个

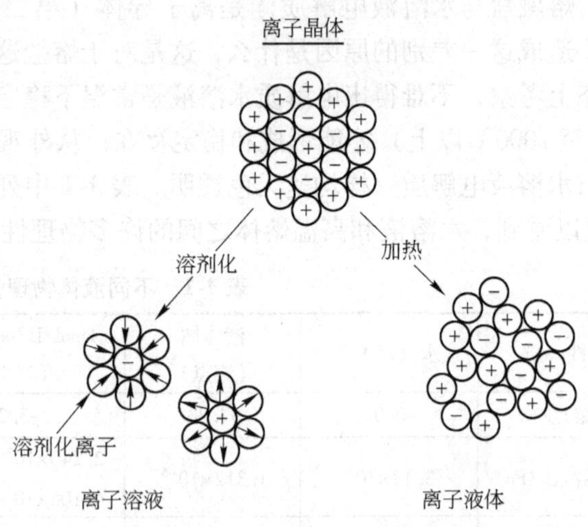

图3-1　离子晶体可经溶剂化电离呈离子溶液，也可经加热电离形成离子液体（或熔盐）

统一的熔盐结构理论。

研究熔体性质的实验手段常常是借用研究固体或研究气体的方法进行的，例如应用X射线仪、电子扫描显微镜、喇曼光谱、红外光谱等。X射线衍射也是研究固体内部结构的经典方法，同时也是现代直接获得液体结构基本知识的重要手段之一。比较晶体、气体和液体的X射线衍射图谱发现，液态的X射线衍射图介于固态与气态之间，但比较接近于固态的图形。在一个理想的离子晶体中，例如选阳离子作参考点，取离参考的阳离子一定距离 r 处阴离子出现的概率作图，如图3-2所示，离子晶体和熔盐的X射线图分别用实线和虚线表示。由该图可以看到，实线表示的离子晶体排列是有序的（对于固体盐，不管阳离子的距离是 r_0，$2r_0$，…，找到阴离子的概率均相同。其中 r_0 为两相邻阴阳离子间的距离）；对于熔盐来说只在近程时是有序的，而在远程时其有序排列就消失（当阳离子距离为 r_0 时，找到阴离子的概率与固体盐相同，但当距离为 $2r_0$ 时，找到阴离子的概率就减小了1/2，距离越长，概率越小）；气相则完全是无序的。因此，在熔点附近的熔体结构接近于固体而与气相不同。

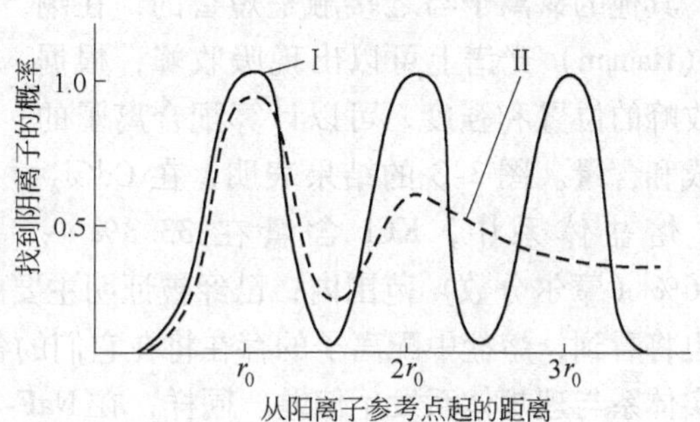

图3-2 固体盐的长程有序（Ⅰ）与熔盐的短程有序（Ⅱ）

从带相反电荷离子核间距离来看，在气相中它们的距离很大。但将离子晶体及其相应熔盐比较，核间距离则相差不大，表3-2中列出的试验数据，就是熔体接近固体结构的证明。从表3-2中数据还可以看出，熔盐中带相反电荷离子间核的距离比晶体中的核间距离还要短些。但根据摩尔体积测定，许多离子晶体熔化时，体积增大10%~25%。例如，KCl熔盐熔化后体积增加17.3%，NaCl体积增加25%，KNO_3 体积增加3.3%。这就是说，熔化过程使阴、阳离子的核间距离有所缩短，但宏观体积却膨胀，这两种实验事实表面上似乎矛盾，这在研究熔盐结构时，必须注意这种差异。

表3-2 若干盐在晶态和液态时的核间距离

盐		LiCl	LiBr	LiI	NaI	KCl	CsCl	CsBr	CsI
阴、阳离子核间距离/nm	晶体（熔点）	0.266	0.285	0.312	0.335	0.326	0.357	0.372	0.394
	熔　盐	0.247	0.268	0.285	0.315	0.310	0.353	0.355	0.385

此外，近年来，X射线衍射和中子衍射又使人们对于熔盐结构有了新的认识。研究固体和熔盐碱金属卤化物中离子间的其配位数发现，碱金属卤化物配位数为6的固体盐，熔化后其配位数减小为4~5，即熔化后配位数减小。

另外，在水溶液中，配合离子的概念比较容易理解（例如，当 $CdCl_2$ 和KCl在水溶液中形成配合离子时，它们似小岛一样，为大量的以水为溶剂的海洋所隔开，因此可以确定它的存在），然而在熔盐中没有这种惰性溶剂，如何判断 Cd^{2+} 可与三个氯离子组成配合物呢？其实可以这样认为，虽然配合离子总是处在动态平衡之中，然而它们集合在一起的时间总要长一些，有一定的配合生命期。有人曾测定在263℃时 $CdBr^+$ 在 KNO_3-$NaNO_3$ 混合熔体中的配合生命期为 0.3s，这就证明熔盐中的配合物是一种实体，其形式类似水溶液中的水化离子。在水溶液中，离子周围虽都是水分子，然而只有一部分水分子组成离子的水化外壳，伴随着离子运动。在熔盐中，对于 $CdCl_3^-$ 配离子来说，Cd^{2+} 离子周围有三个氯离子伴随它一起运动，并有一定的生命期，其他的氯离子与之接触是短暂的，在喇曼（Raman）光谱上可以出现吸收峰，根据吸收峰的位置和强度，可以计算配合离子的组成和含量。图 3-3 的结果表明，在 $CdCl_2$-KCl 熔盐体系中，KCl 含量在 33.3% ~ 66.6%（摩尔分数）范围内，已经被证明主要配合离子是 $CdCl_3^-$。在熔盐的性质-组成图上也将看到，熔盐中配离子的存在将在它们的各种物理化学性质上反映出来，并引起熔盐真实体系与理想体系发生偏差。同样，在 NaF-AlF_3 体系中，在冰晶石处，黏度有极大值，这是溶液中存在巨大的冰晶石配合离子的一个证据。

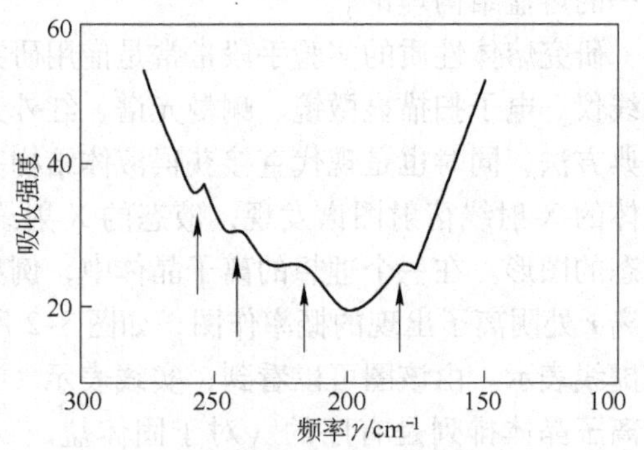

图 3-3　喇曼光谱表明在 $CdCl_2$-KCl（50%）熔盐体系中出现 4 个吸收峰

3.2　熔盐的结构

研究熔盐结构是系统深入理解熔盐物理化学性质的基础，可以对熔盐中的电极过程有更科学合理的解释。熔盐结构是微观的结构，是一种理论模型，只能根据实验事实进行推测，而且也必须经受实验结果的检验。根据大量的研究表明，在熔盐组成中包含如下的一些基本结构单元：

（1）异种电荷组成的简单离子；

（2）未解离的分子；

（3）缔合分子；

（4）不同符号的配离子；

（5）自由体积（孔洞、裂缝）。

决定所有这些质点平衡状态的力，具有如下性质：

（1）异名荷电离子间的库仑静电引力；

（2）同名荷电离子间的玻恩排斥力；

（3）作用于配离子和复杂离子中的共价化学键力；

（4）不同形式的分子间力（色散力等）；

（5）电子-金属键。

任何模型应该能够解释熔盐的一些共同性质：

（1）熔盐熔化后体积增加；

（2）熔盐具有较高的电导率；

（3）熔盐熔化后离子排布近程有序；

（4）熔盐熔化后配位数减少。

最早给出熔盐结构概念的是法拉第（Farady），他指出：熔盐由正离子和负离子构成。许多研究者都建立了熔盐结构模型，如“似晶格”模型、“空穴”模型、“有效结构”模型、“液体自由体积”模型等。

3.2.1 “似晶格”或“空位”模型

“似晶格”模型（quasi-lattice model）认为，在晶体中，每个离子占据一个格子点，并在此格子点上做微小的振动，如图 3-4 所示。

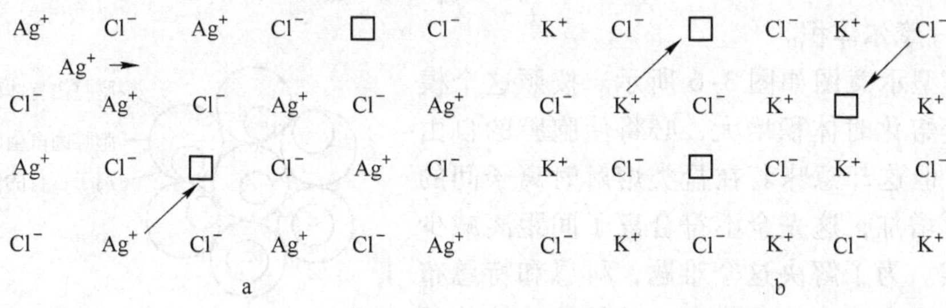

图 3-4 空位形成示意图

a—Frenkel 缺陷；b—Schottky 缺陷

随着温度的升高，离子振动的振幅越来越大，有些离子跳出平衡位置，留下空位，这就是所谓“格子缺陷”。这种缺陷又分成两种，一种是离子从正常格子点跳到格子间隙地方，留下 1 个空位，这种缺陷叫佛伦凯尔（Frenkel）缺陷，如图 3-4a 所示；另一种缺陷是离子跃到晶体表面另外 1 个空格点上去，产生 1 个空位，这种缺陷叫肖特基（Schottky）缺陷，如图 3-4b 所示。离子熔体的似晶格模型是晶体模型的变种，它是建立在离子熔体中的微缺陷与位错的概念基础上的。

X 射线研究表明，晶体熔化后仍保持局部有序，且原子间距离及配位数减小，密度测量结果也表明盐在融化时体积增加，这些都可以用“似晶格”模型进行合理解释。

3.2.2 “空穴”模型

“空穴”模型认为熔盐内部含有许多大小不同的空穴，这些空穴的分布完全是无规则的。这个无规则的分布就把空穴从格子点的概念中解放出来，成为与之完全不同的新的模型理论。在空穴模型中，空穴的形成不是来自肖特基缺陷，而是来自另一过程。在液体熔盐中，离子的运动自由得多，离子的分布没有完整的格子点，所以，随着离子的运动，在熔盐中必将产生微观范围内的局部密度起伏现象和空穴的呼吸现象，即单位体积内的离子数目和空穴的大小起了变化。随着热运动的进行有时挪去某个离子，使局部的密度下降，但又不影响其他离子间的距离，这样在离去离子的位置就产生了一个空穴，如图 3-5 所示。

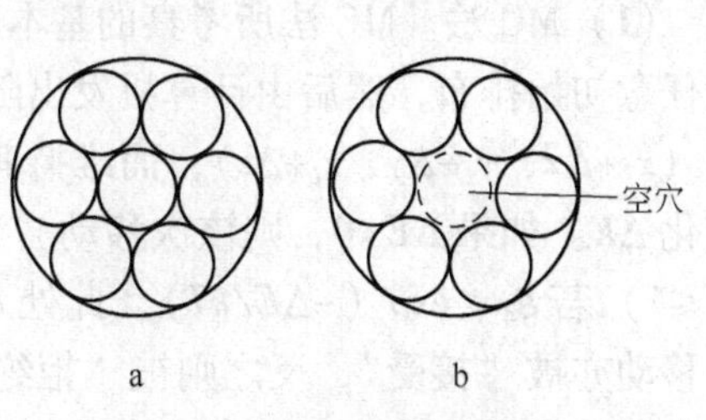

图 3-5 空穴形成示意图

a—空穴形成前；b—空穴形成后

在溶液中，离子不断地运动，空穴的大小和位置也在不断地变化，它的变化是随机的，符合玻耳兹曼分布。空穴模型形象地说明了为什么熔盐熔化之后体积会增加，离子间异号离子距离反而减少的原因。

3.2.3 液体自由体积模型

液体自由体积模型认为，如果液体的总体积内共有 N 个微粒，那么胞腔自由体积则为 $V_{总}/N$。质点只限于细胞腔内运动，在这个胞腔内它有一定的自由空间 V_f，如果离子自身的体积是 V_0，那么胞腔内没有被占有的自由空间则为：

$$V_f = V - V_0 = V_{总}/N - V_0 \tag{3-1}$$

式中 V——摩尔体积。

胞腔模型示意图如图 3-6 所示。按照这个模型，当熔盐熔化时体积增大，必将使胞腔的自由体积增大，但这却意味着在盐类熔解时离子间的距离会有所增加，这完全不符合离子间距离减少的实验事实。为了解决这个难题，科恩和特恩布尔又进一步提出 3 个修正模型。他们认为熔盐的自由体积并不相等，而且这些自由体积可以互相转让。正在运动的胞腔产生膨胀，而与它相邻的胞腔将被压缩。这就产生胞腔自由体积的起伏，最后达到无规则的分布。

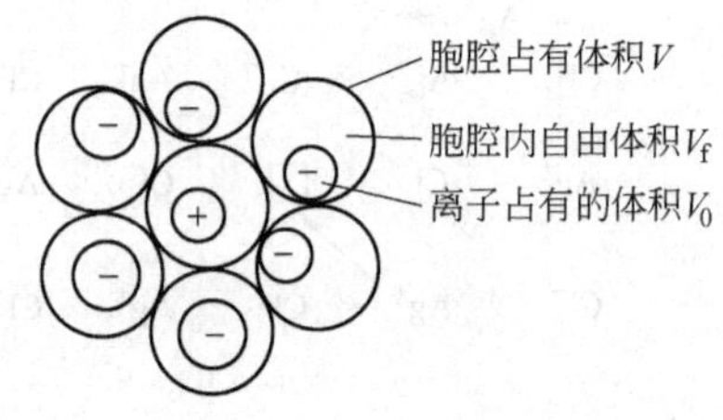

图 3-6 胞腔模型及自由体积示意图

3.2.4 特姆金（Temkin）模型

这是个结构模型，也是个热力学模型。此模型把熔盐的理想混合物看作是阳离子和阴离子互相独立的混合物。由于离子间的静电作用，正离子只围绕在负离子周围，负离子也只围绕在正离子周围，正负离子统计地在它们之间分布着，因而混合热等于零。这种模型经过简单处理可以半定量预测熔盐中各组分的活动。

3.2.5 熔盐结构的计算机模型（“硬核软壳”模型）

由于计算机技术的迅猛发展，用计算机模拟液态微观结构取得很大的成功。在研究熔盐的结构和性质中，应用最多的是蒙特卡洛 MC（Monte Carlo）法和分子动力学 MD（molecular dynamics method）法两种。在给定粒子间势的前提下，用计算机模拟液态的瞬时结构和运动不用引入主观的假设，便能相当精确地计算出许多液体（特别是熔盐和单原子分子液体）的热力学性质和动力学性质。

（1）MC 法。MC 法所考察的基本范围称为元胞。离子（其他粒子也可以）在元胞中取任意初始排布，然后由计算机发出随机数 ξ_1、ξ_2、ξ_3，使某离子 i 由原来位置移到新位置（$x_i+\Delta x$，$y_i+\Delta y$，$z_i+\Delta z$），而维持其他 $N-1$ 个离子不动，同时计算出移动前后的势能变化 ΔE。如果 $\Delta E<0$，则该次移动“有效”，若 $\Delta E>0$，则由计算机发出随机数 ξ_4（$0\leqslant\xi_4\leqslant1$），若 $\xi_4\leqslant\exp(-\Delta E/kT)$（此处 k 为玻耳兹曼常数，T 为所模拟体系的温度），则离子移动亦被“接受”，反之则被“拒绝”，离子退回原处。随着各离子循环进行上述过程，体系渐趋玻耳兹曼分布，当总能量涨落达到平衡时，即可对各离子的瞬间坐标和径向分布函数进行统计，找出体系的结构规律。

MC 法的元胞设计，至今仍采用 Metropolis 等人最初提出的采样方法。这个采样方法是取元胞为正方体（三维）或正方形（二维），把 N 个被模拟的离子置于中心元胞之中，如图 3-7 所示。

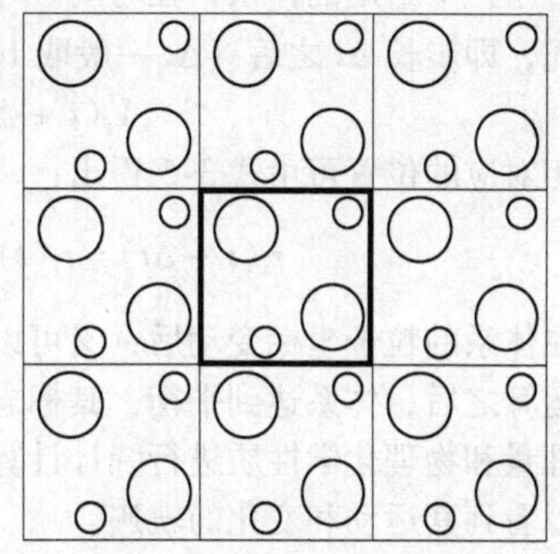

图 3-7 当 $N=4$ 时，中心元胞及周期边界条件
（图中粗实线内为中心元胞）

显然，如果少量离子只限于隔离的中心元胞之中，那么随着运动，它们将趋于胞盒的界面，而不处于宏观样本的环境之中。为解决这一问题，引进了“周期性边界条件”，即把中心元胞放到无限个同样结构的元胞中央，并规定当某一个离子中心穿出元胞的某一界面时，同一离子将从对面进入该元胞。这样，不但使中心元胞内的离子数目保持不变，而且还克服了边界效应，亦即使实验中所模拟的中心元胞及中心元胞中的每个离子都相当于沉浸在无限熔盐溶液之中而没有边界。

计算势能是 MC 法模拟工作中最繁杂的步骤，计算公式如式 3-2 所示。离子间的势能包括库仑能、近程排斥能和色散能：

$$E_{ij} = \frac{Z_i Z_j}{r_{ij}} + \frac{(R_i + R_j)^{n-1}}{n r_{ij}^n} - \frac{C_{ij}}{r^6} - \frac{D_{ij}}{r^8} \tag{3-2}$$

式中，R_i 和 R_j 分别为两离子的 Pouling 半径值；n 与外层电子有关，是常数。为了节省机时，限制二离子的过分靠近，规定当 $r_{ij} \leqslant 0.8\ (R_i + R_j)$ 时，$E_{ij} = \infty$，离子直接退回。由于势能的数值主要由前两项决定，所以在实际计算中有时把色散能省略。图 3-8 所示为在电场作用下 NaCl 熔体的模拟结果。

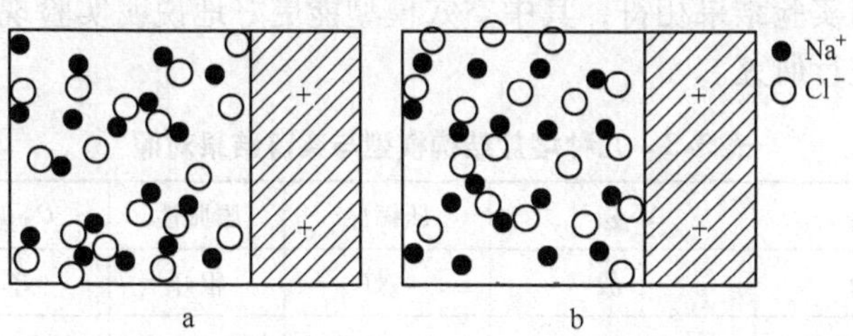

图 3-8 在电场作用下 NaCl 熔体离子排布结构
a—$NN=3600$，$U=-2.130351$；b—$NN=7200$，$U=-2.185194$
（NN—结构数；U—体系内能，kJ/mol）

（2）MD 法。MD 法主要解决离子运动的动力学问题，它能直接给出离子运动中动力学信息及与时间有关的性质。在所研究的体系内，i 离子受其他离子的作用与 i 离子的势能具有如式 3-3 所示的关系：

$$F_i = -\sum_{j=1,\ j\neq i}^{N} \nabla E_{ij}(r_{ij}) \tag{3-3}$$

这样就可由牛顿运动方程式求出所有离子在相空间的踪迹。

对于一个给定的体系，在时间 t 内可以得到一组力 $\{F_i\}$ 和加速度 $\{a_i(t)\}$，经过一段时间，即步长 Δt 之后（Δt 一般取 10^{-14}s），该离子的运动速度可由式 3-4 得出：

$$V_i(t+\Delta t)=V_i(t)+a_i(t)\Delta t \tag{3-4}$$

与其相对应的位置可由式 3-5 得出：

$$r_i(t+\Delta t)=r_i(t)+\frac{1}{2}[V_i(t)+V_i(t+\Delta t)]\Delta t \tag{3-5}$$

在体系的粒子坐标变动后，又可以得到一组 $\{F_i\}$ 和 $\{a(t)\}$，这样经过 $10^4\sim10^5$ 次迭代运算之后，体系达到平衡，其标志是温度的涨落趋于平衡。平衡后，可对与时间有关的物理量和物理化学性质进行统计计算。从保留下来的每个离子运动的坐标和速度中，我们可以看到其运动和变化的轨迹。

在 MC 法中，T 是不变的，而在 MD 法中，温度则是波动量，其值可由式 3-6 计算：

$$T=\left\langle \frac{1}{3Nk_B}\sum_{i=1}^{N}m_iV_i^2 \right\rangle \tag{3-6}$$

括号〈 〉代表所有时间间隔的平均值；N 是体系模拟的离子数；m_i 和 V_i 是离子的质量和运动速度；k_B 是玻耳兹曼常数。

3.2.6 几种模型之间的关系

上面概略地介绍了几种熔盐模型，但是像熔盐这样复杂的体系，也许需要不同的模型和数学描述来解释它的各种各样的物理化学性质和各种各样在研究中所得到的结果。研究模型的目的不仅仅在于处理物理化学数据，也不仅仅在于对各种表象做出合理的解释，而且还在于预测那些在实验上难以测定的性质和结构。由于模型总是过于简化，它和实际结构总有一些差别，所以一种模型不可能把一个体系的各种物理化学图像都讲得头头是道。

为了进行比较，表 3-3 汇总这几种模型的热力学性质、运输行为、扩散系数、黏度活化能等的计算与实验结果。由表 3-3 可见，空穴、似晶格和液体自由体积模型的理论计算结果都不同程度地与实验结果相符，其中空穴模型能更好地说明实验现象。但对于熔盐结构还有待于深入地进行研究。

表 3-3 几种熔盐结构模型与实验结果对照

模 型	$\Delta V_{熔化}$	$\Delta S_{熔化}$	压缩性	膨胀性	$D_{扩散}$	$\Delta E_{黏度}$
空 穴	好	一般	很好	很好	好	极好
似晶格	不能计算	很好	不能计算	—	好	定性地解释
自由体积	好	不能导出公式	不能计算	—	—	—
硬核软壳	好	较好	—	—	好	好

3.3 熔盐电解质的物理化学性质

熔盐作为一种特殊的液体，具有特殊的特性，在很多工业上获得应用。对于熔盐性质的研究和了解可为更好地运用它提供基本依据。熔盐的性质可以分为热力学性质（蒸气压、密度、表面张力等）、传输性质（黏度、电导、扩散等）及结构性质和热力学性质。

本节主要针对热力学和传输性质展开。

另外，在用熔盐电解法制取金属时，虽可用各种单独的纯盐作为电介质，但往往为了力求得到熔点较低、密度适宜、黏度较小、离子导电性好、表面张力较大及蒸气压较低和对金属的溶解能力较小的电解质，在现代冶炼中广泛使用成分复杂的由2～4种组分组成的混合熔盐体系，这使熔盐具有某些熔渣特征，其物理化学性质遵循冶金炉渣部分所介绍的基本规律。工业上用熔盐电解法制取碱金属和碱土金属的熔盐电解质多半是卤化物体系，如制取铝的电解质是由冰晶石（Na_3AlF_6）和氧化铝等组成的。因此，在讨论熔盐体系的物理化学性质时，将主要涉及由元素周期表中第二、第三主族有关金属的氯化物、氟化物和氧化物组成的体系。部分可用作溶剂的主要熔盐混合物如表3-4所示。

表3-4　用作溶剂的主要熔盐混合物

组　分		组成（摩尔分数）/%	熔点/℃	使用温度/℃	电导率（左列使用温度下）/$\Omega^{-1}\cdot cm^{-1}$
卤化物	1. 氯化物				
	$LiCl-KCl$	59–41（共晶）	352	450	1.57
	$NaCl-KCl$	50–50	658	727	2.42
	$MgCl_2-NaCl-KCl$	50–30–20	396	475	1.18
	$AlCl_3-NaCl$	50–50（$NaAlCl_4$）	154	175	0.43
	$AlCl_3-NaCl-KCl$	66–20–14（共晶）	93	127	—
	$AlCl_3$-N-正丁基吡啶氯化物	50–50	27		—
	2. 氟化物				
	$LiF-NaF-KF$	46.5–11.5–42（共晶）	459	500	0.95
	$LiF-NaF$	61–39（共晶）	649	750	
	BF_3-NaF	50–50（$NaBF_4$）	408		—
	$NaBF_4-NaF$	92–8（共晶）	385	427	2.6
	BeF_2-NaF	60–40（共晶）	360	427	0.13
	AlF_3-NaF	25–75（Na_3AlF_6）	1009	1080	3.0
	3. 氰化物				
	$NaSCN-KSCN$	26.3-73.7（共晶）	128	170	0.08
含氧阴离子	1. 氢氧化物				
	$NaOH-KOH$	51–49（共晶）	170	227	1.4
	2. 硝酸盐				
	$LiNO_3-KNO_3$	43–57（共晶）	132	170	0.22
	$NaNO_3-KNO_3$	50–50	228	20	0.51
	$LiNO_3-NaNO_3-KNO_3$	30–17–53（共晶）	120		—
	3. 硫酸盐				
	$Li_2SO_4-K_2SO_4$	71.6–28.4	535	675	1.28
	$Li_2SO_4-Na_2SO_4-K_2SO_4$	78–13.5–8.5	512		
	$NaHSO_4-KHSO_4$	50–50（共晶）	125		
	4. 碳酸盐				
	$Li_2CO_3-Na_2CO_3$	50–50	500	700	1.73
	$Li_2CO_3-Na_2CO_3-K_2CO_3$	43.5–31.5–25	397		
	5. 磷酸盐				
	$NaPO_3-KPO_3$	53.2–46.8（共晶）	547	700	
	$LiPO_3-KPO_3$	64–36（共晶）	518		

续表 3-4

组　分		组成（摩尔分数）/%	熔点/℃	使用温度/℃	电导率（左列使用温度下）/$\Omega^{-1} \cdot cm^{-1}$
含氧阴离子	$Li_4P_2O_7$-$K_4P_2O_7$	38.5-61.5（共晶）	720		
	6. 硼酸盐				
	$LiBO_2$-KBO_2	56-44（共晶）	582		
	$Li_2B_4O_7$-$Li_2B_4O_7$	35-65（共晶）	720		
	7. 硅酸盐				
	K_2SiO_3-Na_2SiO_3	82-18（共晶）	753		
有机阴离子	$KHCO_3$-$NaHCO_3$	50-50（共晶）	165		
	KCH_3CO_3-$NaCH_3CO_3$	53.7-46.3（共晶）	235		
	$LiCH_3CO_3$-KCH_3CO_3-$NaCH_3CO_3$	32-38-30（共晶）	162	222	0.05

3.3.1 混合熔盐的熔度图

由不同的盐可以组成不同的熔盐体系，其温度、黏度、表面张力、摩尔体积、电导率等随着组成不同而不同，因此，可采用性质对组成作图，得到不同的相图，称为熔度图。这是研究混合熔盐性质的一种重要的物理化学分析方法。这些熔盐体系，以碱金属卤化物组成的二元盐系为例，可以归类成具有二元共晶的熔度图、有化合物形成的二元熔度图、液态-固态完全互溶的二元系熔度图和液态完全互溶-固态部分互溶的二元系熔度图。

在二元盐系中，具有共晶的熔度图一般由碱金属卤化物组成，如 KCl-LiCl 系、NaCl-NaF 系、NaF-KF 系、LiCl-LiF 系；可形成一种化合物的熔度图，往往在由碱金属卤化物和二价金属卤化物组成的体系中遇到，如 KCl-$CaCl_2$ 系（形成化合物 KCl · $CaCl_2$）、KCl-$MgCl_2$ 系（形成化合物 KCl · $MgCl_2$）、NaCl-$BeCl_2$ 系（形成化合物 2NaCl · $BeCl_2$），NaF-MgF_2（形成化合物 NaF · MgF_2）系等；形成几种化合物的熔度图，可在由碱金属卤化物和多价金属卤化物组成的体系中遇到，如 NaF-AlF_3 系（可形成两种化合物 3NaF · AlF_3 和 5NaF · 3AlF_3）。NaCl-KCl 系，由于 NaCl 和 KCl 性质相近，可以形成液态和固态完全互溶的体系。$BaBr_2$-NaBr 形成液体状态完全互溶、固态部分互溶的二元系。

除二元体系外，在三元体系方面也积累了大量的数据，其熔度图的描述和三元相图一致。KCl-NaCl-$MgCl_2$ 体系是镁冶金的重要相图（图 3-9），在这个图中的部分区域，混合物熔点比金属镁的熔点更低，从而使电解过程可能在 953 ~ 993K 的低温进行。

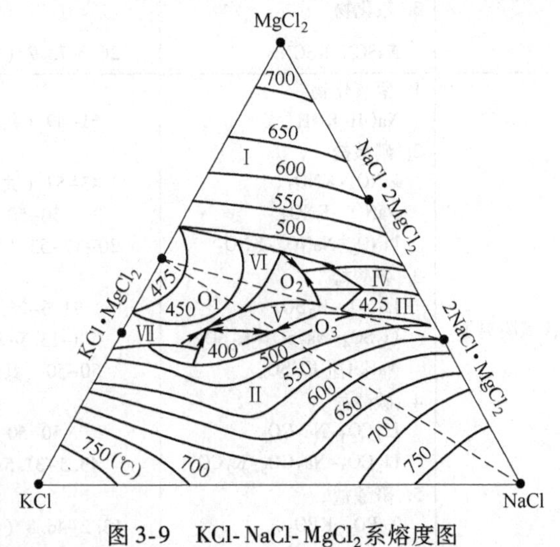

图 3-9　KCl-NaCl-$MgCl_2$ 系熔度图

（各组分含量为摩尔分数）

3.3.2　熔盐的密度

研究熔盐密度的意义在于能了解阴极析出的金属在电解质中的行为。由于熔盐电解质和熔融金属的密度不同，故金属液体可以浮起到电解质的表面或沉降到电解槽底部，如果电解质和金属的密度相近，金属便悬浮在电解质中。故熔融电解质与所析出金属的密度的比值是决定电解槽结构的重要因素之一。如果析出的金属浮起到电解质表面，将会造成金属的氧化损失。

熔盐的密度与其结构的关系符合下列规则：离子型结构的盐一般具有比分子型晶格结构更大的密度，并相应地具有较小的摩尔体积。一般来说，熔盐的离子性越强，则它的摩尔体积越小。在物理化学分析中，由组成-密度图中的极值线段可以判断出是否有新化合物生成。

摩尔体积和密度的关系为：

$$V = \frac{M}{\rho} = M\nu \tag{3-7}$$

式中　V——盐的摩尔体积；

M——盐的相对分子质量；

ρ——密度；

ν——盐的质量体积$\left(\nu = \frac{1}{\rho}\right)$。

熔盐的密度随体系的成分不同而变化。例如，当两种盐相混合时，如果没有收缩也没有膨胀现象发生，那么混合熔体的摩尔体积将由两种组分体积相加而成。在此情况下，摩尔体积与成分的关系用图解表示为一直线，共晶的 NaCl-$CaCl_2$ 系可以作为具有这种关系的例子。

如果混合熔盐体系的性质与其成分的关系不遵循加和规则，那么这种关系将不是直线而是曲线。例如，NaF-AlF_3系的密度和摩尔体积与成分的关系便是这样，而且在相当于冰晶石的成分处出现显著的密度最高点和摩尔体积最低点，如图 3-10 所示。这说明冰晶石晶体排列最有规则而且堆积最为紧密，在单独的氟化钠熔体中，半径较大的钠离子（$r=0.98\times10^{-10}$m）不被包含在氟离子堆的八面体空穴中，致使离子堆变得疏松，从而降低了氟化钠熔体密度；在氟化铝中，氟离子堆虽然较紧密，但其中只有 1/3 的空穴被质量比钠离子仅大 17.3% 的铝离子所占据，结果也使得氟化铝的密度比较小。在冰晶石的情况下，其中 AlF_6^{3-} 八面体和钠离子相联系，以致堆积密度最大，从而使熔体密度最大。将

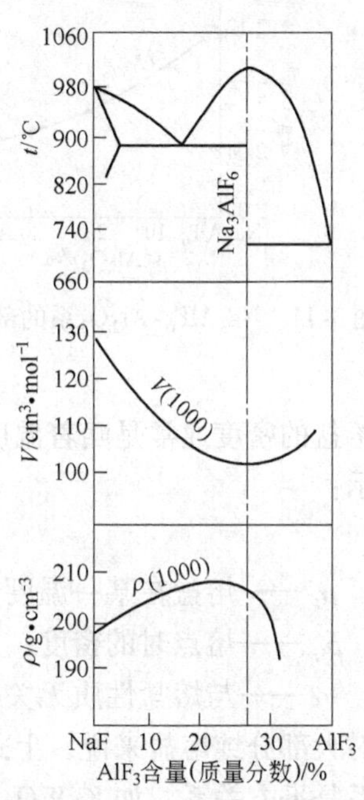

图 3-10　NaF-AlF_3系的部分熔度图及密度和摩尔体积等温曲线

NaF 加入冰晶石中，可使熔体结构变松而使其密度降低，在冰晶石中加入 AlF_3也会使体系

的密度降低。

盐-氧化物体系的密度和摩尔体积可用对实际有重要意义的冰晶石氧化铝（Na_3AlF_6-Al_2O_3）系作为例子来讨论。如图3-11所示，因为Na_3AlF_6-Al_2O_3系的熔度图属于共晶型，故密度和摩尔体积的变化曲线没有极限点，但这些曲线却对加和直线有偏差，并且随氧化铝浓度的提高，熔体的密度和摩尔体积都降低。

关于各种三元盐系熔体的密度，已积累了相当多的实验数据。图3-12为KCl-NaCl-$MgCl_2$系熔体在973K时的密度等温线。从图3-12可以看出，熔体密度由纯KCl向含有40%~50%（摩尔分数）KCl的熔体方向增大到1.60~1.65g/cm³，并且继续向$MgCl_2$方向增大。

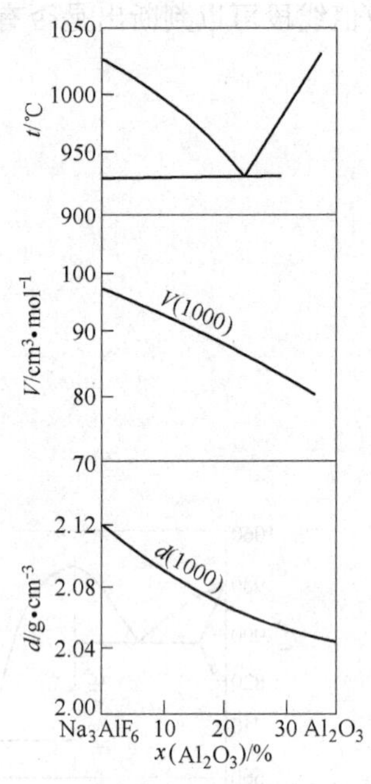

图3-11 Na_3AlF_6-Al_2O_3系的部分熔度图

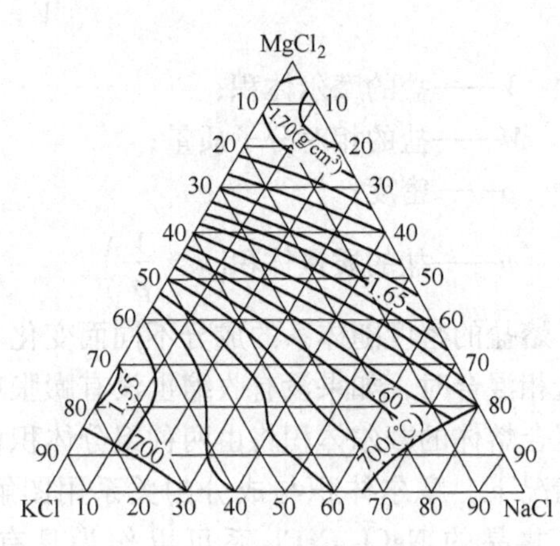

图3-12 KCl-NaCl-$MgCl_2$系熔体的密度等温线

（各组分含量为摩尔分数）

熔盐的密度通常是随着温度的升高而减少的。纯熔盐的密度与温度的关系一般可用下式表示：

$$\rho_t = \rho_0 - \alpha(t - t_0) \tag{3-8}$$

式中 ρ_t ——熔盐在某一温度t时的密度；

ρ_0 ——熔点时的密度；

α ——与熔盐性质无关的系数。

对大部分纯熔盐来说，上式在其沸点以前都是正确的，但也有少数熔盐的密度与温度的关系是平方关系，如K_2WO_4及K_2MoO_4熔融盐。

3.3.3 蒸气压

蒸气压是物质的一种特征常数，它是当相变过程达到平衡时物质的蒸气压力，称为饱和蒸气压，简称蒸气压。对于单组分的相变过程，根据相律：

$$F=c-p+2 \tag{3-9}$$

可知蒸气压仅是温度的函数。对于多组元的溶液体系，蒸气压同时是温度和组成的函数，如果相变是引入惰性气体或真空条件下进行时，则蒸气压也是与体系平衡的外压的函数。

不同物质的蒸气压不但各不相同，而且有时甚至是相差极大，对于熔融盐溶液，因为各组分挥发性的不同，测定中很难长时间地维持成分恒定，因此，蒸气压测定时常采用多种测定方法，以保证测量的准确。由于大多数熔融盐的蒸气压较低，通常采用沸点法、相变法和气流携带法测定。图 3-13 所示为沸点法测定蒸气压装置。物质由液态转变为气态的过程称为蒸发，这是在任何温度下都能进行的缓慢过程。但当蒸气压等于外压时就会在整个液体中发生激烈的蒸发过程，这就是沸腾。此时所有输入液体中的热能全部作为相变潜热被吸收，而不能使原子和分子的动能增大，因此沸腾是一个等温蒸发过程。由于液态物质沸腾时饱和蒸气压等于外压，所以通过测量密闭体系中物质在不同外压下的沸点，就可确定物质的蒸气压。

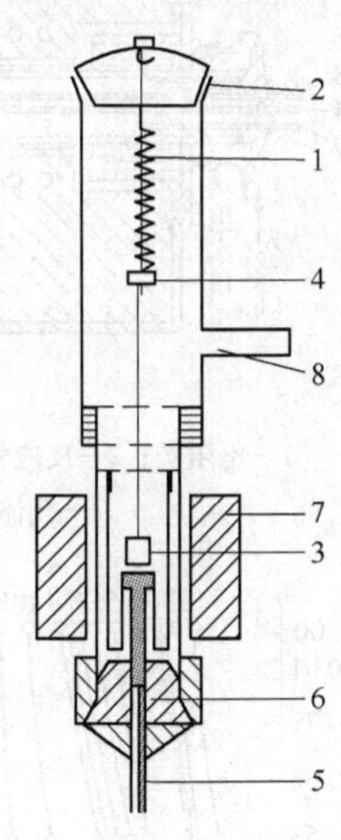

图 3-13 沸点法测定蒸气压装置图
1—石英弹簧；2—磨口塞；3—盛有试样的容器；4—指示器；5—热电偶；6—塞子；7—炉子；8—通真空泵

沸腾法的测试关键是如何准确确定沸腾开始温度。为此很多人做了大量工作。例如，可以用下列现象进行判断：在蒸发试样的表面上放一个轻质浮标（如细石英棒），在沸点时，液体激烈蒸发使得浮标发生突然跳动；液体沸腾时，由于大量蒸发损失，试样失重速度突然加快；在装有试样的加热炉均匀升温的条件下，将热电偶直接放在试样表面上，当热电偶热电势保持恒定时，即表明沸腾开始。

气流携带法是高温下测量蒸气压的一种最简单而又最常用的方法。把一种载流气体（不论是惰性的还是活性的）通入试样的蒸气中，载流气体的流速是恒定的而且是相当小的，因此载流气体饱和着试样的蒸气，而试样的蒸气可在某处冷凝。测定载流气体单位体积内所夹带的蒸气量，只要蒸气的相对分子质量为已知，就可以算出蒸气压。换言之，如果蒸气压为已知（如用沸点法测得），那么，根据气体携带法的测量结果就可以计算蒸气的平均相对分子质量。图 3-14 示出气体携带法的测量装置图。

图 3-15 列出了一些氯化物的蒸气压与温度的关系。在图上可以看到，晶格中离子键部分占优势的盐，如 $NiCl_2$、$FeCl_2$、$MnCl_2$、$MgCl_2$、$CaCl_2$ 等，它们的蒸气压甚至在 600 ~ 700℃时也是很低的，在 800 ~ 900℃时才变得更显著些。而具有分子晶格的盐类，如 $SiCl_4$、$TiCl_4$、$AlCl_3$、$BeCl_2$ 等，其蒸气压在 50 ~ 300℃就很高了，至于 UF_6、$ZrCl_4$、ZrI_4 等盐类则不经液态就直接升华。

熔融盐体系蒸气压随液相组成的变化，一般说来表现为：增加液相中某组元的相对含量，会引起蒸气中该组元的相对含量的增加。此外，在蒸气压曲线上具有最高点的体系，它在沸点曲线上具有最低点，反之亦然。

熔融体系在一定组成时的逸度（蒸气压）可以由各组元的蒸气压，根据加和规则计

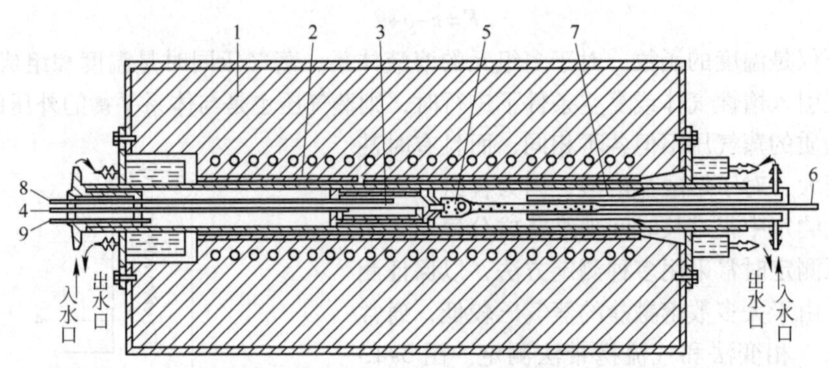

图 3-14 气流携带法测量装置图

1—电阻炉；2—反应管；3—烧舟；4—气体导入管；5—收集器；6—气体引出管；7—气体引出管保护套管；8—热电偶；9—氮气引入管

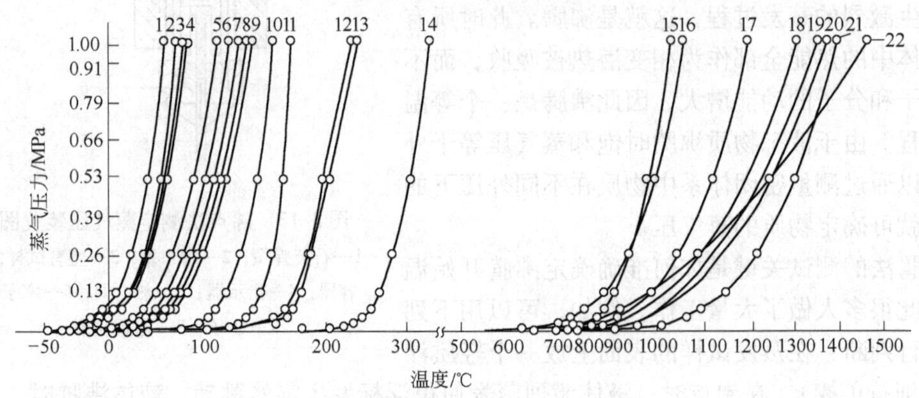

图 3-15 某些氯化物的蒸气压与温度的关系

1—$SiCl_4$（56.8℃）；2—SO_2Cl_2（69.2℃）；3—PCl_3（74.2℃）；4—$SOCl_2$（75.4℃）；5—$POCl_3$（105.1℃）；6—CrO_2Cl_2（117.0℃）；7—$VOCl_3$（127.2℃）；8—$TiCl_4$（136℃）；9—S_2Cl_2（138℃）；10—PCl_5（162.0℃）；11—$AlCl_3$（180.2℃）；12—$TaCl_5$（242℃）；13—$NbCl_5$（245℃）；14—$FeCl_3$（319.8℃）；15—$NiCl_2$（987℃）；16—$FeCl_2$（1026℃）；17—$MnCl_2$（1190℃）；18—CsCl（1290℃）；19—$LiCl_2$（1360℃）；20—RbCl（1363℃）；21—$MgCl_2$（1418℃）；22—Cu_2Cl_2（1490℃）

算出来，但这只有当体系中各组元在固态时不形成化合物时才是正确的。熔体的组成相当于固态化合物的组成时，熔体结构具有较大的规律性，因此，键的强度也较大，这就使熔体的蒸气压比由加和规则计算出来的数值低些。

若体系在固态时形成化合物，则它的熔体的蒸气压要比按照各组元的蒸气压，根据加和规则计算出来的蒸气压要低。例如，氟化铝在固态时与氟化钠形成具有离子晶格的化合物-冰晶石。冰晶石的蒸气压就比 NaF-AlF_3 混合物的蒸气压低，尽管混合物中氟化铝的含量比冰晶石中氟化铝的含量高。

3.3.4 熔盐黏度

黏度与密度一样，是熔盐的一种特性。黏度与熔盐及其混合熔体的组成和结构有一定关系。因此，研究熔盐的黏度可以提供有关熔盐结构的概念。应当指出，黏度大而流动性差的熔盐电解质不适合于金属的熔盐电解，这是因为在这种熔体当中，金属液体将与熔盐搅和而难以从盐相中分离出来。此外，黏滞的熔盐电解质的电导率往往比较小。因此，在熔盐电解中，需选择熔盐成分，使得其黏度小、流动性好，以保证熔盐电解质导电良好并能保证金属、气体和熔盐的良好分离。

液体流动时所表现出的黏滞性是液体各部分质点间流动时所产生内摩擦力的结果，根据牛顿黏度公式3-10可以计算出来：

$$f = \eta \frac{dv}{dx} \times S \tag{3-10}$$

式中 f——两液层间的内摩擦力；

η——黏度系数，简称黏度，表示在单位速度梯度下，作用在单位面积的流质层上的切应力，Pa·s；

S——两层液体的接触面积；

dv/dx——两层液体间的速度梯度。

各类液体的黏度范围大致如表3-5所示。

表3-5 各类液体的黏度范围

液　体	黏度/mPa·s	液　体	黏度/mPa·s
水（20℃）	1.0005	液体金属	0.5～5
有机化合物	0.3～30	炉　渣	50～105000
熔融盐	10～104000	纯铁（1600℃）	4.5

熔盐的黏度与其本性和温度有关，对大多数熔盐而言，黏度随温度变化的关系遵循：

$$\eta = A_\eta e^{\frac{E_\eta}{RT}} \tag{3-11}$$

式中 η——黏度；

A_η——黏度与温度的关系常数；

E_η——黏性活化能；

T——热力学温度；

R——摩尔气体常数。

表3-6为典型盐的黏度和黏性流动活化能。

表3-6 典型盐的黏度和黏性流动活化能

盐	η/mPa·s	t/℃	E_η/ kJ·mol^{-1}
NaCl	1.02	900	38.038
KCl	1.13	800	30.932
AgCl	2.08	500	12.122
$PbCl_2$	2.22	650	28.006
$CdCl_2$	2.03	650	16.720

从熔盐的离子本性看，熔盐的黏度决定于迁移速度小的阴离子。凡结构中以迁移速度小，体积大的阴离子为主的熔体，熔体的黏度将增高。例如，673.15K时，熔融KNO_3和

$K_2Cr_2O_7$的黏度分别等于0.0020Pa·s和0.01259Pa·s。黏度增高的原因是由于$Cr_2O_7^{2-}$比NO_3^-的体积较大而迁移速度又较小的缘故。

阳离子的迁移速度对熔盐的黏度也有影响。实践表明，熔融碱性氯化物的黏度小于二价碱土金属氯化物的黏度。如熔融KCl和NaCl在稍高于1073K温度下的黏度各等于0.001080Pa·s和0.001490Pa·s，而$MgCl_2$在1081K和$CaCl_2$在1073K时的黏度分别为0.00412Pa·s和0.00494Pa·s。熔融$PbCl_2$在771K时的黏度为0.00553Pa·s。可以看出，熔融二价金属氯化物的黏度比一价金属氯化物的黏度约大3~4倍（表3-7）。

表3-7 部分盐类的黏度值

盐类	温度/K	黏度/Pa·s	盐类	温度/K	黏度/Pa·s
LiCl	890	0.001810	$LiNO_3$	533	0.006520
NaCl	1089	0.001490	$NaNO_3$	589	0.002900
AgCl	876	0.001606	KNO_3	673	0.002010
AgI	878	0.03026	$AgNO_3$	517	0.003720
KCl	1073	0.001080	NaOH	623	0.004000
NaBr	1035	0.111420	KOH	673	0.002300
KBr	1013	0.001480	$K_2Cr_2O_7$	673	0.012590
$PbCl_2$	771	0.005532	$MgCl_2$	1081	0.004120
$PbBr_2$	645	0.010190	$CaCl_2$	1073	0.004940
$BiCl_2$	533	0.032000	Na_3AlF_6	1273	0.002800

研究表明，对熔度图属于共晶型或有固溶体形成的二元盐系，其黏度的等温线是一条较为平坦的曲线，如KCl-LiCl系的黏度等温度线。

对于熔度图上有最高点（相当于在结晶时有化合物形成而熔体中有相应的配合离子形成）存在的二元体系而言，黏度等温线将不是平滑曲线，而是有相当于这些化合物的奇异点出现。例如，在NaF-AlF_3系中，黏度等温线上有最高点，如图3-16所示。这显然与冰晶石熔体排列最规则和堆积最紧密有关，在此情况下，熔体质点从一个平衡位置移动到另一个平衡位置较困难，因而使熔体的流动性降低，黏度增大。

三元系黏度图也有很多研究结果可以参考。图3-17给出了KCl-NaCl-$MgCl_2$系黏度等温线。从该图可以看出，黏度KCl角和NaCl角向$MgCl_2$角共同增大，并且在相当于熔体结晶形成化合物KCl·$MgCl_2$的成分区域中升高，这是由于熔体中有$MgCl_3^-$存在的缘故。

3.3.5 电导率

研究熔盐电导率不仅有助于了解熔盐的本性及其结构，而且具有很重要的实用意义。在给定的电流密度和温度下，电解槽的极间距将决定于电导率值。电导率愈高，电解槽的极间距离便可以愈大，电流效率也愈高。当电解槽结构不变时，熔盐电导率较高，便可以提高电流密度，从而提高电解槽的生产率。熔盐电导率的表示方法有比电导率、当量电导率和摩尔电导率。

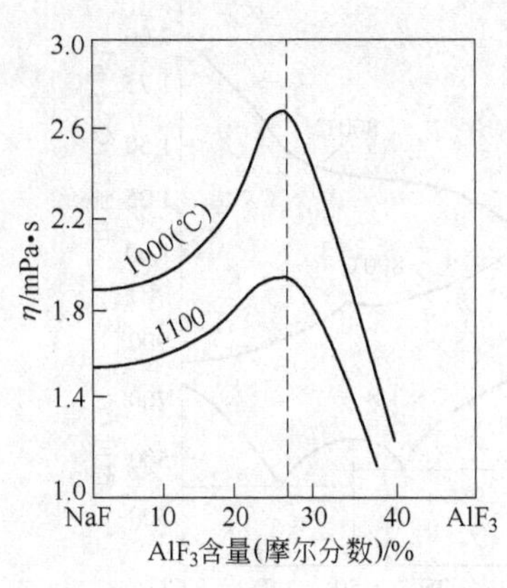

图 3-16　NaF-AlF_3系熔体的黏度等温线

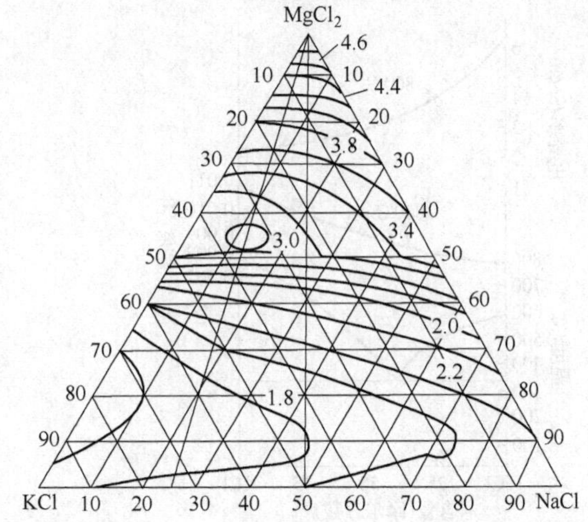

图 3-17　KCl-NaCl-$MgCl_2$系熔体在 700℃时的黏度等温线

（各组分含量为摩尔分数，黏度单位为 P，$1P=10^{-1}Pa\cdot s$）

（1）熔盐电导率与黏度。

电导率和黏度之间存在着式 3-12 的关系，即：

$$\gamma^n\eta = 常数 \qquad (3\text{-}12)$$

式中　γ——电导率；

η——黏度；

n——与熔盐结构相关的常数，某些熔盐的 n 值见表 3-8。

表 3-8　某些熔盐的 n 值

熔盐	KBr	KI	NaI	CuI	$CaCl_2$	$CdCl_2$
n 值	2.81	2.28	3.40	4.46	1.86	1.86

熔盐电导率和熔盐晶格内部的特性及其结构有关。随着晶格中离子键分量的降低，阳离子价数的增大以及由离子型晶格转化为分子型晶格，熔盐的电导率随之降低。

熔盐电导率是阴、阳离子迁移能力的综合表述。对混合熔盐，新配合离子的形成会直接影响到其电导率值。

图 3-18 和图 3-19 给出了 KCl-LiCl 系和 KCl-$MgCl_2$系的电导率、黏度的数值。由图可见，对于 KCl-LiCl 体系，随着 KCl 含量的增加，电导率逐渐下降，而黏度却逐渐上升；而对于 KCl-$MgCl_2$体系，随着 KCl 含量的增加，电导率逐渐上升，而黏度却逐渐下降。

（2）熔盐电导率与温度。

一般情况下，熔盐电导率都随温度的升高而升高，但不同熔盐电导率的温度系数又不尽相同。对熔融盐来说，温度升高 1℃，电导率变化约为 0.2%，电导率随温度变化的经验关系式可以用式 3-13 描述：

$$\gamma = a + bt + ct^2 \qquad (3\text{-}13)$$

式中，t 为温度；a、b、c 为常数。

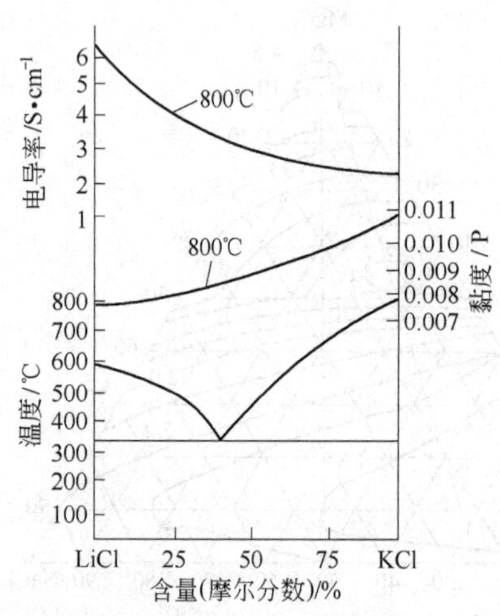

图 3-18 KCl-LiCl 系的电导率、黏度和熔度

($1P=10^{-1}Pa\cdot s$)

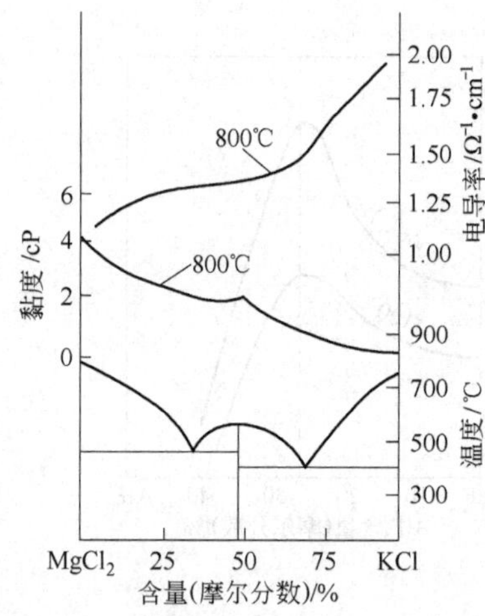

图 3-19 KCl-$MgCl_2$ 系的电导率、黏度和熔度

($1cP=10^{-3}Pa\cdot s$)

或用式 3-14 描述:

$$\gamma=\gamma^0 e^{-\Delta E/RT} \tag{3-14}$$

式中 ΔE——电导活化能，单位为 kJ/mol，就是完成离子迁移所应具有的最小动能。也可理解为参加导电的离子越过在它周围异号离子所组成的能垒时所必需的最小动能；

γ^0——常数；

T——热力学温度。

3.3.6 熔盐的界面性质

熔盐的界面性质主要指熔盐与气相界面上的表面张力、熔盐混合及其混合物与固相（碳）的界面张力，它们对熔盐电解起很大作用。熔盐与气相界面上的表面张力，对于熔盐电解制取金属镁、铝、锂、钠等具有重要的实际意义。在上述的金属冶炼过程中，由于熔融金属较轻，会向熔融电解质表面浮起。浮起到金属表面的金属液滴是否能使熔体膜破裂，将决定其受氧化的程度，这就和熔体以及电解质与气相界面上的表面张力的大小有关。为减少和避免金属液滴的氧化，应提高电解质和气相界面上的表面张力。部分熔盐在融化温度下的表面张力数据如表 3-9 所示。从表 3-9 可以看出，当阴离子一定时，熔融碱金属卤化物的表面张力随着阳离子半径的增大而减小，这是因为阳离子半径越大，当其他条件相同时，聚集在盐类表面层中的离子数目越少，从而熔体内部的离子对表面层中的离子的吸引力也就越小，表面张力也就越低。在阳离子数目一定的情况下，熔盐表面张力随阴离子半径的增大而减小，这也是由于熔体表面层中离子数目减少的结果。

熔融碱金属氯化物的表面张力小于熔融碱土金属氯化物的表面张力，这是因为一价金属离子的静电位低于二价金属离子的静电位。

在碱土金属族中，氯化物的表面张力与碱金属族的情况相反，是随阳离子半径的增

表 3-9 熔盐在融化温度下的表面张力

盐	半径/nm		表面张力/N·m^{-1}
	阴离子	阳离子	
LiCl	0.072	0.181	137.8×10^{-3}
NaCl	0.098	0.181	113.8×10^{-3}
KCl	0.133	0.181	97.4×10^{-3}
RbCl	0.149	0.181	96.3×10^{-3}
CsCl	0.15	0.181	91.3×10^{-3}
$MgCl_2$	0.074	0.181	138.6×10^{-3}
$CaCl_2$	0.104	0.181	152.0×10^{-3}
$SrCl_2$	0.113	0.181	176.4×10^{-3}
$BaCl_2$	0.138	0.181	174.4×10^{-3}
LiF	0.072	0.133	249.5×10^{-3}
NaF	0.098	0.133	199.5×10^{-3}
KF	0.133	0.133	138.4×10^{-3}

大从 $MgCl_2$ 到 $SrCl_2$ 逐渐增大，而从 $SrCl_2$ 到 $BaCl_2$ 又降低。这与 $MgCl_2$ 的层状晶格结构和离子键的分量由 $MgCl_2$ 向 $SrCl_2$ 增大有关，而由 $SrCl_2$ 到 $BaCl_2$ 时离子半径增大的影响才变为显著。

对于熔盐体系来说，表面张力随体系中表面张力高的组分的含量增大而升高。例如，对 $MgCl_2$-KCl 而言，熔盐与气相界面上的表面张力随熔体中含量的增大而增大，如图 3-20 所示。

由图 3-20 可以看出，$MgCl_2$-KCl 系熔体的表面张力的等温线为平滑曲线，熔点时的表面张力曲线有些不同，这是因为形成了新的化合物的缘故。KCl-NaCl-$MgCl_2$ 三元系的表面张力等温线如图 3-21 所示。从图 3-21 可以看出，当 $MgCl_2$ 含量增大时，熔体的表面张力增大。

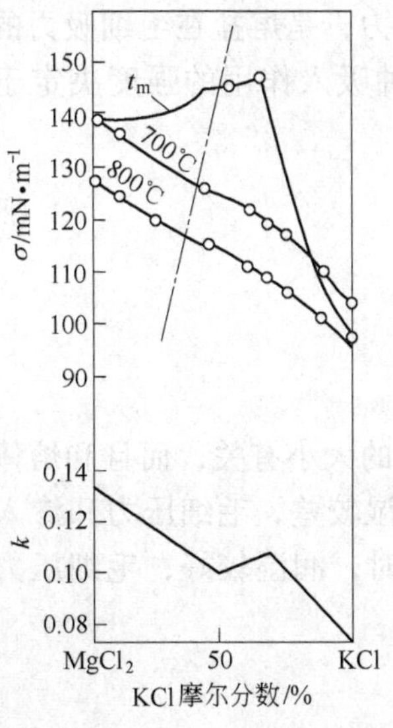

图 3-20 $MgCl_2$-KCl 系的表面张力等温线

（k 为温度系数）

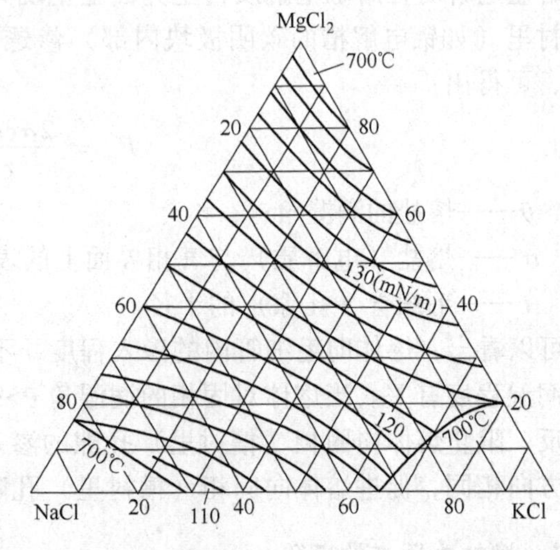

图 3-21 NaCl-KCl-$MgCl_2$ 系在 700℃时的表面张力

（各组分含量为摩尔分数 x，表面张力 σ 单位为 mN/m）

至于温度对表面张力的影响，通常是表面张力随温度的升高而降低。这可能是由于随温度升高，各微粒之间的距离增大，相互作用力减弱的缘故。熔体与固相的界面张力，将关系到固相原料的溶解、电解槽衬里对电解质的选择性吸收作用、阳极效应等现象。熔盐与固相界面张力的大小采用润湿角表示。某些熔融卤化物在熔点附近温度下在碳上的润湿角数据如表3-10所示。从表中数据可以看出，一价金属氯化物的润湿角比相应氟化物的润湿角要小，并且润湿角随阳离子半径的增大而减小。二价金属氯化物的润湿角比一价金属氯化物的润湿角要大。熔盐体系的润湿角在多数情况下像表面张力那样变化。如对NaF-AlF_3系熔体，表面张力因为AlF_3的影响而减少，也就是在此情况下AlF_3是表面活性物质，而在固相界面上AlF_3却是非表面活性物质，即其熔体的界面张力增大，这时的表面活性物质是NaF。

表3-10　某些熔盐在碳上的润湿角

盐	温度/K	润湿角 θ/(°)	阳离子半径/nm
NaCl	1123.15	78	0.098
KCl	1073.15	28	0.133
$CaCl_2$	1098.15	119	0.104
$BaCl_2$	1273.15	116	0.138
LiF	1323.15	134	0.072
NaF	1323.15	75	0.098
KF	1223.15	49	0.133

由于熔融电解质各组分对固相（尤其是对碳）界面上的表面活性不同，故将导致电解槽衬里对某些盐发生选择性的吸收作用。例如，铝熔盐电解的槽内衬碳选择性地吸收NaF；镁熔盐电解时，其槽内衬选择性地吸收KF。

熔盐电解时在熔融电解质衬里界面上呈现另一界面张力，是熔盐在毛细吸力的影响下往衬里（如铝电解槽的碳阴极块内部）渗透，熔盐这种吸入作用的强度决定于毛细压力，可得出：

$$P_\sigma = \frac{2\sigma\cos\theta}{r} \tag{3-15}$$

式中　θ——熔盐的润湿角；

σ——熔盐（电解质）与气相界面上的表面张力；

r——毛细管（孔隙）的半径。

可以看出，熔体向毛细管内的渗入程度，不仅与孔隙的大小有关，而且和熔体对固相的润湿程度有关。当熔体对固相的润湿角$\theta>90°$时，润湿较差，毛细压力和渗入的方向相反，阻止熔体向固相（槽衬里）孔隙的渗入；$\theta<90°$时，润湿较好，毛细压力和渗入的方向相同，促进熔体向固相（槽衬里）孔隙的渗入。

3.3.7　熔盐中质点的迁移

熔体中质点的迁移速度将影响到传质速度的快慢和熔盐电导率的大小，对生产实际具有重大意义。为了表述不同离子对导电的贡献，引入离子迁移数的概念，测定熔融盐中离子的迁移数可以了解熔融盐的导电机理及大小，同时还可大致判断熔体的离子构成、估计离子结构及排布。熔融盐的迁移数为某一离子所传输的电流分数，迁移数与两种离子的迁移率有关。因此，某种离子的绝对移动速度与所有各种离子的绝对移动速度的总和的比值也称为迁移数。

对一价金属熔融盐，阳离子迁移数 t_a 和阴离子迁移数 t_c 可分别由式 3-16 和式 3-17 获得：

$$t_a = \frac{u_a}{u_c + u_a} \tag{3-16}$$

$$t_c = \frac{u_c}{u_c + u_a} \tag{3-17}$$

式中，u_a 为阳离子移动速度；u_c 为阴离子移动速度。

溶液在无限稀释下的摩尔电导率 Λ_0 是阳离子和阴离子的摩尔电导率之和，则：

$$\Lambda_0 = \Lambda_0{}^{+} + \Lambda_0{}^{-} \tag{3-18}$$

按照上式，阳离子和阴离子在无限稀释下的迁移数可写为：

$$t_0^{+} = \frac{\Lambda_0^{+}}{\Lambda_0} \tag{3-19}$$

$$t_0^{-} = \frac{\Lambda_0^{-}}{\Lambda_0} \tag{3-20}$$

离子的淌度定义为在单位强度的电场中该离子的运动速度，则离子在熔体中的迁移数可表示为：

$$t_i = \frac{Z_i c_i u_i}{\sum_{i=1}^{n} Z_i c_i u_i} \tag{3-21}$$

式中 u_i——离子的绝对淌度；

c_i——离子浓度；

Z_i——离子的电荷。

赫托夫法是根据电流通过电解液时所引起的电极附近浓度改变而计算迁移数的一种方法。也可以用其他方法，如应用多孔隔膜及毛细管等来测定迁移数。但是，有多孔隔膜及毛细管存在时，所产生的电渗现象将使测定结果带来偏差。假设有电量 Q 通过电解槽，且所用的电极是惰性的。则有 Q/F 当量的阳离子在阴极上放电，同时有 Q/F 当量的阴离子在阳极上放电。若将此电解槽的阴阳两极空间划分成三室：阳极室、中极室和阴极室。则阴极室内溶质的净损失量为：

$$\Delta n_{阴} = \frac{Q}{F} - t^{+}\frac{Q}{F} = \frac{Q}{F}(1 - t^{+}) = \frac{Q}{F}t^{-} \tag{3-22}$$

则
$$t^{-} = \frac{\Delta n_{阴}}{Q}F, \quad t^{+} = \frac{\Delta n_{阳}}{Q}F \tag{3-23}$$

这里 $\Delta n_{阳}$ 为阳极室内溶质的净损失量。因为 $t^{+}+t^{-}=1$，所以这两种离子的迁移数可以从阳极液或阴极液的分析结果算得。

格洛泰姆等研究了纯 NaF 溶液中的离子迁移数，所用的实验装置如图 3-22 所示。

阴极液盛置在氮化硼坩埚内，其中放入另一个氮化硼小坩埚，在此小坩埚内装有阳极液，此小坩埚也用作隔板。在阴极液的底层有液态银阴极，可用来吸收电解析出的钠。用 Na-24 同位素作示踪剂，放入阳极液内。在实验中得出：迁移的 Na^+ 离子数量与通槽内的电荷量成正比，Na^+ 离子的迁移数从所得直线关系的斜率求得为：

$$t_{Na^+} = 0.65 \pm 0.05 \tag{3-24}$$

这同按 Mulcahy-Heymam 方程求得的迁移数接近：

$$t_{Na^+} = \frac{r_{阴}}{r_{阴} + r_{阳}} = \frac{1.33}{1.33 + 0.98} = 0.58 \tag{3-25}$$

式中，r 为离子半径。罗林等采用一种三室槽，按赫托夫法直接测定了 Na_3AlF_6-Al_2O_3 熔融盐体系中的离子迁移数。如图 3-23 所示，电解槽用氮化硼制作，分三室：阳极室、中级室和阴极室。室与室之间用小沟连通，铂阳极引入阳极室，铜阴极板从阴极室导出，电解槽用氮气保护，电解温度 1010℃，电流 0.5A，两个电极的电流密度都是 1A/cm^2，电解时间分别为 15min、30min、45min、60min。电解后，分析电解质的化学组成，并按照通入的电量计算迁移数。

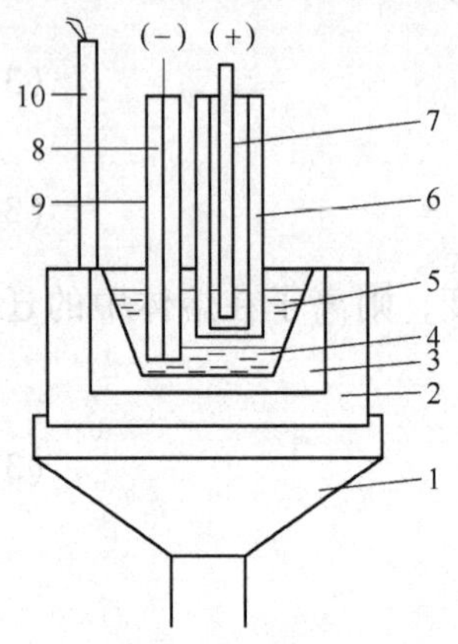

图 3-22　测定熔融盐中离子迁移数的装置

1—支架；2—石墨坩埚；3—氮化硼坩埚；4—银液；5—阴极液；6—隔板坩埚；7—阳极；8—铼导体；9—氮化硼保护管；10—热电偶

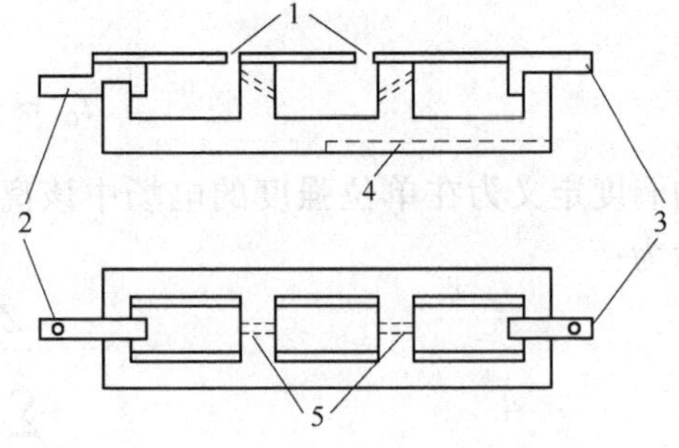

图 3-23　Na_3AlF_6-Al_2O_3 熔融盐中离子迁移数测定装置

1—排气孔；2—阳极板；3—阴极板；4—热电偶；5—小孔

表 3-11 列出常见熔融盐的物理化学性质。

表 3-11　常见熔融盐物理化学性质

熔融盐	相对分子质量	熔点/℃	密度/$t \cdot m^{-3}$	蒸气压/Pa	表面张力/$mN \cdot m^{-1}$	黏度/$mPa \cdot s$	电导率/$kS \cdot m^{-1}$
LiF	25.94	1121	1.809	1.2	235.7	1.911	0.8490
NaF	41.99	1268	1.949	60.8	185.6	1.520	0.4932
KF	58.10	1131	1.910		144.1	1.339	0.3556
LiCl	42.39	883	1.5020	3.9	126.5	1.5256	0.5708
NaCl	58.44	1073	1.5567	45.3	114.1	1.339	0.3556
KCl	74.56	1043	1.5277	55.6	98.3	1.1163	0.2156
LiBr	86.85	823	2.529		109.5	1.8141	0.4693

续表 3-11

熔融盐	相对分子质量	熔点/℃	密度/$t \cdot m^{-3}$	蒸气压/Pa	表面张力/$mN \cdot m^{-1}$	黏度/$mPa \cdot s$	电导率/$kS \cdot m^{-1}$
NaBr	102.90	1020	2.342		100.9	1.4766	0.2896
KBr	119.01	1007	2.100		90.1	1.2498	0.1599
$LiNO_3$	68.95	525	1.781		115.6		
$NaNO_3$	84.99	580	1.889		116.3	2.996	0.9726
KNO_3	101.10	607	1.867		111.2	3.009	0.6070
Li_2CO_3	73.99	996	1.8362		244.2	7.43	0.3993
Na_2CO_3	105.99	1131	1.9722		211.7	4.06	0.2864
K_2CO_3	138.21	1171	1.8964		169.1	3.01	0.2027
Li_2SO_4	109.95	1132	2.0044		300.2		0.4149
Na_2SO_4	142.05	1157	2.0699		192.6	11.4	0.2259
K_2SO_4	174.27	1342	1.8696		142.6		0.1892
$MgCl_2$	95.22	987	1.678	1030	66.9	2.197	0.1013
$CaCl_2$	110.99	1047	2.084	0.19	147.6	3.338	0.2002

思考题

3-1 试比较熔盐和水溶液性质上的异同？

3-2 试介绍熔盐结构模型并比较其优缺点。

3-3 熔盐中配合离子的形象如何？有什么方法能证明其存在？

3-4 界面张力对熔盐电解有什么影响？

3-5 如何测试熔盐密度？

参考文献

［1］张明杰，王兆文．熔盐电化学原理及应用［M］．北京：化学工业出版社，2006.

［2］谢刚．熔融盐理论与应用［M］．北京：冶金工业出版社，1998.

［3］邱竹贤．熔盐电化学——理论与应用［M］．沈阳：东北工学院出版社，1989.

［4］张密林．熔盐电解镁锂合金［M］．北京：科学出版社，2009.

［5］张鉴．冶金熔体和溶液的计算热力学［M］．北京：冶金工业出版社，2007.

［6］唐定骧．熔盐电解冶金学［M］．长春：中国科学院长春应用化学研究所，1985.

［7］蒋汉赢．冶金电化学［M］．北京：冶金工业出版社，1983.

［8］别略耶夫．熔盐物理化学［M］．胡方华，译．北京：中国工业出版社，1963.

［9］田昭武．电化学研究方法［M］．北京：科学出版社，1984.

［10］陈国华，王光信．电化学方法应用［M］．北京：化学工业出版社，2003.

［11］Blander M. Molten salt chemistry［M］. New York：Willey-Inter Science，1964.

［12］Lumsden J. Thermodynamics of molten salt mixtures［M］. New York：Acodemic Press，1966.

［13］Richardson F D. Physical chemistry of melts in metallurgy［M］. New York：Academic Press，1974.

4 电化学热力学

本章导读

电极电位是电化学热力学的重要变量，深入地理解电极电位的建立机制和物理意义对获取其蕴含的化学信息是非常有帮助的。本章首先对平衡态原电池热力学进行讨论，建立起电化学体系电极电位与体系自由能的变化关系，为利用电化学测量以测定各种化学信息开辟了道路；其次，深入地讨论了电极电位的建立机制和物理意义，以便更好地解析体系的化学本质；最后对电化学热力学和电位 E-pH 图进行了详实地介绍，这为包括冶金过程中的浸出、分离净化、电积、精炼等在内的各类电化学体系的热力学分析提供了切实而有效的重要工具。

4.1 电化学热力学基础

众所周知，通过对一个体系的热力学研究能够确定一个化学反应在指定的条件下可进行的方向和达到的限度。化学能可以转化为电能（或者反之），如果一个化学反应设计在电池中进行，通过热力学研究同样能知道该电池反应对外电路所能提供的最大能量，这就是电化学热力学的主要研究内容。

依据热力学 Gibbs 自由能的定义，在等温等压条件下，对于电化学体系发生反应时，体系 Gibbs 自由能的减少等于对外所作的最大非膨胀功，可以表示为：

$$(\Delta_r G)_{T,\ p} = -W_{f,\ max} \tag{4-1}$$

如果非膨胀功只有电功一种，则有：

$$(\Delta_r G)_{T,\ p} = -nEF \tag{4-2}$$

式中，n 为电化学体系反应涉及的电荷的物质的量，mol；E 为可逆电动势，V；F 为法拉第常数。这是联系热力学和电化学的主要桥梁。但热力学只能严格地适用于平衡体系，对于原电池中的化学能以不可逆的方式转变为电能时，两电极间的电动势 E' 一定小于可逆电动势 E，则有：

$$(\Delta_r G)_{T,\ p} < -nE'F \tag{4-3}$$

由此可见，应用热力学方法处理一些实际过程时，可逆性（reversibility）的概念是非常重要的。归根结底，平衡的概念包括一个基本的思想，就是一个过程能够从平衡位置向两个相反方向中的任意一个方向移动，因而，“可逆”是其本质。可逆性的概念具有三种含义：

（1）化学可逆性（chemical reversibility），即物质可逆，也就是电极反应的可逆。对于电池反应，电池充电时两电极上发生的反应，应该是放电反应时两电极反应的逆反应。

（2）热力学可逆性（thermodynamic reversibility）。当对一个过程施加一个无穷小的反向推动力时，就能使得过程反向进行，这种过程在热力学上是可逆的。显然，体系在任何时候只有受到一个无穷小的推动力，才可能发生热力学可逆过程；因此，体系必须本质上总是处于平衡状态。所以，在体系两个状态之间可逆途径是由一系列连续的平衡状态构成的，通过这样的途径将需要无限长的时间。注意，化学不可逆电池不可能具有热力学意义上的可逆行为。而化学可逆电池则可以是，也可以不是以近似于热力学上可逆性的方式进行工作。热力学可逆性即能量可逆。电池在接近平衡下工作，放电时所消耗的能量恰好等于充电时所需的能量，并使体系与环境都恢复到原来的状态。要达到这一要求必须使得充放电时的电流无限小。

（3）实际可逆性（practical reversibility）。因为所有的实际过程都是以一定的速率进行的，所以它们不可能具有严格的热力学上的可逆性。然而，实际上一个过程可能以这样一种方式进行，即在所期望的某一准确度下，热力学公式依然适用。在这种情况下，可以称这些过程为可逆过程。实际可逆性这个术语并不是绝对的，它包含着观察者对该过程的态度和期望。下面以把一个重物从弹簧秤上取下为例对其作一个很好的比拟。为了使该过程严格可逆地进行，需要经历一系列连续的平衡，其适用的“热力学”方程式 $kx=mg$ 总是适用的，式中，k 是力的常数，x 是当施加质量为 m 的重物时弹簧被拉长的距离，g 是地球的重力加速度。在可逆过程中，弹簧始终没有受到一种使它收缩的距离大于无限小的推力。如果一次性将重物拿开，达到最后的终态，那么，该过程将严重地失去平衡，是很不可逆的。如果选择的是可以一小块一小块地取下重物，如果有足够多个小块，那么，“热力学”关系式在绝大部分时间内将是适用的。事实上，人们不大可能将这真实（略有点不可逆）的过程和严格的可逆过程区分开。因此，把这种真实的变化转为“实际可逆的”是合理的。

一个化学反应借助实际可逆原电池装置实现，那么按照热力学理论可知，可从原电池获得的最大非体积功/最大净功（net work）为该化学反应的 $-\Delta G$。实际可逆原电池装置的实现是保证化学反应体系在物质、能量转换上是可逆的，实际上可以通过采用一个无限大的电阻使得物质可逆的化学电池的放电过程在能量上转为“实际可逆”，这样式 4-2 的关系就一定满足。对原电池装置而言，由于反应程度足够小，所有组分的活度都保持不变，那么其电势也将保持不变，则可以得出消耗在外电阻上的能量可表示为：$|\Delta G|$ = 通过电量×可逆电位差，即 $|\Delta G|=nF|E|$，式中，n 为反应的价电子数；F 为 1mol 电子的电量，约为 96500C。然而自由能的变化与电池净反应的方向有关，因此，应该有正负号，可以通过改变反应的方向来改变其正负号，改变反应方向只需要总的电池电势有一个无穷小的变化即可。但电动势 E 基本恒定且与（可逆的）转化的方向无关。这样就产生了一个矛盾，需要把一个对方向敏感的量（ΔG）与一个方向不敏感的可观测量（E）联系起来。这种需要也是引起目前电化学中所存在的符号混乱的全部根源。这是由于正负号的确切含义对于自由能和电势而言是不同的。对于自由能，正负号分别是体系失去（+）和得到（-）能量，这源于早期的热力学；对于电势，负号（-）和正号（+）表示负电荷的过剩和缺乏，这是静电学的惯例。当对电化学体系的热力学性质感兴趣时可以引入反应电动势的热力学概念来克服上述矛盾，这个量赋予了反应的方向性。因为当反应自发进行时，我们习惯规定电动势为正值，所以 $\Delta G=-nFE$。采用这种惯例，我们就可以将一个

可观测的与电池工作的方向无关的静电量——电池电位差与一个确定的与方向相关的热力学量（Gibbs 自由能）联系起来。当所有物质的活度都等于1时，即为：

$$\Delta G^{\ominus} = -nFE^{\ominus} \tag{4-4}$$

式中，$E^{\ominus}$ 称为电池反应的标准电动势。既然已经把电池的两个电极间的电位差与自由能联系起来，那么，就可以从电化学测量中导出其他的热力学量：

$$\Delta S = -\left(\frac{\partial \Delta G}{\partial T}\right)_p \tag{4-5}$$

因此

$$\Delta S = nF\left(\frac{\partial \Delta E}{\partial T}\right)_p \tag{4-6}$$

并且

$$\Delta H = \Delta G + T\Delta S = nF\left[T\left(\frac{\partial E}{\partial T}\right)_p - E\right] \tag{4-7}$$

反应的平衡常数 K 满足：

$$RT\ln K = -\Delta G^{\ominus} = nFE^{\ominus} \tag{4-8}$$

一般认为整个电池的反应由两个独立的半电池反应组成，因此可以将电池电势分解成两个独立的电极电位。这个观点是合理的且有实验根据的——已经设计出的一系列的相互一致的半反应电动势和半电池电势。根据定义建立任何导电相的绝对电位，这对于电化学而言是重要的，但却极度困难。具有重大实际意义的是电极和它所处的电解质溶液之间的绝对电势/电位差，因为它是决定电化学平衡状态的首要因素。注意，在电化学中电势与电位的概念在现在是没有区别的混用，只是习惯的差别。

4.2 相间电位和电极电位

电极与溶液接触时，在两相界面上存在电位差，它对电极/溶液界面上进行的电化学反应，具有重要的影响作用。

4.2.1 相间电位的形成

相间电位是指两相接触时，在两相界面层中存在的电位差，也叫相间电位差。两相之间出现电位差的原因是带电粒子或偶极子在界面层中的非均匀分布。造成这种非均匀分布的原因分为下面几种情况：

(1) 带电粒子在金属与溶液两相间的转移和利用外电源向界面两侧充电，使两相中出现符号相反的剩余电荷。由于静电作用，剩余电荷集中排列在界面的两侧形成双电层，在金属和溶液界面形成的双电层叫做离子双电层，如图 4-1a 所示。

金属锌电极插入含锌离子的水溶液中时，金属可以看作由许多规则排列的金属正离子和自由运动的电子组成。锌离子在金属中的化学位与在水溶液中的化学位不同，假设前者大于后者，则锌离子就会从金属上向溶液中转移。开始时，金属离子在界面上转移的速度较大。随后由于水溶液中过剩的锌离子不断增多，溶液中出现剩余正电荷，锌片上出现剩余电子，正负电荷相互吸引，在金属与溶液界面上一侧排列着锌离子，另一侧排列着自由电子，形成一种离子双电层。双电层建立起来的电场作用阻止金属上的锌离子继续进入水中，即锌离子溶入水内的速度逐渐下降，随着锌片上过剩的电子的增多，静电吸引作用使已进入水中的锌离子也会在锌片上沉积出来，即从锌片上吸取电子还原成金属锌的速度亦愈增愈大，最后锌离子由锌片进入水中的速度与从水中沉积于锌片的速度相等。即：$Zn \underset{沉积}{\overset{溶解}{\rightleftharpoons}} Zn^{2+}+2e$。直至锌的溶解和锌离子的沉积建立起动态平衡，在电极/溶液界面形成稳定的离子双电层。

离子或其他带电粒子由于化学位不同在两相之间转移，是自然界中的普遍现象。除了金属/溶液界面存在双电层，金属/金属界面、溶液/溶液界面也存在双电层。

(2) 由于金属表面张力及表面结构的复杂性，表面具有吸附其他物质的能力，它对不同物质吸附的能力不同。金属对荷电粒子的吸附能力也是不同的，一般金属更容易吸附负离子，造成界面层出现剩余电荷，溶液本体中则出现等量的异号电荷，在金属/溶液界面的溶液一侧形成双电层，叫做吸附双电层，如图 4-1b 所示。

(3) 金属还可以吸附溶液中的极性分子，使偶极子定向排列在界面溶液一侧，形成偶极双电层，如图 4-1c 所示。

(4) 金属表面因各种短程力作用而形成的表面电位差，如金属表面偶极化的原子在界面金属一侧的定向排列所形成的双电层，如图 4-1d 所示。

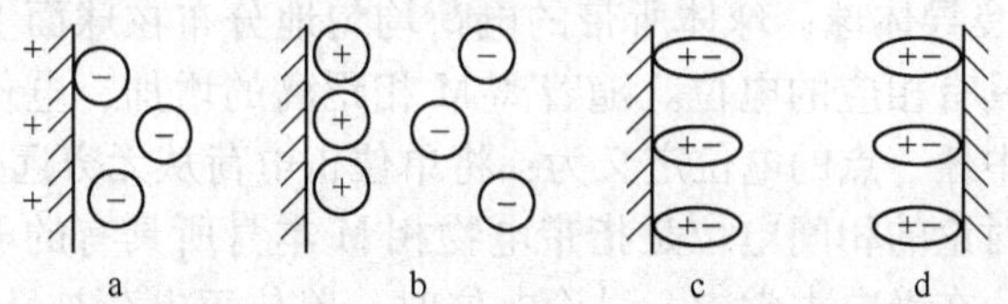

图 4-1 相间电位产生的几种可能情形

a—剩余电荷引起的离子双电层；b—吸附双电层；c—偶极子层；d—金属表面电位

严格地讲，上述四种情况只有离子双电层产生跨越两相界面的相间电位差，其他几种情况的相间电位实质上是同一相中的“表面电位”。在电化学体系中，离子双电层是相间电位的主要来源，也是电化学反应得以进行的根本原因。当一个反应既可以电化学的方式进行，又可以化学反应的方式进行时，总是电化学反应优先进行，就是由于离子双电层的存在。

4.2.2 离子双电层的特点

离子双电层是由于带电粒子在金属相和溶液相中的化学位不同而在两相之间转移形成的，这是一个自发进行的过程。但是也有的金属电极在溶液中不会自发形成离子双电层，如汞电极放在 KCl 溶液中，由于 Hg 的稳定性极高，不会被氧化，溶液中的 K^+、Cl^- 也极稳定，因此没有带电粒子在两相间转移，不会自发形成离子双电层。这时，如果从外电路给 Hg 电极充电，使 Hg 电极带上正电荷，它就会吸引溶液中的负电荷形成离子双电层。所以，通过外电路充电也可形成离子双电层。在这种情况下，外电路可以任意改变电极/溶液相界面的电位差而不引起带电粒子在两相之间转移，即不会发生电化学反应，这种电极体系叫做理想极化电极。

离子双电层在电极/溶液界面上的电荷密度可以估算。设双电层中的介电系数 $\varepsilon_r=25$，两层电荷间的距离 $l=10^{-3}\ \mu m$。则双电层的电容 $C=\varepsilon_0 \varepsilon_r/l=8.85\times10^{-12}\times25/10^{-9}\gg0.22$

(F/m^2)，该值与实验测得的结果一致。由标准电极电位序表可知，相间电位差可达1V以上。取双电层的电位差为1V，则电极表面的剩余电荷密度为 $q=CV=0.22C/m^2$，换算成电子的密度为 $n_e=q/e=0.22/1.6\times10^{-12}\gg10^{18}/m^2$。设电极表面是球形原子对应排列的，则每个原子所占的实际面积与原子面积之比为 $4r^2/\pi r^2=1.27$。如果认为原子排列相应要致密一些，则可取原子面积的系数为1.25，计算电极单位表面积上排列的原子数为：$n_m=1/1.25\pi r^2\gg10^{19}/m^2$（取 $r=0.15nm$）。则电极的单位表面上积累的剩余电荷数 n_e 与原子数 n_m 之比为 $n_e/n_m\gg0.1$，即电极表面只有10%的原子有剩余电荷。尽管电极表面电荷的剩余密度不大，但是双电层中的电场强度却很大，可达 $E=V/l\gg10^9V/m$，这样大的电场强度在自然界中可以击穿任何杂质。正是由于双电层中存在如此巨大的电场，使得常规条件下无法进行的化学反应，在电化学装置中能够很容易地进行。

4.2.3　相电位及相间电位的表征

显然，相间电位差是普遍存在的自然现象。但对于电化学电位差如何表示呢？其实质是什么？在讨论这种相间电位差之前，先讨论一个孤立物相M带电后产生电位的情况，这是由于电极电位本质上是实物相之间电位差的一个特例。

设M是一个金属良导体球，球体所带的电荷均匀地分布在球面上，那么它会在周围空间产生电场，因而具有相应的电位。随着离M相距离的增加，电位减小，到无穷处为零。在静电学，真空中任一点的电位定义为：将单位正电荷从无穷远处移至该点时克服电场力所做的功。这里讨论的相间电位是指带电物相M本身所具有的电位，而不是它对空间某点处产生的电位。在静电力学中，讨论电位时，单位正电荷被认为是只有静电作用，而不受其他力（如重力等）的作用，也就是把电荷看作没有重量、没有化学性质的物质。但是对于电化学体系中的实物相而言，若将实验电荷从无穷远处移至带电实物相内一点的过程中，除了由克服电场力作功外，还应考虑实物相和试验电荷间的非库仑力所作的化学功。所以不能简单依照上述方法来定义实物相的电位。

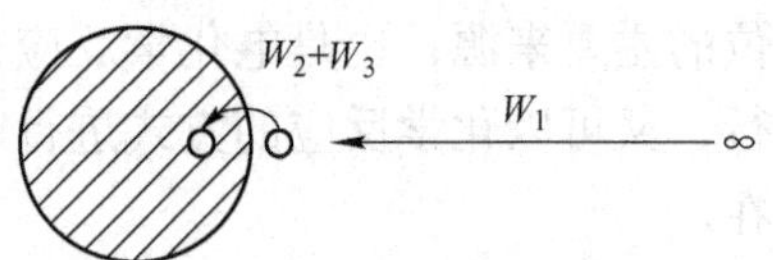

图4-2　将试验电荷从无穷远处移至实物相内部所做的功

单位正电荷从无穷远处转移到金属球体M相内部一点的过程可分为两个阶段，如图4-2所示。第一阶段将试验电荷自无穷远处移至距离球面 $10^{-3}\sim10^{-4}cm$ 处。这个过程可以认为球体与单位正电荷之间的短程力尚未开始发生作用，只受到库仑力的作用。将单位正电荷从无穷远处移至此处时，所作的功（W_1），就是该点处的电位，叫做M相的外电位，用 Ψ 表示。第二阶段，试验电荷越过球面到达球体内部，这一过程所涉及的能量变化包括两部分，即越过物相表面时对表面电位（χ）所作的和由于试验电荷与组成球体物质粒子之间的短程相互作用（化学作用）而引起自由能变化（u）所需作的化学功（W_3）。任一相的表面层中，由于界面上的短程力场（范德华力、共价键力等）引起原子或分子偶极化并定向排列，使表面层成为一层偶极层。试验电荷穿越偶极层的表面电位 χ 场产生了电功 W_2。因此，所谓表面电位是指由于物相表面吸附偶极子或物相自身偶极子排列而产生的电位差，用 χ 表示。

在单位正电荷从无穷远处移到带电物相M内部的整个过程中，试验电荷自无穷远处移至球体内部所作的电功为（W_1+W_2），与此相对应的电位称为带电体的内部电位

(ϕ)，即：

$$\phi = \Psi + \chi \tag{4-9}$$

如果进入 M 相的不是单位正电荷，而是 1mol 的带电粒子，那么所做的电功 W_1、W_2 和化学功 W_3 分别为：

$$W_1 = z_i F\Psi \tag{4-10}$$

$$W_2 = z_i F\chi \tag{4-11}$$

$$W_3 = \mu_i \tag{4-12}$$

其中所作的化学功 W_3 等于该粒子在 M 相中的化学位 u_i。如果假想无试验电荷与组成球体物质粒子之间的短程相互作用，或想象能不破坏球体内的电荷与偶极子分布情况而在球体内部创立一个“空穴”，则试验电荷从无穷远处移至这种“空穴”中所涉及的全部能量变化，即总的电功为 W_1 和 W_2 之和，即：

$$W_{电功} = W_1 + W_2 = z_i F\phi = z_i F(\chi + \Psi) \tag{4-13}$$

被称之为孤立相的内电位（ϕ）等于其外部电位（Ψ）和表面电位（χ）之和。Ψ 与物理学中带电体产生的电位意义相同，而 ϕ、χ 电位均取决于孤立相所带的净电荷以及表面电荷与偶极子的分布情况，这与物理学中带电体不同。

然而不能忽略组成球体物质与试验电荷之间的短程相互作用，则在这个过程中，将 1mol 带电粒子从无穷远处移至球体内部所涉及的全部能量变化为：

$$W_1 + W_2 + W_3 = \overline{\mu_i} \tag{4-14}$$

其中，$\overline{\mu_i}$ 称为该试验电荷在球体内部的电化学位。由式 4-11 和式 4-12 可得：

$$\overline{\mu_i} = \mu_i + z_i F\phi \tag{4-15}$$

由式 4-15 可见，电化学位不仅取决于球体所带的电荷数量及分布情况，还与该粒子和 M 相的化学本质有关。电化学位具有能量量纲，这与外电位和内电位不同。

另外，在这里附带说明一下，电化学中常用到的参量脱出功，这指与将单位正电荷从表面近处真空中转移到金属球体 M 相内部一点的过程相逆的行为表征量。其被定义为将 i 粒子从实物相内部逸出至表面近处真空中所需要做的功。显然 $-W_i = \mu_i + Z_i F\chi$，脱出功的数值与实物相及脱出粒子的化学本质有关。表 4-1 和图 4-3 综合了上述各种参数值随位置的变化，以及粒子在各个位置之间转移时所涉及的能量变化。

表 4-1 各种参数值随位置的变化

位 置	静电位	α 相中 i 粒子的能量参数		
		化学势（μ_i）	电化学位	脱出功
真空中无穷远处	0	0	0	
α 相表面附近	Ψ^α	0	$ZF\psi^\alpha$	0
α 相内空穴中	ϕ^α	0	$ZF\psi^\alpha$	$-ZF\psi^\alpha$
α 相内部	ϕ^α	μ_i^α	$\mu_i + Z_i F\chi$	$\mu_i + Z_i F\chi$

注：各符号中用上标表示所处的相，下标表示粒子，能量以 1mol 粒子计算。

当两相接触时，带电粒子在两相间转移形成稳定的双电层，相当于两个带电相接触在一起。双电层的电位差就是相间电位。根据上述孤立相中几种电位的定义，对相互接触的

A、B 两相，其相间电位也可定义以下几种：

（1）外电位差，又称为伏打（Volta）电位差，定义为$\Delta^{M}\Psi^{S}=\Psi^{M}-\Psi^{S}$；

（2）内电位差，又称为伽伐尼（Galvani）电位差，其定义为$\Delta^{M}\phi^{S}=\phi^{M}-\phi^{S}$；

（3）表面电位差，定义为$\Delta^{M}\chi^{S}=\chi^{M}-\chi^{S}$；

（4）电化学位差，定义为$\bar{u}^{M}-\bar{u}^{S}$。

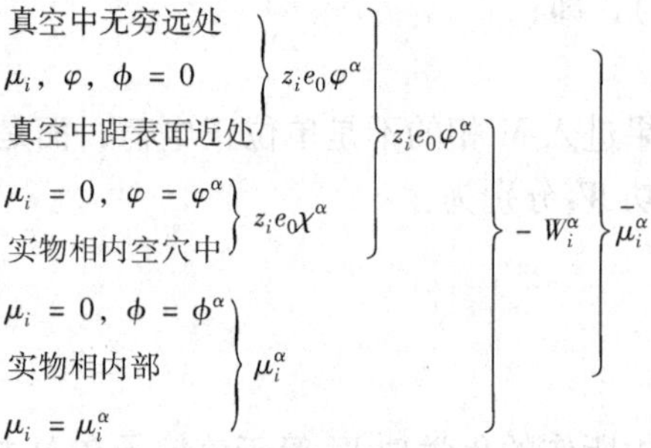

真空中无穷远处

$\mu_i,\ \varphi,\ \phi=0$　$z_i e_0 \varphi^{\alpha}$

真空中距表面近处　$z_i e_0 \varphi^{\alpha}$

$\mu_i=0,\ \varphi=\varphi^{\alpha}$　$z_i e_0 \chi^{\alpha}$　$-W_i^{\alpha}$　$\bar{\mu}_i^{\alpha}$

实物相内空穴中

$\mu_i=0,\ \phi=\phi^{\alpha}$

实物相内部　μ_i^{α}

$\mu_i=\mu_i^{\alpha}$

图 4-3　i 粒子在 α 相内外各处的能级图

4.2.4　不同类型的相间电位

下面介绍不同类型的相间电位：

（1）金属接触电位。金属是电子的良导体，可以看作是由排列在晶格上的正离子和自由运动的电子构成。在一定的条件下自由电子可以从金属表面逸出，电子离开金属逸入真空中所需要的最低能量叫做电子逸出功。不同的金属电子的逸出功不同，电子逸出功小的金属容易失去电子，而电子逸出功大的金属相对稳定。所以电子逸出功小的金属由于电子的电化学位高，就会从逸出功小的金属逸出，进入到电子逸出功大的金属，逸出功大的金属一侧就会出现剩余负电荷，而另一金属则因电子缺乏而带正电，在两相界面形成相间电位。一般把相互接触的两个金属相之间的外电位差叫做金属接触电位。

（2）液体接界电位。两个组成或浓度不同的电解质溶液之间存在的相间电位叫做液体接界电位或扩散电位。两种不同的电解质溶液接触形成液体接界电位有三种情况：1）组成相同，但浓度不同；2）组成不同，而浓度相同；3）组成和浓度都不同。形成液体接界电位的原因是：由于两溶液相组成或浓度不同，溶质粒子将自发地从浓度高的相向浓度低的相迁移，这就是扩散作用。在扩散过程中，因正、负离子运动速度不同而在两相界面层中形成双电层，产生一定的电位差。所以，按照形成相间电位的原因，也可把液体接界电位叫做扩散电位。

如两个浓度不同的 $AgNO_3$溶液相接触，在两溶液的界面间存在着浓度差，Ag^+离子和 NO_3^-离子将由浓度高的区域向浓度低的区域扩散。但是两个的扩散速度是不同的，NO_3^-离子的扩散系数比 Ag^+离子的大。在浓度差相同时，NO_3^-离子的扩散速度将大于 Ag^+离子的扩散速度，也就是说在单位时间内通过界面的 NO_3^-离子比 Ag^+离子多，因而在浓度高的溶液一侧界面上出现剩余的正离子，而在低浓度的溶液一侧出现剩余的负离子，形成了液相界面双电层，出现了相间电位差。双电层的静电作用，使 NO_3^-离子通过界面的速度降低，而使 Ag^+离子通过界面的速度增大，最后达到一个稳定状态。Ag^+离子与 NO_3^-离子以相同的速度通过界面，界面电位差达到一个稳定的数值，这个稳定的电位差就是液体接界电位（也称液界/接电位）。这是一个稳定状态，而不是平衡状态，因为扩散仍在以一定的速度进行，是一个不可逆的过程。随着扩散过程的进行，这个稳定值也会发生变化。因此，液体接界电位不易测量，也不易计算。因为液界电位值的理论计算中将包括各种离子的迁移数，而离子迁移数又与溶液的浓度有关，即迁移数是浓度的函数，而这种函数关系无法准确知道。其次，在液相界面上，每种离子都是由一种浓度过渡到另一种浓度。而这种过渡形式（即界面层的浓度梯度）如何，与两个液相的接界方式有很大关系。例如，两种溶液是直接接触还是用隔膜隔开，是静止还是流动等，这些对液界电位的影响很大，同时也影响离子的迁移数和离子活度。所以，在理论上推导液界电位公式时需要规定若干条件，做出某些假设。推导出的公式也仅仅是适用于一定条件下的近似公式。

当不同的电解质溶液相互接触时，液接电位可以达到很大的值。由于液体接界电位是一个不稳定的、难以计算和测量的数值，当电化学体系中包含它时，往往使该体系的电化学参数的测量失去热力学意义。因此在电化学测量过程中，必须设法消除液接电位或把它减至最低的限度。为了减小液界电位，通常在两种溶液之间连接一个高浓度的电解质作为“盐桥”。盐桥的溶液既需要高浓度，还需要其正、负离子的迁移速度尽量接近。因为正、负离子的迁移速度越接近，其迁移数也越接近，液体接界电位越小。此外，用高浓度的溶液作盐桥，主要扩散作用出自盐桥，因而全部电流几乎全由盐桥中的离子流过液体接界面，在正、负离子迁移速度近于相等的条件下，液界电位就可以降低到能忽略不计的程度。盐桥常用U形玻璃管装入饱和KCl溶液制成，在盐桥用的溶液中加入质量分数约为3%的琼脂形成凝胶，将盐桥两端插入构成原电池的两极溶液中以形成闭合回路，同时又能隔离两极溶液。由于饱和KCl溶液的浓度高达4.2mol/L，K^+和Cl^-离子的迁移数很接近，所以当盐桥溶液与浓度较小的电解质溶液接触时，主要是K^+和Cl^-离子向溶液中扩散，而且K^+和Cl^-离子的扩散速度近似相等。所以盐桥与电解质溶液的液接电位都较小，而且两边的符号相反，可以相互抵消一部分。根据实际测量，0.01mol/L HCl与0.1mol/L HCl接触时，其接触电位约为40mV。但是如果在两者之间用盐桥隔开，盐桥与0.01mol/L HCl溶液的液接电位为-3mV，盐桥与0.1mol/L HCl溶液的液接电位为5mV，相互抵消后，则前两者间的液接电位约为2mV。但如果电极溶液（可溶性银盐、一价汞盐或铊盐）与KCl溶液发生反应形成气泡或沉淀物，则盐桥中的电解质就不能用KCl，而应采用其他正负离子迁移数相近的物质，如NH_4NO_3。由于盐桥中的正负离子不断向两极溶液中扩散，浓度在不断地变化，所以盐桥用到一定的时间后，应更换新的。

（3）电极电位。金属与电解质溶液接触构成的体系通常称为电极体系，有时简称为电极（工作电极、辅助电极）。但是，该简称的电极与通常所说的电极有所不同，一般的电极是指电极体系中的金属导体，叫做电极，如铂电极、石墨电极、铁电极。在此将金属和与之接触的溶液合称为电极体系，其中的金属材料称作电极。电极体系中，两类导体电极界面所形成的相间电位，即电极材料和离子导体（溶液）的内电位差，称为电极电位。这是由于带电离子在金属和溶液两相间的转移形成相间电位，它是影响电化学反应的根本原因。电极电位的符号规定是把溶液深处看作是距离金属/溶液界面无穷远处，绝对电极电位的符号规定溶液深处的电位为零，当电极表面带正电荷，溶液中带负电荷时，其值为正；当电极表面带负电荷，溶液中带正电荷时，其值为负。对于锌插入硫酸锌溶液中所形成的电极体系而言，电极金属是由金属离子和自由电子按一定的晶格形式排列组成的晶体，锌离子要脱离晶格，就必须克服晶格间的结合力——金属键力，在金属表面的锌离子，由于键力不饱和，有吸引其他正离子以保持与内部锌离子相同的平衡状态的趋势，同时，又比内部离子更易于脱离晶格；而水溶液中存在着极性很强的水分子、被水化了的锌离子和硫酸根离子等，这些离子不停地进行着热运动；当金属浸入溶液时，便打破了各自原有的平衡状态：极性水分子和金属表面的锌离子相互吸引而定向排列在金属表面上，同时锌离子在水分子的吸引和不停的热运动冲击下，脱离晶格的趋势增大，形成所谓的水分子对金属离子的“水化作用”。金属/溶液界面上的锌离子在自由电子静电引力作用下和极性水分子水化作用下，既有脱离金属表面进入溶液的趋势，又有脱离水化而沉积的趋势，在两种矛盾竞争作用下，最终达到动态平衡，即 $Zn^{2+}\cdot 2e+nH_2O \rightleftharpoons Zn^{2+}(H_2O)_n+2e$。显然，与上述动态平衡相对应，在界面层中会形成一定的剩余电荷分布，如图 4-1a 所示。这种金属/溶液界面层的相对稳定的剩余电荷分布为离子双电层。离子双电层的电位差就是金属/溶液之间的相间电位（电极电位）的主要来源。但除了离子双电层外，前面提到的吸附双电层（图 4-1b）、偶极子层（图 4-1c）和金属表面电位等也都是电极电位的可能来源。电极电位的大小等于上述各类双电层电位差的总和。

（4）绝对电位与相对电位。电极体系中定义的电极电位是金属（电子导电相）和溶液（离子导电相）之间的内电位，其数值称为电极的绝对电位，但绝对电位是不可能测量出来的。为什么呢？现仍以锌电极为例说明。为了测量锌与溶液的内电位，就需要把锌电极接入一个测量回路中去，如图 4-4 所示。图中 P 为测量仪器（如电位差计），其一端与金属锌相连，而另一端却无法与水溶液直接相连，必须借助另一块插入溶液的金属（即使是导线直接插入溶液，也是相当于某一金属插入溶液）。这样，在测量回路中又出现了一个新的电极体系。在电位差计上得到的测量值 E 将包括三项内电位差，即

$$E=(\phi^{Zn}-\phi^{S})+(\phi^{S}-\phi^{Cu})+(\phi^{Cu}-\phi^{Zn})=\Delta^{Zn}\phi^{S}+\Delta^{S}\phi^{Cu}+\Delta^{Cu}\phi^{Zn} \quad (4\text{-}16)$$

这样本欲测量电极电位 $\Delta^{Zn}\phi^{S}$ 的绝对值，但测量出来的结果却是三个相间电位的代数和。其中每一项都因同样的原因无法直接测量出来。这就是电极电位的绝对电位无法测量的原因。

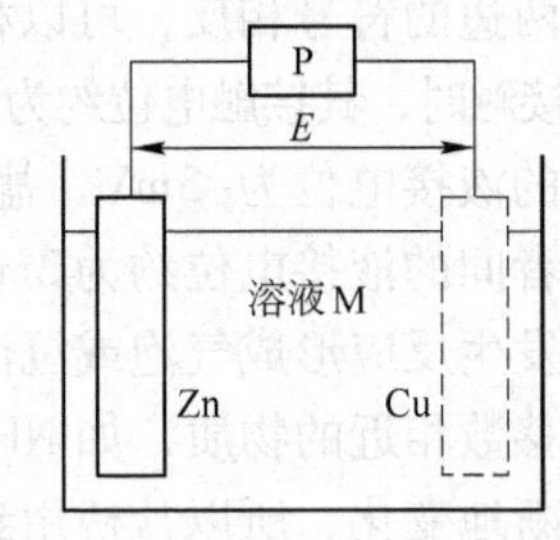

图 4-4　电极电位测量示意图

电极电位的绝对电位无法测量的事实却并不意味着电极电位缺乏实际应用的价值和意义。仔细分析测量结果式 4-16，不难看出，对于电极材料不变时，$\Delta^{Cu}\phi^{Zn}$ 将是一个恒定值，因此，若能保持引入的电极电位 $\Delta^{Cu}\phi^{Zn}$ 恒定，那么采用图 4-4 的回路是可以测出被研究电极（如锌电极）相对的电极电位变化。也就是说，如果选择一个电极电位不变的电极作为基准，则可以测出：$\Delta E=\Delta(\Delta^{Zn}\phi^{S})$。如果对不同电极进行测量，则测出的 ΔE 值大小顺序应与这些电极的绝对电位的大小顺序一致，事实上影响电极反应进行方向和速率的，正是电极电位的变化值 $\Delta(\Delta^{M}\phi^{S})$，而并非绝对电位本身的数值。因此，处理电化学问题时，绝对电位并不重要，有用的是绝对电位的变化值。

这样恰当地选择基准，选取电极电位保持恒定的电极——参比电极。将参比电极与被测电极组成一个原电池回路（图 4-4），所测量出的电池端电压 E（原电池的电动势）称为被测量电极的相对电位，习惯上直接称为电极电位，用符号 E 或 ϕ 表示。注意，为了说明这个相对电位是用什么参比电极测得的，一般说明电极电位时应注明该电位是相对于什么参比电极电位。

4.2.5　电极反应的平衡条件

相间电位是由于带电粒子在相互接触的两相中化学位不同而形成的。譬如前面提到的锌电极体系中，锌离子在金属锌相中的化学位与溶液中的化学位不同，由高电位处移至低化学位处，形成双电层。在双电层的电场作用下，锌离子在溶液中的电化学位能升高，总

的位能升高，而锌离子在金属中的电位能下降，当化学位之差引起的锌离子迁移动力与双电层电位阻止锌离子迁移的阻力相等时，带电粒子在两相中转移达到平衡。所以平衡的条件是：

$$\mu_i^M - \mu_i^S = -(z_i F\phi^M - z_i F\phi^S) \tag{4-17}$$

整理上式即可得到：

$$\bar{\mu}^M = \bar{\mu}^S \tag{4-18}$$

式 4-18 表明：带电粒子在相间转移时，建立相间平衡的条件就是带电粒子在两相中的电化学位相等。将式 4-17 整理，还可以得到式 4-19：

$$\Delta^M\phi^S = \phi^M - \phi^S = -\frac{\mu_i^M - \mu_i^S}{z_i F} \tag{4-19}$$

$\Delta^M\phi^S$ 是相互接触的两相间的相间电位，由上式可见它由两相间的化学位之差决定。化学位之差越大，相间电位也就越高。这也是电化学平衡条件的一种表达方式。

带电粒子在两相间的转移，实际上就是电极反应。当锌离子从电极上进入溶液中时，将电子留在电极上，是氧化反应，也就是阳极反应；当锌离子从溶液中进入到电极上时，与电极上的电子结合形成原子，是还原反应，也就是阴极反应。阴、阳极反应都是电极反应，电极反应 $M^{z+}+ze=M$ 的电化学平衡的条件可以表示为：

$$\sum \overline{\mu_i} = 0 \tag{4-20}$$

式中，i 是指电极反应中包括电子在内的各种粒子。对于电极反应 $M^{z+}+ze=M$，i 是指 M^{z+}、e 及 M 三种粒子，具体的表达式为：

$$\bar{\mu}_M^M - \bar{\mu}_{M^{z+}}^S - z\bar{\mu}_e^M = 0 \tag{4-21}$$

式 4-21 与式 4-18 是等价的。式中，$\bar{\mu}_M^M$ 是不带电荷的金属原子在金属相中的电化学位，由式 4-15 可知：$\bar{\mu}_M^M = \mu_M^M$，即原子的电化学位等于其化学位。原子由金属离子和自由电子组成，其化学位也可由金属相中金属离子的化学位和电子的电化学位表示，即：

$$\bar{\mu}_M^M = \mu_{M^{z+}}^M + z\mu_e^M \tag{4-22}$$

而电子的电化学位为：

$$\bar{\mu}_e^M = \mu_e^M - F\phi^M \tag{4-23}$$

将以上两式代入式 4-21 式得：

$$\mu_{M^{z+}}^M + z\mu_e^M - \bar{\mu}_{M^{z+}}^S - z\mu_e^M + zF\phi^M = 0$$

整理后得式 4-15。将反应中各粒子的电化学位代入式 4-21，整理后得出：

$$\Delta^M\phi^S = \phi^M - \phi^S = -\frac{\mu_M^M - \mu_{M^{z+}}^S}{z_i F} + \frac{\mu_e^M}{F} = \frac{\sum \nu_i \mu_i}{z_i F} + \frac{\mu_e^M}{F} \tag{4-24}$$

可见式 4-18～式 4-20 和式 4-24 是四个完全等价的等式，都可以表示电极反应的平衡条件，只是表达形式不同。

4.2.6 电极电位的测量及其物理意义

为了测得两相间的电位差，必须把两相与金属导线连接起来并接上电位差计，电位差计是采用对消法测定电位的，在被测回路中没有电流通过。这样可测得各界面相间电位稳定时，两测试点之间的电位差值。这实际上测量电池电动势，而电池电动势是指可逆电池在开路时的端电压，或者说是可逆电池电路中通过电流为零时的端电压。假设A和B是连接两个电极的导线，可逆电池的两个电极分别为α相和β相，导线和电极之间用普通的接线法连接，它是简单的表面接触。因此，实际测得的电压V为A和B两相之间的外电位差，即：

$$V=\frac{E}{R}=\Psi^{A}-\Psi^{B} \tag{4-25}$$

上式表明，A、B两相间的外电位差可测，内电位差不可测。如果A和B两相是完全相同的一种材料，所处的环境又完全相同，那么它们的表面电位χ相等。则式4-25可表示为：

$$V=\frac{E}{R}=\phi^{A}-\phi^{B} \tag{4-26}$$

上式表明，当A、B两相的材料相同时，其内电位差可测。若用A、B之间各相接触的相间电位差表示，则：

$$V=\Delta^{A}\phi^{\alpha}+\Delta^{\alpha}\phi^{S}-\Delta^{\beta}\phi^{S}+\Delta^{\beta}\phi^{B} \tag{4-27a}$$

相互接触的金属在没有电流通过时，电子在两相中的转移是平衡的，其电化学位相等，由式4-19可知：

$$\Delta^{A}\phi^{\alpha}=\frac{\mu_{e}^{A}-\mu_{e}^{\alpha}}{F};\ \Delta^{\beta}\phi^{B}=\frac{\mu_{e}^{\beta}-\mu_{e}^{B}}{F}$$

由于A和B是同一种金属，所以$\mu_{e}^{A}=\mu_{e}^{B}$，则：

$$\Delta^{A}\phi^{\alpha}+\Delta^{\beta}\phi^{B}=\frac{\mu_{e}^{A}-\mu_{e}^{\alpha}}{F}+\frac{\mu_{e}^{\beta}-\mu_{e}^{B}}{F}=\frac{\mu_{e}^{\beta}-\mu_{e}^{\alpha}}{F} \tag{4-28}$$

即：

$$\Delta^{\beta}\phi^{\alpha}=\frac{\mu_{e}^{\beta}-\mu_{e}^{\alpha}}{F} \tag{4-29}$$

$$V=\Delta^{\alpha}\phi^{S}-\Delta^{\beta}\phi^{S}+\Delta^{\beta}\phi^{\alpha} \tag{4-27b}$$

当可逆电池中通过的电流为零时，上式中的V就是可逆电池的电动势，一般用E表示。即测得可逆电池的电动势为：$E=\Delta^{\alpha}\phi^{S}-\Delta^{\beta}\phi^{S}+\Delta^{\beta}\phi^{\alpha}$。

根据上述测量结果可得出几点重要的结论：

（1）任意两相之间的外电位差是可以测量的；

（2）任意两相间的内电位差是不可测量的，因为测定两相的内电位差也是使用上述测量装置，测得的电位差值必定包括了两相的接触电位差一项；

（3）相同的两相之间的内电位差是可以测量的；

（4）测量得到的电池电动势E由三部分组成：两个电极的绝对电极电位之差与现两个电极的金属接触电位之和。

对于测量获得的相间电位式4-16可以写为：

$$E=\Delta^{M}\phi^{S}-\Delta^{R}\phi^{S}+\Delta^{R}\phi^{M} \tag{4-30}$$

式中，$\Delta^{M}\phi^{S}$是被测电极的绝对电位；$\Delta^{R}\phi^{S}$是参比电极的绝对电位；$\Delta^{R}\phi^{M}$为两个金属相R和M的金属接触电位。因为R和M相是通过金属导体连接的，所以，电子在两相转移平衡后，电子在两相中的电化学位相等，应有$\Delta^{R}\phi^{M}=\dfrac{\mu_{e}^{R}-\mu_{e}^{M}}{F}$。因此，可将式4-30表示为两项之差：

$$E=\left(\Delta^{M}\phi^{S}-\frac{\mu_{e}^{M}}{F}\right)-\left(\Delta^{R}\phi^{S}-\frac{\mu_{e}^{R}}{F}\right) \tag{4-31a}$$

或者根据式 4-23 得出：

$$\Delta^{M}\phi^{S}=\frac{\sum\nu_i\mu_i}{z_iF}+\frac{\mu_{e}^{M}}{F};\ \Delta^{R}\phi^{S}=\frac{\sum\nu_j\mu_j}{z_jF}+\frac{\mu_{e}^{R}}{F}$$

则

$$E=\frac{\sum\nu_i\mu_i}{z_iF}-\frac{\sum\nu_j\mu_j}{z_jF} \tag{4-31b}$$

当某些因素引起被测电极电位发生变化时，式 4-31a 和式 4-31b 中右方第二项是不会变化的。所以，可以把与参比电极有关的第二项看成是参比电极的相对电位 ϕ_R，把与被测电极有关的第一项看作是被测电极的相对电位 ϕ。这样式 4-31a 和式 4-31b 均可以简化为：

$$E=\phi-\phi_R \tag{4-32}$$

如果人为地规定参比电极的相对电位为零，那么实验测得的原电池的端电压 E 值就是被测电极相对电位的数值，即 $\phi=E$，而且有：

$$\phi=\Delta^{M}\phi^{S}-\frac{\mu_{e}^{M}}{F}=\frac{\sum\nu_i\mu_i}{z_iF} \tag{4-33}$$

由此可知，实际应用的电极电位（相对电位）概念并不仅仅是指金属/溶液的内电位差，而且还包含了一部分测量电池中的金属接触电位。

4.3 电化学体系简介

根据电化学反应发生的条件和结果不同，通常把电化学体系分为三大类型：第一类是电化学中两个电极和外电路负载接通后，能自发地将电流送到外电路做功，该体系称为原电池；第二类是与外电源组成回路，强迫电流在电化学体系中通过并促使电化学反应发生，这类体系称为电解池；第三类是电化学反应能自发进行，但不能对外做功，只起到破坏金属的作用，这类体系称为腐蚀电池。

4.3.1 原电池

原电池的基本特征就是能够通过电池反应将化学能转变为电能。所以原电池实际上是一种可以进行能量转换的电化学装置。根据这一特征，我们可以把原电池定义为：凡是能将化学能直接转变成电能的电化学装置叫做原电池或自发电池，也可叫做 Galvani 电池。一个原电池，例如 Daniell 电池，是由锌半电池与铜半电池组合成的体系，如图 1-1a 所示，为了使硫酸锌溶液与硫酸铜溶液互不混合，并且离子能够通过，需要用素陶板等多孔性隔板把两个电极隔开。电池可用下列形式表示：Zn | $ZnSO_4$ || $CuSO_4$ | Cu。其中，“|”表示相界面，“||”表示溶液与溶液的界面。在原电池中，锌的溶解（氧化反应）和铜的析出（还原反应）是分别在不同的地点——阳极和阴极区进行的，电荷的转移（即得失电子）要通过外线路中自由电子的流动和溶液中离子的迁移才得以实现。这样，电池反应所引起化学能变化成为载流子传递的动力，并转化为可以作电功的电能。在 Daniell 电池中，电极电势高的铜电极是正极，电极电势低的锌电极为负极。铜电极与锌

电极两个电极电势之差，称为电池的电动势。

原电池是将化学能转化成电能的装置，可以对外做功，通常用原电池电动势这一参数来衡量一个原电池做电功的能力。原电池电动势定义为：在电池中没有电流通过时，原电池两个终端相之间的电势差叫做该电池的电动势，用符号 E 表示。原电池的能量来源于电池内部的化学反应。若设原电池可逆地进行时所做的电功 W 为：

$$W=EQ$$

式中，Q 为电池反应时通过的电量。按照 Faraday 定律，Q 又可写成 zF；z 为参与反应的反应电子数，所以：

$$W=zFE \tag{4-34}$$

从化学热力学知道，恒温恒压下，可逆过程所做的最大有用功等于体系自由能的减少。因此可逆电池的最大有用功 W 应等于该电池体系自由能的减少（$-\Delta G$），即 $W=-\Delta G$。所以 $\Delta G=-zFE$ 或 $E=-\Delta G/zF$。

4.3.2 电解池

由两个电子导体插入电解质溶液所组成的电化学体系和一个直流电源接通时（图 1-1b），外电源将源源不断地向该电池体系输送电流，而体系中两个电极上分别持续地发生氧化反应和还原反应，生成新的物质。这种将电能转化为化学能的电化学体系叫做电解池。进行电解时，电流从外电源的正极流出，通过与其连接的电极（叫做阳极），经过电解液通过与外电源的负极连接的电极（叫做阴极），返回外电源的负极。如果选择适当的电极材料和电解质溶液，就可以通过电解池生产人们所预期的物质。由此可见，电解池是依靠外电源迫使一定的电化学反应发生并生成新的物质的装置，也可以称为“电化学物质发生器”。没有这种装置，电镀、电解、电合成、电冶金等工业过程将无法实现。所以它是电化学工业的核心——电化学工业的“反应器”。

将图 1-1a 与图 1-1b 进行比较，可以看出电解池和原电池的主要异同。电解池和原电池是具有类似结构的电化学体系，都是在阴极上发生吸收电子的还原反应，在阳极上发生失去电子的氧化反应。但是它们进行反应的方向是不同的，在原电池中，体系自由能变化 $\Delta G<0$，反应是自发进行的，化学反应的结果是产生可以对外做功的电能。电解池中，自由能变化 $\Delta G>0$，电池反应是被动的，需要从外界输入能量促使化学反应的发生。所以，从能量转化的方向看，电解池与原电池进行的恰恰是互逆的过程。在回路中，原电池可看作电源，而电解池是消耗能量的负载。从反应实质上看在电极上进行氧化反应的称为阳极，在电极上进行还原反应的称为阴极；从电位高低分，电位高的为正极，电位低的为负极。所以在电解池中，阴极是负极，阳极是正极。在原电池中，阴极是正极，阳极是负极，与电解池恰好相反。

4.3.3 腐蚀电池

从腐蚀反应来说，无论是化学腐蚀或是电化学腐蚀都是金属的价态升高而介质中某一物质中元素原子的价态降低的反应，即氧化还原反应。如图 4-5 所示，这种氧化还原反应是通过阳极反应和阴极反应同时而分别在不同区域进行的。这一反应过程和原电池一样是自发进行的。一个电化学腐蚀体系（金属/腐蚀介质）实质上是短路的原电池，其阳极反应使金属材料破坏，腐蚀体系中进行的氧化还原反应的化学能最终不能输出电能，全部以热能的形式散失。这种导致金属材料破坏的短路原电池称为腐蚀电池。当金属表面含有一些杂质时，由于金属的电势和杂质的电势不尽相同，可构成以金属和杂质为电极的许多微小的肉眼无法辨认的短路电池，称为微电池，从而引起腐蚀。

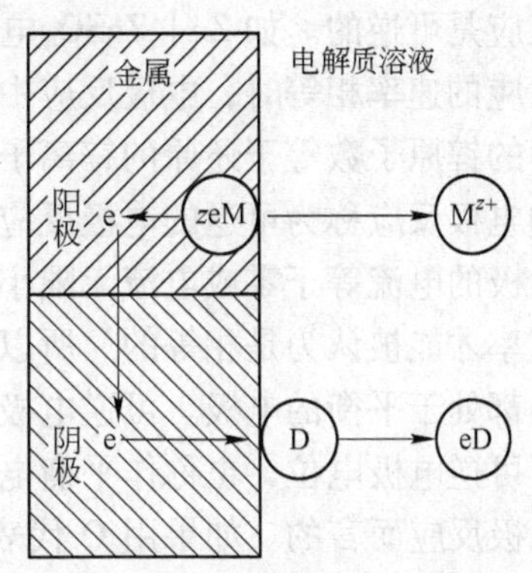

图 4-5 金属电化学腐蚀过程示意图

腐蚀电池区别于原电池的特征在于：（1）电池反应所释放的化学能都是以热能形式逸散掉而不能加以利用，故腐蚀电池是耗费能量的。（2）电池反应促使物质变化的结果不是生成有价值的产物，而是导致体系本身的毁坏。

根据组成腐蚀电池的电极大小、形成腐蚀电池的主要影响因素和腐蚀破坏的特征，一般将腐蚀电池分为三大类：宏观腐蚀电池、微观腐蚀电池和超微观腐蚀电池。宏观腐蚀电池通常由肉眼可见的电极构成，它具有阴极区和阳极区保持长时间稳定，并产生明显的局部腐蚀的特征。微观腐蚀电池则是由于金属表面的电化学不均匀性，在金属表面产生许多微小的电极，由此而构成各种各样的微观腐蚀电池，简称微电池。超微观腐蚀电池是指由于金属表面上存在着超微观的电化学不均匀性产生了许多超微电极从而形成的腐蚀电池。造成这种超微观电化学不均匀性的原因可能是在固溶体晶格中存在有不同种类的原子。由于结晶组织中原子所处的位置不同，而引起金属表面上个别原子活度的不同；由于原子在晶格中的热振荡而引起了周期性的起伏，从而引起了个别原子的活度不同。由此产生了肉眼和普通显微镜也难以分辨的微小电极（1～10nm），并遍布整个金属表面，阴极和阳极无规则地统计的分布着，具有极大的不稳定性，并随时间不断地变化，这时整个金属表面既是阳极，又是阴极，结果导致金属的均匀腐蚀。对于腐蚀电池通常造成金属/合金材料的腐蚀损伤是有害的，但微电池腐蚀在一些情况下却是有利的，例如冶金精矿在酸性溶液中浸出，PbS 矿因含有 FeS，可构成微电池，会加速 PbS 的溶解，强化了 Pb 的浸出过程。

4.4 电化学热力学

众所周知，通过对一个体系的热力学研究能够知道一个化学反应在指定的条件下可进行的方向和达到的限度。化学能可以转化为电能（或者反之），如果一个化学反应设计在电池中进行，通过热力学研究同样能知道该电池反应对外电路所能提供的最大能量，这就是电化学热力学的主要研究内容。

4.4.1 可逆电化学过程的热力学

4.4.1.1 平衡电极电位

按照电池的结构，每个电池都可以分成两半，即由两个半电池所组成。每个半电池实际就是一个电极体系，电池总反应也是由两个电极反应所组成。因此，要使整个电池成为可逆电池，两个电极或半电池必须是可逆的。可逆电极必须具备下面两个条件：（1）电

极反应是可逆的。如 Zn | $ZnSO_4$ 电极，其电极反应为 $Zn^{2+}+2e \rightleftharpoons Zn$，只有正向反应和逆向反应的速率相等时，电极反应中物质交换和电荷交换才是平衡的，即在任一瞬间，氧化溶解的锌原子数等于还原的锌离子数；正向反应得到电子数等于逆向反应失去电子数。这样的电极反应称为可逆的电极反应。(2) 电极在平衡条件下进行。所谓平衡条件就是通过电极的电流等于零或电流无限小。只有在这种条件下，电极上进行的氧化反应和还原反应速率才能被认为是相等的。所以，可逆电极就是在平衡条件下进行的，电荷交换与物质交换都处于平衡的电极。可逆电极也就是平衡电极。

可逆电极电位，也称作平衡电势或平衡电极电势。任何一个平衡电势都是相对于一定的电极反应而言的。如果用 O 代表氧化态物质，R 代表还原态物质，则任何一个电极反应都可以写成下列通式：

$$O+ze \underset{i_a}{\overset{i_k}{\rightleftharpoons}} R \tag{4-35}$$

当正向反应速率（还原反应）i_k 与逆向反应速率（氧化反应）i_a 相等时，电极反应中物质交换和电荷交换才是平衡的。电极处于可逆状态。通常以符号 E_e 表示某一电极的平衡电位。根据 Nernst 方程式，电极的平衡电极电位 E_e 可以写成下列通式，即：

$$E_e = E_e^{\ominus} + \frac{RT}{zF}\ln\frac{a_{\text{氧化态}}}{a_{\text{还原态}}} = E_e^{\ominus} + \frac{RT}{zF}\ln\frac{a_O}{a_R} \tag{4-36}$$

式中，$E_e^{\ominus}$ 是标准状态下的平衡电位，叫做该电极的标准电极电位。

4.4.1.2 可逆电化学过程的热力学

电池的可逆电动势是可逆电池热力学的一个重要物理量，它指的是在电流趋近于零时，构成原电池各相界面的电势差的代数和。对于等温等压下发生的一个可逆电池反应，由 4.1 节讨论可知：

$$\Delta G_{T,\,p} = -W_{f,\,max}(\text{非膨胀功}) = -zFE \tag{4-37}$$

该式是沟通电化学和热力学的基本关系式。当 $E>0$，$\Delta G_{T,p}<0$，电池反应自发进行；当 $E<0$，$\Delta G_{T,p}>0$，电池反应不能自发进行。所以 E 也是一种判据。

根据电池反应的 Gibbs 自由能的变化可以计算出电池的电动势和最大输出电功等。假如电池内部发生的化学总反应为：$aA+bB \longrightarrow lL+mM$。在恒温恒压条件下，可逆电池所做的最大电功等于体系自由能的减少，即 $\Delta G_{T,p}=-zFE$。根据化学反应的等温方程式：

$$\Delta G_{T,\,p} = \Delta G_{T,\,p}^{\ominus} + RT\ln\frac{a_L^l a_M^m}{a_A^a a_B^b} \tag{4-38}$$

$$-zFE = \Delta G_{T,\,p}^{\ominus} + RT\ln\frac{a_L^l a_M^m}{a_A^a a_B^b} \tag{4-39}$$

$$E = -\frac{\Delta G_{T,\,p}^{\ominus}}{zF} - \frac{RT}{zF}\ln\frac{a_L^l a_M^m}{a_A^a a_B^b} = E^{\ominus} - \frac{RT}{zF}\ln\frac{a_L^l a_M^m}{a_A^a a_B^b} \tag{4-40}$$

式中，$E^{\ominus}=-\dfrac{\Delta G_{T,\,p}^{\ominus}}{zF}$ 是参与反应的物质活度为 1 时的电动势，称为标准电动势。即 $\Delta G_{T,\,p}^{\ominus}=-zFE$。式 4-40 称为 Nernst 方程式，表示电池的电动势与活度的关系。

已知 $\Delta G_{T,\,p}^{\ominus}$ 与反应的平衡常数 K 的关系为：

$$\Delta G_{T,\,p}^{\ominus} = -RT\ln K \tag{4-41}$$

合并 $\Delta G_{T,\,p}^{\ominus} = -zFE$ 和式 4-41 得到：

$$E^{\ominus} = -RT\ln K \tag{4-42}$$

标准电动势 $E^{\ominus}$ 的值可以通过相关的电极电位表获得，从而可通过式 4-42 计算电池反应的平衡常数 K。

在恒压下原电池电动势对温度的偏导数称为可逆电池电动势的温度系数，以 $\left(\frac{\partial E}{\partial T}\right)_p$ 表示。从物理化学中已知，如果反应仅在恒压下进行，当温度改变 dT 时，体系自由能的变化可以用 Gibbs-Helmholtz 方程来描述，即：

$$\Delta G = \Delta H + T\left[\frac{\partial(\Delta G)}{\partial T}\right]_p \tag{4-43}$$

式中，ΔH 为反应焓变。根据 $\Delta G = -zFE$，可将反应的熵变 ΔS 写成：

$$\Delta S = -\left[\frac{\partial(\Delta G)}{\partial T}\right]_p = zF\left(\frac{\partial E}{\partial T}\right)_p \tag{4-44}$$

合并式 4-43 和式 4-44 后得出：

$$-\Delta H = zFE - zFT\left(\frac{\partial E}{\partial T}\right)_p \tag{4-45}$$

依据实验测得的电池电动势和温度系数 $\left(\frac{\partial E}{\partial T}\right)_p$，根据式 4-45 可以求出电池放电反应的焓变 ΔH，即电池短路时（直接发生化学反应，不作电功）的热效应 Q_p，利用式 4-44，从实验测得的电动势的温度系数，就可以计算出反应的熵变。

在等温情况下，可逆电池反应的热效应为：

$$Q_{\mathrm{R}} = T\Delta S = zFT\left(\frac{\partial E}{\partial T}\right)_p \tag{4-46}$$

从温度系数的数值为正或为负，即可确定可逆电池在工作时是吸热还是放热。依据热力学第一定律，如体积功为零，电池反应的内能变化 ΔU 为：

$$\Delta U = Q_{\mathrm{R}} - W_{\mathrm{f,\,max}} = zFT\left(\frac{\partial E}{\partial T}\right)_p - zFE \tag{4-47}$$

但从相反的角度考虑，以上结果表明电池电动势还可以从直接测量的热化学数据进行计算。

4.4.2 不可逆电化学过程的热力学

实际发生的电化学过程都有一定的电流通过，因而破坏电极反应的平衡状态，导致实际发生的电化学过程基本上均为不可逆过程。

4.4.2.1 电化学极化与过电势（位）

若体系处于平衡电势下，则 $i_{\mathrm{a}} = i_{\mathrm{k}}$，因而电极上不会发生净电极反应。发生净电极反应的必要条件是正、反方向反应速率不同，即 $i_{\mathrm{a}} \neq i_{\mathrm{k}}$，这时流过电极表面的净电流密度等于：

$$i_{\mathrm{a,净}} = i_{\mathrm{a}} - i_{\mathrm{k}} \tag{4-48}$$

$$i_{\mathrm{k,净}} = i_{\mathrm{k}} - i_{\mathrm{a}} \tag{4-49}$$

当电极上有净电流通过时，由于 $i_{\mathrm{a}} \neq i_{\mathrm{k}}$，故电极上的平衡状态受到了破坏，并会使电极电势或多或少地偏离平衡数值。这种情况就称为电极电势发生了“电化学极化”。外电流为阳极极化电流时，其电极电势向正的方向移动，称为阳极极化；外电流为阴极极化电流时，其电极电势向负的方向移动，称为阴极极化。

为了明确表示由于极化使其电极电势偏离平衡电极电势的程度，把某一极化电流密度下的电极电势与其平衡电势之间的差值的绝对值称为该电极反应的过电势，以 η 表示。阳极极化时，电极反应为阳极反应，过电势：

$$\eta_a = E - E_e \tag{4-50}$$

阴极极化时，电极反应为阴极反应，过电势：

$$\eta_k = E_e - E \tag{4-51}$$

根据这样规定，不管发生阳极极化还是阴极极化，电极反应的过电势都是正值。

注意，过电势与极化值的定义不同。过电势是针对某一电极反应以某一速度不可逆进行时的电极电位与平衡电极电位的差值，过电势是同电极反应相联系。而极化值则是与某一电极上有无电流通过时电极电位的变化方向及幅度相关。

4.4.2.2 混合电位和稳定电位

无论在平衡状态或非平衡状态，在电极表面上都只进行着一个电极反应的电极称为理想电极。在实际电化学体系中，许多电极并不具备理想电极条件，在电极表面至少存在两种或两种以上的电极反应，这样的电极是不可逆电极。如一种金属在腐蚀时，即使在最简单的情况下，在金属表面上也至少同时进行两个不同的电极反应。一个是金属电极反应，另一个是溶液中的去极化剂在金属表面进行的电极反应。由于这两个电极反应的平衡电势不同，它们彼此互相极化。这种在均相电极上同时相互耦合地进行着两个或两个以上电极反应的电极体系称为均相复合电极体系。

以金属放入稀酸溶液的情况为例说明。在两相界面上除了进行金属以离子形式进入溶液的氧化反应和金属离子的还原反应以外，还有另一对电极反应，即氢的析出与氧化反应（图4-6）。

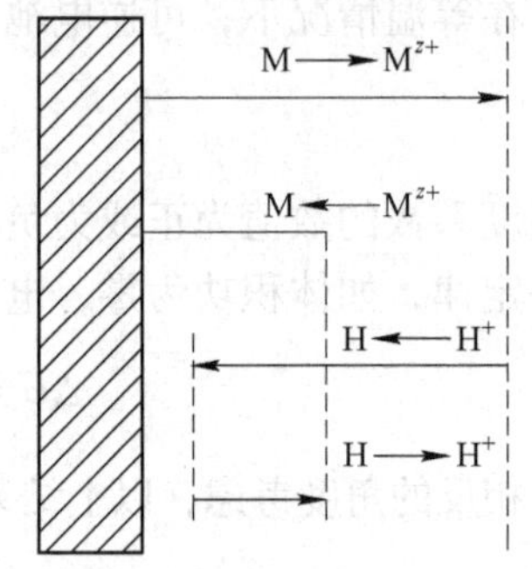

图4-6 建立稳定电位示意图

反应（1）：
$$M^{z+} + ze \underset{i_{a1}}{\overset{i_{k1}}{\rightleftharpoons}} M \tag{4-52}$$

反应（2）：
$$zH^+ + ze \underset{i_{a2}}{\overset{i_{k2}}{\rightleftharpoons}} \frac{n}{2}H_2 \tag{4-53}$$

这个均相的复合电极体系相当于一个短路原电池。金属电极反应（1）平衡电势较低，将主要向氧化方向进行，电位正移；电极反应（2）平衡电势较高，将主要向还原反应方向进行，电位负移。它们反应的结果是金属溶解和在金属表面析出氢气。

金属溶解速率可表示为：

$$i_a = i_{a1} - i_{k1} \tag{4-54}$$

氢析出速率可表示为：

$$i_k = i_{k2} - i_{a2} \tag{4-55}$$

这个电极显然是一种不可逆电极，所以建立起来的电极电位为不可逆电位或不平衡电位，它的数值不能用 Nernst 方程计算出来，只能由实验来测定。不可逆电位可以是稳定的，也可以是不稳定的。当这个均相的复合电极体系为一孤立电极时，尽管物质交换不平衡，但当电荷在界面交换的速率相等时，即金属阳极氧化反应放出的电子恰好全部被氧化剂阴极还原反应所吸收，有：

$$i_a = i_k = i_c \tag{4-56}$$

也能建立起稳定的双电层，使电极电位达到稳定状态。稳定的不可逆电位叫做稳定电位。式中 i_c 称为金属自溶解电流密度或自腐蚀电流密度，简称腐蚀电流密度。

在一个孤立电极上，同时以相等的速度进行着一个阳极反应和一个阴极反应的现象，叫做电极反应的耦合。在孤立电极上相互耦合的这两个电极反应，它们都有着各自的动力学规律而互不相干，但它们的进行又必须是同时发生并且互相牵连，这种性质上各自独立，而又互相诱导的电化学反应，称为共轭电化学反应。

当两个电极反应耦合成共轭电化学反应时，由于彼此相互极化，在忽略溶液电阻的情况下，它们将偏离各自的平衡电势而极化到一个共同的极化电位值 E_c。此值既是阳极反应的非平衡电位，又是阴极反应的非平衡电位，并且其数值位于两个平衡电位之间，$E_{e1}<E_c<E_{e2}$ 将它称为混合电位（图 4-7）。

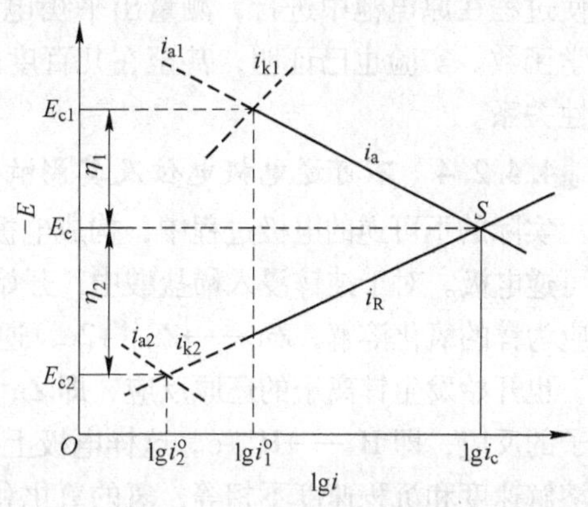

图 4-7 混合电位示意图

当电极体系达到稳态时，其混合电位（或腐蚀电位）虽然不是平衡电位，但它确能在长时间内保持基本不变。建立稳定电位的条件是在两相界面上电荷转移必须平衡，而物质的转移并不平衡。稳定电位决定于电极过程动力学。

4.4.2.3 不可逆过程电化学热力学

设在等温等压下发生的化学反应在不可逆电池中，则体系状态函数的变化量 ΔG、ΔH、ΔS 和 ΔU 皆与反应在相同始末状态下在可逆电池中发生时相同，但过程函数 W 与 Q 却发生变化。

对于电池实际放电过程，当放电电池的端电压为 V 时，不可逆过程的电功 $W_{i,f}$ 可表示为：

$$W_{i,f} = zFV \tag{4-57}$$

依据热力学第一定律，电池不可逆放电过程的热效应为：

$$Q_i = \Delta U + W_{i,f} = zFT\left(\frac{\partial E}{\partial T}\right)_p - zF(V - E) \tag{4-58}$$

式 4-58 右边第一项表示的是电池可逆放电时产生的热效应，第二项表示的是由于电化学极化、浓差极化以及电极和溶液电阻等引起的电压降的存在，过程克服电池内各种阻力而放出的热量。显然，电池放电时放出的热量主要与放电条件有关。因此，对于电池的放电必须要注意放电条件的选择，以保证放出的热量不至于引起电池性质的显著变化。

对于等温、等压条件下发生的不可逆电解反应，环境对体系做电功，当施加在电解槽上的槽压为 V 时，不可逆过程的电功 $W_{i,f}$ 可表示为：

$$W_{i,f} = -zFV \tag{4-59}$$

不可逆电解过程的热效应为：

$$Q_i = \Delta U + W_{i,\ f} = -zFT\left(\frac{\partial E}{\partial T}\right)_p + zF(V - E) \quad (4\text{-}60)$$

式 4-60 右边第一项表示的是可逆电解时体系吸收的热量。第二项表示的是由于克服电解过程各种阻力而放出的热量。对于实际发生的电解过程，体系从可逆电解时的吸收热量变成不可逆电解时放出热量。为了维持电化学反应在等温条件下进行，必须移走放出的热量，因此必须注意与电化学反应器相应的热交换器的选择。

通过以上电化学热力学讨论，也从另一角度为我们提供了一条新的途径去计算反应体系的自由能、热焓和熵的变化。传统的方法是热化学方法，即进行量热。随着电化学的发展，电化学方法在热化学中获得了广泛应用，这个方法的优点是简单易行，准确度高。只要使过程在原电池中进行，测量出平衡电动势 E 和它的温度系数就可以计算出过程的热力学函数。实验也已证明，甚至在几百度的温度范围电动势和温度的关系还往往是简单的线性关系。

4.4.2.4　不可逆电极电位及其影响因素

实际的不可逆的电极过程中，构成电极体系的电极不能满足可逆电极条件，这类电极为不可逆电极。对于纯锌浸入稀盐酸中，开始时，溶液中没有锌离子，但有氢离子，所以，正反应为锌的氧化溶解，$Zn \longrightarrow Zn^{2+} + 2e$，逆反应为氢离子的还原，$H^+ + e \longrightarrow H$；随着锌的溶解，也开始发生锌离子的还原反应，即 $Zn^{2+} + 2e \longrightarrow Zn$，同时还会存在氢原子重新还原为氢离子的反应，即 $H \longrightarrow H^+ + e$。这样电极上同时存在四个反应。在总的电极反应过程中，锌的溶解速度和沉积速度不相等，氢的氧化和还原也如此。因此物质的交换是不平衡的，即有净反应的发生（锌溶解和氢析出）。这个电极是不可逆电极，所建立起来的电极电位为不可逆电位或不平衡电位，它的数值不能按 Nernst 方程式计算出来，只能由实验来测定。

不可逆电位可以是稳定的，也可以是不稳定的。当电荷在界面上交换的速度相等时，尽管物质交换不平衡，也能建立起稳定的双电层，使电极电位达到稳定状态。稳定的不可逆电位叫做稳定电位。对同一种金属，由于电极反应类型和速度不同，在不同条件下形成的电极电位往往差别很大。不可逆电极电位的数值通常相当有实际价值（判断不同金属接触时的腐蚀倾向；判断不同镀液中镀铜的结合力等），并与动力学特征密切相关。

对于给定电极判断是可逆还是不可逆，首先可根据电极的组成做出初步判断，分析物质、电荷的平衡性；为了进行准确的判断，还应该进一步实验证实，因为可逆电位可以用 Nernst 方程式计算，而不可逆电位不符合 Nernst 方程式的规律，不能用该方程式计算。如果实验测定的电极电位与活度的关系曲线符合用 Nernst 方程计算出来的理论曲线，就说明该电极是可逆电极；若测量值与理论计算值偏差很大，超出实验误差范围，就是不可逆电极。对于 $Cd \mid CdCl_2$ 等电极体系可能是可逆电极，也可能为不可逆电极的实验事实就说明了这一点（图 4-8）。

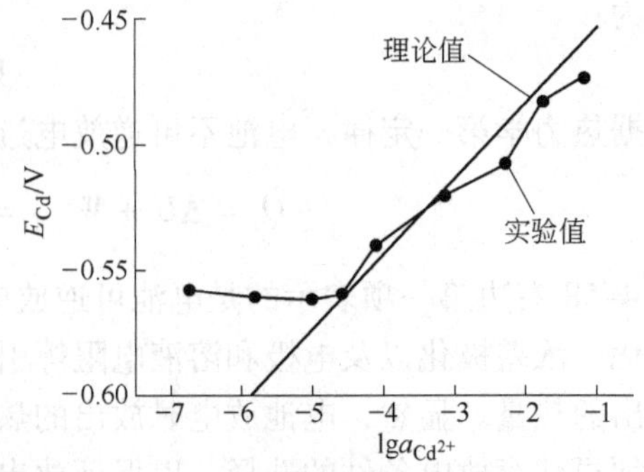

图 4-8　镉在不同浓度 $CdCl_2$ 溶液中电极电位与活度的关系

从电极电位产生的机理可知，电极电位的大小取决于金属/溶液界面的双电层，因而有些电极电位的因素包含了金属的性质和外围介质的性质两大方面。前者包括金属的种类、物理化学状态和结构、表面状态，金属表面成相膜或吸附物的存在与否，机械变形与内应力等。后者包括溶液中各种离子的性质和浓度，溶剂的性质，溶解在溶液中的气体、分子和聚合物等的性质与浓度，以及温度、压力、光照和高能辐射等。总之，影响电极电位的因素是很复杂的，对任何一个电极体系，都必须作具体分析，才能确定影响其电位变化的因素。

(1) 电极的本性。电极的本性是指电极的组成。由于组成电极的氧化态物质和还原态物质不同，得失电子的能力也不同，因而形成的电极电位不同。

(2) 电极的表面状态。电极材料的表面状态对电极电位的影响很大，金属表面加工的精度，表面层纯度，氧化膜或其他成相膜的存在，原子、分子在表面的吸附等可使电极电位变化的范围达 1V 左右。电极表面的粗糙度越高，电极电位越正；表面越粗糙，电极电位越负。其中金属表面自然生成的保护性膜层（如氧化膜）的影响特别大，保护膜的形成多半使金属电极电位向正移，而保护膜破坏（如破裂、膜的空隙增多等）或溶液中离子对膜的穿透率增强时，往往使电极电位变负，电极电位的变负可达数百毫伏。

吸附在金属表面的气体原子，常常对金属的电极电位发生强烈影响。这些被吸附的气体可能本来是溶解在溶液中的，也可能是金属放入电解液以前就吸附在金属表面的。例如，铁在 1mol/L KOH 溶液中，有大量氧吸附时的电极电位为-0.27V，有大量氢吸附时的电极电位是-0.67V。这一差别来源于不同气体原子的吸附造成双电层结构不同造成。通常，有氧吸附时的金属电极电位将变正；有氢吸附时电位变负。吸附气体对电极电位的影响一般为数十毫伏，有时达数百毫伏。

(3) 金属的机械变形和内应力。变形和内应力的存在通常使电极电位变负，但一般影响不大，约数毫伏至数十毫伏。其原因可以这样来解释：变形的金属上，金属离子的能量增高，活性增大，当它浸入溶液时就容易溶解而变成离子。因此，界面反应达到平衡时，所形成的双电层电位差就相对的负一些。如果由于变形或应力作用破坏了金属表面的保护膜，则电位也将变负。

(4) 溶液的 pH 值。pH 值对电极电位有明显影响，pH 值的影响可使电极电位变化达数百毫伏。

(5) 溶液中的氧化剂。溶液中氧化剂的存在对电极电位的影响与吸附氧、氧化膜的存在是一样的，都是通常使电极电位变正，若因生成氧化膜或使原来的保护膜更加致密，则电位变正的倾向性更大。

(6) 溶液中的配合剂。当溶液中有配合剂时，金属离子就可能不再以水化离子形式存在，而是以某种配离子的形式存在，从而影响到电极反应的性质和电极电位的大小。例如，锌在含 Zn^{2+} 离子的溶液中的标准电位 $E_e^{\ominus}=-0.763V$，电极反应是：$Zn \rightleftharpoons Zn^{2+}+2e$，或 $Zn+xH_2O \rightleftharpoons Zn(H_2O)_x^{2+}$(水合锌离子)+2e。当溶液中加入 NaCN 后，发生配合反应：$Zn(H_2O)_x^{2+}+4CN^- \rightleftharpoons Zn(H_2O)_4^{2-}+xH_2O$，锌离子将以 $Zn(H_2O)_4^{2-}$ 配离子形式存在，电极反应变为：$Zn+4CN^- \rightleftharpoons Zn(H_2O)_4^{2-}+2e$，该反应对应的标准电位 $E_{配}^{\ominus}=-1.260V$，可见，加入配合剂 NaCN 之后，锌的电极电位变负了。不同的配合剂对同种金属的电极电位的影响不同，但总是使电位向更负的方向变化。如果溶液中有多种配合剂存在，则对电极电位的影响更为复杂，通常要通过实验来测定电位。

(7) 溶剂。电极在不同溶剂中的电极电位的数值是不同的。在讨论电极电位的形成时，已经知道电极电位既与物质得失电子有关，又与离子的溶剂化有关。因而，不同溶剂中，离子溶剂化不同，形成的电极电位亦不同。

4.5　电位-pH 相图

电位-pH 图是一种电化学平衡图。它是为了研究金属腐蚀问题于 20 世纪 30 年代由比利时学者布拜（Pourbaix）首先提出的；1953 年赫耳玻尔（Halpern）率先将这种图形应用于分析湿法冶金热力学过程；1963 年 Pourbaix 等人按元素周期表分类将 90 多种元素与水构成的电位-pH 图汇编成《电化学平衡图谱》；以后陆续有人绘制了不同的硫化物-水系的电位-pH 图，从而使得电位-pH 图在湿法冶金中应用的范围不断扩大。发展至现在，电位-pH 图已广泛应用于冶金科学、电化学、生物、地质等多个领域。而且，绘制电位-pH 图的方法已由人工计算和绘制发展为电子计算机计算和绘制。另外，电位-pH 图也已由常温发展为高温，由简单的金属-水系发展到采用“同时平衡原理”绘制金属-配位体-水系电位-pH 图。

由于电化学反应的平衡电极电位的数值反映了物质的氧化还原能力，因此，可以用它方便地判断反应进行的可能性。而平衡电位的数值与反应物质的活度有关，对有 H^+离子或 OH^-离子参与的反应来说，电极电位将随溶液 pH 值的变化而变化。因此，把各种反应的平衡电位与溶液 pH 值的函数关系绘制成图，就可以从图上清楚地看出一个电化学体系中，发生各种化学或电化学反应所必须具备的电极电位与溶液 pH 值条件。或者可以判断在给定条件下某化学反应或电化学反应的可能性。

电位-pH 图是把水溶液中的基本反应作为电位、pH、活度的函数，在指定温度、压力下，将电位与 pH 关系表示在平面图上（利用电子计算机还可以绘制出立体或多维图形），它可以指明反应自动进行的条件，指明物质在水溶液中稳定存在的区域和范围，这为湿法冶金浸出、分离、电解等过程提供了便利的热力学依据。电位-pH 图一般是用热力学数据计算绘制的。常见的电位-pH 图可以分为金属-水系、金属-配合剂-水系、硫化物-水系，而且加之高温、高压技术在湿法冶金中的应用，又出现了高温电位-pH 图。

4.5.1　电位-pH 图绘制原理

电位-pH 图是在给定温度和组分的活度（常简化为浓度）或气体逸度（常简化为气相分压）下，表示电位与 pH 的关系图。电位-pH 图取电位为纵坐标，是因为电位 E 可以作为水溶液中氧化-还原反应的趋势量度。电位-pH 图取 pH 为横坐标，是因为水溶液中进行的反应，大多与水的自离解反应（$H_2O \xlongequal{} H^+ + OH^-$）有关，即与氢离子浓度有关。许多化合物在水溶液中的稳定性随 pH 值的变化而不同。在水溶液中进行的反应，根据有无电子和 H^+参加，可将溶液中的反应分成四类。这四类反应可以是均相，也可以是多相反应，如气-液反应、固-液反应等。表 4-2 给出了四类反应的实例。上述与电位、pH 有关的反应，可以用一通式表示：

$$bB + hH^+ + ne \rightleftharpoons rR + wH_2O \tag{4-61}$$

式中，b、h、r、w 表示反应式中各组分的化学计量系数；n 是参加反应的电子数。表4-2中 a_B 是氧化态活度；a_R 是还原态活度。

表4-2 水溶液中的反应分类

有无 H^+、e参加	只有 H^+ 参加	只有e参加
与pH及电位关系	只与pH有关	只与电位有关
基本方程式	$pH=\frac{1}{n}\lg K+\frac{1}{n}\lg a_B^b/a_R^r$	$E=E^{\ominus}+\frac{0.059}{n}\lg a_B^b/a_R^r$
均相反应	$H_2CO_3 = HCO_3^- + H^+$	$Fe^{3+}+e = Fe^{2+}$
气-液反应	$CO_2+H_2O = HCO_3^- + H^+$	$Cl_2+2e = 2Cl^-$
固-液反应	$Fe(OH)_2+2H^+ = Fe^{2+}+2H_2O$	$Fe^{2+}+2e = Fe$
有无 H^+、e参加	有 H^+、e参加	无 H^+、e参加
与pH及电位关系	与pH及电位都有关	与pH及电位都无关
基本方程式	$E=E^{\ominus}+\frac{0.059}{n}\lg\frac{a_B^b}{a_R^r}-\frac{0.059}{n}pH$	
均相反应	$MnO_4^-+8H^++5e = Mn^{2+}+4H_2O$	$CO_2(aq)+H_2O=H_2CO_3(aq)$
气-液反应	$2H^++e = H_2$	$NH_3(g)+H_2O = NH_4OH$
固-液反应	$Fe(OH)_3+3H^++e = Fe^{2+}+3H_2O$	$H_2O(aq)=H_2O(s)$

注：aq代表水溶液，g代表气相，s代表固相。

反应式4-61的自由焓变化，在温度，压力不变时，根据等温方程式：

$$\Delta G_{T,p}=\Delta G_{T,p}^{\ominus}+RT\ln\frac{a_R^r\cdot a_{H_2O}^w}{a_B^b\cdot a_{H^+}^h}$$

因为 $a_{H_2O}=1$，$pH=-\lg a_{H^+}$，式4-38可以写成：

$$nFE=-\Delta G_{T,p}^{\ominus}+2.303RT\lg a_B^b/a_R^r-2.303RThpH \tag{4-62}$$

式4-62是电位-pH关系式的计算通式。

如果已知平衡常数 K，式4-62可写为：

$$nFE=2.303RT\lg K+2.303RT\lg a_B^b/a_R^r-2.303RThpH \tag{4-63}$$

如果已知电位电极 $E^{\ominus}$，式4-62可写为：

$$nFE=nFE^{\ominus}+2.303RT\lg a_B^b/a_R^r-2.303RThpH \tag{4-64}$$

上述各式中，$R=8.314J\cdot K^{-1}\cdot mol^{-1}$，$F=96500C\cdot mol^{-1}$，25℃时，将 R、F 之值代入式4-62中，

得：

$$nFE=-\Delta G_{T,p}^{\ominus}+5705.85\lg a_B^b/a_R^r-5705.85hpH \tag{4-65}$$

若 $n=0$，式4-62为：

$$pH=\frac{-\Delta G^{\ominus}}{2.303RTh}+\frac{1}{h}\lg\frac{a_B^b}{a_R^r}=\frac{1}{h}\lg K+\frac{1}{h}\lg\frac{a_B^b}{a_R^r} \tag{4-66}$$

若 $h=0$，式4-62为：

$$E = E^{\ominus} + \frac{0.059}{n}\lg \frac{a_{B}^{b}}{a_{R}^{r}} \tag{4-67}$$

若 $n \neq 0$，$h \neq 0$，式4-62为：

$$E = E^{\ominus} + \frac{0.059}{n}\lg \frac{a_{B}^{b}}{a_{R}^{r}} - \frac{h}{n} \times 0.059\mathrm{pH} \tag{4-68}$$

根据参加电极反应的物质不同，电位-pH图上的曲线可分为三类：

（1）反应只与电极电位有关，而与溶液的pH值无关。这类反应的特点是只有电子参加而无 H^{+}（或 OH^{-}）参加的电极反应。例如，电极反应：

$$Fe^{3+} + e \rightleftharpoons Fe^{2+}$$

$$Fe^{2+} + 2e \rightleftharpoons Fe(s) \tag{4-69}$$

其反应通式为：

$$bB + ne \rightleftharpoons rR \tag{4-70}$$

式中，B表示物质的氧化态；R表示物质的还原态；b、r 分别表示反应物和产物的化学计量系数；n 为参加反应的电子数。则平衡电位的通式可写成：

$$E = E^{\ominus} + \frac{0.059}{n}\lg \frac{a_{B}^{b}}{a_{R}^{r}}$$

式中，a 为活度；$E^{\ominus}$ 为标准电极电位。显然，这类反应的平衡电位与pH无关，在一定温度下随比值 $\frac{a_{A}^{a}}{a_{B}^{b}}$ 的变化而变化，当 $\frac{a_{A}^{a}}{a_{B}^{b}}$ 一定时，E 也将固定，在电位-pH图上这类反应为一水平线。

（2）反应只与pH值有关，而与电极电位无关。这类反应的特点是只有 H^{+}（或 OH^{-}）参加，而无电子参与的化学反应，因此这类反应不构成电极反应，不能用Nernst方程表示电位与pH的关系。例如：

沉淀反应：$Fe^{2+} + 2H_2O = Fe(OH)_2 \downarrow + 2H^{+}$

和水解反应：$2Fe^{3+} + 3H_2O = Fe_2O_3 + 6H^{+}$

其反应通式为：

$$bB + hH^{+} \rightleftharpoons rR + wH_2O \tag{4-71}$$

其平衡常数 K 一定时：

$$\mathrm{pH} = \frac{1}{h}\lg K + \frac{1}{h}\lg \frac{a_{B}^{b}}{a_{R}^{r}}$$

可见，这类反应的平衡与电极电位无关，在一定温度下，K 一定，若给定 $\frac{a_{B}^{b}}{a_{R}^{r}}$，则pH为定值。因此，在电位-pH图上这类反应表示为一垂直线段。

（3）反应既与电极电位有关，又与溶液的pH值有关，如：$Fe_2O_3 + 6H^{+} + 2e = 2Fe^{2+} + 3H_2O$。这类反应的特点是有 H^{+}（或 OH^{-}）参加的电极反应，即 H^{+} 和电子都参加反应，反应的通式可写为：

$$bB + hH^{+} + ne \rightleftharpoons rR + wH_2O$$

该反应的平衡电位为：

$$E = E^{\ominus} + \frac{0.059}{n}\lg\frac{a_{\mathrm{B}}^{b}}{a_{\mathrm{R}}^{r}} - \frac{h}{n} \times 0.059\mathrm{pH}$$

可见，在一定温度下，反应的平衡条件既与电极电位有关，又与溶液的 pH 值有关。在一定温度下，给定 $\frac{a_{\mathrm{B}}^{b}}{a_{\mathrm{R}}^{r}}$ 值，平衡电位随 pH 升高而降低，在电位-pH 图上这类反应为一斜线，其斜率为$-0.059h/n$。

上述分别代表三类不同反应的水平线、垂直线和斜线都是两相平衡线，它们将整个电位-pH 图坐标平面划分成若干区域，这些区域分别代表某些物质的热力学稳定区，线段的交点则表示两种以上不同价态物质共存时的状况。

在绘制电位-pH 图时，习惯规定：电位使用还原电位，反应方程式左边写氧化态，电子 e，H^+；反应式右边写还原态。

绘图步骤一般是：

(1) 确定体系中可能发生的各类反应及每个反应的平衡方程式；

(2) 由热力学数据计算反应的 $\Delta G_T^{\ominus}$ 或 $\mu^{\ominus}$，求出平衡常数 K 或 $E_T^{\ominus}$；

(3) 导出各个反应的 E_T 与 pH 的关系式；

(4) 根据 E_T 与 pH 的关系式，在指定离子活度或气相分压的条件下，计算在各个温度下的 E_T 与 pH 值。

(5) 绘图。

4.5.2 Fe-H_2O 系电位-pH 图

4.5.2.1 水的电位-pH 图

在电化学研究中，水是最常用的溶剂，水的性质反映了水溶液的许多共性。水的电位-pH图可以用于比较水溶液中不同粒子的热稳定性。25℃、1×10^5 Pa 时纯水中可能存在的各种价态的粒子有：H_2O 分子、H^+ 离子、OH^- 离子、H_2 和 O_2，共 5 种，标准化学位 $\mu^{\ominus}$ 见表 4-3。

25℃、1×10^5 Pa 下，纯水中各粒子发生的反应为：

$$H_2O \rightleftharpoons H^+ + OH^- \quad (4\text{-}72)$$

$$2H^+ + 2e \rightleftharpoons H_2(g) \quad (4\text{-}73)$$

$$2H_2O \rightleftharpoons O_2(g) + 4H^+ + 4e \quad (4\text{-}74)$$

表 4-3 H_2O 中可能存在的物质组成及其标准化学位 $\mu^{\ominus}$

形 态	名 称	化学符号	$\mu^{\ominus}$/kJ · mol^{-1}
溶液态	水	H_2O	-237.190
	氢离子	H^+	0
	氢氧根离子	OH^-	-157.297
气 态	氢 气	H_2	0
	氧 气	O_2	0

对于式 4-72 的反应，没有电子参加反应，无法使用 Nernst 方程式，其平衡条件可按

化学反应的平衡计算。平衡条件为 $\lg a_{H^+}a_{OH^-}=\lg K_w$，而

$$\lg K_w=-\frac{\sum \nu_i\mu_i^{\ominus}}{2.3RT}=-\frac{\mu_{H^+}^{\ominus}+\mu_{OH^-}^{\ominus}-\mu_{H_2O}^{\ominus}}{2.3RT}=-\frac{237190-157270}{2.3\times 8.31\times 298}=-14.0 \tag{4-75}$$

即 $\lg a_{H^+}+\lg a_{OH^-}=-14.0$。在纯水中，$H^+$离子和 OH^-离子的活度相等，根据 pH 的定义（$pH=-\lg a_{H^+}$），可得水电离平衡的条件为 pH=7.0。

对于式 4-73 的反应，利用 Nernst 方程式，可计算出电极电位与 pH 值之间的关系为：

$$E_1=E_1^{\ominus}+\frac{RT}{2F}\ln\frac{a_{H^+}^2}{p_{H_2}}=-0.059\text{pH} \tag{4-76}$$

由上式可知 E 与 pH 呈线性关系，直线的斜率为 0.059，如图 4-9 中的直线ⓐ所示，代表 H_2 与 H^+ 处于平衡状态的条件。例如在溶液 pH 为 4，氢气分压为 1×10^5Pa 时，浸入溶液中的惰性电极 Pt，使其电极电位保持在ⓐ线上，则电极上不发生析氢反应，也不发生氢生成氢离子的反应，反应式 4-73 处于平衡状态。若电极电位控制在ⓐ线下，低于平衡电位，电极上会发生还原反应，反应式 4-73 向右进行，生成氢气析出。如果反应进行的过程中一直保持溶液的 pH 值不变，则反应将一直持续下去。说明当电位处于ⓐ线下方时，氢气可以稳定存在，而氢离子则不能，它将不断地被还原为氢气，因此ⓐ线下方是氢气的稳定区。若电极电位控制在ⓐ线以上，高于平衡电极电位，电极上就会发生氧化反应，即反应 4-73 向左进行，氢不断地被氧化成为氢离子，说明ⓐ线上方是氢离子的稳定区。由此可见，电位-pH 线代表了两种价态粒子处于平衡时的电极电位、pH 条件，它把电位-pH 图一分为二，线的上方为氧化态离子的稳定区，下方为还原态粒子的稳定区。

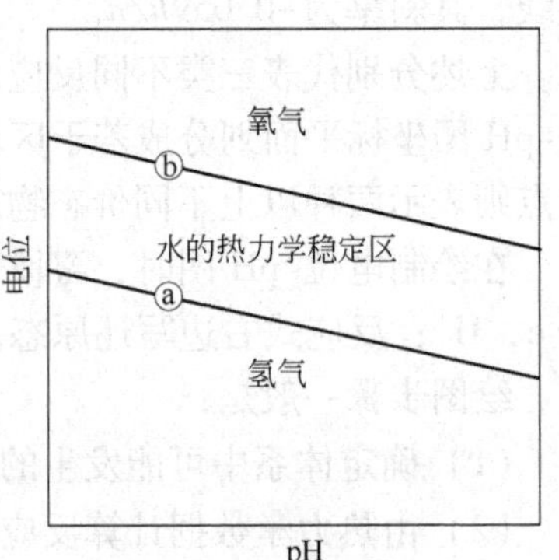

图 4-9　25℃、1atm 分压时水的电位-pH 图

对于反应 4-74，利用 Nernst 方程式，可计算出电极电位与 pH 值之间的关系为：

$$E_2=E_2^{\ominus}+\frac{RT}{4F}\ln\frac{a_{H^+}^4 p_{O_2}}{a_{H_2O}}=1.229-0.059\text{pH} \tag{4-77}$$

可见氧电极的电极电位与 pH 也成直线关系，直线的斜率也是 0.059，如图 4-9 中的直线ⓑ所示，代表了 O_2 和 H_2O 处于平衡状态的条件。直线ⓑ下方是 H_2O 的热力学稳定区，直线ⓑ上方是 O_2 的热力学稳定区。这样ⓐ和ⓑ两条电位-pH 线将整个电位-pH 图分为三个区：ⓐ线下为 H_2 的稳定区，ⓑ线上为 O_2 的稳定区，ⓐ线上方ⓑ线下方的区域为 H_2O 的稳定区。

根据反应的平衡关系式 4-76 和式 4-77，在电位-pH 坐标系中作图，即可得到两条斜率为-0.059，间隔 1.229V 的平行线ⓐ和ⓑ，对于式 4-72 平衡条件作图，可以得到一条平行于电位轴的垂线，由于 pH=7 是众所周知的水溶液酸碱性的分界线，通常可省略 pH=7 这条垂线，只标出线ⓐ和ⓑ。如果氢和氧的平衡分压不恰好是 1×10^5Pa 时，则对应于不同的气体平衡压力，可在电位-pH 图上得到两组平行线，直线的斜率仍为 0.059，只是ⓐ和ⓑ位置发生平行偏移。

总之，绘制并通过水的电位-pH 图分析水的热力学稳定性，可以得到，ⓐ线是反应式 4-73 的平衡条件，线上每一点都对应于不同 pH 值时的平衡电位。在ⓐ线的下方，对于该

反应是处于不平衡状态，即该区域中任何一点的电位都比这一反应的平衡电位更负，相对于平衡状态，体系中有剩余电荷的积累，在这种条件下，还原反应 $2H^+ + 2e \longrightarrow H_2(g)$ 的速度将增大，以趋近于平衡状态。因此，水倾向于发生还原反应而分解，析出氢气，并使溶液的酸度降低。同理，ⓑ线为反应4-74 的平衡条件，在ⓑ线的上方，任意一点的电位都比这一反应的平衡电位更正，因而水倾向于因氧化反应而分解，析出氧气，并使溶液的酸性增加。只有在ⓐ线和ⓑ线之间的区域内，水才不分解为氢气和氧气，比为该条件下的热力学稳定区。

4.5.2.2 Fe-H_2O 体系的电位-pH 图

金属的电化学平衡图通常是指 1×10^5 Pa 压力和 25℃时，某金属在水溶液中不同价态时的电位-pH 图。它既可反映一定电位和 pH 值时金属的热力学稳定性及其不同价态物质的变化倾向，又能反映金属与其离子在水溶液中的反应条件，所以在金属腐蚀与防护学科中占有重要的地位。Fe-H_2O 体系中可能存在的各组分物质和它们的标准化学位列于表 4-4 中，各组分物质的相互反应和它们的平衡条件列于表 4-5。

表 4-4 Fe-H_2O 体系中的物质组成及其标准化学位 $\mu^\ominus$

形　态	名　称	化学符号	$\mu^\ominus$/kJ · mol^{-1}
溶液态	水	H_2O	-237.190
	氢离子	H^+	0
	氢氧根离子	OH^-	-157.297
	亚铁离子	Fe^{2+}	-84.935
	铁离子	Fe^{3+}	-10.586
	亚铁酸氢根离子	$HFeO_2^-$	-337.606
固　态	铁	Fe	0
	四氧化三铁	Fe_3O_4	-1015.550
	三氧化二铁	Fe_2O_3	-741.5
气　态	氢　气	H_2	0
	氧　气	O_2	0

表 4-5 Fe-H_2O 体系中的反应和平衡条件

编号	反 应 式	平 衡 条 件
(a)	$2H^+ + 2e \rightleftharpoons H_2$	$E_a = -0.0591\text{pH}$
(b)	$O_2 + 4H^+ + 4e \rightleftharpoons 2H_2O$	$E_b = 1.229 - 0.0591\text{pH}$
(1)	$Fe^{2+} + 2e \rightleftharpoons Fe$	$E_1 = -0.440 + 0.0296\lg a_{Fe^{2+}}$
(2)	$Fe_3O_4 + 8H^+ + 8e \rightleftharpoons 3Fe + 4H_2O$	$E_2 = -0.0860 - 0.0591\text{pH}$
(3)	$3Fe_2O_3 + 2H^+ + 2e \rightleftharpoons 2Fe_3O_4 + H_2O$	$E_3 = 0.221 - 0.0591\text{pH}$
(4)	$Fe_3O_4 + 2H_2O + 2e \rightleftharpoons 3HFeO_2^- + H^+$	$E_4 = -1.82 + 0.0296\text{pH} - 0.089\lg a_{HFeO_2^-}$
(5)	$Fe_2O_3 + 6H^+ + 2e \rightleftharpoons 2Fe^{2+} + 3H_2O$	$E_5 = 0.728 - 0.177\text{pH} - 0.0591\lg a_{Fe^{2+}}$
(6)	$Fe^{3+} + 2e \rightleftharpoons Fe^{2+}$	$E_6 = 0.771 + 0.059\lg a_{Fe^{3+}}/a_{Fe^{2+}}$
(7)	$Fe_3O_4 + 8H^+ + 2e \rightleftharpoons 3Fe^{2+} + 4H_2O$	$E_7 = 0.980 - 0.236\text{pH} - 0.089\lg a_{Fe^{2+}}$
(8)	$HFeO_2^- + 3H^+ + 2e \rightleftharpoons Fe + 2H_2O$	$E_8 = 0.493 - 0.089\text{pH} + 0.0296\lg a_{HFeO_2^-}$
(9)	$Fe_2O_3 + 6H^+ \rightleftharpoons 2Fe^{3+} + 3H_2O$	$\lg a_{Fe^{3+}} = -0.72 - 3\text{pH}$

对于表4-5中的反应（1）$Fe^{2+}+2e \rightleftharpoons Fe$，这是没有$H^+$离子参加的电极反应，其相应的平衡条件为：

$$E_1 = E_1^{\ominus} + \frac{0.0591}{n}\lg a_{Fe^{2+}} = -0.440 + 0.0296\lg a_{Fe^{2+}} \tag{4-78}$$

可见反应（1）的E与pH无关，当$a_{Fe^{2+}}$的活度一定时，在电位-pH图上可得到一条水平线，若分别设$a_{Fe^{2+}}$为10^0mol/L、10^{-2}mol/L、10^{-4}mol/L、10^{-6}mol/L则将得到一组水平线（如图4-10直线①所示）。

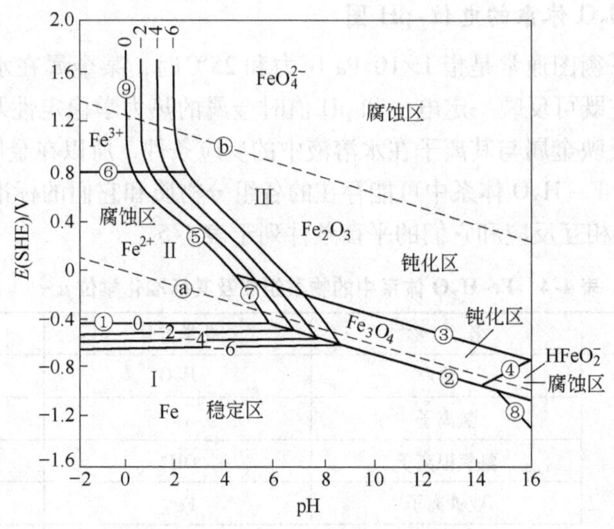

图4-10 Fe-H_2O体系的电位-pH图

（考虑固相物质为Fe、Fe_3O_4、Fe_2O_3）

反应（2）$Fe_3O_4+8H^++8e \rightleftharpoons 3Fe+4H_2O$，这是有$H^+$参加的电极反应，其平衡条件为：

$$E_2 = E_2^{\ominus} + 0.0591\lg a_{H^+} \tag{4-79}$$

而$E^{\ominus}=-\dfrac{\sum\gamma_i\mu_i^{\ominus}}{nF}$，则

$$E_2^{\ominus} = -\frac{1}{8F}(3\mu_{Fe}^{\ominus} + 4\mu_{H_2O}^{\ominus} - \mu_{Fe_3O_4}^{\ominus} - 8\mu_{H^+}^{\ominus})$$

$$= -\frac{1}{8 \times 96500}(-4 \times 237190 + 1015500) = -0.086(V)$$

所以

$$E_2 = -0.860 - 0.0591pH \tag{4-80}$$

由于E_2只与pH值有关，与其他反应物质浓度无关，故在电位-pH图中得到一条斜率为0.0591的斜线（见图4-10中直线②）。

反应（9）$2Fe^{3+}+3H_2O \rightleftharpoons Fe_2O_3+6H^+$，其平衡常数为：

$$k = \frac{a_{Fe_2O_3} \cdot a_{H^+}^6}{a_{H_2O}^3 \cdot a_{Fe^{3+}}^2} = \frac{a_{H^+}^6}{a_{Fe^{3+}}^2} \tag{4-81}$$

所以

$$\lg K = 6\lg a_{H^+} - 2\lg a_{Fe^{3+}} = -6pH - 2\lg a_{Fe^{3+}} \tag{4-82}$$

由 $\lg K=-\frac{\sum\gamma_i\mu_i}{2.3RT}$计算可得 $\lg K=1.44$，将此值代入上式得：

$$\lg a_{Fe^{3+}}=-0.72-3pH \tag{4-83}$$

当 a_{Fe}^{3+} 为 10^0mol/L、10^{-2}mol/L、10^{-4}mol/L、10^{-6}mol/L 时，可得 pH 值变化的一组垂直线（图 4-10 中第⑨组平衡线）。

用同样的方法，可以得出 Fe-H_2O 体系中各个反应的平衡条件（见表 4-5）及其电位-pH 直线，抹去各直线相交后的多余部分，可整理汇总成整个体系的电位-pH 图，如图 4-10 所示。图中直线上圆圈中的号码对应于表 4-5 中各平衡条件的编号，各平衡线旁边的数字代表可溶性离子活度的对数值。

对于图 4-10 中也给出 H_2O 的电位-pH 图，这是因为由于腐蚀电化学中，水是最重要的溶剂，水溶液中氢离子的还原反应和氧的还原反应通常是电化学腐蚀过程中最重要的阴极反应。因此这两条虚线出现在电位-pH 图中，具有特别重要的意义。图 4-10 是基于 Fe、Fe_3O_4 和 Fe_2O_3 为固相的平衡反应得到的。若以 Fe、$Fe(OH)_2$ 和 $Fe(OH)_3$ 为固相，用类似的方法计算可得到相应的电位-pH 图（图 4-11）。

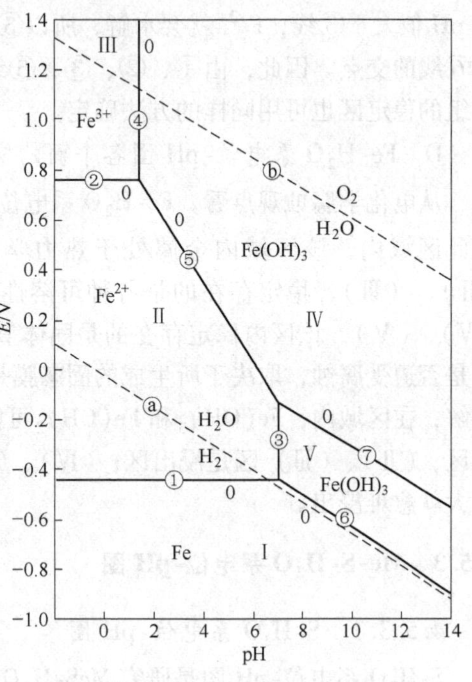

图 4-11 Fe-H_2O 体系的电位-pH 图
（考虑固相物质为 Fe、$Fe(OH)_2$ 和 $Fe(OH)_3$）

4.5.2.3 Fe-H_2O 体系电位-pH 图的含义

A 水的稳定性

水的稳定性与电位、pH 值均有关。在 Fe-H_2O 系电位-pH 图上ⓐ线以下，电位比氢的电位更负，可发生 H_2 析出，表明水不稳定。ⓐ线以上，电位比氢的电位更正，发生氢的氧化，水是稳定的。同样，在ⓑ线以上，能析出 O_2，水不稳定，ⓑ线以下，氧还原为 OH^-，水是稳定的。如果用电化学的方法测定金属的平衡电位时，必须在水的稳定区内进行。所以，负电性金属如碱金属、碱土金属 Mg、Al 等不可能用电动势法直接测定电极电位，因为这些金属电极表面会发生氢的还原；金处于 Au^{3+}或 Au^+离子溶液中的平衡电位，也不能直接测定，因为它的电位高于ⓑ线，会析出 O_2。

B 点、线、面的意义

对于图 4-10 中每一条线都对应于一个平衡反应，也就是代表一条两相平衡线，线的位置与组分浓度有关。如①线表示固相铁和液相的亚铁离子之间的两相平衡线。而三条平衡线的交点就应表示三相平衡点（从数学上讲，平面上两直线必交于一点，该点就是二直线方程的公共解。有两个方程可导出第三个方程，其交点也是第三个方程的解。三方程式所示的三直线相交于一点，该交点表示三个平衡式的电位、pH 值都是相同的），如

①、②、⑦三条线的交点是 Fe、Fe^{3+}、Fe^{2+}离子的三相平衡点。所以，电位-pH 图也被称为电化学相图。电位-pH 图上的面表示某组分的稳定区。在稳定区内，可以自动进行氧化-还原反应。如在ⓐ、ⓑ线之间，可以进行 $2H_2+O_2 = 2H_2O$ 反应，而在（Ⅱ）区内，有 $2Fe^{3+}+Fe = 2Fe^{2+}$反应发生。从图中可以清楚地看出各相的热力学稳定范围和各种物质生成的电位和 pH 值条件。如在①、②、⑧线以下的区域是铁的热力学稳定区域。即在水中，在这个电位和 pH 值范围内，从热力学的观点看，铁是能够稳定存在的。

C 确定稳定区的方法

以图 4-11 中的 Fe^{2+}稳定区（Ⅱ）为例，电位对 Fe^{2+}的稳定性的影响是，Fe^{2+}只能在①线和②线之间稳定，所以⑤线应止于②线和④线的交点。pH 值对 Fe^{2+}稳定性的影响是，如 pH 值大于③线，Fe^{2+}就会水解，所以⑤线应止于③线和⑦线的交点，③线应止于①线和⑥线的交点。因此，由①、②、③、⑤线围成的区域（Ⅱ）就是 Fe^{2+}的稳定区。其他分组的稳定区也可用同样的方法确定。

D Fe-H_2O 系电位-pH 图各个面的实际意义

从电化学腐蚀观点看，Fe-H_2O 系电位-pH 图可划分为三个区域：金属保护区（Ⅰ），在此区域内，该区域内金属处于热力学稳定状态，金属铁稳定不发生腐蚀。腐蚀区（Ⅱ）、（Ⅲ），稳定存在的是各种可溶性离子，在此区域内，Fe^{3+}和 Fe^{2+}稳定。钝化区（Ⅳ）、（Ⅴ），该区内稳定存在的是固体氧化物、氢氧化物或盐膜。因此，在该区域内金属是否遭受腐蚀，取决于所生成的固态膜是否致密无孔，即看它是否能进一步阻止金属的溶解，在区域内，$Fe(OH)_3$和 $Fe(OH)_2$可能稳定。对于湿法冶金而言，（Ⅰ）区是金属沉淀区；（Ⅱ）、（Ⅲ）区是浸出区；（Ⅳ）、（Ⅴ）区是净化区。从浸出观点看，金属稳定区愈大就愈难浸出。

4.5.3 Me-S-H_2O 系电位-pH 图

4.5.3.1 S-H_2O 系电位-pH 图

S-H_2O 系电位-pH 图是研究 MeS-H_2O 系电位-pH 图的基础。在水溶液中，硫的存在形态是复杂的，比较稳定的形态有：S^{2-}、S^0、H_2S、HS^-、SO_4^{2-}、HSO_4^-，也有不大稳定的 $S_2O_3^{2-}$ 和 SO_3^{2-}。它的价态可以由−2 价变到+6 价。

这些硫化物在溶液中相互作用的关系表示如下：

$$HSO_4^- = H^+ + SO_4^{2-} \tag{4-84}$$

①线（图 4-12，下同）

$$pH = 1.91 + \lg a_{SO_4^{2-}}/a_{HSO_4^-} \tag{4-85}$$

$$H_2S(aq) = H^+ + HS^- \tag{4-86}$$

②线

$$pH = 7 + \lg a_{HS^-}/a_{H_2S(aq)} \tag{4-87}$$

$$HS^- = H^+ + S^{2-} \tag{4-88}$$

③线

$$pH = 14 + \lg a_{S^{2-}}/a_{HS^-} \tag{4-89}$$

$$HSO_4^- + 7H^+ + 6e = S + 4H_2O \tag{4-90}$$

④线

$$E = 0.338 - 0.0693pH + 0.0099\lg a_{HSO_4^-} \tag{4-91}$$

$$SO_4^{2-} + 8H^+ + 6e = S + 4H_2O \tag{4-92}$$

⑤线 $$E = 0.357 - 0.0792\text{pH} + 0.0099\lg a_{SO_4^{2-}} \quad (4\text{-}93)$$

$$S + 2H^+ + 2e = H_2S(aq) \quad (4\text{-}94)$$

⑥线 $$E = 0.142 - 0.0591\text{pH} - 0.0295\lg a_{H_2S(aq)} \quad (4\text{-}95)$$

$$S + H^+ + 2e = HS^- \quad (4\text{-}96)$$

⑦线 $$E = -0.065 - 0.0295\text{pH} - 0.0295\lg a_{HS^-} \quad (4\text{-}97)$$

$$SO_4^{2-} + 9H^+ + 8e = HS^- + 4H_2O \quad (4\text{-}98)$$

⑧线 $$E = 0.252 - 0.0665\text{pH} - 0.00741\lg a_{SO_4^{2-}}/a_{HS^-} \quad (4\text{-}99)$$

$$SO_4^{2-} + 10H^+ + 8e = H_2S(aq) + 4H_2O \quad (4\text{-}100)$$

⑨线 $$E = 0.303 - 0.0738\text{pH} - 0.00741\lg a_{SO_4^{2-}}/a_{H_2S(aq)} \quad (4\text{-}101)$$

将上述关系式表示在图 4-12 上，就是 S-H_2O 系电位-pH 图。

S-H_2O 系电位-pH 图的特点是有一个 S^0 的稳定区。即④、⑤、⑥、⑦线围成的区域。元素 S^0 稳定区的大小与溶液中含硫物质的离子浓度有关。当含硫物质的离子浓度下降时，稳定区缩小。在 25℃下，如果含硫离子浓度小于 10^{-4} mol/L 时（即图 4-12 中所表示的线段），S^0 的稳定区基本消失。当含硫离子浓度降低到 10^{-6} mol/L 时，只留下 H_2S 和 SO_4^{2-} 或 HSO_4^- 的边界。这是因为含硫离子浓度降低时，④、⑤线位置下移，⑥、⑦线位置上移的结果。在湿法冶金浸出过程中，如希望得到 Me^{n+}，且希望将硫以元素 S^0 的形态回收，就应将浸出条件控制在 S^0 的稳定区。这样既可以使 Me^{n+} 与硫分离，又可以回收 S^0。

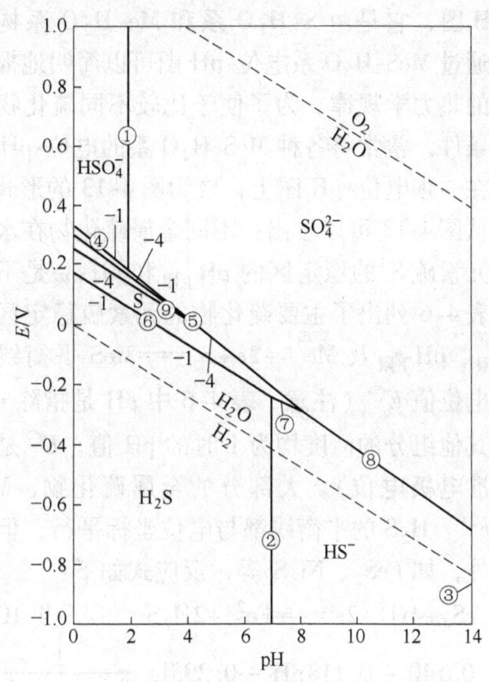

图 4-12 S-H_2O 系电位-pH 图（25℃，1×10^5 Pa）

为了便于选择浸出条件，应该求出硫的稳定区的 $\text{pH}_{上限}$ 和 $\text{pH}_{下限}$，$\text{pH}_{上限}$ 是硫氧化成 S^0 或高价硫还原成 S^0 的最高 pH 值，$\text{pH}_{下限}$ 是硫化物被酸分解析出 H_2S 的 pH 值。

$\text{pH}_{上限}$ 是⑤、⑦、⑧线的交点，在该 pH 值时，$E_5 = E_7 = E_8$，即

$$0.357 - 0.0295\text{pH} + 0.0099\lg a_{SO_4^{2-}} = -0.065 - 0.0295\text{pH} - 0.0295\lg a_{HS^-} \quad (4\text{-}102)$$

所以，
$$\text{pH}_{上限} = 8.50 + \frac{0.0099\lg a_{SO_4^{2-}} + 0.0295\lg a_{HS^-}}{0.0497} \quad (4\text{-}103)$$

当指定 $a_{SO_4^{2-}} = a_{HS^-} = 10^{-1}$ mol/L 时，

$$\text{pH}_{上限} = 8.50 + \frac{-0.0099 - 0.0295}{0.0497} = 8.50 - 0.793 = 7.71 \quad (4\text{-}104)$$

而 $\text{pH}_{下限}$ 是②、⑥、⑦线的交点，在该 pH 值时，$E_2 = E_6 = E_7$，即

$$0.142 - 0.0591\text{pH} - 0.0295\lg a_{H_2S(aq)} = -0.065 - 0.0295\text{pH} - 0.0295\lg a_{HS^-} \quad (4\text{-}105)$$

$$pH_{下限} = \frac{0.142 + 0.065}{0.0295} + \lg \frac{a_{HS^-}}{a_{H_2S(aq)}} = 7.02 + \lg \frac{a_{HS^-}}{a_{H_2S(aq)}} \quad (4\text{-}106)$$

如果 $pH > pH_{上限}$，则氧化的产物是 SO_4^{2-}；如果 $pH < pH_{下限}$，会生成有毒的 H_2S。工业上为了得到元素 S^0，又不析出 H_2S，应将 pH 值控制在 $pH_{下限} < pH < pH_{上限}$。

从 S-H_2O 系电位-pH 图看，当电位下降时，如果溶液中的含硫离子浓度为 1mol/L，pH 值在 1.90～8.50 范围内，SO_4^{2-} 还原成 S^0；当电位继续下降时，若 pH<7，S^0 进一步还原成 H_2S，pH>7 时，还原成 HS^-。相反，电位升高时，若 pH<8.50，H_2S、HS^- 均氧化成 S^0，然后再氧化成 SO_4^{2-}；pH>8 时，HS^- 直接氧化成 SO_4^{2-}。

4.5.3.2　Me-S-H_2O 系电位-pH 图

Me-S-H_2O 系电位-pH 图即是 MeS-H_2O 系电位-pH 图，它是由 S-H_2O 系和 Me-H_2O 系构成的。通过 MeS-H_2O 系电位-pH 图可以简明地揭示浸出的热力学规律。为了便于比较不同硫化物的浸出条件，常常将各种 MeS-H_2O 系的电位-pH 图综合在一张电位-pH 图上，成为图 4-13 的形式。

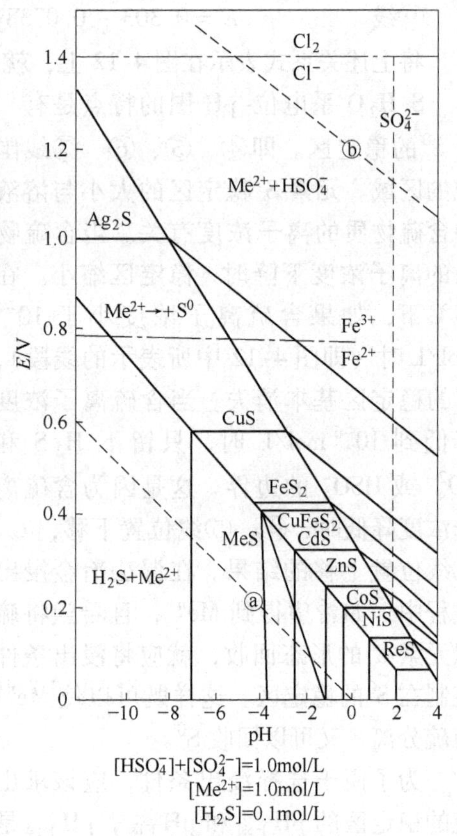

图 4-13　MeS-H_2O 系的电位-pH 图

从图 4-13 可以看出：不同金属硫化物在水溶液中元素硫 S^0 的稳定区的 $pH_{上限}$ 和 $pH_{下限}$ 是不同的。表 4-6 列出了主要硫化物的元素硫稳定区的 $pH_{上限}$、$pH_{下限}$ 及 $Me^{2+} + 2e + S \longrightarrow MeS$ 平衡线的平衡电位值 $E^{\ominus}$（注意，表 4-6 中 pH 是指除 a_{H^+} 外，其他组分的活度均为 1 时的 pH 值，$E^{\ominus}$ 是平衡标准电极电位）。大部分的金属硫化物，MeS 及 Me^{2+}、H_2S 的平衡线都与电位坐标平行，但也有例外，如 FeS_2、Ni_3S_2 等，反应式如下：

$$FeS_2 + 4H^+ + 2e \longrightarrow Fe^{2+} + 2H_2S \quad (4\text{-}107)$$

$$E = -0.140 - 0.118pH - 0.295\lg \frac{1}{a_{H_2S(aq)}^2 \cdot a_{Fe^{2+}}} \quad (4\text{-}108)$$

$$3Ni^{2+} + 2H_2S + 2e \longrightarrow Ni_3S_2 + 4H^+ \quad (4\text{-}109)$$

$$E = 0.035 + 0.118pH + 0.0885\lg a_{Ni^{2+}} + 0.0591\lg a_{H_2S(aq)} \quad (4\text{-}110)$$

表 4-6　金属硫化物在水溶液中元素硫稳定区的 $pH_{上限}$、$pH_{下限}$ 及 $E^{\ominus}$ 值

MeS	FeS	Ni_3S_2	NiS	CoS	ZnS	CdS	$CuFeS_2$	FeS_2	Cu_2S	CuS
$pH_{上限}$	3.94	3.35	2.80	1.71	1.07	0.174	−1.10	−1.19	−3.50	−3.65
$pH_{下限}$	1.78	0.47	0.45	−0.83	−1.60	−2.60	−3.80	—	−8.04	−7.10
$E^{\ominus}$/V	0.066	0.097	0.145	0.22	0.26	0.33	0.41	0.42	0.56	0.59

控制 pH 值，可以得到硫的不同氧化产物。当体系的 $pH > pH_{上限}$ 时，MeS 氧化成 SO_4^{2-} 或 HSO_4^-，$pH < pH_{下限}$ 时，MeS 氧化成元素硫；但 $pH < pH_{下限}$ 时，会有 H_2S 析出。以 ZnS 为例：

pH>1.07 $$ZnS+2O_2=\!=\!=Zn^{2+}+SO_4^{2-} \tag{4-111}$$

pH<1.07 $$ZnS+2H^++\frac{1}{2}O_2=\!=\!=Zn^{2+}+S^0+H_2O \tag{4-112}$$

pH<-1.6 $$ZnS+2H^+=\!=\!=Zn^{2+}+H_2S(g) \tag{4-113}$$

所以，$pH_{下限}$较大的 FeS、NiS、CoS 可以采用酸浸出。$pH_{下限}$很负的 CuS、CdS 等需要使用氧化剂才能将 MeS 的硫氧化。根据湿法冶金的需要，可以通过控制 pH 值和电位，将 MeS 的浸出分为三类：

（1）产生 H_2S 的简单酸浸出：

$$MeS+2H^+=\!=\!=Me^{2+}+H_2S \tag{4-114}$$

（2）产生元素硫的浸出。其中包括

常压氧化浸出：

$$MeS+2Fe^{3+}=\!=\!=Me^{2+}+2Fe^{2+}+S^0 \tag{4-115}$$

和高压氧化酸浸出： $$2MeS+4H^++O_2=\!=\!=2Me^{2+}+2H_2O+S^0 \tag{4-116}$$

（3）产出 SO_4^{2-}、HSO_4^- 的浸出。包括

高压氧化酸浸出：

$$MeS+2O_2=\!=\!=Me^{2+}+SO_4^{2-} \tag{4-117}$$

$$MeS+2O_2+H^+=\!=\!=Me^{2+}+HSO_4^- \tag{4-118}$$

和高压氧化氨浸出： $$MeS+2O_2+nNH_3=\!=\!=Me(NH_3)_n^{2+}+SO_4^{2-} \tag{4-119}$$

在硫化物常压浸出时，常用的氧化剂有 Fe^{3+}、Cl_2、NaClO、HNO_3。例如，用 Fe^{3+}可以溶解黄铜矿：

$$CuFeS_2+4Fe^{3+}=\!=\!=Cu^{2+}+5Fe^{2+}+2S^0 \tag{4-120}$$

用 H_2SO_4和 HNO_3的混合液可以浸出 CoS：

$$CoS+H_2SO_4+2HNO_3=\!=\!=CoSO_4+2NO_2+2H_2O+S^0 \tag{4-121}$$

用次氯酸可以浸出 MoS：

$$MoS_2+6ClO^-+4OH^-=\!=\!=MoO_4^{2-}+S^0+SO_4^{2-}+6Cl^-+2H_2O \tag{4-122}$$

对于冶金过程中所涉及的配合物-水系电位-pH 及高温电位-pH 相图，鉴于篇幅在此不再赘述，请读者查阅相关内容，掌握这一重要的热力学工具。

4.5.4 电位-pH 图在湿法冶金中的应用

在湿法冶金研究和生产中利用电位-pH 图，可为浸出、净化、沉淀等过程提供有利的热力学依据，下面分别示例说明。

4.5.4.1 浸出

通过电位-pH 图选择最佳的浸出（加速腐蚀）条件，以酸浸出铀矿为例（图 4-14 是 U-H_2O 系在 25℃下的部分电位-PH 图）铀矿中的铀通常是以 UO_2、UO_3、U_3O_8形态存在，其中 UO_3易溶于酸：

$$UO_3+2H^+=\!=\!=UO_2^{2+}+H_2O \tag{4-123}$$

①线 $$pH=7.4-\frac{1}{2}\lg a_{UO_2^{2+}} \tag{4-124}$$

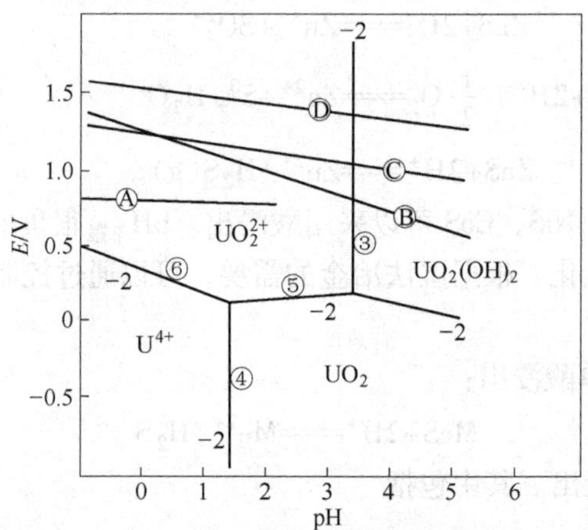

图4-14 铀矿浸出原理图

Ⓐ线：$Fe^{3+}+e=Fe$；Ⓑ线：$MnO_2+4H^++2e=Mn^{2+}+2H_2O$；

Ⓒ线：$O_2+4H^++4e=2H_2O$ ($p_{O_2}=0.21\times10^5Pa$)；Ⓓ线：$ClO_3^-+6H^++6e=Cl^-+3H_2O$

U_3O_8的溶解反应是：

$$3UO_2^{2+}+2H_2O+2e = U_3O_8+4H^+ \tag{4-125}$$

②线

$$E = -0.40 + 0.12pH + 0.09\lg a_{UO_2^{2+}} \tag{4-126}$$

UO_2^{2-} 的水解反应是：

$$UO_2^{2+}+2H_2O = UO_2(OH)_2+2H^+ \tag{4-127}$$

③线

$$pH = 2.5 - \frac{1}{2}\lg a_{UO_2^{2+}} \tag{4-128}$$

UO_2是一种难溶铀的低价氧化物，需要用浓酸才能溶解：

$$UO_2+4H^+ = U^{4+}+2H_2O \tag{4-129}$$

④线

$$pH = 0.95 - \frac{1}{4}\lg a_{U^{4+}} \tag{4-130}$$

通常在浸出液中，铀的浓度是1g/L，所以UO_2的溶解pH值为：

$$pH = 0.95 - \frac{1}{4}\lg 10^{-2} = 1.45 \tag{4-131}$$

由U-H_2O系部分电位-pH图可见，UO_2可以U^{4+}形态进入溶液。但是，pH值太小，既耗酸，又会使杂质大量被浸出，不利于后面的净化分离。从图4-14中还可以看到，如果有氧化剂存在，pH值在小于3.5时，可按下式溶解：

$$UO_2^{2+}+2e = UO_2 \tag{4-132}$$

工业上用MnO_2作氧化剂，铁离子（铀矿中溶解出来的）作催化剂来实现铀的浸出。浸出过程是：

$$UO_2+2Fe^{3+} = UO_2^{2+}+2Fe^{2+} \tag{4-133}$$

MnO_2将Fe^{2+}氧化成Fe^{3+}：

$$MnO_2+2Fe^{2+}+4H^+ = Mn^{2+}+2Fe^{3+}+2H_2O \tag{4-134}$$

铀浸出的总反应为：

$$UO_2+MnO_2+4H^+ = UO_2^{2+}+Mn^{2+}+2H_2O \tag{4-135}$$

Fe^{3+}/Fe^{2+}对 UO_2的氧化起触媒作用，若溶液中没有铁离子，则 MnO_2等氧化剂对 UO_2的浸出起不了有效的氧化作用。从对 U-H_2O 系电位-pH 图的分析，可以找出 UO_2浸出经济合理的条件是：$1.45<pH<3.5$，选用 Fe^{3+}/Fe^{2+}作催化剂，MnO_2作氧化剂。这一结果与工业上实际选用的浸出条件是非常接近的。

4.5.4.2 浸出液净化

在浸出液中，铁是普遍存在的杂质，运用电位-pH 图，有助于得到合理的除铁条件。以镍的浸出液除铁为例，图 4-15 是 Ni-H_2O 系电位-pH 图。将 Ni-H_2O 系电位-pH 图与 Fe-H_2O 系电位-pH 图（图4-11）比较，可以看到 Ni^{2+}、Fe^{2+}、Fe^{3+}水解的 pH 值分别为：

$$pH_{Ni(OH)_2}=6.10-\frac{1}{2}\lg a_{Ni^{2+}} \tag{4-136}$$

$$pH_{Fe(OH)_2}=6.65-\frac{1}{2}\lg a_{Fe^{2+}} \tag{4-137}$$

$$pH_{Fe(OH)_3}=1.53-\frac{1}{3}\lg a_{Fe^{3+}} \tag{4-138}$$

可见 Ni^{2+}与 Fe^{2+}的水解 pH 值非常接近，如让 Fe^{2+}以 $Fe(OH)_2$沉淀时，Ni^{2+}也会水解成 $Ni(OH)_2$，达不到分离目的。因此，要将铁从溶液中除去，而让镍留在溶液中，必须用氧化剂（空气中的 O_2或 MnO_2）将 Fe^{2+}氧化成 Fe^{3+}，使 Fe^{3+}以 $Fe(OH)_3$沉淀析出。

4.5.4.3 金属电沉积

利用电位-pH 图，还可以分析电解的电流效率。以硫酸铜溶液中电积铜为例（图 4-16）。如果将两个铜电极分别置于1mol/L 的 $CuSO_4$溶液中，通电前各个电极的平衡电位约为0.34V，当两个电极外加直流电压进行电解时，阳极电位变正，移至 *B* 点，发生铜的溶解反应。阴极电位变负，移至 *C* 点，发生 Cu^{2+}的沉积反应。即

阳极反应： $$Cu-2e=\!=\!=Cu^{2+} \tag{4-139}$$

阴极反应： $$Cu^{2+}+2e=\!=\!=Cu \tag{4-140}$$

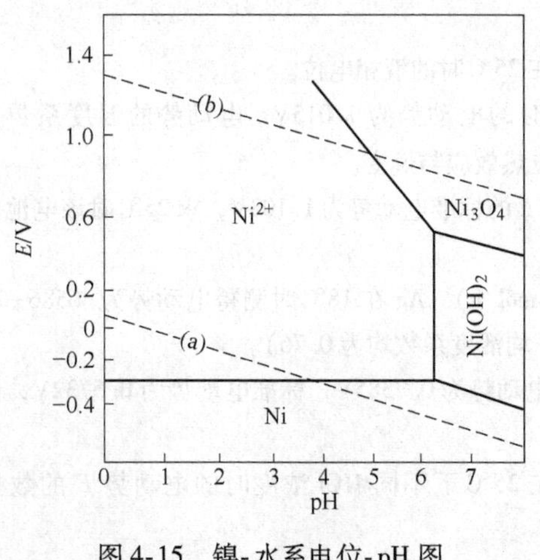

图 4-15 镍-水系电位-pH 图

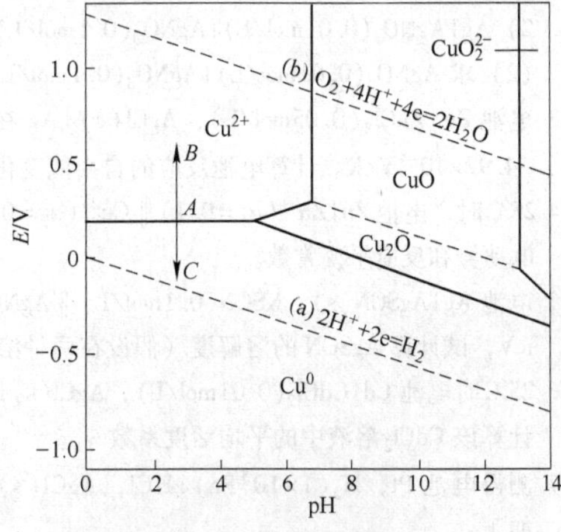

图 4-16 电积铜原理图

为了提高电流效率，让阴极上只析出铜而不析出 H_2，*C* 点电位必须在 0.34V 与（a）线之间（未考虑过电位时）。因此，实际电流密度不能过大，否则会出现极化作用导致阴极

电位降低。溶液的酸度也必须适当，因此 pH 值降低，使这个可选择的区间变窄，因此电解时，溶液的酸度也不宜太大。如果 *C* 点处在酸性区（pH>3），*C* 点可能处在 Cu_2O 稳定区，将会在阴极上析出 Cu_2O。若 *C* 点电位低于（a）线时，会析出 H_2，使溶液向碱性区移动。阳极上 *B* 点也可能移至 Cu_2O 区或 CuO 区，这都会使电流效率降低。

思考题

4-1 试分析两相间出现电位差的原因，并判断下列相间是否有电位差存在？

（1）铜 | 乙醇；

（2）铁 | 氨三乙酸水溶液；

（3）Al_2O_3 | 蒸氨水；

（4）Ni | NaCl（熔盐）。

4-2 一个电化学体系中通常包括哪些相间电位？它们有哪些共性和区别？

4-3 为什么不能测出电极的绝对电位？我们平常所用的电极电位值是如何得到的？

4-4 什么叫盐桥？为什么说它能消除液界电位？真能完全消除吗？

4-5 为什么不能用普通电压表测量电动势？应该怎样测量？

4-6 试比较电化学反应和非电化学的氧化还原反应之间的区别。

4-7 稳定的电位就是平衡电位，不稳定的电位就是不平衡电位。这种说法对吗？为什么？

4-8 钢铁零件在盐酸中容易发生腐蚀溶解，而铜零件却不易腐蚀。这是为什么？

4-9 举例叙述如何从理论上建立一个电位-pH 图？

4-10 写出电池 Zn | $ZnCl_2$（0.1mol/L），AgCl(s) | Ag 的电极反应和电池反应，并计算该电池 25℃时的电动势。

4-11 求 20℃时氯化银电极 Ag | AgCl(s)，KCl(0.5mol/L)的平衡电位。

4-12 25℃时，0.1mol/L $AgNO_3$ 和 0.01mol/L $AgNO_3$ 溶液中 Ag^+ 离子的平均迁移数为 0.467。试计算：

（1）下列两个电池在 25℃时的电动势：

1）Ag | $AgNO_3$(0.01mol/L) || $AgNO_3$(0.1mol/L) | Ag

2）Ag | $AgNO_3$(0.01mol/L) | $AgNO_3$(0.1mol/L) | Ag

（2）求 $AgNO_3$(0.01mol/L) | $AgNO_3$(0.1mol/L) | Ag 在 25℃时的液相电位。

4-13 电池 Zn | $ZnCl_2$(0.05mol/L)，AgCl(s) | Ag 在 25℃时的电动势为 1.015V，电动势的温度系数是 -4.92×10^{-4}V/K。计算电池反应的自由能变化、反应热效应与熵变。

4-14 25℃时，电池 Zn | Zn^{2+}(a_1=0.1) ‖ Cu^{2+}(a_2=0.01) | Cu 的标准电动势为 1.103V，求 25℃时该电池的电动势和反应平衡常数。

4-15 电池 Ag | AgSCN(s)，KSCN(0.1mol/L) ‖ $AgNO_3$(0.1mol/L) | Ag 在 18℃时测得电动势为（586±1）mV，试计算 AgSCN 的溶解度（假设在两种溶液中平均活度系数均为 0.76）。

4-16 25℃时电池 Cd | $CdCl_2$(0.01mol/L)，AgCl(s) | Ag 的电动势为 0.7585V，标准电动势为 0.5732V，试计算该 $CdCl_2$ 溶液中的平均活度系数 $\gamma_\pm$。

4-17 测得电池 Pt，H_2(1×10^5Pa) | HCl，AgCl(s) | Ag 在 25℃下不同 HCl 浓度时的电动势 *E* 的数据如下：

m/mol · kg^{-1}	0.005	0.01	0.02	0.03	0.1
E/V	0.4984	0.4612	0.4302	0.4106	0.3524

试计算 Ag|AgCl(s)，Cl^-电极的标准电位 $E^\ominus$及 0.1mol/kg HCl 中的平均活度系数 $\gamma_\pm$。

4-18 S_1和 S_2分别代表 0.5443mol/L 和 0.2711mol/L H_2SO_4在无水甲醇中的溶液。已知 25℃时：

(1) 电池 Pt，$H_2(1\times10^5Pa)$|S_1，$Hg_2SO_4(s)$|Hg 的电动势为 598.9mV；

(2) 电池 Pt，$H_2(1\times10^5Pa)$|S_2，$Hg_2SO_4(s)$|Hg 的电动势为 622.6mV；

(3) 电池 Hg| $Hg_2SO_4(s)$，S_1|S_2，$Hg_2SO_4(s)$|Hg 的电动势为 17.49mV。

试求 25℃时硫酸的阴离子和阳离子在无水甲醇溶液中的迁移数。假设迁移数与浓度无关，且在该溶液中硫仅呈硫酸根离子的形式。

4-19 已知反应 $3H_2(1\times10^5Pa)+Sb_2O_3 \rightleftharpoons 2Sb+3H_2O$ 在 25℃时的 $\Delta G^\ominus=-8364$J/mol。试计算下列电池的电动势，并指出电池的正负极。

$$Pt|H_2(1\times10^5Pa)|H_2O(pH=3)|Sb_2O_3(s)|Sb$$

4-20 在含 0.01mol/L $ZnSO_4$和 0.01mol/L $CuSO_4$的混合溶液中放两个铂电极，25℃时用无限小的电流进行电解，同时充分搅拌溶液。已知溶液 pH 值为 5。试粗略判断：(1) 哪种离子首先在阴极析出？(2) 当后沉积的金属开始沉积时，先析出的金属离子所剩余的浓度是多少？

4-21 有两个电池：

(a) Ag|AgCl(s)，S_1|H_2，Pt-Pt，H_2|S_2，AgCl(s)|Ag

(b) Ag|AgCl(s)，S_1|S_2，AgCl(s)|Ag

已知 S_1为 0.082 mol/kg 的 HCl 乙醇溶液，S_2为 0.0082 mol/kg 的 HCl 乙醇溶液。已知 25℃时的电动势 $|E_a|=82.2$mV，电动势 $|E_b|=57.9$mV。

(1) 求在 S_1和 S_2中的离子平均活度系数的比值；

(2) 求 H^+离子在稀 HCl 乙醇溶液中的迁移数；

(3) 求 H^+离子和 Cl^-离子在乙醇中的极限当量电导率值。假定 λ_0 (HCl) $=83.8\Omega^{-1}\cdot cm^2\cdot eq^{-1}$。

4-22 根据图 4-13 回答以下问题：

(1) 当 $a_{Fe^{2+}}=10^{-2}$时，直线和直线将大约在什么 pH 值时相交？

(2) 当 $a_{Fe^{2+}}=10^{-4}$时，在什么条件下会生成 $Fe(OH)_2$沉淀？

(3) 当溶液 pH 值为 5，$a_{Fe^{2+}}=1$ 时电极电位从 0V 变化到 0.4V，Fe-H_2O 系中可能会发生什么反应？

4-23 已知锌在水溶液中（Zn-H_2O 系）可能发生的反应（水本身的反应除外）有：

$Zn^{2+}+2e \rightleftharpoons Zn$	$E^\ominus=-0.763$V
$Zn(OH)_2+2H^+ \rightleftharpoons Zn^{2+}+2H_2O$	$\lg K=+10.96$
$ZnO_2^{2-}+2H^+ \rightleftharpoons Zn(OH)_2$	$\lg K=+29.78$
$Zn(OH)_2+2H^++2e \rightleftharpoons Zn+2H_2O$	$E^\ominus=-0.437$V
$ZnO_2^{2-}+4H^++2e \rightleftharpoons Zn+2H_2O$	$E^\ominus=0.44$V

试建立 Zn-H_2O 系的理论腐蚀图，并说明当锌在水溶液中的稳定电位为-0.82V 时，在什么 pH 值条件下，锌有可能不腐蚀？当电位为-1.00V 时，在什么 pH 值条件下锌可能不腐蚀？

4-24 利用有关热力学数据，绘制 Mg-H_2O 系电位-pH 图（25℃）并根据电位-pH 图判断下列问题：

(1) 常温下把 Mg 放在水中，可能出现什么现象？

(2) 海水中含 Mg 约 0.12%，要从海水中提取 Mg，应该如何控制 pH 值？

(3) 金属铁放置 HCl(1mol/L)中将出现什么现象？如把 Fe 和 Mg 连接后放置 HCl 中又将出现何种现象？

4-25 锌浸出液成分及锌电解液对杂质的允许含量如下表，各种杂质采取什么办法除去？试用电位-pH 图进行分析和计算。

离　子	Zn^{2+}	Cd^{2+}	Cu^{2+}	Co^{2+}	Fe^{2+}
浸出液中浓度/mol·L^{-1}	2.0	0.005	0.001	0.005	0.01
活度系数（$\gamma_{\pm}$）	0.0357	0.476	0.74	0.471	0.75
电解液中允许含量/mol·L^{-1}	$<10^{-5}$	$<10^{-5}$	$<10^{-5}$	$<10^{-5}$	$<10^{-3}$

参考文献

[1] 贾梦秋，杨文胜．应用电化学［M］．北京：高等教育出版社，2004.

[2] 敖建平，熊友泉．电化学原理及测试技术［M］．南昌：南昌航空工业学院自编教材，2005.

[3] 阿伦 J 巴德，拉里 R 福克纳．电化学方法——原理和应用［M］．2 版．邵元华，朱果逸，董献堆，等译．北京：化学工业出版社，2005.

[4] 傅献彩，沈文霞，姚天扬．物理化学（下册）［M］．4 版．北京：高等教育出版社，1994.

[5] 李荻．电化学原理［M］．修订版．北京：北京航空航天大学出版社，1999.

[6] 曹楚南．腐蚀电化学原理［M］．2 版．北京：化学工业出版社，2004.

[7] 龚竹青．理论电化学导论［M］．长沙：中南工业大学出版社，1988.

[8] 刘道新．材料的腐蚀与防护［M］．西安：西北工业大学出版社，2006.

[9] 张鉴清．电化学测试技术［M］．北京：化学工业出版社，2010.

[10] 蒋汉嬴．湿法冶金过程物理化学［M］．北京：冶金工业出版社，1984.

[11] 覃松，胡武洪．电势-pH 图在混法冶金及电化学中的应用［J］．内江师专学报，1998，13（4）：35～39.

[12] 薛娟琴，唐长斌．电化学基础与测试技术［M］．西安：陕西科学技术出版社，2007.

5 双电层及其结构模型

本章导读

电化学反应过程中的电化学步骤——反应粒子得到或失去电子的步骤是直接在“电极/溶液”界面上实现的。因此，“电极/溶液”界面是实现界面反应的“客观环境”，这一界面的基本性质对电化学反应动力学性质具有重要的影响作用。为了探知界面结构及其性质，以及界面结构性质对反应速率的影响作用，本章中将详细介绍电极/溶液界面性质、双电层结构理论模型。

5.1 电极/溶液界面性质

5.1.1 概述

5.1.1.1 电极/溶液界面结构及性质研究意义和方法

各类电极反应均发生在电极/溶液界面上，因而界面的结构和性质对电极反应有很大影响。电极/溶液界面对电极反应动力学性质的影响，大致可以归纳为以下两个方面：

(1) 电解液的性质和电极材料及其表面状态的影响。电解质溶液的组成和浓度，电极材料的物理、化学性质及其表面状态均能影响电极/溶液界面的结构和性质，从而对电极反应的性质和速率，也即是电极反应的活化能有很大影响。例如，在同一电极电位下，氢在铂电极上的析出速率要比在汞电极上的析出速率大 10^7 倍以上。又如，当电极表面出现吸附或成相的有机化合物层或氧化物层时，许多电极反应的进行速率就大大降低了，特别是溶液中有表面活性物质或配合物存在时尤为显著，如水溶液中少量苯骈三氮唑的添加，就可以显著抑制铜的腐蚀溶解。另外，制备电极表面的方法也常对电极表面的反应能力有很大影响，甚至在同一晶体的不同晶面上电极反应速率也各不相同。这些因素，也有人称之为影响电极表面反应能力的“化学因素”。大量事实表明，通过控制这些因素，可以大幅度改变电极反应的速率。

(2) 界面电场对电极反应速率的影响。界面电场是由电极/溶液相间存在的双电层所引起的。而双电层中符号相反的两个电荷层之间的距离非常小，因而产生并存在巨大的场强。例如，双电层电位差（即电极电位）为 1V，而界面两个电荷层的间距为 10^{-8} cm 时，其场强可达 10^8 V/cm。因为电极反应是得失电子的反应，也就是有电荷在相间转移的反应。因此，在巨大的界面电场作用下，电极反应速度必将发生极大的变化，甚至某些在其他场合难以发生的化学反应也得以进行。特别有意义的是，电极电位可以人为、连续地加以改变，因而可以通过控制电极电位来有效地、连续地改变电极反应的速度。电极/溶液界面上的电场强度常用界面上的相间电位差——电极电位表示，随着电极电位的改变，不仅可以连续改变电极反应速率，甚至可以改变电极反应的方向，而且即使保持电极电位不变，改变界面层中的电位分布情况也对电极反应速率有一定影响。这些因素，可称为影响电极反应速率的“场强因素”。这是电极反应区别于其他反应的一大优点。

所以，为了深入了解电极过程的动力学规律，就必须了解电极/溶液界面的结构和性质，而且研究电极/溶液界面的电性质还有助于加深对“界面电位”和“电极电位”等物理化学概念的理解。研究电极/溶液界面结构的基本方法是：通过实验测量一些界面参数，如界面张力、微分电容、各种粒子的吸附量等，然后设想一定的界面结构模型来推算这些界面参数。如果实验测得的参数与理论计算值能较好地吻合，就认为界面结构模型在一定程度上反映了界面的真实结构。

研究界面结构一般采用界面行为较简单的电极作为研究对象。电极上发生的反应过程有两种类型，一类是电荷经过电极/溶液界面进行传递而引起的某种物质发生氧化或还原反应时的Faraday过程，其规律符合Faraday定律，所引起的电流称为Faraday电流；另一类是在一定条件下，当在一定电位范围内施加电位时，电极/溶液界面并不发生电荷传递反应，仅仅是电极/溶液界面的结构发生变化，这种过程称为非Faraday过程。Faraday过程相当于部分电量通过一个负载电阻，非Faraday过程电荷用于给双电层充电，电量存储在电极/溶液体系的界面双电层中，由于存储量有限，它只需要一定数量的电量，在电路中只引起短暂的充电电流，可相当于一个电容。因此，一个电极体系可以用图5-1a所示的等效电路表示，图中R_f为电极反应电阻，C_d为双电层的电容，M是电极体系中金属的一端，S是溶液的一端。当外电路输入的电量全部用于存储在电极的双电层中，而不会引起电极反应时，电极电位迅速变化，阻止外电路电荷的进一步流入，外电路中的电流只能维持很短的时间，即电极上只有瞬间充电电流，很快电流为零。这时，电极体系的等效电路相当于一个电容，如图5-1b所示，这种电极被称为理想极化电极，这是特别适合进行界面研究的电极体系。

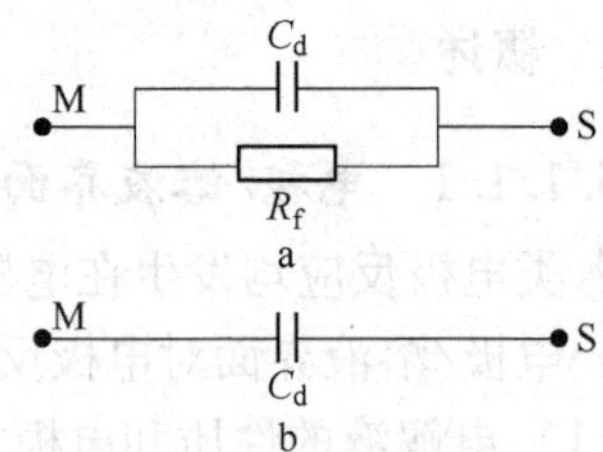

图5-1 电极过程等效电路
a—电极体系的等效电路；
b—理想极化电极的等效电路

5.1.1.2 理想不极化电极和理想极化电极

若电极能与溶液之间发生某些带电粒子的交换反应（如金属晶格与溶剂化离子之间交换金属离子，或是溶液中的氧化还原电子对与电极之间交换电子），则当电极与溶液接触时一般会发生这些带电粒子的转移，并伴随着电极电位的变化，直至这些粒子在两相中具有相同的电化学位。这些转移反应具有电化学性质。若通过外电路使电荷流经这种界面，则在界面上将发生电化学反应。这时为了维持一定的稳态反应速率，就必须由外界不断地补充电荷，即在外电路中引起持续的电流。当外电路输入的电量全部用于电极反应，而不改变双电层结构时，电极电位不会发生变化，电荷能够毫无阻挡地通过界面，就如同电极反应没有电阻，即反应电阻无限小，这种电极在任何电流通过时，电极电位都不改变，常用来作参比电极，因此称其为理想不极化电极。而电极/溶液界面上，全部流向界面的电荷均用于改变界面构造而不发生电化学反应。这时为了形成一定的界面结构只需耗用有限的电量，即只会在外电路中引起瞬间电流（与电容器的充电过程相似）。在这种界面上，外界输入的电量全部都被用来改变界面构造，将电极极化到不同的电位，这种电极称为理想极化电极。

绝对的理想极化电极和理想不极化电极是不存在的。一般电极或多或少都有一些极化及电极反应同时存在。但在一定的电位范围内，是可以找到基本符合理想电极条件的实际体系的。例如，由纯净的汞表面与仔细除去了氧及其他氧化还原性杂质的高纯度 KCl 溶液所组成的电极体系中，只有在电极电位比+0.1V（相对 SHE，下同）更高时才能发生汞的氧化溶解反应：$2Hg \longrightarrow Hg_2^{2+}+2e$；在电极电位比-1.6V 负值更大时能发生钾的还原反应：$K^++e \longrightarrow K$（汞齐）。又由于汞电极上的氢析出过程伴随着很高的超/过电位，虽然从热力学角度看，在较负的电位区氢的析出是可能发生的，但实际上电位 E 达到-1.2V 以前氢的析出电流小于几个μA/cm。因此，在+0.1 ~ -1.2V 之间的电位区间内，这一电极体系可以近似地看作是“理想极化电极”，并被用来研究界面性质。某些其他电极/溶液体系也可以在一定的电位范围内近似地满足“理想极化”条件。维持电位恒定不变的理想非极化电极也是没有的，只能相对于一定条件而定，例如，甘汞电极通过较大电流时，也会发生极化，影响测量结果。

5.1.2 电毛细现象

在空间电荷层中具有同类符号的电荷之间会相互排斥，若在电子和离子导体的相边界形成一个双电层，电极表面离子间的相互作用将倾向于电极的表面积尽可能大。对可变形的电极表面，这一作用变化是肉眼可见的。如图 5-2 所示，如果将稀硫酸覆盖在一滴汞表面，那么将在金属汞和电解质溶液界面形成双电层，并产生对应的 Galvani 电位，离子间的相互排斥导致汞滴表面展开。上述作用对应于汞的表面张力降低，而与 Galvani 电位的符号无关。若汞与电解液间的电位差可通过外加电压的形式改变，那么在零电荷电位时对应的表面张力最大，这为测量零电荷电位提供了一个直接的方法。事实上，物体的表面分子受内部分子吸引，形成缩小表面的作用力，称为表面张力。任何两相界面都存在着界面张力，电极/溶液界面也不例外。但对于电极体系来说，界面张力不仅与界面层的物质组成有关，而且与电极电位有关。习惯上将表面张力随电极电位变化的现象称为电毛细现象，将描述表面张力随电极电位变化的曲线称为电毛细曲线。

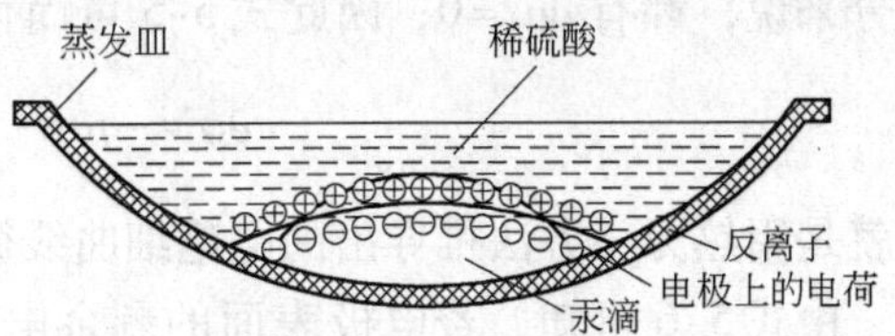

图 5-2 汞滴表面（表面带负电荷时）形成双电层时的表面展开现象

习惯上将表面张力随电极电位变化的现象称为电毛细现象，将表面张力随电极电位变化的曲线称为电毛细曲线。对所有在汞滴表面不吸附的阴离子，如 NO_3^-、ClO_4^-、SO_4^{2-} 的溶液体系，其电毛细曲线的形状基本是相同的。图 5-3 中的 $\sigma-E$ 曲线为理想的电毛细曲线，其几乎是完美的抛物线形状。但是，如果阴离子在表面吸附，那么表面张力则受到电极表面过剩离子电荷的影响，此时，电毛细曲线的右侧将降低，零电势电位将发生负移，且电毛细曲线形状变得不对称。

根据吉布斯等温吸附方程，界面张力的变化与界面上吸附的粒子性质和吸附量有关，即：

$$d\sigma = -\sum \Gamma_i d\mu_i \tag{5-1}$$

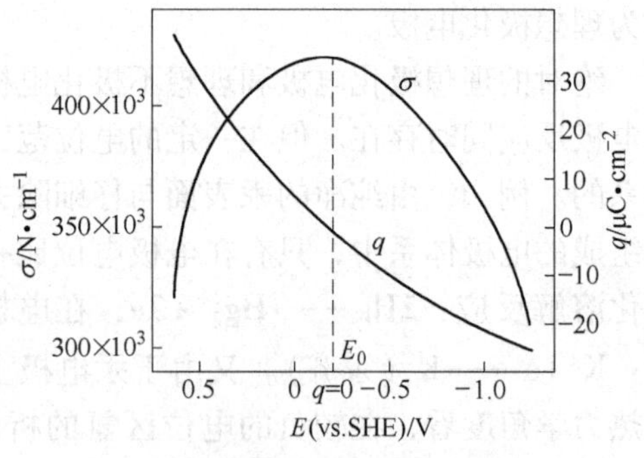

图 5-3 汞电极上界面张力（σ）与表面电荷面密度（q）随电极电位（E）的变化

式中，σ 为界面张力，J/cm^2；Γ_i 为 i 粒子的表面吸附量，mol/cm^2。

在一般情况下，不带电的固相中没有可以自由移动的界面吸附粒子，故对于固-液界面而言，式 5-1 只考虑液相中的吸附粒子。对电极电位可以变化的电极体系，可以把电子看成是一种能自由移动并在界面发生吸附的粒子。若电极表面剩余电荷密度为 q，则电子的表面吸附量为：

$$\Gamma_e = -\frac{q}{F} \tag{5-2}$$

其化学位变化为：

$$d\mu_e = -FdE \tag{5-3}$$

因此：

$$\Gamma_e d\mu_e = qdE \tag{5-4}$$

如果将电子这一组分单独列出，则式 5-1 可变为：

$$d\sigma = -\sum \Gamma_i d\mu_i - qdE \tag{5-5}$$

因为理想极化电极的界面上没有发生化学反应，所以溶液中的物质组成恒定，对每一组分来说，都有 $d\mu_i = 0$，因此式 5-5 可简化为：

$$\partial\sigma = -q\partial E \quad 或 \quad q = -\left(\frac{\partial\sigma}{\partial E}\right)_{\mu_i} \tag{5-6}$$

这就是用热力学方法推导出的电毛细曲线微分方程，称为 Lippman 公式。

由式 5-6 可知，若电极表面的剩余电荷为零，即无离子双电层存在，则 $q=0$，$\partial\sigma/\partial E=0$。这种情况对应图 5-3 中电毛细曲线的最高点。如前所述，当 $q=0$ 时，界面上没有因同性电荷相斥所引起的使界面扩张的作用力，因而界面张力达到最大值，此时对应的电极电位为零，称为零电荷电位。

当电极表面存在正的剩余电荷时，$q>0$，$\partial\sigma/\partial E<0$，这对应于图 5-3 中电毛细曲线的左半边，此时随着电极电位变正（$|q|$增大），界面张力不断减小。当电极表面存在负的剩余电荷时，$q<0$，$\partial\sigma/\partial E>0$，这对应于图 5-3 中电毛细曲线的右半边，此时随着电极电位变负（$|q|$增大），界面张力也在不断减小。因此，无论电极表面的剩余电荷为正电荷还是负电荷，界面张力均随着剩余电荷数量的增加而减小。

显然，根据 Lippman 公式，可以直接通过电毛细曲线的斜率求出某一电极电位下的电极表面剩余电荷密度，也可以判断电极零电荷电位值和表面剩余电荷密度的符号。

5.1.3 离子表面剩余量

电极/溶液界面存在着离子双电层时，金属一侧的剩余电荷来源于电子的过剩或不足、双电层溶液一侧的剩余电荷则由正、负离子在界面层的浓度变化所造成，即各种离子在界面层中的浓度不同于溶液内部的主体浓度，发生了吸附现象。将界面层溶液一侧垂直于电极表面的单位截面积液柱中，有离子双电层存在时 i 离子的摩尔数与无离子双电层存在时

i离子的摩尔数之差称为i离子的表面剩余量。由电中性原则，溶液一侧的剩余电荷密度q_S应等于对应的界面层所有离子的表面剩余量之和，即：

$$q_S = -q = \sum z_i F\Gamma_i \tag{5-7}$$

式中，z_i为i离子的价数。

利用电毛细曲线可以测定离子的表面剩余量。若保持电极电位恒定和除i组分外其他组分的化学位不变，即$d\varphi=0$，$d\mu_{j\neq i}=0$，那么由式5-5可得i离子在一定电极电位时的离子表面剩余量，即：

$$\Gamma_i = -\left(\frac{\partial\sigma}{\partial\mu_i}\right)_{\varphi,\mu_{j\neq i}} \tag{5-8}$$

因此，理论上测出σ与μ_i的关系曲线后，就可以计算离子的表面剩余量，但是在实际中，由于下述两种原因，不可直接应用上式计算，而需要推导出一个能实际应用的计算公式。

一是实际测量电毛细曲线时，为了确保热力学的准确性，避免液体接界电位的形成，参比电极和研究电极是放在同一溶液中的。这样，改变组分i的浓度，使化学位发生变化时，参与参比电极反应的离子浓度也会发生变化，而使得参比电极的电位发生变化。因此，为了满足式5-8的要求电极电位恒定的条件，就不适合采用氢标电位，而应用相对于同一溶液中参比电极的相对电位，即以相对电位E'取代氢标电位$E^{\ominus}$：$E'=E^{\ominus}-E_R$，则：

$$dE' = dE^{\ominus} - dE_R \tag{5-9}$$

式中，E_R为参比电极的氢标电位值。dE_R可根据能斯特方程获得。

当参比电极对正离子可逆时：

$$dE_R = \frac{d\mu_+}{z_+F} \tag{5-10}$$

当参比电极对负离子可逆时：

$$dE_R = \frac{d\mu_-}{z_-F} \tag{5-11}$$

式中，μ_+、μ_-分别为正、负离子的化学位；z_+、z_-分别为正、负离子的化合价。

二是电解质MA将在水溶液中发生电离反应：

$$MA \rightleftharpoons \nu_+ M^{z^+} + \nu_- A^{z^-}$$

如前所述，欲改变其中一种离子的浓度，就必然引起带有相反电荷的另一种离子发生相应的浓度变化。也就是说，不可能单独改变溶液中某一种离子的浓度和化学位。根据化学位加和性如式5-12，可通过$d\mu_{MA}$来计算离子表面剩余量：

$$d\mu_{MA} = \nu_+ d\mu_+ + \nu_- d\mu_- \tag{5-12}$$

如，参比电极对负离子可逆时，将式5-9和式5-10代入式5-5得：

$$d\sigma = -q d\varphi' - \frac{q d\mu_-}{z_-F} - \Gamma_+ d\mu_+ - \Gamma_- d\mu_- \tag{5-13}$$

在维持研究电极的相对电位不变的情况下，即$dE'=0$，因此上式可以变为：

$$d\sigma = -\frac{q d\mu_-}{z_-F} - \Gamma_+ d\mu_+ - \Gamma_- d\mu_- \tag{5-14}$$

将式5-12代入式5-14得：

$$d\sigma=-\frac{\Gamma_+}{\nu_+}d\mu_{MA}-\left(\frac{q+z_-F\Gamma_--\dfrac{z_-\nu_-}{\nu_+}F\Gamma_+}{z_-F}\right)d\mu_- \tag{5-15}$$

由电中和原则可知：

$$q_S=z_+F\Gamma_++z_-F\Gamma_-=-q \tag{5-16}$$

$$\nu_+z_++\nu_-z_-=0 \tag{5-17}$$

将式 5-16 和式 5-17 代入式 5-15 得：

$$d\sigma=-\frac{\Gamma_+}{\nu_+}d\mu_{MA} \tag{5-18}$$

则有：

$$\Gamma_+=-\nu_+\left(\frac{\partial\sigma}{\partial\mu_{MA}}\right)_{\varphi'} \tag{5-19}$$

以平均活度 $a_\pm$表示电解质的化学位，有：

$$d\mu_{MA}=(\nu_++\nu_-)RT d\ln a_\pm \tag{5-20}$$

将式 5-20 代入式 5-19 中，可得：

$$\Gamma_+=-\frac{\nu_+}{(\nu_++\nu_-)RT}\left(\frac{\partial\sigma}{\partial\ln a_\pm}\right)_{\varphi'} \tag{5-21}$$

同理，可以推导出参比电极对正离子可逆时，负离子的表面剩余量的计算公式为：

$$\Gamma_-=-\frac{\nu_-}{(\nu_++\nu_-)RT}\left(\frac{\partial\sigma}{\partial\ln a_\pm}\right)_{\varphi'} \tag{5-22}$$

式 5-21 和式 5-22 可以实际用于求解离子表面剩余量。由上述两个公式及电毛细曲线可以看出：当电极表面带负电时，正离子的表面剩余量随电极电位变负而增大；负离子表面剩余量随电位变负而出现最小值，表明有很少的负吸附。这也符合电极表面剩余电荷和正、负离子间的静电作用规律。

5.1.4　零电荷电位

一个电极表面没有任何过剩的自由电荷（无论是特性吸附的离子或扩散双电层中带任意电荷的离子）时的电势称为零电荷电位（E_z），其数值大小是相对于某一参比电极所测量出来的。电极表面溶剂分子的存在会导致附加电压降而使得 E_z 与溶液内部的 E_S 不同。由于电极表面不存在剩余电荷时，电极/溶液界面就不存在离子双电层，所以也可以将零电荷电位定义为电极/溶液界面不存在离子双电层时的电极电位。由于电极电位由三部分界面间的电位差组成，零电荷电位也由相应的三部分组成，即：

$$E_z=\Delta^M\phi_0^S-\Delta^R\phi^S+\Delta^R\phi^M \tag{5-23}$$

式中，第一项 $\Delta^M\phi_0^S$ 表示所研究电极/溶液界面间的相间电位；而第二项 $\Delta^R\phi^S$ 和第三项 $\Delta^R\phi^M$ 分别由参比电极和参比电极及电极材料所决定。

剩余电荷的存在是形成相间电位 $\Delta^M\phi_0^S$ 的重要原因，但并不是唯一原因。因而当电极表面剩余电荷为零时，尽管没有离子双电层存在，但任何一相表面层中带电粒子或偶极子的非均匀分布仍会引起相间电位。所以，零电荷电位仅仅表示电极表面剩余电荷为零时的电极电位，而不表示电极/溶液相间电位或绝对电极电位的零点。绝不能把零电荷电位与绝对电位的零点混淆起来。

零电荷电位可以通过实验测定，测定的方法很多。经典的方法是通过测量电毛细曲线，求得与最大界面张力所对应的电极电位值，即为零电荷电位。这种方法比较准确，但只适用于液态金属。目前，最精确的测量方法是根据稀溶液的微分电容曲线最小值确定零电荷电位。溶液浓度越小，微分电容最小值越明显。大量实验事实证明，零电荷电位的数值受多种因素的影响，如电极材料种类或材料的晶体结构、电极表面状态、溶液组成等因素。而由于不同的测量方法中实验条件控制的不同，使得人们测定的零电荷电位值往往不一致，没有可比性。

零电荷电位在电化学中有很多用途：（1）可以通过零电荷电位值判断电极表面剩余电荷的符号和数量。如已知汞在稀 KCl 溶液中的零电荷电位为-0.19V，那么由此可知电极电位为-0.85V 时，汞电极上带有正电荷，但比电极电位为 0.85V 时的汞电极上的剩余正电荷要少得多。（2）电极/溶液界面的双电层中电位分布、界面电容、界面张力以及电动现象等许多性质与电极表面的剩余电荷的符号和数量有关，因此可以通过相对于零电荷电位的电极电位值来判断解释。

基于上述情况，在界面结构和电极过程动力学研究中，常采用相对于零电荷电位的相对电极电位来表示离子双电层产生的相间电位。该参数可以反映出电极表面电荷状况、双电层结构和界面吸附等信息。一般将以零电荷电位为零点的电位标度称为零标，这种电位标度下的相对电极电位就叫做零电荷电位，可表示为 $E_a=E-E_z$。式中的 E_a 就是离子双电层产生的相间电位差。当有离子双电层存在时，电极电位可表示为：$E=\Delta^M\phi^S-\Delta^R\phi^S+\Delta^R\phi^M$；而无离子双电层存在时的 E_z 可表示为：$E_z=\Delta^M\phi_0^S-\Delta^R\phi^S+\Delta^R\phi^M$。因此，有离子双电层存在和无离子双电层存在时的电位之差 E_a 就可表示为 $E_a=E-E_z\Delta=\Delta^M\phi^S-\Delta^M\phi_0^S$。由于式中第一项 $\Delta^M\phi^S$ 是有离子双电层时的相间电位，同时还包括了偶极子双电层和吸附双电层等因素产生的相间电位，而第二项 $\Delta^M\phi_0^S$ 是无离子双电层时的相间电位，只包括了偶极子双电层和吸附双电层等因素产生的相间电位。因此两项的差值可以消除掉界面间存在的偶极子双电层和吸附双电层等因素产生的相间电位，即只有离子双电层产生的相间电位。在零电荷电位下，两项的差值为零，这说明尽管在零电荷电位下电极/溶液界面的绝对电位不为零，但是离子双电层产生的电位差为零。

这里值得注意的是，在讨论双电层结构时，所采用的双电层电位差是零标电位，但是以零标电位来讨论电化学热力学问题是不合适的，这是因为热力学研究中需要一个统一的参比电极电位作为零点，以方便比较和判断不同电极体系组成的电池的反应进行的方向以及平衡条件，而零标电位是以每一个电极体系自身的零电荷电位为零点的，不同电极体系对应的零点不同，因而不同电极体系的零标电位不具有可比性。

5.1.5 双电层电容

5.1.5.1 微分电容

在一个电极体系中，电极/溶液界面的剩余电荷的变化会引起电极电位的变化，此时电极/溶液界面具有存储电荷的能力，即电容特性。对于理想电极，可将其看成平板电容器，那么对该电容器而言，其平板上的电荷 Q 与两板间的电位差 ΔE 成正比，其比例常数

就是电容 C，即：

$$Q=C\Delta E \tag{5-24}$$

对于双电层的情况，Q 是相应于电极/溶液界面区溶液侧的过剩电荷，而 ΔE 是金属和溶液内部的 Galvani 电位差。但是这里要指出的是：当 $Q=0$ 时，由于溶剂偶极层在电极表面的排布，金属与溶液间还是会存在电位差的，这在式 5-24 中没有明确的说明。如果假设这一偶极层不随电位发生强烈的变化，把 ΔE 表示为 $E-E_0$（其中 E 是相对于某一标准参比电极的测量值)，则式 5-24 可表示为：

$$Q=C(E-E_0) \tag{5-25}$$

它确保在零电荷电位时电荷 Q 的值为零。

其实，只有当电化学双电层非常接近 Helmholtz 模型（见 5.2 节）的描述时，即在高浓度电解质溶液中，将电化学双电层与平板电容器类比才确切。然而，由于改变电位可能导致溶剂偶极层的重新取向以及离子的特性吸/脱附，它们将在电极表面和扩散层之间起到屏蔽或去屏蔽的作用。因此，通常预期过剩电荷与电位差之间不是单纯的线性关系。事实上因改变电荷 δQ 伴随的电极电位微小的变化 δE 自身就是电位函数，因此 $\mathrm{d}Q/\mathrm{d}E$ 比电容 C 更能较好地反映双电层充电过程。由于 $\mathrm{d}Q/\mathrm{d}E$ 也具有电容的单位，其通常称为微分电容 C_d：

$$C_\mathrm{d}=\frac{\mathrm{d}Q}{\mathrm{d}E} \tag{5-26}$$

C_d 的测量可直接实现，因为 $i=\mathrm{d}Q/\mathrm{d}t$，对双电层充电电流 i_C 有：

$$i_\mathrm{C}=\frac{\mathrm{d}Q(E)}{\mathrm{d}t}=\left(\frac{\mathrm{d}Q}{\mathrm{d}E}\right)\left(\frac{\mathrm{d}E}{\mathrm{d}t}\right)=C_\mathrm{d}\frac{\mathrm{d}E}{\mathrm{d}t} \tag{5-27}$$

因此，要测量 C_d，只需在电极上施加一个随时间线性增加的电位就可以了。在没有离子的特性吸附的情况下，微分电容的极小值出现在零电荷电位。对平整金属表面来说，C_d 的值一般在 0.05～0.5F/m^2 之间，其确切的值与金属的类型、电解液的组成、离子的强度、温度及电极电位有关。粗糙的电极表面，其微分电容值可以比平整电极表面的微分电容高出几百甚至几千倍。

根据微分电容的定义以及 Lippman 方程，可以很容易地从电毛细曲线中求出微分电容值：

$$C_\mathrm{d}=-\frac{\partial^2\sigma}{\partial E^2} \tag{5-28}$$

根据电毛细曲线确定的零电荷电位，可以计算从零电荷电位到某一电位之间的平均电容值，如式 5-29 所示，通常将其称为积分电容：

$$C_\mathrm{i}=\frac{Q}{E-E_0}=\frac{1}{E-E_0}\int_{E_0}^{E}C_\mathrm{d}\,\mathrm{d}E \tag{5-29}$$

5.1.5.2 微分电容的测量

双电层的微分电容可以被精确地测量出来，其测量方法有交流电桥法、载波扫描法、恒电流方波法和恒电位方波法等，其中比较经典的方法是交流电桥法。所谓交流电桥法是在处于平衡电位或直流电极化的电极上叠加一个小振幅（通常小于 10mV）的交流电压，利用交流电桥测量和电解池阻抗平衡的串联等效电路的电容值和电阻值，计算获得电极的双电层电容值。交流电桥法测定微分电容的基本线路如图5-4所示。从图5-4中可以看出：该基本线路由交流电桥、交流讯号源G、直流极化回路和电极电位测量回路四个部分组成。R_1、R_2为交流电桥的比例臂，常取$R_1=R_2$。标准电阻R_S和标准电容C_S组成第三臂，用于模拟电解池的等效电路。第四臂为电解池。为了减小微分电容测量的误差，通常在电解池设计时，采用滴汞电极为研究电极，用面积比滴汞电极大得多的惰性电极-铂电极作辅助电极，此时辅助电极上的电阻可忽略不计。由直流电源B、可变电阻R_P、电感圈L和电解池组成直流极化回路。调节R_P可使研究电极电位维持在所需的数值上。电感L的作用是防止直流极化电路对示波器示零的分路作用。研究电极的电极电位借助于参比电极，用电位差计P测量。测量时，小振幅的交流电压由交流讯号源G加载在电桥1、2两端。调节R_S和C_S，使其分别和电解池等效电路的电阻和电容相等，电桥3、4两端点的电位相等，即3、4两点间无讯号输出，电桥平衡，示波器显示为零。根据电解池的等效电路，读取R_S和C_S的数值后，可以此计算微分电容值。具体计算方法如下：

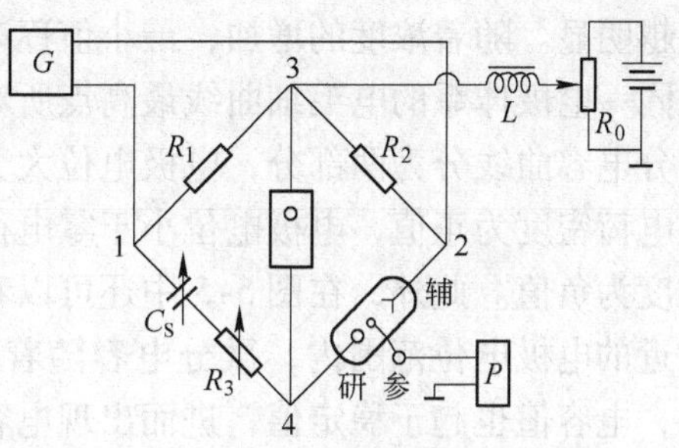

图5-4 交流电桥法测定微分电容的基本线路图

$$\frac{R_1}{R_2}=\frac{Z_S}{Z_x} \tag{5-30}$$

式中，$Z_S=R_S+\frac{1}{j\omega C_S}$；$Z_x=R_1+\frac{1}{j\omega C_d}$，$R_1$为溶液电阻。

所以有：

$$\frac{R_1}{R_2}=\frac{R_S}{R_1},\ \frac{R_1}{R_2}=\frac{C_d}{C_S} \tag{5-31}$$

故可得：

$$R_1=\frac{R_2}{R_1}R_S \tag{5-32}$$

$$C_d=\frac{R_1}{R_2}C_S \tag{5-33}$$

当$R_1=R_2$时，$R_1=R_S$，$C_S=C_d$。但是在实际测试过程中所得到的值是界面电容值，为了和习惯中采用的微分电容的单位一致，应将测量值除以电极面积。

5.1.5.3 微分电容曲线

如果对同一电极体系能测量出不同电极电位下的微分电容值，那么就可以做出微分电容相对于电极电位的变化曲线了，将该曲线称为微分电容曲线。在不同浓度KCl溶液中测得的滴汞电极的微分电容曲线如图5-5所示。从图5-5中可以看到：微分电容值是随着溶液浓度和电极电位而变化的。在同一电位下，随着溶液浓度的增加，微分电容值也增加。若将双电层看成平行板电容器，则电容增大，意味着双电层有效厚度减小，即两个剩余电荷层之间的有效距离减小。这表明，随着浓度的变化，双电层的结构也会发生变化。从曲线1、2和3可以看出，在稀溶液中，微分电容值将出现最小值，且溶液浓度越小，最小值越明显。随着浓度的增加，最小值逐渐消失。实验表明：出现微分电容最小值的电位就是同一电极体系的电毛细曲线最高点所对应的电位，即零电荷电位。因此，零电荷电位将微分电容曲线分为两部分，电极电位大于零电荷电位部分（曲线的左半边），电极表面剩余电荷密度为正值，电极电位小于零电荷电位部分（曲线的右半边），电极表面剩余电荷密度为负值。此外，在图5-5中还可以看出，电极表面剩余电荷较少时，即在零电荷电位附近的电极电位范围内，微分电容随着电极电位的变化比较明显，而剩余电荷密度增大时，电容值也趋于稳定值，进而出现电容值不随电极电位变化的平台区。在曲线的左半边（$q>0$），平台区对应的微分电容值约为32～40μF/cm^2；右半边（$q<0$），平台区对应的微分电容值约为16～20μF/cm^2。这表明，由阴离子组成的双电层和由阳离子组成的双电层在结构上有一定的差异。

图5-6为滴汞电极在不同溶液中的微分电容曲线。从图5-6中可以看出：微分电容值随着电极电位增加而减小。在同一电极电位下，微分电容值随着阴离子半径的增加而逐渐增加。在电极电位为0.8V时，在KI溶液中的微分电容值约是在KF溶液中的3倍。

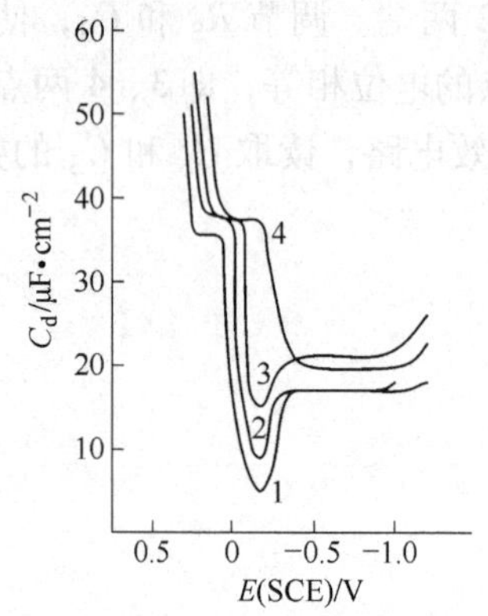

图5-5 汞电极在不同KCl溶液中的微分电容曲线

1—0.0001mol/L KCl；2—0.001mol/L KCl；3—0.01mol/L KCl；4—0.1mol/L KCl

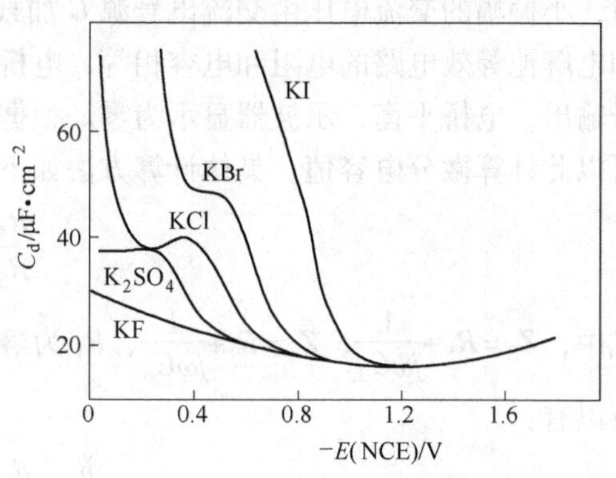

图5-6 滴汞电极在不同电解质溶液中的微分电容曲线

如何应用微分电容曲线的变化规律说明界面结构及其影响因素对微分电容的影响，这也是要解决的一个重要问题。根据微分电容曲线所提供的规律信息研究界面结构与性质的实验方法叫做微分电容法。应用微分电容曲线，可以求得给定电极电位下的电极表面剩余电荷密度 q。由微分电容定义式，并在 $E=E_0$，$q=0$ 为边界条件时积分得：

$$q=\int_{E_0}^{E}C_d\mathrm{d}E \tag{5-34}$$

因此，电极电位为 E 时的电极表面剩余电荷密度 q 值就相当于图5-7中的阴影部分。

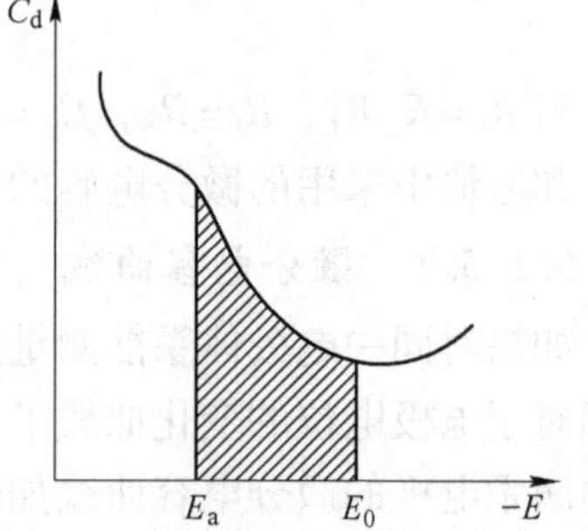

图5-7 利用微分电容曲线计算电极表面剩余电荷密度

与用电毛细曲线法求电极表面剩余电荷密度相比，微分电容法更精确和灵敏。这是因为电毛细曲线法是利用 σ-E 曲线的斜率求 q，而微分电容法是利用 C_d-E 曲线下方的面积求 q 的。这也就是说，应用电毛细曲线法时，测量的界面参数——表面张力是电极表面剩余电荷密度的积分函数，即：$\sigma=-\int q\mathrm{d}E$；而用微分电容法时，测量的界面参数——微分电容是电极表面剩余电荷密度的微分函数，即：$C_{\mathrm{d}}=\frac{\mathrm{d}q}{\mathrm{d}E}$。那么由数学函数知识我们知道，一般情况下，微分函数总是比积分函数可以更确切灵敏地反映函数的微小变化。所以，利用微分电容法求解更精确和灵敏。此外，到目前为止，电毛细曲线法的直接测量只能用在液态金属电极上，而微分电容的测量还可以用于固体电解的直接测量。所以在实际应用中，微分电容法的应用比较广泛一些。不过，微分电容法应用过程中常常需要依靠电毛细曲线法来确定零电荷电位。

5.1.5.4 双电层电容

在浓电解质溶液中，电极的双电层电容与 Helmholtz 模型计算的结构非常相近，因此该双电层的积分电容可通过式 5-35 计算：

$$C_{\mathrm{i}}=\frac{\varepsilon_0\varepsilon_{\mathrm{r}}}{l} \tag{5-35}$$

式中，l 是两平板间的距离，若将 $l=d/2\approx0.2\mathrm{nm}$（这是水合阳离子半径的典型值），以及水在 298 K 时的 $\varepsilon_{\mathrm{r}}=80$ 代入式 5-35，可得积分电容值约为 $350\mu\mathrm{F/cm^2}$，即 $3.5\mathrm{F/m^2}$，这与实验值（$0.05\sim0.5\mathrm{F/m^2}$）相比高很多，其原因在于选择的 $\varepsilon_{\mathrm{r}}=80$ 太大，该值对应于水分子偶极能在电场影响下任意自由旋转的情形，但对靠近电极表面的水分子，该假设是不成立的。事实上，在 IHP 内的水分子受到电场与化学力作用，金属表面的电荷将决定其优先取向，且在 OHP 和 IHP（IHP 和 OHP 表示内、外 Helmholtz 层，其含义见 5.2 节）之间，水分子的运动是受到限制的。计算表明，对 IHP 内的水分子而言，$\varepsilon_{\mathrm{r}}\approx6$，而 OHP 和 IHP 之间的水分子其 $\varepsilon_{\mathrm{r}}\approx30$。为了将上述数据代入公式计算电容值，则双电层必须分为两层，并以串联的形式排列，对应的总电容 C_{H} 可表示为：

$$\frac{1}{C_{\mathrm{H}}}=\frac{1}{C_{\mathrm{dipole}}}+\frac{1}{C_{\mathrm{IHP}}-C_{\mathrm{OHP}}}=\frac{d_{\mathrm{H_2O}}}{\varepsilon_0\varepsilon_{\mathrm{dipole}}}+\frac{d_{\mathrm{ion}}}{2\varepsilon_0\varepsilon_{\mathrm{IHP-OHP}}} \tag{5-36}$$

式中，$d_{\mathrm{H_2O}}$ 为水分子的直径；d_{ion} 为最大溶剂化离子的直径。

由式 5-36 计算出的微分电容值与实验结果非常接近。此外由计算过程说明微分电容值主要由式 5-36 中的第一项决定，而离子直径的影响相对较小。但是这里要说明的是，双电层电容与金属的类型有关，而上述方程并没有考虑到这一影响因素，所以说式 5-36 还是不完整的。事实上，将电极材料的性质并入考虑双电层电容的研究还是目前人们所研究的重要课题之一。

在稀溶液中，双电层电容计算过程中必须考虑扩散层的电容，其电容值 C_{diff} 可由下式计算：

$$C_{\mathrm{diff}}=\kappa\varepsilon_0\varepsilon_{\mathrm{r}} \tag{5-37}$$

在决定总双电层电容时这一项随着 κ 的降低而越加重要。则双电层电容 C_{D} 可通过下式计算：

$$\frac{1}{C_{\mathrm{D}}}=\frac{1}{C_{\mathrm{H}}}+\frac{1}{C_{\mathrm{diff}}} \tag{5-38}$$

计算结果表明电容值随着溶液的稀释而降低，同时微分电容值也随着溶液浓度降低而降低，且在稀溶液中，在 E_0 附近出现电容的最小值。

5.2 离子双电层结构

通过界面参数（如 σ 、C_d、q 等）的测量，得出了一些基本的实验事实。为了揭示这些实验现象，需要了解电极/溶液界面具有什么样的结构，即界面剩余电荷是如何分布的。为此，人们曾提出过各种界面结构模型。另外，这些实验事实又可被用来检验人们所提出的结构模型是否正确。因此，任何模型总是不断发展，越来越接近客观事实的真实情况。

双电层模型的建立经过了很长的历史发展过程。任何一个双电层模型都能解释一定的实验结果。直到 20 世纪 60 年代，测量几乎都是在汞电极上进行的，双电层模型也是在汞电极上建立起来的。汞电极在比氢电极更负的电极电位范围内是理想极化电极，因此这些模型主要反映的是电极的静电性质。静电模型一个很重要的应用是用于两种不相混溶电解质溶液的界面，这种情况可以看成是两种电解质溶液背靠背的排列。事实上绝对的不溶是没有的，电解质的存在还增加其溶解的程度，所以这样的模型应用到不相混溶的电解质溶液的界面时需要加以校正。

第一个双电层模型是 1879 年由 Helmholtz 首先提出来的，他是从刚性界面两侧正负电荷排列的规则考虑，设计出双电层模型的。这一模型的界面进一步延伸到溶液一侧，类似于平行板电容器。一个板是与溶液接触的金属表面，另一个板是整齐排列在金属表面异号电荷离子中心的平面（图 5-8）。双电层的厚度 d 认为就是离子半径，因为整个相呈电中性，所以金属相的过剩电荷密度 q_M 与溶液相的过剩电荷密度 q_s 数量相等符号相反。根据这一模型，静电位从 E_M 到 E_s 的变化是线性的，C_d不随电极所施加的电位而变化。在浓溶液中，特别是在电位差较大时，用 Hemholtz 模型计算的电容值能较好地符合实验结果，所以这一模型在一定条件下也反映了双电层的真实结构。但这个模型有两个主要缺点：首先，只考虑电极与吸附层之间的相互作用，而忽略了其他作用；其次，没有考虑电解质溶液浓度的影响。

在 20 世纪初，Gouy 和 Chapman 独立地提出了他们的双电层模型（图 5-9）。他们考

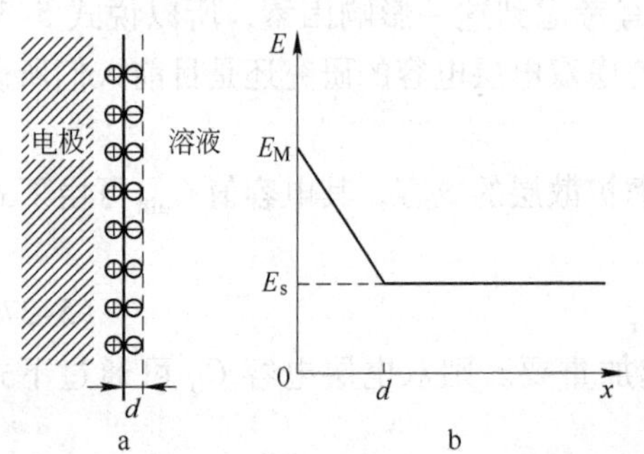

图 5-8 Hemholtz 双电层模型

a—电极及溶液中电荷的分布；b—界面区的电势分布

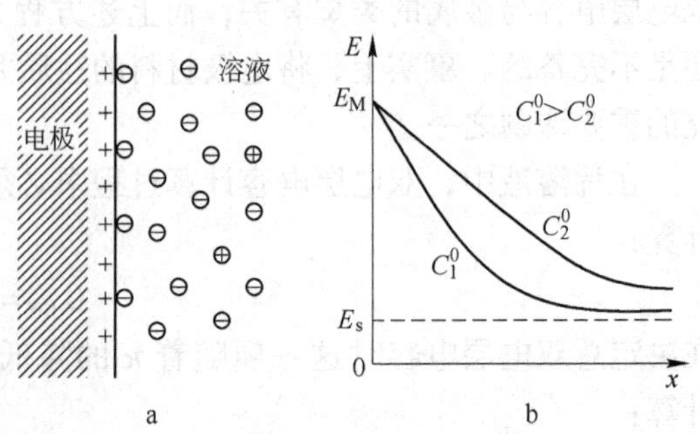

图 5-9 Gouy-Chapman 双电层模型

a—离子以分散的形式排列；b—界面静电势的变化

虑到了所施加的电位和电解质溶液的浓度都会影响双电层电容值，这样双电层就不是像Helmholtz描述的那样是紧密排列的，而是具有不同的厚度，因为离子是自由运动的。这一模型称为扩散双电层。该理论可以定性地解释许多实验事实并算出表示双电层结构的各种参数，但它不能解释离子的特性吸附。

1924年，Stern将Helmholtz模型和Gouy-Chapman模型结合起来，他认为形成的双电层紧靠电极处是紧密层，接下来是扩散层，延伸到溶液本体（图5-10）。对实验结果的解释是，在远离零电荷电位E_0时，电极对离子施加一个很强的作用力，使离子牢固地排列在电极表面，在这一距离内，电位降严格地遵循紧密层的规律；靠近零电荷电位时，存在一个离子的扩散分布（分散层），用数学式表示就是等价为两个串联的电容器。C_H代表紧密层电容；C_{GC}代表分散层电容。这两电容中较小的一个决定所观察到的双电层的性质。在上述三个模型中Stern模型是最好的，但是也并不能解释曲线上所有的形状。这是由于由汞构成的液体电极，是一种特殊的情况，而其他的电解质与固体电极的结果表现出更多复杂的性质。

Stern模型区分了电极表面吸附的离子和扩散层的离子。1947年Grahame提出了分三个区域的概念。与Stern模型不同的是考虑了特性吸附的存在，这些特性吸附的离子去掉溶剂化作用，紧密地与电极表面接触。这些特性吸附的离子不仅受静电力的作用，而且还受一种特殊吸附力的作用，这种力不是库仑引力。这些特性吸附的离子可能与电极带相同符号的电荷，也可能相反，但结合力都非常强。图5-11为Grahame双电层模型的离子分布和电位分布图。内Helmholtz面（IHP）就是通过特性吸附离子中心的面，扩散层在外Helmholtz面（OHP）以外。在Stern和Grahame模型中，OHP以内，电位都是线性变化的，扩散层是呈指数变化的。这一模型的电容变化与实际电容随电位的变化曲线更接近。常见的发生特性吸附的阴离子有I^-、Br^-、CN^-和S^-等，而OH^-、F^-、SO_4^{2-};、CO_3^{2-}属于非特性吸附离子。

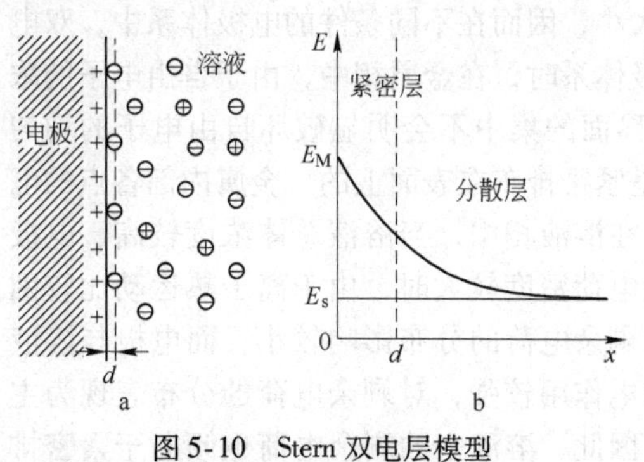

图5-10 Stern双电层模型
a—离子在紧密层和分散层中的排列；
b—静电势随距离的变化

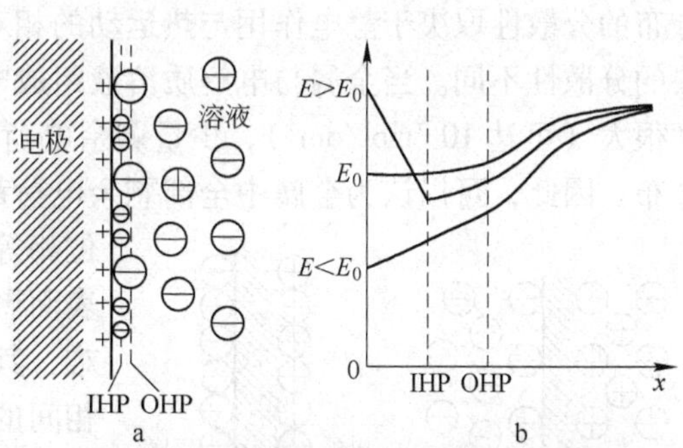

图5-11 汞电极上的Grahame双电层模型
（E_0为零电荷电位）
a—离子在界面区的排布；
b—按照所加的电势、界面区的静电势分布

在极性溶剂中，例如水，电极与偶极子之间的相互作用一定存在，因为溶剂的浓度几乎总是比溶质的浓度大，Bockzis新提出的模型（1963）考虑到了溶剂的因素，认为溶剂分子优先排列在电极的表面（图5-12）。溶剂偶极分子的取向是根据电极所带电荷的单质，溶剂偶极分子与特性吸附离子在同一层。假设认为电极是一个巨大的离子，溶剂分子形成第一层，溶剂化后，IHP 通过偶极子和特性吸附离子的中心。OHP 是指通过吸附的溶剂化离子层的中心面，OHP 外是扩散层。电位随距离的变化见图 5-12b。从定性的角度看，图 5-12 与 Grahame 模型（图 5-11）是一样的。

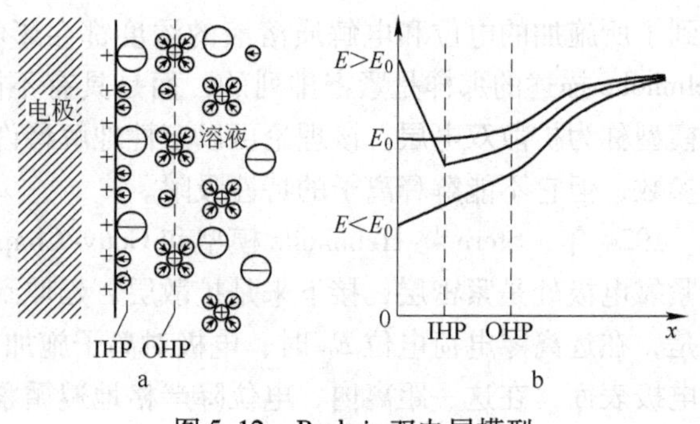

图 5-12 Bockzis 双电层模型
（E_0 为零电荷电位）
a—界面区离子和溶剂分子的排列；
b—界面区电势分布

在此主要介绍迄今为人们普遍接受的基本观点和有代表性的界面结构模型。其中，Stern 认为离子双电层中同时存在紧密层和分散层，这个双电层结构模型较好地解释了界面上的各种实验现象，是目前人们普遍接受的双电层理论。

5.2.1 Stern 双电层理论

电极/溶液界面存在着两种相间相互作用：一种是电极与溶液两相中的剩余电荷所引起的静电作用；另一种是电极和溶液中各种粒子之间的短程作用，如特性吸附、偶极子定向排列等，它只在零点几纳米的距离内发生作用。这些相互作用决定着界面的结构和性质。

静电作用是一种长程性质的相互作用，它使符号相反的剩余电荷力图相互靠近，趋向于紧贴着电极表面排列，形成紧密层。电极和溶液两相中的荷电粒子都不是静止不动的，而是处于不停的热运动之中。热运动促使荷电粒子倾向于均匀分布，从而使剩余电荷不可能完全紧贴着电极表面分布，而是具有一定的分散性，形成所谓的分散层。由于剩余电荷分布的分散性取决于静电作用与热运动的相对大小，因而在不同条件的电极体系中，双电层的分散性不同。当金属与电解质溶液组成电极体系时，在金属相中，由于自由电子的浓度很大（可达 10^{25} mol/dm^3），少量剩余电荷在界面的集中不会明显破坏自由电子的均匀分布。因此，可以认为金属中全部剩余电荷都是紧密排布在表面上的，金属内部各点的电位相等。在溶液相中，当溶液总体浓度较高、电极表面剩余电荷密度较大时，由于离子热运动比较困难，其对剩余电荷的分布影响较小，而电极与溶液相间的静电作用较强，对剩余电荷的分布表现为主导作用。因此，溶液中的剩余电荷也倾向于紧密排布，从而形成图 5-13a 所示的紧密双电层。如果溶液总体浓度较低，或电极表面上剩余电荷密度较小，那么，离子热运动的作用增强，而静电作用减弱，因而形成图 5-13b 所示的紧密层与分散层共存的结构。同样道理，对于由半导体材料和电解质溶液组成电极体系，在固相中由于载流子浓度较小（约 10^{17} mol/dm^3），剩余电荷的分布也将具有一定的分散性，如图 5-13b 所示。以上是 Stern 双电层理论的基础。

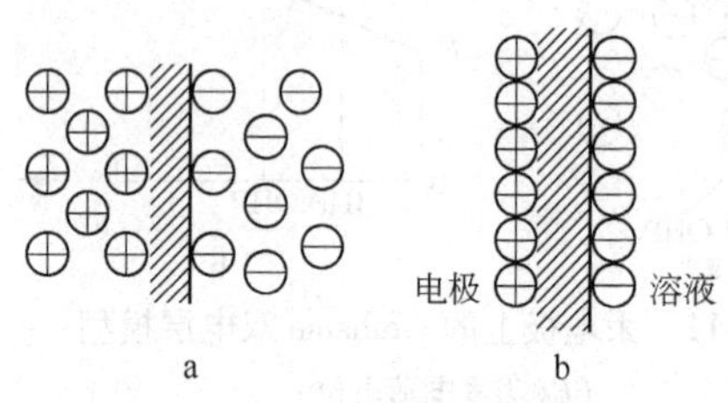

图 5-13 两类双电层模型
a—分散型双电层；b—紧密型双电层

对于金属与电解质溶液形成的双电层，从以上分析可看出其有以下几个特点：

（1）在金属电极一侧，当电极材料是电子良导体时，自由电子的浓度很大，少量的剩余电荷全部紧密地排列在电极表面一侧。

（2）溶液一侧的剩余电荷由离子组成，离子受电极表面剩余电荷的静电作用，异电荷离子被吸引，同电荷离子被排斥，使离子趋向于紧密排列在溶液一侧；同时，这些离子还受热运动的作用，趋向于在溶液中均匀分布。如果静电作用大于热运动，就会有部分异电荷离子紧密地排列在界面上，形成紧密双电层。这会减小电极表面剩余电荷对溶液内部离子的静电作用，直到其远小于热运动作用。这时，离子在界面溶液一侧的分布服从 Boltzmann 定律，形成分散层。由紧密层和分数层构成的双电层如图 5-14 所示。若以合理电极电位 $E_a=E-E_0$ 表示离子双电层的相间电位差，电极表面到溶液内部的距离为 x，取溶液深处的电位为零，则 E_a 就是金属表面的电位。

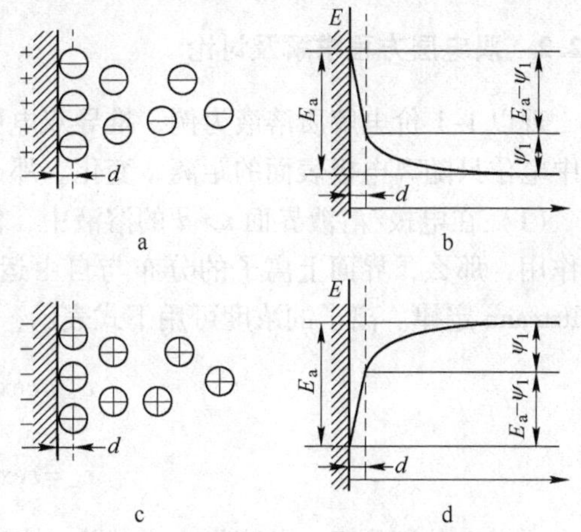

图 5-14 双电层中电荷分布和电位分布

a，b—$q>0$；c，d—$q<0$

（3）紧密双电层中两排电荷之间的距离为水化离子靠近电极表面的最小距离，设它为 d，则在 $x=0$ 到 $x=d$ 之间没有电荷存在。因此，在 $x=0\sim d$ 范围内，电场强度是相等的，电位与 x 呈线性关系，在 $x>d$ 时，由于异号电荷的存在，电场强度随 x 增加逐渐减小，电位与距离 i 成非线性关系。电极与溶液界面之间的电位差由两部分组成：1）紧密层中的电位差，又叫做界面电位差，用 $E_a-\psi_1$ 表示；2）分散层电位差，又叫做“液相中”电位差，用 ψ_1 表示。具体如图 5-14b、d 所示。

（4）电极/溶液界面双电层的微分电容，根据定义可表示为：

$$\frac{1}{C_d}=\frac{dE_a}{dq}=\frac{d(E_a-\psi_1)}{dq}+\frac{d\psi_1}{dq}$$

由此得出：

$$\frac{1}{C_d}=\frac{1}{C_{紧}}+\frac{1}{C_{分}} \tag{5-39}$$

即可把双电层微分电容看作是紧密双电层和分散双电层串联而成的，如图 5-15 所示。

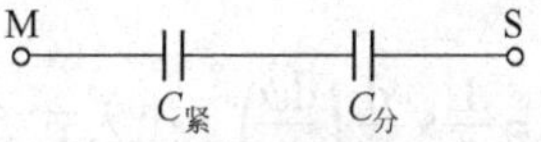

M S
$C_{紧}$ $C_{分}$

图 5-15 双电层微分电容的组成

（5）双电层的结构特点。根据双电层的紧密层电位差与分散层电位差的相对大小，可分析双电层的结构特点：1）当分散层的紧密层 $C_{分}$ 远小于紧密层电容 $C_{紧}$，即 $C_{分}\ll C_{紧}$ 时，$C_d\approx C_{分}$，即离子双电层主要由分散层构成。由此可得电位差 $E_a-\psi_1\approx 0$。2）当 $C_{分}\ll C_{紧}$ 时，$\frac{1}{C_{分}}\to 0$，式 5-39 可改为 $\frac{1}{C_d}\approx\frac{1}{C_{紧}}$，即 $C_d\approx C_{紧}$，离子双电层主要由紧密层构成。由此可得出 $\psi_1\approx 0$。反之，也可以用 ψ_1 来判断离子双电层的结构特点。当 $\psi_1\approx 0$ 时，离子双电层主要由紧密层构成；当 $E_a \approx \psi_1$ 时，离子双电层主要有分散层构成。所以，只要知道 ψ_1 的相对大小，即可知离子双电层的结构特点。下面来求解 ψ_1，即求解双电层方程。

5.2.2 双电层方程求解及讨论

现以 1-1 价电解质溶液为例，推导双电层方程式。设金属电极为无限大的平面，则溶液中电位只随离电极表面的距离 x 变化。那么，可进行下述的分析：

（1）在电极/溶液界面 $x \gg d$ 的溶液中，假设离子与电极之间只受到静电作用和热运动的作用，那么，界面上离子的分布与自由运动的粒子在势能场中的分布规律相同，服从 Boltzmann 定律。离子的浓度可用下式表示：

$$c_+ = c\exp\left(-\frac{\psi F}{RT}\right) \tag{5-40a}$$

$$c_- = c\exp\left(\frac{\psi F}{RT}\right) \tag{5-40b}$$

式中 c_+、c_- 分别为正、负离子在电位为 ψ 液层中的浓度；ψ 为距离电极表面 x 处的电位，c 为溶液的平均浓度也是没有双电层（$\psi=0$）时的浓度。

因此在距离电极表面 x 处的液层中，离子剩余电荷的密度为：

$$\rho = Fc_+ - Fc_- = cF\times\left[\exp\left(-\frac{\psi F}{RT}\right) - \exp\left(\frac{\psi F}{RT}\right)\right] \tag{5-41}$$

式中，ρ、ψ 都是未知数，若要求解 ψ，必须再列出一个方程。

（2）若忽略离子的体积，假定溶液中的电荷分布是连续的，则可应用静电学中的泊松方程，把剩余电荷的分布与双电层溶液一侧的电位分布联系起来。泊松方程如下：

$$\frac{\partial^2\psi}{\partial x^2} = -\frac{\rho}{\varepsilon_0\varepsilon_r} \tag{5-42}$$

联解方程 5-41 和方程 5-42 就可求得出 ψ_1，得到双电层方程。

把式 5-42 代入式 5-41 中，得：

$$\frac{\partial^2\psi}{\partial x^2} = -\frac{cF}{\varepsilon_0\varepsilon_r}\times\left[\exp\left(-\frac{\psi F}{RT}\right) - \exp\left(\frac{\psi F}{RT}\right)\right] \tag{5-43}$$

根据复合函数的微分法，令 $\frac{d\psi}{dx}=f$，则：

$$\frac{d^2\psi}{dx^2} = \frac{df}{dx} = \frac{df}{d\psi}\times\frac{d\psi}{dx} = f\frac{df}{d\psi} = \frac{1}{2}\times\frac{df^2}{d\psi}$$

即 $\frac{d^2\psi}{dx^2} = \frac{1}{2}\times\frac{d}{d\psi}\left(\frac{d\psi}{dx}\right)^2$ 代入式 5-43，得：

$$\frac{1}{2}\times\frac{d}{d\psi}\left(\frac{d\psi}{dx}\right)^2 = -\frac{cF}{\varepsilon_0\varepsilon_r}\times\left[\exp\left(-\frac{\psi F}{RT}\right) - \exp\left(\frac{\psi F}{RT}\right)\right]$$

对上式积分有：

$$\frac{1}{2}\times\left(\frac{d\psi}{dx}\right)^2 = -\frac{cRT}{\varepsilon_0\varepsilon_r}\times\left[\exp\left(-\frac{\psi F}{RT}\right) + \exp\left(\frac{\psi F}{RT} + A\right)\right] \tag{5-44}$$

式中，A 为积分常数，根据边界条件 $x\to\infty$ 时，$\frac{d\psi}{dx}=0$，代入式 5-44 得 $A=2$。则式 5-44 可表示为：

$$\frac{1}{2}\times\left(\frac{\mathrm{d}\psi}{\mathrm{d}x}\right)^2=\frac{cRT}{\varepsilon_0\varepsilon_r}\times\left[\exp\left(-\frac{\psi F}{RT}\right)+\exp\left(\frac{\psi F}{RT}\right)-2\right]=\frac{cRT}{\varepsilon_0\varepsilon_r}\times\left[\exp\left(-\frac{\psi F}{RT}\right)-\exp\left(\frac{\psi F}{2RT}\right)\right]^2$$

上式两边开方则有：

$$\frac{\mathrm{d}\psi}{\mathrm{d}x}=\pm\sqrt{\frac{2cRT}{\varepsilon_0\varepsilon_r}}\times\left[\exp\left(-\frac{\psi F}{RT}\right)-\exp\left(\frac{\psi F}{2RT}\right)\right]$$

当 $\psi>0$ 时，$\frac{\mathrm{d}\psi}{\mathrm{d}x}<0$，上式取正号：

$$\frac{\mathrm{d}\psi}{\mathrm{d}x}=\sqrt{\frac{2cRT}{\varepsilon_0\varepsilon_r}}\times\left[\exp\left(-\frac{\psi F}{2RT}\right)-\exp\left(\frac{\psi F}{2RT}\right)\right]$$

在 $x=d$ 处，$\psi=\psi_1$。上式为：

$$\left(\frac{\mathrm{d}\psi}{\mathrm{d}x}\right)_{x=d}=\sqrt{\frac{2cRT}{\varepsilon_0\varepsilon_r}}\times\left[\exp\left(-\frac{\psi F}{2RT}\right)-\exp\left(\frac{\psi F}{2RT}\right)\right]\tag{5-45}$$

根据 Gauss 公式：

$$\left(\frac{\mathrm{d}\psi}{\mathrm{d}x}\right)_{x=0}=-\frac{q}{\varepsilon_0\varepsilon_r}\tag{5-46}$$

可以求得双电层中电极表面所带电量 q 与 ψ_1 的关系。从 $x=0$ 到 $x=d$ 的区域内不存在剩余电荷，ψ 与 x 是线性关系，电场强度是不随 x 变化的常数值，即：

$$\left(\frac{\mathrm{d}\psi}{\mathrm{d}x}\right)_{x=0}=\left(\frac{\mathrm{d}\psi}{\mathrm{d}x}\right)_{x=d}\tag{5-47}$$

把式 5-46 和式 5-47 代入式 5-45 中，可得：

$$q=\sqrt{2cRT\varepsilon_0\varepsilon_r}\times\left[\exp\left(\frac{\psi_1 F}{2RT}\right)-\exp\left(-\frac{\psi_1 F}{2RT}\right)\right]\tag{5-48}$$

这就是著名的离子双电层方程。它表明离子双电层中分散双电层电位差 ψ_1 与电极表面电荷密度 q、溶液浓度 c 之间的关系。通过上式可以分析离子双电层的结构特点及其影响因素。

根据图 5-14 所示，假设 d 是不随电极电位变化的常数，将紧密双电层作为平行板电容器，其电容值 $C_{紧}$ 为常数，即 $C_{紧}=\frac{\mathrm{d}q}{\mathrm{d}(E_a-\psi_1)}=\frac{q}{E_a-\psi_1}=$常数或 $q=C_{紧}(E_a-\psi_1)$。

将上式代入式 5-48，得到双电层方程的另一种表达形式：

$$q=C_{紧}(E_a-\psi_1)=\sqrt{2cRT\varepsilon_0\varepsilon_r}\times\left[\exp\left(-\frac{\psi_1 F}{2RT}\right)-\exp\left(\frac{\psi_1 F}{2RT}\right)\right]$$

或

$$E_a=\psi_1+\frac{1}{C_{紧}}\sqrt{2cRT\varepsilon_0\varepsilon_r}\times\left[\exp\left(-\frac{\psi_1 F}{2RT}\right)-\exp\left(\frac{\psi_1 F}{2RT}\right)\right]\tag{5-49}$$

由于上式把电极/溶液界面双电层的总电位差 E_a 与 ψ_1 联系在一起，因而在讨论界面结构时更为实用。根据双电层方程的两种形式，可以分析表面带电量及浓度等因素对 ψ_1 的影响，由 ψ_1 的相对大小来分析双电层在不同条件下的结构特点：当电极表面电荷密度 q 和溶液浓度 c 都很小时，双电层中的静电作用能远小于离子热运动能，即 $|\psi_1|F\ll RT$，双电层方程 5-48 可按级数展开：

$$q=\sqrt{2cRT\varepsilon_0\varepsilon_r}\times\left\{\left[1+\frac{\psi_1 F}{2RT}+\frac{1}{2!}\left(\frac{\psi_1 F}{2RT}\right)^2+\cdots\right]-\left[1-\frac{\psi_1 F}{2RT}+\frac{1}{2!}\left(-\frac{\psi_1 F}{2RT}\right)^2+\cdots\right]\right\}=\sqrt{2cRT\varepsilon_0\varepsilon_r}\times\frac{\psi_1 F}{RT}$$

得到：

$$q=\sqrt{\frac{2c\varepsilon_0\varepsilon_r}{RT}}\psi_1 F \tag{5-50}$$

或

$$E_a=\psi_1+\frac{1}{C_{紧}}\sqrt{\frac{2c\varepsilon_0\varepsilon_r}{RT}}\psi_1 F \tag{5-51}$$

式5-50和式5-51是双电层方程在 q 和 c 很小时近似方程的两种表达形式。由此可看出：1）由于 c 很小，式5-51中右边的第二项可忽略不计，得到 $E_a\approx\psi_1$。这说明双电层主要由分散层构成，分散层的特点如图5-16所示，从图中可以看出，由于电极表面的带电量少，溶液一侧中的剩余电荷主要分布在溶液中，几乎没有紧密层形成，所以紧密层的电位差 $E_a-\psi_1$ 几乎为零，而分散层电位 $E_a=\psi_1$；2）根据双电层方程5-48，可求得分散层的双电层电容为：

$$C_{分}=\frac{dq}{d\psi_1}=F\sqrt{\frac{c\varepsilon_0\varepsilon_r}{2RT}}\times\left[\exp\left(-\frac{\psi_1 F}{RT}\right)-\exp\left(\frac{\psi_1 F}{2RT}\right)\right]^2 \tag{5-52}$$

它表明，$C_{分}$ 随电极表面剩余电荷 q 而变化，$|q|$ 增加时，$C_{分}$ 增加，当 $q=0$ 时，$\psi_1=0$，$C_{分}$ 取极小值：

$$C_{分(\min)}=F\sqrt{\frac{2c\varepsilon_0\varepsilon_r}{RT}} \tag{5-53}$$

（3）当电极表面电荷密度 q 和溶液浓度 c 都比较大时，双电层中的静电作用能远大于热运动能（$|\psi_1|F\gg RT$）。式5-48右边的两项中总是一项比另一项大得多，可忽略其中的一项。此时，双电层中 $|E_a|\gg|\psi_1|$，即双电层中分散层所占比例很小，双电层主要由紧密层构成，紧密层结构如图5-17所示。

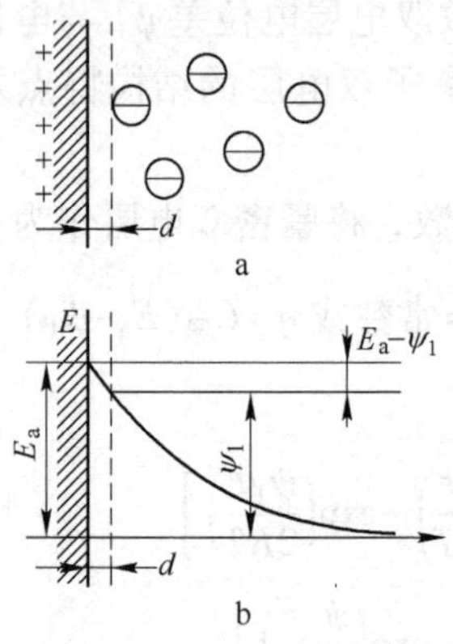

图5-16　分散层示意图

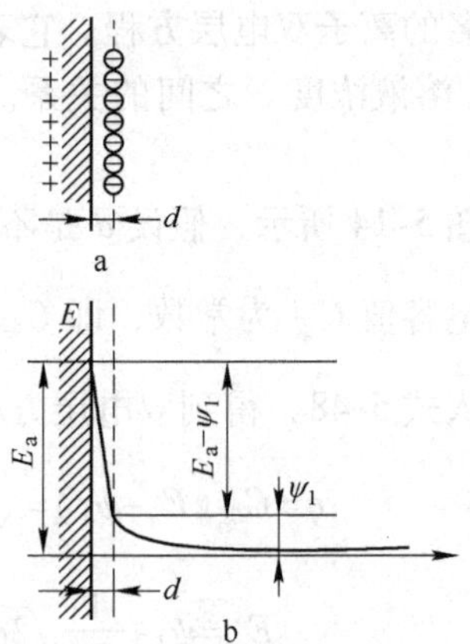

图5-17　紧密层结构示意图

$$E_a\approx E_a-\psi_1$$

$$C_d\approx C_{紧}$$

$$q_M\approx\pm\sqrt{2cRT\varepsilon_0\varepsilon_r}\times\exp\left(\pm\frac{\psi_1 F}{2RT}\right)$$

或

$$E_a\approx\pm\frac{1}{C_{紧}}\sqrt{2cRT\varepsilon_0\varepsilon_r}\times\exp\left(\pm\frac{\psi_1 F}{2RT}\right)$$

这是因为 q 很大时，静电作用就大，会吸附大量的离子形成紧密层，紧密层上的离子降低了电极表面上剩余电荷对溶液中离子的吸附作用，使溶液中离子的分布仍然满足 Boltzmann 公式，所以 E_a 可以增加到很大，ψ_1 的增加却是有限的。当 $q>0$ 时，式 5-48 右边的第二项可忽略，得：

$$E_a \approx \frac{1}{C_{紧}}\sqrt{2cRT\varepsilon_0\varepsilon_r}\times\exp\left(\frac{\psi_1 F}{2RT}\right) \tag{5-54}$$

当 $q<0$ 时，式 5-48 右边的第一项可忽略，得：

$$E_a \approx -\frac{1}{C_{紧}}\sqrt{2cRT\varepsilon_0\varepsilon_r}\times\exp\left(-\frac{\psi_1 F}{2RT}\right) \tag{5-55}$$

式 5-54 和式 5-55 即为 q 和 c 较大时双电层近似方程，用对数的形式表示为：

$\psi_1>0$ 时，
$$\psi_1 \approx -\frac{2RT}{F}\ln\frac{1}{C_{紧}}\sqrt{2RT\varepsilon_0\varepsilon_r}+\frac{2RT}{F}\ln E_a-\frac{RT}{F}\ln c$$

$\psi_1<0$ 时，
$$\psi_1 \approx -\frac{2RT}{F}\ln\frac{1}{C_{紧}}\sqrt{2RT\varepsilon_0\varepsilon_r}-\frac{2RT}{F}\ln E_a+\frac{RT}{F}\ln c$$

从上面的讨论可知，ψ_1 与 E_a 的相对大小决定了双电层的结构特点。双电层方程表明了各种因素对 ψ_1 的影响，从式 5-48 中可以看出，主要的影响因素有电极表面剩余电荷密度、溶液的浓度、溶液介电系数、温度。电极表面剩余电荷密度的多少直接决定了相间电位差 E_a 的大小，所以 q 与 E_a 是同一个因素。下面分别讨论这些因素的影响。由于双电层方程式 5-48 的形式复杂，不容易直观地看出影响结果。必须利用双电层的两种近似方程式 5-50 和式 5-54、式 5-55 进行分析。

（1）电解质浓度的影响。讨论电解质影响时，假设电极表面剩余电荷量 q 固定不变，则 E_a 也会不变。由式 5-50 和式 5-54、式 5-55 可知：c 增加，$|\psi_1|$ 下降；c 下降，$|\psi_1|$ 增加。所以，电解质浓度的增加使 $|\psi_1|$ 下降，离子双电层中的分散层被压缩。

（2）表面剩余电荷密度的影响。由式 5-50 看出，在 q 和 c 较小时，若 $|q|$ 增加，$|\psi_1|$ 呈直线上升。由式 5-54、式 5-55 可看出，当 q 和 c 较大时，随 E_a 增加，$|\psi_1|$ 以对数形式增加。此时，q 或 $|E_a|$ 增加 10 倍，$|\psi_1|$ 增加约 59mV，当 φ_a 达到很大的值以后，$|\psi_1|$ 几乎不随 E_a 变化，而趋近于一个常数值，其与 E_a 相比很小，可忽略不计。电解质浓度 c 及 q 的影响如图 5-18 所示。

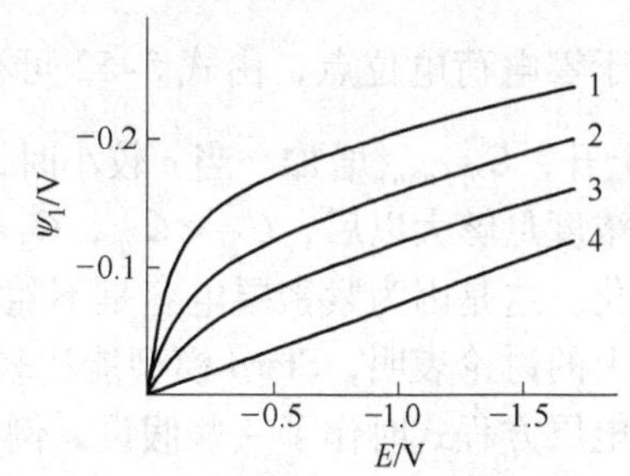

图 5-18　1-1 价电解质溶液中 E_a、ψ_1 和 c 之间的关系

电解质浓度：1—0.001mol/L；2—0.01mol/L；3—0.1mol/L；4—1mol/L

（3）介电系数的影响。由式 5-50 和式 5-54、式 5-55 中均可看出，介电系数减小，$|\psi_1|$ 上升。

总之，电解质的浓度对 $|\psi_1|$ 的影响很大，当 c 足够大时，可使 $|\psi_1|\to 0$；$|q|$ 对 $|\psi_1|$ 的影响相对小些。

以上通过数学方法，求得了双电层方程，并对双电层方程的物理意义进行了讨论。下面看一下其对一些实验现象的解释。实验测得 Hg 在稀溶液 0.0001mol/L HCl 中的微分电容曲线如图 5-19a 中曲线 1 所示。根据双电层方程可知，分散层的微分电容：

$$C_{分}=\frac{\mathrm{d}q}{\mathrm{d}\psi_1}=F\sqrt{\frac{c\varepsilon_0\varepsilon_r}{2RT}}\times\left[\exp\left(\frac{\psi_1 F}{2RT}\right)+\exp\left(-\frac{\psi_1 F}{2RT}\right)\right] \tag{5-56}$$

双电层中的紧密层电容为常数，且：

$$C_{紧}=\frac{\mathrm{d}q}{\mathrm{d}(E_a-\psi_1)}=\frac{q}{E_a-\psi_1}=A \tag{5-57}$$

而双电层电容又由分散层和紧密层串联而成，即$\frac{1}{C_d}=\frac{1}{C_{紧}}+\frac{1}{C_{分}}$。由式5-52作分散层电容随电位的变化曲线，如图5-19a所示，它是一条双曲函数线。根据式5-57可作紧密层电容曲线，实验中得出$q>0$时，紧密层电容$C_{紧}$比$q<0$时大。为了和实验结果相符，假设紧密层的距离d在$q>0$时较小，$q<0$时较大，$C_{紧}$如图5-19b所示。把两种电容值串联叠加就得出理论微分电容曲线，如图5-19c所示。叠加的原则是，当$C_{分}\gg C_{紧}$时，取$C_d=C_{紧}$，当$C_{分}\ll C_{紧}$时，取$C_d=C_{分}$，所得微分电容曲线与实验所得值基本一致。这表明，在零电荷附近，离子双电层主要由分散层构成，在远离零电荷电位点的区域内，主要由紧密层构成。

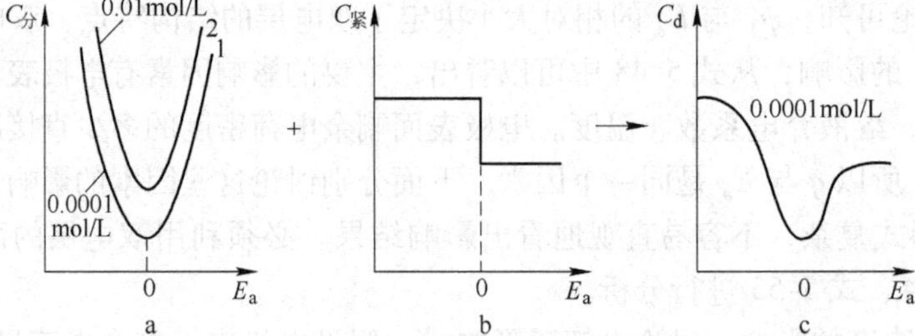

图5-19　理论计算的微分电容曲线

a—分散层电容；b—紧密层电容；c—微分电容

对于零电荷电位点，由式5-52可得式5-53：$C_{分(\min)}=F\sqrt{\frac{2c\varepsilon_0\varepsilon_r}{RT}}$。从此可清楚地获知，$c$上升，$C_{分(\min)}$增加。当$c$较小时，$C_{分}$很小，$C_d\approx C_{分}$，当$c$上升，$C_{分(\min)}$也随$c$上升，当浓度足够大以后，$C_{紧}\ll C_{分}$，$C_d\approx C_{紧}$，微分电容曲线上的极小点消失，并不再随浓度变化。这是因为紧密层电容是不随浓度变化的。

以上的讨论表明，Stern模型能比较好地反映界面结构的真实情况。但是，该模型在推导双电层方程式时作了一些假设。例如假设介质的介电常数不随电场强度变化，把离子电荷看成点电荷并假定电荷是连续分布的，等等。这就使得Stern双电层方程式对界面结构的描述只能是一种近似的、统计平均的结果，而不能用作准确的计算。例如，按照该模型可以计算ψ_1电位的数值，但这一数值应该被理解为某种宏观统计平均值。因为每一个离子附近都存在着离子电荷引起的微观电场，所以即使是与电极表面等距离的平面上，也并非是等电位的。Stern模型的另一个重要缺点是对紧密层的描述过于粗糙。它只简单地把紧密层描述成厚度d不变的离子电荷层，而没有考虑到紧密层组成的细节及由此引起的紧密层结构与性质上的特点的变化。

5.2.3　紧密层的结构

稀溶液中的微分电容曲线表明，在电极表面带正电荷与带负电荷时相比，形成的紧密双电层电容值相差较大。而且实验还表明，当电极表面带负电荷时，紧密层的电容一般约为16μF/cm²，与正离子的半径、价数无关；而当电极表面带正电荷时，紧密层的电容随离子的半径变化。为了解释这些实验现象，20世纪60年代以来，在承认Stern模型的基础上，许多学者对离子双电层的紧密层结构进行了修正，提出了内紧密层和外紧密层的概念，从理论上更为详细地描述了紧密层的结构。下面以普遍认可的BDM（Bockzis-Davanathan-Muller）模型为主简介现代电化学理论关于紧密层结构的基本观点。

5.2.3.1 电极表面水化和水的介电常数的变化

水分子是强极性分子，能在带电的电极表面定向吸附，形成一层定向水分子层。即使电极表面剩余电荷密度为零时，由于水偶极子与电极表面的镜像力作用和色散力作用，也仍然会有一定数量的水分子定向吸附在电极表面。这层水分子的覆盖度可达70%以上，在强大的界面电场作用下，紧贴电极表面的水分子达到介电饱和，其相对介电系数降低到5~6，而一般水在25℃时的介电系数为78。从第二层水分子开始，相对介电系数随距离的增加而增大，直到恢复到水的介电系数78。在紧密层内，即离子周围的水化膜内，相对介电系数可达40以上。

5.2.3.2 外紧密层

当电极表面带负电时，水化的正离子受静电吸附作用，向电极表面靠近，但是它不能直接与电极表面接触，而是由一层定向排列的水分子层隔开。这种紧密层将由水分子偶极层和水化的阳离子层串联组成，称为外紧密层，如图5-20a所示。外紧密层的有效厚度d是指从电极表面（$x=0$）到水化正离子电荷层的中心的距离。图中的OHP是指水化正离子电荷中心所在的液层，称为外紧密层平面或外Helmholtz平面。若设x_1为第一层水分子层的厚度，x_2为一个水化正离子的半径，则$d=x_1+x_2\approx6\times10^{-10}$m。

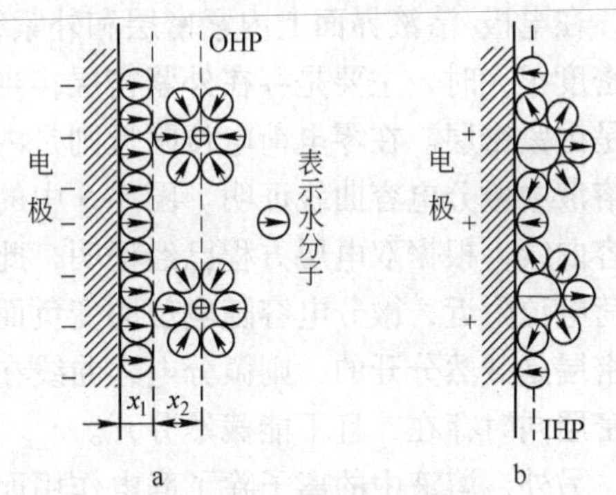

图5-20 密层结构示意图
a—外紧密层结构示意图；
b—内紧密层结构示意图

5.2.3.3 内紧密层

当电极表面带正电荷时，水化的负离子受静电作用向电极表面吸附。除了与电极表面的正离子的静电吸附作用之外，还存在阴离子的特性吸附，这可能是由于正负离子间能形成离子键引起的作用，因而比单纯的静电作用强得多。它足以使负离子逸出水化膜，取代电极表面的水分子偶极层，直接吸附在电极表面，形成内紧密层，如图5-20b所示。图中的IHP是指负离子电荷中心所在液层，称为内紧密层平面或内Helmholtz平面。

根据内、外紧密层的结构特点，可以解释为什么$q>0$时的紧密层电容比$q<0$时大得多，同时可以解释$q<0$时，$C_{紧}$与离子的种类无关，而$q>0$时$C_{紧}$与离子的种类有关的现象。当$q<0$时，形成外紧密层，$C_{紧}$可等效于水分子偶极层电容与水化阳离子层电容串联，即：

$$\frac{1}{C_{紧}}=\frac{1}{C_{H_2O}}+\frac{1}{C_+} \tag{5-58}$$

式中，$C_{紧}$ 为紧密层电容；C_{H_2O}为水偶极子层电容；C_+为水化正离子层电容，根据电容的特点又有：$\frac{1}{C_{紧}}=\frac{x_1}{\varepsilon_0\varepsilon_{H_2O}}+\frac{x_2}{\varepsilon_0\varepsilon_+}$，其中 ε_{H_2O}为水偶极层的相对介电常数，ε_+为水化阳离子层的介电常数，一般取 $\varepsilon_+\approx40$。由于 x_1与 x_2相近，$\varepsilon_{H_2O}\ll\varepsilon_+$，上式中右边的第二项比第一项小得多，可忽略不计。因此得：

$$\frac{1}{C_{紧}}\approx\frac{x_1}{\varepsilon_0\varepsilon_{H_2O}} \tag{5-59}$$

这表明外紧密层电容只取决于水偶极层的性质，与正离子的种类无关，因而接近常数值，若取 $\varepsilon_{H_2O}=5$，$\varepsilon_0=8.85\times10^{-10}$ μF/cm，$x_1=2.8\times10^{-10}$ m，代入式 5-59 得：$C_{紧}\approx16$μF/cm^2，这个计算结果与实验值十分接近。在 $q>0$ 时，形成内紧密层，负离子直接与电极表面接触，紧密层电容为：$\frac{1}{C_{紧}}=\frac{r_-}{\varepsilon_0\varepsilon_-}$，其中 ε_-为负离子层的介电常数；r_-为负离子的半径。电容值的大小直接由负离子的半径决定，所以与离子的种类有关。这也证明上述紧密层结构模型是正确的。

在电极/溶液界面上内紧密层和外紧密层不是完全独立存在的。当电极表面所带负电荷密度很大时，主要是存在外紧密层；当电极表面所带的正电荷密度很大时，则主要存在的是内紧密层。在零电荷电位附近则是内紧密层和外紧密层同时存在，这可由高浓度电解液溶液中微分电容曲线证明。图 5-5 中的曲线 4 是在 0.1mol/L 的 KCl 溶液中测得的微分电容曲线，根据双电层方程已经证明，此时，离子双电层由紧密层构成。可以看出，在零电荷电位附近，微分电容随电位的变负而减小，并没有出现突变，但是，如果认为内、外紧密层是截然分开的，则微分电容曲线在零电荷电位点就应该出现突变点。所以其内、外紧密层同时存在，且不能截然分开。

另外，溶液中的离子除了静电作用而富集在电极/溶液界面外，还可能由于与电极表面的短程相互作用而发生物理吸附或化学吸附，这种吸附与电极材料、离子本性及其水化程度有关，被称为特性吸附。大多数无机阳离子不发生特性吸附，只有水化能较小的阳离子：Tl^+、Cs^+等离子发生特性吸附。相反地，除了 F^-离子外，几乎所有的无机阴离子都或多或少地发生特性吸附。有无特性吸附，对紧密层的结构是有一定影响的。

最后需要指出的是，20 世纪 80 年代双电层理论出现了突破性的进展，新的双电层理论不再如前面经典理论那样视金属为理想的导体，中心议题是整个界面的真正分子模型，理论基于“冻胶模型”和硬球组装模型的概念，采用积分方程等方法进行处理。

5.2.4　双电层的电学特性等效电路表示方法

电极/溶液的相界通常可以由等效电路来表示，在这样的等效电路表示法中，一个理想极化电极仅仅是一个电容，如图 5-21a 所示，它的容量可能依赖于电位值的大小。在法拉第过程中也会产生于双电层充电电流并行的电流情况，这就可用图 5-21b 来表示，并存在一个等效的法拉第漏流电阻 R_F，其可通过下式计算得到：

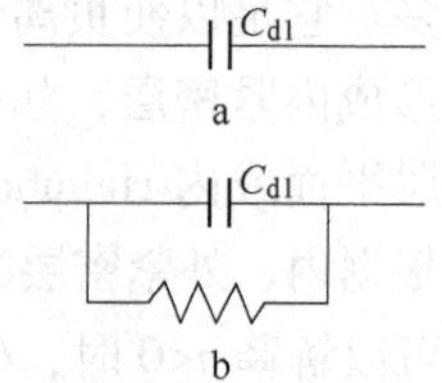

图 5-21　电极/溶液的相界等效电路

$$R_F = \frac{RT}{i_0 F} \tag{5-60}$$

R_F通常呈指数关系依赖于电极电位，但是对于微小的电位偏离 ΔV，R_F 与 ΔV 或过电位 η 近似呈线性关系。R_F 随电极电位的变化关系可由所谓的“微观极化”实验，或考察复平面上 Z''对 Z'所作的圆弧直径变化来判断，其中后者可通过在不同恒定电极电位下进行阻抗测定而获得。R_F 作为电化学电容器和电池单元中自放电行为的基本根源来讲具有很重要的作用，其值的大小直接影响双电层中电流电荷传输反应的过程和极化过程，进而影响自放电过程。但是对于电极是碱金属的情况，由于可能出现在接近 H_2 可逆电位的电位下发生阳极腐蚀或生成氧化物薄膜，从而通常会发生非理想极化作用，这就产生了与双电层充电电流并行的法拉第漏电流。此外，从水中释放 H_2 时，这些碱金属通常具有较大的交换电流密度，所以他们不可能在阴极太偏离 RHE 或 SHE 电位的情况下被极化，而没有引起明显的 H_2 释放电流。

图 5-21 等效电路 a 和 b 的电化学特性可通过它们随频率变化的阻抗谱的差异很容易地加以分辨：等效电路 a 是纯电容性的，而对于给定的 C_{dl}和 R_F值，等效电路 b 在一定频率下可获得最大的容性阻抗值。

对于电化学电容器或电池中，电极/溶液界面的等效电路不能用一简单的等效电路模型表示，其要远比图 5-21 中的模型复杂得多，此时电容器的等效电路物理模型如图 5-22 所示。R_{ins}代表双电层电容器两极间的绝缘电阻，R_{sep}代表隔膜电阻，R_e 代表电极间的电阻，R_1，…，R_n代表等效串联电阻，C_1，…，C_n 代表电极中的各个电容，R_{an}表示电极与集电极的引线电阻。其中参数的大小取决于多种因素，例如电极材料的电阻率、电解质的电阻率、电极孔的大小、隔膜的性质和包装技术（电极的浸入、集电极和电极的连接电特性）等。在实际科研过程中，人们为了研究的方便，将电容器的等效电路进行了简化处理。

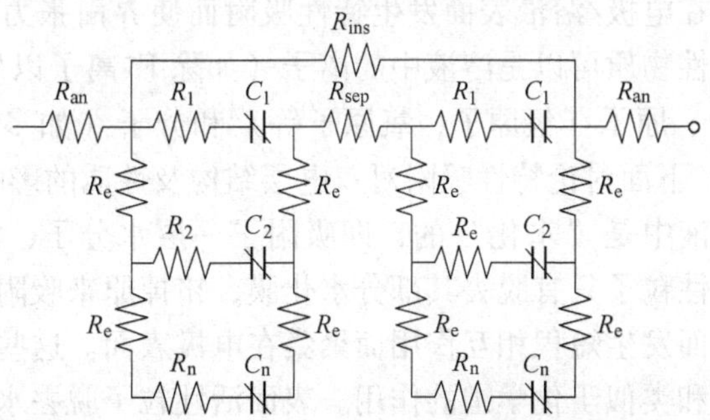

图 5-22 电化学电容器的等效电路模型

图 5-23 中各图表示等效电路的类型，从简单的电容器等效电路，经过包括一个电容元件和一个或两个欧姆电阻简单结合的等效电路，直到更复杂的等效电路，其中包括分布电容以及与电容元件串联或并联耦合的电阻元件。对于某些情况，还具有与电容元件相关联的法拉第漏电阻。当电化学电容器中存在赝电容的情况时，其等效电路还可能包括电感元件。

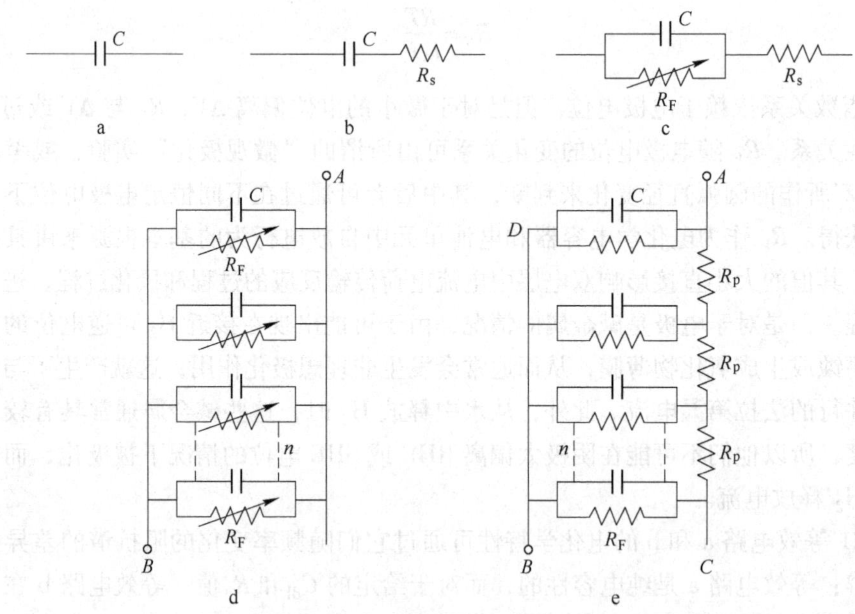

图 5-23　电化学电容器等效电路

a—简单电容器；b—具有等效或实用串联电阻的电容器；c—具有串联电阻和与电位具有依从关系的法拉第漏电阻的电容器；d—n 个 C 和泄漏电阻 R_F 并联，对于单个元件的总 RC 常数为 R_FC；e—并联 C、R_F 元件与多孔电阻元件 R_p 的连接

5.3　电极/溶液界面吸附现象

当电极表面带有剩余电荷时，荷电符号相反的离子在静电作用下会聚集在界面上，这种现象称为静电吸附。除此之外，溶液中的各种粒子还可能因非静电作用力而发生吸附，称为特性吸附。凡是能在电极/溶液表面发生特性吸附而使界面张力下降的物质，就叫做表面活性物质。表面活性物质可以是溶液中的离子（如除 F^- 离子以外的卤素离子，S^{2-} 离子、$N(C_4H_9)_4^+$ 离子等）、原子（氢原子、氧原子等）和分子（如多元醇、硫脲、苯胺及其衍生物等有机分子）。下面讨论特性吸附对双电层结构及性质的影响。

由于电极表面在溶液中是“水化”的，即吸附了一层水分子，溶液中的表面活性粒子也是水化的，所以活性粒子只有脱去其部分水化膜，挤掉原来吸附在电极表面上的水分子，才有可能与电极表面发生短程相互作用而聚集在电极表面。这些短程力作用包括镜像力、色散力等物理作用和类似于化学键的作用。表面活性粒子脱去水化膜和取代电极表面水分子的过程将使体系自由能增加，而短程力的相互作用将使体系自由能减少。当后者超过前者，使体系总的自由能减少时，吸附作用就发生了。由此可见，表面活性物质在界面的非静电吸附行为取决于电极与表面活性粒子之间、电极与溶剂分子之间、表面活性粒子与溶剂分子之间的相互作用。因此，不同的物质发生吸附的能力是不同的，同一物质在不同的电极体系中的吸附行为也不相同。

电极/溶液界面的吸附现象对电极过程动力学有重大的影响。当表面活性离子不参与电极反应时，它们的吸附会改变电极表面状态和双电层中的电位分布，从而影响反应粒子在电极表面的浓度和电极反应活化能，使电极反应发生变化。当表面活性离子参与电极反应时，就会直接影响到有关步骤的动力学规律，因而，在实际工作中常利用界面吸附现象对电极过程的影响来控制电化学过程。例如，在电沉积溶液中添加少量表面活性物质作为添加剂以获得光亮细致的镀层，在介质中加入少量表面活性物质作为缓蚀剂以抑制金属的腐蚀等。因此，研究界面吸附现象，不仅对理论上深入了解电极过程动力学有重要意义，而且也具有重要的实际意义。

5.3.1 无机阴离子的特性吸附

大多数无机阴离子是表面活性物质，并具有典型的离子吸附规律，而无机阳离子的表面活性很小，只有少数离子，如 Tl^{+}、Th^{4+}、La^{3+} 等离子才表现出表面活性。因此，在此以阴离子为例讨论离子特性吸附的规律。

图 5-24 为 0.5mol/L Na_2SO_4 溶液中分别加入 KCl、KBr、KI 和 K_2S 时，汞电极的电毛细曲线。从图 5-24 中可以看出，在不同的电解质溶液中，汞极电极的零电荷电位不同。在零电荷电位的右边，当电极表面带负电时，溶液一侧剩余电荷为正。此时，界面张力几乎与阳离子及阴离子的种类无关。在零电荷电位的左边，当电极表面带正电荷时，溶液一侧吸附的剩余电荷为负，界面张力随阴离子的种类不同急剧变化，但与阳离子的种类无关。而且，由式 5-21 和式 5-22 计算的结果表明：阴离子的吸附量远大于由静电作用产生的吸附量，比电极表面所带的正电荷量大得多，如图 5-6 所示。这也说明阴离子存在特性吸附。过量吸附的阴离子通过静电作用在电极表面诱导出正电荷，同时以相等的作用吸附溶液一侧的正离子，形成所谓的三电层。从图 5-24 中还可看出，阴离子的特性吸附与电极电位有密切的关系，吸附主要发生在电极电位比零电荷电位更正的电位范围，即 $q_M>0$ 的电极表面容易发生特性吸附，且电位越正，特性吸附量越多；当 $q_M<0$，电极表面剩余电荷量较小时，还存在一定的阴离子特性吸附，因为此时静电作用还不能完全抵消特性吸附作用的影响；当电极表面带负电荷量较大时，静电作用对阴离子的排斥作用大于特性吸附作用，阴离子就脱附。图 5-24 还表明，阴离子的特性吸附使电极体系的零电荷电位向负方向移动。表面活性越强的阴离子使 E_0 负移的程度越大。这是由于阴离特性吸附改变了双电层结构的缘故。在同一种溶液中，加入不同的阴离子时，电极界面张力下降的程度不同。这表明不同的阴离子或表面活性的吸附能力是不同的。实验表明，阴离子吸附能力依下列顺序变化：$SO_4^{2-}<OH^{-}\ll Cl^{-}<Br^{-}<I^{-}<S^{2-}$。由图 5-6 可知，在含 SO_4^{2-} 的溶液中，正负离子的吸附符合静电吸附的规律，即基本上没有阴离子的特性吸附。因此，可以用 Na_2SO_4 溶液中的电毛细曲线作为比较标准，根据加入其他阴离子后界面张力的变化，来分析阴离子特性吸附对双电层结构的影响。在 Na_2SO_4 和 KI 溶液中得到的两种电毛细曲线

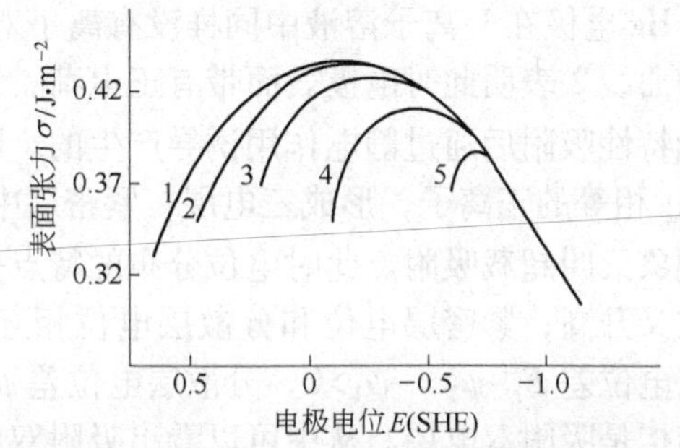

图 5-24 阴离子特性吸附对电毛细曲线的影响

1—0.5mol/L Na_2SO_4；2—0.5mol/L Na_2SO_4+0.01mol/L KCl；3—0.5mol/L Na_2SO_4+0.01mol/L KBr；4—0.5mol/L Na_2SO_4+0.01mol/L KI；5—0.5mol/L Na_2SO_4+0.01mol/L K_2S

如图5-25所示，下面以I^-离子的特性吸附为例，分析三种电位E_1、E_2和E_0下，I^-离子的特性吸附对离子双电层结构的影响。

为了分析特性吸附对离子双电层的影响，首先要明确几个原则：（1）只有离子双电层产生相间电位差，特性吸附形成的双电层只会在溶液一侧产生电位差；（2）在同一电极体系中，电位相同时，无论是否存在特性吸附双电层，相间电位差E_a都相同，即相间电位差主要由离子双电层产生；（3）规定溶液中远离电极表面处（$x \to \infty$）的电位为零，电极表面的电位为E_g；（4）阴离子特性吸附对双电层中离子分布和电位分布的影响，由离子双电层和吸附双电层叠加而得。这样就统一了判断离子双电层和吸附双电层结构的标准。下面具体分析I^-离子的特性吸附对双电层结构的影响。

（1）电极电位为E_1时，在图5-25中曲线1的零电荷电位E_0点，不存在离子双电层，离子双电层产生的相间电位差$E_a=0$。Hg电极在Na_2SO_4溶液中的双电层结构如图5-26a所示。Hg电极在I^-离子溶液中同样没有离子双电层存在，即$E_a=0$。但是，图5-25中的电毛细曲线2表明此时电极表面带有正电荷，即$q_M>0$。可以认为，这些正电荷是由于负离子的特性吸附后通过静电作用诱导产生的。同时，特性吸附的阴离子也会在溶液中诱导出与q_M相等的正离子，形成三电层，紧密层中负离子的吸附量超过电极表面的剩余电荷量的现象又叫超载吸附。此时电位分布的特点是电极表面电位高，紧密层电位低，溶液深处电位又升高；紧密层电位和分散层电位相互抵消。用符号表示为：相间电位差$E_a=0$，紧密层电位差$E_a-\psi_1=-\psi_1>0$，分散层电位差$\psi_1<0$，如图5-26b所示。图5-26b所示的双电层结构是吸附双电层。从中可以看出吸附双电层的结构特点：1）特性吸附的负离子在金属一侧和溶液一侧通过静电作用诱导出等量的正电荷；2）不产生相间电位差，即$E_a=0$；3）双电层中紧密层的电位差是正的，分散层电位是负的。由于电极反应中电子转移步骤是在紧密层中进行的，紧密层的电位差对其动力学规律起决定性作用，所以特性吸附将极大地影响电极反应。

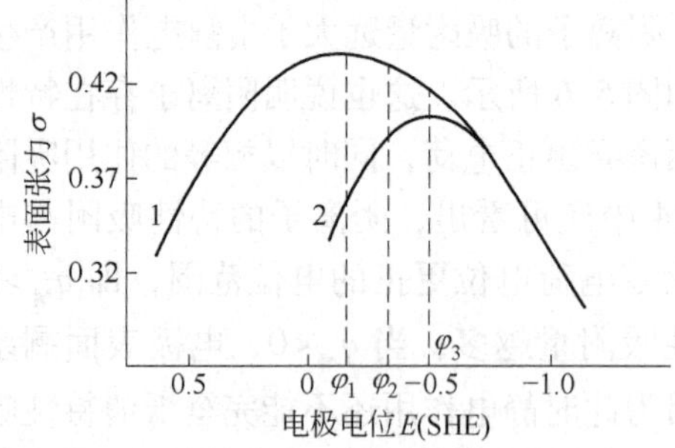

图5-25 电毛细曲线

1—SO_4^{2-}溶液；2—I^-溶液

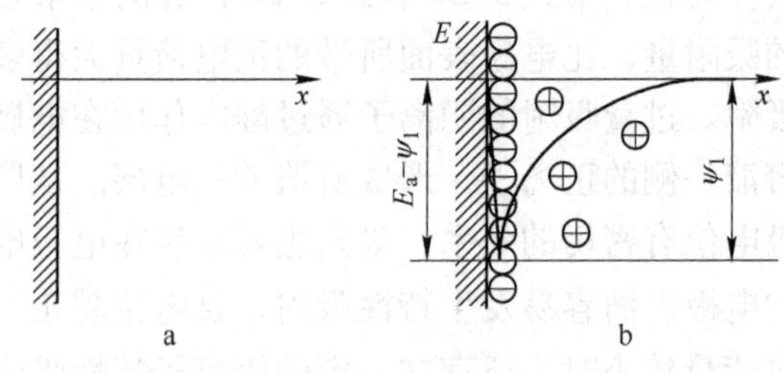

图5-26 $E=E_0$时双电层电位分布及离子分布

a—Na_2SO_4溶液中$q=0$，$E_a=0$；b—含I^-的溶液中$q=0$，$E_a=0$

（2）电极电位为E_2时，$E_2<E_0$，但大于I^-溶液中的零电荷电位。在Na_2SO_4溶液中，只有离子双电层存在，金属电极表面剩余电荷$q_M<0$，相间电位差$E_a=E_2-E_0<0$，紧密层电位差$E_a-\psi_1<0$，分散层电位差$\psi_1<0$，如图5-27a所示。在I^-离子溶液中，其相间电位差仍为$E_a=E_2-E_0$，由图5-25中的曲线2和Lippman公式可以判断，电极表面剩余电荷$q_M>0$。这是因为，电极表面上吸附双电层诱导产生的正电荷与离子双电层的负电荷叠加后，剩余部分为正电荷使$q_M>0$，紧密层由特性吸附的负离子和静电吸附的正离子抵消后带负电荷，溶液内部则由两种双电层叠加后带正电荷；紧密层电位差 $E_a-\psi_1>0$，分散层电位差 $\psi_1<0$，如图 5-27b 所示，实际上它是由图 5-26b 和图 5-27a 叠加而成。

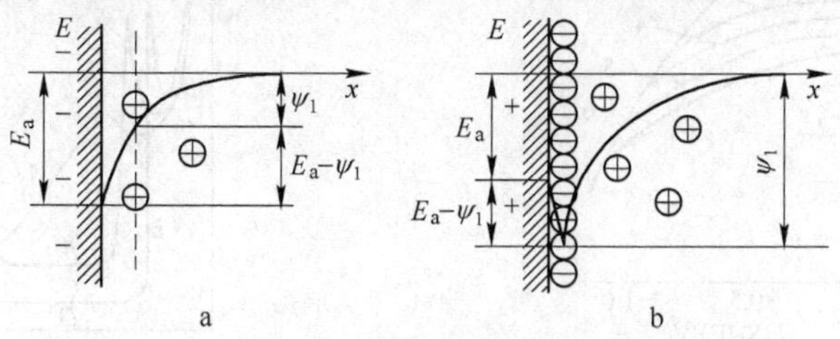

图 5-27　$E<E_0$ 时双电层电位分布及离子分布

a—Na_2SO_4 溶液中 $q<0$，$E_a<0$；b—含 I^- 的溶液中 $q>0$，$E_a<0$

（3）当电极电位 $E=E_3$，即等于 Hg 在 I^- 溶液中的零电荷电位时，在 Na_2SO_4 溶液中，只有离子双电层存在，金属电极表面剩余电荷 $q_M<0$，相间电位差 $E_a=E_3-E_0$，紧密层电位差 $E_a-\psi_1<0$，分散层电位差 $\psi_1<0$，如图 5-28a 所示。在 I^- 离子溶液中，其相间电位差仍为 $E_a=E_3-E_0$，由 Lippman 公式可以判断，电极表面剩余电荷 $q_M=0$。这是因为，电极表面上吸附双电层诱导的正电荷与离子双电层的负电荷叠加，恰好全部抵消使 $q_M=0$，紧密层由特性吸附的负离子和静电吸附的正离子抵消后带负电荷，溶液内部则由两种双电层叠加后带正电荷：紧密层电位差 $E_a-\psi_1=0$，分散层电位差 $\psi_1<0$，如图 5-28b 所示。

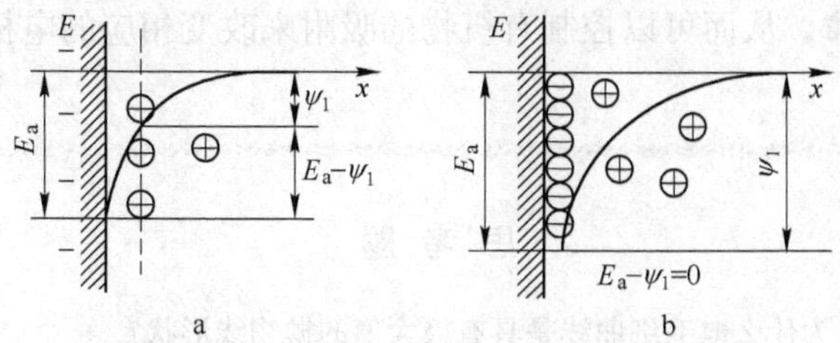

图 5-28　$E=E_3$ 时双电层电位分布及离子分布

a—Na_2SO_4 溶液中 $q<0$，$E_a<0$；b—含 I^- 的溶液中 $q=0$，$E_a<0$

从以上分析可以看出，阴离子的特性吸附使双电层中分散层的电位差 ψ_1 变负，使紧密层电位差 $E_a-\psi_1$ 变正。阴离子特性吸附对电极反应的影响就是通过影响双电层中离子分布和电位分布来实现的。对于少数阳离子也能在电极表面产生特性吸附，如 Th^{4+}、La^{3+}。用同样的方法可分析阳离子吸附对双电层结构的影响，其结果与阴离子特性吸附的相反。

5.3.2　有机物吸附

图 5-29 为在 1mol/L NaCl 溶液中加入不同浓度的叔戊醇后，在零电荷电位附近，界面张力下降，零电荷电位向正方向移动的实验结果。这表明吸附发生在零电荷附近的一定范围内，而且表面活性剂浓度越高，发生吸附的电位范围越宽，界面张力下降越多。发生零电荷电位移动的原因，在于表面活性有机分子是极性分子，它们在电极表面吸附并定向排列，取代了原来在电极表面定向吸附的水分子，形成一个新的吸附偶极子层，使电极表面剩余电荷为零时的相间电位差发生了变化，故零电荷电位向正或向负移动。

近年来，人们更广泛地用微分电容法研究界面吸附现象。图 5-30 为有机分子吸附时，微分电容曲线变化的典型图例。从图 5-30 中可以看到，零电荷电位附近的电位范围内，

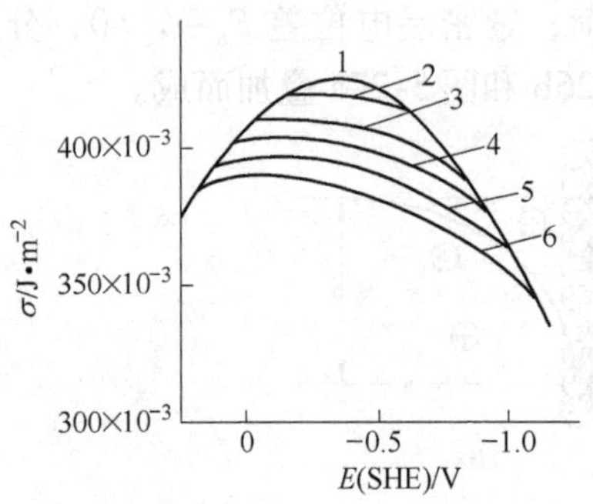

图 5-29　在含有不同浓度叔戊醇的 1mol/L NaCl 溶液中测得的电毛细曲线

1—0mol/L；2—0.01mol/L；3—0.05mol/L；4—0.1mol/L；5，6—0.2mol/L

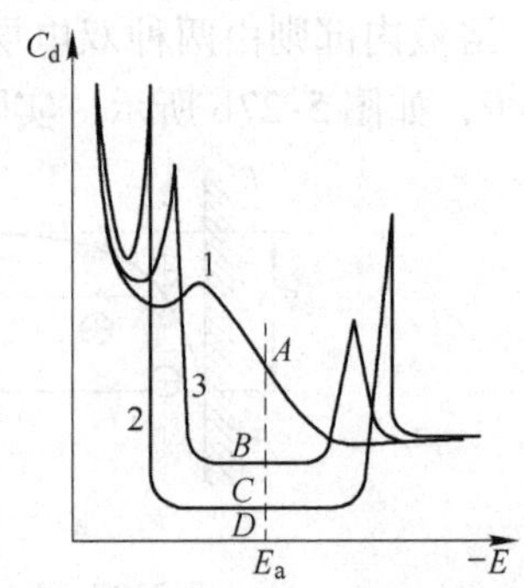

图 5-30　有机分子吸附对微分电容曲线的影响

1—未加入表面活性有机物；2—达到饱和吸附覆盖；3—未达到饱和吸附覆盖

微分电容值下降。而且，随着表面活性物质浓度的增加，微分电容降低得越多。在零电荷电位的两边，微分电容曲线都出现一个很大的尖峰。在峰值的外边，微分电容曲线又回到没有吸附有机物时的线上，这表明在零电荷电位附近一定的电位范围内才会出现有机物的吸附，超出一定的电位范围，吸附不会存在。

根据双电层理论及有关物理化学理论，可以解释有机物吸附所产生的各种现象，了解有机物吸附的各种规律，从而可以控制有机物的吸附来改变相应的电极反应，具体可参阅相关资料。

思 考 题

5-1　什么是电毛细现象？为什么电毛细曲线是具有极大值的抛物线形状？

5-2　试根据电毛细曲线的基本规律分析气泡在电极上的附着与电极电位有什么关系？

5-3　什么是 Zeta 电位、零电荷电位？它们是电极的绝对电位值吗？研究这两个参数有什么意义？

5-4　为什么在微分电容曲线中，当电极电位绝对值较大时会出现平台？

5-5　请依据双电层结构模型解释双电层电容随电极电位变化的原因。

5-6　电毛细曲线法和微分电容法求解电极表面剩余电荷密度的区别和联系是什么？

5-7　试着解释双电层结构的形成。

5-8　试分析无机离子和有机离子吸附对双电层结构的影响。

5-9　影响双电层结构的因素有哪些？这些因素是如何影响双电层结构的？

5-10　如何确定一个电极体系的零电荷电位？

5-11　汞在稀电解质溶液中的微分电容曲线如图 5-31 所示。从图中可知 $E_0 = -0.19\text{V}$，此时对应的微分电容为 $4\mu\text{F/cm}^2$；$E_3 = -0.55\text{V}$，对应的微分电容为 $18\mu\text{F/cm}^2$，求 E_3时的表面剩余电荷密度。已知 $E_2 = -0.45\text{V}$。

5-12　已知电极 Ni∣$NiSO_4$（1mol/kg）的电极表面剩余电荷密度为$2\times10^{-5}\text{C/m}^2$，双电层中溶液的相对介电常数近似为 40，试求界面间的场强。

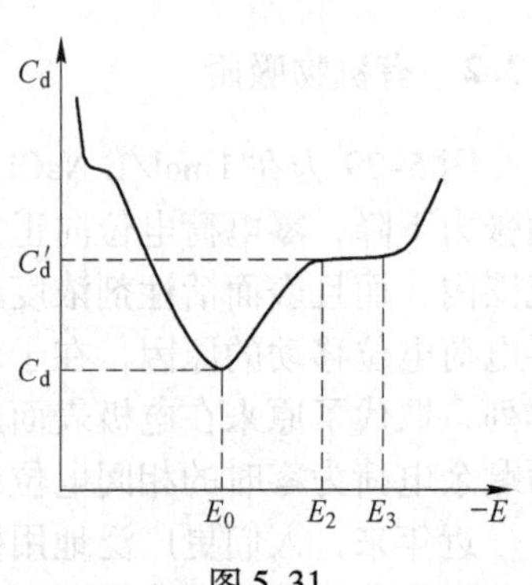

图 5-31

5-13 测得汞在 0.1mol/kg KCl 水溶液中的电毛细曲线如图 5-32 所示，求 $E=-0.35V$ 时电极表面的剩余电荷密度。

5-14 若电极 $Zn|ZnSO_4$（$a=1$）的双电层电容与电极电位无关，数值为 $36\mu F/cm^2$。已知该电极的平衡电位为-0.763V，零电荷电位为-0.63V，试求：

（1）平衡电位时的表面剩余电荷密度。

（2）在电解溶液中加入 1mol/L 的 NaCl 后，电极表面剩余电荷密度和双电层电容会有什么变化?

（3）通过一定大小的电流，使电极电位变化到 $E=0.32V$ 时的电极表面剩余电荷密度。

5-15 某电极的微分电容曲线如图 5-33 所示，试画出图中 E_0、E_1 和 E_2 三个电位下的双电层结构示意图和电位分布图。

5-16 已知汞在 0.5 mol/kg Na_2SO_4 溶液中的电毛细曲线和微分电容曲线如图 5-34 中的曲线 1 所示。加入某物质后，这两种曲线改变为曲线 2 的形式。试分析加入了什么类型的物质? 并画出对应于图 5-34 中 E_0 处汞在后一种溶液中的双电层结构示意图和电位分布图。

5-17 假定在电位（E_a-b），E_a 和（E_a+b）下汞电极与溶液间的界面张力分别为 σ_1、σ_2、σ_3。试证明电位 E_a 的电容 C 和界面张力 σ 之间存在着下列关系（b 为一数值很小的常数）：

$$C=-\frac{\sigma_1+\sigma_3-2\sigma_2}{b^2}$$

5-18 某阳离子缓蚀剂对钢的缓蚀作用是由于它在钢表面吸附的结果。在 1mol/L H_2SO_4 溶液中加入这种缓蚀剂时，发现几乎对钢没有缓蚀作用。但再加入一些食盐后，缓蚀效果良好。经实验测定，铁在 10^{-3} mol/L H_2SO_4 溶液中的微分电容曲线最低点的电位是-0.37V，而钢在加有上述缓蚀剂的硫酸溶液中的稳定电位是-0.25 ~ -0.27V。试分析出现上述现象的原因。

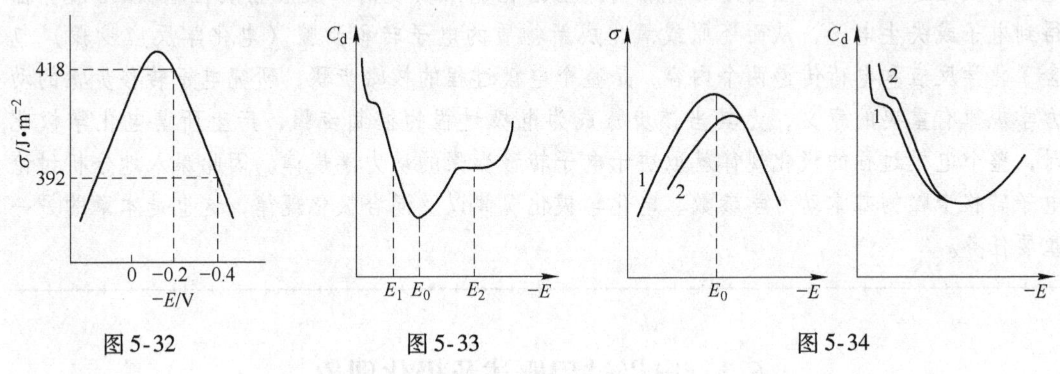

图 5-32　　图 5-33　　图 5-34

参 考 文 献

[1] 李荻．电化学原理［M］．修订版．北京：北京航空航天大学出版社，1999.

[2] 卡尔·H·哈曼，安德鲁·哈姆雷特，沃尔夫·菲尔施邸希．电化学［M］．陈艳霞，夏兴华，蔡俊，译．北京：化学工业出版社，2010.

[3] 查全性．电极过程动力学［M］．北京：科学出版社，2002.

[4] B E 康维．电化学超级电容器：科学原理及技术应用［M］．陈艾，吴孟强，张绪礼，译．北京：化学工业出版社，2005.

[5] 吴辉煌．应用电化学基础［M］．厦门：厦门大学出版社，2006.

[6] 薛娟琴，唐长斌．电化学基础与测试技术［M］．西安：陕西科学技术出版社，2007.

[7] Guidelli R, Schmickler W. Recent developments in models for the interface between a metal and an aqueous solution［J］. Electrochemical Acta, 2000, 45（15-16）：2317 ~ 2338.

[8] 李海东，祁新春，齐智平．双电层电容器的应用模型［J］．电池，2007，37（4）：322 ~ 324.

6 电极反应动力学

本章导读

任何电化学反应过程都至少包括两种电极过程——阳极过程和阴极过程，以及液相中的传质过程，这些过程往往在不同的区域进行着，有不同的物质变化（或化学变化）特征，彼此具有一定的独立性。实际电极过程中，液相中的反应粒子通过液相传质不断地向电极表面传输，反应产物通过液相传质不断地离开电极表面进入溶液，以保持电极过程的连续进行。液相传质过程是电极过程中的重要步骤，而且一般该步骤都比较缓慢，往往成为控制步骤，由它决定整个电极过程的动力学特征，因此对其动力学过程进行细致讨论是必需和有意义的。本章首先对电极过程进行简要概述，然后对三种液相传质方式对电极过程的贡献及稳态扩散和非稳态扩散过程的动力学规律深入讨论。

此外，电化学电极反应的重要特征是电极电位对电极反应速度的影响，而电极电位对电化学反应速率的影响主要是通过影响反应活化能来实现的。反应物质在电极/溶液界面得到电子或失去电子，从而还原或氧化成新物质的电子转移步骤（电化学反应步骤）包含了化学反应和电荷传递两个内容，是整个电极过程的核心步骤，研究电子转移步骤的动力学规律有重要的意义，尤其当该步骤成为电极过程的控制步骤，产生所谓电化学极化时，整个电极过程的极化规律就取决于电子转移步骤的动力学规律。因此深入地分析讨论电子转移步骤的基本动力学参数、电化学极化规律以及混合极化规律，这也是本章的另一重要任务。

6.1 电极过程概述及极化现象

对于电化学反应体系，无论在原电池还是电解池中，整个电池体系的电化学反应（电池反应）过程至少包含阳极反应过程、阴极反应过程和反应物质在溶液中的传递过程（液相传质过程）三部分。就稳态进行的电池反应而言，上述每个过程传递净电量的速度都是相等的，因而三个过程是串联进行的。但是，这三个过程又往往在不同的区域进行着，并有不同的物质变化（或化学反应）特征。因而彼此又具有一定的独立性。基于这一点，在研究一个电化学体系中的电化学反应时，可以把整个电池反应分解成单个的过程加以研究，以利于清楚地了解各个过程的特征及其在电池反应中的作用和地位。在电化学中，人们习惯把发生在电极/溶液界面上的电极反应、化学转化和电极附近液层中的传质作用等一系列变化的总和统称为电极过程。有关电极过程的历程、速度及其影响因素的研究内容就称为电极过程动力学。

由于液相传质过程不涉及物质的化学变化，而且对电化学反应过程有影响的主要是电极表面附近液层中的传质作用。因此，在对单个过程的研究中，对溶液本体中的传质过程研究得不多，而着重研究阴极和阳极上发生的电极反应过程。在电化学中，人们习惯上把发生在电极/溶液界面上进行的过程与在电极表面附近薄层电解质层上进行的过程合并起来处理，统称为电极过程。因此，电极过程动力学的研究范围不但包括在电极表面进行的电化学过程，还包括电极表面附近薄层电解质中的传质过程及化学过程。

6.1.1 电极过程的基本历程

电极过程是指电极/溶液界面上发生的一系列过程的总和。所以，电极过程并不是一个简单的化学反应，而是由一系列性质不同的单元步骤串联组成的复杂过程。有些情况下，除了连续进行的步骤外，还有平行进行的单元步骤存在。一般情况下，电极过程大致由下列各单元步骤串联组成：

(1) 反应粒子（离子、分子等）向电极表面附近液层迁移，称为液相传质步骤。

(2) 反应粒子在电极表面或电极表面附近液层中进行电化学反应前的某种转化过程，如反应粒子在电极表面的吸附、配合离子配位数的变化或其他化学变化。通常，这类过程的特点是没有电子参与反应，反应速度与电极电位无关。这一过程称为前置的表面转化步骤，简称前置转化。

(3) 反应粒子在电极/溶液界面上得到或失去电子，生成还原反应或氧化反应的产物。这一过程称为电子转移步骤或电化学反应步骤。

(4) 反应产物在电极表面或表面附近液层中进行电化学反应后的转化过程。如反应产物自电极表面脱附、反应产物的复合、分解、歧化或其他化学变化。这一过程称为随后的表面转化步骤，简称随后转化。

(5) 反应产物生成新相，如生成气体、固相沉积层等，称为新相生成步骤。或者，反应产物是可溶性的，产物粒子自电极表面向溶液内部或液态电极内部迁移，称为反应后的液相传质步骤。

对一个具体的电极过程来说，并不一定包含所有上述五个单元步骤，可能只包含其中的若干个。但是，任何电极过程都必定包括 (1)、(3)、(5) 三个单元步骤。例如，图6-1表示银氰配离子在阴极还原的电极过程，它只包括四个单元步骤。

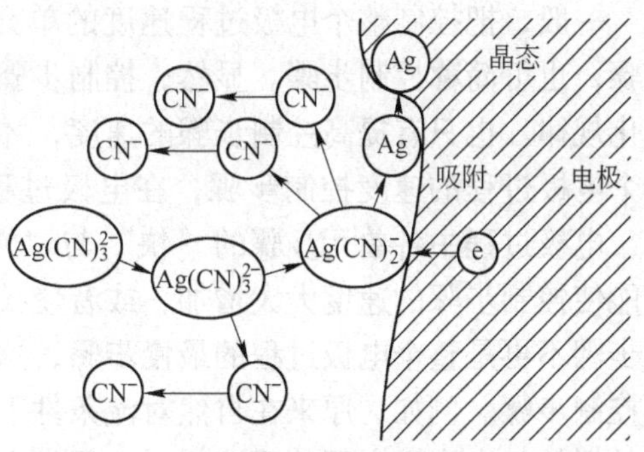

图6-1 银氰配离子阴极还原过程示意图

(1) 液相传质：$Ag(CN)_3^{2-}$(溶液深处)$\longrightarrow$$Ag(CN)_3^{2-}$(电极表面附近)。

(2) 前置转化：$Ag(CN)_3^{2-} \longrightarrow Ag(CN)_2^{3-} + CN^-$。

(3) 电子转移（电化学反应）：$Ag(CN)_2^- + e \longrightarrow$ Ag(吸附态)$+2CN^-$。

(4) 生成新相或液相传质：Ag(吸附态)$\longrightarrow$Ag(结晶态)；

$2CN^-$(电极表面附近)$\longrightarrow$$2CN^-$(溶液深处)。

有些情况下，电极过程可能更复杂些，比如除了串联进行的单元步骤外，还可能包含并联进行的单元步骤。图6-2表明氢离子的阴极还原过程中，氢分子的生成可能是由两个并联进行的电子转移步骤所生成的吸附氢原子复合而成的。有些单元步骤本身又可能由几个步骤串联组成，如涉及多个电子转移的电化学步骤，由于氧化态粒子同时获得两个电子的几率很小，故整个电化学反应步骤往往要通过几个单个电子转移的步骤串联进行而完成。所以对一个具体的电极过程，必须通过实验来判断其反应历程，而不可以主观臆测。

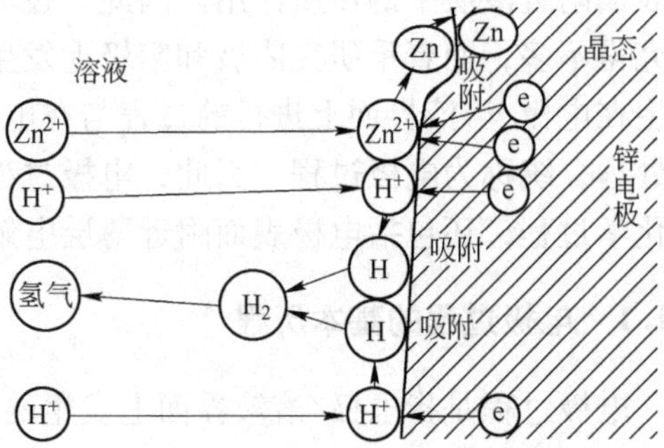

图 6-2 氢离子阴极还原过程示意图

6.1.2 电极过程的速度控制步骤

电极过程中任何一个单元步骤都需要一定的活化能才能进行。从化学动力学可知，反应速度与标准活化自由能之间存在指数关系：$v \propto e^{-\Delta G^{\ominus}/RT}$，式中，$v$ 为反应速度；$\Delta G^{\ominus}$ 是以整个电极过程的初始反应物的自由能为起始点计量的标准活化能；R 为气体常数；T 为热力学温度。某一单元步骤的活化能的大小取决于该步骤的特性。因而不同的步骤有不同的活化能，从而有不同的反应速度。这里所说的速度，是指在同一反应条件（电极体系、温度、压力、电场强度等）下，假定其他步骤不存在时，某个单元步骤单独进行时的速度，因而它体现了该步骤的反应潜力，即可能达到的速度。然而，当几个步骤串联进行时，在稳态条件下，各步骤的实际进行速度应当相等。这表明，由于各单元步骤之间的相互制约，串联进行时有些步骤的反应潜力并未充分发挥。那么，在这种情况下，各单元步骤进行的实际速度取决于各单元步骤中进行得最慢的那个步骤，即各单元步骤的速度都等于最慢步骤的速度。

一般，把控制整个电极过程速度的单元步骤（最慢步骤）称为电极过程的速度控制步骤，也可简称控制步骤。显然，控制步骤速度的变化规律也就成了整个电极过程速度的变化规律。也只有提高控制步骤的速度，才有可能提高整个电极过程的速度。因此，确定一个电极过程的速度控制步骤，在电极过程动力学研究中有着重要的意义。需要说明的是，电极过程中各单元步骤的“快”与“慢”是相对的。当电极反应进行的条件改变时，可能使控制步骤的速度大大增加，或者使某个单元步骤的速度大大降低，以至于原来的控制步骤不再是整个电极过程的最慢步骤，这时相对比较而言，另一个最慢的单元步骤就成了控制步骤。例如，原来在自然对流条件下由液相中扩散过程控制的电极过程，当采用强烈的搅拌，大大提高了传质速度时，假如电子转移步骤不够快，那么相对而言，电子转移步骤就可能变成最慢步骤。这样，电极过程的速度控制步骤就从传质步骤转化为电子转移步骤。

而且，有些情况下，控制步骤可能不止一个。例如，根据理论计算，若两个单元步骤的标准活化能相差不到 4kJ/mol 时，则它们的反应速度相差不足 5 倍。所以，当两个单元步骤都很慢，它们的活化能又相差不多时，就可能同时成为速度控制步骤。又如，在发生控制步骤的转化时，总会有一个新、旧控制步骤都起作用的过渡阶段。不止一个控制步骤的情况称为混合控制。混合控制下的电极过程动力学规律将更为复杂，但其中仍有一个控制步骤起着比较主要的作用。

既然控制步骤决定着整个电极过程的速度，那么，根据电极极化产生的内在原因可知，整个电极反应速度与电子运动速度的矛盾实质上取决于控制步骤速度与电子运动速度的矛盾，电极极化的特征因而也取决于控制步骤的动力学特征。所以，习惯上常按照控制步骤的不同将电极的极化分成不同的类型。根据电极过程的基本历程，常见的极化类型是浓差极化和电化学极化。所谓浓差极化是指单元步骤（1），即液相传质步骤成为控制步骤时引起的电极极化。例如锌离子从氯化锌溶液中阴极还原的过程，未通电时，锌离子在整个溶液中的浓度是一样的。通电后，阴极表面附近的锌离子从电极上得到电子而还原为锌原子。这样就消耗了阴极附近溶液中的锌离子，在溶液本体和阴极附近的液层之间形成了浓度差。如果锌离子从溶液主体向电极表面的扩散（液相传质）不能及时补充被消耗掉的锌离子数量，那么即使电化学反应（$Zn^{2+}+2e \longrightarrow Zn$）步骤跟得上电子运动速度，但由于电极表面附近锌离子浓度减小而使电化学反应速度降低，在阴极上仍然会有电子的积累，使电极电位变负。由于产生这类极化现象时必然伴随着电极附近液层中反应离子浓度的降低及浓度差的形成，这时的电极电位相当于同一电极浸入比主体溶液浓度小的稀溶液中的平衡电位，比在原来溶液（主体溶液）中的平衡电位要负一些。因此人们往往把这类极化归结为浓度差的形成所引起的，称之为浓差极化或浓度极化。所谓电化学极化则是指单元步骤（3），即反应物质在电极表面得失电子的电化学反应步骤最慢所引起的电极极化现象。例如镍离子在镍电极上的还原过程，电子从外电源流入阴极，还原反应速度增大，发生 $Ni^{2+}+2e \longrightarrow Ni$ 的净反应。但还原反应需要一定的时间才能完成，即有一个有限的速度，来不及将外电源输入的电子完全吸收，因而在阴极表面积累了过量的电子，使电极电位从平衡电位向负移动。人们将这类由于电化学反应迟缓而控制电极过程所引起的电极极化叫做电化学极化。除此之外，还有因表面转化步骤（前置转化或随后转化）成为控制步骤时的电极极化，称为表面转化极化；由于生成结晶态（如金属晶体）新相时，吸附态原子进入晶格的过程（结晶过程）迟缓而成为控制步骤所引起的电极极化，称为电结晶极化，等等。需要说明的是，对于电极极化或过电位的分类，目前，电化学界并无统一看法。例如，有人把扩散步骤迟缓和表面转化步骤迟缓造成电极表面附近反应粒子浓度变化所引起的电极极化统称为浓差极化；有人则把电子转移步骤及其前后的表面转化步骤成为控制步骤产生的电极极化统称为电化学极化或活化极化等。

6.1.3 准平衡态

由于控制步骤是最慢步骤，又根据理论计算知道，两个单元步骤的标准活化能若相差16kJ/mol，则它们在常温下的速度可相差 800 倍之多。通常各单元步骤的活化能可达100kJ/mol 的数量级。所以，控制步骤与其他步骤的活化能相差几十 kJ/mol 是完全可能的。这样，就可以认为电极过程的其他单元步骤（非控制步骤）可能进行的速度要比控制步骤的速度大得多。所以，当电极过程以一定的净速度，也即控制步骤的速度进行时，可认为非控制步骤的平衡状态几乎没有遭到破坏，即近似地处于平衡状态。例如，对电极反应 $O+ne \longrightarrow R$，假设电极过程控制步骤的绝对反应速度为 i^*，电极过程稳态进行时，整个过程的净反应速度为 $i_{净}$。那么，由于 $i_{净}$ 应等于控制步骤的净反应速度，则应有

$$i_{净} = i^* - i^*_{逆} \tag{6-1}$$

式中，$i^*_{逆}$ 为控制步骤的逆反应绝对速度。由式 6-1 可知 $i_{净} \leqslant i^*$，其他非控制步骤，比如

电子转移步骤的绝对反应速度为 $\overrightarrow{i}$（还原反应）和 $\overleftarrow{i}$（氧化反应），由于 $\overrightarrow{i}$、$\overleftarrow{i}$ 比 i^* 大得多，所以也比 $i_{净}$要大得多。然而，对于稳态进行的电极过程，电子转移步骤的净反应速度也应该是整个电极反应的净速度，即：

$$i_{净} = \overrightarrow{i} - \overleftarrow{i} \tag{6-2}$$

所以有：

$$\overrightarrow{i} = \overleftarrow{i} + i_{净} \tag{6-3}$$

因为 $\overleftarrow{i} > i_{净}$，$\overrightarrow{i} > i_{净}$，故可忽略式6-3中的 $i_{净}$，因而得到 $\overrightarrow{i} \approx \overleftarrow{i}$。既然还原反应和氧化反应的速度近似相等，这就意味着电子转移步骤仍然接近于平衡状态。因此，把非控制步骤这种类似于平衡的状态称为准平衡状态。对准平衡状态下的过程可以用热力学方法而无须用动力学方法去处理，使问题得到了简化。比如，对非控制步骤的电子转移步骤，由于处于准平衡态，就可以用能斯特方程计算电极电位；对准平衡态下的表面转化步骤，可以用吸附等温式计算吸附量，等等。但是必须明确，只要有电流通过电极，整个电极过程就都不再处于可逆平衡状态，其中各单元步骤自然也不再是平衡的了。引入准平衡态的概念，仅仅是一种为简化问题的近似处理方法。

6.1.4　电极过程的特征

电极反应是在电极/溶液界面上进行的、有电子参与的氧化还原反应。由于电极材料本身是电子传递的介质，电极反应中涉及的电子转移能够通过电极与外电路接通，因而氧化反应和还原反应可以在不同的地点进行。有电流通过时，对一个电化学体系来说，往往因此而根据净反应性质将其划分为阳极区和阴极区。如电解池中锌的氧化与还原反应，在阳极与溶液的界面上，净反应为氧化反应：$Zn \longrightarrow Zn^{2+} + 2e$，电子从阳极流向外电路；在阴极/溶液界面上，净反应为还原反应：$Zn^{2+} + 2e \longrightarrow Zn$，电子从外电路流入阴极而参加反应。

又由于电极/溶液界面存在着双电层和界面电场，界面电场中的电位梯度可高达 10^3 V/cm，对界面上有电子参与的电极反应有活化作用，可大大加速电极反应的速度，因而电极表面起着类似于异相反应中催化剂表面的作用。所以，可以把电极反应看成是一种特殊的异相催化反应。

基于电极反应的上述特点，以电极反应（电化学反应）为核心的电极过程具有如下一些动力学的特征：

（1）电极过程服从一般异相催化反应的动力学规律。例如，电极反应速度与界面的性质与面积有关。真实表面积的变化，活化中心的形成与毒化，表面吸附及表面化合物的形成等影响界面状态的因素对反应速度都有较大影响。又如，电极过程的速度与反应物或反应产物在电极表面附近液层中的传质动力学，与新相生成（金属电结晶、气泡生成等）的动力学都有密切的关系，等等。

（2）界面电场对电极过程进行速度有重大影响。虽然一般催化剂表面上也可能存在表面电场，但该表面电场通常是不能人为地加以控制的。而电极/溶液界面的界面电场不仅有强烈的催化作用，而且界面的电位差，即电极电位是可以在一定范围内、人为地连续地加以改变的。根据在不同的电极电位（即不同界面电场）下电极反应速度不同，从而达到人为地连续地控制电极反应速度的目的。这一特征是电极过程区别于一般异相催化反应的特殊性，也是在电极过程动力学中要着重研究的规律。

(3) 电极过程是一个多步骤的连续进行的复杂过程。每一个单元步骤都有其特定的动力学规律。稳态进行时，整个电极过程的动力学规律取决于速度控制步骤，即有与速度控制步骤类似的动力学规律。其他单元步骤（非控制步骤）的实际速度也与控制步骤速度相等，这些步骤的反应潜力远没有充分发挥，通常可将它们视为处于准平衡态。

根据电极过程的上述特征以及电极过程的基本历程，可以看出，虽然影响电极过程的因素多种多样，但只要抓住电极过程区别于其他过程的最基本的特征——电极过程对电极反应速度的影响，抓住电极过程中的关键环节——速度控制步骤，那么，就能在繁杂的因素中，弄清楚影响电极反应速度的基本因素及其影响规律，以便使电极反应按照人们所需要的方向和速度进行。而这些，正是研究电极过程动力学的目的所在。为此，对一个具体的电极过程，可以考虑按照四个方面去进行研究：1）弄清电极反应的历程；2）找出电极过程的速度控制步骤。混合控制时，可以不止有一个控制步骤；3）测定控制步骤的动力学参数；4）测定非控制步骤的热力学平衡常数或其他有关的热力学数据。显然，进行以上各方面研究的核心是判断控制步骤和寻找影响控制步骤速度的有效方法。为此，应该首先了解各个单元步骤的动力学特征，然后通过实验测定被研究体系的动力学参数，综合得出该电极过程的动力学特征，随后再分析这些特征，如果与某个单元步骤的动力学特征相符，就可以判断该单元步骤是这个电极过程的速度控制步骤。

最后要特别强调的是，以上这种分解式研究方法存在着忽略各个过程之间的相互作用的缺点，而这种相互作用常常是不可忽略的。例如，阳极反应产物在溶液中溶解后，能够迁移到阴极区，影响阴极过程；溶液本体中传质方式及其强度的变化会影响到电极附近液层中的传质作用等。所以，在电化学动力学的学习与研究中，一方面要着重了解各个单个过程的规律，另一方面也要注意各个过程之间的相互影响，相互联系。只有把这两方面综合起来考虑，才能对电化学动力学有全面和正确的认识。

6.1.5 电极过程的极化现象

电极体系是由两个半电池组成的，电极过程可看作两个半电池反应的串联，因此，电极体系中通过反应电流时，电极体系中的两个电极将偏离其单独存在于溶液中而无外电流流过时的状态，这一现象就是极化现象。

组成金属/溶液电极时，金属离子（或其他带电粒子）由于在两相中的化学位不同，就会从化学位高的一相转移到低的一相中，形成双电层。当双电层的阻碍作用使带电粒子不再转移时，金属离子在两相中电化学位相等，就达到了平衡状态，即在电极/溶液界面上的电荷交换和物质交换都达到平衡。这时，电极表面上有一个稳定的双电层，如果用参比电极进行测定，就可以得到其平衡电极电位。此时，金属离子从溶液中向电极表面上转移（还原反应）的速度和从电极表面向溶液中转移（氧化反应）的速度相等，宏观上看，在界面上没有净反应发生。但是，正逆反应一直在进行，正逆反应的速度可以很大，也可以很小。

当两个电极体系组成电池或电解池，并与外电路接通时，电极上就会有电流通过。那么电极/溶液界面的双电层结构、电极电位及反应的速度会发生什么变化呢？以第一类可

逆电极为例，可逆电极体系中，金属离子在电极上的电化学位与在溶液中的电化学位相等，电极/溶液间的相间电位是由金属离子在两相中的化学位决定的。在电化学装置的电流回路中，当电流通过时，参与导电的粒子有两种：一种是电子，一种是离子——电子导电和离子导电进行交换时，就是电极反应。实验证明，电子运动的速度远远大于离子运动及电极反应的速度。当从外电路中向电极表面输入电子时，金属电极表面的剩余电荷量会变负，金属离子在电极表面上的电化学位下降，打破了原有的平衡，溶液中的金属离子向电极表面迁移的速度就会增加，即还原反应速度增加，而从金属表面向溶液中迁移的速度就会下降。总的来看，电极上实现了还原反应。粒子在两相中的电化学位相差越大，反应的速度就越快。当反应所消耗的电荷量等于外电路中输入的电量时，所有的电量都用于电极反应，双电层结构又保持不变，这时电极电位就不再发生变化。因此，每给定一个电流值，在经过一段时间的变化之后，就会建立一个稳定的电位值，这个值偏离平衡电位值。因此，把电流通过电极时，使电极电位偏离平衡电极电位的现象叫做极化。在一定电流密度下，电极电位与平衡电位的差值叫做该电流密度下的过电位（$\Delta E=E-E_e$，也有用 $\eta=|E-E_e|$ 表示的）。过电位是表示电极极化程度的参数，在电极过程动力学中有重要的意义。

当从电极表面向外电路中输出电子时，双电层中金属电极一侧的电荷量变正，E_a 也变正，金属离子在电极表面上的电化学位上升，金属离子从金属表面向溶液中迁移的速度就会上升，氧化反应的速度增加，从溶液中向电极表面迁移的速度就会下降，即还原反应速度下降，而总的来看，电极上发生氧化反应，这时过电位大于零，$\Delta E=E_a-E_e>0$，为阳极极化。反之，过电位小于零，即 $\Delta E=E_c-E_e<0$ 时，电极上发生还原反应即阴极反应，所以过电位小于零的极化叫做阴极极化。

对于不可逆电极体系，在电流为零时，也有一个稳定电位。此时，界面上双电层的结构是稳定的，即电荷交换是平衡的，但物质交换不平衡。当电极上有电流通过时，电极电位也会偏离稳定电位，出现极化现象。其差值称为极化值，用 $\Delta E=E-E_{稳定}$ 表示，有时也不加区分地叫做过电位。

从以上分析中可以看出，反应粒子在两相中的电化学位差是实现电化学反应的必要条件，也是反应进行的动力。电化学位的差值是由电流通过电极时产生过电位引起的。因为电流只能改变电极电位而不能改变粒子的化学位。所以电极电位的变化是引起电化学位的变化的根本原因，而过电位就是电极反应的动力。

有电流通过电极时，由于电子的流动速度极快，电荷就会积累在电极表面，使电极电位偏离平衡电极电位而起极化的作用；电极反应是从电极表面上获得电荷即吸收电子运动所传递过来的电荷，使电极电位恢复平衡状态，可称为去极化作用。电极极化的实质就是电极反应速度跟不上电子运动速度而使电荷在界面积累。一般情况下，因电子运动速度大于电极反应速度，故通电时，电极总是表现出极化现象。但是，也有两种特殊的极端情况：理想极化电极与理想不极化电极。理想极化电极就是在一定条件下不发生电极反应的电极。这种情况下，通电时不存在去极化作用，流入电极的电荷全都在电极表面不断地积累，只起到改变电极电位，即改变双电层结构的作用。所以，可根据需要通以不同的电流密度，使电极极化到人们所需要的电位。研究双电层结构时常用到的滴汞电极在一定的电位范围内就属于这种情况。反之，如果电极反应速度很大，以至于去极化与极化作用接近于平衡，有电流通过时电极电位几乎不变化，即电极不出现极化现象。这类电极就是理想不极化电极，例如常用的饱和甘汞电极等参比电极，在电流密度较小时，就可近似看作不极化电极。

根据极化发生的区域，可以把极化分为阳极极化和阴极极化。根据产生的原因，极化可分为电化学极化（或活化极化）、浓差极化和电阻极化。电化学极化中电子运动速度往往大于电极反应的速度。在金属阳极溶解过程中，由于电子从阳极流向阴极的速度大于金属离子放电给出电子的速度，因此阳极的正电荷将随着时间发生积累，使电极电位向正方向移动，发生电化学阳极极化；或由于电子进入阴极的速度大于阴极电化学反应放电的速度，因此电子在阴极发生积累，结果使阴极的电极电位降低，发生电化学阴极极化。由于阳极溶解得到的金属离子，将会在阳极表面的液层和溶液本体间建立浓度梯度，使溶解下来的金属离子不断向溶液本体扩散。如果扩散速度小于金属的溶解速度，阳极附近金属离子的浓度会升高，导致电极电位升高，产生浓差阳极极化；或者如果阴极反应的反应物或产物的扩散速度小于阴极放电速度，则反应物和产物浓度分别在阴极附近的液层中降低和升高，阻碍阴极反应的进一步进行，造成阴极电极电位向负方向移动，产生浓差阴极极化。另外，电极过程中如果金属表面生成或原有一层氧化物膜时，电流在膜中产生很大的电压降，从而使电位显著升高，由此引起的极化称为电阻极化。在不同的电极过程中存在不同的电极极化，相同的电极过程因为控制条件的不同而出现不同的极化占优。根据电化学反应过程的目的恰当地控制极化也是电化学研究的重要内容。

由于过电位是电极反应的动力，动力越大，反应越快，而反应速度可以通过电流密度来表示，所以，过电位和电流密度之间有一定的依赖关系，可通过实验测得。实验测得过电位随电流密度变化的关系曲线就叫做极化曲线。极化曲线上电流密度为零时的电位为静止电位，随着电流密度的增大，电极电位逐渐发生偏移。这样，根据极化曲线可以求得任一电流密度下的过电位或极化值，可以了解整个电极过程中电极电位变化的趋势，并比较不同电极过程的极化规律。极化曲线上某一点的斜率$\frac{dE}{di}\left(或\frac{d\eta}{di}\right)$称为该电流密度下的极化度，它具有电阻的量纲，所以有时也叫做反应电阻。一定电流密度范围内的电位差与电流密度差之比$\frac{\Delta E}{\Delta i}$叫做平均极化度。极化度表示了某一电流密度下电极极化程度变化的趋势，因而反映了电极过程进行的难易程度：极化度越大，电极极化的倾向越大，电极反应速度的微小变化也会引起电极电位的明显变化；或者说，电极电位显著变化时，反应速度却变化很小，这表明电极过程不容易进行，受到的阻力比较大；反之，极化度越小，则电极过程越容易进行。

6.2 液相传质

电化学反应的进行离不开电解质溶液或熔盐，依靠其实现宏观上的离子产生从一处转移到另一处的运动，形成离子流，完成物质的转移和电荷的迁移。即电极过程中的液相传质步骤是其中的一个重要环节，因为液相中的反应粒子需要通过液相传质向电极表面不断地输送，而电极反应产物又需通过液相传质过程离开电极表面，只有这样，才能保证电极过程连续地进行下去。在许多情况下，液相传质步骤不但是电极过程中的重要环节，而且可能成为电极过程的控制步骤，由它来决定整个电极过程的动力学特征。例如，当一个电极体系所通过的电流密度很大，电化学反应速度很快时，电极过程往往由液相传质步骤所控制，或者这时电极过程由液相传质步骤和电化学反应步骤共同控制，但其中液相传质步骤控制占有主要地位。由此可见，研究液相传质步骤动力学的规律具有非常重要的意义。事实上，电极过程的各个单元步骤是连续进行的，并且存在着相互影响。因此，要想单独研究液相传质步骤，首先要假定电极过程的其他各单元步骤的速度非常快，处于准平衡态，以便使问题的处理得以简化，从而得到单纯由液相传质步骤控制的动力学规律，然后再综合考虑其他单元步骤对它的影响。这种处理问题的方法，是在进行科学研究和理论分析时常用的科学方法。液相传质动力学，实际上是讨论电极过程中电极表面附近液层中物质浓度变化的速度，这种物质浓度的变化速度，固然与电极反应的速度有关，但如果我们假定电极反应速度很快，即把它当做一个确定的因素来对待，那么这种物质浓度的变化速度就主要取决于液相传质的方式及其速度。

6.2.1　液相传质的三种方式

液相电解质在离子的溶剂化作用和电离作用相互平衡下，存在的正、负离子在无外场作用时，随时都在进行着杂乱无章的热运动，离子在一定的时间间隔内在各方向上的总位移为零。若溶液中局部离子浓度与另外区域不同，就必然出现单位体积内离子数目较多的那部分溶液中的离子向单位体积内离子数目较少的那部分溶液中转移的扩散运动。另外在外场作用下，溶液中的离子将从杂乱无章的随机运动转变为一定方向上的定向运动，如在搅拌作用下出现对流，在电场力作用下产生电迁移。总之，在液相传质过程中有三种传质方式，即电迁移、对流和扩散。

6.2.1.1　电迁移

电解质溶液中的带电粒子（离子）在电场作用下沿着一定的方向移动，这种现象就叫做电迁移。电化学体系是由阴极、阳极和电解质溶液组成的。当电化学体系中有电流通过时，阴极和阳极之间就会形成电场，在这个电场的作用下，电解质溶液中的阴离子就会定向地向阳极移动，而阳离子定向地向阴极移动，由于这种带电粒子的定向运动，使得电解质溶液具有导电性能。显然，由于电迁移作用也使溶液中的物质进行了传输，因此，电迁移是液相传质的一种重要方式。应该指出，通过电迁移作用而传输到电极表面附近的离子，有些是参与电极反应的，有些则不参加电极反应，而只起到传导电流的作用。

由于电迁移作用而使电极表面附近溶液中某种离子浓度发生变化的数量，可用电迁流量来表示。所谓流量，就是在单位时间内，在单位截面积上流过的物质的量，常用物质的量来表示。因此，电迁流量为：

$$J_i = \pm c_i v_i = \pm c_i u_i E_i \tag{6-4}$$

式中，J_i为i离子的电迁移流量，mol/(cm^2·s)；c_i为i离子的浓度，mol/cm^3；v_i为i离子的电迁移速度，cm/s；u_i为i离子的淌度；E_i为i离子的电场强度，V/cm；±表示阴阳离子的运动方向不同，阳离子电迁移用“+”号，阴离子电迁移用“-”号。

由式6-4可见，电迁流量与i离子的淌度成正比，与电场强度成正比，也与i离子的浓度成正比，即与i离子的迁移数有关。也就是说，溶液中其他离子的浓度越大，i离子的迁移数就越小，则通过一定电流时，i离子的电迁流量也越小。

6.2.1.2 对流

所谓对流是一部分溶液与另一部分溶液之间的相对流动。通过溶液各部分之间的这种相对流动，也可进行溶液中的物质传输过程。因此，对流也是一种重要的液相传质方式。

根据产生对流的原因的不同，可将对流分为自然对流和强制对流两大类。由溶液中各部分之间存在着密度差或温度差而引起的对流，叫做自然对流。这种对流在自然界中是大量存在的，自然发生的。例如，在原电池或电解池中，由于电极反应消耗了反应粒子而生成了反应产物，所以可能使得电极表面附近液层的溶液密度与其他地方不同，从而由于重力作用而引起自然对流。此外，由于电极反应可能引起溶液温度的变化，电极反应也可能有气体析出，这些都能够引起自然对流。强制对流是用外力搅拌溶液引起的。搅拌溶液的方式有多种，例如，在溶液中通入压缩空气引起的搅拌叫做压缩空气搅拌，在溶液中采用棒式、桨式搅拌器或采用旋转电极而引起的搅拌叫做机械搅拌。这些搅拌方法均可引起溶液的强制对流。此外，采用超声波振荡器等振动的方法，也可引起溶液的强制对流。

通过自然对流和强制对流作用，可以使电极表面附近流层中的溶液发生变化，其变化量用对流流量来表示，i 离子的对流流量为：

$$J_i = v_x c_i \tag{6-5}$$

式中，J_i为 i 离子的对流流量，mol/(cm^2 · s)；c_i为 i 离子的浓度，mol/cm^3；v_x为与电极表面垂直方向上的液体流速，cm/s。

6.2.1.3 扩散

当溶液中存在着某一组分的浓度差，即在不同区域内某组分的浓度不同时，该组分将自发地从浓度高的区域向浓度低的区域移动，这种液相传质运动叫做扩散。

在电极体系中，当有电流通过电极时，由于电极反应消耗了某种反应粒子并生成了相应的反应产物，因此就使得某一组分在电极表面附近液层中的浓度发生了变化。在该液层中，反应粒子的浓度由于电极反应的消耗而有所降低，而反应产物的浓度却比溶液本体中的浓度高，于是，反应粒子将向电极表面方向扩散，而反应产物粒子将向远离电极表面的方向扩散。

电极体系中的扩散传质过程是一个比较复杂的过程，整个扩散过程可分为非稳态扩散和稳态扩散两个阶段。

假定电极反应为阴极反应，反应粒子是可溶的，而反应产物是不溶的。当电极上有电流通过时，在电极上发生电化学反应，电极反应首先消耗电极表面附近液层中的反应粒子，于是该液层中反应粒子的浓度 c_i 开始降低，从而导致在垂直于电极表面的 x 方向上产生了浓度差，或者说导致在 x 方向上产生了 i 离子的浓度梯度 $\mathrm{d}c_i/\mathrm{d}x$，在这个扩散推动力的作用下，溶液本体中的反应粒子开始向电极表面液层中扩散。

在电极反应的初期，由于反应粒子浓度变化不太大，浓度梯度较小，向电极表面扩散过来的反应粒子的数量远远少于电极反应所消耗的数量，而且扩散所发生的范围主要在离电极表面较近的区域内；随着电极反应的不断进行，由于扩散过来的反应粒子的数量远小于电极反应的消耗量，因此使浓度梯度加大，同时发生浓度差的范围也不断扩展，这时，在发生扩散的液层（可称作扩散层）中，反应粒子的浓度随着时间的不同和距电极表面的距离不同而不断地变化，如图 6-3 所示。由图 6-3 中可以看出，扩散层中各点的反应粒子浓度是时间和距离的函数，即 $c_i = f(x, t)$ 。这种反应粒子浓度随 x 和 t 不断变化的扩散过程，是一种不稳定的扩散传质过程，这个阶段内的扩散称为非稳态扩散或暂态扩散。如果随着时间的推移，扩散的速度不断提高，有可能使扩散补充过来的反应粒子数与电极反应所消耗的反应粒子数相等，则可以达到一种动态平衡状态，即扩散速度与电极反应速度相平衡。这时，反应粒子在扩散层中各点的浓度分布不再随时间变化而变化，而仅仅是距离的函数，即 $c_i = f(x)$ 。这时，存在浓度差的范围即扩散层的厚度不再变化，i 离子的浓度梯度是一个常数，在扩散的这个阶段中，虽然电极反应和扩散传质过程都在进行，但两者的速度恒定并且相等，整个过程处于稳定状态，这个阶段的扩散过程就称为稳态扩散。

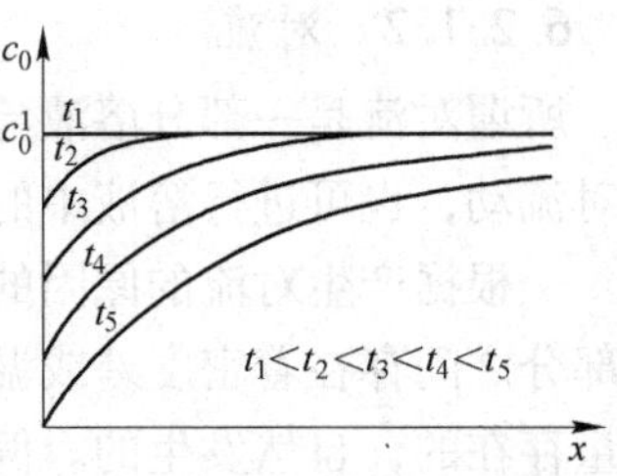

图 6-3 非稳态扩散示意图

在稳态扩散中，通过扩散传质输送到电极表面的反应粒子，恰好补偿了电极反应所消耗的反应粒子，其扩散流量可由菲克（Fick）第一定律来确定，即：

$$J_i = -D_i\left(\frac{dc_i}{dx}\right) \tag{6-6}$$

式中，J_i为 i 离子的扩散流量，mol/(cm² · s)；D_i为 i 离子的扩散系数，即浓度梯度为 1 时的扩散流量，cm²/s；$\frac{dc_i}{dx}$ 为 i 离子的浓度梯度，mol/cm⁴；“-”表示扩散传质方向与浓度增大的方向相反。

对于扩散传质过程的特征，可简要归纳如下：

（1）稳态扩散与非稳态扩散的区别，主要看反应粒子的浓度分布是否为时间的函数，即：

稳态扩散时： $c_i = f(x)$

非稳态扩散时： $c_i = f(x, t)$

（2）非稳态扩散时，扩散范围不断扩展，不存在确定的扩散层厚度；只有在稳态扩散时，才有确定的扩散范围，即存在不随时间改变的扩散层厚度。

（3）在稳态扩散时，由于反应粒子在电极上不断消耗，溶液本体中的反应粒子不断向电极表面进行扩散传质，故溶液本体中的反应粒子浓度也在不断下降，因此严格说来，在稳态扩散中也存在着非稳态因素，把它看成是稳态扩散，只是人们为讨论问题方便而作的近似处理。

6.2.2 液相传质三种方式的相对比较

为了加深对三种传质方式的理解，可以从下述几方面对它们作相对比较。

（1）从传质运动的推动力来看：电迁移传质的推动力是电场力。对流传质的推动力，对于自然对流来说是由于密度差或温度差的存在，其实质是溶液的不同部分存在着重力差；对于强制对流来说，其推动力是搅拌外力。扩散传质的推动力是由于存在着浓度差，或者说是由于存在着浓度梯度，其实质是由于溶液中的不同部分存在着化学位梯度。

（2）从所传输的物质粒子的情况来看：电迁移所传输的物质只能是带电粒子，即是电解质溶液中的阴离子或阳离子。扩散和对流所传输的物质，既可以是离子，也可以是分子，甚至可能是其他形式的物质微粒。在电迁移传质和扩散传质过程中，溶质粒子与溶剂粒子之间存在着相对运动；在对流传质过程中，是溶液的一部分相对于另一部分做相对运动，而在运动着的一部分溶液中，溶质与溶剂一起运动，它们之间不存在明显的相对运动。

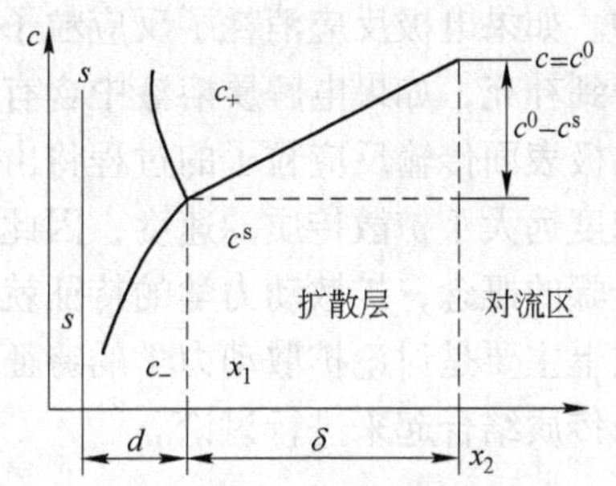

图6-4　阴极极化时扩散层厚度示意图

d—双电层厚度；δ—扩散层厚度；

c^0—溶液本体浓度；

c^s—电极表面附近液层的浓度；

c_+，c_-—阳离子和阴离子的浓度；

s—s—电极平面位置

（3）从传质作用的区域来看，可将电极表面及其附近的液层大致划分为双电层区、扩散层区和对流区，由图6-4可见，从电极表面到x_1处，其距离为d，这是双电层区，距离d表示双电层的厚度。在此区域内，由于电极表面所带电荷不同，阴离子和阳离子的浓度有所不同。图6-4中所示电极表面带负电荷，因此在电极表面阳离子的浓度c_+高于阴离子浓度c_-，到达双电层的边界时，即x_1处$c_+=c_-$，这时的离子浓度以c^*表示。一般来说，当电解质溶液的浓度不太稀时，双电层厚度$d=10^{-7}\sim10^{-8}$cm，即只有几个Å（1Å=10^{-10}m）到几十个Å厚。在这个区域内，可以认为各种离子的浓度分布只受双电层电场的影响，而不受其他传质过程的影响，所以在讨论电极表面附近的液层时，往往把x_1处看做是$x=0$点。图6-4中从x_1到x_2的距离δ，表示扩散层厚度。对于非稳态扩散过程，扩散层厚度是随时间而改变的，因此不存在确定的扩散层厚度。因此，图6-4中所表示的距离δ只代表稳态扩散时的扩散层厚度。在这个区域中的主要传质方式是电迁移和扩散。因为在一般情况下，扩散层的厚度为$10^{-3}\sim10^{-2}$cm，从宏观来看，非常接近于电极表面，根据流体力学可知，在如此靠近电极表面的流层中，液体对流的速度很小。越靠近电极表面，对流速度越小。因此，在这个区域对流传质的作用很小。

当溶液中含有大量局外电解质时，反应离子的迁移数很小。在这种情况下考虑传质作用时，反应粒子的电迁移传质作用可以忽略不计。因此，可以说扩散传质是扩散层中的主要传质方式。在电化学体系设计时可以通过加入较电活性物质浓度大得多的惰性局外电解质（supporting electrolyte，支持电解质）减小电迁移的影响。许多实际的电化学体系中，电解质溶液中往往都含有大量的局外电解质。因此，在考虑扩散层中的传质作用时，往往只考虑扩散作用，通常所说的电极表面附近的液层，主要指的也是扩散层。以后凡不加特殊说明时，都是按这种思路来处理问题的。

在稳态扩散层内存在着浓度梯度，若表面反应粒子浓度为c^*，溶液本体中的反应粒子浓度为c^0，扩散层厚度为δ，则浓度梯度为$\dfrac{c^0-c^*}{\delta}$。

图6-4中x_2点以外的区域称为对流区，这个区域离电极表面比较远，可以认为该区域中各种物质的浓度与溶液本体浓度相同。在一般情况下，这个区域中的对流传质作用远远大于电迁移传质作用，因此可将后者忽略不计，认为在对流区只有对流传质起主要作用。

从上述讨论可知，在电解液中，当电极上有电流通过时，三种传质方式可能同时存在，但在一定的区域中或在一定的条件下，起主要作用的传质方式往往只是其中的一种或两种。如果电极反应消耗了反应粒子，则所消耗的反应粒子应该由溶液本体中传输过来才能得到补充，如果电解质溶液中含有大量局外电解质，不考虑电迁移传质作用的话，那么向电极表面传输反应粒子的过程将由对流和扩散两个连续步骤串联完成。又因为对流传质的速度远大于扩散传质的速度，因此液相传质的速度主要由扩散传质过程所控制。根据控制步骤的概念，扩散动力学的特征就可以代表整个液相传质过程动力学的特征，因此本章实质上主要是讨论扩散动力学的特征。只有当对流传质过程不容忽视时，才把对流传质和扩散传质结合起来进行讨论。

6.2.3 液相传质三种方式的相互影响

前面对液相传质的三种方式分别进行了讨论，但是，由于三种传质方式共存于同一电解液体系中，因此它们之间存在着相互联系和相互影响。例如，在单纯的扩散过程中，即不存在任何其他传质作用时，随着电极反应不断消耗反应粒子，扩散流量很难赶上电极反应的消耗量；同时，溶液本体浓度 c^0 也会有所降低。因此，体系实际上是达不到稳态扩散的。只有反应粒子能通过其他传质方式及时得到补充，才可能实现稳态扩散过程。通常，在溶液中总是存在着对流作用的，在远离电极表面处，对流速度远大于扩散速度。所以，只有当对流与扩散同时存在时，才能实现稳态扩散过程，故常常把一定强度的对流作用的存在，作为实现稳态扩散过程的必要条件。又如，当电解液中没有大量的局外电解质存在时，电迁移的作用不能忽略，此时电迁移将对扩散作用产生影响，根据具体情况不同，电迁移和扩散之间可能是互相叠加的作用，也可能是互相抵消的作用。例如，在电解池中，当阴极上发生金属阳离子的还原反应时，电迁移与扩散作用两者方向相同，因此是两者的相互叠加作用使溶液本体中的金属阳离子向电极表面附近液层中移动；而当阴离子在阴极上还原，如 $Cr_2O_7^{2-}$ 离子在阴极上还原为铬时，电迁移与扩散的作用方向相反，起互相抵消的作用。阳极附近的情况也与此类似，当阳极的氧化反应是金属原子失掉电子变为金属离子时，金属离子的电迁移与扩散的作用方向相同，是互相叠加作用；而当发生 $Fe^{2+}-e \longrightarrow Fe^{3+}$ 这类低价离子氧化变为高价离子的反应时，Fe^{2+} 离子的迁移和扩散作用的方向相反，是互相抵消作用。

6.3 稳态扩散过程

本章的核心之一是讨论扩散动力学的特征和规律，但由于稳态扩散问题要比非稳态扩散问题简单，所以下来首先来研究稳态扩散过程。

6.3.1 理想条件下的稳态扩散

为了讨论问题的方便，先从最简单的情况讨论起，即首先讨论单纯扩散过程的规律。由于扩散与电迁移以及对流三种传质方式总是同时存在，所以在一般的电解池装置中，无法研究单纯扩散传质过程的规律。为了能简便地研究单纯扩散过程的规律，研究者人为地设计了一定的装置，在此装置中，可以排除电迁移传质作用的干扰，并且把扩散区与对流区分开，从而得到一个单纯的扩散过程。因为这种条件是人为创造的理想条件，因此把这种条件下的扩散过程叫做理想条件下的稳态扩散过程。

理想条件下稳态扩散的装置如图6-5所示。该装置是一个特殊设计的电解池。电解池本身是由一个很大的容器及左侧所接的长度为 l 的毛细管组成的。容器中的溶液为硝酸银和大量硝酸钾的混合溶液；电解池的阴极为银电极，其面积大小几乎与毛细管横截面积相同，而阳极为铂电极；在大容器中设有机械搅拌器。

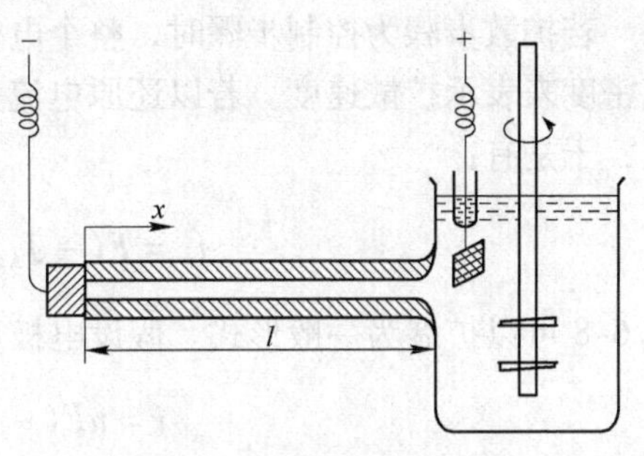

图6-5　理想稳态扩散装置

6.3.1.1　理想稳态扩散的实现

该装置实际上是一个在银电极上沉积银的电解池。从电解质 $AgNO_3$ 中离解出来的 Ag^+ 离子可不断地在银电极上还原沉积出来。大量的局外电解质 KNO_3，可以离解出大量 K^+ 离子，而 K^+ 离子是不在阴极上发生还原反应的。因此，在液相传质过程中，Ag^+ 离子的电迁流量很小，可以忽略不计。在大容器中的搅拌器可以产生强烈的搅拌作用，使电解液产生强烈的对流作用，从而使 Ag^+ 离子分布均匀，也就是说，在大容器中各处的 $c^0_{Ag^+}$ 是均匀的；而毛细管内径相对很小，可以认为搅拌作用对毛细管内的溶液不发生影响，即对流传质作用不能发展到毛细管中，在毛细管中只有扩散传质才起作用。因此，可以得到截然分开的扩散区和对流区，如图6-6所示。Ag^+ 离子在毛细管一端的银阴极上放电。因为大容器的容积远远大于毛细管的容积，所以当通电量不太大时，可以认为大容器中的 Ag^+ 离子浓度 $c^0_{Ag^+}$ 不发生变化。当电解池通电以后，在阴极上有 Ag^+ 离子放电，在电极表面附近液层中 Ag^+ 离子浓度开始下降，由原来的 $c^0_{Ag^+}$ 变为 $c^s_{Ag^+}$，$c^s_{Ag^+}$，即表示电极表面附近的 Ag^+ 离子浓度。随着通电时间的延长，浓度差逐渐向外发展。当浓度差发展到 $x=l$ 处，即发展到毛细管与大容器相接处时，由于对流作用，使该点的 Ag^+ 离子浓度始终等于大容器中的 Ag^+ 离子浓度 $c^0_{Ag^+}$，即 Ag^+ 离子可以由此向毛细管内扩散，以便及时补充电极反应所消耗的 Ag^+ 离子。因而，当达到稳态扩散时，Ag^+ 的浓度差就被限定在毛细管内，即扩散层厚度等于 l。由上述分析可见，在毛细管区域内，由于可以不考虑电迁移和对流作用，从而可以实现只有单纯扩散作用的传质过程，也就是说实现了理想条件下的稳态扩散。这时，在毛细管区域内 Ag^+ 离子的浓度分布与时间无关，与距离 x 的关系是线性关系，即浓度梯度 $\frac{dc}{dx}$ 是一个常数，因为扩散层厚度等于 l，所以毛细管中 Ag^+ 离子的浓度梯度 $\frac{dc}{dx}=\frac{c^0-c^s}{l}$ 为常数。

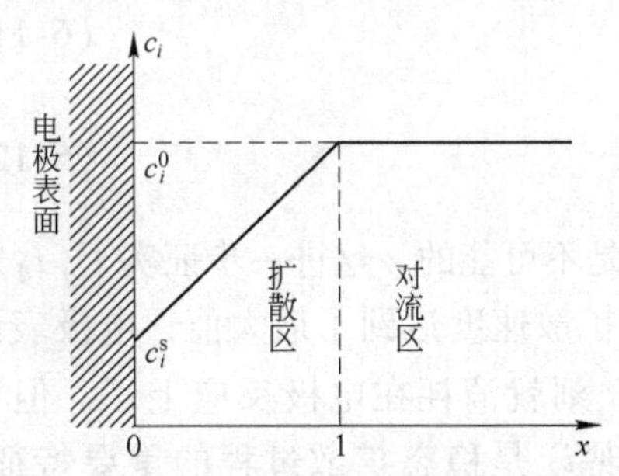

图6-6　理想稳态扩散过程中，电极表面附近液层中反应粒子的浓度分布示意图

6.3.1.2　理想稳态扩散的动力学规律

由上述分析并根据菲克第一定律，Ag^+ 离子的理想稳态扩散流量为：

$$J_{Ag^+}=-D_{Ag^+}\frac{dc_{Ag^+}}{dx}=-D_{Ag^+}\frac{c^0_{Ag^+}-c^s_{Ag^+}}{l}\qquad(6\text{-}7)$$

若扩散步骤为控制步骤时，整个电极反应的速度就由扩散速度来决定，因此可以用电流密度来表示扩散速度。若以还原电流为正值，则电流的方向与 x 轴方向即流量的方向相反，于是有：

$$i_c = F(-J_{Ag^+}) = FD_{Ag^+}\frac{c^0_{Ag^+} - c^s_{Ag^+}}{l} \tag{6-8}$$

式 6-8 可以扩展为一般形式。假设电极反应为 $O+ne \rightleftharpoons R$，则稳态扩散的电流密度为：

$$i = nF(-J_i) = nFD_i\left(\frac{c^0_i - c^s_i}{l}\right) \tag{6-9}$$

在电解池通电之前，$i=0$，$c^0_i = c^s_i$。当通电以后，随着电流密度 i 的增大，电极表面反应粒子浓度 c^s_i 下降，如果当 $c^s_i = 0$ 时，则反应粒子的浓度梯度达到最大值，扩散速度也最大，此时的扩散电流密度为：

$$i_d = nFD_i\frac{c^0_i}{l} \tag{6-10}$$

式中，i_d 称为极限扩散电流密度。这时的浓差极化就称为完全浓差极化。

将式 6-9 代入式 6-10 中，可得：

$$i = i_d\left(1 - \frac{c^s_i}{c^0_i}\right) \tag{6-11}$$

或

$$c^s_i = c^0_i\left(1 - \frac{i}{i_d}\right) \tag{6-12}$$

从式 6-12 中可以看出，若 $i > i_d$，则 $c^s_i < 0$，这当然是不可能的。这进一步证实了，i_d 就是理想稳态扩散过程的极限电流密度。当出现 i_d 时，扩散速度达到了最大值，电极表面附近放电粒子浓度为零，扩散过来一个放电粒子，立刻就消耗在电极反应上了。但 c^s_i 不能小于零，所以扩散速度也就不可能再大了。出现 i_d 是稳态扩散过程的重要特征，可以根据是否有极限扩散电流密度的出现，来判断整个电极过程是否由扩散步骤来控制。

6.3.2 真实条件下的稳态扩散过程

从上面的讨论已经知道，一定强度的对流的存在，是实现稳态扩散的必要条件。在理想稳态扩散装置中，也是因为有了对流作用才实现稳态扩散的。在真实的电化学体系中，也总是有对流作用的存在，并与扩散作用重叠在一起，所以真实体系中的稳态扩散过程，严格来说是一种对流作用下的稳态扩散过程，或可以称为对流扩散过程，而不是单纯的扩散过程。

此外，在理想条件下，人为地将扩散区与对流区分开了。其实在真实的电化学体系中，扩散区与对流区是互相重叠、没有明确界限的。因此，真实体系中的稳态扩散有与理想稳态扩散相同的一面，即在扩散层内都是以扩散作用为主的传质过程，故两者具有类似的扩散动力学规律。两者又有不同的一面，即在真实体系的稳态扩散中，由于对流作用与扩散作用的重叠，只能根据一定的理论来近似地求得扩散层的有效厚度。只有知道了扩散层的有效厚度以后，才可能借用理想稳态扩散的动力学公式，推导出真实条件下的扩散动力学公式。

稳态对流扩散又可分为两种情况，一种是自然对流条件下的稳态扩散，另一种是强制对流条件下的稳态扩散。由于很难确定自然对流的流速，因此对自然对流下的稳态扩散做定量的讨论很困难。在此将只讨论在强制对流条件下的稳态扩散过程。为了定量地解决强制对流条件下的稳态扩散动力学问题，列维契（B-T-Jlеич）将流体力学的基本原理与扩散动力学相结合，提出了对流扩散理论，用该理论可以比较成功地处理异相界面附近的液流现象及其有关的传质过程。鉴于列维契对流扩散理论的数学推导比较复杂，在此仅介绍该理论的要点以帮助读者事半功倍地理解真实条件下稳态扩散动力学规律。

6.3.2.1 电极表面附近的液流现象及传质作用

假设有一个薄片平面电极，处于由搅拌作用而产生的强制对流中。如果液流方向与电极表面平行，并且当流速不太大时，该液流属于层流。设冲击点为 y_0 点，液流的切向流速为 u_0。在符合上述条件的层流中，由于在电极表面附近液体的流动受到电极表面的阻滞作用（这种阻滞作用可理解为摩擦阻力，在流体力学中称为动力黏滞），故靠近电极表面的液流速度减小，而且离电极表面越近，液流流速 u 就越小。在电极表面即 $x=0$ 处，$u=0$。而在离电极表面比较远的地方，电极表面的阻滞作用消失，液流流速为 u_0，如图 6-7 所示。把从 $u=0$ 到 $u=u_0$ 所包含的液流层，即靠近电极表面附近的液流层叫做“边界层”，其厚度以 δ_B 表示。δ_B 的大小与电极的几何形状和流体动力学条件有关。根据流体力学理论，可以推导出下列近似关系式：

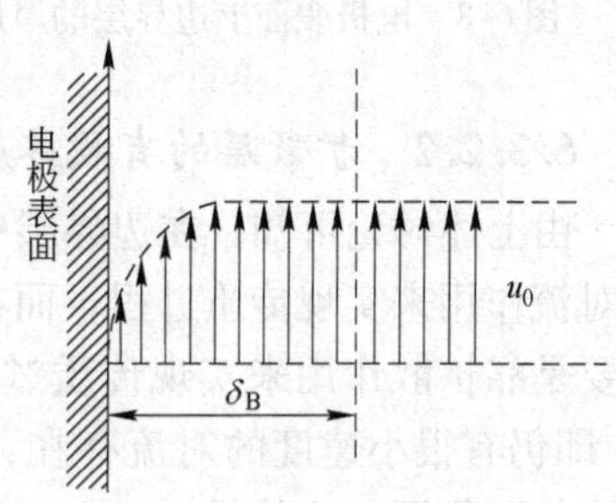

图 6-7 电极表面上切向液流速度的分布

$$\delta_B \approx \sqrt{\nu y / u_0} \tag{6-13}$$

式中，u_0 为液流的切向初速度；ν 为动力黏滞系数，又称为动力黏度系数，ν = 黏度系数 η/密度 ρ；y 为电极表面上某点距冲击点 y_0 的距离。

由式 6-13 可以看出，电极表面上各点处的 δ_B 是不同的，离冲击点越近，则 δ_B 越小，而离冲击点越远，则 δ_B 越大，如图 6-8 所示。此外，根据扩散传质理论，在紧靠电极表面附近有一很薄的液层，在该液层中存在着反应粒子的浓度梯度，故存在着反应粒子的扩散作用，把这一薄液层称为“扩散层”，其厚度以 δ 表示。扩散层与边界层的关系，如图 6-9 所示。从图 6-9 中可见，扩散层包含在边界层之内。但值得注意的是，扩散层与边界层是完全不同的概念。在边界层中，存在着液流流速的速度梯度，可以实现动量的传递，动量传递的大小取决于溶液的动力黏度系数 ν；而在扩散层中，则存在着反应粒子的浓度梯度，在此层内能实现物质的传递，物质传递的多少取决于反应粒子的扩散系数 D_i。一般来说，ν 和 D_i 在数值上差别很大，例如在水溶液中，一般 $\nu = 10^{-2}\text{cm}^2/\text{s}$，而 $D_i = 10^{-5}\text{cm}^2/\text{s}$，两者相差 3 个数量级。这说明动量的传递要比物质的传递容易得多。因此，δ_B 也就比 δ 要大得多。根据流体动力学理论，可以推算出 δ 与 δ_B 之间的近似关系，即：

$$\frac{\delta}{\delta_B} \approx \left(\frac{D_i}{\nu}\right)^{1/3} \tag{6-14}$$

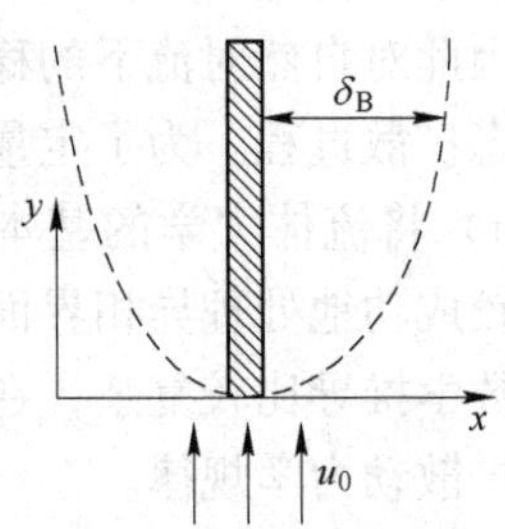

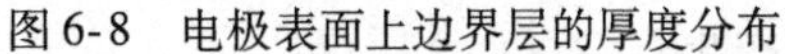

图 6-8 电极表面上边界层的厚度分布

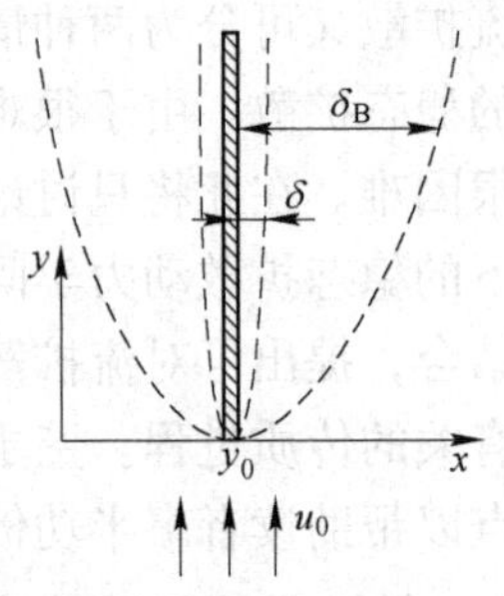

图 6-9 电极表面上边界层 δ_B 和扩散层 δ 的厚度

6.3.2.2 扩散层的有效厚度

由上述讨论可知，在边界层中的 $x > \delta$ 处，完全依靠切向对流作用来实现传质过程，而在 $x < \delta$ 处，即在扩散层内，主要是靠扩散作用来实现传质过程。但是在此层以内，$u \neq 0$，即仍有很小速度的对流存在，因此也存在着一定程度的对流传质作用。这就是说，在真实的电化学体系中，扩散层与对流层重叠在一起，不能将两者截然分开，而且即使在扩散层中，距电极表面 x 距离不同的各点处，对流的速度也不相等。因此，各点的浓度梯度也不是常数，如图 6-10 所示。既然各点的浓度梯度不同，而且扩散层的边界也不明确，那么扩散层的厚度计算在这种情况下通常只能作近似处理，即根据 $x=0$ 处（此处 $u=0$，故不受对流影响）的浓度梯度来计算扩散层厚度的有效值，也就是计算扩散层的有效厚度。

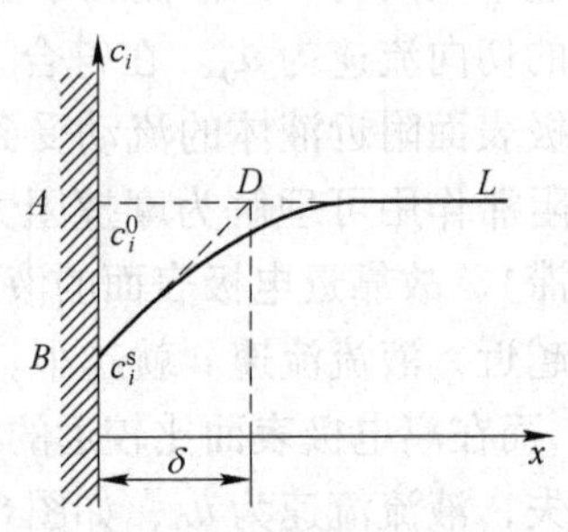

图 6-10 电极表面附近液层中反应粒子浓度的实际分布情况

在图 6-10 中，B 点的浓度为 c_i^s，AL 所对应的浓度为 c_i^0，自 B 点作 BL 的切线与 AL 相交于 D 点，图中的长度 AD 就表示扩散层的有效厚度 $\delta_{有效}$。经过这种近似处理以后，就可以得到：

$$\left(\frac{dc_i}{dx}\right) = \frac{c_i^0 - c_i^s}{\delta_{有效}} = 常数 \tag{6-15}$$

或者

$$\delta_{有效} = \frac{c_i^0 - c_i^s}{(dc_i/dx)_{x=0}} \tag{6-16}$$

根据这种近似处理，就可以用 $\delta_{有效}$ 代表扩散层厚度 δ。

根据前面的分析，将式 6-13 代入式 6-14 中，于是可以得到：

$$\delta \approx D_i^{\ 1/3} \nu^{1/6} y^{1/2} u_0^{\ -1/2} \tag{6-17}$$

式中，δ 是对流扩散层的厚度。按式 6-17 计算的 δ 与式 6-16 中的 $\delta_{有效}$ 大致相等，所以 $\delta_{有效}$ 中已包含了对流扩散的影响。而且，从式 6-17 可以看出，对流扩散中的扩散层厚度 δ 与理想扩散中的扩散层厚度 δ 不同，它不仅与离子的扩散运动特性 D_i 有关，而且还与电极的几何形状（距 y_0 的距离 y）及流体动力学条件（u_0 和 ν）有关。这就说明，在扩散层 δ 中的传质运动，确实受到了对流作用的影响。此外，从式 6-17 与式 6-13 的对比中还可以看出，扩散层厚度 δ 与边界层厚度 δ_B 也不同，δ_B 只与 y、u_0 和 ν 有关，而 δ 除与上述三个因素有关之外，还与 D_i 有关，这就说明，在扩散层 δ 内，确实有扩散传质作用。所以我们说，在对流扩散的扩散层中，既有扩散传质作用，也有对流传质作用，这与理想条件下的稳态扩散是完全不相同的。

6.3.2.3 对流扩散的动力学规律

将对流扩散层的厚度式 6-17 代入理想稳态扩散动力学公式 6-9 和式 6-10 中，就可以得到对流扩散动力学的基本规律，即：

$$i = nFD_i \frac{c_i^0 - c_i^s}{\delta} \approx nFD_i^{2/3} u_0^{1/2} \nu^{-1/6} y^{-1/2} (c_i^0 - c_i^s) \tag{6-18}$$

$$i_d = nFD_i \frac{c_i^0}{\delta} \approx nFD_i^{2/3} u_0^{1/2} \nu^{-1/6} y^{-1/2} c_i^0 \tag{6-19}$$

从式 6-18 和式 6-19 中可以看出，对流扩散具有如下特征：

（1）与理想稳态扩散相比，对流扩散电流 i 不是与扩散系数 D_i 成正比，而是与 $D_i^{2/3}$ 成正比，这说明，由于在扩散层中有一定强度的对流存在，使对流扩散电流 i 受扩散系数 D_i 的影响相对减小，而受对流影响的因素增加，故可以说，对流扩散电流 i 是由 $i_{扩散}$ 和 $i_{对流}$ 两部分组成的。

（2）对流扩散电流 i 受对流传质的影响，体现在 i 受与对流有关的各因素的影响上：

1）i 和 i_d 与 $u_0^{1/2}$ 成正比，说明 i 和 i_d 的大小与搅拌强度有关。可以通过提高搅拌强度的方法来增大反应电流，这一点在许多电化学过程中是有很大实际意义的。此外，还可以根据搅拌强度改变以后，i_d 是否发生改变这一特征来判断电极过程是否由扩散步骤控制。

2）i 与 $\nu^{-1/6}$ 成正比，这说明对流扩散电流受溶液黏度的影响。

3）i 与 $y^{-1/2}$ 成正比，说明在电极表面不同位置上（距冲击点不同距离的各处），由于受对流作用的影响不同，因而其扩散层厚度不均匀，扩散对流的电流 i 也不均匀。

6.3.3 电迁移对稳态扩散过程的影响

在前面的讨论中，设定在电解液中都加入了大量的局外电解质，从而可以忽略电迁移作用的影响。但是，当电解液中不加入或只少量加入局外电解质时，就必须考虑在电场作用下放电粒子的电迁移作用及其对扩散电流密度的影响。

为了便于理解，现以仅含 $AgNO_3$ 的溶液在阴极表面附近液层中的传质过程为例。$AgNO_3$ 在溶液中电离成 Ag^+ 离子和 NO_3^- 离子。当电化学体系通电以后，Ag^+ 离子在阴极上放电，电极表面附近液层中的 Ag^+ 离子浓度降低，因此溶液本体中的 Ag^+ 离子将向电极表面扩散；NO_3^- 离子虽然不参加电极反应，但在电场作用下将向阳极迁移，所以在阴极表面附近液层中的浓度也会下降，于是 NO_3^- 离子也会自溶液本体向阴极表面附近液层中扩散。当经过一定时间达到稳态扩散以后，溶液中各处的离子浓度梯度不再随时间而改变。分别讨论当达到稳态扩散以后阴、阳离子的运动情况。其运动情况如图 6-11 所示。由图 6-11 可见，NO_3^- 离子在电场力作用下发生电迁移，电迁移的方向指向远离阴极表面的方向；但由于电迁移，使阴极表面附近液层中的 NO_3^- 离子浓度降低，因此会产生方向指向阴极表面的扩散作用。当达到稳态扩散以后，溶液中每一点的 NO_3^- 离子浓度恒定，这就意味着通过每一点的 NO_3^- 离子的电迁流量和扩散流量恰好相等，由于两个流量的方向相反，因此电迁移作用和扩散作用两者恰好相互抵消。同样，对于 Ag^+离子来说，也存在着电迁移作用和扩散作用，但两个作用的方向相同，所以两者具有叠加作用。

若以 c_+、u_+、D_+ 和 c_-、u_-、D_- 分别表示 Ag^+离子及 NO_3^-离子的浓度、离子淌度和扩散系数，则由式 6-4 可得出，Ag^+离子及 NO_3^-离子的电迁流量分别为：

$$J_{+,\text{电迁}} = +c_+ u_+ E \tag{6-20}$$

$$J_{-,\text{电迁}} = -c_- u_- E \tag{6-21}$$

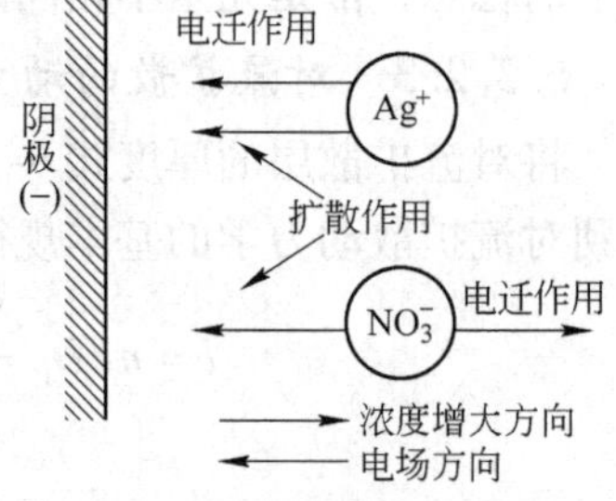

图 6-11 电迁移对稳态扩散影响的示意图

由 Fick 第一定律（式 6-6）可得，Ag^+离子及 NO_3^-离子的扩散流量分别为：

$$J_{+,\text{扩散}} = -D_+ \frac{dc_+}{dx} \tag{6-22}$$

$$J_{-,\text{扩散}} = -D_- \frac{dc_-}{dx} \tag{6-23}$$

若以 J_+ 和 J_- 分别表示 Ag^+离子及 NO_3^-离子总的传质流量，则有：

$$J_- = J_{-,\text{扩散}} + J_{-,\text{电迁}} = -D_- \frac{dc_-}{dx} - c_- u_- E = 0 \tag{6-24}$$

$$J_+ = J_{+,\text{扩散}} + J_{+,\text{电迁}} = -D_+ \frac{dc_+}{dx} + c_+ u_+ E \tag{6-25}$$

用电流密度表示，则有：

$$i_- = FJ_- = 0 \tag{6-26}$$

$$i_+ = F(-J_+) = F(D_+ \frac{dc_+}{dx} - c_+ u_+ E) \tag{6-27}$$

式 6-27 中含有 D_+ 和 u_+ 两个系数，为了简化，可以用消元法消去 u_+ 而只留下 D_+。由物理化学中已知，扩散系数 D_i 与离子淌度 u_i 之间的关系为：

$$D_i = \frac{RT}{zF} u_i \tag{6-28}$$

因为 Ag^+离子为 1 价，所以式 6-28 中 $z=1$，故有：

$$D_+ = \frac{RT}{F} u_+ \tag{6-29}$$

又考虑到 $AgNO_3$为 1-1 价电解质，故有 $c_+ = c_-$，于是从式 6-24 可以导出：

$$c_+ E = -\frac{RT}{F} + \frac{dc_+}{dx} \tag{6-30}$$

将式 6-29 和式 6-30 代入式 6-27 中，可以得到：

$$i_+ = 2FD_+ \frac{dc_+}{dx} \tag{6-31}$$

由于只有 Ag^+离子参加电极反应，故稳态电极反应速度 $i = i_+$，所以：

$$i = 2FD_+ \frac{dc_+}{dx} = 2i_{+,\text{扩散}} \tag{6-32}$$

从上述讨论可知，对于 1-1 价型的电解质，当完全没有局外电解质存在时，由于电迁移作用的影响，可使电极反应速度比在单纯扩散作用下的扩散电流密度增大 1 倍。当然，如果出现极限扩散电流密度，其数值也将增大1倍。这个结论不但适用于像$AgNO_3$这样的1-1价型电解质，也同样适用于z-z价型的电解质。对于非z-z价型的电解质，或者在少量局外电解质存在的情况下，虽然电迁移影响的定量关系不同于上面推导的各式，但是其影响规律是一致的，即凡是正离子在阴极上还原或负离子在阳极上氧化，则反应离子的电迁移总是使稳态电流密度增大；而负离子在阴极上还原或正离子在阳极上氧化时，反应离子的电迁移将使稳态电流密度减小。

6.4 浓差极化规律及判别方法

当电极过程由液相传质的扩散步骤控制时，电极所产生的极化就是浓差极化，所以通过研究浓差极化的规律，即通过浓差极化方程式及其极化曲线等特征，就可以正确地判断电极过程是否由扩散步骤控制的，进而可研究如何有效地利用这类电极过程为科研和生产服务。

6.4.1 浓差极化的规律

以简单的阴极反应 $O+ne \rightleftharpoons R$（其中，O为氧化态物质，即为反应粒子；R为还原态物质，即为反应产物；n为参加反应的电子数）为例，并在电解液中加入大量局外电解质，从而可以忽略反应离子电迁移作用的影响。

由于扩散步骤是电极过程的控制步骤，因此可以认为电子转移步骤进行得足够快，其平衡状态基本上未遭到破坏，故当电极上有电流通过时，其电极电位可借用能斯特方程式来表示，即：

$$E = E^{\ominus} + \frac{RT}{nF}\ln(\gamma_O c_O^s / \gamma_R c_R^s) \tag{6-33}$$

式中，γ_O为反应粒子O在c_O^s浓度下的活度系数；γ_R为反应产物R在c_R^s浓度下的活度系数。

如果假定活度系数γ_O和γ_R不随浓度而变化，则通电以前的平衡电位可表示为：

$$E_{平} = E^{\ominus} + \frac{RT}{nF}\ln(\gamma_O c_O^0 / \gamma_R c_R^0) \tag{6-34}$$

有了上述这些条件之后，下面可以分两种情况来讨论浓差极化的规律。

（1）当反应产物生成独立相时。有时，阴极反应的产物为气泡或固体沉积层等独立相，这些产物不溶于电解液。在这种情况下，可以认为

$$\gamma_R c_R^s = 1 \tag{6-35}$$

$$E = E^{\ominus} + \frac{RT}{nF}\ln\gamma_O c_O^s \tag{6-36}$$

$$E_{平} = E^{\ominus} + \frac{RT}{nF}\ln\gamma_O c_O^0 \tag{6-37}$$

由式6-12可以得到：

$$c_O^s = c_O^0\left(1 - \frac{i}{i_d}\right) \tag{6-38}$$

将式6-38代入式6-36中，可以得到：

$$E = E^{\ominus} + \frac{RT}{nF}\ln\gamma_0 c_0^0 + \frac{RT}{nF}\ln\left(1 - \frac{i}{i_d}\right) = E_{平} + \frac{RT}{nF}\ln\left(1 - \frac{i}{i_d}\right) \tag{6-39}$$

由此可以得到浓差极化的极化值 ΔE，即：

$$\Delta E = E - E_{平} = \frac{RT}{nF}\ln\left(1 - \frac{i}{i_d}\right) \tag{6-40}$$

当 i 很小时，由于 $i \ll i_d$，将式 6-40 按级数展开并略去高次项，可以得到：

$$\Delta E = -\frac{RT}{nF}\frac{i}{i_d} \tag{6-41}$$

式 6-39 ~ 式 6-41 就是当产物不溶时浓差极化的动力学方程式，即表示浓差极化的极化值与电流密度之间关系的方程式。也就是说，当 i 较大时，i 与 ΔE 之间含有对数关系；而当 i 很小时，i 与 ΔE 之间是直线关系。

如果将式 6-39 绘成极化曲线，则可得到如图 6-12 所示的图形。如将 E 与 $\lg\left(1 - \frac{i}{i_d}\right)$ 作图，则可得到如图 6-13 所示的直线关系。在图 6-13 中，直线的斜率 $\tan\alpha = \frac{2.3RT}{nF}$，若由作图得出了直线的斜率值，则可由其求得参加反应的电子数 n。

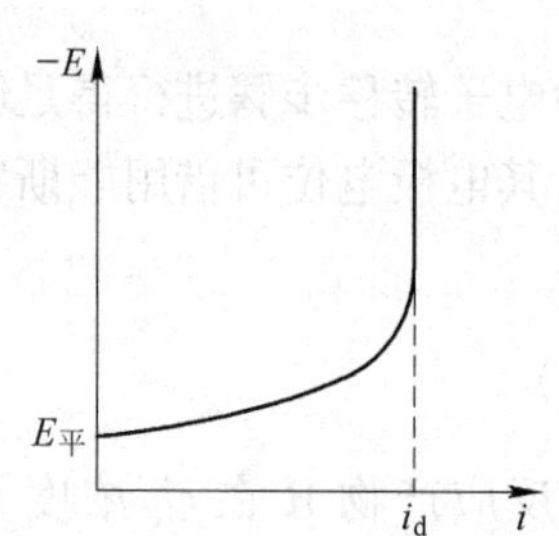

图 6-12 反应产物不溶时的浓差极化曲线

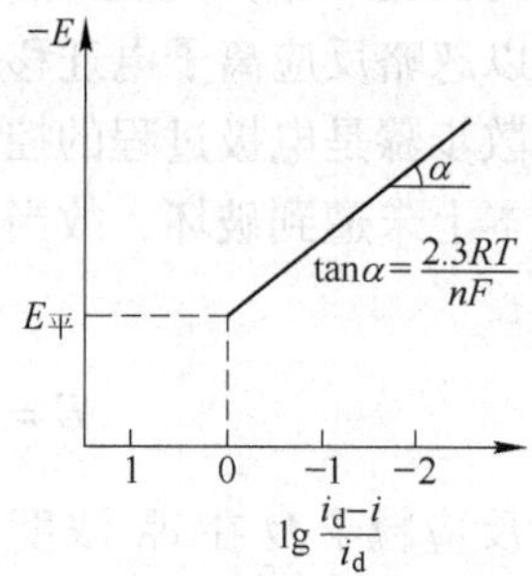

图 6-13 反应产物不溶时浓差极化的半对数曲线

（2）当反应产物可溶时。有时，阴极电极反应的产物可溶于电解液，或者生成汞齐，即反应产物是可溶的。这时，式 6-35 不再成立，即 $\gamma_R c_R^s \neq 1$，因此，要想求得浓差极化方程式，应首先知道反应产物在电极表面附近的浓度 c_R^s 是多少。c_R^s 可用下述方法求得。

反应产物生成的速度与反应物消耗的速度，用 mol 表示时是相等的，均为 $\frac{i}{nF}$。而产物的扩散流失速度为 $\pm D_R\left(\frac{\partial c_R}{\partial c_x}\right)_{x=0}$，其中产物向电极内部扩散（生成汞齐）时用正号，产物向溶液中扩散时用负号。显然，在稳态扩散下，产物在电极表面的生成速度应等于其扩散流失速度，假设产物向溶液中扩散，于是有：

$$\frac{i}{nF} = D_R\left(\frac{c_R^s - c_R^0}{\delta_R}\right) \quad 或 \quad c_R^s = c_R^0 + \frac{i\delta_R}{nFD_R} \tag{6-42}$$

由于反应前的产物浓度 $c_R^0 = 0$，所以可将式 6-42 写成：

$$c_{\mathrm{R}}^{\mathrm{s}} = \frac{i\delta_{\mathrm{R}}}{nFD_{\mathrm{R}}} \tag{6-43}$$

又由式 6-10 已知，$i_{\mathrm{d}} = nFD_i \frac{c_i^0}{l}$，若用 δ_0 表示扩散层厚度，则有：

$$c_{\mathrm{O}}^0 = \frac{i_{\mathrm{d}}\delta_{\mathrm{O}}}{nFD_{\mathrm{O}}} \tag{6-44}$$

同时，由式 6-11 有：

$$c_{\mathrm{O}}^{\mathrm{s}} = c_{\mathrm{O}}^0\left(1 - \frac{i}{i_{\mathrm{d}}}\right) \tag{6-45}$$

将式 6-43 ~ 式 6-45 代入式 6-33 中，可以得到：

$$\begin{aligned} E &= E^{\ominus} + \frac{RT}{nF}\ln\frac{\gamma_{\mathrm{O}} c_{\mathrm{O}}^{\mathrm{s}}}{\gamma_{\mathrm{O}} c_{\mathrm{R}}^{\mathrm{s}}} = E^{\ominus} + \frac{RT}{nF}\ln\frac{\gamma_{\mathrm{O}}\dfrac{i_{\mathrm{d}}\delta_{\mathrm{O}}}{nFD_{\mathrm{O}}}\left(1 - \dfrac{i}{i_{\mathrm{d}}}\right)}{\gamma_{\mathrm{R}}\dfrac{i\delta_{\mathrm{R}}}{nFD_{\mathrm{R}}}} \\ &= E^{\ominus} + \frac{RT}{nF}\ln\frac{\gamma_{\mathrm{O}}\delta_{\mathrm{O}}D_{\mathrm{R}}}{\gamma_{\mathrm{R}}\delta_{\mathrm{R}}D_{\mathrm{O}}} + \frac{RT}{nF}\ln\frac{i_{\mathrm{d}} - i}{i_{\mathrm{d}}} \end{aligned} \tag{6-46}$$

当 $i = \frac{1}{2}i_{\mathrm{d}}$ 时，式 6-46 右方最后一项为零，这种条件下的电极电位就叫做半波电位，通常以 $E_{1/2}$ 表示，即：

$$E_{1/2} = E^{\ominus} + \frac{RT}{nF}\ln\frac{\gamma_{\mathrm{O}}\delta_{\mathrm{O}}D_{\mathrm{R}}}{\gamma_{\mathrm{R}}\delta_{\mathrm{R}}D_{\mathrm{O}}} \tag{6-47}$$

由于在一定对流条件下的稳态扩散中，δ_{O} 与 δ_{R} 均为常数；又由于在含有大量局外电解质的电解液和稀汞齐中，γ_{O}、γ_{R}、D_{O}、D_{R} 均随浓度 c_{O} 和 c_{R} 变化很小，也可以将它们看作常数。因此，可以将 $E_{1/2}$ 看作是只与电极反应性质（反应物与反应产物的特性）有关、而与浓度无关的常数。于是，式 6-46 就可写成：

$$E = E_{1/2} + \frac{RT}{nF}\ln\frac{i_{\mathrm{d}} - i}{i_{\mathrm{d}}} \tag{6-48}$$

式 6-48 就是当反应产物可溶时的浓差极化方程式，其相应的极化曲线如图 6-14 和图 6-15 所示。

6.4.2 浓差极化的判别方法

可以根据是否出现浓差极化的动力学特征，来判断电极过程是否由扩散步骤控制。现将浓差极化的动力学特征总结如下：

（1）当电极过程受扩散步骤控制时，在一定的电极电位范围内，出现一个不受电极电位变化影响的极限扩散电流密度 i_{d}，而且 i_{d} 受温度变化的影响较小，即 i_{d} 的温度系数较小。

（2）浓差极化的动力学公式为 $E = E_{平} + \frac{RT}{nF}\ln\left(1 - \frac{i}{i_{\mathrm{d}}}\right)$（产物不溶）或 $E = E_{1/2} + \frac{RT}{nF}$

$\ln \frac{i_d - i}{i}$（产物可溶）。因此，当用E对$\lg\left(1 - \frac{i}{i_d}\right)$或$\lg \frac{i_d - i}{i}$作图时，可以得到直线关系，直线的斜率为$2.3RT/nF$。

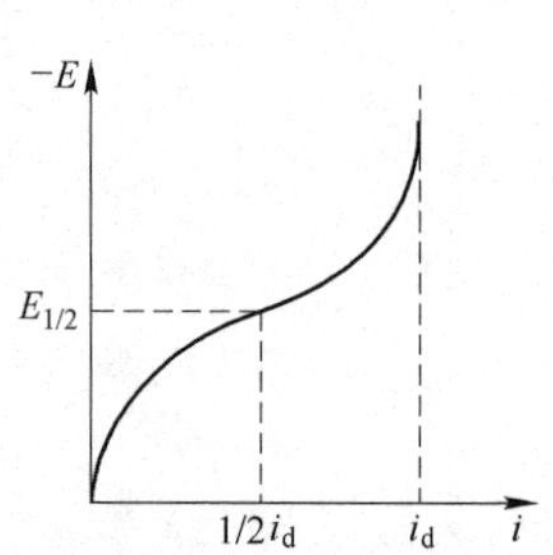

图 6-14 反应产物可溶时的浓差极化曲线

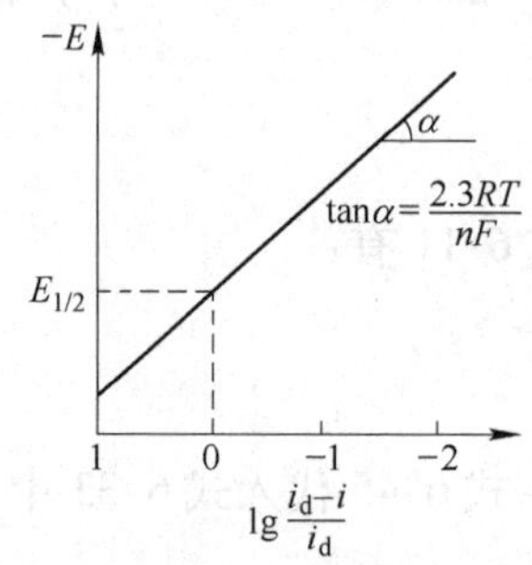

图 6-15 反应产物可溶时浓差极化的半对数曲线

（3）电流密度i和极限扩散电流密度i_d随着溶液搅拌强度的增大而增大。这是因为当搅拌强度增大时，溶液的流动速度增大，根据对流扩散理论，此时的扩散层厚度减薄，导致i和i_d增大。

（4）扩散电流密度与电极表面的真实表面积无关，而与电极表面的表观面积有关。这是由于i取决于扩散流量的大小，而扩散流量的大小与扩散流量所通过的截面积（即电极表观面积）有关，而与电极表面的真实面积无关。

可以根据上述动力学特征，来判别电极过程是否由扩散步骤所控制。值得注意的是，如果仅用其中一个特征来判别，条件是不充分的，可能会出现判断错误。例如，可以根据是否出现i_d来判断电极过程是否受扩散步骤所控制。但是，如果仅根据出现了极限电流密度就判断该过程受扩散步骤控制，那么这个结论就不够充分。因为当在电子转移步骤之前的某些步骤，例如前置转化步骤或催化步骤等成为电极过程的控制步骤时，也都可能出现极限电流密度（如动力极限电流密度、吸附极限电流密度、反应粒子穿透有机吸附层的极限电流密度等）。而如果用几个特征互相配合来进行判断，则可以得到正确的结论。例如，当电极过程中出现了极限电流密度以后，再改变对溶液的搅拌强度，如果极限电流密度随搅拌强度而改变，则可以判断该电极过程受扩散步骤所控制。因为除了极限扩散电流密度受搅拌强度的影响之外，上述的其他几个极限电流密度均不受搅拌强度的影响。有时，在更复杂的情况下，需要从上述几个动力学特征来进行全面综合判断，才能得出可靠的结论。

6.5 非稳态扩散过程

建立稳态扩散过程，必须先经过非稳态扩散过程的过渡阶段。所以，要完整地研究扩散过程动力学规律，必须要研究非稳态扩散过程。研究非稳态扩散过程有着十分重要的意义，一则可以通过研究非稳态扩散过程，进一步了解稳态扩散过程建立的可能性和所需要的时间；二则在现代电化学测试技术中，为了实现快速测试，往往直接利用非稳态扩散过程阶段。因此，掌握非稳态扩散过程的规律是十分重要的。

6.5.1 Fick 第二定律

稳态扩散与非稳态扩散的主要区别，在于扩散层中各点的反应粒子浓度是否与时间有关，即在稳态扩散时，$c_i = f(x)$；而在非稳态扩散中，$c_i = f(x, t)$。根据研究稳态扩散过程的思路，要研究扩散动力学规律，就要先求出扩散流量，然后根据扩散流量求出扩散电流密度，最后再求出电流密度与电极电位的关系。研究非稳态扩散的动力学规律，基本上也要按照这种思路来处理。

在非稳态扩散中，某一瞬间的非稳态扩散流量可表示为 $J_i = -D_i\left(\frac{\mathrm{d}c_i}{\mathrm{d}x}\right)_t$，由于浓度梯度与时间有关，即浓度梯度不是一个常数，所以要求出扩散流量 J_i，就必须首先求出 $c_i = f(x, t)$ 的函数关系，也就是首先要对 Fick 第二定律求解。而 Fick 第二定律的数学表达式可由 Fick 第一定律推导出来。

假设有两个相互平行的液面，而液面之间的距离为 $\mathrm{d}x$，液面 S_1 和 S_2 的面积都为单位面积，如图 6-16 所示。在图 6-16 中，通过液面 S_1 的扩散粒子浓度为 c，通过液面 S_2 的扩散粒子浓度为 $c' = c + \frac{\mathrm{d}c}{\mathrm{d}x}\mathrm{d}x$。于是，根据 Fick 第一定律，流入液面 S_1 的扩散流量为 $J_1 = -D\frac{\mathrm{d}c}{\mathrm{d}x}$；而流出液面 S_2 的扩散流量为 $J_2 = -D\frac{\mathrm{d}}{\mathrm{d}x}\left(c + \frac{\mathrm{d}c}{\mathrm{d}x}\mathrm{d}x\right) = -D\frac{\mathrm{d}c}{\mathrm{d}x} - D\frac{\mathrm{d}^2c}{\mathrm{d}x^2}\mathrm{d}x$。$S_1$ 和 S_2 两个液面所通过的扩散流量之差，就表示在单位时间内，在相距为 $\mathrm{d}x$ 的两个单位面积之间所积累的扩散粒子的物质的量，于是有 $J_1 - J_2 = D\frac{\mathrm{d}^2c}{\mathrm{d}x^2}\mathrm{d}x$。如果将上式除以体积 $\mathrm{d}V = 1 \times 1 \times \mathrm{d}x = \mathrm{d}x$，则等于由非稳态扩散而导致的单位时间内在单位体积中积累的扩散粒子的物质的量，该数值恰好是 S_1 和 S_2 两液面之间在单位时间内的浓度变化 $\frac{\mathrm{d}c}{\mathrm{d}x}$，于是有：

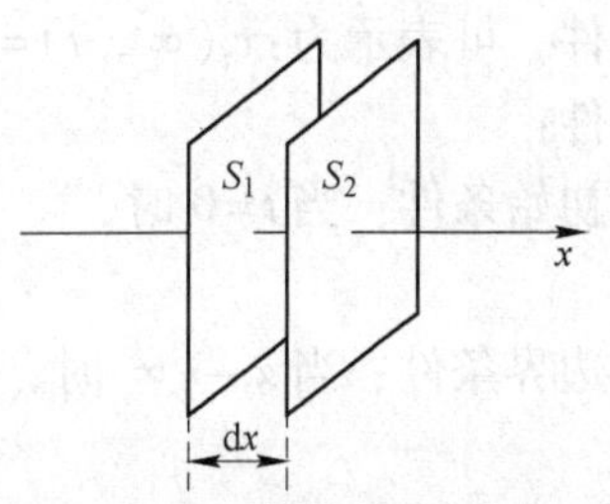

图 6-16 两个平行液面间的扩散

$$\frac{\mathrm{d}c}{\mathrm{d}t} = \frac{J_1 - J_2}{\mathrm{d}V} = \frac{D\frac{\mathrm{d}^2c}{\mathrm{d}x^2} - \mathrm{d}x}{\mathrm{d}x} = D\frac{\mathrm{d}^2c}{\mathrm{d}x^2}$$

若改写为偏微分形式，则有：

$$\frac{\partial c}{\partial t} = D\frac{\partial^2 c}{\partial x^2} \tag{6-49}$$

式 6-49 就是大家熟知的 Fick 第二定律，也就是在非稳态扩散过程中，扩散粒子浓度 c 随距电极表面的距离 x 和时间 t 变化的基本关系式。

Fick 第二定律是一个二次偏微分方程，求出它的特解就可以知道 $c_i = f(x, t)$ 的具体函数关系。而要求出其特解，就需要知道该方程的初始条件和边界条件。由于在不同的电极形状和极化方式等条件下，具有不同的初始条件与边界条件，所以得到的方程特解也不同。因此，要根据不同的情况作具体分析。

下面讨论平面电极和球形电极表面附近液层中的非稳态扩散规律。为了便于讨论，假设扩散系数 D_i 不随被讨论的粒子浓度 c_i 而变化，而且不考虑电迁移和对流传质对非稳态扩散过程的影响。

6.5.2 平面电极上的非稳态扩散

讨论平面电极上的非稳态扩散的规律，实际上就是要根据平面电极的特点，来确定 Fick 第二定律的初始条件和边界条件，然后再根据这些条件求得该方程式的特解。这里所说的平面电极，指的是一个大平面电极中的一小块电极面积。因此，在这种条件下，可以认为与电极表面平行的液面上各点的粒子浓度相同，即粒子只沿着与电极表面垂直的 x 方向进行一维扩散。同时，由于溶液体积很大而电极面积很小，故可以认为在距离电极表面足够远的液层中，通电后的粒子浓度与通电前的初始浓度相等，这种条件称为半无限扩散条件，可表示为：$c_i(\infty, t)=c_i^0$ 。通过上述分析，可以得到式 6-49 的初始条件和一个边界条件：

初始条件：当 $t=0$ 时，

$$c_i(x, 0) = c_i^0 \tag{6-50}$$

边界条件：当 $x \to \infty$ 时，

$$c_i(\infty, t) = c_i^0 \tag{6-51}$$

要对式 6-49 求解，还需要确定另外一个边界条件，而另一个边界条件要根据具体的极化条件才能确定，如果极化条件不同，则边界条件不同，所求得的特解的形式就不同。下面就三种不同的极化条件分别进行讨论。

6.5.2.1 完全浓差极化

当扩散步骤为控制步骤，阴极电极电位很负（或外加一个很大的阴极极化电位）时，电极表面附近液层中的反应粒子浓度 $c_i^s = 0$，从而出现极限扩散电流密度 i_d，这种条件下的浓差极化，就称为完全浓差极化。因此，在完全浓差极化条件下的边界条件为：

$$c_i(0, t) = 0 \tag{6-52}$$

通过上述分析可知，在平面电极发生完全浓差极化的条件下，式 6-50、式 6-51 和式 6-52 就是 Fick 第二定律的初始条件和边界条件。有了这些条件之后，就可以通过数学运算求得式 6-49 的特解。常用的数学运算方法是拉普拉斯（Laplace）变换法。其运算过程为：将式 6-49 两边的原函数变为象函数，然后根据式 6-50、式 6-51 和式 6-52 所确定的初始条件和边界条件，求出以象函数表示的微分方程解，最后再通过反变换将象函数还原为原函数。在此略去纯数学运算过程，而着重讨论解的形式和物理意义。

通过 Laplace 变换，可以得出式 6-49 特解的形式为：

$$c_i(x, t) = c_i^0 \operatorname{erf}\left(\frac{x}{2\sqrt{D_i t}}\right) \tag{6-53}$$

式中，erf 为 Guass 误差函数的表示符号。Guass 误差函数可定义为：

$$\operatorname{erf}(\lambda) = \frac{2}{\sqrt{\lambda}}\int_0^{\lambda} e^{-y^2}\,\mathrm{d}y \tag{6-54}$$

式 6-54 是一个定积分，式中的 y 为辅助变量，当积分的上、下限代入式中后就可消去。在所要讨论的情况下，$\lambda=\frac{x}{2\sqrt{D_i t}}$。

由于式 6-53 反映了反应粒子 c_i 随 x 和 t 变化的情况，而式中又含有 Guass 误差函数，所以为了弄清反应粒子在非稳态扩散过程中的浓度分布情况，就必须首先了解误差函数的性质。误差函数的性质可用图 6-17 表示。由图 6-17 可以看出，误差函数最重要的特性是：

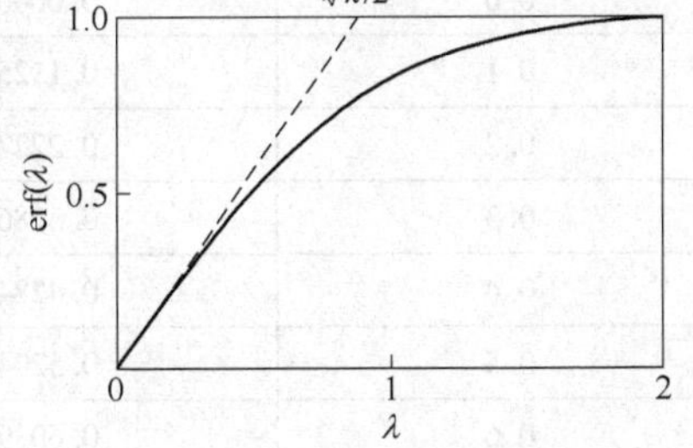

图 6-17　Guass 误差函数的性质

（1）当 $\lambda=0$ 时，$\mathrm{erf}(\lambda)=0$。

（2）当 $\lambda\to\infty$ 时，$\mathrm{erf}(\lambda)=1$，一般只要 $\lambda\geqslant 2$，就有 $\mathrm{erf}(\lambda)\approx 1$。

（3）曲线起点的斜率为 $\left(\frac{\mathrm{derf}(\lambda)}{\mathrm{d}\lambda}\right)_{\lambda=0}=\frac{2}{\sqrt{\pi}}$，由此可以看出，当 λ 值较小（通常为 $\lambda<0.2$）时，$\mathrm{erf}(\lambda)\approx\frac{2\lambda}{\sqrt{\pi}}$。

误差函数只能解出近似值，其数值可以从表 6-1 中查出。从表 6-1 中的数据，也可直接看出误差函数的基本性质。即：当 $\lambda=0$ 时，$\mathrm{erf}(\lambda)=0$；当 $\lambda\geqslant 2$ 时，$\mathrm{erf}(\lambda)\approx 1$；而当 $\lambda<0.2$ 时，$\mathrm{erf}(\lambda)\approx\frac{2\lambda}{\sqrt{\pi}}$。当了解了上述误差函数的基本性质以后，就可以利用这些基本性质来讨论完全浓差极化条件下的非稳态扩散规律了。

可将式 6-53 所表示的解的形式改写为：

$$\frac{c_i}{c_i^0}=\mathrm{erf}\left(\frac{x}{2\sqrt{D_i t}}\right)\tag{6-55}$$

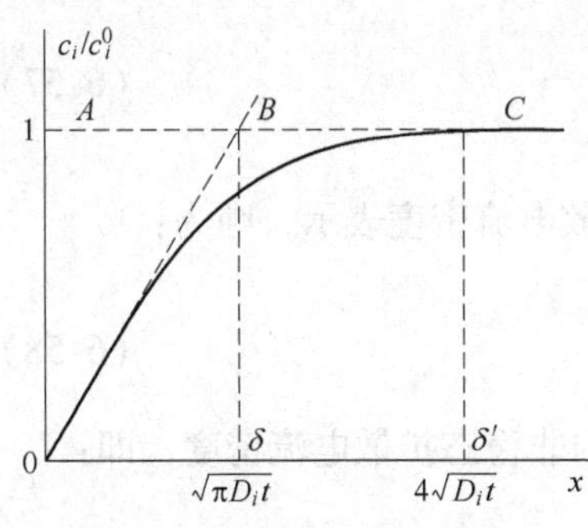

图 6-18　电极表面附近液层中反应粒子的暂态浓度分布

由式 6-55 可见，在所讨论的情况下，$\mathrm{erf}(\lambda)=\frac{c_i}{c_i^0}$，故用 $\frac{c_i}{c_i^0}$ 对 λ 作图，可得到图 6-18，其图形与图 6-17 的图形完全相同。

若将图 6-18 的横坐标改为距电极表面的距离 x，则该图就是在电极表面附近液层中反应粒子浓度的非稳态分布图。显然，其浓度分布形式与误差函数曲线是相同的，因此也具有相同的性质。即在 $x=0$（相当于 $\lambda=0$）处，$c_i=0$；而在 $x\geqslant 4\sqrt{D_i t}$ $\left(相当于 \lambda=\frac{x}{2\sqrt{D_i t}}=2\right)$ 处 $c_i\approx c_i^0$。由此可以看出，在 $x\leqslant 4\sqrt{D_i t}$ 的范围内，存在着反应粒子的浓度梯度，且浓度梯度随时间 t 而变化，而在 $x\geqslant 4\sqrt{D_i t}$ 时，可以认为反应粒子的浓度基本上不再变化。因此，可以把 $4\sqrt{D_i t}$ 看成是非稳态扩散中扩散层的“总厚度”，或称为扩散层的“真实厚度”，以 δ' 表示，即 $\delta'=$

$4\sqrt{D_i t}$ 。

表 6-1 Guass 误差函数的近似值

λ	erf(λ)	λ	erf(λ)
0.0	0.0000	1.2	0.9103
0.1	0.1125	1.3	0.9340
0.2	0.2227	1.4	0.9523
0.3	0.3286	1.5	0.9661
0.4	0.4284	1.6	0.9763
0.5	0.5204	1.7	0.9838
0.6	0.6039	1.8	0.9891
0.7	0.6778	1.9	0.9928
0.8	0.7421	2.0	0.9953
0.9	0.7969	2.5	0.99959
1.0	0.8427	3.0	0.99998
1.1	0.8802		

如果将式 6-53 对 x 微分，则可得到：

$$\frac{\partial c_i}{\partial x}=\frac{c_i{}^0}{\sqrt{\pi D_i t}}\exp\left(-\frac{x^2}{4D_i t}\right) \tag{6-56}$$

式 6-56 表明，浓度梯度是随 x 和 t 而变化的变量，但由于电极反应发生在电极/溶液界面上，所以影响极化条件下非稳态扩散流量的主要因素是 $x=0$ 处的浓度梯度。若将 $x=0$ 代入式 6-56，可以得到：

$$\left(\frac{\partial c_i}{\partial x}\right)_{x=0}=\frac{c_i^0}{\sqrt{\pi D_i t}} \tag{6-57}$$

而在某一瞬间的非稳态扩散流量为 $J_i=-D_i\left(\frac{\partial c_i}{\partial x}\right)_t$，若用扩散电流密度表示，则为：

$$i=nFD_i\left(\frac{\partial c_i}{\partial x}\right)_t \tag{6-58}$$

若将式 6-57 代入式 6-58，则可得到完全浓差极化条件下的非稳态扩散电流密度，即：

$$i_{\mathrm{d}}=nFD_i\frac{c_i^0}{\sqrt{\pi D_i t}} \tag{6-59}$$

将式 6-59 与对流扩散中的式 6-19 相比较，由于在对流扩散中，有：

$$i_{\mathrm{d}}=nFD_i\frac{c_i^0}{\delta}$$

故可以看出，式 6-59 中的 $\sqrt{\pi D_i t}$ 相当于对流扩散中的扩散层有效厚度 δ。因此，可以把 $\delta=\sqrt{\pi D_i t}$ 称为非稳态扩散中在 t 时刻的扩散层“有效厚度”。在图 6-18 中，自 $x=0$ 处作浓度分布曲线 OC 的切线，切线与直线 AC 的交点为 B，AB 的长度即代表扩散层的“有效厚度”。直线 AC 表示浓度 c_i 与 c_i^0 之比等于 1。

通过 δ 和 δ' 数值的比较可以看出，在某一瞬间，非稳态扩散层的“有效厚度”δ 和其真实厚度 δ' 之间相差很大。

由上述讨论可知，反应粒子的浓度分布是随时间而变化的，如果将不同时间的浓度分布曲线画在同一图中，就可得到类似于图 6-3 所示的那一组曲线。由图 6-3 可以看出，离电极表面任何一点的浓度 c_i 都随时间的延长而降低。因此，这一组曲线可以形象地表示浓度差或浓度梯度的发展情况。同时，由式 6-53 可以看出，x 与 t 总是以 $x/\sqrt{t}$ 的形式出现，$x/\sqrt{t}$ 就表示等浓度面的条件。随着时间的延长，等浓度面按 $x/\sqrt{t}$ 的关系向前推进，但推进的速度却越来越慢。

此外，从式 6-53 还可以看出，当 $t \to \infty$ 时，$\lambda = x/2\sqrt{D_i t} \to 0$，所以 $\mathrm{erf}(\lambda) \to 0$，即 $c_i/c_i^0 \to 0$，也就是说，当 $t \to \infty$ 时，$c_i \to 0$。这就表明，当仅存在扩散作用时，c_i 随 t 无限变化，始终不能建立稳态扩散。

综上所述，可以得到在完全浓差极化条件下的非稳态扩散过程的特点：

(1) $c_i = c_i^0 \mathrm{erf}\left(\dfrac{x}{2\sqrt{D_i t}}\right)$；

(2) $\delta = \sqrt{\pi D_i t}$，$\delta' = 4\sqrt{D t_i}$；

(3) $i_\mathrm{d} = nF\dfrac{D_i c_i^0}{\sqrt{\pi D t_i}} = nFc_i^0\sqrt{\dfrac{D_i}{\pi t}}$。

上述三个特点都反映了扩散过程的非稳定性，即 c_i、δ 和 i_d 都随着时间而不断变化。由此可以得出如下结论：在只有扩散传质作用存在的条件下，从理论上讲，平面电极的半无限扩散是不可能达到稳态的。

但在实际的电化学体系中，在绝大多数情况下，液相中的对流传质作用总是存在的，非稳态扩散过程不会持续很长的时间，当非稳态扩散层的有效厚度 δ 接近或等于由于对流作用形成的对流扩散层厚度时，电极表面的液相传质过程就可以转入稳态。液相中存在的对流情况不同，由非稳态扩散过渡到稳态扩散所需要的时间也不相同。在只有自然对流作用存在时，其扩散层有效厚度大约为 10^{-2} cm。可以计算出，只需要几秒钟，就可以由非稳态扩散过渡到稳态扩散。假如采用搅拌措施，则扩散层有效厚度会减薄，从而使稳态扩散建立得更快些。而如果在电化学体系中电流密度很小、反应中不产生气相产物、体系保持恒温以及避免振动存在时，则非稳态扩散过程可能会持续到 10min 以上，甚至可能会更长些。

6.5.2.2 仅有反应粒子可溶时恒电位阴极极化

在浓差极化条件下，可以认为电子转移步骤处于平衡态，因此电极电位可用能斯特方程式来表示，即 $E = E^{\ominus} + \dfrac{RT}{nF}\ln c_i^\mathrm{s}$。这就是说，电极电位 E 的大小取决于反应粒子的表面浓度 c_i^s，当处在恒电位极化条件下时，因电位恒定，故可以认为反应粒子的表面浓度 c_i^s 也不变。由此，可得到另一个边界条件，即：

$$c_i(0,\ t) = c_i^\mathrm{s} = \text{常数} \tag{6-60}$$

这样，根据式 6-50、式 6-51 和式 6-60 所确定的初始条件和边界条件，可求得 Fick 第二定律的特解为：

$$c_i(x,\ t) = c_i^s + (c_i^0 - c_i^s)\mathrm{erf}\left(\frac{x}{2\sqrt{D_i t}}\right) \tag{6-61}$$

用与完全浓差极化条件下同样的处理方法，将式 6-61 对 x 微分，可求出在 $x=0$ 处的浓度梯度，即：

$$\left(\frac{\partial c_i}{\partial x}\right)_{x=0} = \frac{c_i^0 - c_i^s}{\sqrt{\pi D_i t}} \tag{6-62}$$

进而可以求得阴极扩散电流密度，即：

$$i = nF(c_i^0 - c_i^s)\sqrt{\frac{D_i}{\pi t}} \tag{6-63}$$

由式 6-61 ~ 式 6-63 可以看出，在恒电位极化条件（ c_i^s = 常数）下所求得的公式，与在完全浓差极化条件下所求得的相应的公式——式 6-53、式 6-57 和式 6-59 完全类似，只是在各相应的公式中都相差了一个 c_i^s 相。实际上，可以把完全浓差极化条件看做是恒电位极化条件下的一个特例，即在 c_i^s = 常数 = 0 时，式 6-61、式 6-62 和式 6-63 就变成了式 6-53、式 6-57 和式 6-59。这种关系也很类似于稳态扩散中的 $c_i^s = 0$ 和 $c_i^s \neq 0$ 的情况。

从式 6-63 可以看出，当 $c_i^s \neq 0$ 时，扩散电流密度 i 总是随时间变化而变化，从而也就反映出扩散过程随时间而改变的不稳定性。扩散电流随时间而变化的规律如图 6-19 所示。

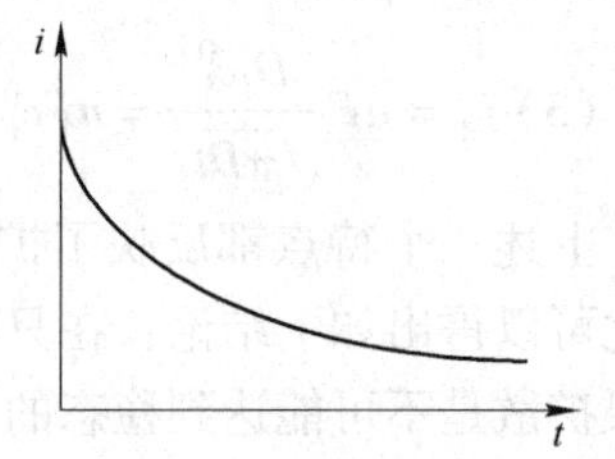

图 6-19　扩散电流密度-时间曲线

与在完全浓差极化条件下一样，在恒电位极化条件下，也只有当存在对流传质作用时，才可能由非稳态扩散过程转化为稳态扩散过程，即当扩散层有效厚度 $\sqrt{\pi D_i t}$ 接近或等于对流扩散层的有效厚度时，扩散过程由非稳态过渡到稳态。

6.5.2.3　恒电流阴极极化

恒电流阴极极化，就是在阴极极化过程中保持电极表面上的电流密度恒定，由式 6-58 可以得出 $i = nFD_i\left(\frac{\partial c_i}{\partial x}\right)_{x=0}$。当 i 恒定时，有如下关系：

$$\left(\frac{\partial c_i}{\partial x}\right)_{x=0} = \frac{i}{nFD_i} = 常数 \tag{6-64}$$

式 6-64 为恒电流极化条件下的另一个边界条件，再加上由式 6-50 和式 6-51 所确定的初始条件和边界条件，就可以对 Fick 第二定律求解，所得到的特解形式为：

$$c_i(x,\ t) = c_i^0 + \frac{i}{nF}\left[\frac{x}{D_i}\mathrm{erfc}\left(\frac{x}{2\sqrt{D_i t}}\right) - 2\sqrt{\frac{t}{D_i \pi}}\exp\left(-\frac{x^2}{4D_i t}\right)\right] \tag{6-65}$$

式 6-65 中的 $\mathrm{erfc}(\lambda) = 1 - \mathrm{erf}(\lambda)$，称为 Guass 误差函数的共轭函数。

下面，根据式 6-65 来讨论恒电流极化条件下的非稳态扩散特征。

（1）由于电极反应发生在电极表面，所以我们最感兴趣的是各粒子的表面浓度。由式 6-65 可知，当 $x=0$ 时，可求出反应粒子在某一时刻 t 的表面浓度为：

$$c_i(0,\ t) = c_i^0 - \frac{2i}{nF}\sqrt{\frac{t}{\pi D_i}} \tag{6-66}$$

由式6-66可知，当$\frac{2i}{nF}\sqrt{\frac{t}{\pi D_i}} = c_i^0$时，$c_i(0,\ t) = 0$，即反应粒子的表面浓度为零。显然，使$c_i(0,\ t) = 0$的时间应为：

$$\sqrt{t} = \frac{nF\sqrt{\pi D_i}}{2i}c_i^0 \tag{6-67}$$

通常，把在恒电流极化条件下使电极表面反应粒子浓度降为零所需要的时间，称为过渡时间，一般用τ_i表示，由式6-67可有：

$$\tau_i = \frac{n^2F^2\pi D_i}{4i^2}(c_i^0)^2 \tag{6-68}$$

由于反应粒子表面浓度$c_i(0,\ t) = 0$时，只有依靠其他电极反应才能保持极化电流密度不变，因此，当$c_i(0,\ t) = 0$时，电极电位发生突跃，以发生其他新的电极反应。因此，也常把过渡时间定义为从开始恒电流极化到电极电位发生突跃所经历的时间。由式6-68可以看出，极化电流密度i越小，或反应粒子浓度c_i^0越大，则过渡时间越长。

如果把式6-68代入式6-66中，则可得：

$$c_i(0,\ t) = c_i^0\left[1 - \left(\frac{t}{\tau_i}\right)^{1/2}\right] \tag{6-69}$$

对电极表面附近液层中的其他粒子如j粒子，其表面浓度$c_j(0,\ t)$也可用τ_i表示，其关系式为：

$$c_j(0,\ t) = c_j^0 - c_i^0\left(\frac{v_j}{v_i}\right)\left(\frac{D_i}{D_j}\right)^{1/2}\left(\frac{t}{\tau_i}\right)^{1/2} \tag{6-70}$$

式中，v_i和v_j分别为i粒子和j粒子的化学计量数，对反应粒子取正值，对产物粒子取负值。

由式6-69和式6-70可知，无论是反应粒子还是反应产物粒子，其表面浓度都是与$\sqrt{t}$呈线性关系的，如图6-20所示。

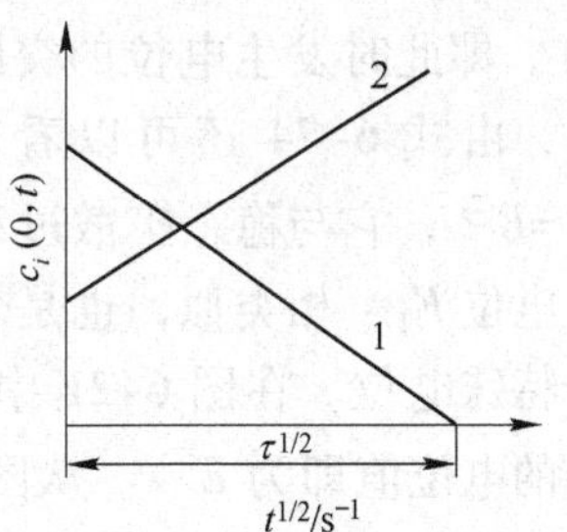

图6-20 反应粒子和反应产物粒子表面浓度随时间的变化
1—反应粒子；2—反应产物粒子

（2）根据式6-65，如果以c_i对x作图，在不同时间，则有不同的浓度分布曲线，如图6-3所示。由式6-64可知，在x=0处，图中各曲线的斜率相等，即$\left(\frac{\partial c_i}{\partial x}\right)_{x=0}$ = 常数。

（3）知道了各种粒子的表面浓度随时间变化的规律以后，就可以讨论恒电流极化条件下非稳态扩散中电极电位E与时间t之间的关系了。设电极反应为O+ne $\rightleftharpoons$R，并且假定不考虑活度系数对溶液浓度的影响，即认为γ_O和γ_R都为1。

当反应产物R不溶时，则恒电流极化条件下的电极电位仅取决于反应粒子O在电极表面的浓度$c_O(0,t)$。由式6-36有$E = E^{\ominus} + \frac{RT}{nF}\ln\gamma_O c_O^s$。由于假定$\gamma_O = 1$，且$c_O^s$就是上述所说的$c_O(0,t)$，所以可以得出在某一时刻$t$的电极电位为：

$$E_i = E^{\ominus} + \frac{RT}{nF}\ln c_O(0,\ t) \tag{6-71}$$

若将式6-69代入式6-71中，则可得：

$$E_i = E^{\ominus} + \frac{RT}{nF}\ln c_O^0 + \frac{RT}{nF}\ln\frac{\tau_O^{1/2} - t^{1/2}}{\tau_O^{1/2}} \tag{6-72}$$

式6-72就是恒电流极化条件下，当反应产物不溶时，电极电位随时间变化的方程式。由式6-72可见，随着时间的延长，电极电位 E_i 变负，当 $t = \tau_O$ 时，$c_O(0,\ t) = 0$，这时 $E_i \to -\infty$，即此时电极电位发生突变。

当反应产物可溶时，按式6-70，并考虑在式 $O+ne \rightleftharpoons R$ 中，$v_O = 1$，$v_R = -1$，则可以得：

$$c_R(0,\ t) = c_R^0 + c_O^0\left(\frac{D_O}{D_R}\right)^{1/2}\left(\frac{t}{\tau_O}\right)^{1/2} \tag{6-73}$$

由于通电之前反应产物的粒子浓度为零，即 $c_R^0 = 0$，并且假定 $D_O = D_R$、$\gamma_O = \gamma_R = 1$，故将式6-69和式6-73代入式6-32中可得：

$$\begin{aligned} E_i &= E^{\ominus} + \frac{RT}{nF}\ln\frac{\gamma_O c_R^s}{\gamma_R c_R^s} \\ &= E^{\ominus} + \frac{RT}{nF}\ln\frac{c_O^0[1 - (t/\tau_O)^{1/2}]}{c_R^0 + c_O^0(D_O/D_R)^{1/2}(t/\tau_O)^{1/2}} \\ &= E^{\ominus} + \frac{RT}{nF}\ln\frac{\tau_O^{1/2} - t^{1/2}}{t^{1/2}} \end{aligned} \tag{6-74}$$

由式6-74可以看出，与反应产物不溶时类似，随着时间的延长，E_i 变负，当 $t = \tau_O$ 时，$E_i \to -\infty$，即此时发生电位的突跃，如图6-21所示。同时，由式6-74还可以看出，当 $t = \tau_O/4$ 时，$E_{1/4} = E^{\ominus}$，它与稳态扩散过程中当产物可溶时的半波电位 $E_{1/2}$ 相类似，也是表示电极体系特征的一个特殊电位。在图6-21中，时间为 $\tau_O/4$ 时所对应的电位值即为 $E^{\ominus}$。从图6-21可见，从开始恒电流极化直到电位发生突变所对应的时间即为过渡时间 τ_O。在电化学测试技术中常常利用这一特征，首先通过电位-时间曲线的测量求得 τ_O 值，然后用 E_i 对 $\lg\frac{\tau_O^{1/2} - t^{1/2}}{\tau_O^{1/2}}$ 作图，或用 E_i 对 $\lg\frac{\tau_O^{1/2} - t^{1/2}}{t^{1/2}}$ 作图，根据式6-72和式6-74，应该得到一条直线，而直线的斜率应为 $\frac{2.3RT}{nF}$，从而可以求得参加反应的电子数 n。在电分析化学中，还可以利用 $\tau_O \propto (c_O^0)^2$ 这一特性，通过过渡时间 τ_O 的测量来进行定量分析。但是，有一点得注意，如果 c_O^+ 比较大，而 i 比较小，从而发生的浓度变化也比较小的话，体系中的扩散传质过程，就有可能由于对流作用的干扰而在 $t < \tau_O$ 时就达到了稳态，这时图6-21中就不再有明显的电位突跃，也就不能再利用上述特性进行其他电极过程参数的研究了。

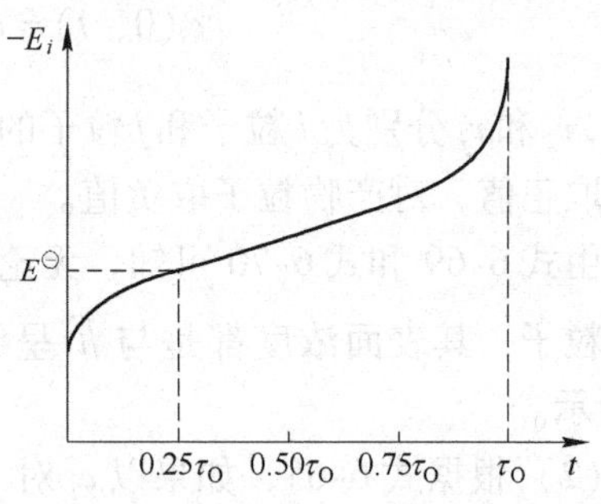

图6-21 电位-时间曲线

以上讨论了平面电极在各种极化条件下的非稳态扩散的特征，其中所涉及的各有关方程式均与时间变量有关，这与稳态扩散的各方程式完全不同，这正是非稳态扩散与稳态扩散过程最根本的区别。

此外，上述各种结论虽然是根据平面电极的特点而得出的，但它们对其他许多电极表面附近的非稳态扩散过程也都有不同程度的适用性。这是因为，对于具有各种形状的大多数电极来说，电极表面附近非稳态扩散层的有效厚度一般都比电极表面的曲率半径小得多，因此大都可以作为平面电极上的扩散过程来处理。

6.5.3 球形电极上的非稳态扩散

上面讨论平面电极的非稳态扩散规律时，只考虑了垂直于电极表面一维方向上的浓度分布。实际上有许多电极都具有一定的几何形状和由封闭曲面组成的电极表面，因此，对于这些电极来说，进行的都是三维空间的扩散。当然，如前所述，当非稳态扩散层的有效厚度比电极表面的曲率半径小得多时，可以当做平面电极上的扩散过程来处理。但是，当扩散层的有效厚度大体上与电极表面曲率半径相当时，就必须考虑三维空间的非稳态扩散。因为球形电极具有最简单的表面形状，在各种实验工作中也最常用到，所以在此以球形电极为例，对三维非稳态扩散的规律进行分析讨论。

6.5.3.1 以极坐标表示的 Fick 第二定律表达式

球形电极周围溶液中的反应粒子浓度分布应是球形对称的，即在一定半径 r 的球面上各点的反应粒子浓度应当相同，如图6-22 所示。在图6-22 中，r_0表示球形电极的半径。由于球形电极表面上的非稳态扩散过程具有向球体周围空间三维发散的性质，故以 r 为半径的球面就代表电极表面附近液层的等浓度面，在该等浓度面上反应粒子浓度相同。显然，对于球形电极来说，用极坐标表示反应粒子的浓度分布要比用直角坐标更为方便。

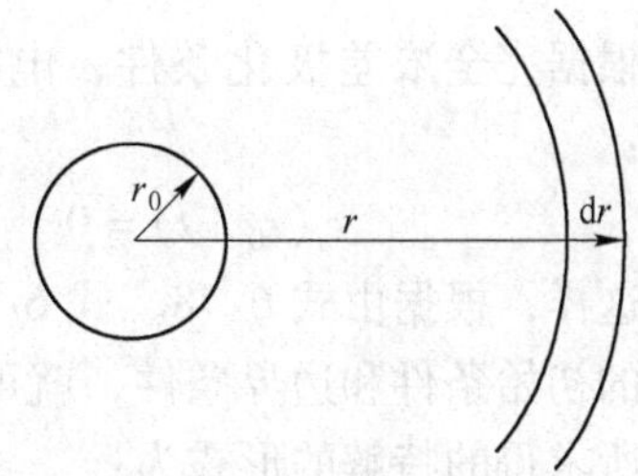

图6-22 球形电极示意图

采用同研究平面电极非稳态扩散规律一样的思路，在研究球形电极的非稳态扩散规律时，也要依据 Fick 第二定律和具体的极化条件推导出非稳态的浓度分布公式。因此，首先要推导出用极坐标表示的 Fick 第二定律表达式。

当用极坐标表示非稳态扩散规律时，可以把电极表面附近液层中反应粒子的浓度，看做是球半径 r 和时间 t 的函数，即 $c_i = f(r,\ t)$ 。因此，在某一时刻 t 下的反应粒子浓度梯度为 $\frac{\partial c_i}{\partial r}$ 。据此，在半径为 r 和 $r+\mathrm{d}r$ 的球面上各点的径向流量，仍可用 Fick 第一定律表示为：

$$J_{i(r=r)} = -D_i\left(\frac{\partial c_i}{\partial r}\right)_{r=r} \tag{6-75}$$

$$\begin{aligned} J_{i(r=r+\mathrm{d}r)} &= -D_i\left(\frac{\partial c_i}{\partial r}\right)_{r=r+\mathrm{d}r} \\ &= -D_i\left[\left(\frac{\partial c_i}{\partial r}\right)_{r=r} + \frac{\partial}{\partial r}\left(\frac{\partial c_i}{\partial r}\right)\mathrm{d}r\right] \end{aligned} \tag{6-76}$$

所以，在两个球面间很薄的球壳体中，反应粒子浓度变化的速度为：

$$\frac{\partial c_i}{\partial t}=\frac{4\pi r^2 J_{i(r=r)}-4\pi(r+\mathrm{d}r)^2 J_{i(r=r+\mathrm{d}r)}}{4\pi r^2\mathrm{d}r}$$

展开上式并略去 dr 的高次项，则可得到以极坐标表示的 Fick 第二定律表达式，即：

$$\frac{\partial c_i}{\partial t}=D_i\left[\left(\frac{\partial^2 c_i}{\partial r^2}\right)+\frac{\partial}{r}\left(\frac{\partial c_i}{\partial r}\right)\right] \tag{6-77}$$

与平面电极的情况一样，当极化条件不同时，Fick 第二定律的解具有不同的形式。下面以完全浓差极化条件为例，对以极坐标表示的 Fick 第二定律进行求解。

6.5.3.2 完全浓差极化条件下球形电极上的非稳态扩散

根据球形电极的特点，在没有通电（即 $t=0$）时，反应粒子在溶液中均匀分布，其浓度为 c_i^0。由此得到初始条件为：

$$c_i(r,\ 0)=c_i^0 \tag{6-78}$$

因为球形电极一般较小，可以把它当做浸在体积无限大的溶液中的一个电极，因此可以像平面电极半无限扩散条件一样，认为在通电以后远离电极表面无限远处的反应粒子浓度仍为 c_i^0，于是得到第一个边界条件为：

$$c_i(\infty,\ t)=0 \tag{6-79}$$

根据完全浓差极化条件，电极表面处反应粒子浓度为零，由此得到第二个边界条件为：

$$c_i(r_0,\ t)=0 \tag{6-80}$$

这样，根据由式 6-78、式 6-79 和式 6-80 所确定的初始条件和边界条件，就可以对式 6-77 求解，所求得的特解的形式为：

$$c_i(r,\ t)=c_i^0\left[1-\frac{r_0}{r}\mathrm{erfc}\left(\frac{r-r_0}{2\sqrt{D_i t}}\right)\right] \tag{6-81}$$

由式 6-81 可见，反应粒子的浓度分布随着径向半径 r 和时间 t 而变化。若假设 $r_0=0\sim1\mathrm{cm}$，$D=10^{-5}\mathrm{cm^2/s}$，并将它们代入式 6-81，就可以得到如图 6-23 所示的反应粒子浓度分布图，从图中可以看出在不同时间内反应粒子浓度分布的变化。

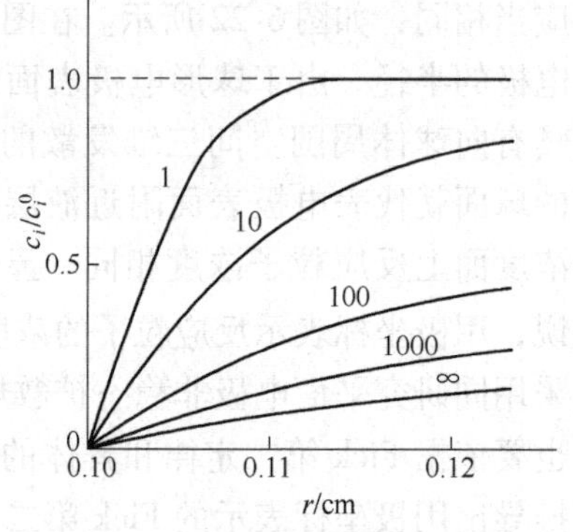

图 6-23 球形电极表面附近液层中反应粒子的浓度分布

（曲线上的数字表示从开始极化所经历的时间，单位为 s）

用与平面电极同样的方法，可以求出球形电极表面（即 $r=r_0$处）反应粒子的浓度梯度为：

$$\left(\frac{\partial c_i}{\partial r}\right)_{r=r_0}=c_i^0\left(\frac{1}{\sqrt{\pi D_i t}}+\frac{1}{r_0}\right) \tag{6-82}$$

由反应粒子在电极表面还原引起的瞬间扩散电流密度为：

$$i=nFD_i\left(\frac{\partial c_i}{\partial r}\right)_{r=r_0}=nFD_i c_i^0\left(\frac{1}{\sqrt{\pi D_i t}}+\frac{1}{r_0}\right) \tag{6-83}$$

由式 6-83 与式 6-59 相比可以看出，与平面电极上的非稳态扩散相比，球形电极上的非稳态扩散电流方程式中，在等式右方多了 $1/r_0$ 一项。因此球形电极上的扩散传质过程的传质速度要相对大些，这是由于球形电极上的扩散是三维空间扩散所造成的。

由式6-83与式6-59相比中还可以看出，当 $\sqrt{\pi D_i t} \ll r_0$ 时，即扩散层有效厚度比电极表面的曲率半径小得多时，则式6-83中的 $\frac{1}{r_0}$ 项可以忽略不计，于是式6-83就变成了式6-59。这就是说，即使对于球形电极，当其扩散层有效厚度比电极表面曲率半径小得多时，也可将其当做平面电极来处理。特别是在通电时间很短时（即在非稳态扩散过程的初期），$\sqrt{\pi D_i t}$ 总是很小的，因此这时可以将球形电极（也包括任何其他形状的电极）当做平面电极来处理。但是随着通电时间的延长，扩散层有效厚度 $\sqrt{\pi D_i t}$ 越来越大，电极表面曲率半径 r_0 的影响也就越来越大，这时就不能再把球形电极当做平面电极来处理了。

此外，由式6-83可以看出，当通电时间 $t \to \infty$ 时，$\frac{1}{\sqrt{\pi D_i t}} \to 0$，此时扩散电流密度成为与时间 t 无关的稳定值，即：

$$i = \frac{nFD_i c_i^0}{r_0} \tag{6-84}$$

式6-84表明，从理论上说，球形电极可以单独起到扩散传质作用来实现稳态传质过程。也就是说，在没有对流传质作用存在的条件下，球形电极表面附近液层中的扩散过程，可以自行从非稳态向稳态过渡，这是球形电极与平面电极上扩散过程的不同之处。

但是，通过单纯的扩散传质作用来建立稳态扩散，需要相当长的时间。例如，假定认为 $\frac{1}{\sqrt{\pi D_i t}} : \frac{1}{r_0} = 1:100$ 时扩散过程就算达到了稳态的话，那么建立稳态所需要的时间为：

$$t = \frac{r_0^2}{\pi D_i} \times 10^4 \text{s} \tag{6-85}$$

再假定 $r_0 = 10^{-1}\text{cm}$，$D_i = 10^{-5}\text{cm}^2/\text{s}$，并将它们代入式6-85中，则可求得 $t = 3 \times 10^6 \text{s} \approx 35\text{d}$。若球形电极半径更大，则建立稳态扩散所需的时间会更长。因此，这种依靠单纯扩散传质作用而自行达到的稳态扩散，在实践中是没有任何实际应用的。在许多实际的电化学体系中，总是存在着一定强度的对流传质作用，借助于这种对流作用，电极表面附近液层中的扩散传质过程可以很快地达到稳态，这种扩散过程实质上仍是一种对流扩散过程。

6.6 电极电位对电子转移步骤反应速度的影响

电子转移步骤（电化学反应步骤）是指反应物质在电极/溶液界面得到电子或失去电子，从而还原或氧化成新物质的过程。这一单元步骤包含了化学反应和电荷传递两个内容，是整个电极过程的核心步骤。因此，研究电子转移步骤的动力学规律有重要的意义。尤其当该步骤成为电极过程的控制步骤，产生所谓电化学极化时，整个电极过程的极化规律就取决于电子转移步骤的动力学规律。对该步骤深入了解，有助于人们控制这一类电极过程的反应速度和反应进行的方向。

由于一个粒子（离子、原子或分子）同时得到或失去两个或两个以上电子的可能性很小，因而大多数情况下，一个电化学反应步骤中只转移一个电子，而不能一次转移几个电子。多个电子参与的电极反应，则往往是通过几个电子转移步骤连续进行而完成的。为了容易理解，先以只有一个电子参与的反应（单电子反应）为例讨论电子转移步骤的基本动力学规律，然后再扩展到多电子的电极反应。

6.6.1 电极电位对电子转移步骤活化能的影响

电极过程最重要的特征就是电极电位对电极反应速度的影响，这种影响可以是直接的，也可以是间接的。当电子转移步骤是非控制步骤时，电化学反应本身的平衡状态基本未遭到破坏，电极电位所发生的变化通过改变某些参与控制步骤的粒子的表面浓度，从而影响这些粒子参加的控制步骤的反应速率而间接地影响电极反应速度。扩散步骤控制电极过程（浓差极化）就是如此，这种情况下，仍可以借用热力学的 Nernst 方程来计算反应粒子的表面浓度。所以，电极电位间接影响电极反应速度的方式也称为“热力学方式”。而当电化学步骤本身的反应速率比较小，电子转移步骤成为控制步骤时，那么电极电位的变化就可以直接影响电子转移步骤和整个电极反应过程的速度，这种情形称为电极电位按“动力学方式”影响电极反应速度。这是下面将要重点讨论的问题。

化学动力学已经发展形成了碰撞理论、过渡态理论和单分子反应等多个理论以阐述控制反应速率的因素，这些理论主要是根据特定的化学体系从定量的分子性质来预测频率因子 A 和反应活化能 E_A 的值。对于电极动力学广泛采用的一个重要的通用理论是过渡态理论，该理论的中心思想是化学反应的发生是要经过一个由反应物分子以一定的构型存在的过渡态，形成这一过渡态需要一定的活化能，故过渡态又称活化配合物，活化配合物与反应物分子之间建立化学平衡，总反应的速率由活化配合物转变成的速率决定。发生化学反应，反应粒子必须吸收一定的能量，激发形成过渡状态——活化态配合物，才有可能发生向反应产物方向的转化。也就是说，任何一个化学反应必须具备一定的活化能，反应才得以实现。上述规律，可以用图 6-24 形象地表示出来，图中 ΔG_1 为反应始态（反应物）和活化态之间的体系自由能之差，即正向反应活化能。ΔG_2 为反应终态（产物）与活化态之间的体系自由能之差，表示逆向反应活化能。因为一般情况下，$\Delta G_1 \neq \Delta G_2$，故正向反应速度和逆向反应速度不等，整个体系的净反应速度即为两者的代数和。

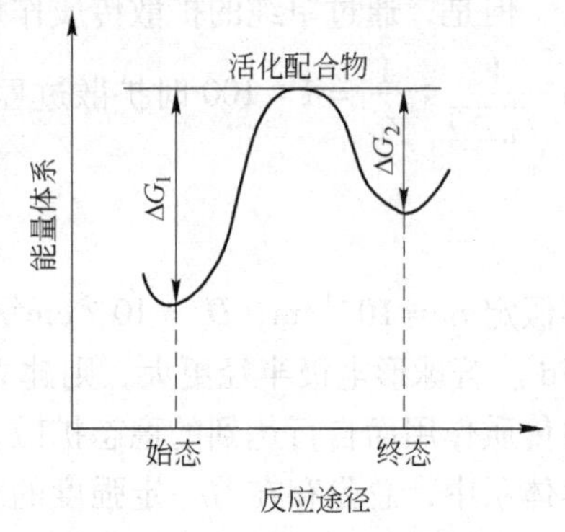

图 6-24 化学反应体系自由能与体系状态之间的关系

电极电位对电子转移步骤的直接影响正是通过对该步骤活化能的影响而实现的。对此可以利用类似于图 6-24 的体系自由能（位能）变化曲线来讨论这种影响。例如，以银电极浸入硝酸银溶液为例，银电极的电子转移步骤反应为：

$$Ag^+ + e \rightleftharpoons Ag \tag{6-86}$$

为了便于讨论和易于理解，可将上述反应看成是 Ag^+ 离子在电极/溶液界面的转移过程，并以 Ag^+ 离子的位能变化代表体系自由能的变化。当然，这只是一种简化的处理方法，不完全符合实际情况。实际的电极反应中并不仅仅涉及一种粒子在相间的转移。如式 6-86 表示的电化学反应中，除了 Ag^+ 离子外，还有电子的转移。所以，在下面的讨论中，

虽然讲的是 Ag^+离子的位能变化，但应理解为整个反应体系的位能或自由能的变化，而不仅仅是 Ag^+离子的位能变化。

同时作出以下假设：

(1) 溶液中参与反应的 Ag^+离子位于外 Helmholtz 平面，电极上参与反应的 Ag^+离子位于电极表面的晶格中，活化态位于这两者之间的某个位置。

(2) 电极/溶液界面上不存在任何特性吸附，也不存在除了离子双电层以外的其他相间电位，也就是只考虑离子双电层及其电位差的影响。

(3) 溶液总浓度足够大，以致双电层几乎完全是紧密层结构，即可认为双电层电位差完全分布在紧密层中，$\Psi_1 = 0$。

图 6-25 为银电极刚刚浸入硝酸银溶液的瞬间，或者是零电荷电位下的 Ag^+离子的位能曲线。图中 O 为氧化态（表示溶液中的 Ag^+离子），R 为还原态（表示在金属晶格中的 Ag^+离子）。曲线 OO′表示 Ag^+离子脱去水化膜，自溶液中逸出时的位能变化，曲线 RR′表示 Ag^+离子从晶格中逸出时的位能变化。两者综合起来就成了 Ag^+离子在相间转移的位能曲线 *OAR*。交点 *A* 表示活化态配合物位能状态，$\overrightarrow{\Delta G^0}$ 和 $\overleftarrow{\Delta G^0}$ 分别表示还原反应和氧化反应的活化能。这种情况下，由于没有离子双电层形成，根据上述假设，电极/溶液之间的内电位差 $\Delta\phi$ 为零，即电极的绝对电位等于零。若取溶液深处内电位为零，则可用金属相的内电位 ϕ^M 代表相间电位 $\Delta\phi$。于是，$\Delta\phi = 0$ 时，$\phi^M = 0$。已知电化学体系中，荷电粒子的能量可用电化学位表示，根据 $\bar{\mu} = \mu + nF\phi$，在零电荷电位时，Ag^+离子的电化学位等于化学位。因而在没有界面电场（$\Delta\phi = 0$）的情况下，Ag^+离子在氧化还原反应中的自由能变化就等于它的化学位的变化。这表明，所进行的反应实质上是一个纯化学反应，反应所需要的活化能与纯化学的氧化还原反应没有什么差别。

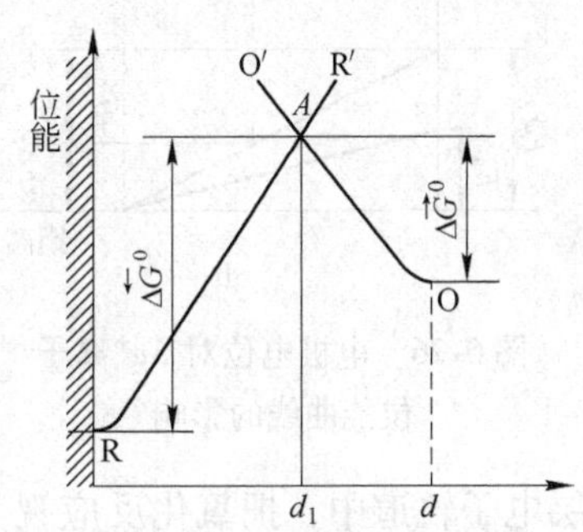

图 6-25 零电荷电位时 Ag^+离子的位能曲线

当电极/溶液界面存在界面电场时，例如电极的绝对电位为 $\Delta\phi$，且 $\Delta\phi > 0$ 时，Ag^+离子的位能曲线变化如图 6-26 所示。图 6-26 中曲线 1 为零电荷电位时的位能曲线，曲线 3 为双电层紧密层中的电位分布。这时，电极表面的 Ag^+离子受界面电场的影响，其电化学位为 $\bar{\mu} = \mu + F\phi^M = \mu + F\Delta\phi$。其中 $\Delta\phi > 0$，因而 Ag^+离子的位能升高了 $F\Delta\phi$。同样道理，在紧密层内的各个位置上，Ag^+离子都会受到界面电场的影响，其能量均会有不同程度的增加，由此引起 Ag^+离子的位能的变化，如图 6-26b 中曲线 4 所示。把图 6-26 中曲线 1 和曲线 4 叠加，就可得到 Ag^+离子在双电层电位差为 $\Delta\phi$ 时的位能曲线（图 6-26 中曲线 2）。从图 6-26 中可看到，与零电荷电位时相比，由于界面电场的影响，氧化反应活化能减小了，而还原反应活化能增大了。即有：

$$\overrightarrow{\Delta G} = \overrightarrow{\Delta G^0} + \alpha F\Delta\phi \tag{6-87}$$

$$\overleftarrow{\Delta G} = \overleftarrow{\Delta G^0} - \beta F\Delta\phi \tag{6-88}$$

式中，$\overrightarrow{\Delta G}$ 和 $\overleftarrow{\Delta G}$ 分别表示还原反应和氧化反应的活化能；α 和 β 为小于 1、大于 0 的常数，

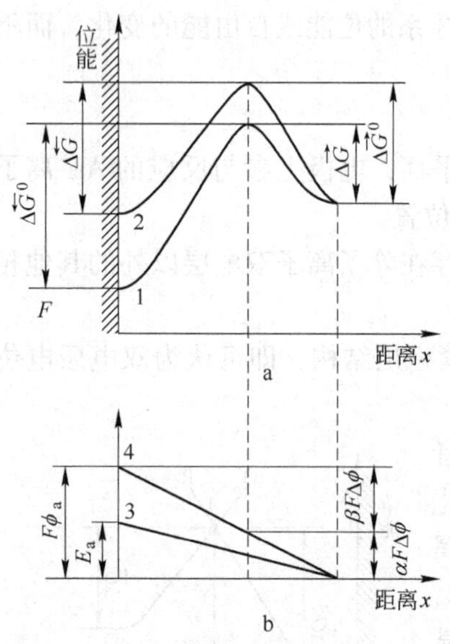

图6-26 电极电位对 Ag^+ 离子位能曲线的影响

分别表示电极电位对还原反应活化能和氧化反应活化能影响的程度，称为传递系数或对称系数。因为 $\alpha F\Delta\phi + \beta F\Delta\phi = F\Delta\phi$，所以 $\alpha + \beta = 1$。

用同样的分析方法可以得到：如果电极电位为负值，即 $\Delta\phi < 0$ 时，式6-87和式6-88仍然成立，只不过这两个公式将表明氧化反应的活化能增大而还原反应活化能减小。

在上面的例子中，是把电极反应式6-86看成是 Ag^+ 离子在相间的转移过程。其实，也可以把电极反应看做是电子在相间转移的过程，从而分析电极电位对反应活化能的影响规律，所得结果是一样的。例如，把铂电极浸入含有 Fe^{2+} 离子和 Fe^{3+} 离子的溶液中，铂本身作为惰性金属不参与电极反应，这时在电极/溶液界面发生的电化学反应为：$Fe^{3+}+e \rightleftharpoons Fe^{2+}$。若把还原反应看做是电子从铂电极上转移到溶液中 Fe^{3+} 离子的外层电子轨道中，把氧化反应视为 Fe^{2+} 离子外层价电子转移到铂电极上，那么，电子的位能曲线变化如图6-27所示。曲线1至曲线4所表示的含义同图6-26。由于电子荷负电荷，因而 $\Delta\phi > 0$ 时，将引起电极表面的电子位能降低 $F\Delta\phi$。从图6-27中不难看出，电极电位与还原反应活化能和氧化反应活化能的关系与上一个例子是完全一致的，即：

$$\overrightarrow{\Delta G} = \overrightarrow{\Delta G^0} + \alpha F\Delta\phi$$

$$\overleftarrow{\Delta G} = \overleftarrow{\Delta G^0} - \beta F\Delta\phi$$

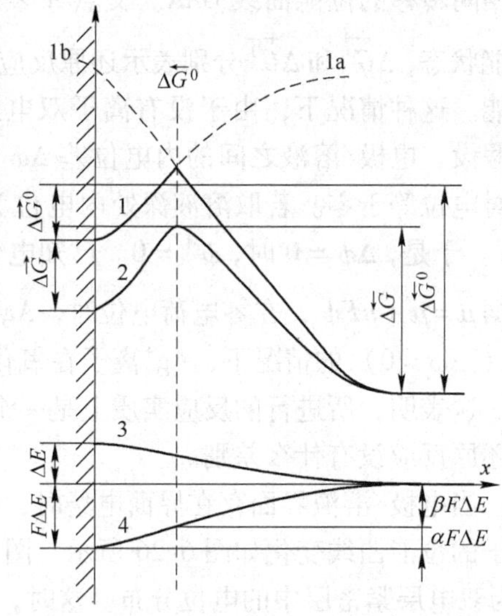

图6-27 电极电位对电子位能曲线的影响

上面两例的讨论中所得到的结论是具有普遍适用性的，即式6-87和式6-88是普遍适用的。这是因为，尽管在讨论中作了若干假设，采用的过于简化的位能曲线图并不能反映出电子转移步骤的反应细节和整个体系位能变化的具体形式，但是只要反应是按 $O+ne \rightleftharpoons R$ 的形式进行，即凡是发生一次转移 n 个电子（n=1或2）的电化学反应，那么带有 nF电量的1mol反应粒子在电场中转移而达到活化态时，就要比没有界面电场时而增加克服电场作用而消耗的功 $\delta nF\Delta\phi$。对还原反应，$\delta = \alpha$；对氧化反应，$\delta = \beta$。所以，反应活化能总是要相应地增加或减少 $\delta nF\Delta\phi$，从而得到与以上两例一致的结论。

根据讨论中的假设，在只存在离子双电层的前提下，电极的绝对电位 $\Delta\phi$ 在零电荷电位时为零，故可用零标电位 E_a 代替讨论中的绝对电位 $\Delta\phi$，将式6-87和式6-88改写为：

$$\overrightarrow{\Delta G} = \overrightarrow{\Delta G^0} + \alpha FE_a \quad (6\text{-}89)$$

$$\overleftarrow{\Delta G} = \overleftarrow{\Delta G^0} - \beta F E_a \tag{6-90}$$

实际上可以方便地选择体系中有重要化学意义的点作为电位的参考点，而不是一个绝对的外参比，比如 SCE，一般通常选取体系的平衡电位或所考虑条件下的电对的标准电位。对于电位的表示，如果欲采用更实用的氢标电位，则根据：

$$E_a = E - E_0 \tag{6-91}$$

可得：

$$\overrightarrow{\Delta G} = \overrightarrow{\Delta G^0} + \alpha F(E - E_0) = \overrightarrow{\Delta G^{0'}} + \alpha F E \tag{6-92}$$

$$\overleftarrow{\Delta G} = \overleftarrow{\Delta G^0} - \beta F(E - E_0) = \overleftarrow{\Delta G^{0'}} - \beta F E \tag{6-93}$$

式中，$\overrightarrow{\Delta G^{0'}} = \overrightarrow{\Delta G^0} - \alpha F E_0$，$\overleftarrow{\Delta G^{0'}} = \overleftarrow{\Delta G^0} + \beta F E_0$，分别表示氢标电位为零时的还原反应活化能和氧化反应活化能。

综上所述，可以用一组通式来表达电极电位与反应活化能之间的关系，即

$$\overrightarrow{\Delta G} = \overrightarrow{\Delta G^0} + \alpha n F E \tag{6-94}$$

$$\overleftarrow{\Delta G} = \overleftarrow{\Delta G^0} - \beta n F E \tag{6-95}$$

式中，E 为电极的相对电位；$\overrightarrow{\Delta G^0}$ 和 $\overleftarrow{\Delta G^0}$ 分别表示在所选用的电位坐标系的零点时还原反应和氧化反应的活化能；n 为一个电子转移步骤一次转移的电子数，通常为 1，少数情况下为 2。

6.6.2 电极电位对电子转移步骤反应速度的影响

根据化学动力学，反应速度与反应活化能之间的关系为：

$$v = kc\exp\left(-\frac{\Delta G}{RT}\right) \tag{6-96}$$

式中，v 为反应速度；c 为反应粒子浓度；ΔG 为反应活化能；k 为指前因子。

设电极反应为 O+e ══R，则根据 Faraday 定律和式 6-96，可以得到用电流密度表示的还原反应和氧化反应的速度，即：

$$\overrightarrow{i} = F\overrightarrow{k}c_O^0\exp\left(-\frac{\overrightarrow{\Delta G}}{RT}\right) \tag{6-97}$$

$$\overleftarrow{i} = F\overleftarrow{k}c_R^0\exp\left(-\frac{\overleftarrow{\Delta G}}{RT}\right) \tag{6-98}$$

式中，$\overrightarrow{i}$ 表示还原反应速度；$\overleftarrow{i}$ 表示氧化反应速度，均取绝对值；$\overrightarrow{k}$、$\overleftarrow{k}$ 为指前因子；c_O^0、c_R^0 分别为 O 粒子和 R 粒子在电极表面（OHP 平面）的浓度。由于在研究电子转移步骤动力学时，该步骤通常是作为电极过程的控制步骤的，所以可认为液相传质步骤处于准平衡态，电极表面附近的液层与溶液主体之间不存在反应粒子的浓度差。再加上已经假设双电层中不存在分散层，因而反应粒子在 OHP 平面的浓度就等于该粒子的体浓度，即有 $c_O^0 \approx c_O$，$c_R^0 \approx c_R$，将这些关系代入式 6-97 和式 6-98 中，得到：

$$\overrightarrow{i} = F\overrightarrow{k}c_O\exp\left(-\frac{\overrightarrow{\Delta G}}{RT}\right) \tag{6-99}$$

$$\overleftarrow{i} = F\overleftarrow{k}c_R\exp\left(-\frac{\Delta\overleftarrow{G}}{RT}\right) \tag{6-100}$$

将活化能与电极电位的关系式6-94 与式6-95 代入上两式，得：

$$\overrightarrow{i} = F\overrightarrow{k}c_O\exp\left(-\frac{\Delta\overrightarrow{G}^0 + \alpha FE}{RT}\right) = F\overrightarrow{K}c_O\exp\left(-\frac{\alpha FE}{RT}\right) \tag{6-101}$$

$$\overleftarrow{i} = F\overleftarrow{k}c_R\exp\left(-\frac{\Delta\overleftarrow{G}^0 - \beta FE}{RT}\right) = F\overleftarrow{K}c_R\exp\left(\frac{\beta FE}{RT}\right) \tag{6-102}$$

式中，$\overrightarrow{K}$、$\overleftarrow{K}$ 分别为电位坐标零点处（即 $E=0$）的反应速度常数，即：

$$\overrightarrow{K} = \overrightarrow{k}\exp\left(-\frac{\Delta\overrightarrow{G}^0}{RT}\right) \tag{6-103}$$

$$\overleftarrow{K} = \overleftarrow{k}\exp\left(-\frac{\Delta\overleftarrow{G}^0}{RT}\right) \tag{6-104}$$

如果用 $\overrightarrow{i}^0$ 和 $\overleftarrow{i}^0$ 分别表示电位坐标零点（$E=0$）处的还原反应速度和氧化反应速度，则：

$$\overrightarrow{i}^0 = F\overrightarrow{K}c_O \tag{6-105}$$

$$\overleftarrow{i}^0 = F\overleftarrow{K}c_R \tag{6-106}$$

代入式6-101、式6-102，得：

$$\overrightarrow{i} = \overrightarrow{i}^0\exp\left(-\frac{\alpha FE}{RT}\right) \tag{6-107}$$

$$\overleftarrow{i} = \overleftarrow{i}^0\exp\left(\frac{\beta FE}{RT}\right) \tag{6-108}$$

对式6-107 和式6-108 取对数，经整理后得到：

$$E = \frac{2.3RT}{\alpha F}\lg\overrightarrow{i}^0 - \frac{2.3RT}{\alpha F}\lg\overrightarrow{i} \tag{6-109}$$

$$E = -\frac{2.3RT}{\beta F}\lg\overleftarrow{i}^0 + \frac{2.3RT}{\beta F}\lg\overleftarrow{i} \tag{6-110}$$

以上两组公式，即式6-107 ~ 式6-110 就是电子转移步骤的基本动力学公式。这些关系式表明：在同一个电极上发生的还原反应和氧化反应的绝对速度（$\overrightarrow{i}$ 或 $\overleftarrow{i}$）与电极电位成指数关系，或者说电极电位 E 与 $\lg\overrightarrow{i}$ 或 $\lg\overleftarrow{i}$ 成直线关系，如图6-28 所示。电极电位越正，氧化反应速度（$\overleftarrow{i}$）越大；电极电位越负，还原反应速度（$\overrightarrow{i}$）越大。所以，在电极材料、溶液组成、温度等其他因素不变的条件下，可以通过改变电极电位来改变电化学步骤进行的方向和反应速度的大小。例如，25℃时把银电极浸入 0.1mol/L $AgNO_3$溶液中，当电极电位为 0.74V 时，银氧化溶解的绝对速度为 10mA/cm²，即：

$$\overleftarrow{i}_1 = F\overleftarrow{K}c_{Ag}\exp\left(\frac{\beta FE}{RT}\right) = 10\text{mA/cm}^2$$

若使电极电位向正移动 0.24V，则银的氧化溶解速度为：

$$\overleftarrow{i}_2 = F\overleftarrow{K}c_{Ag}\exp\left[\frac{\beta F(E+0.24)}{RT}\right] = F\overleftarrow{K}c_{Ag}\exp\left(\frac{\beta FE}{RT}\right)\exp\left(\frac{\beta F\times 0.24}{RT}\right) = \overleftarrow{i}_1\exp\left(\frac{0.24\beta F}{RT}\right)$$

将有关常数代入，即 $F=96500\text{C/mol}$，$R=8.314\text{J/(K}\cdot\text{mol)}$，$T=298\text{K}$。设 $\beta=0.5$，于是得到 $\overleftarrow{i}_2 = 1000\text{mA/cm}^2$。由此可见，电极电位仅仅变正 0.24V，银的溶解速度就增加了 100 倍。充分体现了电极电位对电化学反应速度影响之大。

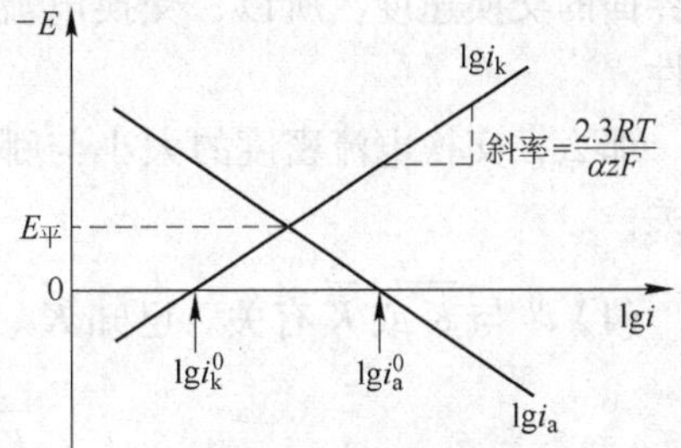

图 6-28　电极电位对电极反应绝对速度 $\overrightarrow{i}$ 和 $\overleftarrow{i}$ 的影响

最后，需要强调的是反应速度 $\overrightarrow{i}$、$\overleftarrow{i}$ 是指同一电极上发生的方向相反的还原反应和氧化反应的绝对速度（即微观反应速度），而不是该电极上电子转移步骤的净反应速度，即不是稳态时电极上流过的净电流或外电流。更不可以把 $\overrightarrow{i}$、$\overleftarrow{i}$ 误认为是电化学体系中阴极上流过的外电流（阴极电流）和阳极上流过的外电流（阳极电流）。在任何电极电位下，同一电极上总是存在着 $\overrightarrow{i}$ 和 $\overleftarrow{i}$ 的。而外电流（或净电流）恰恰是这两者的差值。当 $\overrightarrow{i}$ 和 $\overleftarrow{i}$ 的数值差别较大时，就在宏观上表现出明显的外电流。

6.7　电子转移步骤的基本动力学参数

描述电子转移步骤动力学特征的物理量称为动力学参数。通常认为传递系数、交换电流密度和电极反应速度常数为基本的动力学参数。其中传递系数 α 和 β 的物理意义是表示电极电位对还原反应活化能和氧化反应活化能影响的程度，其数值大小取决于电极反应的性质。对单电子反应而言，$\alpha+\beta=1$，且常常有 $\alpha\approx\beta\approx0.5$，故又称为对称系数。本节主要介绍其他两个重要的基本动力学参数：交换电流密度 i^0 和电极反应速度常数 K。

6.7.1　交换电流密度 i^0

设电极反应为 $\text{O}+ne \rightleftharpoons \text{R}$。当电极电位等于平衡电位时，电极上没有净反应发生，即没有宏观的物质变化和外电流通过。但在微观上仍有物质交换，这一点已为示踪原子实验所证实。这表明，电极上的氧化反应和还原反应处于动态平衡，即 $\overrightarrow{i}=\overleftarrow{i}$。

根据式 6-101 和式 6-102 可知，在平衡电位下有：

$$\overrightarrow{i} = F\overrightarrow{K}c_O\exp\left(-\frac{\alpha FE_平}{RT}\right) \tag{6-111}$$

$$\overleftarrow{i} = F\overleftarrow{K}c_R\exp\left(\frac{\beta FE_平}{RT}\right) \tag{6-112}$$

因为平衡电位下的还原反应速度与氧化反应速度相等，所以可以用一个统一的符号 i^0 来表示这两个反应速度，因而有：

$$i^0 = F\overrightarrow{K}c_O\exp\left(-\frac{\alpha FE_平}{RT}\right) = F\overleftarrow{K}c_R\exp\left(\frac{\beta FE_平}{RT}\right) \tag{6-113}$$

i^0 被称为该电极反应的交换电流密度，或简称交换电流。它表示平衡电位下氧化反应和还原反应的绝对速度。也可以说，i^0 就是平衡状态下，氧化态粒子和还原态粒子在电极/溶液界面的交换速度。所以，交换电流密度本身就表征了电极反应在平衡状态下的动力学特性。

那么，交换电流密度的大小与哪些因素有关呢？从式 6-113 可以看出它与下列因素有关：

(1) i^0 与 $\vec{K}$ 或 $\overleftarrow{K}$ 有关。已知 $\vec{K}$、$\overleftarrow{K}$ 表示反应速度常数，其数值为：

$$\vec{K} = \vec{k}\exp\left(-\frac{\Delta \vec{G}^0}{RT}\right)$$

$$\overleftarrow{K} = \overleftarrow{k}\exp\left(-\frac{\Delta \overleftarrow{G}^0}{RT}\right)$$

式中，反应活化能 $\Delta \vec{G}^0$ 和 $\Delta \overleftarrow{G}^0$、指前因子 $\vec{k}$ 和 $\overleftarrow{k}$ 都是取决于电极反应本性的。因而，除了受温度影响外，交换电流密度的大小与电极反应性质密切相关。不同的电极反应，其交换电流密度值可以有很大的差别。表 6-2 中列出了某些电极反应在室温下的交换电流密度。从表 6-2 中可看出电极反应本性对交换电流数值的影响之大。例如，汞在 0.5mol/L H_2SO_4溶液中电极反应的交换电流为 5×10^{-13} A/cm^2，而汞在 1×10^{-3} mol/L $Hg_2(NO_3)_2$ 和 2.0mol/L HClO 混合溶液中的交换电流则为 5×10^{-1} A/cm^2。尽管电极材料一样，但因电极反应不同，其交换电流值竟可相差 12 个数量级之多。

表 6-2　室温下部分电极反应的交换电流密度

电极材料	溶 液 组 成	电 极 反 应	i^0/A·cm^{-2}
Hg	0.5mol/L H_2SO_4	$2H^+ + e = H_2$	5×10^{-13}
Ni	2.0mol/L $NiSO_4$	$Ni^{2+} + 2e = Ni$	2×10^{-6}
Fe	2.0mol/L $FeSO_4$	$Fe^{2+} + 2e = Fe$	10^{-8}
Cu	2.0mol/L $CuSO_4$	$Cu^{2+} + 2e = Cu$	2×10^{-5}
Zn	2.0mol/L $ZnSO_4$	$Zn^{2+} + 2e = Zn$	2×10^{-5}
Hg	2×10^{-3} mol/L $Zn(NO_3)_2$+1.0mol/L KNO_3	$Zn^{2+} + 2e = Zn$	7×10^{-4}
Pt	0.1mol/L H_2SO_4	$2H^+ + e = H_2$	10^{-3}
Hg	1×10^{-3} mol/L $N(CH_3)_4OH$+1.0mol/L NaOH	$Na^+ + 2e = Na$	4×10^{-1}
Hg	2×10^{-3} mol/L $Pb(NO_3)_2$+1.0mol/L KOH	$Pb^{2+} + 2e = Pb$	1×10^{-1}
Hg	1×10^{-3} mol/L $Hg_2(NO_3)_2$+2.0mol/L HClO	$Hg_2{}^{2+} + 2e = 2Hg$	5×10^{-1}

(2) i^0 与电极材料有关。同一种电化学反应在不同的电极材料上进行，交换电流也可能相差很多。电极反应是一种异相催化反应，电极材料表面起着催化剂表面的作用。所以，电极材料不同，对同一电极反应的催化能力也不同。例如表 6-2 中，电极反应 $2H^+ + e = H_2$ 在汞电极上和在铂电极上进行时，交换电流也相差了 9 个数量级。Zn^{2+} 离子在锌上和在汞上发生氧化还原反应时，交换电流也相差了几倍。

(3) i^0 与反应物质的浓度有关。例如对电极反应 $Zn^{2+} + 2e = Zn$，表 6-3 列出了 Zn^{2+}

离子浓度不同时，该反应的交换电流数值。交换电流与反应物质浓度的关系也可从式 6-113 直接看出，并可应用该式进行定量计算。

表 6-3　室温下，交换电流与反应物浓度的关系

电极反应	Zn^{2+} 离子浓度/mol · L^{-1}	i^0/A · cm^{-2}
$Zn^{2+}+2e \rightleftharpoons Zn$	1.0	80.0
	0.1	27.6
	0.05	14.0
	0.025	7.0

6.7.2　交换电流密度与电极反应的动力学特性

一个电极反应可能处于两种不同的状态：平衡状态与非平衡状态，这取决于电极/溶液界面上始终存在的氧化反应和还原反应这一对矛盾。一般情况下，氧化反应与还原反应速度不等，两者中有一个占主导地位，从而出现净电流，电极反应即处于不平衡状态。但在某个特定条件下，当氧化反应与还原反应速度相等时，电极反应就处于平衡状态。对处于平衡态的电极反应来说，它既具有一定的热力学性质，又有一定的动力学特性。这两种性质分别通过平衡电位和交换电流密度来描述，两者之间并无必然的联系。有时两个热力学性质相近的电极反应，其动力学性质往往有很大的差别。例如，铁在硫酸亚铁溶液中的标准平衡电位为-0.44V，镉在硫酸镉溶液中的标准电位为-0.402V，两者很接近，但它们的交换电流密度却相差数千倍。又如，同样的氢离子的氧化还原反应（$2H^+ + e \rightleftharpoons H_2$）在不同的金属电极上进行时，当氢离子浓度与氢气分压相同时，其平衡电位是相同的，但交换电流却可能相差很多，乃至数亿倍以上，如表 6-4 所示。表中 $\Delta G_{平}$ 为平衡电位时的反应活化能，可以看到交换电流与反应活化能之间的密切关系。

表 6-4　室温下不同金属上氢电极的交换电流密度（0.1mol/L H_2SO_4 溶液中）

电极材料	Hg	Ga	光滑铂
i^0/A · cm^{-2}	6×10^{-12}	$(1\sim6)\times10^{-7}$	3×10^{-3}
$\Delta G_{平}$/kJ · mol^{-1}	75.3	63.6	41.8

但是另外，由于电极反应的平衡状态不是静止状态，而是来自于氧化反应与还原反应的动态平衡，因此可以根据 $\vec{i} = \overleftarrow{i} = i^0$ 的关系，从动力学角度推导出体现热力学特性的平衡电位公式（Nernst 方程）。例如，对于电极反应 $O+ne \rightleftharpoons R$，可根据式 6-113 得到：

$$F\vec{K}c_O \exp\left(-\frac{\alpha F}{RT}E_{平}\right) = F\overleftarrow{K}c_R \exp\left(\frac{\beta F}{RT}E_{平}\right)$$

对上式取对数，整理后得到：

$$\frac{(\alpha+\beta)F}{RT}E_{平} = \ln\vec{K} - \ln\overleftarrow{K} + \ln c_O - \ln c_R$$

因为对单电子反应，$\alpha + \beta = 1$，所以：

$$E_{平} = \frac{RT}{F}\ln\frac{\vec{K}}{\overleftarrow{K}} + \frac{RT}{F}\ln\frac{c_O}{c_R}$$

令

$$E^{0'} = \frac{RT}{F}\ln\frac{\vec{K}}{\overleftarrow{K}} \tag{6-114}$$

则：

$$E_{平} = E^{0'} + \frac{RT}{F}\ln\frac{c_O}{c_R} \tag{6-115}$$

式6-115就是用动力学方法推导出的Nernst方程。它与热力方法推导结果的区别仅仅在于用浓度 c 代替了活度。这是因为前面推导电子转移步骤基本动力学公式时没有采用活度的缘故。实际上 $E^{0'}$ 中包含了活度系数因素，即：

$$E^{0'} = E^0 + \frac{RT}{F}\ln\frac{\gamma_O}{\gamma_R} \tag{6-116}$$

如果用活度取代浓度，则推导的结果将与热力学推导的Nernst方程有完全一致的形式。

当电极反应处于非平衡状态时，主要表现出动力学性质，而交换电流密度正是描述其动力学特性的基本参数。根据交换电流的定义（见式6-113），可以用交换电流来表示电极反应的绝对反应速度，即：

$$\vec{i} = F\vec{K}c_O\exp\left[-\frac{\alpha F}{RT}(E_{平} + \Delta E)\right] = i^0\exp\left(-\frac{\alpha F}{RT}\Delta E\right) \tag{6-117}$$

$$\overleftarrow{i} = F\overleftarrow{K}c_R\exp\left[\frac{\beta F}{RT}(E_{平} + \Delta E)\right] = i^0\exp\left(\frac{\beta F}{RT}\Delta E\right) \tag{6-118}$$

式中，ΔE 为有电流通过时电极的极化值。在已知 i^0、α 或 β 的条件下，就可以应用上面两式计算某个电极反应的氧化反应绝对速度 $\overleftarrow{i}$ 和还原反应绝对速度 $\vec{i}$ 。从式6-117和式6-118中可看出，由于单电子电极反应中往往有 $\alpha \approx \beta \approx 0.5$，因而电极反应的绝对反应速度的大小主要取决于交换电流 i^0 和极化值 ΔE。

根据 $\vec{i}$、$\overleftarrow{i}$ 的数值则可以求得电极反应的净反应速度 $i_{净}$，即 $i_{净} = \vec{i} - \overleftarrow{i}$ ，将式6-117、式6-118代入上式，得：

$$i_{净} = i^0\left[\exp\left(-\frac{\alpha F}{RT}\Delta E\right) - \exp\left(\frac{\beta F}{RT}\Delta E\right)\right] \tag{6-119}$$

如果近似认为 $\alpha \approx \beta \approx 0.5$，那么从式6-119可知，对于不同的电极反应，当极化值 ΔE 相等时，式6-119中指数项之差接近于常数，因而净反应速度的大小取决于各电极反应的交换电流。交换电流越大，净反应速度也越大，这意味着电极反应越容易进行。换句话说，不同的电极反应若要以同一个净反应速度进行，那么交换电流越大者，所需要的极化值（绝对值）越小。这表明，当净电流通过电极，电极电位倾向于偏离平衡态时，交换电流越大，电极反应越容易进行，其去极化的作用也越强，因而电极电位偏离平衡态的程度，即电极极化的程度就越小。电极反应这种力图恢复平衡状态的能力，或者说去极化作用的能力，可称之为电极反应的可逆性；交换电流大，反应易于进行的电极反应，其可逆性也大，表示电极体系不容易极化。反之，交换电流小的电极反应则表现出较小的可逆性，电极容易极化。因此，交换电流可以定量地描述电极反应的可逆程度；而且通过交换电流密度的大小，有助于判断电极反应的可逆性或是否容易极化。例如，表6-5为根据交换电流值对某些金属电极体系可逆性所进行的分类。表6-6是交换电流与电极体系动力学性质之间的一般性规律。其中，就可逆性来说，有两种极端的情形。理想极化电极几乎不发生电极反应，交换电流数值趋于零，可逆性最小；理想不极化电极的交换电流数值趋近于无穷大，故几乎不发生极化，可逆性最大。需要指出，电极反应的可逆性是指电极反应是否容易进行及电极是否容易极化而言的，它与热力学中的可逆电极和可逆电池的概念是两回事，不可混为一谈。

表6-5 第一类电极（M/M^{n+}）可逆性的分类（M^{n+} 的浓度均为 1mol/L）

序 号	金 属	$i^0/A \cdot cm^{-2}$	η/mV	电极反应可逆性
1	Fe、Co、Ni	$10^{-8} \sim 10^{-9}$	$n\times10^2$	小
2	Zn、Cu、Bi、Cr	$10^{-4} \sim 10^{-7}$	$n\times10$	中
3	Pb、Cd、Ag、Sn	$10 \sim 10^{-3}$	<10	大

表6-6 交换电流与电极体系动力学性质之间的关系

动力学性质	i^0 的数值			
	$i^0 \to 0$	i^0 小	i^0 大	$i^0 \to \infty$
极化性能	理想极化	易极化	难极化	理想不极化
电极反应的可逆性	完全不可逆	可逆性小	可逆性大	完全可逆
i-η 关系	电极电位可任意改变	一般为半对数关系	一般为直线关系	电极电位不会改变

6.7.3 电极反应速度常数 *K*

交换电流 i^0 虽然是最重要的基本动力学参数，但如上所述，它的大小与反应物质的浓度有关。改变电极体系中某一反应物质的浓度时，平衡电位和交换电流的数值都会改变。所以，应用交换电流描述电极体系的动力学性质时，必须注明各反应物质的浓度，这是很不方便的。为此，人们引出了另一个与反应物质浓度无关，更便于对不同电极体系的性质进行比较的基本动力学参数——电极反应速度常数 K。

设电极反应仍为 $O+ne \rightleftharpoons R$，当电极体系处于平衡电极电位 $E^{0'}$ 时，由式6-116可知：$c_O = c_R$。由于平衡电位下，均有 $\vec{i} = \overleftarrow{i}$ 的关系，因而根据式6-113可得到：

$$F\vec{K}c_O\exp\left(-\frac{\alpha F}{RT}E^{0'}\right) = F\overleftarrow{K}c_R\exp\left(\frac{\beta F}{RT}E^{0'}\right) \tag{6-120}$$

已知 $c_O = c_R$，故可令：

$$K = \vec{K}\exp\left(-\frac{\alpha F}{RT}E^{0'}\right) = \overleftarrow{K}\exp\left(\frac{\beta F}{RT}E^{0'}\right) \tag{6-121}$$

式中，K 即称为电极反应速度常数。如果把 $E^{0'}$ 近似看作 E^0，则 K 可定义为电极电位为标准电极电位和反应粒子浓度为单位浓度时电极反应的绝对速度，单位为 cm/s 或者 m/s。

可见，电极反应速度常数是交换电流的一个特例，如同标准电极电位是平衡电位的一种特例一样。因而，交换电流是浓度的函数，而电极反应速度常数是指定条件下的交换电流，它本身已排除了浓度变化的影响。这样，电极反应速度常数既具有交换电流的性质，又与反应物质浓度无关，可以代替交换电流描述电极体系的动力学性质，而无须注明反应物质的浓度。

用电极反应速度常数描述动力学性质时，前面所推导出的电子转移步骤基本动力学公式可相应地改写成如下形式，即：

$$\begin{aligned}\vec{i} &= F\vec{K}c_{O}\exp\left(-\frac{\alpha F}{RT}E\right)\\ &= F\vec{K}c_{O}\exp\left(-\frac{\alpha F}{RT}E^{0'}\right)\exp\left[-\frac{\alpha F}{RT}(E-E^{0'})\right]\\ &= FKc_{O}\exp\left[-\frac{\alpha F}{RT}(E-E^{0'})\right]\end{aligned} \tag{6-122}$$

$$\begin{aligned}\overleftarrow{i} &= F\overleftarrow{K}c_{R}\exp\left(\frac{\beta F}{RT}E\right)\\ &= FKc_{R}\exp\left[\frac{\beta F}{RT}(E-E')\right]\end{aligned} \tag{6-123}$$

尽管用电极反应速度常数 K 表示电极反应动力学性质时具有与反应物质浓度无关的优越性，但由于交换电流 i^0 可以通过极化曲线直接测定，因而 i^0 仍是电化学中应用最广泛的动力学参数。而电极反应速度常数与交换电流之间的关系可从下面的推导中得到。

根据式 6-122，在平衡电位时应有：

$$i^0 = \vec{i} = FKc_{O}\exp\left[-\frac{\alpha F}{RT}(E_{平}-E^{0'})\right] \tag{6-124}$$

已知：

$$E_{平} = E^{0'} + \frac{RT}{F}\ln\frac{c_{O}}{c_{R}}$$

将式 6-115 代入式 6-124 后，可得 $i^0 = FKc_{O}\exp\left(-\alpha\ln\frac{c_{O}}{c_{R}}\right) = FKc_{O}\left(\frac{c_{O}}{c_{R}}\right)^{-\alpha}$

由于 $\alpha+\beta=1$，所以：

$$i^0 = FKc_{O}^{\beta}c_{R}^{\alpha} \tag{6-125}$$

6.8 稳态电化学极化规律

6.8.1 电化学极化的经验关系

在没有建立起完整的电子转移步骤动力学理论之前，人们已通过大量的实践，发现和总结了电化学极化的一些基本规律，其中以 Tafel（塔菲尔）在 1905 年提出的过电位 η 和电流密度 i 之间的关系最重要。这是一个经验公式，被称为 Tafel 公式，其数学表达式为：

$$\eta = a + b\lg i \tag{6-126}$$

式中，过电位 η 和电流密度 i 均取绝对值（即正值）；a 和 b 为两个常数，a 表示电流密度为单位数值（如 $1A/cm^2$）时的过电位值，它的大小和电极材料的性质、电极表面状态、溶液组成及温度等因素有关。根据 a 值的大小，可以比较不同电极体系中进行电子转移步骤的难易程度。b 值是一个主要与温度有关的常数，对大多数金属而言，常温下 b 的数值在0.12V左右。从影响a值和b值的因素中，不难得出电化学极化时，过电位或电化学反应速度与哪些因素有关。

Tafel公式可在很宽的电流密度范围内适用。如对汞电极，当电子转移步骤控制电极过程时，在宽达$10^{-7}\sim 1A/cm^2$的电流密度范围内，过电位和电流密度的关系都符合Tafel公式。

但是，当电流密度很小（$i\to 0$）时，Tafel公式就不再成立了。因为当$i\to 0$时，按照Tafel公式将出现$\eta\to -\infty$，这显然与实际情况不符合。实际情况是，电流密度很小时，电极电位偏离平衡状态也很少，即$i\to 0$时，$\eta\to 0$。这种情况下，从大量实验中总结出另一个经验公式，即过电位与电流密度呈线性关系的公式：

$$\eta = wi \tag{6-127}$$

式中，w为一常数，与Tafel公式中的a值类似，其大小与电极材料性质及表面状态、溶液组成、温度等有关。

Tafel公式和式6-127表达了电化学极化的基本规律。人们常把式6-126所表达的过电位与电流密度之间的关系称作Tafel关系，把式6-127所表达的过电位与电流密度的关系称作线性关系。

6.8.2 巴特勒-伏尔摩（Butler-Volmer）方程

当电子转移步骤成为电极过程的控制步骤时，电极的极化通常称为电化学极化。在这种情况下，在一定大小的外电流通过电极的初期，单位时间内流入电极的电子来不及被还原反应完全消耗掉，或者单位时间内来不及通过氧化反应完全补充流出电极的电子，因而电极表面出现附加的剩余电荷，改变了双电层结构，使电极电位偏离通电前的电位（平衡电位或稳定电位），即电极发生了极化。同时，电极电位的改变又将改变该电极上进行的还原反应速度和氧化反应速度。这种变化一直持续到该电极的还原反应电流$\vec{i}$和氧化反应电流$\overleftarrow{i}$的差值与外电流密度相等为止，这时，电极过程达到了稳定状态。即就是说，电化学极化处于稳定状态时，外电流密度必定等于（$\vec{i}-\overleftarrow{i}$），也就是等于电子转移步骤的净反应速度（即净电流密度$i_{净}$）。由于电子转移步骤是控制步骤，因而$i_{净}$也应是整个电极反应的净反应速度。这样，根据电子转移步骤的基本动力学公式，很容易得到稳态电化学极化时电极反应的速度与电极电位之间的关系，即$i=i_{净}$。将式6-119代入其中，则：

$$i = i^0\left[\exp\left(-\frac{\alpha F}{RT}\Delta E\right) - \exp\left(\frac{\beta F}{RT}\Delta E\right)\right] \tag{6-128}$$

式6-128就是单电子电极反应的稳态电化学极化方程式，也称为Butler-Volmer方程。它是电化学极化的基本方程之一。式中的i既可表示外电流密度（也称极化电流密度），也可表示电极反应的净反应速度。按照习惯规定，当电极上发生净还原反应（阴极反应）时，i为正值；发生净氧化反应（阳极反应）时，i为负值。若电极反应净速度欲用正值表示时，可用i_c代表阴极反应速度，用i_a表示阳极反应速度，将式6-128分别改写为：

$$i_c = \vec{i} - \overleftarrow{i} = i^0\left[\exp\left(\frac{\alpha F}{RT}\eta_c\right) - \exp\left(-\frac{\beta F}{RT}\eta_c\right)\right] \tag{6-129}$$

$$i_a = \overleftarrow{i} - \vec{i} = i^0\left[\exp\left(\frac{\beta F}{RT}\eta_a\right) - \exp\left(-\frac{\alpha F}{RT}\eta_a\right)\right] \tag{6-130}$$

式中，η_c、η_a 分别表示阴极过电位和阳极过电位，均取正值。

按照 Butler-Volmer 方程作出的极化曲线如图 6-29 所示。图 6-29 中实线为 i-η 关系曲线，虚线为 $\vec{i}$-η 或 $\overleftarrow{i}$-η 曲线。从 Butler-Volmer 方程及其图解可以看到，当电极电位为平衡电位时，即 $\eta=0$ 时，$i=0$。这表明在平衡电位下，即在平衡电位的界面电场中并没有净反应发生。所以，界面电场的存在并不是发生净电极反应的必要条件，出现净反应的必要条件是剩余界面电场的存在，即过电位的存在。只有 $\eta\neq0$ 时，才会有净反应速度 $i\neq0$。这正如盐从溶液中结晶析出需要过饱和度，熔融金属结晶时需要过冷度一样。所以可以说，过电位是电极反应（净反应）发生的推动力。这正是容易进行的电极反应需要的极化值或过电位较小的原因。同时，从这一点再次证明，在电极过程动力学中，真正有用的是过电位或电极电位的变化值，而不是电极电位的绝对数值（绝对电位）。

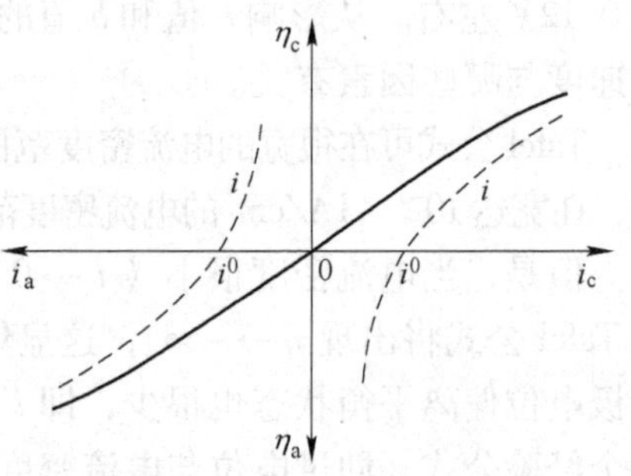

图 6-29　电化学极化曲线

——为 i-η 曲线；----为 $\vec{i}$（$\overleftarrow{i}$）-η 曲线

其次，Butler-Volmer 方程指明了电化学极化时的过电位（可称为电化学过电位）的大小取决于外电流密度和交换电流密度的相对大小。当外电流密度一定时，交换电流越大的电极反应，其过电位越小，如前所述，这表明反应越容易进行，所需要的推动力越小。而相对于一定的交换电流而言，则外电流密度越大时，过电位也越大，即要使电极反应以更快的速度进行，就需要有更大的推动力。所以，可以把依赖于电极反应本性，反映了电极反应进行难易程度的交换电流密度看做是决定过电位大小或产生电极极化的内因，而外电流密度则是决定过电位大小或产生极化的外因（条件）。因而对一定的电极反应，在一定的极化电流密度下会产生一定数值的过电位。内因（i^0）和条件（i）中任何一方面的变化都会导致过电位的改变。

根据 Butler-Volmer 方程还可以知道，极化电流密度 i 和 η 或 ΔE 之间的关系类似于双曲正弦函数。例如，设 $\alpha\approx\beta\approx0.5$ 时，可以从式 6-128 中得出：

$$i = i^0\left[\exp\left(-\frac{F}{2RT}\Delta E\right) - \exp\left(\frac{F}{2RT}\Delta E\right)\right]$$

令 $x=\frac{F}{2RT}\Delta E$，则：

$$i = 2i^0\sinh x \tag{6-131}$$

根据式 6-131 可得出一个完全对称的具有双曲正弦函数图形的极化曲线。当 $\alpha\neq\beta$ 时，极化曲线虽不对称，但仍具有双曲函数的特征。正因为如此，电化学极化时，η-i 关系中也类似于双曲函数而具有两种极限情况：x 很大和 x 很小。在这两种情况下，过电位与电流密度的关系可以简化，这对研究电化学极化的动力学规律很有意义。下面，讨论接近于这两种极限情况时，Butler-Volmer 方程的近似公式。

6.8.3　高过电位下的电化学极化规律

当极化电流密度远大于交换电流时，通常会出现高的过电位值，即电极的极化程度较高。此时，电极反应的平衡状态遭到明显的破坏。在此以阴极极化为例，说明这种情况下的电化学极化规律。当过电位值很大时，相当于双曲函数的 x 值很大，即式 6-129 中有如下关系：

$$\exp\left(\frac{\alpha F}{RT}\eta_c\right) \gg \exp\left(-\frac{\beta F}{RT}\eta_c\right)$$

所以，可以忽略式 6-129 中右边第二个指数项，可得：

$$i_c \approx i^0 \exp\left(\frac{\alpha F}{RT}\eta_c\right) \tag{6-132}$$

由于 $i_c \approx \vec{i} - \overleftarrow{i} \approx \vec{i}$，故式 6-132 实质上是反映了还原反应速度远大于氧化反应速度，因而，可以将后者忽略不计。

将式 6-132 两边取对数，整理后得：

$$\eta_c = -\frac{2.3RT}{\alpha F}\lg i^0 + \frac{2.3RT}{\alpha F}\lg i_c \tag{6-133}$$

同理，对于阳极极化也可作出类似推导，得到：

$$i_a = i^0 \exp\left(\frac{\beta F}{RT}\eta_a\right) \tag{6-134}$$

$$\eta_a = -\frac{2.3RT}{\beta F}\lg i^0 + \frac{2.3RT}{\beta F}\lg i_a \tag{6-135}$$

式 6-134 和式 6-135 即为高过电位（或者 $|i| \gg i^0$）时，Butler-Volmer 方程的近似公式。与电化学极化的经验公式——Tafel 公式（式 6-126）相比，可看出两者是完全一致的。这表明电子转移步骤的基本动力学公式和 Butler-Volmer 方程的正确性得到了实践的验证。同时，理论公式——式 6-133、式 6-135 又比从实践中总结出来的经验公式更具有普遍意义，更清楚地说明了 Tafel 关系中常数 a 和 b 所包含的物理意义，即：

阴极极化时：

$$a = -\frac{2.3RT}{\alpha F}\lg i^0 \tag{6-136a}$$

$$b = \frac{2.3RT}{\alpha F} \tag{6-137a}$$

阳极极化时：

$$a = -\frac{2.3RT}{\beta F}\lg i^0 \tag{6-136b}$$

$$b = \frac{2.3RT}{\beta F} \tag{6-137b}$$

这样，理论公式明确地指出了，电极反应以一定速度进行时，电化学过电位的大小取决于电极反应性质（通过 i^0、α、β 体现）和反应的温度 T。

那么，对实际情况，什么范围才算是高过电位区呢？或者说，什么条件下电化学极化才符合 Tafel 关系呢？从式 6-133 和式 6-135 的推导过程可知，Butler-Volmer 方程能够简化成半对数的 Tafel 关系，关键在于忽略了逆向反应的存在。因此，只有 Butler-Volmer 方程中两个指数项差别相当大时，才能符合 Tafel 关系。通常认为，满足 Tafel 关系的条件是两个指数项相差 100 倍以上。例如，阴极极化时，假设 $\alpha \approx 0.5$，则适用式 6-133 的条件为 $\dfrac{\exp\left(-\frac{\alpha F}{RT}\eta_c\right)}{\exp\left(\frac{\beta F}{RT}\eta_c\right)} > 100$，在 25℃时，可计算出该条件相当于 $\eta_c > 0.116\text{V}$。

6.8.4　低过电位下的电化学极化规律

当电极反应的交换电流密度比极化电流密度大得多，即 $|i| \ll i^0$ 时，由于 i 是两个大数（$\vec{i}$ 和 $\overleftarrow{i}$）之间的差值，所以只要 $\vec{i}$ 和 $\overleftarrow{i}$ 有很小的一点差别，就足以引起比 i^0 小得多的净电流密度（即极化电流密度）i。这种情况下，只需要电极电位稍稍偏离平衡电位，也就是只需要很小的过电位就足以推动净反应以 i 的速度进行了（图6-30a），因而电极反应仍处于“近似可逆”的状态，即 $\vec{i} \approx \overleftarrow{i}$。这种情况就是低过电位下的电化学极化。实际体系中，它只有在电极反应体系的交换电流很大或通过电极的电流很小时才会发生。

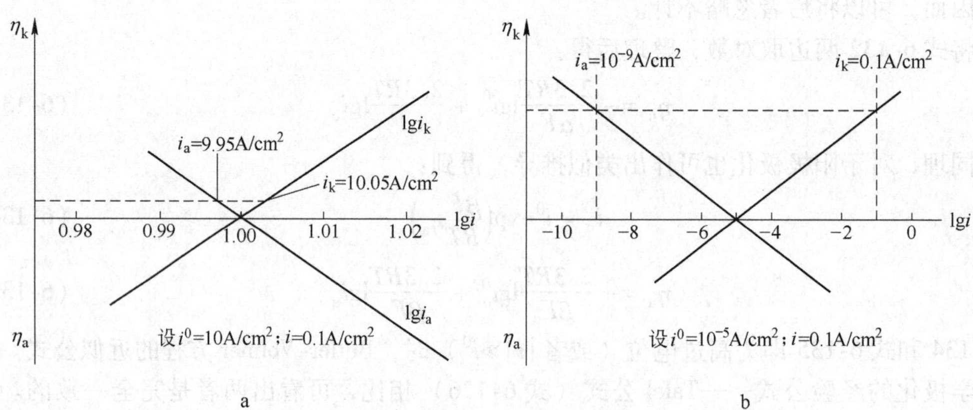

图6-30　i 与 i^0 的相对大小对过电位数值的影响（设 i=0.1A/cm²）
a—i^0 =10A/cm² >>i；b—i^0 =10⁻⁵A/cm² <<i

当过电位很小时，式6-133可按级数形式展开，即：

$$i = i^0\left\{\left[1 - \frac{\alpha F}{RT}\Delta E + \frac{1}{2!}\left(\frac{\alpha F}{RT}\Delta E\right)^2 - \cdots\right] - \left[1 + \frac{\beta F}{RT}\Delta E + \frac{1}{2!}\left(\frac{\beta F}{RT}\Delta E\right)^2 + \cdots\right]\right\}$$

由于 $|\Delta E|$ 很小，故有 $\frac{\alpha F}{RT}|\Delta E| \ll 1$，$\frac{\beta F}{RT}|\Delta E| \ll 1$。所以可略去上述级数展开式中的高次项，只保留前两项，得低过电位下的近似公式为：

$$i \approx -\frac{Fi^0}{RT}\Delta E \tag{6-138a}$$

或

$$\Delta E \approx -\frac{RT}{F}\frac{i}{i^0} \tag{6-138b}$$

把式6-138b与经验公式6-127比较，同样可看到理论公式与经验公式的一致性，都表明低过电位下，过电位与极化电流密度或净反应速度之间呈现线性关系。并可得知式6-127中常数 w 是交换电流与温度的函数，即：

$$w = \frac{RT}{F}\frac{1}{i^0} \tag{6-139}$$

若模仿Ohm定律的形式，可将式6-138改写成：

$$R_r = \left|\frac{d(\Delta E)}{di}\right|_{\Delta E \to 0} = \frac{RT}{Fi^0} \tag{6-140}$$

可见 RT/Fi^0 具有电阻的量纲，有时就将它称为反应电阻或极化电阻，用 R_r 表示。它相当于电荷在电极/溶液界面传递过程中，单位面积上的等效电阻。但应该强调，这只是一种形式上的模拟，而不是在电极/溶液界面真的存在着某一个电阻 R_r。从式 6-140 中知道，反应电阻 R_r 的大小与交换电流值成反比。

通常认为，对于单电子电极反应，当 $\alpha \approx \beta \approx 0.5$ 时，式 6-138 所表达的过电位与极化电流密度的线性关系在 $\eta < 10\text{mV}$ 的范围内适用。当 α 与 β 不接近相等时，则 η 值还要小些。

处于上述两种极限情况之间，即在高过电位区与低过电位区之间还存在一个过渡区域，在这一过电位范围内，电化学极化的规律既不是线性的，也不符合 Tafel 关系。通常将这一过渡区域称为弱极化区。在弱极化区中，电极上的氧化反应和还原反应的速度差别不很大，不能忽略任何一方，但又不像线性极化区那样处于近似的可逆状态。所以，在弱极化区，Butler - Volmer 方程不能进行简化。也就是说，这一区域的电化学极化规律必须用完整的 Butler - Volmer 方程来描述。在电极过程动力学的研究中，由于电极极化到 Tafel 区后，电极表面状态变化较大，往往已不能正确反映出电极反应的初始面貌，并常因表面状态的变化而造成 η 与 $\lg i$ 之间的非线性化，从而引起较大的测量误差。而在线性极化区，又常常由于测量中采用的电流、电压信号都很小，信噪比相对增大，也给极化曲线与动力学参数的测量造成一定误差。所以，近年来，人们越来越重视弱极化区动力学规律的研究，以便利用这些规律进行电化学测量，获取比较精确的测量数据。

6.8.5 稳态极化曲线法测量基本动力学参数

根据上面讨论的各种条件下电化学极化的动力学规律，可以用图解的方法把过电位、极化电流密度（电极反应速度）和各个基本动力学参数之间的关系表示出来，如图 6-31 所示。从图 6-31 中可看出，这个图和图 6-29 是一回事，仅仅改换 T 坐标而已，即把坐标 i 换成了 $\lg i$。所以，图 3-31 同样表达了电化学极化处于稳态时，微观的氧化还原反应的动力学定律（即 $\Delta E\text{-}\lg \overrightarrow{i}$ 和 $\Delta E\text{-}\lg \overleftarrow{i}$ 曲线）与宏观的净电极反应的动力学规律（即阴极极化曲线 $\Delta E\text{-}\lg i_c$ 和阳极极化曲线 $\Delta E\text{-}\lg i_a$）之间的联系。其中阴极极化曲线和阳极极化曲线是可以实验测定的。因此，根据图 6-31 所表示的相互关系，可以找到通过测量稳态极化曲线求基本动力学参数的方法。例如：

（1）实验测定阴极和阳极极化曲线后，将其线性部分，即 Tafel 区外推，就可得到 $\Delta E/\eta \sim \lg \overrightarrow{i}$ 曲线和 $\Delta E/\eta \sim \lg \overleftarrow{i}$ 曲线，如图 6-31 中的两条虚线，两者的交点即为该电极反应的 $\lg i^0$ 值。或者把其中一条极化曲线的线性部分外推，与平衡电位线相交，所得交点也是 $\lg i^0$。由此可以求得交换电流密度 i^0。

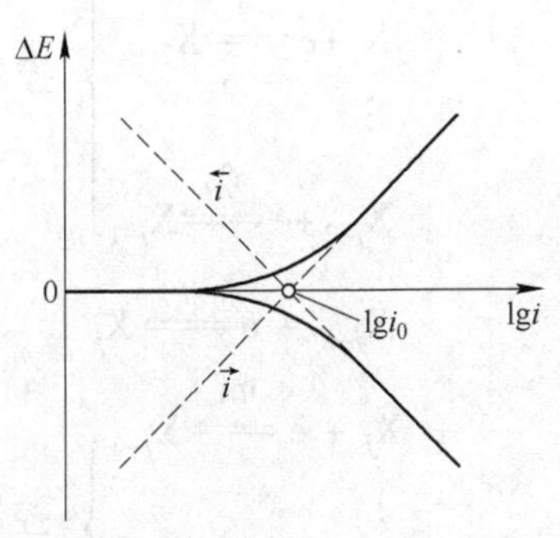

图 6-31　电化学极化曲线（实线）与 $\Delta E\text{-}\lg \overrightarrow{i}$、$\Delta E\text{-}\lg \overleftarrow{i}$ 曲线（虚线）之间的关系

（2）把实验测定的阴极或阳极极化曲线线性部分外推到 $\lg i = 0$ 处，在电极电位坐

标上所得的截距即为 Tafel 公式中的 a 值。根据式 6-136a 和式 6-136b，可求出 i^0 值。

以上两种方法通常被称为 Tafel 直线外推法。测量得到的极化曲线要以 ΔE-lg$i$ 或 η-lg$i$ 的形式给出，如图 6-31 所示。

（3）实验测得的 η-lg$i$ 曲线线性部分的斜率即为 Tafel 公式中的 b 值，常被称作 Tafel 斜率。由 b 值和式 6-137a 和 6-137b 可求得该电极反应的传递系数 α 或 β 值。

（4）在平衡电位附近测量极化曲线（E-i 曲线，如图 6-29 所示）。该极化曲线靠近平衡电位的线性部分的斜率即为极化电阻 R_r。根据式 6-140，可以从极化电阻 R_r 求得交换电流 i^0 的数值。

（5）通过实验求得交换电流值，利用式 6-125 可计算电极反应速度常数 K。

6.9 多电子的电极反应

6.9.1 多电子电极反应

前面讨论的都是单电子电极反应，而实际中遇到的不仅仅是单电子电极反应，还有很多电极反应涉及多个电子的转移。那么，这些反应中，电子是如何转移的呢？即多电子电极反应是按什么样的历程进行的呢？它的动力学规律又将如何？

若是两个电子参与的电极反应，则有两种可能性。例如，对于电极反应 $Cu^{2+}+2e \rightleftharpoons Cu$，就有两种可能的反应历程。即：（1）一次转移两个电子，电极反应历程为：$Cu^{2+}+2e \rightleftharpoons Cu$，这种情况发生在高过电位下；（2）在较低过电位下，一次电化学反应只转移一个电子，要连续进行两次单电子的电极反应才能转移完两个电子。即反应历程为：$Cu^{2+}+e \rightleftharpoons Cu^+$，$Cu^++e \rightleftharpoons Cu$。上述反应历程（1）可称为单电子转移步骤，因为电子转移是一次完成的。单电子转移步骤转移的电子数目可以是 1 个或 2 个。但由于单个电子的转移最容易进行，所以大多数情况下单电子转移步骤只转移 1 个电子。反应历程（2）称为多电子转移步骤或多步骤电化学反应。该历程中，依靠连续进行的若干个单电子转移步骤完成整个电化学反应过程。所以，多电子转移步骤是由一系列单电子转移步骤串联组成的。例如，对于多电子电极反应：$O+ne \rightleftharpoons R$，其反应历程可描述为：

$$\left.\begin{array}{l} O+e \xrightleftharpoons{i_1^0} X_1 \\ X_1+e \xrightleftharpoons{i_2^0} X_2 \\ \vdots \\ X_{j-2}+e \xrightleftharpoons{i_{j-1}^0} X_{j-1} \end{array}\right\} \text{控制步骤前共}(j-1)\text{个单电子步骤}$$

$$X_{j-1}+e \xrightleftharpoons{i_j^0} X_j \qquad \text{控制步骤}$$

$$\left.\begin{array}{l} X_j+e \xrightleftharpoons{i_{j+1}^0} X_{j+1} \\ \vdots \\ X_{n-1}+e \xrightleftharpoons{i_n^0} R \end{array}\right\} \text{控制步骤后共}(n-j)\text{个单电子步骤}$$

在这些连续进行的单电子转移步骤之中，同样有一个速度控制步骤，如上例中的第 j

个步骤。有时，控制步骤要重复多次，才开始下一个步骤。例如氢电极反应 $2H^{+}+2e \rightleftharpoons H_2$ 在有些情况下，即出现如下反应历程：

$$\left.\begin{array}{l} H^{+}+e \rightleftharpoons H_{吸附} \\ H^{+}+e \rightleftharpoons H_{吸附} \end{array}\right\} \text{控制步骤，重复两次}$$

$$H_{吸附} + H_{吸附} \rightleftharpoons H_2$$

有些情况下，中间态粒子有可能发生歧化反应，如：

$$\begin{array}{ll} 2(O + e \rightleftharpoons X) & \text{单电子反应，重复两次} \\ \underline{2X \rightleftharpoons O + R} & \text{歧化反应} \\ O + 2e \rightleftharpoons R & \text{净反应} \end{array}$$

而歧化反应可能是与电极电位无关的化学反应。所以，多电子转移步骤也不是在任何情况下都是由单电子步骤串联组成的。

凡是多个电子参与的电极反应，即 $n>2$ 时，肯定1次不可能转移 n 个电子，所以它的反应历程都是多电子转移步骤类型，如氧电极反应 $4OH^{-} \rightleftharpoons 2H_2O+O_2+4e$ 就是一个有中间产物生成的多步骤电子转移反应。

6.9.2 多电子转移步骤的动力学规律

为了简便起见，下面以双电子反应为例讨论多电子转移步骤的动力学规律。设双电子反应为：$O+2e \rightleftharpoons R$。反应历程为两个单电子步骤的串联，即：

（1） $O+e \rightleftharpoons X$ （中间粒子）

（2） $X+e \rightleftharpoons R$ （假定为控制步骤）

根据前几节的讨论，控制步骤作为单电子反应，其动力学规律为：

$$\vec{i}_2 = F\vec{K}_2 c_X \exp\left(-\frac{\alpha_2 F}{RT}E\right) \tag{6-141}$$

$$\overleftarrow{i}_2 = F\overleftarrow{K}_2 c_R \exp\left(\frac{\beta_2 F}{RT}E\right) \tag{6-142}$$

式中，c_X 是中间粒子 X 的浓度。我们可以从非控制步骤的准平衡态性质求得 c_X 的大小，即对于步骤（1），应有 $\vec{i}_1 \approx \overleftarrow{i}_1$

所以
$$\vec{K}_1 = c_O \exp\left(-\frac{\alpha_1 F}{RT}E\right) = \overleftarrow{K}_1 c_X \exp\left(\frac{\beta_1 F}{RT}E\right)$$

$$c_X = \frac{\vec{K}_1}{\overleftarrow{K}_1} c_O \exp\left(-\frac{F}{RT}E\right)$$

令 $K_1 = \dfrac{\vec{K}_1}{\overleftarrow{K}_1}$，则上式可写成：

$$c_X = K_1 c_O \exp\left(-\frac{F}{RT}E\right) \tag{6-143}$$

将式 6-143 代入式 6-141 中，得到：

$$\vec{i}_2 = F\vec{K}_2K_1c_O\exp\left(-\frac{F}{RT}E\right)\exp\left(-\frac{\varphi_2 F}{RT}E\right) = F\vec{K}_2K_1c_O\exp\left[-\frac{(1+\alpha_2)F}{RT}E\right]$$

$$= F\overrightarrow{K_2}K_1c_O\exp\left[-\frac{(1+\alpha_2)F}{RT}E_{平}\right]$$

所以:

$$\exp\left[-\frac{(1+\alpha_2)F}{RT}\Delta E\right] = i_2^0\exp\left[-\frac{(1+\alpha_2)F}{RT}\Delta E\right] \tag{6-144}$$

$$\overleftarrow{i_2} = i_2^0\exp\left(\frac{\beta_2 F}{RT}\Delta E\right) \tag{6-145}$$

式中，i_2^0 为控制步骤（步骤（2））的交换电流密度。

稳态极化时，各个串联的单元步骤的速度应当相等，并等于控制步骤速度。因此，在电极上由 n 个单电子转移步骤串联组成的多电子转移步骤的总电流密度（即电极反应净电流密度）i 应为各单电子转移步骤电流密度之和，即：$i=ni_j$。其中 i_j 为控制步骤的电流密度。对上述双电子反应，则应有 $i = 2(\overrightarrow{i_2} - \overleftarrow{i_2}) = 2i_2$。将式 6-144 和式 6-145 代入上式，得:

$$i = 2i_2^0\left\{\exp\left[-\frac{(1+\alpha_2)F}{RT}\Delta E\right] - \exp\left(\frac{\beta_2 F}{RT}\Delta E\right)\right\}$$

令 $i^0 = 2i_2^0$，代表双电子反应的总交换电流密度。令 $\vec{\alpha} = 1 + \alpha_2$，表示还原反应总传递系数；$\overleftarrow{\alpha} = \beta_2$，表示氧化反应总传递系数。则可将上式写为:

$$i = i^0\left[\exp\left(-\frac{\vec{\alpha}F}{RT}\Delta E\right) - \exp\left(\frac{\overleftarrow{\alpha}F}{RT}\Delta E\right)\right] \tag{6-146}$$

式 6-146 即为双电子电极反应的动力学公式，也可适用于任何一个多电子电极反应。由于它和单电子转移步骤的基本动力学公式（Butler-Volmer 方程）具有相同的形式，因而被称为普遍化了的 Butler-Volmer 方程。只是需要注意，在式 6-146 中，交换电流和传递系数都要用整个电极反应的交换电流和传递系数（$\vec{\alpha}$、$\overleftarrow{\alpha}$）。对多电子电极反应 O+ne ⇌ R 可以推导出下列各关系式，总的传递系数为:

$$\vec{\alpha} = \frac{j-1}{v} + \alpha_j \tag{6-147}$$

$$\overleftarrow{\alpha} = \frac{n-j+1}{v} - \alpha_j \tag{6-148}$$

式中，α_j 为控制步骤的传递系数；j 为控制步骤在正向（还原反应方向）反应时的序号；v 为控制步骤重复进行的次数。显然有:

$$\vec{\alpha} + \overleftarrow{\alpha} = \frac{n}{v} \tag{6-149}$$

总的还原反应绝对速度为:

$$\vec{i} = nFK_c c_O\exp\left(-\frac{\vec{\alpha}F}{RT}E\right) = i^0\exp\left(-\frac{\vec{\alpha}F}{RT}\Delta E\right) \tag{6-150}$$

总的氧化反应绝对速度为:

$$\overleftarrow{i} = nFK_{\mathrm{a}}c_{\mathrm{R}}\exp\left(\frac{\overleftarrow{\alpha}F}{RT}E\right) = i^0\exp\left(\frac{\overleftarrow{\alpha}F}{RT}\Delta E\right) \tag{6-151}$$

总交换电流密度为：

$$i^0 = nFK_{\mathrm{c}}c_{\mathrm{O}}\exp\left(-\frac{\overrightarrow{\alpha}F}{RT}E_{平}\right) = nFK_{\mathrm{a}}c_{\mathrm{R}}\exp\left(\frac{\overleftarrow{\alpha}F}{RT}E_{平}\right) \tag{6-152}$$

上面各式中，K_{c} 和 K_{a} 均为常数，其数值可用下式表示，即：

$$K_{\mathrm{c}} = \overrightarrow{K_j}\prod_{i=1}^{j-1}\left(\frac{\overrightarrow{K_i}}{\overleftarrow{K_i}}\right)$$

$$K_{\mathrm{a}} = \overleftarrow{K_j}\prod_{i=n-j}^{n}\left(\frac{\overrightarrow{K_i}}{\overleftarrow{K_i}}\right)$$

上两式中，下标 j 表示控制步骤，下标 i 表示非控制步骤。$j-1$ 表示控制步骤前的单电子转移步骤数目，$n-j$ 表示控制步骤后的单电子转移步骤数目。

显然，将式 6-150 和式 6-151 代入 $i = \overrightarrow{i} - \overleftarrow{i}$ 的关系式中，同样可得到与式 6-146 完全一样的多电子反应的净反应速度公式，即普遍化的 Butler- Volmer 方程。普遍化的 Butler-Volmer 方程对单电子电极反应同样适用。在单电子反应中，$n=1$，$j=1$，$\alpha_j = \alpha$，$\beta_j = \beta$。所以有

$$\overrightarrow{\alpha} = \alpha$$

$$\overleftarrow{\alpha} = \beta$$

$$\overrightarrow{\alpha} + \overleftarrow{\alpha} = 1$$

这时的式 6-146 即表现为单电子步骤的 Butler- Volmer 方程。由此可见，式 6-146 是具有普遍意义的。

对于多电子电极反应，也可以像单电子电极反应那样，把普遍化的 Butler- Volmer 方程在高过电位区和低过电位区分别简化成近似公式，即：

（1）高过电位区。以阴极极化为例，可有：

$$i_{\mathrm{c}} = i^0\exp\left(-\frac{\overrightarrow{\alpha}F\Delta E}{RT}\right) \tag{6-153}$$

$$\eta_{\mathrm{c}} = -\Delta E = -\frac{2.3RT}{\overrightarrow{\alpha}F}\lg i^0 + \frac{2.3RT}{\overrightarrow{\alpha}F}\lg i_{\mathrm{c}} \tag{6-154}$$

其动力学规律同样符合 Tafel 关系。

（2）低过电位区。式 6-146 按级数展开后，同样可得到一个线性方程，即：

$$i_{\mathrm{c}} = -i^0\frac{nF}{RT}\Delta E \tag{6-155}$$

$$\Delta E = -\frac{RT}{nF}\frac{i_{\mathrm{c}}}{i^0} \tag{6-156}$$

从上面的讨论可知，多电子电极反应的动力学规律是由其中组成控制步骤的某一个单电子

转移步骤（多为单电子反应）所决定的，因而它的基本动力学规律与单电子转移步骤（单电子电极反应）是一致的，基本动力学参数（传递系数、交换电流密度等）都具有相同的物理意义，仅仅由于反应历程的复杂程度不同，在数值上有所区别而已。

6.10 双电层结构对电化学反应速度的影响（ψ_1 效应）

根据 Stern 双电层理论，电极/溶液界面的双电层是由紧密层和分散层串联组成的。而在前面几节的讨论中，均假设电极电位改变时只有紧密层电位差发生了变化。也就是认为分散层中电位差的变化 $\Delta\psi_1$ 等于零，紧密层电位差的变化 $\Delta(E-\psi_1)$ 就是整个双电层电位差的变化 ΔE，从而忽略了双电层结构变化引起的变化对电化学反应步骤速度的影响。然而，只有在电极表面电荷密度很大和溶液浓度较高时，双电层才近似于紧密层结构而无分散层，ψ_1 电位才趋近于零。如果是在稀溶液中，尤其是电极电位接近于零电荷电位和发生表面活性物质特性吸附时，ψ_1 电位在整个双电层电位差中占有较大比重，它随电极电位改变而发生的变化也相当明显。例如，某些阴离子在零电荷电位附近发生特性吸附时，有时能使 ψ_1 电位改变 0.5V 以上。在表面活性物质发生吸附或脱附的电极电位下，ψ_1 电位的变化通常都是很明显的。因此，在这些情况下，不能再忽略 ψ_1 电位及其变化对电化学反应速度的影响了。这种影响实质上是双电层结构以及双电层中电位分布的变化所造成的，但是它集中体现在 ψ_1 电位的变化上，所以通常把双电层结构变化的影响称为 ψ_1 效应。

双电层结构变化对电化学反应步骤的影响主要体现在以下两方面：（1）影响电极反应的活化能。因为活化能取决于双电层中紧密部分的电位跃，而从电子转移步骤动力学公式的讨论中已知，溶液中参与电化学反应的粒子是位于紧密层平面（OHP 或 IHP）的粒子。也就是说，电子转移步骤是在紧密层中进行的。因此，影响反应活化能和反应速度的电位差并不是整个双电层的电位差 ΔE 或电极电位 E，而应该是紧密层平面与电极表面之间的电位差，即紧密层电位 $(E-\psi_1)$。当 ψ_1 电位可以忽略不计时，则有 $E\approx(E-\psi_1)$。而当 ψ_1 电位不能忽略，即存在 ψ_1 效应时，就应该用 $(E-\psi_1)$ 代替前面推导的各电子转移步骤动力学公式中的 E。（2）影响电极/溶液界面层内反应粒子的浓度。在讨论单纯的电化学极化时，因为电子转移步骤是速度控制步骤，故可以忽略浓差极化的影响，即认为电极表面附近的反应粒子浓度 c^s 等于该粒子的体浓度 c：$c^s=c$。如果忽略 ψ_1 电位，即紧密层平面与溶液本体之间不存在电位差，那么反应粒子的表面浓度 c^s 就是紧密层平面反应粒子的浓度。而当 ψ_1 效应不能忽略时，c^s 是反应粒子在分散层外，即 $\psi_1=0$ 处的浓度。这时，紧密层平面的反应粒子浓度并不等于表面浓度 c^s。在双电层的内部，由于受到界面电场的影响，荷电粒子的分布服从于微观粒子在势能场中的经典分布规律——Boltzmann 分布律。若以 c^* 表示紧密层平面的反应粒子浓度，z 为反应粒子所带电荷数，则：

$$c^*=c^s\exp\left(-\frac{zF}{RT}\psi_1\right)=c\exp\left(-\frac{zF}{RT}\psi_1\right) \tag{6-157}$$

只有在反应粒子不荷电时，才能忽略 ψ_1 电位对反应粒子浓度的影响，得到 $c^*=c$ 的结果。所以，考虑到 ψ_1 效应时，应该用反应粒子在紧密层平面的浓度 c^* 代替前几节推导的动力学公式中的体浓度 c_O 或 c_R。

由上述分析可知，ψ_1 电位既能影响参与电子转移步骤的反应粒子浓度，又能影响电子转移步骤的反应活化能。在考虑了这两方面的影响后，前面推导的基本动力学公式 6-149 和式 6-151 应改写为：

$$\vec{i} = nFK_c c_O^* \exp\left[-\frac{\vec{\alpha}F}{RT}(E-\psi_1)\right] \tag{6-158}$$

$$\overleftarrow{i} = nFK_a c_R^* \exp\left[\frac{\overleftarrow{\alpha}F}{RT}(E-\psi_1)\right] \tag{6-159}$$

将式 6-157 代入式 6-158、式 6-159，则：

$$\begin{aligned}\vec{i} &= nFK_c c_O \exp\left(-\frac{z_O F}{RT}\psi_1\right)\exp\left[-\frac{\vec{\alpha}F}{RT}(E-\psi_1)\right] \\ &= nFK_c c_O \exp\left(-\frac{\vec{\alpha}F}{RT}E\right)\exp\left[-\frac{(z_O-\vec{\alpha})F}{RT}\psi_1\right]\end{aligned} \tag{6-160}$$

$$\overleftarrow{i} = nFK_a c_R \exp\left(-\frac{z_R F}{RT}\psi_1\right)\exp\left[\frac{\overleftarrow{\alpha}F}{RT}(E-\psi_1)\right] = nFK_a c_R \exp\left(\frac{\overleftarrow{\alpha}F}{RT}E\right)\exp\left[-\frac{(z_R+\overleftarrow{\alpha})F}{RT}\psi_1\right] \tag{6-161}$$

考虑了分散层的影响时，电极反应的交换电流密度可用下式表示，即：

$$\begin{aligned}i^0 &= nFK_c c_O \exp\left(-\frac{\vec{\alpha}F}{RT}E_{平}\right)\exp\left[-\frac{(z_O-\vec{\alpha})F}{RT}\psi_1\right] \\ &= nFK_a c_R \exp\left(\frac{\overleftarrow{\alpha}F}{RT}E_{平}\right)\exp\left[-\frac{(z_R+\overleftarrow{\alpha})F}{RT}\psi_1\right]\end{aligned} \tag{6-162}$$

将式 6-160 和式 6-158 代入 $i=\vec{i}-\overleftarrow{i}$ 的关系中，就能得到有 ψ_1 效应时的电化学极化的动力学方程。以高过电位下的阴极极化为例，电极反应速度与电极电位的关系如下：

$$i_c = nFK_c c_O \exp\left(-\frac{\vec{\alpha}F}{RT}E\right)\exp\left[-\frac{(z_O-\vec{\alpha})F}{RT}\psi_1\right] \tag{6-163}$$

对式 6-163 两边取对数，整理后得到：

$$-E = -\frac{RT}{\vec{\alpha}F}\ln nFK_c c_O + \frac{RT}{\vec{\alpha}F}\ln i_c + \frac{z_O-\vec{\alpha}}{\vec{\alpha}}\psi_1 \tag{6-164}$$

把 $\eta_c = E_{平} - E$ 代入式 6-164，于是得到电化学极化方程为：

$$\eta_c = E_{平} - \frac{RT}{\vec{\alpha}F}\ln nFK_c c_O + \frac{RT}{\vec{\alpha}F}\ln i_c + \frac{z_O-\vec{\alpha}}{\vec{\alpha}}\psi_1 = 常数 + \frac{z_O-\vec{\alpha}}{\vec{\alpha}}\psi_1 + \frac{RT}{\vec{\alpha}F}\ln i_c \tag{6-165}$$

与 Tafel 公式相比可知，当忽略分散层的存在时，$\psi_1=0$，式 6-165 右边前两项之和为常数，相当于 Tafel 关系中的 a 值，整个公式与式 6-164 是一样的，即符合 Tafel 关系。而不能忽略分散层时，$\psi_1 \neq 0$，由于 ψ_1 电位是随电极电位 E 变化而变化的，所以式 6-165 中右边前两项之和不再是常数，过电位与电流密度之间也不再符合 Tafel 关系了。图 6-32 表示了这种变化，在靠近零电荷电位的电位区间，由于不能忽略 ψ_1 效应，过电位与 lg$i$ 的关系偏离了塔菲尔直线，而距离零电荷电位较远的电位范围内，ψ_1 电位的影响逐渐消失，因而 η 与 lgi_c 之间又恢复了线性关系，遵循 Tafel 公式表达的规律。对式 6-164 作图，当 $\psi_1=0$ 时得到无分散层影响时的极化曲线，如图 6-33 和图 6-34 中所示的 a 曲线，对于正离子还原，则当 $\psi_1<0$ 时还原电流密度增大；当 $\psi_1>0$ 时还原电流密度减小；在零电荷电位附近，由于 ψ_1 逐渐变化，Tafel 的直线关系被破坏，如图 6-33 中的 b 曲线所示。同样可以分析，中性分子及负离子还原极化曲线，如图 6-34 中的 b 曲线所示。

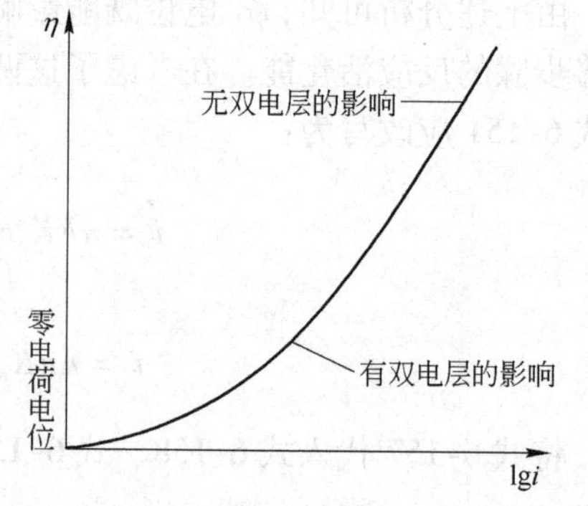

图 6-32　分散层的存在对 Tafel 关系的影响

现仍以阴极还原过程为例，根据上述基本动力学规律具体分析一下 ψ_1 电位对电化学反应速度的影响。

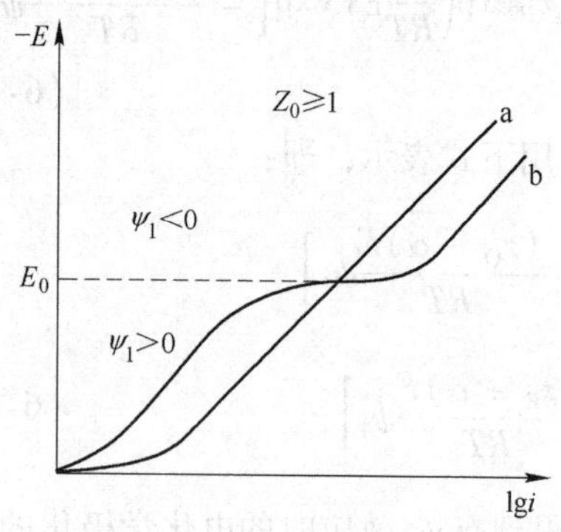

图 6-33　高过电位 ψ_1 对正离子还原极化曲线的影响

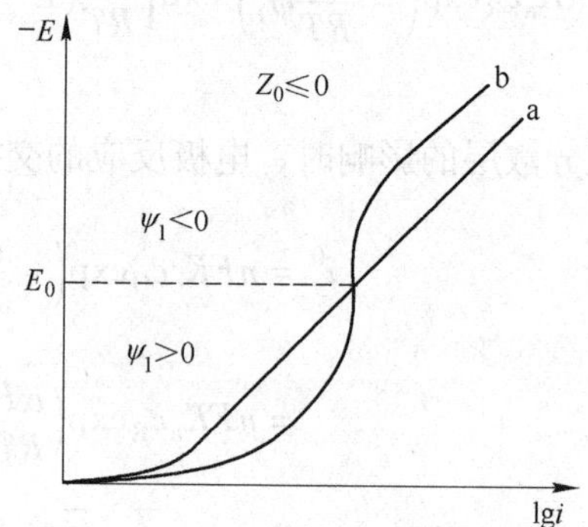

图 6-34　高过电位 ψ_1 对中性分子及负离子还原极化曲线的影响

（1）当阳离子在阴极还原时，由于 $\vec{\alpha}<n$，$z_0\geqslant n$，所以，$\dfrac{z_0-\vec{\alpha}}{\vec{\alpha}}>0$。例如，对电极反应：$H^++e\longrightarrow\frac{1}{2}H_2$，设 $\vec{\alpha}=0.5$，则 $\dfrac{z_0-\vec{\alpha}}{\vec{\alpha}}=1$。因而式 6-165 简化为：

$$\eta_c=常数+\psi_1+\frac{2RT}{F}\ln i_c \tag{6-166}$$

由此可知，当电极反应速度 i_c 不变时，凡是使 ψ_1 电位变正的因素均能使 η_c 增大。如果保持过电位不变，则反应速度 i_c 相应减小。例如 a- 阳离子在电极/溶液界面发生特性吸附时，电极/溶液界面上附加了一个正的吸附双电层，使得 ψ_1 电位变正，从而阻碍阳离子在阴极进行还原反应，使反应速度减小。b- 电极表面荷负电时，若在溶液中加入大量局外电解质，使溶液总浓度增大，双电层分散性减小，则 ψ_1 电位也将变正，从而降低电极反应速度。c- 阴离子的特性吸附，使 ψ_1 电位变负，将有助于阴极反应的进行。

为什么 ψ_1 电位对阳离子还原反应有上述影响呢？这一方面是由于 ψ_1 电位变正时，会按照式 6-157 的规律使紧密层中阳离子的浓度降低，因而还原反应速度减小；另一方面是在电极电位不变的条件下，ψ_1 变正意味着紧密层电位差（$E-\psi_1$）减小，根据式6-158，这将使还原反应速度增大，这是两种相互矛盾的作用。但因为在式 6-157 中 ψ_1 的系数是 $\frac{z_O F}{RT}$，在式 6-158 中 ψ_1 的系数是 $\frac{\vec{\alpha} F}{RT}$，而 $z_O > \vec{\alpha}$，所以，前一种作用的影响大于后者。所以，当 ψ_1 电位变正时，两种作用综合影响的结果是降低了还原反应的速度。

（2）当中性分子在阴极还原时，例如电极反应：$H_2O+e \longrightarrow \frac{1}{2}H_2+OH^-$，由于分子是中性的，即 $z_O=0$，其电化学极化方程可根据式 6-165 简化为：

$$\eta_c = 常数 - \psi_1 + \frac{RT}{\vec{\alpha} F}\ln i_c \tag{6-167}$$

因而，ψ_1 电位对过电位或电极反应速度的影响正好与阳离子阴极还原时相反。即：ψ_1 电位变正时，阴极过电位减小，有利于反应速度的提高。在这种情况下，ψ_1 电位实质上只影响紧密层电位差（$E-\psi_1$），而不影响反应粒子在紧密层中的浓度。

（3）ψ_1 电位对阴离子还原反应的影响与中性分子相似，只是由于 $z_O<0$，$|z_O| \geqslant n > \vec{\alpha}$，所以 $\frac{z_O-\vec{\alpha}}{\vec{\alpha}}<0$，而且通常情况下为 $\left|\frac{z_O-\vec{\alpha}}{\vec{\alpha}}\right|>1$。因此，$\psi_1$ 电位对阴离子还原的影响比中性分子要大得多。例如，对电极反应 $Ag(CN)_2^-+e \longrightarrow Ag+2CN^-$ 来说，若设 $\vec{\alpha}=0.5$，那么该反应的极化规律为：

$$\eta_c = 常数 - 3\psi_1 + \frac{RT}{\vec{\alpha} F}\ln i_c \tag{6-168}$$

显然，当 ψ_1 电位变正时，过电位的减小要比中性分子还原时明显得多。

许多无机阴离子，如 CrO_4^{2-}、MnO_4^-、$S_2O_8^{2-}$、BrO_3^-、IO_3^-、AsO_3^{3-}、$Fe(CN)_6^{3-}$、$PtCl_6^{2-}$ 等都能在阴极上发生还原反应，并常常由于强烈的 ψ_1 效应而使电化学极化曲线表现出特殊形状，从而引起人们的关注。下面以 $K_2S_2O_8$ 稀溶液中，$S_2O_8^{2-}$ 还原成 $SO_4{}^{2-}$ 离子的反应过程为例予以说明。在不含局外电解质的 10^{-3}mol/L $K_2S_2O_8$ 溶液中用铜汞齐旋转圆盘电极测得不同转速的极化曲线示于图6-35 中，在达到 $S_2O_8^{2-}$ 离子的还原电位后，电流密度急剧上升到相当于正常极限扩散电流密度的数值。如果电极电位继续变负，则电流密度急剧下降到很低的数值，然后重新上升。在 0.2～0.5V 的电位范围内，电流密度与电极转速的二分之一次方成正比，表明电极过程是受扩散步骤控制的。在最低点附近，电流密度几乎不随电极转速变化，表明电极过程受电子转移步骤控制。实验还发现，采用不同的金属材料作电极时，极化曲线的形状很相似，而开始出现电流密度下降的电极电位却各不相同，但都在刚刚负于零电荷电位时发生，也就是在电极表面开始荷负电时发生，如图 6-36 所示。这表明电流密度的减小主要是由于电极表面荷负电，ψ_1 电位变负所引起的。如果在溶液中加入局外电解质，如 Na_2SO_4，则电流密度下降的程度减小。随着局外电解质浓度的增大，电流密度下降的现象逐渐消失，如图 6-37 所示。

为什么 $S_2O_8^{2-}$ 离子还原时，阴极极化曲线表现出上述规律呢？假如认为 $S_2O_8^{2-}$ 离子与第一个电子结合的电子转移步骤是控制步骤，则根据式 6-163 可得到

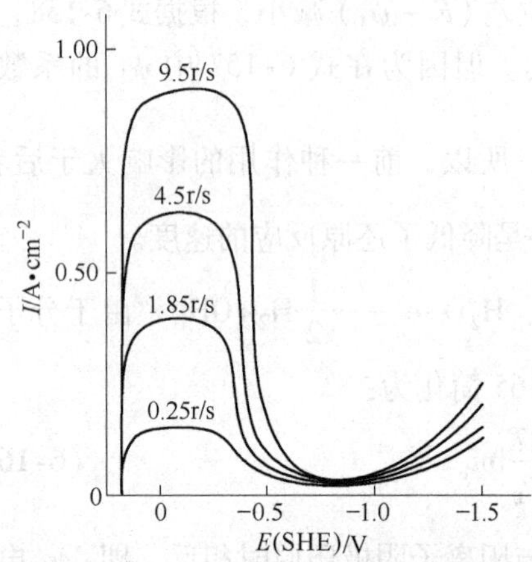

图 6-35 电极旋转速度对极化曲线的影响

（溶液为 10^{-3} mol/L $K_2S_2O_8$，铜汞齐旋转电极）

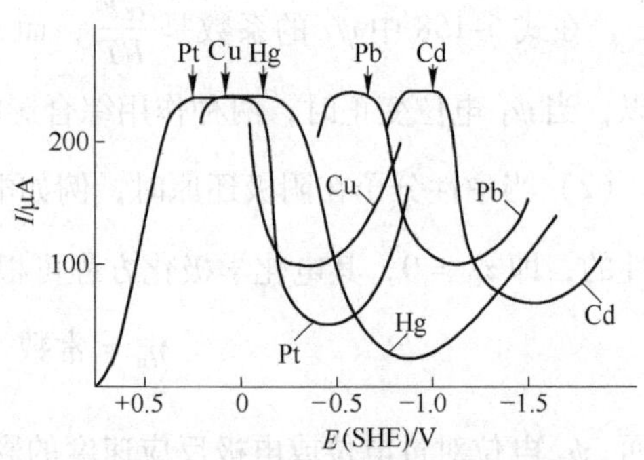

图 6-36 电极材料对极化曲线的影响

（箭头所指为各金属的零电荷电位，溶液为 10^{-3} mol/L $K_2S_2O_8$ + 10^{-3} mol/L Na_2SO_4）

$$i = 2FK_c c_{S_2O_8^{2-}} \exp\left(-\frac{\vec{\alpha}F}{RT}E\right) \exp\left[\frac{(2+\vec{\alpha})F}{RT}\psi_1\right] \tag{6-169}$$

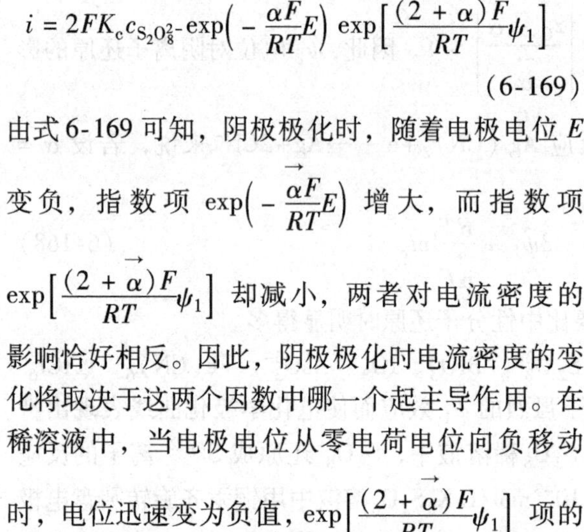

由式 6-169 可知，阴极极化时，随着电极电位 E 变负，指数项 $\exp\left(-\frac{\vec{\alpha}F}{RT}E\right)$ 增大，而指数项 $\exp\left[\frac{(2+\vec{\alpha})F}{RT}\psi_1\right]$ 却减小，两者对电流密度的影响恰好相反。因此，阴极极化时电流密度的变化将取决于这两个因数中哪一个起主导作用。在稀溶液中，当电极电位从零电荷电位向负移动时，电位迅速变为负值，$\exp\left[\frac{(2+\vec{\alpha})F}{RT}\psi_1\right]$ 项的影响相对大得多，故电流密度 i 明显减小。而在远离零电荷电位处，ψ_1 电位随电极电位的变化很小，因而 $\exp\left(\frac{\vec{\alpha}F}{RT}E\right)$ 起主导作用，电流密度随电极电位负移又重新增大。而向溶液中加入局外电解质后，溶液总浓度增大，双电层分散性减小，所以电位的绝对值减小，ψ_1 电位对电流密度的影响也随之减弱。局外电解质浓度越大，ψ_1 电位的影响也越弱，甚至于完全消失。由此可见，$S_2O_8^{2-}$ 离子还原时极化曲线表现的特殊规律是由 ψ_1 效应所引起的。

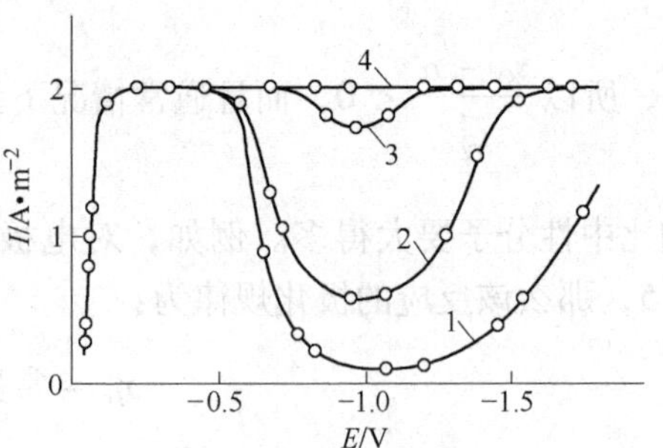

图 6-37 局外电解质浓度对 $S_2O_8{}^{2-}$ 离子还原极化曲线的影响

（基液：10^{-3} mol/L $K_2S_2O_8$；Na_2SO_4 浓度：1—0；2—8×10^{-3} mol/L；3—0.1mol/L；4—1.0mol/L）

最后需要指出，虽然本节中讨论了 ψ_1 效应并给出了一些动力学公式，但是并不能应用这些公式进行定量计算，而只能用来定性估计双电层结构发生变化时，电极反应速度变

化的趋势，定量结果则只能通过实验取得。这是因为讨论 ψ_1 效应的依据——电极/溶液界面的双电层结构模型本身是不精确的，双电层结构模型是一种宏观的和统计平均的结果，其中 ψ_1 电位概念本身就缺乏明确的物理含义，它只是被笼统地定义为距离电极表面一个水化离子半径处的平均电位。而不同粒子距离电极的最小距离并不一样，所在之处的电位数值也就各不相同，所以 ψ_1 电位值与反应粒子所在之处的电位可能并不一致。而且，直至目前，尚无法直接测量或精确计算 ψ_1 电位的数值及其因特性吸附等原因所引起的变化值。其次，这些动力学公式的应用，或者说 ψ_1 效应的应用是有一定的适用范围的。从本节的讨论可知，ψ_1 效应主要发生在 ψ_1 电位变化较大的电位范围内，比如零电荷电位附近，稀溶液或有特性吸附等情况。如果电极电位远离零电荷电位，且不发生特性吸附，则因 ψ_1 电位随电极电位的变化很小，在电化学极化的动力学公式中就没有必要加入含 ψ_1 电位的修正项，也就是说，无须考虑 ψ_1 效应的影响。

6.11 电化学极化与浓差极化共存时的动力学规律

在前面已经分别讨论了单一的浓差极化和电化学极化的动力学规律，然而，在实际的电极过程中，电化学极化或浓差极化单独存在的情况是比较少的。只有当通过电极的极化电流密度远小于极限扩散电流密度，溶液中的对流作用很强时，电极过程才有可能完全为电子转移步骤所控制，只出现电化学极化而不出现浓差极化。同时，只有当外电流密度很大，接近于极限扩散电流密度，溶液中没有强制对流作用时，才可能只出现浓差极化。而在一般情况下，常常是电化学极化与浓差极化同时并存，即电极过程为电子转移步骤和扩散步骤混合控制，只不过是两者之中，一个为主，一个为辅而已。因此，有必要讨论混合控制情况下的电极过程动力学规律。

6.11.1 混合控制时的动力学规律

当电极过程为电子转移步骤和扩散步骤混合控制时，应该同时考虑两者对电极反应速度的影响。比较简便的方法就是在电化学极化的动力学公式中考虑进浓差极化的影响。而由于反应粒子扩散步骤缓慢所造成的影响，也就是浓差极化的影响主要体现在电极表面反应粒子浓度的变化上。反应粒子表面浓度是指双电层与扩散层交界处的浓度 c^s。若不考虑 ψ_1 效应，也可理解为直接参与电子转移步骤的紧密层平面上的反应粒子浓度。当扩散步骤处于平衡态或准平衡态（非控制步骤）时，电极表面与溶液内部没有浓度差，所以可以用体浓度 c 代替表面浓度 c^s，如本章前几节推导的电化学极化公式中均采用了体浓度 c。但当扩散步骤缓慢，成为控制步骤之一时，电极表面附近液层中的浓度梯度不可忽略，反应粒子表面浓度不再等于它的体浓度了。因此，对于混合控制的电极过程，不能在动力学公式中采用反应粒子的体浓度，而应采用反应粒子的表面浓度。根据这一分析，对于电极反应 $O+ne \rightleftharpoons R$，可把式 6-150 和式 6-141 改写成：

$$\vec{i} = nFK_a c_O^s \exp\left(-\frac{\vec{\alpha}F}{RT}E\right) = i^0 \frac{c_O^s}{c_O^0}\exp\left(-\frac{\vec{\alpha}F}{RT}\Delta E\right)$$

$$\overleftarrow{i} = nFK_a c_R^s \exp\left(-\frac{\overleftarrow{\alpha}F}{RT}E\right) = i^0 \frac{c_R^s}{c_R^0}\exp\left(-\frac{\vec{\alpha}F}{RT}\Delta E\right)$$

式中，c_O^0、c_R^0 分别为反应粒子 O 和 R 的体浓度。由上述两式可得到电极反应的净速度为：

$$i = i^0\left[\frac{c_O^s}{c_O^0}\exp\left(-\frac{\vec{\alpha}F}{RT}\Delta E\right) - \frac{c_R^s}{c_R^0}\exp\left(\frac{\overleftarrow{\alpha}F}{RT}\Delta E\right)\right] \tag{6-170}$$

与 Butler-Volmer 方程式 6-146 相比较可得出，有浓差极化的影响后，极化方程中多了浓度变化的因素——c_O^s/c_O^0 项和 c_R^s/c_R^0 项。考虑到通常情况下，出现电化学与浓差极化共存时的电流密度不会太小，故假设 $|i| \gg i^0$，因而可以忽略逆向反应，例如阴极极化时，有 $i_0 = \vec{i} - \overleftarrow{i} \approx \vec{i}$，所以，式 6-170 可简化为：

$$i_c = i^0\frac{c_O^s}{c_O^0}\exp\left(-\frac{\vec{\alpha}F}{RT}\Delta E\right) = i^0\frac{c_O^s}{c_O^0}\exp\left(\frac{\vec{\alpha}F}{RT}\eta_c\right) \tag{6-171}$$

那么，反应粒子的表面浓度 c_O^s 是多少呢？由于 $c_O^s = c_O^0\left(1 - \frac{i_c}{i_d}\right)$，将此关系代入式 6-171，得：

$$i_c = \left(1 - \frac{i_c}{i_d}\right)i^0\exp\left(\frac{\vec{\alpha}F}{RT}\eta_c\right) \tag{6-172}$$

对式 6-172 两边取对数，则得到：

$$\eta_c = \frac{RT}{\vec{\alpha}F}\ln\frac{i_c}{i^0} + \frac{RT}{\vec{\alpha}F}\ln\left(\frac{i_d}{i_d - i_c}\right) \tag{6-173}$$

这就是电化学极化和浓差极化共存时的动力学公式。从式 6-173 中可以看到，混合控制时的过电位是由两部分组成的。式中右边第一项与 Tafel 公式完全一致，表明这部分过电位是由电化学极化所引起的，可称为电化学过电位，其数值大小取决于 i_c 与 i^0 的比值。式 6-173 右边第二项包含了表征浓差极化的特征参数 i_d，表明这部分过电位是由浓差极化所引起的，可称为浓差过电位或扩散过电位，其数值大小取决于 i_c 和 i_d 的相对大小。

对于一个特定的电极反应体系来说，i^0 与 i_d 都具有一定数值，决定它们大小的因素很不相同。除了它们都与反应粒子的浓度有关外，两者之间没有一定的相互依存关系。所以，i_c、i_d 与 i^0 是三个独立的参数，可以根据它们的相对大小来分析不同情况下电极过程的控制步骤是什么，也就是产生过电位的主要原因。

（1）当 $i_c \ll i^0$，$i_c \ll i_d$ 时，由式 6-170 中可知，$\eta_c \to 0$。这意味着电极几乎不发生极化，仍接近于平衡电极电位。这也可以从下面的分析中得到解释：根据 $i_c = \vec{i} - \overleftarrow{i} \ll i^0$，可得到 $\vec{i} \approx \overleftarrow{i} \approx i^0$。所以，电化学反应步骤的平衡状态几乎未遭到破坏。同时，又因为$i_c \ll i_d$，由 $c_O^s = c_O^0\left(1 - \frac{i_c}{i_d}\right)$ 可知，$c_O^s \approx c_O^0$，故扩散步骤也近似于平衡状态。所以，电极极化的程度甚微。这种情形下，过电位一般不超过几毫伏。在测量电极电位时用作参比电极的电极体系即属于这类情况。通常用电位差计测量电位时，允许通过参比电极的电流密度小于 10^{-8} A/cm^2，而参比电极的交换电流都是很大的，如在光滑铂电极上氢电极的交换电流为 10^{-3} A/cm^{2}数量级。所以符合 $i_c \ll i^0$ 和 $i_c \ll i_d$ 的条件，参比电极可被看作不极化电极。

（2）当 $i^0 \ll i_c \ll i_d$ 时，式 6-170 中右方第二项可忽略不计。因而式 6-170 与式 6-154 具有

完全相同的形式，即完全符合 Tafel 关系，即 $\eta_c = \frac{RT}{\vec{\alpha}F}\ln\frac{i_c}{i^0} = -\frac{RT}{\vec{\alpha}F}\ln i^0 + \frac{RT}{\vec{\alpha}F}\ln i_c$。这表明该电极反应实际上只出现电化学极化，过电位基本上是由电化学极化引起的。在这种情况下，由于 $i_c \approx i_d$，$c_0^R \approx c_0^0$，因而相对于净反应速度 i_c 来说，扩散步骤还接近于平衡状态，故几乎不发生浓差极化。所以，电极过程受电子转移步骤控制，其动力学规律和前几节所讨论的单纯的电化学极化没什么区别。如果能人为地控制电极反应在这种条件下进行，那么就可以通过稳态极化曲线的测量，求出电化学反应步骤的基本动力学参数 i^0、$\vec{\alpha}$、$\overleftarrow{\alpha}$ 等。

（3）当 $i_c \approx i_d \ll i^0$ 时，从前面的讨论中可知，$i_c \ll i^0$ 时，电化学反应步骤的平衡态基本上未遭到破坏。而由于 $i_c \approx i_d$，则 $c_0^s \to 0$，接近于完全浓差极化的状况。因而这种条件下，电极过程的控制步骤是扩散步骤，过电位是由浓差极化所引起的。这时式6-170右边第一项可忽略不计，但是不能用该式右边第二项计算浓差极化的过电位，这是因为推导式6-170 的前提 $i_c \gg i^0$ 已不成立。该电极过程的动力学规律仍应遵循浓差极化规律。

（4）当 $i_c \approx i_d \gg i^0$ 时，式6-170 右方两项中任何一项都不能忽略不计，过电位是由电化学极化和浓差极化共同作用的结果。也就是说，电极过程是由电化学反应步骤和扩散步骤混合控制的。不过，在不同的 i_c 下，两个控制步骤中往往有一个起主导作用。当电流密度较小时，以电化学极化为主；当电流密度较大，趋近于极限扩散电流密度时，则浓差极化是主要的。不过，与 $i_c \ll i^0$ 的情况不同，当 $i_c \gg i^0$ 时，即使在 $i_c = i_d$ 的完全浓差极化条件下，电化学反应步骤也并不处在平衡态，即 i 与 $\overleftarrow{i}$ 仍然相差很大。这正是电化学反应步骤的一个特点——反应活化能受电极电位的影响所引起的结果：当电极电位偏离平衡电位而发生极化时，因活化能的改变，电极上的氧化反应绝对速度和还原反应绝对速度将朝相反的方向变化。从而产生随电极极化增大而增加的净反应速度，而且一般不会出现极限值。也就是说，用促使电极极化的方法可以大大提高单向反应的速度。这时，虽然电化学反应步骤本身是不可逆的，却能因为净反应速度（或单向反应速度）的增大，而最终使电化学反应步骤成为非控制步骤。

所以，当 $i_c \to i_d$，扩散步骤成为控制步骤时，电化学反应步骤可以是准平衡态的，也可以是不平衡的，这取决于 i^0 与 i_d 的相对大小。若 $i^0 \gg i_d$，则浓差极化时，电化学反应步骤是准平衡态的。若 $i^0 \ll i_d$，则浓差极化时，电化学反应步骤是不平衡的。图6-38为 $i^0 \ll i_d$ 时，根据式6-170 作出的极化曲线。图6-38 中虚线为按照式6-133 作出的单纯浓差极化

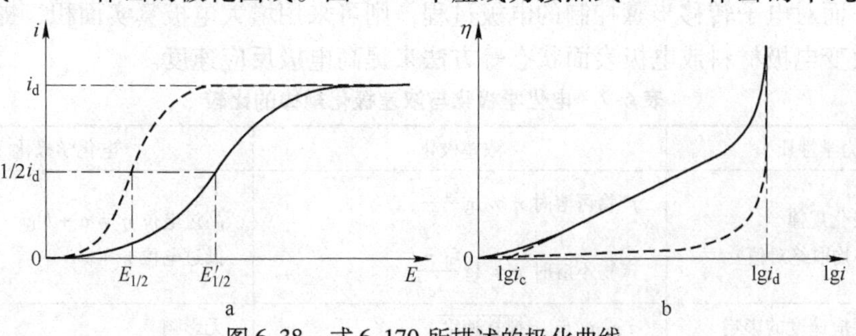

图6-38 式6-170 所描述的极化曲线

a—直角坐标；b—半对数坐标

（图中虚线为单纯扩散步骤控制的极化曲线；实线代表的是电化学极化与浓差极化共存时的极化曲线）

曲线，即电化学反应步骤处于平衡态（$i_c \ll i^0$）时的浓差极化曲线。从图 6-38 中可看出，整个极化曲线可大致分成以下四个区域：

（1）在 $i_c \ll i^0$，$i_c \ll i_d$ 的范围（图 6-38b），过电位很小，趋近于零。

（2）在 $i^0 \ll i_c < 0.1 i_d$ 的范围，极化曲线为半对数关系，即符合 Tafel 关系。这时的过电位基本上由电化学极化所引起。

（3）在 $i_c \approx (0.1 \sim 0.9) i_d$ 的范围，电极过程为混合控制，控制步骤从电子转移步骤逐渐过渡到扩散步骤。过电位为电化学过电位和浓差过电位之和，随着电流密度的增大而增大。

（4）在 $i_c > 0.9 i_d$ 的范围，$i_c \to i_d$，因而几乎完全成为浓差极化了。

比较图 6-38 中的两条极化曲线后可知，电化学极化与浓差极化共存（图 6-38 中实线）时，极限扩散电流 i_d 并不改变，但半波电位变负了。若将式 6-173 改写为：

$$\eta_c = E_{平} - E = \frac{\overrightarrow{RT}}{\alpha F}\ln\frac{i_c}{i^0} + \frac{\overleftarrow{RT}}{\alpha F}\ln\left(\frac{i_d}{i_d - i_c}\right)$$

将 $i_c = \frac{1}{2} i_d$ 代入上式，则：

$$E_{平} - E_{1/2} = \frac{\overrightarrow{RT}}{\alpha F}\ln\frac{i_d}{i^0} \tag{6-174}$$

$$-E_{1/2} = \frac{\overrightarrow{RT}}{\alpha F}\ln i_d - \frac{\overrightarrow{RT}}{\alpha F}\ln i^0 - E_{平} \tag{6-175}$$

可见，半波电位 $E_{1/2}$ 的大小与 i_d/i^0 的比值有关。当 i_d 一定时，若电极反应的交换电流越小，则式 6-174 中的电化学过电位部分越大，或者说电化学反应的可逆性越小。则由式 6-175知，半波电位 $E_{1/2}$ 也越负。所以，电极过程为混合控制时，半波电位的负移是由于电化学极化所引起的。而且，电化学极化越大，半波电位负移得越多。

6.11.2 电化学极化规律和浓差极化规律的比较

把电子转移步骤与扩散步骤的主要动力学特征，也就是电化学极化与浓差极化的主要规律对比总结在表 6-7 中。利用表中所列出的两类电极极化的不同动力学特征，有助于判断电极过程的控制步骤是电子转移步骤还是扩散步骤，也有助于采取适当措施来改变电极反应的速度。例如，对扩散步骤控制的电极过程，用加强溶液搅拌的方法可以有效地提高反应速度。而对电子转移步骤控制的电极过程，则可采用增大电极真实面积，提高极化值和温度、改变电极材料或电极表面状态等方法来提高电极反应速度。

表 6-7 电化学极化与浓差极化规律的比较

动力学性质	浓差极化	电化学极化
极化规律 （表中 i 均取绝对值）	产物可溶时 $\eta \propto \lg\frac{i_d - i}{i}$ 产物不溶时 $\eta \propto \lg\frac{i_d - i}{i_d}$	高过电位 $\eta = a + b\lg i$ 低过电位 $\eta = wi$
搅拌对反应速度的影响	i 或 $i_d \propto \sqrt{搅拌速度}$	无影响
双电层结构对反应速度的影响	无影响	在稀溶液 E_z 附近，有特性吸附时，存在 ψ_1 效应

续表 6-7

动力学性质	浓差极化	电化学极化
电极材料及表面状态的影响	无影响	有显著影响
反应速度的温度系数	因活化能低，故温度系数小，一般为2%/℃	活化能高，温度系数较大
电极真实面积对反应速度的影响	当扩散层厚度大于电极表面粗糙度时，与电极表观面积成正比，与真实面积无关	反应速度正比于电极真实面积

思考题

6-1 为什么有电流通过时会出现极化？

6-2 极化有哪些类型？为什么可以分为不同的类型？

6-3 是否任何电极过程都存在着速度控制步骤？确定速度控制步骤对研究电极过程有何重要意义？

6-4 试论述电极过程的基本历程和特点。

6-5 如何用极化度判断反应进行的难易程度？

6-6 试总结、比较下列概念：

平衡电位、标准电位、稳定电位、极化电位、过电位。

6-7 在电极界面附近的液层中，是否总是存在着三种传质方式，为什么？每一种传质方式的传质速度如何表示？

6-8 在什么条件下才能实现稳态扩散过程？实际稳态扩散过程的规律与理想稳态扩散过程有什么区别？

6-9 试比较扩散层、分散层和边界层的区别。扩散层中有没有剩余电荷？

6-10 从理论上分析平面电极上的非稳态扩散不能达到稳态，而实际情况下经过一定时间后可以达到稳态的原因。

6-11 试用位能曲线图分析电极电位对电极反应 $Cu^{2+}+2e \rightleftharpoons Cu$（一次转移两个电子）的反应速度的影响。

6-12 从理论上推导电化学极化方程式（巴特勒-伏尔摩方程），并说明该理论公式与经验公式的一致性。

6-13 在焦磷酸盐电镀液中镀铜锡合金时，发现在零件的凹洼处溶液出现铜红色（即镀层颜色比正常镀层发红），而采用间歇电流时，就可以消除或减轻这一现象。你能分析一下其中的原因吗？

6-14 已知下列电极上的阴极过程都受扩散控制，你能比较一下它们的极限扩散电流密度是否相同吗？为什么？

(1) 0.01mol/L $ZnCl_2$ + 3 mol/L NaOH；

(2) 0.05 mol/L $ZnCl_2$；

(3) 0.1 mol/L $ZnCl_2$。

6-15 25℃时，用0.01A电流电解0.1mol/L $CuSO_4$和1mol/L H_2SO_4的混合水溶液，测得电解槽两端电压为1.86V，阳极上氧析出电位为0.42V，已知两电极之间溶液电阻为50Ω。试求阴极上铜析出的过电位（假设阴极上只有铜析出）。

6-16 已知电极电位 $O+e \longrightarrow R$ 在25℃时的反应速度为0.1A/cm^2。根据各单元步骤活化能计算出电子转移步骤速度为 1.04×10^{-2}mol/(m^2·s)，扩散步骤速度为0.1mol/(m^2·s)。试判断该温度下的控制步骤。若这一控制步骤的活化能降低了12kJ/mol，会不会出现新的控制步骤？

6-17 25℃电极反应 $Cu^{2+}+2e \longrightarrow Cu$ 的速度为193A/m²。已知扩散步骤反应速度为 1×10^{-3} mol/(m²·s)，电子转移步骤的反应速度为 1×10^{-3} mol/(m²·s)。试问：

(1) 该电极过程的控制步骤是什么？

(2) 如何根据计算结果说明非控制步骤处于准平衡态。

6-18 25℃时，扩散控制的某电极反应速度为 3×10^{-2} mol/(m²·s)。若通过强烈搅拌提高扩散速度1000倍，就可以使扩散步骤成为非控制步骤。为此，扩散活化能应改变多少？

6-19 已知电池 (-)Zn|$ZnCl_2$(1mol/kg)||HCl(α=1)|H_2(101325Pa),Pt(+)当按该正、负极的方向，即在外线路中从正极到负极通过 10^{-4} A/cm² 的电流时，电池两端的电压为1.24V。如果溶液欧姆降为0.1V，1mol/L $ZnCl_2$ 水溶液中的平均活度系数 $\gamma_{\pm}=0.33$，试问：

(1) 该电池在通过上述外电流时，是自发电池（原电池）还是电解池？

(2) 锌电极上发生的是阴极极化还是阳极极化？

(3) 若已知 $i=10^{-4}$ A/cm² 时，氢电极上的过电位为0.164V。试求锌电极在该电流密度下的过电位值。

6-20 在0.1mol/L $ZnCl_2$ 溶液中电解还原锌离子时，阴极过程为浓差极化。已知锌离子的扩散 系数为 1×10^{-5} cm²/s，扩散层有效厚度为 1.2×10^{-2} cm。试求：

(1) 20℃时阴极的极限扩散电流密度。

(2) 20℃时测得阴极过电位为0.029V，相应的阴极电流密度应为多少？

6-21 某有机物在25℃下静止的溶液中电解氧化。若扩散步骤是速度控制步骤，试计算该电极过程的极限扩散电流密度。已知与每一个有机物分子结合的电子数是4，有机物在溶液中的扩散系数为 6×10^{-5} cm²/s，浓度为0.1mol/L，扩散层有效厚度为 5×10^{-2} cm。

6-22 当镉在过电位等于0.5V条件下从镉溶液中析出时，发现：(1) 若向静止溶液中加入大量氯化钾（局外电解质），则阴极电流密度将减小；(2) 若采用旋转原判电极作为阴极时，阴极电流密度与转速的关系如图6-39所示。试判断该电极过程在静止溶液中的速度控制步骤是什么，为什么？当旋转原判电极转速很大时，速度控制步骤会不会发生变化？

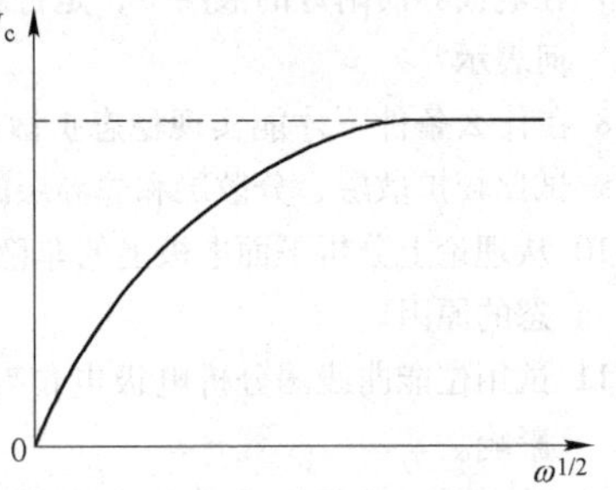

图6-39 阴极电流密度与转速的关系

6-23 在无添加剂的锌酸盐溶液中镀锌，其阴极反应为 $Zn(OH)_4^{2-}+2e \longrightarrow Zn+4OH^-$，并受扩散控制。18℃时测得某电流密度下的电位为0.056V。若忽略阴极上析出氢气的反应，并已知 $Zn(OH)_4^{2-}$ 离子的扩散系数为 0.5×10^{-5} cm²/s，浓度为2mol/L，在电极表面液层（$x=0$）的浓度梯度为 8×10^{-2} mol/cm⁴，试求：

(1) 阴极过电位为0.056V时的阴极电流密度；

(2) $Zn(OH)_4^{2-}$ 离子在电极表面液层中的浓度。

6-24 已知25℃时，在静止溶液中阴极反应 $Cu^{2+}+2e \longrightarrow Cu$ 受扩散控制。Cu^{2+} 离子在该溶液中的扩散系数为 1×10^{-5} cm²/s，扩散层有效厚度为 1.1×10^{-2} cm，Cu^{2+} 离子的浓度为0.5 mol/L 。试求阴极电流密度为0.045A/cm² 时的浓差极化值。

6-25 已知电极反应 $O+4e \rightleftharpoons R$，在静止溶液中恒电流极化时，阴极过程为扩散步骤控制。反应物O的扩散系数为 1.2×10^{-5} cm²/s，初始浓度为0.1mol/L 。当阴极极化电流密度为0.5A/cm²，求阴极过程的过渡时间。若按上述条件恒电流极化 10^{-3} s 时，电极表面液层中反应物O的浓度是多少？

6-26 若25℃时，阴极反应 $Ag^+ + e \longrightarrow Ag$ 受扩散步骤控制，测得的浓差极化过电位 $\eta_{浓差} = -0.59mV$。已知 $c^0_{Ag^+} = 1mol/L$，$(dc_{Ag^+}/dx)_{x=0} = 7\times10^{-2} mol/cm^4$，$D_{Ag^+} = 6\times10^{-5} cm^2/s$。试求：

(1) 稳态扩散电流密度；

(2) 扩散层有效厚度 $\delta_{有效}$；

(3) Ag^+ 离子的表面浓度 $c^s_{Ag^+}$。

6-27 在含有大量局外电解质的0.1mol/L $NiSO_4$ 溶液中，用旋转圆盘电极作阴极进行电解。已知 Ni^{2+} 离子的扩散系数为 $1\times10^{-2} cm^2/s$，溶液的动力黏度系数为 $1.09\times10^{-2} cm^2/s$，试求：

(1) 转速为10r/s时的阴极极限扩散电流密度是多少？

(2) 上述极限电流密度比静止电解时增大了多少倍？设静止溶液中的扩散层厚度为 5×10^{-3}cm。

6-28 测得电极反应 $O + 2e \longrightarrow R$ 在25℃时的交换电流密度为 $2\times10^{-12} A/cm^2$，$\alpha = 0.46$。当在-1.44V下阴极极化时，电极反应速度是多大？已知电极过程为电子转移步骤所控制，未通电时电极电位为-0.68V。

6-29 25℃，锌从 $ZnSO_4$（1mol/L）溶液中电解沉积的速度为 $0.03A/cm^2$ 时，阴极电位为-1.013V。已知电极过程的控制步骤是电子转移步骤，传递系数 $\alpha = 0.45$ 以及1mol/L $ZnSO_4$ 溶液的平均活度系数 $\gamma_\pm = 0.044$。试问25℃时该电极反应的交换电流密度是多少？

6-30 设电极反应为 $Zn^{2+} + 2e \longrightarrow Zn$，试画出 $E = E_z$（零电荷电位）和 $\Delta E > 0$ 时的该反应的位能曲线图和双电层电位分布图。

6-31 根据图6-40的位能曲线回答：

(1) 判断平衡电位（零标）的符号；

(2) 画出平衡电位时的位能曲线；

(3) 根据图中曲线2的位置，说明在该电位下，电极发生了阴极极化还是阳极极化？并用公式表示出电极的极化对反应速度有什么影响。

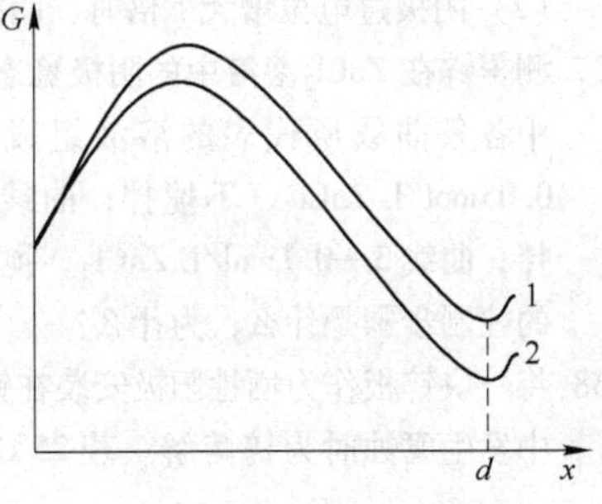

图6-40 位能曲线

6-32 已知20℃时，镍在1mol/L $NiSO_4$ 溶液中的交换电流密度为 $i = 2.1\times10^{-9} A/cm^2$。用 $0.04A/cm^2$ 的电流密度电沉积镍时，阴极发生电化学极化。若传递系数 $\vec{\alpha} = 1.0$，试问阴极电位是多少？

6-33 18℃时将铜棒浸入含 $CuSO_4$ 的溶液中，测得该体系的平衡电位为0.31V，交换电流密度为 $1.9\times10^{-9} A/cm^2$，传递系数 $\vec{\alpha} = 1.0$。

(1) 计算电解液中铜离子在平衡电位下的活度；

(2) 求将电极电位极化到-0.23V时的计划电流密度（假定发生电化学极化）。

6-34 25℃时将两个面积相同的电极置于某电解液中进行电解。当外电流为零时，电解池端电压为0.832V；外电流为 $1A/cm^2$ 时，电解池端电压为1.765V。已知阴极反应的交换电流密度为 $i = 10^{-9} A/cm^2$，参加阳极反应和阴极反应的电子数均为2，传递系数 $\vec{\alpha} = 1.0$，溶液欧姆电压降为0.4V。问：

(1) 阳极过电位（$i = 1A/cm^2$）是多少？

(2) 25℃时阳极反应的交换电流密度是多少？

(3) 上述计算结果说明了什么问题？

6-35 20℃测得铂电极在1mol/L KOH溶液中的阴极极化实验数据如下表，若已知速度控制步骤是电化学反应步骤，试求：

(1) 该电极反应在20℃时的交换电流密度。

（2）该极化曲线塔菲尔区的 a 值和 b 值。

$-E$/V	I_c/A·cm^{-2}
1.000	0.0000
1.055	0.0005
1.080	0.0010
1.122	0.0030
1.171	0.0100
1.220	0.0300
1.266	0.1000
1.310	0.3000

6-36 电极反应 O+ne ⇌ R 在 20℃时的交换电流密度是 1×10^{-9} A/cm^2。当阴极过电位为 0.556V 时，阴极电流密度为 1A/cm^2。假设阴极过程为电子转移步骤控制，试求：

（1）传递系数 $\vec{\alpha}$。

（2）阴极过电位增大 1 倍时，阴极反应速度改变多少？

6-37 测得锌在 $ZnCl_2$ 溶液中的阴极稳态极化曲线，见图 6-41。图中各条曲线所代表的溶液组成与极化条件为：曲线 1—0.05mol/L $ZnCl_2$，不搅拌；曲线 2—0.1mol/L $ZnCl_2$，不搅拌；曲线 3—0.1mol/L $ZnCl_2$，搅拌。试判断该阴极过程中的控制步骤是什么，为什么？

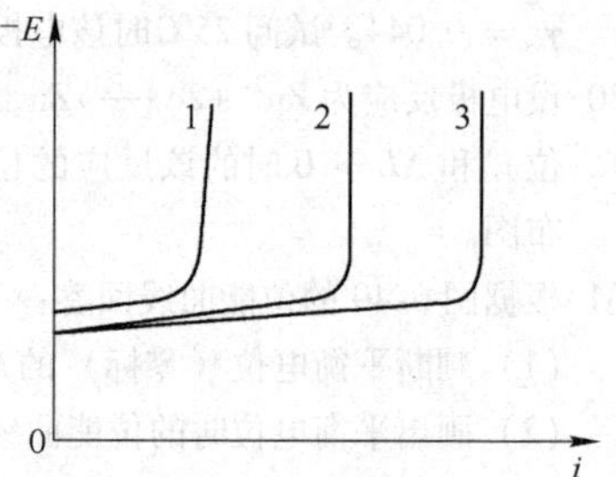

图 6-41　锌在 $ZnCl_2$ 溶液中的阴极稳态极化曲线

6-38 将一块锌板作为牺牲阳极安装在钢质船体上，该体系在海水中发生腐蚀时为锌溶解。若 25℃时，反应 $Zn^{2+}+2e$ ⇌ Zn 的交换电流为 2×10^{-5} A/cm^2，传递系数 $\vec{\alpha}$ = 0.9。试求 25℃，阳极极化值为 0.05V 时锌阳极的溶解速度和极化电阻值。

参 考 文 献

[1] 李荻．电化学原理［M］．修订版．北京：北京航空航天大学出版社，1999.

[2] 阿伦 J 巴德，拉里 R 福克纳．电化学方法——原理和应用［M］．2 版．邵元华，朱果逸，董献堆，张柏林，译．北京：化学工业出版社，2005.

[3] 蒋汉嬴．冶金电化学［M］．北京：冶金工业出版社，1983.

[4] 贾梦秋，杨文胜．应用电化学［M］．北京：高等教育出版社，2004.

[5] 傅献彩，沈文霞，姚天扬．物理化学（下册）［M］．4 版．北京：高等教育出版社，1994.

[6] 龚竹青．理论电化学导论［M］．长沙：中南工业大学出版社，1988.

7　氢和氧析出的电极过程

本章导读

在水溶液电解质进行的各类电极过程中，氢、氧气体参与的氧化/还原电极反应是最常见的主反应或难以避免的副反应。为此，人们也常利用析氢和析氧过程为科研和生产服务，如氢标电极在电化学研究中的应用，电解食盐水或水等制备化学品，燃料电池的应用等。另外，析氢过程和析氧过程又会造成不少危害，如电镀过程中析氢反应和析氧反应会造成镀层表面出现孔洞、气泡等缺陷，析氢和析氧反应也和金属的腐蚀过程有密切的关系。因此，无论是从利用析氢过程和析氧过程，还是控制或消除这两个过程，都有必要对析氢过程和析氧过程进行深入的研究分析。本章将详细介绍电极上发生析氢和析氧过程的机理，总结阐明重要的理论模型，同时对这两类电极过程的应用材料及过程描述常用的分析测试方法进行简介。

7.1　析氢过程

析氢过程就是氢离子在阴极上获得电子还原为氢原子，最后以氢气析出的过程。这个过程不是一步完成的，其至少包括四个步骤：

(1) 液相传质过程。在电化学体系中，存在于水溶液中的氢离子是以水化氢离子（H_3O^+）的形式存在。在阴极还原过程中，H_3O^+靠对流、扩散或电迁移等传质作用由溶液本体传递到电极表面附近的液层。

(2) 电化学反应过程。电极表面附近液层中的 H_3O^+在阴极上接受电子发生还原反应，生成吸附氢原子 MH，反应式为：$H_3O^++e^-\longrightarrow MH+H_2O$。

(3) 随后转化过程。在电极表面的吸附氢原子发生复合脱附或电化学脱附过程生成氢分子，并从电极表面脱附下来。所谓的复合脱附就是在电极表面上，两个吸附氢原子复合生成氢分子，即：$MH+MH\longrightarrow H_2$；电化学脱附是在电极表面上由另一个 H_3O^+在吸附氢原子的同时放出电子，直接生成氢分子的过程，即：$MH+H_3O^++e^-\longrightarrow H_2+H_2O$。

(4) 新相生成过程。由电极表面脱附的氢分子聚集成气相，然后以氢气泡的形式从溶液中逸出。

7.1.1　析氢机理

由上述分析可知析氢过程主要包括四个单元过程，那么在这四个单元过程中，哪个步骤所受到的阻力最大，即哪个过程是析氢反应的控制步骤呢？或者说析氢过程产生的原因是什么？为了更好地解释这些问题，就必须研究析氢过程的反应机理。

在一般情况下，氢离子的液相传质阻力不会太大（这是因为小半径的氢离子的扩散系数大，同时在析氢过程中有氢气逸出，从而产生微搅拌作用，强化了氢离子的传质过程），也就是说液相传质过程不会成为控制过程，而新相生成过程也不会成为控制过程。因此，可能成为控制过程的就只有电化学反应过程和随后转化过程中的复合脱附或电化学脱附过程了。由此而得出了析氢过程的各种机理理论：认为电化学反应步骤缓慢，并成为整个析氢过程的控制过程的理论，成为迟缓放电机理；认为复合脱附过程缓慢，为整个析氢过程的控制过程的理论，成为迟缓复合机理；认为电化学脱附过程为控制过程的理论为电化学脱附机理。目前，适用范围最广的，也被人们普遍应用的理论是迟缓放电机理。

7.1.1.1 迟缓放电机理

因为氢离子还原时，首先要克服其与水分子之间强的作用力，所以，氢离子与电子结合的还原反应需要高的活化能，离子放电过程就成了整个析氢过程的控制步骤。迟缓放电机理的理论推导是在汞电极上进行的。由于迟缓放电机理认为电化学过程是控制步骤，则可以认为电化学极化方程式适用于氢离子的放电还原过程。当阴极电流密度（i_c）≫交换电流密度（i^0）时，可直接得到氢的过电位 η_H：

$$\eta_H = -\frac{RT}{\alpha F}\ln i^0 + \frac{RT}{\alpha F}\ln i_c \tag{7-1}$$

或

$$\eta_H = -\frac{2.3RT}{\alpha F}\lg i^0 + \frac{2.3RT}{\alpha F}\lg i_c \tag{7-2}$$

一般情况下取 $\alpha=0.5$，则将其代入式 7-2 得：

$$\eta_H = -\frac{2.3\times 2RT}{F}\lg i^0 + \frac{2.3\times 2RT}{F}\lg i_c \tag{7-3}$$

令

$$a = -\frac{2.3\times 2RT}{F}\lg i^0,\ b = \frac{2.3\times 2RT}{F} \tag{7-4}$$

则式 7-3 变为：

$$\eta_H = a + b\lg i_c \tag{7-5}$$

由式 7-4 可知，常数 a 与交换电流密度 i^0 有关，而 i^0 又与电极材料、电极表面形态及溶液组成等因素有关，因此，常数 a 值也与这些因素有关，这与实验事实相符合。此外，当温度为 298K 时，由式 7-4 计算得到 $b\approx 118$mV，这与大量的实验数据一致。

如果假设复合脱附过程为控制过程，则由于脱附缓慢，吸附的氢原子会在电极表面积累。于是当电流通过时，电极上吸附氢的表面覆盖度 θ_{MH} 将大于平衡电位下吸附氢的表面覆盖率 θ_{MH}^0。又由于汞电极表面上的氢的吸附覆盖率很小，所以可以用 θ_{MH}^0 和 θ_{MH} 来代替吸附氢原子的活度 $a_{H^+}^0$ 和 a_{H^+}。因此，氢的平衡电位 E_e 可表示为：

$$E_e = E_H^{\ominus} + \frac{RT}{F}\ln\frac{a_{H^+}}{\theta_{MH}^0} \tag{7-6}$$

而当有电流通过时，氢电极上的极化电位为：

$$E_{极化} = E_H^{\ominus} + \frac{RT}{F}\ln\frac{a_{H^+}}{\theta_{MH}} \tag{7-7}$$

所以有：

$$\eta_H = E_e - E_{极化} = \frac{RT}{F}\ln\frac{\theta_{MH}}{\theta_{MH}^0} \tag{7-8}$$

或 $$\theta_{MH} = \theta_{MH}^0 \exp\left(\frac{F}{RT}\eta_H\right) \tag{7-9}$$

当 $i_c \gg i^0$ 时，即阴极极化较大时，可略去逆反应不计，净阴极电流密度就和还原电流密度相等，此时若用电流密度表示反应速率，又由于氢原子的复合反应是双原子反应，则有：

$$i_c = 2Fk\theta_{MH}^2 \tag{7-10}$$

式中，k 为复合反应的速率常数。

将式 7-9 代入式 7-10，并对式 7-10 两边取对数，经过整理后可以得到：

$$\eta_H = A + \frac{2.3RT}{2F}\lg i_c \tag{7-11}$$

式中，A 为一常数。当温度为 298K 时，式 7-11 中塔菲尔斜率 $b = \frac{2.3RT}{2F} = 29.5\text{mV}$，只相当于多数实验值的 1/4，这与实验结果不符。

如果假设电化学脱附过程为控制步骤，则由其反应式可以看出：反应速率与电极表面的吸附氢原子浓度和氢离子浓度有关。由于吸附氢原子的浓度可用 θ_{MH} 表示，而氢离子浓度受表面电场的影响，其浓度可表示为 $c_{H^+}\exp\left(\frac{\alpha F}{RT}\eta_H\right)$，则用电流密度表示反应速率，有：

$$i_c = 2Fk'\theta_{MH}c_{H^+}\exp\left(\frac{\alpha F}{RT}\eta_H\right) \tag{7-12}$$

将式 7-9 代入式 7-12，并对式 7-12 两边取对数，经过整理后可以得到：

$$\eta_H = B + \frac{2.3RT}{(1+\alpha)F}\lg i_c \tag{7-13}$$

式中，B 为常数。当温度为 298K 时，取 $\alpha = 0.5$，式 7-13 中塔菲尔斜率 $b = \frac{2.3RT}{(1+\alpha)F} \approx 39\text{mV}$，只相当于多数实验值的 1/3，这与实验结果不符。

由上述分析可见，对于汞电极来说，可以从理论上推导证明只有迟缓放电机理才是正确的。迟缓放电机理可以解释很多实验现象及结果，那么该机理的实验依据是什么呢？又如何以实验现象来进一步证明该机理的正确性呢？下面将从两个实验结果来解释回答上面的问题。

（1）用迟缓放电机理可以很好地解释汞电极上析氢过电位随溶液 pH 值的变化规律，如图 7-1 所示。

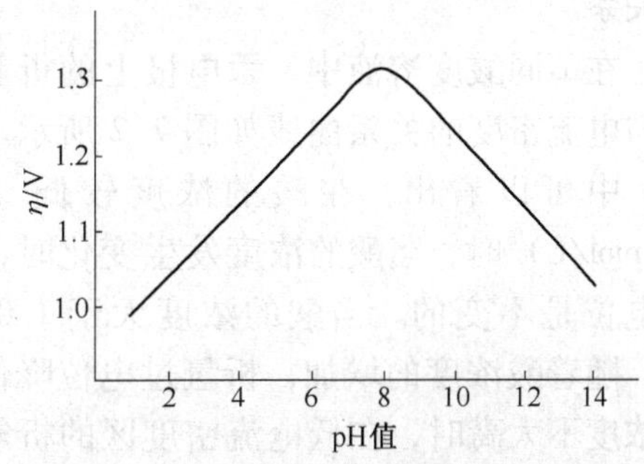

图 7-1 电解质浓度为 0.3mol/L，电流密度为 10^{-4} A/cm^{2}时，汞电极上的析氢过电位与 pH 值之间的关系

根据电极过程动力学公式可知，当析氢过程为电化学反应控制过程时，在酸性溶液中对应的动力学公式为：

$$-E_{极化} = -\frac{RT}{\alpha F}\ln Fk - \frac{RT}{\alpha F}\ln c_{H^+} + \frac{1-\alpha}{\alpha}\psi_1 + \frac{RT}{\alpha F}\ln i_c \tag{7-14}$$

又氢的平衡电位为：

$$E_e = \frac{RT}{F}\ln c_{H^+} \tag{7-15}$$

则析氢的过电位为：

$$\eta_H = C - \frac{1-\alpha}{\alpha}\frac{RT}{F}\ln c_{H^+} + \frac{1-\alpha}{\alpha}\psi_1 + \frac{RT}{\alpha F}\ln i_c \tag{7-16}$$

式中，C 为常数。

从式 7-16 中可以看出：当 i_c 不变时，析氢过电位 η_H 随着 ψ_1 与 c_{H^+}的变化而变化。当电解质总浓度保持恒定时，溶液中又不含其他表面活性物质，可以认为 ψ_1 基本不变。因此，析氢过电位的变化仅与 c_{H^+}的变化有关。在一般情况下，认为 $\alpha=0.5$，那么在常温下即 298K 时，pH 值每增加 1 个单位，则析氢电位增加 59mV，理论计算与实验结果相吻合。

在碱性溶液中，在电极表面发生的反应将是：$2H_2O+2e^- = H_2+2OH^-$，此时被还原的不再是氢离子，而是水分子，所以式 7-14 中的 c_{H^+}用 c_{H_2O}来代替，而且当溶液浓度不是很高时，可以认为 c_{H_2O}为常数。所以式 7-14 可变为：

$$-E_c = 常数 - \psi_1 + \frac{RT}{\alpha F}\ln i_c \tag{7-17}$$

氢的平衡电位以 c_{OH^-}来表示为：

$$E_e = 常数 - \frac{RT}{F}\ln c_{OH^-} \tag{7-18}$$

因此，析氢过电位为：

$$\eta_H = 常数 - \frac{RT}{F}\ln c_{OH^-} + \psi_1 + \frac{RT}{\alpha F}\ln i_c \tag{7-19}$$

因此由式 7-19，若认为 ψ_1 基本不变，在常温下即 298K 时，pH 值每增加 1 个单位，则析氢电位减小 59mV，理论计算与实验结果相吻合。

（2）用迟缓放电机理可以解释不同酸度条件下，汞电极上的析氢过电位与电流密度的关系。

在不同酸度溶液中，汞电极上的析氢过电位与电流密度的关系曲线如图 7-2 所示。从图 7-2 中可以看出，在酸的浓度较低（小于 0.1mol/L）时，当酸的浓度发生变化时，析氢过电位是不变的。当酸的浓度大于 1.0mol/L 时，随着酸浓度的增加，析氢过电位降低。但在浓度不太高时，在低电流密度区的析氢电位比电流密度区降低的多些，而浓度较高时则情况相反。

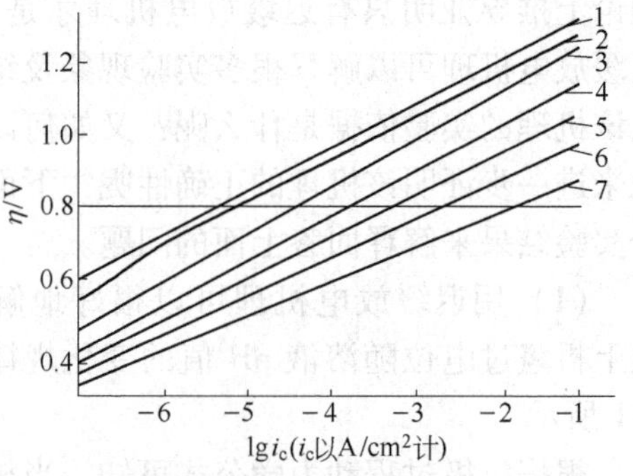

图 7-2　在不同浓度的盐酸溶液中，汞电极上析氢过电位与电流密度之间的关系

1—<0.1mol/L HCl；2—1.0mol/L HCl；3—3.0mol/L HCl；4—5.0mol/L HCl；5—7.0mol/L HCl；6—10.0mol/L HCl；7—12.0mol/L HCl

当酸的浓度很稀时，必须考虑 ψ_1 效应，即要考虑 ψ_1 电位变化对析氢过电位产生的影响。由式 7-16 可以看出：当 i_c 不变时，析氢过电位的大小取决于式中等号右边的第二项和第三项，即取决于 ψ_1 与 c_{H^+}的变化。当溶液为

纯酸溶液时，这两项的变化都是由氢离子浓度变化引起的。当 c_{H^+}增加时，析氢过电位变小；根据双电层方程式，当电极表面带负电时，ψ_1 电位可用下式表示：

$$\psi_1 \approx 常数 + \frac{RT}{F}\ln c_{总} \tag{7-20}$$

式中，$c_{总}$ 在此处即为 c_{H^+}，所以当 c_{H^+}增加时，ψ_1 电位值也增加，从而使得析氢过电位增加。那么由于上述两项同步变化，相互抵消，因此在酸的浓度变化时，析氢过电位不会随之而变化。

但是，当酸的浓度较高时，溶液溶质浓度对析氢过电位的影响就与上述不同，此时析氢过电位随着酸浓度的增大而降低。这是因为当酸浓度较高时，可以不再考虑 ψ_1 效应。此时，c_{H^+}的变化影响着氢的平衡电位，由式 7-15 可知，当 c_{H^+}增大时，E_e 变正，析氢过电位降低。

7.1.1.2 其他机理

迟缓放电机理的理论公式是在汞电极上进行推导的，它利用了汞电极的两个特性：一是汞电极上的吸附氢原子的表面覆盖率很小，因此可认为吸附氢原子的表面活度与表面覆盖率成比例，从而以表面覆盖率代替了表面活度；二是汞电极具有均匀的表面，从而可以使氢离子的放电反应在整个电极表面上进行。迟缓放电机理的理论公式是在这两个前提条件下推导出来的。因此，该机理对汞电极当然是完全适用的，对于吸附氢原子表面覆盖率小的高过电位金属如 Pb、Cd、Zn 和 Tl 等也是适用的。

但是，对于许多其他金属来说，它们不具有汞电极的上述两个特点，如许多固体电极表面比较粗糙，在低过电位金属和中过电位金属上的吸附氢原子表面覆盖率较大。因此这些金属对应的一些实验现象及结果就无法用迟缓放电机理进行解释，这就需要人们去考虑其他的反应机理。

例如，在某些金属上进行长时间的析氢反应后，这些金属将会变脆，机械强度大幅度降低，这就是氢脆现象。产生氢脆现象的原因是因为电极表面形成了大量的吸附氢原子，这些氢原子又通过扩散作用到达金属内部，在金属内部缺陷处聚集而形成很高的氢压。由此可以判断，电极表面的吸附氢原子的浓度必然很大。若复合成氢分子的速度很快，在电极表面就不会聚集这么多的吸附氢原子。又如，若利用金属 Pd 或 Fe 作为薄膜电极，并将电极两侧分别与彼此不相连接的电解液相接触，当在薄膜电极的一侧进行阴极极化后，该电极另一侧的电极电位也不断地向负方向移动。这只能在薄膜电极一侧产生过量的吸附氢原子，这些吸附氢原子又通过在薄膜电极内部的扩散，传递到电极的另一侧的过程，才能合理解释这一现象。

上述实验现象表明，在一些金属表面确实存在着过量的吸附氢原子，这与吸附氢原子的脱附过程进行的缓慢有着密切的关系。因为如果电化学反应过程缓慢，而氢原子的脱附过程快的话，电极表面就不会积累大量的吸附氢原子；只有当电化学反应过程很快，而脱附过程很慢时，电极表面才可能存在大量的吸附氢原子。因此，认为吸附氢原子的脱附过程参与或就是析氢反应过程的控制过程。

上面从实验事实说明了，迟缓复合机理或电化学脱附机理对一些金属的适用性，并且从上述两种理论也可以推导出复合塔菲尔经验公式的理论公式。

假设复合脱附吸附过程是控制步骤，因此吸附氢的表面覆盖率是按下式缓慢地随着电位变化而变化：

$$\theta_{MH} = \theta_{MH}^{0}\exp\left(\frac{\beta F}{RT}\eta_{H}\right) \tag{7-21}$$

式中，β 为一校正系数，$0<\beta<1$，将式 7-21 代入式 7-10 中，经整理后可以得到：

$$\eta_{H} = A + \frac{2.3RT}{2\beta F}\lg i_{c} \tag{7-22}$$

式中，A 为一常数，该式符合塔菲尔经验公式。

假设氢原子的表面覆盖率很大，大到可以认为 $\theta_{MH} \approx 1$，若将其代入电化学脱附的反应速率式 7-12，经整理后，可以得到：

$$\eta_{H} = B + \frac{2.3RT}{\alpha F}\lg i_{c} \tag{7-23}$$

式中，B 为常数。式 7-23 也符合塔菲尔经验公式。

上述理论推导过程说明了迟缓复合机理和电化学脱附机理的适用性。但是，这两种理论模型只适用于对氢原子有较强吸附能力的低过电位金属或中过电位金属。这里需要说明的是，迟缓复合机理也存在一些问题，如，关于溶液对析氢过电位产生影响的一系列实验现象，很难用该机理进行阐明。又如，根据迟缓复合机理理论，由复合脱附过程控制的析氢反应速率应具有一个极限值，这个极限值相当于电极表面完全被吸附氢原子覆盖时的复合速率，但是这个极限值目前还没有被测到。

由于低过电位金属和中过电位金属上析氢反应的历程错综复杂，因此在处理实际问题中要特别小心。如在防腐蚀技术中，采用各种缓蚀剂来降低析氢速率，从而降低金属腐蚀溶解速度，以达到防止或减轻金属腐蚀的目的。在选择缓蚀剂时，一般选择可以增加析氢过电位的物质作为缓蚀剂，同时还要考虑其对析氢机理的影响。例如，当添加的物质对析氢过程的影响主要是降低氢原子的脱附速率时，则加入之后，虽然可以提高析氢过电位，但也会使金属表面的吸附氢原子浓度增高，而吸附氢原子向金属内部扩散的结果可能导致氢脆的现象，因此这种物质就不能作为缓蚀剂来使用。只有通过降低电化学反应速率来提高析氢过电位的物质，才是析氢腐蚀的理想缓蚀剂。

金属表面状态的改变、金属表面的不均匀性以及极化条件的变化等因素都会影响析氢过程，甚至会使析氢过程的机理发生变化。所以在很多情况下析氢过程的机理可能是非常复杂的，不能够用单一的一种理论合理解释全部的实验现象，特别是对于低过电位金属和中过电位金属更是如此。

7.1.2 析氢过程与过电位关系

7.1.2.1 析氢过电位

在平衡电位下，因氢电极的氧化反应速率和还原反应速率相等，因此不会有氢气析出。只有当电极上有阴极电流通过从而使还原反应速率远大于氧化反应速率时，才会有氢气析出。而我们知道，当电极上有阴极电流通过时，会使电位从平衡电位向负方向偏移，即产生阴极极化。也就是说只有当电位向负的方向偏移并达到一定的过电位值时，氢气才会析出，我们将此时对应的过电位值称为析氢过电位 η_{H}。

从氢析出的极化曲线（图 7-3）可以看出：在不同电流密度下，析氢过电位是不同的。由此可以定义：在某一电流密度下，氢实际析出电位与氢平衡电位的差值就叫做在该电流密度下的析氢过电位，可表示为：

$$\eta_H = E_e - E_i \tag{7-24}$$

在这里值得注意的是，在不同电流密度下，析氢过电位值是不同的。因此，不指明电流密度来说析氢过电位就没有明确的意义。

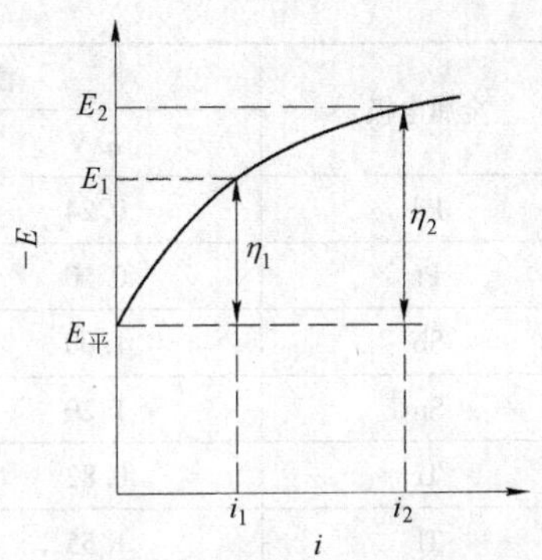

图 7-3 氢析出的极化曲线

7.1.2.2 影响析氢过电位的因素

析氢过电位是各种电极过程中研究得最早也是最多的，但直到现在仍有许多问题不甚清楚。在 1905 年，Tafel 提出了在电流密度中等或较高时用来计算氢过电位的塔菲尔经验公式：

$$\eta = a + b\lg i \tag{7-25}$$

式中，a 和 b 为实验常数。常数 a 是电流密度 i 等于单位电流密度时的过电位值，它表征着电极过程不可逆程度，a 值越大，电极过程越不可逆。实验表明：a 值与电极材料、电极表面状态、溶液组成以及实验温度等有关。b 的数值对大多数的金属来说相差不多，在常温下接近 0.116 V。这就意味着，电流密度增加 10 倍，则过电位约增加 0.116 V。氢过电位的大小基本取决于 a 的数值。因此 a 的数值越大，氢过电位也越大。表 7-1 给出了某些电极体系在酸性溶液和碱性溶液中 a 和 b 的数值。

表 7-1 在 (20±2)℃时，氢在不同金属上阴极析出时的常数 a 和 b 的数值

金属电极	酸性溶液		碱性溶液	
	a/V	b/V(Dec.)	a/V	b/V(Dec.)
Ag	0.95	0.10	0.73	0.12
Al	1.00	0.10	0.64	0.14
Au	0.40	0.12	—	—
Be	1.03	0.12	—	—
Bi	0.84	0.12	—	—
Cd	1.40	0.12	1.05	0.16
Co	0.62	0.14	0.60	0.14
Cu	0.87	0.12	0.96	0.12
Fe	0.70	0.12	0.76	0.11
Ge	0.97	0.12	—	—
Hg	1.41	0.114	1.54	0.11
Mn	0.80	0.10	0.90	0.12
Mo	0.66	0.08	0.67	0.14
Nb	0.80	0.10	—	—
Ni	0.63	0.11	0.65	0.10
Pb	1.56	0.11	1.36	0.25

续表 7-1

金属电极	酸性溶液		碱性溶液	
	a/V	b/V(Dec.)	a/V	b/V(Dec.)
Pd	0.24	0.03	0.53	0.13
Pt	0.10	0.03	0.31	0.10
Sb	1.00	0.11		
Sn	1.20	0.13	1.28	0.23
Ti	0.82	0.14	0.83	0.14
Tl	1.55	0.14	—	
W	0.43	0.10	—	—
Zn	1.24	0.12	1.20	0.12

塔菲尔经验公式表示了析氢过电位与电流密度的定量关系。需要注意的是，当电流密度很小的时候，析氢过电位不遵守塔菲尔经验公式而出现另外一种性质的关系，即过电位与通过电极的电流密度成正比，可表示为：

$$\eta = \omega i \tag{7-26}$$

式中，ω 为实验常数，与常数 a 一样，它的大小也与电极材料、电极表面状态、溶液组成以及实验温度等有关。

下面就从金属材料、金属表面状态、溶液组成以及实验温度四个方面具体分析影响析氢过电位的因素。

A 金属材料本性的影响

从表 7-1 中可以看出不同金属材料对应的 a 值不同，这就使得当电流密度相同时，它们具有不同的析氢过电位。按照 a 值的不同，可将金属分为三类：

（1）低过电位金属（$a \approx 0.1 \sim 0.3$V），这类金属主要是 Pt 和 Pd 等铂族金属；

（2）中过电位金属（$a \approx 0.5 \sim 0.7$V），这类金属有 Fe、Co、Ni、W 和 Au 等；

（3）高过电位金属（$a \approx 1.0 \sim 1.5$ V），这类金属有 Pb、Tl、Hg、Cd、Zn、Sn 和 Bi 等。

在室温下的 HCl 溶液中，当电流密度为 10^{-3} A/cm^{2}时，下列金属的析氢过电位由小到大依次为：Pt、Pd、Au、W、Mo、Ni、Fe、Ta、Cu、Ag、Cr、Be、Bi、Tl、Pb、Sn、Cd 和 Hg。

为什么不同的金属具有不同的析氢过电位呢？这是因为不同的金属对析氢反应有不同的催化能力。有的金属能促使氢离子与电子的电化学反应或促进氢原子的复合反应，因而使析氢反应易于进行；而当金属能阻碍氢离子与电子的反应或阻碍氢原子的复合反应，因而使得析氢反应变得困难。所以不同的金属对析氢反应就具有不同的催化能力，即不同金属具有不同的析氢过电位。

此外，不同金属对氢的吸附能力不同，如 Cr 上吸附的氢可达 0.46%（质量分数），而 Zn 上吸附的氢只有 0.001%（质量分数）。这样当不同金属作为氢电极时，对应的 i^0 大小就不同，析氢过电位也就不同了。像 Pt、Ti、Pd 和 Cr 等金属，容易吸附氢，析氢过电位就较低；而 Pb、Cd、Zn 和 Sn 等金属，吸附氢的能力小，析氢过电位就高；而 Fe、Co、Ni 和 Cu

等金属对氢的吸附能力处于前两者之间，因此对应的析氢过电位处于中间值。

B 金属表面状态的影响

在镀锌时，经过喷砂处理后的零件表面比经过抛光处理过的零件表面更易析氢，这说明：光滑表面上的析氢过电位要比粗糙表面上的析氢过电位高。还有，在镀铂黑的铂片上的析氢过电位要比光滑铂片上的析氢过电位低。

金属表面状态对析氢过电位的影响，可能是由两方面的原因造成的，一是当表面状态粗糙时，表面活性较大，使电极反应的活化能降低，因此析氢反应易于进行，致使析氢过电位降低；二是当金属表面粗糙时，其真实表面积要比表观表面积大得多，相当于降低了电流密度，由式 7-24 可知，当电流密度降低时，析氢过电位也跟着降低，同时，真实表面积的增大也使电化学反应或复合反应的机会增多，从而有利于析氢反应的进行。

C 溶液组成的影响

溶液的组成如电解质浓度、溶液 pH 值和含有不同添加剂等都会对析氢过电位产生一定的影响。其中电解质浓度和溶液 pH 值对析氢过电位的影响已经在 7.1.1 节中简单介绍过了，这里主要讲述添加剂对析氢过电位的影响。

在溶液中添加不同表面活性有机分子、表面活性阴离子以及表面活性阳离子等表面活性剂对析氢过电位值具有一定的影响。有机酸和有机醇的分子加入到溶液中后，会使析氢过电位升高 0.1 ~0.2 V。这就相当于在恒定电位下，氢的析出速率降低了几十甚至几百倍。当添加剂的浓度达到一定值时，有机物分子链越长，析氢过电位升高得越大。这种影响只出现在给定溶液中该电极零电荷电位附近的一个不大的电位范围内。

如在 2mol/L HCl 溶液中加入已酸后，汞电极上的析氢过电位的变化如图 7-4 所示。从图 7-4 中可以看出，已酸的加入使汞电极上的析氢过电位有所升高，但这种升高只发生在一定的范围内。当过电位达到 1.02V 以后，这种影响便消失了。根据电毛细曲线或微分电容曲线的测量结果可知，已酸在汞表面的吸附电位范围为 0.055 ~1.00V。也就是说在-1.00V 电位下，已酸完全脱附。由此可见，有机分子对析氢过电位的影响，是由于这些分子在电极表面发生吸附的结果。除了有机酸和有机醇以外，琼脂、糊精和磺化盐等由于在阴极表面发生吸附过程，提高了析氢过电位，从而可以作为缓蚀剂应用。

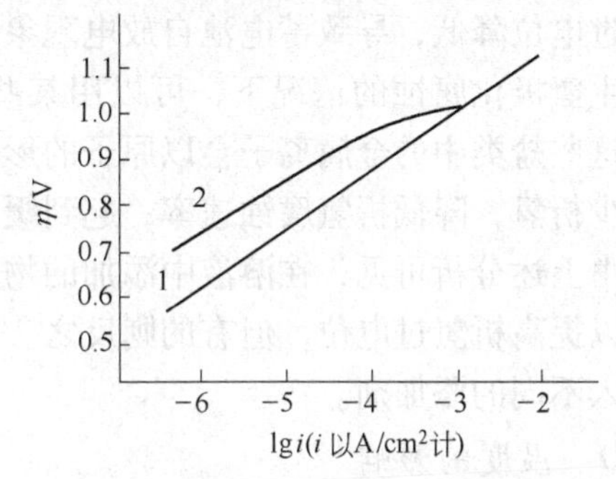

图 7-4 有机酸分子对汞电极上析氢过电位的影响

1—2mol/L HCl；2—2mol/L HCl+已酸

卤离子等表面活性阴离子对析氢过电位的影响如图 7-5 所示。由图 7-5 可以看出：对于添加没有表面活性的 Na_2SO_4 的酸性溶液来说，在 $i = 5 \times 10^{-8} \sim 10^{-2}$ A/cm^2 范围内，析氢过电位与 lg$i$ 之间呈线性变化关系，但对于添加表面活性卤素离子的酸性溶液来说，在低电流密度区，析氢过电位显著降低，且阴离子吸附能力越强，析氢过电位降低越多。卤素离子吸附能力由强到弱的顺序依次是 I^-、Br^-、Cl^-。当电流密度升高，使电位变负达到阴离子的脱附电位时，这种影响就不存在了。

表面活性阳离子（如四烷基氨阳离子）对析氢过电位的影响如图 7-6 所示。四烷基氨阳离子在汞电极表面上的吸附，会使析氢过电位显著升高。但与表面阴离子的影响不同的是，它对析氢过电位的影响出现在电流密度较大或过电位较高的范围内。这是因为阳离子只在带负电的电极表面发生吸附作用，当极化电位比零电荷电位更正时，表面活性阳离子发生脱附作用。

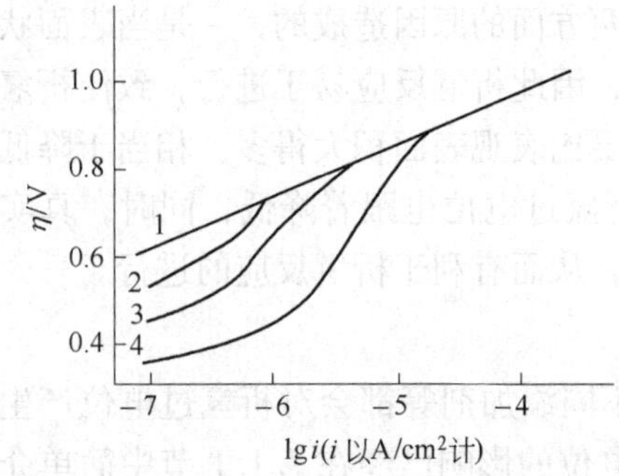

图 7-5　卤素离子对汞电极上析氢过电位的影响

1—0.05mol/L H_2SO_4+0.5mol/L Na_2SO_4；2—0.1mol/L HCl+1mol/L KCl；3—0.1mol/L HCl+1mol/L KBr；4—0.1mol/L HCl+1mol/L KI

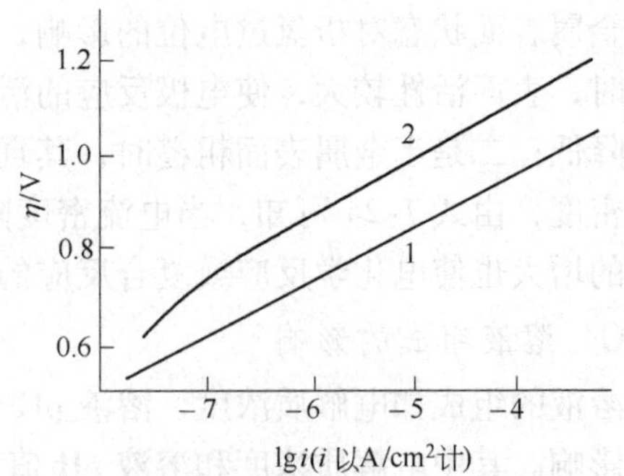

图 7-6　表面活性阳离子对汞电极上析氢过电位的影响

1—10.5mol/L H_2SO_4；2—0.5mol/L H_2SO_4+0.00125mol/L $[N(C_4H_9)_4]_2SO_4$

此外，一些金属离子也会对析氢过电位产生一定的影响。如在铅蓄电池中，若在电解液中添加含有 Pt^{2+}或 As^{3+}，那么当蓄电池工作时，Pt 和 As 就会趁机在铅电极上，从而使析氢过电位降低，导致蓄电池自放电现象严重，浪费了蓄电池的能量。还有，在酸性溶液中发生氢极化腐蚀的情况下，可以用某些金属盐类如 $Bi_2(SO_4)_3$ 和 $SbCl_3$ 等作为缓蚀剂。因为这些盐类中的金属离子会以原子的形式在阴极析出，提高了阴极上的析氢过电位，因而减少析氢，降低析氢腐蚀速率，起到缓蚀作用。

由上述分析可见，在溶液中添加的物质，它们对析氢过电位的影响是比较复杂的，有的可以提高析氢过电位，但有的则反之。人们可根据不同的需求，有目的、选择地向溶液中加入不同的添加剂。

D　温度的影响

溶液温度对析氢过电位的影响如图 7-7 所示。从图 7-7 中可以看出，随着温度的升高，汞电极上的析氢过电位降低。对汞、铅等高过电位金属来说，在中等电流密度范围内，温度每升高 1℃，析氢过电位大约降低 2～5mV。温度升高使析氢过电位降低，符合异相化学反应的一般规律。这是因为温度升高，反应的活化能降低。所以，在同样的电流密度下，温度高时析氢过电位低；在相同过电位条件下，温度高时反应速率则快。

7.1.2.3　析氢过程与析氢过电位的关系

由 7.1 节的内容可知，氢在阴极上的析出主要有四个过程：水化离子的去水化、去水化后的离子的放电，也就是质子氢离子与水分子之间的化合终止，以及阴极表面上的电子与其相结合，结果便有为金属电极所吸附的氢原子生成、吸附在阴极表面上的氢原子相互结合成氢分子、氢分子的解吸及其进入溶液，由于溶液过饱和的原因，以致引起阴极表面上生成氢气泡而析出。

关于析氢反应过程与过电位的相互关系已经在析氢反应机理过程中进行了详细的叙述，所以由前面的理论推导过程可知，如果氢析出的四个过程之一的速度受到限制，就会出现氢在阴极上析出时的过电位现象。目前认为氢在金属阴极上析出时产生过电位的原因，在于氢离子放电阶段，即上述第二个过程缓慢，这已被大多数金属的电解实践所证实。阴极材料的氢过电位越大，电解过程的不可逆程度也就越大，阴极上的析氢反应就越不容易发生。

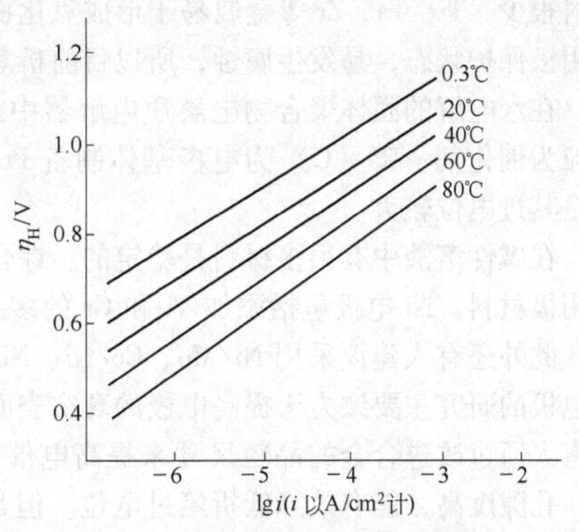

图 7-7　温度对析氢过电位的影响

7.1.3　析氢电极材料

人类赖以生存的矿物能源（石油、天然气和煤等）日益缺乏，氢能作为无污染的生态清洁能源，受到各国科技工作者的广泛高度关注。研究和开发高催化活性的析氢电极材料，通过它电解制氢，具有重要的现实意义和实用价值。作为电极材料需要考虑其导电性、耐蚀性、电催化性能及成本因素，目前的电极材料有很多种，随着科学技术的发展，新的电极材料种类会继续增多，其中，现在常见的电极材料有：金属和合金、金属氧化物、碳材料、陶瓷材料以及具有导电能力的聚合物等，其中金属和合金材料是在析氢反应中应用最多、最广泛的电极材料。

金属和合金是目前使用最广泛的电极材料之一，其中以 Ni、Fe、Pb、Pt、Hg、Ti 等应用的最多。由一种金属或其他金属或非金属元素组合的合金可能具有比单一金属更优异的性能。如 Pt-Rh、Pt-Au、Pt-Pd 等合金，随着合金中各元素原子百分组成的改变，合金的未成对 d 电子数目将发生改变，这将会对电极材料的电催化性能产生大的影响。此外，由于合金的表面原子组成与体向内的组成不同，合金表面的原子可能产生“第三体效应”，从而提高了合金电极的电化学活性。金属和合金除直接以块状形式构成电极外，还可以将它们制成微小的金属颗粒，分散在碳或其他导电体上，从而可起到增大电极面积，降低电极成本的目的，如 Raney 镍电极。这种电极有很多制备方法，最常见的是先采用电化学沉积法制备 Ni-Zn 合金前驱体，后将合金中的 Zn 溶解掉，便得到大面积的镍电极。

析氢反应不仅是水电解获取氢这种洁净能源的有效途径，也是水溶液中其他阴极过程常伴随的反应。在水溶液中析氢反应一般表示为：

在酸性溶液中：　$2H_3O^+ + 2e \longrightarrow H_2 + 2H_2O$

在碱性溶液中：　$2H_2O + 2e \longrightarrow H_2 + 2OH^-$

不同金属上的析氢反应的交换电流密度 i^0 不同，在一般情况下，如果析氢反应为目的反应，应选择析氢过电位低的金属做电极材料；如果析氢反应是不希望发生的反应，则应选择析氢过电位高的金属作为电极材料。在酸性溶液中，Pt 及合金是最好的电催化剂，但是其价格昂贵，因此常以涂层形式存在，但是在酸性电解液中能够长期稳定存在的基体材料很少。Ti、Ta、Zr 等金属易于形成氢化物，而其他基体材料在电解器停车期间因处于非阴极保护状态，易发生腐蚀，所以目前析氢反应中所用的基体材料还仅限于 Pb 或碳材料。在水电解的固体聚合物电解质电解器中或在氢氯酸电解制氢的电解器中，采用以 Pt 颗粒为催化剂、碳（C）为电极基体制备 Pt/C 电极，虽然该电极具有较长的使用寿命，但是其过电位较大。

在碱性溶液中有很多材料是稳定的。综合考虑各种因素，Ni、中碳钢和不锈钢是较好的阴极材料。Ni 电极包括添加 Ti 和 Cr 的多孔 Raney 镍电极、覆盖 Pt 或 Ru 涂层的镍电极，此外还有人建议采用 Ni/Mo、Co/Ni、Ni/Mo/V 涂层。从前人的研究成果来看，镍合金电极的研究主要致力于提高电极的真实表面积和提高电极本身的电化学活性两个方面，也有人通过改进合金的晶粒尺寸来提高电催化活性。Raney Ni 电极有相当大的真实表面积，孔隙度高，能有效降低析氢过电位。但是 Raney Ni 合金呈多孔性结构也导致了一些缺陷，如电极的机械强度差、结构松弛、易脱落和易自燃等。该电极还有一个致命的缺点，就是其抗逆电流氧化能力差，这在实际工业生产应用中是不可忽视的。

为改变 Raney Ni 合金电极在电解过程中的缺点，尝试在制备过程中进行添加金属、非金属、氧化物、氢氧化物等的改进实验。目前报道最多的是镍和过渡金属合金以及镍和非金属合金两大类。镍和过渡金属合金有 Ni/Zn、Ni/Mo、Ni/W 二元合金和 Ni/Mo/Fe、Ni/Mo/Cu、Ni/Mo/Zn 等三元合金，这些合金电极和纯镍电极相比，在比表面积和催化活性上都有很大的改进。在 Ni/Mo 中添加第三种元素可以进一步提高电极的电化学活性，提高镀层的表面粗糙度，增大镀层的真实表面积，从而使电极对析氢反应的催化活性得到提高。Arul 认为，在工业条件下，与传统的低碳钢电极相比，使用 Ni/Mo/Fe 合金电极时，电解槽的操作电压可降低 0.3V。Fan 等通过不同工艺制备出了活性极高的 Ni/Mo/Co 合金电极，在以 $3kA/cm^2$ 的电流密度电解时，阴极析氢过电位仅为 127mV，该合金电极的高活性归因于电极具有极大的活性表面。

镍-非金属系列合金中最具代表性的是 Ni/S 和 Ni/P 合金。Ni/S 合金电极也是一类研究比较早的电极，在相同的电解条件下，它的析氢过电位比低碳钢低 300mV 左右。它可用于氯碱工业、电解水制氢和碱性燃料电池中，且制备该电极的原料成本低，操作简单，镀层容易获得，是一种很有应用前景的析氢阴极，但由于镀层中 S 的易损失问题未得到解决，尚未应用于生产中。随后，有人将 Co 加入到 Ni/S/碳钢合金材料中，并对其氢过电位及组织性能进行了研究，得出了 Ni/Co/S/碳钢是一种值得推广的阴极材料的结论。Ni/P 合金最早是作为防护性镀层出现的，近十几年来才开始用于电解析氢阴极，Ni/P 合金一般是通过化学沉积或者电沉积的方法制备的。Ni/S、Ni/P 合金电极的活性与镀层中硫和磷的含量有关，但目前研究结果未有统一结论。

另外，析氢反应是许多工业电化学过程中电极上发生的反应，常用碳或不锈钢作为阴极材料。在非水溶液中，析氢反应的功能是被用于维持溶液 pH 值的恒定。如在芳香烃乙酰化的过程中，溶液介质是乙酸，碳用作对电极（阴极）；在醇溶液中甲氧化反应或 Kolbe 反应中用碳或不锈钢作为阴极材料。

7.1.4 氢电极的阳极过程

在上述内容中都是针对氢电极的阴极过程进行讨论的，但氢电极上也会发生阳极过程，即氢在阳极上发生氧化反应的过程，该过程的反应方程式为：

$$H_2 \longrightarrow 2H^+ + 2e$$

以往由于在重要的实用电化学体系中很少遇到氢的氧化反应，因此人们认为研究氢的阳极过程意义不大。而在氢/氧燃料电池和氢/空气燃料电池成为化学能源工业中的重要组成部分之后，由于要利用氢作为负极的活性物质，这才促进了对氢的阳极过程的研究。同时，由于在氢电极发生阳极极化时，作为氢的依附金属也很容易发生氧化溶解，变成金属离子面进入溶液，从而给研究氢的阳极氧化反应带来许多困难，所以能用来作为研究氢阳极氧化的依附金属并不多。在酸性溶液中，一般只有 Pt，Pd，Rh 和 Ir 等贵金属可作为氢的依附金属；在碱性溶液中，除可应用上述贵金属外，镍也可作为氢的依附金属。此外，能够研究氢阳极氧化的电位范围也比较窄，因为当阳极极化电位较正时，依附金属可能会变得很不稳定。由于上述各种原因，到目前为止，对氢的阳极氧化反应的研究，远不如对氢的还原反应研究得那样仔细和深入。

对于全浸在溶液中的光滑电极上的阳极氧化反应历程，一般认为，氢在浸于溶液中的光滑电极上进行氧化反应的历程，应包括以下几个单元步骤：

（1）分子氢溶解于溶液中并向电极表面进行扩散。

（2）溶解的氢分子在电极表面上离解吸附，形成吸附氢原子。离解吸附可能有两种方式。

1）化学离解吸附：

$$H_2 \rightleftharpoons 2MH$$

2）电化学离解吸附：

$$H_2 \rightleftharpoons MH + H^+ + e$$

（3）吸附氢原子的电化学氧化，在酸性溶液中为：

$$MH \longrightarrow H^+ + e$$

而在碱性溶液中则为：

$$MH + OH^- \longrightarrow H_2O + e$$

在上述各单元步骤中，到底哪一个单元步骤是整个阳极氧化反应过程的控制步骤，与电极材料、电极的表面状态以及极化电流的大小等因素有关，可以根据阳极极化曲线的形状进行判断。氢电极的阳极氧化过程的机理随着依附金属、溶液组成和极化条件不同可能会完全不同，这就需要根据实验结果和极化曲线进行具体分析，才可能得到较准确的结论。

7.2 析氧过程

氧电极反应是实际电化学过程中的另一类重要的反应。在电解水和阳极氧化法制备高价化合物时，氧气的析出反应是主反应或不可避免的副反应；电镀过程中伴随阴极金属电沉积，阳极有时也会发生氧气的析出副反应。另外，空气电池和燃料电池中发生的是阴极还原反应；金属腐蚀中耗氧腐蚀是伴随阳极金属氧化溶解反应的共轭反应。但由于氧电极过程的复杂性和涉及的问题面太广，因此对其了解远不如氢电极过程。

氧析出的大量实验研究经验表明，在不同的电解液中，析氧反应及其过程是不相同的。在碱性溶液中，析氧的总反应式为：

$$4OH^- \longequal O_2+2H_2O+4e$$

在酸性溶液中，析氧的总反应式为：

$$2H_2O \longequal O_2+4H^++4e$$

而且，这种反应过程中可能包含着复杂的中间过程。对于含氧酸的浓溶液，在较高的电流密度下，可能有含氧阴离子直接参与氧的析出反应。如在硫酸溶液中，可能按照下述步骤发生析氧反应：

$$2SO_4^{2-} \longequal 2SO_3+O_2+4e$$

$$2SO_3+2H_2O \longequal 2SO_4^{2-}+4H^+$$

其总反应式为：

$$2H_2O \longequal O_2+4H^++4e$$

在中性溶液中，可以由 OH^- 和水分子两种放电形式析出氧，但是氧以何种形式析出，取决于在给定条件下哪种形式所需的能量较低。

7.2.1 析氧机理

析氧反应过程的机理，即析氧过程的反应步骤及控制步骤，是一个比较复杂的过程。这是因为在析氧的过程中涉及 4 个电子，这就可能包含有几个电化学步骤，且还要考虑氧原子的复合或电化学脱附过程，以及析氧过程进行时金属的不稳定中间产物的形式及分解等步骤，所以析氧反应过程远要比析氢过程步骤多，且每一步骤都可能成为控制步骤。于是这就使得析氧机理变得相当的复杂。为此只能依据一些实验现象和合理的假设，进行反应机理的可能性探讨。

如在碱性溶液中，析氧反应至少有以下四种可能的反应历程：

Ⅰ

$$2OH^- \longequal 2OH+2e$$

$$2OH+2OH^- \longequal 2O^-+2H_2O$$

$$2O^- \longequal 2O+2e$$

$$2O \longequal O_2$$

Ⅱ

$$2OH^- \longequal 2OH+2e$$

$$2OH+2OH^- \longequal 2O^-+2H_2O$$

$$2O^-+2MO_x \longequal 2MO_{x+1}+2e$$

$$2MO_{x+1} \longequal 2MO_x+O_2$$

Ⅲ

$$4OH^-+M \longequal 4MOH+4e$$

$$4MOH \longequal 2MO+2M+2H_2O$$

$$2MO \longequal 2M+O_2$$

Ⅳ

$$2OH^- \longequal 2OH+2e$$

$$2OH+2OH^- \longequal 2H_2O_2^-$$

$$2H_2O_2^- \longequal O_2^{2-}+2H_2O$$

$$O_2^{2-} \longequal O_2+2e$$

由上述四个过程来看：虽然几个过程都是氢氧根离子放电，且最后均析出氧气，但是中间过程却完全不一样，这种不同是根据可能存在的缓慢步骤的合理假设而提出的。

在析氧过程中如何判断析氧过程的控制步骤呢？即其评判标准是什么呢？我们可以像判断析氢过程机理一样，以塔菲尔曲线的斜率 b 值的大小作为评判依据。但是由表 7-2 中的数据可以看出，由于电极材料、溶液组成以及电流密度范围不同，对应的 b 值可在很大范围内变化，如果假设 $b^0=\frac{2.303RT}{F}$，则在不同条件下，b 值可分别取$\frac{1}{2}b^0$、$\frac{3}{4}b^0$、b^0、$\frac{3}{2}b^0$、$2b^0$ 和 $3b^0$。

表 7-2 电极材料等因素对氧过电位的影响

金 属	溶液组成	温度/℃	i/A·cm^{-2}	b/2.303	a/V
Pt	0.0025～0.25mol/L H_2SO_4	25	$10^{-7}\sim10^{-4}$	$\frac{3}{2}\frac{RT}{F}$	0.95
Pt	0.05mol/L H_2SO_4	35	$10^{-7}\sim10^{-2}$	$2\frac{RT}{F}$	1.08
Pt	0.1mol/L NaOH	25	—	$\frac{RT}{F}$	—
Au	0.05～0.5mol/L H_2SO_4	25	$3\times10^{-5}\sim10^{-2}$	$\frac{3}{4}\frac{RT}{F}$	0.99
Au	0.1mol/L NaOH	25	—	$\frac{RT}{F}$	—
Pb	1.9 mol/L H_2SO_4	30		$2\frac{RT}{F}$	1.10
Pt，PbO_2(α)	2.2mol/L H_2SO_4	31.8	$10^{-4}\sim2\times10^{-3}$	$\frac{3}{4}\frac{RT}{F}$	0.72
Pt，PbO_2(β)	2.2mol/L H_2SO_4	31.8	$3\times10^{-5}\sim2\times10^{-3}$	$2\frac{RT}{F}$	1.17
Ni	7.5mol/L KOH	25	$5\times10^{-6}\sim10^{-3}$	$\frac{1}{2}\frac{RT}{F}$	0.35
Ni	7.5mol/L KOH	25	$10^{-3}\sim5\times10^{-2}$	$3\frac{RT}{F}$	1.30
Ni	7.5mol/L KOH	25	$5\times10^{-2}\sim0.3$	$2\frac{RT}{F}$	1.08
Fe	pH=2	5	$3\times10^{-6}\sim10^{-4}$	$\frac{1}{2}\frac{RT}{F}$	0.66

假设在析氧过程中由 OH^- 放电过程（Ⅰ-1、Ⅱ-1、Ⅲ-1、Ⅳ-1）所控制，且传递系数为0.5，则可求得 $b=2b^0$；如果Ⅲ-2 为控制步骤，则 $b=\frac{1}{2}b^0$；Ⅲ-3 为控制步骤，则 $b=\frac{1}{4}b^0$；如果Ⅳ-2 为控制步骤，则 $b=b^0$。

如果假设上述推导过程是正确的，那么在碱性溶液中，电流密度较高的范围内，Ni 的半对数极化曲线的斜率等于 $2b^0$，由此可见这时的析氧过程可能是由 OH^- 放电步骤控制的；在低电流密度范围内，半对数极化曲线的斜率等于 b^0，此时的控制步骤可能是Ⅰ-3 或Ⅱ-3 过程。这表明：即使是在电极材料和溶液组成不变的条件下，极化电流密度的改变也可能使析氧过程的机理发生变化。

但是上述推导过程也只是一种假设，因为析氧过程比析氢过程复杂得多，单用 b 值进行机理判断并不是十分的标准。在析氧过程中，还应考虑到可能具有同样速率常数的平行步骤的存在，还应考虑到在析氧过程的同时会有金属氧化物的产生，而氧化物的形成会影响到氧过电位。甚至改变析氧反应的过程机理。

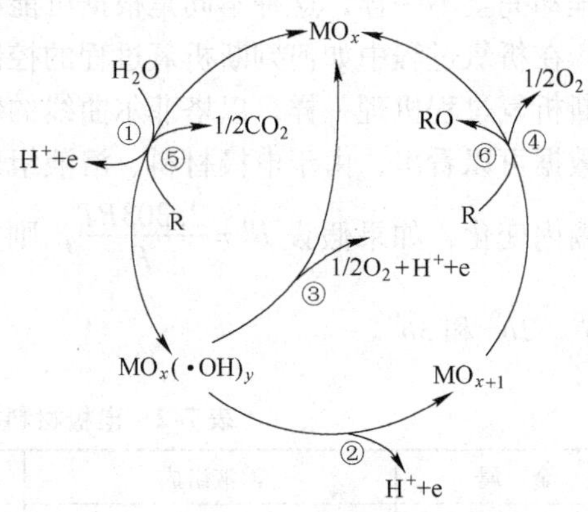

图 7-8　金属氧化物在酸性溶液中的析氧过程

金属氧化物在酸性溶液中的析氧机理模型如图 7-8 所示，对应步骤如下：第一步电极表面的水被氧化形成吸附态的活性羟基自由基 $MO_x(\cdot OH)$；第二步是氧从$(\cdot OH)$传递到氧化物晶格，形成活性高氧化态氧化物 MO_{x+1}；第三步羟基自由基（—OH）电化学氧化放氧，弱吸附的活性羟基自由基 $MO_x(\cdot OH)$进一步被氧化形成氧分子，即所谓的过氧化机理，过氧化氢是可能的中间产物；第四步是不稳定的高氧化物化学分解放氧。

7.2.2　析氧过程理论

电化学反应大多数是在各种电池或电解池中进行，电流通过电极时，电极发生的反应是不可逆的，电极电位会偏离平衡值产生极化现象。电极过程涉及电极与溶液间的电量传递，电流流过时，溶液与电极的界面上会发生氧化还原反应。当然，在液相中还存在着电迁移、扩散和对流等现象，且各种组分的浓度也会发生相应的变化。电极过程着重研究当电流通过时电极与溶液界面上发生的电子传递和物质的转移。

为了研究析氧过程中 OH^-在电极表面反应的微观机理，对假想的反应机理模型进行检验推测。由于溶液中 OH^-在活性阳极表面上放电一般要经过在活性中心的吸附、放电、析氧等过程，因此，不少学者认为在碱金属氧化物上的析氧反应机理模型为：

(1)　$$M(OH^-) \longrightarrow M(OH)+e$$

(2)　$$M(OH)+OH^- \longrightarrow MO+H_2O+e$$

(3)　$$MO+OH^- \longrightarrow MOOH+e$$

(4)　$$MOOH+OH^- \longrightarrow MOO+H_2O+e$$

(5)　$$MOO+OH^- \longrightarrow MOOOH+e$$

(6)　$$MOOOH+OH^- \longrightarrow MO+O_2+H_2O+e$$

其中，M 代表电极反应活性中心。以实验数据和理论推导获得金属氧化物析氧过程为速度控制步骤。

下面以 Ti/PbO_x电极 OER 历程为例，理论推导析氧反应的动力学方程。Ti/PbO_x电极 OER 历程如下：

(1)　$$PbO_x+H_2O \longrightarrow PbO_x(\cdot OH)+H^++e$$

(2)　$$PbO_x(\cdot OH) \longrightarrow PbO_{x+1}+H^++e$$

(3)　$$PbO_x(\cdot OH) \longrightarrow PbO_x+H^++e+\frac{1}{2}O_2$$

(4) $$PbO_{x+1} \longrightarrow PbO_x + \frac{1}{2}O_2$$

假设上述反应中的第一步为速度控制步骤，则电流密度和电位关系：

$$i_1 = k_1^0 F[1 - \theta_{PbO_x(\cdot OH)} - \theta_{PbO_{x+1}}]\exp[(1-\alpha)FE/RT] - k_{-1}^0 F\theta_{PbO_x(\cdot OH)} C_{H^+}\exp(-\alpha FE/RT) \tag{7-27}$$

式中，$\theta_{PbO_x(\cdot OH)}$、$\theta_{PbO_{x+1}}$分别为 $PbO_x(\cdot OH)$ 和 PbO_x 在电极表面上的覆盖度，可由其他步骤求得。

由于上述步骤（2）为非控制步骤，则有：

$$k_2^0\theta_{PbO_x(\cdot OH)}\exp[(1-\alpha)FE/RT] \approx k_{-2}^0\theta_{PbO_{x+1}}C_{H^+}\exp(-\alpha FE/RT) \tag{7-28}$$

即：

$$\theta_{PbO_{x+1}} = \frac{K_2\theta_{PbO_x(\cdot OH)}\exp(FE/RT)}{C_{H^+}} \tag{7-29}$$

式中，$K_2 = \frac{k_2^0}{k_{-2}^0}$为反应速率常数。

上述步骤（3）处于平衡状态，所以有：

$$k_3^0\theta_{PbO_x(\cdot OH)}\exp[(1-\alpha)FE/RT] \approx k_{-3}^0(1 - \theta_{PbO_x(\cdot OH)} - \theta_{PbO_{x+1}})C_{H^+}\exp(-\alpha FE/RT) \tag{7-30}$$

即：

$$\frac{1 - \theta_{PbO_x(\cdot OH)} - \theta_{PbO_{x+1}}}{\theta_{PbO_x(\cdot OH)}} = \frac{K_3\exp(FE/RT)}{C_{H^+}} \tag{7-31}$$

式中，$K_3 = \frac{k_3^0}{k_{-3}^0}$。

步骤（4）也处于平衡状态，且其反应为纯化学反应，则其平衡关系为：

$$k_4^0\theta_{PbO_{x+1}} = k_{-4}^0(1 - \theta_{PbO_x(\cdot OH)} - \theta_{PbO_{x+1}}) \tag{7-32}$$

即：

$$K_4 = \frac{1 - \theta_{PbO_x(\cdot OH)} - \theta_{PbO_{x+1}}}{\theta_{PbO_{x+1}}} \tag{7-33}$$

式中，$K_4 = \frac{k_4^0}{k_{-4}^0}$。

因此：

$$\theta_{PbO_x(\cdot OH)} = 1 - (1 + K_4)\theta_{PbO_{x+1}} \tag{7-34}$$

将式 7-34 代入式 7-29，可得：

$$\theta_{PbO_{x+1}} = \frac{K_2}{C_{H^+} + K_2\exp(FE/RT)(1+K_4)}\exp(FE/RT) \tag{7-35}$$

将式 7-35 代入式 7-34 中，获得：

$$\theta_{PbO_x(\cdot OH)} = \frac{C_{H^+}}{C_{H^+} + K_2\exp(FE/RT)(1+K_4)} \tag{7-36}$$

将式 7-35 和式 7-36 代入式 7-31 中可得：

$$C_{H^+} = \frac{K_2K_3(1+K_4)}{K_2K_4-K_3}\exp(EF/RT) \tag{7-37}$$

将式 7-37 代入式 7-35 和式 7-36 得：

$$\theta_{PbO_{x+1}} = \frac{K_2(K_2K_4-K_3)}{K_2K_3(1+K_4)+K_2(1+K_4)(K_2K_4-K_3)} \tag{7-38}$$

$$\theta_{PbO_x(\cdot OH)} = \frac{K_2K_3(1+K_4)}{K_2K_3(1+K_4)+K_2(1+K_4)(K_2K_4-K_3)} \tag{7-39}$$

将式 7-38 和式 7-39 代入式 7-27 中，可得：

$$i = 4k_1^0F\frac{K_2(K_2K_4-K_3)}{K_2K_3(1+K_4)+K_2(1+K_4)(K_2K_4-K_3)}\exp\left[\frac{(1-\alpha)FE}{RT}\right] - 4k_{-1}^0F\frac{K_3^2(1+K_4)}{K_4(K_2K_4-K_3)}\exp\left[\frac{(1-\alpha)FE}{RT}\right] \tag{7-40}$$

式 7-40 是假设第一步作为速度控制步骤而得到的稳态电流与电位关系方程式。

如果极化足够大时，设 $\eta \geqslant 120/n(\text{mV})$，则逆反应可以忽略，将 $\Delta E=E-E_e$ 代入式 7-40得：

$$i = 4k'_aF\exp[(1-\alpha)F\Delta E/RT] \tag{7-41}$$

其中，$k'_a = \frac{K_2K_4(K_2K_4-K_3)}{K_2K_3(1+K_4)+K_2(1+K_4)(K_2K_4-K_3)}\exp\left[\frac{(1-\alpha)FE_e}{RT}\right]$，$k'_a$为平衡电极电位时阳极反应速率常数。

如果阴极极化足够大时，满足 $\eta \geqslant 120/n(\text{mV})$，阳极电流可以忽略，得到阴极反应电流与电位近似关系式：

$$i = -4k_{-1}^0F\frac{K_3^2(1+K_4)}{K_4(K_2K_4-K_3)}\exp\left[\frac{(1-\alpha)FE}{RT}\right] \tag{7-42}$$

将 $\Delta E=E-E_e$ 代入式 7-42 得：

$$i = -4k'_cF\exp[(1-\alpha)F\Delta E/RT] \tag{7-43}$$

其中，$k'_c = \frac{k_{-1}^0K_3^2(1+K_4)}{K_4(K_2K_4-K_3)}\exp\left[\frac{(1-\alpha)FE_e}{RT}\right]$，为平衡电极电位时阴极反应速率常数。

因此，可通过式 7-40 和式 7-43 获得析氧过程的各种参数。

假设温度为 20℃，$\alpha=0.5$，阳极反应塔菲尔斜率由式 7-44 求得：

$$\frac{d(-\Delta E)}{d\lg i} = \frac{2.303RT}{(1-\alpha)F} = 0.116\text{V} \tag{7-44}$$

将 $\frac{d(-\Delta E)}{d\lg i} = \frac{2.303RT}{\overrightarrow{\alpha}F}$ 代入式 7-44 可得阳极反应表观系数：$\overrightarrow{\alpha}=0.5$。

同理可获得阴极反应的表观系数：$\overrightarrow{\alpha}=0.5$。

因此，控制步骤的化学计量数为：

$$v = \frac{n}{\overrightarrow{\alpha}+\overleftarrow{\alpha}} = \frac{4}{0.5+0.5} = 4 \tag{7-45}$$

阳极反应的 H^+的电化学反应级数为：

$$z_{H^+}=\left(\frac{\mathrm{dlg}i}{\mathrm{dlg}C_{H^+}}\right)_{E,T}=0 \tag{7-46}$$

上述根据假设的机理，从理论上导出了动力学方程式，然后由方程式计算了电化学反应级数、表观传递系数、塔菲尔斜率及化学计量数，理论计算值与实验值基本相同，这说明假设的机理是正确的。分别假设第二～第四步为速度控制步骤，获得动力学方程，并由其计算所得的电化学反应级数、表观传递系数、塔菲尔斜率及化学计量数与实验值相差较大，这说明该假设是不正确的。

因此，Ti/PbO_x类电极在酸性溶液析氧过程中，第一步为速度控制步骤，由式 7-41 和式 7-43 可获得其析氧过程的动力学方程，即：

$$\begin{aligned} i &= 4k_a'F\exp[(1-\alpha)F\Delta E/RT] - 4k_c'F\exp[(1-\alpha)F\Delta E/RT] \\ &= 4F(k_a'-k_c')\exp[(1-\alpha)F\Delta E/RT] \end{aligned} \tag{7-47}$$

由式 7-47 可以看出 Ti/PbO_x类电极的析氧过程受电极反应过程中的温度、平衡电位、溶质浓度等因素影响。

7.2.3 析氧过电位

在平衡电位下，是不能发生氧的析出反应的，氧总是要在比其平衡电位更正一些的电位下才能析出。也就是说，只有在阳极极化的条件下氧才能析出。与定义析氢过电位一样，可以把在某个电流密度下氧析出的实际电位与平衡电位的差值，称为氧过电位，可表示为：

$$\eta_O=E_i-E_e \tag{7-48}$$

需要说明的是，即使在给定电流密度不变的情况下，氧过电位也往往随时间而变化，通常氧过电位随时间延长而增大。例如，对于 Fe 和 Pt 等金属，氧过电位随时间延长而逐渐增大；而对于 Pb 和 Cu 等金属，氧过电位随时间延长而跳跃式地增大。这种现象可能与在电极表面上氧化物的形成及氧化层的增厚有关。因此，一般所说的氧过电位值均指其稳态值。

实验表明，氧过电位与电流密度之间的关系也遵循 Tafel 关系，即氧过电位 η_O 与 $\lg i$ 之间成直线关系，即：

$$\eta_O = a + b\lg i \tag{7-49}$$

但实际测得的阳极极化曲线表明，半对数极化曲线往往分成不同斜率的几段，类似折线一样。例如，在碱性溶液中测得的 Ni 电极的阳极极化曲线如图 7-9 所示。由图 7-9 可见，Ni 的阳极极化曲线可分为几个折线段，而每一个折线段上氧过电位与电流密度之间的关系都遵守塔菲尔关系。

另外，在氢电极过程的动力学公式中，常数 a 与电极材料、电极表面状态及溶液组成等因素有关，而常数 b 对于大多数金属而言都是约为 118mV 的常数；但是，在氧电极过程的动力学公式中，由于电极反应历程的复杂性，常数 a 和 b 都取决于电极材料、温度、溶液组成和电流密度等几个因素。表 7-2 中列出了常数 a 和 b 与这些因素之间依赖关系的数据。由表 7-2 可以看出，电极材料、溶液组成、温度和电流密度等因素对氧过电位都有影响。如果再加上电极表面状态容易变化、其他副反应的干扰等因素，这就使得氧在不同金属上析出时的过电位之间很难加以比较。但是，根据大量的实验事实，也可大致归纳总

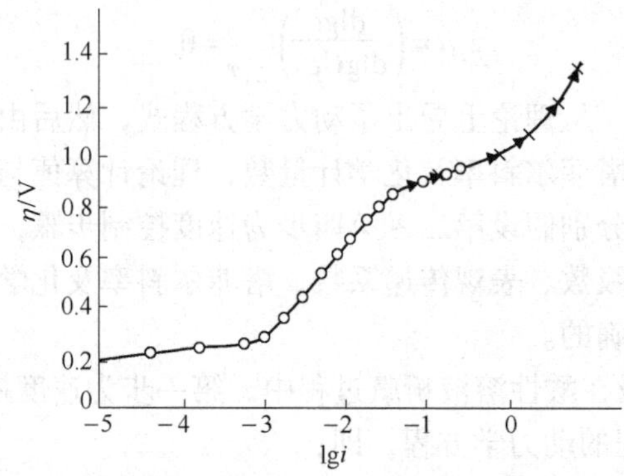

图 7-9　氧在镍上析出的半对数阳极极化曲线

结出如下规律：在中等电流密度范围内（约为 10^{-3} A/cm²），在碱性溶液中，各种金属上的氧过电位按下列顺序增大：Co<Fe<Ni<Cd<Pb<Pd<Au<Pt，其中在 Co 与 Pt 上的氧过电位可相差 0.7V 左右。

最后需要指出的是，对于氯碱工业中氯气的析出反应也存在析氯过电位，它的影响与析氢、析氧过电位也类似，可见这具有一般性，因此，可以按照同样的思考方式考虑此类问题。

7.2.4　析氧电极材料

析氧反应是水电解、水溶液中金属提取和电合成等过程中的阳极反应。水电解过程通常是在 20% ~30% 的 KOH 溶液中进行的。在这种条件下最佳的析氧电极材料是镍或镀镍的中碳钢，但要求溶液中 Cl^- 浓度必须很低，以免引起氧化层的孔蚀。析氧反应是一个比较慢的过程，必须增大阳极面积。此外，有研究报道认为某些催化剂涂层能使氧过电位降低 100 ~150mV，但是由于材料的长时间稳定性仍不符合要求，尚未投入实际应用。在酸性溶液中，如固体聚合物电解质水电解器中，用分散在碳/聚四氟乙烯复合材料商的 RuO_2/IrO_2 作为电极材料。目前商业化的水电解器用 Ni 作为阳极材料，但是金属氧化物电极，如 RuO_2、IrO_2、NiO 和钙钛矿型的金属氧化物的析氧催化活性一般比金属电极的好。

在金属提取过程中，若电解质是硫酸盐，则用 PbO_2 作阳极。含 5% Ag 的 Ag/Pb 合金可延长使用寿命和降低析氧过电位，但电极稳定性较差。在电合成过程中，也常用 PbO_2 作为析氧反应的电极材料。但 PbO_2 上析氧反应的过电位较高，可有望被涂覆 IrO_2 的钛电极替代。

许多作者也研究了多元贵金属氧化物电极，考虑到贵金属成本较高，产量不多，储量也有限，开发非贵金属氧化物阳极则更具有实际意义。非贵金属氧化物电极主要有钛基二氧化锰、钛基二氧化铅、钛基二氧化锡、钛基氧化钴和碳基氧化物等类型，电极活性层可以是一元（一种）氧化物或者多元（多种）氧化物，每种类型中均可引入一种或多种氧化物为中间层。

目前国内外正在开发的非贵金属氧化物电极有：

（1）钛基二氧化铅电极：二氧化铅具有类似于金属的导电性，此类电极作为铂电极和石墨电极的代用电极很早就已经应用到了电化学工艺生产中，它具有析氧电位高、氧化能力强、耐腐蚀、高导电、寿命长的优点。钛基二氧化铅电极制备主要有电沉积制备了钴掺杂的钛基二氧化铅阳极。有研究表明在钛基体上镀铂作底层的 PbO_2 电极的表面电活性区域比传统钛基 PbO_2 电极高出 1 个数量级。

（2）钛基二氧化锰电极：二氧化锰一直作为电池的活性材料，在 20 世纪 70 年代以后钛基二氧化锰电极成为主要的阳极材料之一。二氧化锰的类型主要有 $\alpha-MnO_2$、$\beta-MnO_2$ 和 $\gamma-MnO_2$，其中电沉积主要得到的是耐阳极极化的 $\gamma-MnO_2$，热分解法主要得到的是高催化活性 $\alpha-MnO_2$ 和 $\beta-MnO_2$。

（3）钛基二氧化锡电极：二氧化锡是典型的半导体材料，其能带范围达到了 3.5eV，具有较高的导电性能，同时其还具有良好的电化学稳定性和化学稳定性。研究表明用二氧化锡作阳极材料可以提高氧化的电流效率，可应用于有机污染物的降解。目前 Ti/SnO_2 电极的制备方法主要有水解法和热分解法。

（4）钛基氧化钴电极：钴属于非贵金属，其氧化物（Co_3O_4）在强酸——盐酸、硝酸中均具有较高的耐腐蚀性。钴和其他金属一起通过热分解的方法得到混合氧化物电极，也可以制得一元氧化物电极（Ti/Co_3O_4）和多元氧化物电极（$Ti/Ni/Co_2O_4$）。如用 Co 和 Zn 的化合物先通过热分解法得到涂层电极，然后再共沉积制得氧化物电极，此法可以使电极涂层发生形态上的根本的变化，成为一种非常致密的针状体网格结构，同时由于大量开孔的存在，涂层面积显著增加，使电极具有更好的机械耐磨性和催化性能。

（5）碳基氧化物电极：碳材料具有良好的导电和导热性能、较好的耐腐蚀性、易加工、成本低等优点，是电解工业中应用最广泛的电极材料之一，它可以作为阳极材料，也可以作为阴极材料。石墨电极是电解工业中最早使用的电极材料，但是也有一定的局限性，能适应多种电解工业的碳改性电极一直是国内外研究的热点之一。

7.2.5 氧电极的阴极过程

氧电极的阴极过程即氧的还原反应历程是相当复杂的，随电极材料及反应条件的不同，反应历程也不同。如果不考虑氧阴极还原反应历程的细节，则可将各种电极上氧的还原反应历程分为两类：

（1）中间产物为 H_2O_2 或 HO_2^-。在这类的反应历程中，氧分子首先得到两个电子还原为 H_2O_2 或 HO_2^- 离子，然后再进一步还原为水或 OH^- 离子，即在中间过程中有 H_2O_2 或 HO_2^- 离子产生。

在酸性及中性溶液中，基本反应历程为：

Ⅰ　$O_2+2H^++2e \longrightarrow H_2O_2$

Ⅱ　$H_2O_2+2H^++2e \longrightarrow 2H_2O$　或　$H_2O_2 \longrightarrow \frac{1}{2}O_2+H_2O$

在碱性溶液中，基本反应历程为：

Ⅰ　$O_2+H_2O+2e \longrightarrow HO_2^-+OH^-$

Ⅱ　$HO_2^-+H_2O+2e \longrightarrow 3OH^-$　或　$HO_2^- \longrightarrow \frac{1}{2}O_2+OH^-$

（2）中间产物为吸附氧或表面氧化物。在这一类反应历程中，不是以 H_2O_2 或 HO_2^- 离子为中间产物，而是以吸附氧或表面氧化物为中间产物，最终产物仍为水或 OH^- 离子。

当以吸附氧为中间产物时，基本反应历程为：

Ⅰ $O_2 \longrightarrow 2MO_{吸}$

Ⅱ $2MO_{吸}+2H^++2e \longrightarrow H_2O$（酸性溶液）

或 $2MO_{吸}+H_2O+2e \longrightarrow 2OH^-$（碱性溶液）

当表面氧化物（或氢氧化物）为中间产物时，基本反应历程为：

Ⅰ $M+H_2O+\frac{1}{2}O_2 \longrightarrow M(OH)_2$

Ⅱ $M(OH)_2+2e \longrightarrow M+2OH^-$

区别上述两类反应历程的主要方法，是检查反应中是否有中间产物的存在。例如，如果在反应中检查到有中间产物 H_2O_2 的存在，则反应历程应属于第一类，或者至少有一部分反应是通过第一类历程进行的。与研究其他电极过程类似，研究判断电极表面氧阴极还原反应历程主要是通过分析金属电极在含氧溶液中的极谱曲线，即还原电流密度和电极电位间的变化关系来获得的。

思考题

7-1 解释析氢和析氧过程发生的原因。

7-2 简述析氢和析氧过程，以及相应的机理。

7-3 析氧过程的影响因素有哪些？这些因素是如何影响析氧过程的？

7-4 解释析氢过程和析氧过程发生的原因和机理在实际生产过程中有什么作用？

7-5 试从动力学方面分析在碱性溶液和酸性溶液中的析氧过程的反应机理。

7-6 以塔菲尔曲线分析析氢/析氧过程的局限性。

7-7 举出实验依据说明在汞电极上，析氢过程是符合迟缓放电机理的。

7-8 用镍作阴极电解 0.5mol/L H_2SO_4 水溶液，当 20℃，电极电位为 -0.479V 时，阴极电流密度与析氧过电位各是多少？已知在镍上析氢时的 a 值是 0.63V，b 值是 0.11V。

7-9 在盐酸溶液中，当铂电极上析氢速度为 5×10^{-3} A/cm^2 和 3.2×10^{-2} A/cm^2 时，如果交换电流密度为 1×10^{-4} A/cm^2，$a=0.5$，求两者的过电位各是多少？并用电化学基本原理说明两者为什么不同？

7-10 已知氧在某电极上析出的反应历程中，有少量吸附在电极上的中间产物 OH 和 O 形成。电极过程可分为以下几个步骤：

$$H_2O \rightleftharpoons OH+H^++e \quad (a)$$

$$OH \rightleftharpoons O+H^++e \quad (b)$$

$$2O \rightleftharpoons O_2 \quad (c)$$

在较低过电位区内，实验测得塔菲尔公式中的 b 值为 $4.6RT/3F$。试证明步骤（a）是速度控制步骤。

7-11 实验测得 25℃时，pH=1 的酸性水溶液中，氢在某金属上析出的极化曲线符合塔菲尔关系，且 a 为 0.7V，b 为 0.128V。试说明相应电极过程的机理，并计算该电极反应的交换电流密度和在外电流密度为 1mA/cm^2 时的极化电位。

参考文献

[1] 吴辉煌．应用电化学基础［M］．厦门：厦门大学出版社，2006.

[2] 薛娟琴，唐长斌．电化学基础与测试技术［M］．西安：陕西科学技术出版社，2007.

[3] 陈建军，杨建红，陈晓春．新型 $NiCo_2O_4$ 电极析氧反应机理［J］．中南工业大学学报，2000，31（4）：303～308.

[4] 薛彩霞. 石墨纤维中间层钛基氧化物阳极研究［D］. 太原：太原理工大学，2007.
[5] 丁海洋，冯玉杰，刘峻峰. 采用循环伏安与Tafel曲线比较不同阳极的电催化性能［J］. 催化学报，2007，28（7）：646～650.
[6] 阿伦J巴德，拉里R福克纳. 电化学方法——原理和应用［M］. 2版. 邵元华，朱果逸，董献堆，等译. 北京：化学工业出版社，2005.
[7] 贾铮，戴长松，陈玲. 电化学测量方法［M］. 北京：化学工业出版社，2006.
[8] 高颖，邬冰. 电化学基础［M］. 北京：化学工业出版社，2004.
[9] 李荻. 电化学原理［M］. 修订版. 北京：北京航空航天大学出版社，1999.
[10] 蒋汉瀛. 冶金电化学［M］. 北京：冶金工业出版社，1983.

8　金属的电极结晶

本章导读

电解冶金是利用电能转变为化学能通过阴极电解的方式提取金属或合金，有水溶液电解和熔盐电解两种类型。而对于水溶液电冶金及电精炼不仅涉及电化学过程，而且同时存在结晶相变，这不同于析氢和耗氧阴极过程，因此，金属阴极电沉积过程比较复杂，但搞清其机理、影响因素的作用机制等问题不仅对于电沉积工艺参数的合理确定，而且对于获得更高性能的沉积物都有很大的实际意义和理论指导作用。本章旨在揭示水溶液中的电沉积原理，将从放电规律、沉积机理、相变极化、生长影响等进行阐述。

8.1　概　　述

金属和合金材料依然在人类社会发展进程中占据主导地位。然而，在自然界中除个别贵金属元素外，多数金属元素都以化合物存在，因此，金属冶炼与合金材料的制取是事关全局的基础大事。金属化合物还原为金属一般采用两种方法：（1）热还原法，用还原剂如碳、氢、镁、钠等在一定温度下把金属化合物还原为金属；（2）电解法，包括电解提取（或称电解生产）、电解精炼以及粉末金属的制取。相比于热还原，电解法制取金属的优点：（1）还原能力强，用还原剂方法不能还原的活泼金属如钠，电解是其唯一的制备方法；（2）不用还原剂，引入杂质较少，可获纯度较高的金属；（3）与火法冶金相比，水溶液电解放入大气中的烟尘和废气较少，有利于环境保护。因此，已有不少金属采用电解法进行生产或精炼，电解法制取金属和合金的品种不断增加。

金属电沉积是在电流作用下，液相中的金属离子在阴极还原并沉积为金属的过程。金属电沉积可以在水溶液、有机溶液或熔融盐中进行，在工业生产中有非常广泛的应用，可分为电冶金、电精炼、粉末金属的制取、电铸和电镀等。电冶金是利用金属电沉积的方法从矿物或化合物中分离和提取金属/合金的过程；电精炼则是将含有杂质的金属利用电沉积对金属进一步提纯，以获得纯度更高的金属，通常是把被精炼的金属作阳极，欲制取的纯金属或不被电解液腐蚀的其他金属作阴极，在适当的电解液中进行电解；阳极上电位正于被精炼金属的杂质仍然留在电极上或成为粉末状沉淀，称为阳极泥；其他电位比被精炼金属更负的杂质金属，则与被精炼的金属一起溶到电解液中，但只有被精炼的金属才能沉积在阴极上；电解制取金属粉末是通过电解方法制造出有一定大小粒度和一定纯度的金属粉末；电铸是利用金属电沉积来制造或复制金属制品的过程；而电镀是利用金属电沉积在制件表面形成均匀、致密、结合良好并具有一定性能的金属或合金沉积层的过程。虽然通过电冶金、电精炼、电铸、电镀过程都可获得金属/合金的沉积层，但对沉积层的要求并不相同。电冶金和电精炼要求电沉积金属/合金达到一定的纯度，但对沉积层的结构、外观、力学性能和表面特性并不重视；电铸和电镀则要求沉积层的厚度均匀、结构致密、外观平滑，对沉积金属的纯度并不重视；电冶金、电精炼、电铸要考虑金属沉积层与基体是否容易分离以及分离的方法；而电镀则要求沉积层与基体结合牢固，不允许局部出现分离现象或结合力不良。其中，电解提取与电解精炼是电解法制备金属的两种主要方法，两者在原理和工艺上有许多共同之处，而其主要区别为：（1）电解精炼时阳极是可溶的，阳极反应为金属溶解，阴极反应为金属沉积，例如铜电解精炼：$Cu = Cu^{2+} + 2e$（阳极），$Cu^{2+} + 2e = Cu$（阴极）。电解提取采用不溶性阳极，阳极反应是析出气体，阴极反应为金属沉积，例如 $2H_2O = 4H^+ + O_2 + 4e$，$Cu = Cu^{2+} + 2e$。（2）电解提取的电能主要消耗在化合物的分解，而电解精炼的电能主要用于克服电阻。因此，电解提取的电能消耗比电解精炼往往高出 10 倍以上，例如铜精炼，每千克铜消耗 0.23～0.27kW·h 电能，而电解提取铜，每千克铜消耗 2.1～3.2kW·h 电能。（3）电解精炼时一切条件比较稳定，电解液的浓度、酸度变化不会很大，因此易得到均一的沉积物。电解提取时金属离子含量不断变化，如不加以控制，电解过程中各阶段的阴极沉积物性质可能各不相同。

金属/合金的阴极电沉积过程一般由以下几个单元步骤串联组成：

（1）液相传质，溶液中的反应粒子，如金属水化离子向电极表面迁移；

（2）前置转化，迁移到电极表面附近的反应粒子发生化学转化反应，如金属水化离子的水化程度降低和重排，金属配离子配位数降低等；

（3）电荷传递，反应粒子得电子还原为吸附态金属原子；

（4）电结晶，新生的吸附态金属原子沿电极表面扩散到适当位置（生长点）进入金属晶格生长，或与其他新生原子积聚而形成晶核并长大，从而形成晶体。

上述各个单元步骤中反应阻力最大、速度最慢的步骤则成为金属电沉积过程的速度控制步骤。不同的工艺，因电沉积条件不同，其速度控制步骤也各不相同。金属/合金电沉积过程实质包括金属离子的阴极还原（析出金属原子）和新生态金属原子在电极表面的结晶（电结晶）两个过程。前者符合一般水溶液中阴极还原过程的基本规律，但在电沉积过程中，电极表面不断生成新的晶体，表面状态不断发生变化，使得金属阴极还原过程的动力学规律复杂化；后者则遵循结晶过程的动力学规律，但以金属原子的析出为前提，又受到阴极界面电场的作用。因而两者相互依存、相互影响，造成了金属电沉积过程的复杂性和不同于其他电极过程的特点。对于金属/合金电沉积阴极还原过程具有三个特点：

（1）与所有的电极过程一样，阴极过电位是电沉积过程进行的动力。然而，金属/合金电沉积过程中不仅金属原子的析出需要一定的阴极过电位，即只有在阴极极化达到金属析出电位时才能发生金属离子的还原反应，而且金属电结晶过程需要在一定的阴极极化下，只有达到一定的临界尺寸的晶核，才能稳定存在，凡是达不到临界尺寸的晶核就会重新溶解。而阴极过电位愈大，晶核生成功愈小，形成晶核的临界尺寸才能减小，这样生成的晶核既小又多，结晶才能细致。所以，阴极过电位对金属析出和金属电结晶都有重要影响，并最终影响电沉积层的品质质量。

（2）双电层的结构，特别是粒子在紧密层中的吸附对电沉积过程有明显影响。反应粒子和非反应粒子的吸附，即便是微量的吸附，都会在很大程度上既影响阴极析出速度和位置，又影响随后的金属结晶方式和致密性，因而是影响镀层等沉积层结构和性能的重要因素。

（3）沉积层的结构、性能与电结晶过程中新晶粒的生长方式和过程密切相关，同时与电极表面（基材/板表面）的结晶状态密切相关。不同的金属晶面上电沉积的电化学动力学参数可能不同。因此，金属/合金结晶时会形成不同的缺陷与位错，从而导致金属材料的强度几乎比理论最大强度要小很多。研究金属的电极结晶，有助于较好地控制以上缺陷的影响，对冶金工业或电镀工业都具有重要的意义。另外，根据生产需要，对金属的电极结晶的要求也不同，例如，电镀工业要求获得致密平整的镀层；粉末冶金常用电解方法生产某些金属粉末，而一般的电解精炼与金属的电解提取，对阴极产物的表面状态虽不像电镀那样要求严格，但也力求避免发生树枝状结晶，以免造成电极间短路和操作困难。这些也都需要对电极结晶过程的影响及其机理有较深入的了解。

8.2　金属电结晶基本历程

8.2.1　金属离子自水溶液中阴极还原的可能性

原则上，只要阴极的电位负于金属在该溶液中的平衡电位，并获得一定过电位时，该金属离子就可以在阴极上析出。但是事实上该过程并不这么简单，因为溶液中存在多种可以在阴极还原的粒子，这些粒子，尤其是氢离子将与该金属离子竞争还原。因此，某金属离子能否从水溶液中阴极还原，不仅取决于其本身的电化学性质，而且还取决于溶液中其他粒子的电化学性质，特别是与氢离子还原电位的关系。例如，如果金属离子还原电位比氢离子还原电位更负，则氢在电极上大量析出，金属就很难沉积出来。所以，在周期表中的金属元素，有些金属元素可以从水溶液中析出，有些金属元素却不能析出。一般说来，金属元素在周期表中的位置越靠左边，化学活泼性越强，在电极上还原的可能性就越小；相反，周期表中的位置越靠右边的金属元素，其还原过程越容易实现。表8-1给出了可以在水溶液中实现金属离子还原过程的各种金属在周期表中的位置。从表8-1中可以看到，元素周期表中第Ⅰ、Ⅱ主族的金属，其金属活泼性很强，电极电位很负（$E^{\ominus}<-1.5V$），在水溶液中得不到金属电沉积层。但在一定条件下，可以汞齐的形式沉积。根据实验，大致可以以铬分族为分界线，位于铬分族左方的金属元素，在水溶液中一般很难或不能在电极上沉积，位于铬分族右方的各金属元素的简单离子，都能较容易地从水溶液中沉积出来。在铬分族诸元素中，除铬能较容易地从中电沉积外，钨、钼的电沉积都极困难（但还是可能的），但如果它们以合金的形式电沉积，就会比纯金属沉积容易得多。上面这种划分方法同时考虑了热力学和动力学因素，若只从热力学数据考虑，则水溶液中Ti^{2+}、V^{2+}等离子的电沉积过程应该还是可以实现的。对于表8-1的划分主要是依据一定的实验事实而确定的。应该说明，这种划分不是绝对的，当电沉积的热力学和动力学条件改变时，分界线的位置将发生变化。另外，随着电化学科学与技术的发展，有些目前认为不能电沉积的金属也可能逐步实现电沉积。因此，表8-1中的划分是相对的，只能作为参考。

表 8-1 自水溶液中金属离子阴极还原的可能性

周期	ⅠA	ⅡA	ⅢB	ⅣB	ⅤB	ⅥB	ⅦB	ⅧB			ⅠB	ⅡB	ⅢA	ⅣA	ⅤA	ⅥA	ⅦA	ⅧA
1	H																	He
2	Li	Be											B	C	N	O	F	Ne
3	Na	Mg											Al	Si	P	S	Cl	Ar
4	K	Ca	Sc	Ti	V	Cr	Mn	Fe	Co	Ni	Cu	Zn	Ga	Ge	As	Se	Br	Kr
5	Rb	Sr	Y	Zr	Nb	Mo	Tc	Ru	Rh	Pd	Ag	Cd	In	Sn	Sb	Te	I	Xe
6	Cs	Ba	La系	Hf	Ta	W	Re	Os	Ir	Pt	Au	Hg	Tl	Pb	Bi	Po	At	Rn
7	Fr	Ra	Ac	Th	Pa	U												
	一般可以从水溶液中获得汞齐形式沉积			从水溶液中难以或者不能获得纯态沉积		可以从水溶液中电沉积					可以从配合物水溶液中电沉积						非金属	

实际中在分析金属离子能否沉积的规律时，还应考虑：

(1) 若电解液中是金属配离子，则金属电极的平衡电位会明显负移，使金属离子的还原更加困难。如在采用氰化物作配合剂的电镀液中，只有铜分族元素及位于铜分族右方的金属元素，才能从水溶液中电沉积，即相当于分界线的位置向右移动了。而对于铬及铁族（Fe、Co、Ni）金属的电沉积，目前在工业上均不采用配盐溶液，即这些金属在其单盐溶液中已具有较大的极化值，可以得到良好的沉积层，如果采用配盐溶液，则电极上只有剧烈的析氢反应而得不到金属沉积层。这与这些金属离子的外电子层中存在空的（$n-1$）d 轨道，在形成配离子时被用来组成杂化轨道，所形成的配离子一般稳定性比较高，在电极上较难析出。

(2) 若阴极还原产物不是纯金属而是合金，则由于反应产物中金属的活度比单金属小，因而有利于还原反应的实现；金属在异种表面因沉积原子与基材强烈的相互作用可发生比 $E_e^{\ominus}$ 更正的电位下的"欠电位沉积"。

(3) 这里只讨论了金属从水溶液中的阴极还原的可能性，而在非水溶液中，由于各种溶剂性质不同于水，往往在水溶液中不能在阴极还原的某些金属元素，可以在适当的有机溶剂中电沉积出来。但是这些非水溶液的溶剂要有足够高的电导率，以保证电沉积过程的正常进行。例如目前在水溶液中还不能电沉积的铝、铍、镁，已可以从离子液体中沉积出来。

(4) 表 8-1 仅仅说明金属离子电沉积的热力学可能性，而对于电沉积层的质量并未涉及，因为电沉积层质量主要应取决于金属阴极还原过程和电结晶过程的动力学规律。金属阴极还原过程遵循第 6 章所述的电极过程动力学规律。

8.2.2 金属离子的还原析出基本历程

8.2.2.1 简单金属离子的阴极还原

一般地，简单金属离子在阴极上的还原历程包括：

(1) 水化金属离子由本体溶液向电极表面的液相传质；

(2) 电极表面溶液层中金属离子水化数降低、水化层发生重排，使离子进一步靠近电极表面，这一过程可表示为：

$$Me^{n+}\cdot mH_2O-nH_2O = Me^{n+}\cdot(m-n)H_2O \quad (8\text{-}1)$$

(3) 部分失水的离子直接吸附于电极表面的活化部位，并借助电极实现电荷转移，形成吸附于电极表面的水化原子，这一过程表示为：

$$Me^{n+}\cdot(m-n)H_2O+e \longrightarrow Me^{(n-1)+}\cdot(m-n)H_2O(\text{吸附离子})+e\cdots\longrightarrow$$
$$Me\cdot(m-n)H_2O(\text{吸附离子}) \quad (8\text{-}2)$$

(4) 吸附于电极表面的水化原子失去剩余水化层，成为金属原子进入晶格，该过程可表示为：

$$Me\cdot(m-n)H_2O(\text{吸附离子})-(m-n)\ H_2O \longrightarrow Me\ \text{晶格} \quad (8\text{-}3)$$

对于多步骤进行的简单金属离子阴极还原过程，反应速率决速步亦会随沉积条件的不同而改变，因而会出现不同类型的电极极化。根据水溶液中简单金属离子沉积与溶解的交换电流密度 i^0 的大小，可粗略地将其分为两类：一是高极化（即 i^0 值较小）的金属，如 Cr、Mn、Fe 族金属和 Pt 族金属；二是低极化（即 i^0 值较大）的金属，除上述之外的其他金属均属此类。低极化金属的 i^0 值为 $10^2\sim10^4$mA/cm^2，在 100mA/cm^2 极化电流密度下，过电位值不超过 20mV；高极化金属的 i^0 值比低极化金属的 i^0 值小 2～4 个数量级，在 100mA/cm^2 极化电流密度下，过电位值可达几百毫伏。在稳态条件下，低极化金属的极化主要由反应剂供应的限制（浓差极化）引起，或由电结晶步骤的迟缓引起；高极化金属的极化主要因金属离子的放电迟缓造成，其动力学规律遵循 Bulter-Volmer 方程。

特别指出的是：

(1) 简单金属离子在水溶液中都是以水化离子形式存在的。金属离子在阴极还原时，必须首先发生水化离子周围水分子的重排和水化程度的降低，才能实现电子在电极与水化离子之间的跃迁，形成部分脱水化膜的吸附在电极表面的所谓吸附原子。计算和试验结果表明，这种原子还可能带有部分电荷，因而也有人称之为吸附离子。然后，这些吸附原子脱去剩余的水化膜，成为金属原子。

(2) 多价金属离子的阴极还原反应，即电子的转移是多步骤完成的，因而阴极还原的电极过程比较复杂。

(3) 简单金属离子阴极还原动力学参数常与溶液中存在的阴离子有关，特别是卤素离子的存在对大多数阴极过程均具有活化作用，这与卤素离子在电极/溶液界面发生吸附引起界面双电层结构及其他界面性质改变，降低了金属离子还原的活化能；另外，金属离子与卤素离子可能发生配合作用，从而可能使得平衡电极电位发生移动也是一个原因。

8.2.2.2 金属配离子的阴极还原

金属电沉积过程中，为了获得均匀、致密的沉积层，通过在较大电化学极化条件沉积是常采用的技术途径，具体实施时可通过向简单金属离子的溶液中加入配离子使平衡电极电位负移，从而实现金属离子在较大的过电位下沉积。对于加入配离子析出金属配离子的阴极放电还原过程，人们提出了许多见解，其中比较成熟的理论是配离子直接放电理论。该理论认为，溶液中的金属配离子能在阴极上直接还原为金属，其中配位数低的电活性配离子在电极上容易放电，而不是浓度最大的主要存在形式的配离子（一般配位数高）在电极上容易放电。配位数高的配离子在镀液中的能量低、较稳定，放电时需要较大的能量；大部分配离子的配体带负电荷，配位数越高的配离子所带负电荷越多，受到双电层的斥力越大，越不易在阴极表面直接放电。配离子还原的大致过程是：配离子移向阴极，在靠近阴极表面一侧失去部分配体离解，向低配位数配离子转化，低配位数的金属配离子以吸附的水分子为桥梁，过渡到直接吸附于阴极表面，形成“吸附态离子”，吸附态离子在阴极表面放电，还原为金属原子，然后周围的剩余配体逐渐被水分子置换。过去通常认为是配离子先解离成简单水合离子，然后简单离子再在阴极上放电还原。但试验事实证明，大多数场合下这种看法是错误的；另外一种观点认为是金属配离子的主要存在形式直接在电极上放电，然而从理论上分析，主要存在的配离子大多具有较高或最高的配位数，其中心离子在放电过程中涉及配位体层结构改组较大，故一般需要较高的活化能；另外，大多数金属配离子的电极反应是在荷负电的电极表面进行，配位数较高的配离子也荷负电，所以强烈地受到双电层电荷的排除作用，因此，这种观点也有问题。

因此，金属配离子的电化学还原历程大致如下：

(1) 电解液中主要存在形式的配离子在电极表面转化成能在电极上直接放电的电活性粒子（化学转化步骤），在这一转换过程中，配位数会降低，对于多配体溶液，还可能发生配体交换。例如，格里雪（Gerishe）测定了碱性氰化物镀锌溶液（含有 NaCN 和 NaOH 两种配合剂）中配离子种类，提出普遍认可的阴极前置转化为：

$$[Zn(CN)_4^{2-}]+4OH^- \longrightarrow [Zn(OH)_4^{2-}]+4CN^- \quad \text{（配位体交换）} \tag{8-4}$$

$$[Zn(OH)_4^{2-}] \longrightarrow Zn(OH)_2+2OH^- \quad \text{（配位数降低）} \tag{8-5}$$

(2) 电活性粒子直接在电极上放电，例如：

$$Zn(OH)_2+2e \longrightarrow Zn(OH)_2^{2-}\text{（吸附）} \quad \text{（电子转移）} \tag{8-6}$$

$$[Zn(OH)_2^{2-}\text{（吸附）}] \longrightarrow Zn\text{（晶格）}+2OH^- \quad \text{（进入晶格）} \tag{8-7}$$

值得指出的是，随着电化学测试技术的发展，20 世纪 70 年代后一些研究者的试验发现在较高过电位下不仅低配位数的金属配离子可以放电，高配位数的配离子也可以同时放电。总之，对于金属配离子的电沉积过程还有赖于进一步研究电极表面、金属离子和配合剂三者的相互作用从而获得更清晰的揭示。

目前已获知配合剂对于金属离子的电化学阴极还原具有显著的影响，包括热力学的影响和动力学的影响。从热力学角度看，在含有配合剂的溶液中，金属离子能形成比简单水化离子更稳定的配离子，其还原为金属的反应就必然涉及更大的自由能变化，因此体系的平衡电极电位 E_e 变得更负；在含有配合剂的溶液中，各种不同配位数的金属配离子和水化离子与配合剂之间存在一系列的“配合——离解”平衡。在平衡状态下，各种离子以不同的浓度同时存在，每一种的浓度与相应的稳定常数、金属离子总浓度、配合剂总浓度、溶液的 pH 值等有关。体系中浓度最大的配离子或水化离子为金属离子的主要存在形式。从动力学角度看，在配合物溶液中，各种金属配离子和水化离子的动力学性质不同，而直接参加电极反应的主要离子种类不一定是金属离子的主要存在形式。可以把直接参加电极反应的主要离子种类称为电活性粒子。需要特别强调的是，由于电极反应的本质是界面反应，因而不论在溶液中配合剂与金属离子形成何种配离子，配合剂真正影响电极反应是通过影响界面上反应粒子的组成、排列等才导致反应速度的变化，因此直接参加电子交换反应的粒子很可能与溶液中配离子的主要存在形式组成不同的表面配合物，一些试验事实发现某些直接参与电子交换反应的配离子可能只在电极表面上存在就说明了这一点。

还需指出，对于配合剂加入后增加金属电沉积时出现的电化学极化增加，不能用金属配离子的自由能较低解释，即就是不能认为配离子的稳定常数越大，过电位也越大。因为配合剂加入前后的电极体系分别处于其相应的平衡电位下，在配离子的平衡电极电位公式中已考虑了配合作用引起的自由能变化，而金属离子（简单离子或配合离子）在溶液中和金属晶格中的电化学位差并无不同，换而言之，形成配离子时金属离子的自由能变化只影响金属电极体系的热力学性质——平衡电极电位 E_e，而与体系的动力学性质——过电位并无直接关系。决定金属配离子电极体系中电子交换反应活化能的主要因素是反应粒子在电极表面形成的“表面配合物”的吸附热及其电子构型改组形成活化配合物时所涉及的能量变化。那些在溶液中能与金属离子形成稳定配离子的配位体大多也参与组成直接参加电子交换步骤的反应粒子，其中配位体与中心离子之间的相互作用强度与溶液中配离子的 $pK_{不稳}$ 值有一定的平行关系。因此，若溶液中配离子的 $pK_{不稳}$ 值较大，则表面配合物中配位体与金属离子之间的相互作用也往往较强，并致使反应粒子改组为活化配合物时所涉及的能量变化也较大，即金属离子还原时的活化能较高。由此可以大致解释采用 $pK_{不稳}$ 值较大的配离子往往能提高极化。但是，如果配位体能形成有利于电子传递的“桥”，则电极反应的活化能将显著降低，故由这类配位体与金属离子组成的配离子即使 $pK_{不稳}$ 值较大，也往往比简单金属离子更容易在电极上放电。包括 NH_3、CN^-、CNS^-、大部分含氧酸阴离子以及多胺、多酸等有机配位体通常是不能形成有利于电子传递的“桥”；而卤素离子（OH^-也可能）则属于形成有利于电子传递的“桥”的配位体，因此若配离子的 $pK_{不稳}$ 值越大，则电极反应的活化能可能越小。

总之，对于配离子的阴极还原公认的观点为：

（1）配离子可以在电极上直接放电，且在多数情况下放电的配离子的配位数都比溶液中的主要存在形式要低。在同一配合体系中，放电配离子可能随配体浓度的变化而改变。

（2）有的配合体系，其放电物种的配体与主要配合的配体不同。

（3）$pK_{不稳}$ 的数值与过电位无直接联系，一般 $pK_{不稳}$ 较小的配离子还原时，呈现较大的阴极极化。

8.2.3 金属的电结晶

金属/合金的电沉积除金属离子的放电外还存在长入晶格这一重要且复杂的步骤，其影响因素很多，如温度、电流密度、电极电位、电解液组成、添加剂等，这些因素对电结晶过程的影响直接表现在所获得电沉积层的各种性质上，如致密度、反光性、分布均匀性、结合力及力学性能等，因此有极其重要的研究意义。

但关于金属电沉积的机理，特别是电结晶过程的机理目前研究得还很不充分。早期的工作由于实验方法本身的局限性以及数据的重现性差，不可能对这些过程提供可靠的论据。直到 20 世纪 50 年代，才开始出现一些比较系统的理论研究工作。对于金属电沉积和电结晶过程研究所遇到的困难主要有下列几个方面：

（1）固体表面的不均一性。即使是一块金属单晶，要在上面切出一个纯粹的指定晶面严格讲是办不到的，何况要使单晶完全做到无位错更非易事。同时电极表面在测量过程中随时间会不断变化。电极表面随着金属原子的不断沉积而发生变化，这不仅有使真实表面增大的可能性，而且还会发生结晶形态的变化。这样就使实验条件难于维持真正的恒定。此外，固体表面的不均匀性往往使有些实验难以进行。如由于分布电容的干扰，使用交流电方法测双层电容较难得到可靠的数据。

（2）电化学过程和结晶过程的叠加。在金属电积过程中一般至少含两个步骤，即金属离子的放电过程和随后的结晶过程，而两者往往不易区分，从而增加了分析实验数据的困难。因此有些研究工作不得不在汞电极上进行。

（3）其他离子的共同放电。大多数金属离子从水溶液中在电极上放电时，经常伴随着有氢的析出，实用的电镀过程的电流效率多半小于100%，而有些过程如镀铬则最大仅为13%左右，这不仅影响金属沉积的速度，而且往往会引起电极界面pH值的变化，从而增加分析问题的复杂性。因此，迄今为止，在固体电极上研究金属电沉积机理的工作比较多的是在Ag/Ag^{+}，Cu/Cu^{2+}等体系中进行的。

（4）金属表面的不稳定性。对大多数金属而言，在空气中或在水溶液中并不十分稳定，表面会形成多种形式的氧化物、氢氧化物或表面螯合物，特别是过渡金属。因此，电极表面的起始状态往往不够确定。

（5）简单金属离子放电交换电流放大。对于大多数金属和它的简单（水合）离子组成的体系，除Fe、Co、Ni等几种金属外，交换电流很大，决定整个反应速度的往往是与界面过程无关的液相传质过程。而液相传质过程是不能提供分析电化学反应主要机理所必要的知识的。上面所指出的一些特点，还只是对于简单体系而言，若考虑到实用过程，则情况更为复杂，在这些溶液中常常有配离子存在，而配位体不仅能配合金属离子，而且多半是表面活性剂。同时电解液中经常加有有机或无机添加剂和各类导电盐，它们有的吸附在电极表面，有的与放电离子产生缔合作用，从而不同程度上影响着电极反应的进程。

金属电结晶作为一种在电场的作用下的结晶过程，它和一般的结晶过程，如盐从过饱和水溶液中结晶出来、熔融金属在冷却过程中凝固成晶体等有一些类似之处，同时又具有其显著的特性。为此，在此首先考察氯化铵的结晶过程。氯化铵在20℃的水中溶解时能达到的最大浓度（饱和浓度）为27.3%，而在30℃的水中溶解时能达到的最大浓度（饱和浓度）为29.3%，若将30℃的饱和溶液冷却到20℃，此时水溶液中的氯化铵的浓度会超过20℃时的最大溶解度，处于不平衡状态成为过饱和溶液，当溶液浓度超过饱和浓度以后，由于NH_4^{+}离子及Cl^{-}离子的静电引力大于使氯化铵电离与水化的作用（即溶解作用），氯化铵将会从溶液中以固体状态结晶出来。实验还表明，包括氯化铵在内的所有盐溶液的结晶过程普遍遵循一条规律：过饱和度越大，结晶出来的晶体晶粒越小；过饱和度越小，则晶粒越粗大。这是由于在氯化铵的结晶过程中，总是先由少量氯化铵分子彼此靠近在一起，结成结晶核心（晶核），然后其他氯化铵分子再在晶核上继续沉积，使晶核长大。在一定过饱和度的溶液中，能够继续长大的晶核必须具有一定大小的尺寸（晶核的临界尺寸），该临界尺寸的大小取决于体系的能量。在过饱和溶液中，体系处于高能量的不平衡状态，有自发的向低能态转化的倾向，而晶核的形成恰好能导致体系自由能的降低。因此，溶液过饱和度越大，体系不平衡程度越大，晶核的生成越容易。此时，晶核生成速度大于晶核长大速度，因此析出的晶核就细小，且数量多。如果溶液的过饱和度小，体系能量低，就不容易生成晶核，即使生成了晶核，其尺寸常常小于临界尺寸，容易重新溶解。此时，晶核的长大速度大于晶核的生成速度，因而析出的晶核粗大而且数量少。金属的电结晶与盐从过饱和溶液中结晶的过程有类似之处，即都可能经历晶核生成和晶粒长大两个过程。但金属电结晶是一个电化学过程，形核和晶粒长大所需要的能量来自于界面电场，即电结晶的推动力是阴极过电位而不是溶液的过饱和度。

图 8-1 给出了在恒定电流密度下，当镉自镉盐溶液中在铂电极上电沉积时，电极电位随时间的变化关系。开始通电时，没有金属析出，阴极电位迅速负移，说明阴极电流消耗于电极表面的充电；当电位负移到一定值时（*A* 点），电极表面才出现金属镉的沉积，说明开始有金属离子还原和生成晶核；由于晶核长大需要的能量比形成晶核时少，故电位略变正，曲线出现回升，即过电位减小，*AB* 段的水平部分就体现了晶核长大的过程。若在 *B* 点切断电源，则结晶过程停止，但由于电极上已沉积了一层镉，因此电极电位将回到镉的平衡电位（*CD* 段），而不是铂在该溶液中的稳定电位。由此可知，在平衡电位下是不会有晶核在阴极上形成的，只有存在一定值的过电位时，晶核的形成和长大才可能发生。这与盐从溶液结晶需要一定过饱和度相当。也就是说，过电位就相当于盐结晶时的过饱和度，其实质是使电极体系能量升高，即由外电源提供生成晶核和晶核长大所需要的能量。因此，一定的过电位是电结晶过程发生的必要条件。

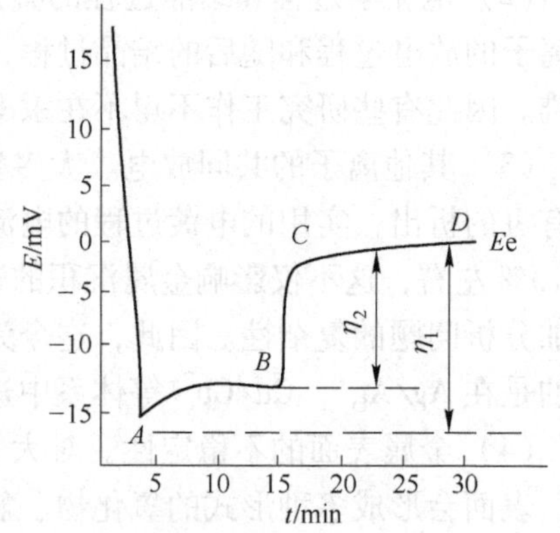

图 8-1 CdO_4溶液中 Cd 在 Pt 上电沉积的阴极电位随时间的变化曲线

为什么生成新的“独立相”时总要出现这类过饱和现象呢？这是由于“伟相”（大的晶体）与“微相”（细小的晶体）有着不同的化学势，后者比前者有更大的比表面，因而每 1mol 物质就有更大的表面能与总能量。换言之，“微相”总要比“伟相”更活泼一些。由于这种能量差别，微小的晶体具有较大的溶解度，微小的液滴也具有较高的蒸汽压。同样，由微晶组成的金属电极就具有较负的平衡电极电位。因此，大晶体的饱和溶液对微晶而言是不饱和的，因而后者在这种溶液中也是不稳定的。同理，在由大晶体构成的金属电极的平衡电极电位下同一金属的微晶也是不稳定的。由此推知，只有在对大晶体而言已经是过饱和的溶液中微晶才是稳定的；而且过饱和程度越大，能稳定存在的微晶的临界尺寸也越小。同理，只有在比由大晶体金属组成的电极的平衡电位更负的电势下微晶才是稳定的；而且电位越负，可以稳定存在的微晶的临界尺寸也越小。如果偶然生成的微晶没有达到这种临界尺寸，则它们就会很快地再溶解，而极少有机会继续长大。因此，形成这种具有临界尺寸的微晶所需要的能量就相当于形成新晶粒过程的活化能；而形成具有这种临界尺寸微晶的速度也就是形成新晶粒的速度。在过饱和度较大的溶液中，或是在较负的电极电势下，由于微晶的临界尺寸较小，它们的生成能也较小，因此新晶粒的形成速度就要快一些。

8.2.3.1 完整晶体表面上的电结晶形核理论

20 世纪 20 ~30 年代，德国学者 Kossell 和 Volmer 提出了完整晶体表面上的电结晶形核理论：金属原子在原有基体金属表面上沉积，如果是理想的完整晶面，电沉积时首先形成二维晶核，再逐渐生长成为“单原子”薄层，然后在新的晶面上再次形核、长大，每长满一层都需要生成新的二维晶核。一层一层生长，直至成为宏观的晶体沉积层。

成核过程的能量变化由两部分组成：一部分是形成晶核的金属由液相变为固相，释放能量，体系自由能下降；另一部分是为了形成新相，建立相界面，需吸收能量，使体系自由能升高。因此，成核过程的自由能变化 ΔG 应等于这两部分的总和。在讨论成核作用的表面能时，晶核的形状可以假设为正方形、球形，圆晶核的形成可以是三维的，也可以是二维的。在这里考虑最有利的二维的形核形状圆柱形，如图 8-2 所示。圆柱体的半径为 r，高度 h 为一个原子高度。体系自由能的变化为：

$$\Delta G = -\frac{\pi r^2 h\rho nF}{A}\eta_c + 2\pi rh\sigma_1 + \pi r^2(\sigma_1 + \sigma_2 - \sigma_3) \tag{8-8}$$

式中，ρ 为晶核密度；n 为沉积金属离子的化合价；F 为法拉第电量；A 为沉积金属的原子量；η_c 为阴极过电位；σ_1为晶核与溶液之间的界面张力；σ_2为晶核与电极之间的界面张力；σ_3为溶液与电极之间的界面张力。

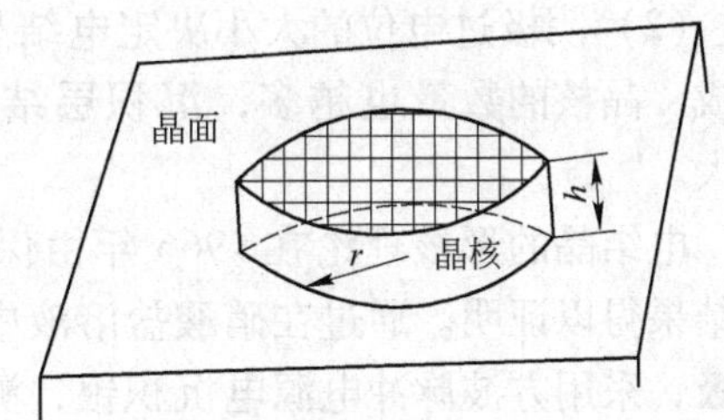

图 8-2 圆柱形二维晶核

由式 8-8 可知，体系自由能变化 ΔG 是晶核尺寸 r 的函数。当 r 比较小时，晶核的比表面积很大，表面形成能难以由沉积金属的电化学位下降所补偿，此时 ΔG 是升高的。晶核不稳定，形成的晶核会重新进入溶液。当 r 比较大时，晶核的比表面积减小，表面形成能可以由沉积金属的电化学位下降所补偿，此时体系的 ΔE 是下降的，形成的晶核才能稳定。所以 ΔE 随 r 的变化曲线有一极大值。对应极大值的半径称为临界半径，晶核尺寸大于临界半径时才能稳定存在。依$\partial\Delta G/\partial r=0$ 求得临界半径 r_c。

$$r_c = \frac{h\sigma_1}{\frac{h\rho nF\eta_c}{A} - (\sigma_1 + \sigma_2 - \sigma_3)} \tag{8-9}$$

将临界半径 r_c代入式 8-8 得到体系自由能变化 ΔG_c 为：

$$\Delta G_c = -\frac{\pi h^2\sigma_1^2}{\frac{h\rho nF\eta_c}{A} - (\sigma_1 + \sigma_2 - \sigma_3)} \tag{8-10}$$

显然当 $r>r_c$时，体系的自由能才能下降，晶核可以形成并长大，而且可以看出，形核需要一定的过电位，过电位 η_k 值越大，晶核临界半径越小。

如果阴极过电位很高，η_k 值增大，使得$\frac{h\rho nF\eta_c}{A}\gg(\sigma_1+\sigma_2-\sigma_3)$，或当沉积原子铺满第一层以后的各层生长时，使得 $\sigma_1=\sigma_3$，$\sigma_2=0$，可将临界自由能的表达式简化为：

$$\Delta G_c = -\frac{\pi h^2\sigma_1^2 A}{\rho nF\eta_c} \tag{8-11}$$

根据二维晶核的形核速度与能量变化关系：

$$W = k\exp\left(-\frac{\Delta G_c}{kT}\right) \tag{8-12}$$

式中，k 为玻耳兹曼常数，$k=R/N_A$；N_A 为阿伏伽德罗常数；R 为气体常数。则：

$$W = k\exp\left(-\frac{\pi h\sigma_1^2 N_A}{\rho nFRT}\cdot\frac{1}{\eta_c}\right) \tag{8-13}$$

式 8-13 定量地说明了阴极过电位与形核速度的关系，过电位越大，形核速度越大，结晶越细致。

综上所述，电结晶形核过程有如下两点重要规律：

(1) 电结晶时形成晶核要消耗电能（即 $nF\eta_c$），因而在平衡电位下是不能形成晶核的，只有当阴极极化到一定值（即阴极电位达到析出电位时），晶核的形成才有可能。从物理意义上说，过电位或阴极极化值所起的作用和盐溶液中结晶过程的过饱和度相同。

(2) 阴极过电位的大小决定电结晶层的粗细程度，阴极过电位越高，则晶核越容易形成，晶核的数量也越多，沉积层结晶细致；相反，阴极过电位越小，沉积层晶粒越粗大。

电结晶的形核理论在 1966 年由保加利亚 Budewski 的试验结果得以证明。通过在硝酸盐溶液中用无位错的单晶银做阴极，采用方波脉冲电源电沉积银，测量沉积过程中的电流-时间曲线，如图 8-3 所示。试验发现，在过电位比较小时没有电流，只有当过电位超过 8 ~ 12mV 时，开始有电流通过，说明在晶面上形成了晶核。在这段时间内，随电流上升，晶核数量增加。在晶核长大的过程中只需要较低的过电位，约为 6mV，同时电流逐渐降低，直至长满一层，电流为零。因为此时过电位较低，不足以再形成新的晶核，结晶就停止。若要使晶体继续生长，必须再升高过电位重复以上过程直到形成宏观晶体。由于在无位错晶面上沉积，每一层排列的晶核数应当相等，生长每一层所需要的电量也就相同。从图 8-3 中可以看出，在每一周期内，虽然曲线的行径不完全相同，但单位面积上电流（D_k）对时间（t）的积分面积仍然是相等的。

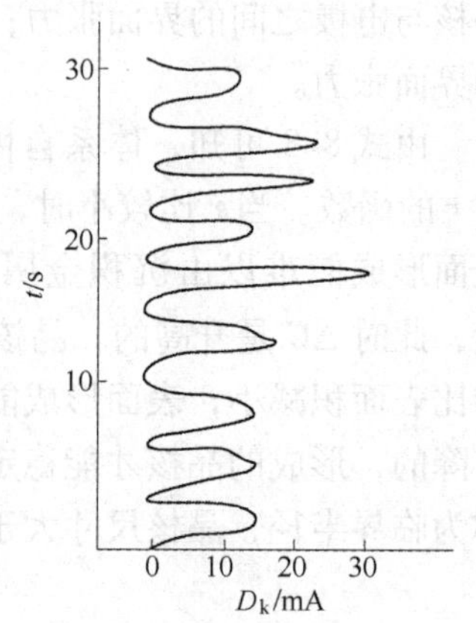

图 8-3 无位错晶面二维形核的电流-时间曲线

实际金属表面通常存在着许多位错线、台阶等缺陷。晶体的形成也不可能简单地遵循二维形核的规律，因此，实际晶体的生长相对更复杂些。

8.2.3.2 实际金属晶体表面生长理论

实际金属表面不完全是完整的晶面，总是存在着大量的空穴、位错和晶体台阶等缺陷。吸附原子进入这些位置时，由于相邻的原子较多，需要的能量较低，比较稳定。因而吸附原子可以借助这些缺陷，在已有金属晶体表面上延续生长而无须形成新的晶核。那么十分显然，在原有晶体表面上并入金属点阵的原子可能有五种位置，如图 8-4 中的 a ~ e 所示。图 8-4 中，a 为到达晶体表面的平面位置，原子吸附在一个晶面上；b 为到达晶体表面上一个台阶位置，两个晶面相差一个原子高度的微观台阶；c 为到达结点（或称生长点）的位置；d 和 e 则为到达不同的空穴位置。原子在这五种位置所具有的能量也不同，a 位置最高，e 位置最低，中间从 b 到 d 是依次下降的。金属原子总是最终到达能量最低的位置才是最稳定的。金属原子由溶液中的离子变为并入晶格中的原子，由于离子周围配位的金属原子数增加是一个从高能量到低能量的转化过程，伴随过程的进行应该有能量释放。到达 a 位置能量释放最少，到达 e 位置能量释放最多。因此，实际金属表面电结晶不需要形核，但形成沉积层可能需要表面扩散和并入晶格的过程。

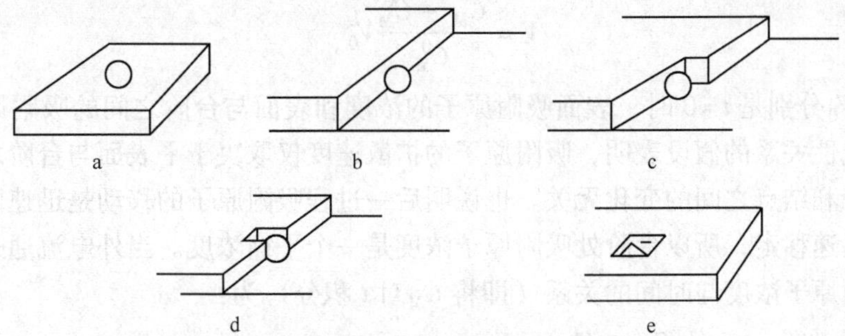

图 8-4 金属原子在晶体表面所处的位置

a—表面的平面；b—棱边；c—节点；d—埋入棱边；e—埋入平面

8.2.3.3 表面扩散和并入晶格

吸附原子可以有两种方式并入晶格：放电粒子直接在生长点放电而就地并入晶格（如图 8-5 Ⅰ所示）；放电粒子在电极表面任一位置放电，形成吸附原子，然后扩散到生长点并入晶格（如图 8-5 Ⅱ所示）。在吸附原子并入晶格过程的活化能涉及两方面的能量变化：电子转移和反应粒子脱去水化层（或配位体）所需要的能量 ΔG_1；吸附原子并入晶格所释放的能量 ΔG_2。

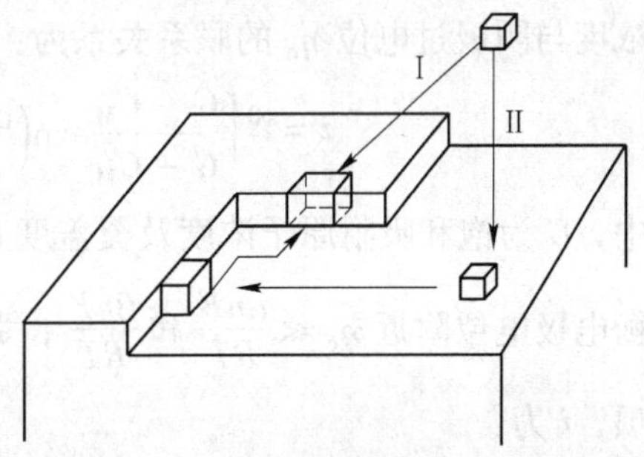

图 8-5 金属离子并入晶格的方式

Ⅰ—直接在生长点放电；Ⅱ—通过扩散进入生长点

通常，金属离子在电极表面不同位置放电，脱水化程度不同，故 ΔG_1 明显不同，而在不同缺陷处并入晶格时释放的能量 ΔG_1 差别却不大。因此，直接在生长点放电、并入晶格时，要完全脱去配位体或水化层，ΔG_1 很大，故这种并入晶格方式的概率很小；而在电极表面平面位置放电所需的 ΔG_1 最小，虽然此时 ΔG_2 比直接并入晶格时稍大些，总的活化能仍然最小，所以这种方式出现的概率最大。

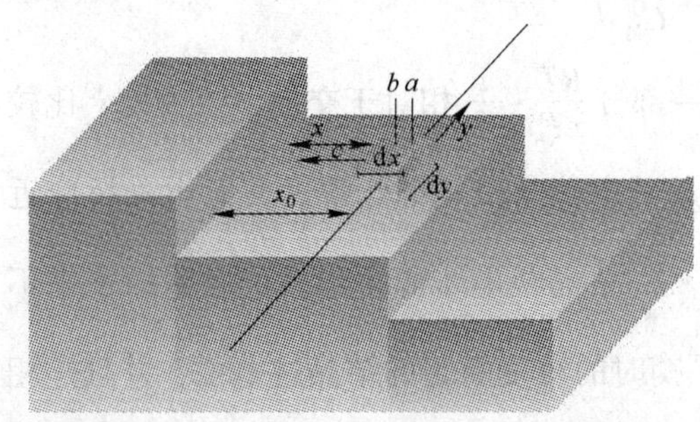

图 8-6 电流和吸附原子表面分布的电极模型

在许多电极上，吸附原子的表面扩散速度并不大，如果电化学步骤比较快，则电结晶过程的进行速度将由吸附原子的表面扩散步骤控制；如果电极体系的交换电流较小，则往往是联合控制。下面推算产生表面扩散步骤控制电沉积过程速度的条件，并证明该假设的准确性。如图 8-6 所示，假定在单位表面上平均吸附原子的浓度为 C_M，它对时间 t 的变化应为表面上由法拉第电流（外电流）产生的吸附原子量减去从该处扩散移走的吸附原子量：

$$\frac{\mathrm{d}C_M}{\mathrm{d}t}=\frac{i}{nF}-V \tag{8-14}$$

式中，V 是通过表面扩散从单位表面积上移走的吸附原子的平均速度，并假定它与 C_M 呈线性关系：

$$V = \frac{C_M - C_M^0}{C_M^0} V_0 \tag{8-15}$$

式中，C_M^0和 V_0分别是 $t=0$ 时，表面吸附原子的浓度和表面与台阶之间的吸附原子的扩散速度。这种线性关系的假设表明，吸附原子的扩散速度仅取决于平表面与台阶之间的浓度变化，与台阶和结点之间的变化无关。也说明后一过程吸附原子的移动是迅速的，到达台阶的原子能迅速移走，所以台阶处吸附原子浓度是一个平衡浓度。当外电流通过电极表面时，平均吸附原子浓度与时间的关系（即将 C_M对 t 积分）为：

$$\frac{C_M - C_M^0}{C_M^0} = \frac{i}{nFV_0}\left[1 - \exp\left(-\frac{V_0}{C_M^0}t\right)\right] \tag{8-16}$$

根据电化学极化时 i 与阴极过电位 η_c 的关系，并考虑到吸附原子的影响，可建立吸附原子浓度与阴极过电位 η_c 的联系关系为：

$$i = i^0\left[\frac{G - C_M}{G - C_M^0}\exp\left(\frac{\alpha nF}{RT}\eta_c\right) - \frac{C_M}{C_M^0}\exp\left(-\frac{\beta nF}{RT}\eta_c\right)\right] \tag{8-17}$$

式中，G 为饱和吸附原子浓度及覆盖度 $\theta=1$ 时的表面吸附原子浓度。若 $G \gg C_M^0$和 C_M，在平衡电极电位附近 $\eta_c \ll \frac{\alpha nF}{RT}$和$\frac{\beta nF}{RT}$，那么 $\frac{G - C_M}{G - C_M^0} \approx 1$，将指数项展开，略去 2 次以上高次项，$i$ 为：

$$i = i^0\left[1 + \frac{nF}{RT}\eta_c\left(\alpha + \beta\frac{C_M}{C_M^0}\right) - \frac{C_M}{C_M^0}\right] \tag{8-18}$$

当$\alpha + \beta\frac{C_M}{C_M^0} \approx 1$ 时：

$$i = i^0\left(\frac{nF}{RT}\eta_c - \frac{C_M}{C_M^0}\right) \tag{8-19}$$

$$\eta_c = \frac{RT}{nF}\left(\frac{i}{i^0} + \frac{\Delta C_M}{C_M^0}\right) \tag{8-20}$$

从式 8-20 可见，过电位由两部分组成，第一部分 $\frac{RT}{nF}\cdot\frac{i}{i^0}$ 相对于交换电流密度 i^0 比较大，而通过电极的外电流很小时（即 $i \ll i^0$）引起的电化学极化的情况，此时电极反应近乎可逆状态，产生的过电位很小。第二部分 $\frac{RT}{nF}\cdot\frac{\Delta C_M}{C_M^0}$ 是放电步骤中形成的吸附原子来不及扩散到生长点，使吸附原子的表面浓度超过平衡时的浓度引起的结晶过电位，并且是相当于过电位很小的情况。根据 $\frac{i}{i^0}$ 和 $\frac{\Delta C_M}{C_M^0}$ 的相对大小可得出纯属电化学极化或纯属表面扩散控制以及混合控制的三种情况。

将式 8-20 中的 $\frac{\Delta C_M}{C_M^0}$ 用式 8-16 代入，并将 $\frac{C_M^0}{V_0} = \tau$ 作为暂态时间常数，η_c 与 t 的依赖关系为：

$$\eta_c = \frac{RT}{nF}\left\{\frac{i}{i^0} + \frac{i}{nFV_0}\left[1 - \exp\left(-\frac{t}{\tau}\right)\right]\right\} \tag{8-21}$$

当 $t=\infty$ 时，过程达到稳态：

$$\eta_c = \frac{RT}{nF}\left(\frac{i}{i^0} + \frac{i}{nFV_0}\right) \tag{8-22}$$

$$\frac{\Delta C_M}{C_M^0} = \frac{i}{nFV_0} \tag{8-23}$$

当 $t=\tau$ 时：

$$\eta_c = \frac{RT}{nF}\left[\frac{i}{i^0} + \frac{i}{nFV_0}\left(1 - \frac{1}{e}\right)\right] \tag{8-24}$$

$$\frac{\Delta C_M}{C_M^0} = \frac{i}{nFV_0} \times 63\% \tag{8-25}$$

当 $t \ll \tau$ 时，$\exp\left(-\frac{t}{\tau}\right) \approx 1 - \frac{t}{\tau}$，则：

$$\eta_c = \frac{RT}{nF}\left(\frac{i}{i^0} + \frac{it}{nFC_M^0}\right) \tag{8-26}$$

此时将 η_c 对 t 微分，根据 η_c -t 极化曲线的效率：

$$\frac{d\eta_c}{dt} = \frac{RTi}{n^2F^2C_M^0} \tag{8-27}$$

可求得：

$$C_M^0 = \frac{RTi}{n^2F^2\left(\frac{d\eta_c}{dt}\right)} \tag{8-28}$$

当 $t=0$ 时：

$$\eta_c = \frac{RT}{nF} \cdot \frac{i}{i^0} \tag{8-29}$$

可得：

$$\frac{\Delta C_M}{C_M^0} = 0$$

这说明吸附原子由 C_M^0 提高到 C_M 需要一定时间。

在上述推算中求得的 C_M^0、V_0 和 i^0（利用 $t=\infty$ 稳态条件下的作图求得）与用其他方法求得的完全符合。这说明表面扩散步骤控制的假设是正确的。另外，镓及其他金属的极化曲线可以直接证实这种结晶步骤的存在。镓是熔点很低的金属（熔点为 29.78℃），在熔点附近可以制成两种电极，30℃制成镓的液体电极，28℃时制成镓的固体电极，在同样条件下测量两种电极的稳态极化曲线，如图 8-7 所示。测量结果表明，在 $\eta_c <$ 20mV 时（与表面扩散的假设相符），固体电极上的过电位要比液体电极上的过电位大 3 倍，因

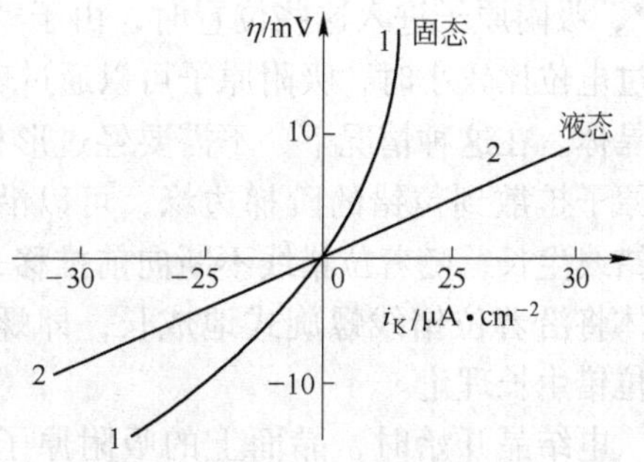

图 8-7 在固态和液态镓电极上测得的稳态极化曲线

1—固体电极；2—液体电极

为液体电极上是不可能存在结晶步骤的（只有电荷传递步骤），固体电极上除有电荷传递外同时存在结晶步骤。因此，固体电极大于液体电极的过电位应由结晶步骤引起。这证明金属电沉积时存在着表面扩散控制（结晶步骤）的电极过程。银、锌和铜等电极也有类似特征。

在表面扩散速度控制电极反应速度的情况下，通过阴极的净电流是与吸附原子到达生长点的量相适应的，所以净电流只在电极表面的生长点周围产生。在远离生长点的电极表面上，吸附原子不可能到达生长点，只与溶液中的金属离子处于平衡状态，此处的阳极电流和阴极电流相等，没有净电流产生，所以在整个阴极表面上电流的分布是不均匀的。研究此时的沉积过程将主要研究活性区的变化。

由图8-6的表面扩散模型可以看出，吸附原子的表面扩散系数小和浓度低、晶体表面上的台阶或生长点的密度低，都会使表面扩散速度下降。浓度梯度一定、扩散系数小，到达生长点的吸附原子量就少。吸附原子浓度低，相当于表面上和生长点之间吸附原子的浓度梯度较小。生长点的密度低相当于吸附原子的表面扩散路程加长，也会使扩散的速度下降，使表面扩散步骤成为控制步骤。这和表面扩散模型的假设，当过电位 η_c 很小，表面吸附原子浓度很低时发生表面扩散控制是一致的。当电流密度增加，过电位升高，金属表面活性增加、生长台阶密度增大、吸附原子通过的有效长度下降，表面扩散速度加快，表面扩散控制的程度下降。当 η_c 大到某一数值时，电极反应的速度就转化为由电荷传递速度决定的电化学步骤控制。另外，由于过电位升高、阴极电位变得更负，电板表面上的阳极过程速度下降，吸附原子在表面上的停留时间和到达生长点的概率增加。这时即使表面生长点密度没有增加，表面的扩散速度也提高了。当过电位达到某一数值时，表面扩散速度就会提高到扩散不再是扩散控制了。如果不是由 η_c 增大，而是原有电极表面存在的位错密度不同，位错密度大的表面，吸附原子向生长点扩散来得容易，发生向电化学步骤控制转化的过电位就要小。相反，位错密度比较低的表面，发生向电化学步骤控制转化的过电位要大。

按表面扩散理论生长的晶体表面显然是粗糙的。晶体沿螺旋位错生长的方式也可能是实际晶体生长的另一种形式。

8.2.3.4　晶体的螺旋位错生长理论

实际金属表面有很多阶梯、空穴、位错等缺陷，有时位错密度可高达 $10^{10}\sim10^{12}/\mathrm{cm}^2$，吸附原子进入这些位置时，由于“邻居”较多，需要的能量较低，而且比较稳定。当过电位比较小时，吸附原子可以通过表面扩散优先进入这些位置，进入基体金属晶格形成晶体。在这种情况下，不需要经过形核的过程。1949 年 Burton 等人提出：晶面上的吸附原子扩散到位错的阶梯边缘，可以沿位错线生长，随着位错线不断向前推移，晶体将沿着位错线螺旋式地成长，即螺旋位错生长理论。

电结晶开始时，晶面上的吸附原子扩散到位错线的扭结点 O，如图 8-8 所示。从 O 点开始逐渐把位错线 OA 填满，使位错线向前推进到 OB，原来的位错线

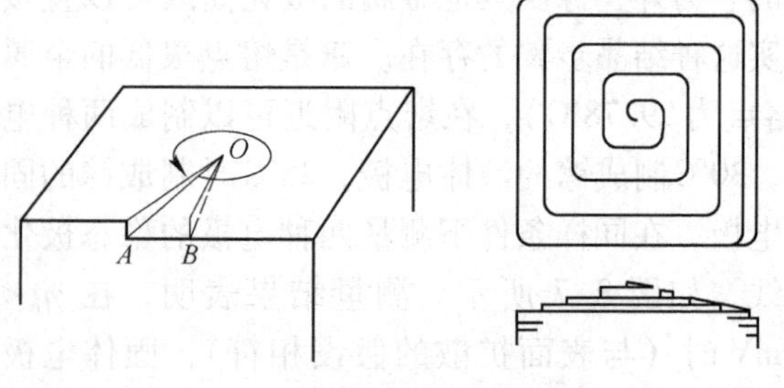

图 8-8　螺旋位错生长示意图

消失了，又出现了新的位错线，吸附原子又在新的位错线上生长。当位错边缘推进一周时，晶体向上生长了一个原子层高度。以此继续旋转生长，绕成了一个螺旋形，所以称为螺旋位错生长。在基体表面上的每一条位错线，都有接收吸附原子的机会，但螺旋生长的速度并不相同。由于阴极电流较小，电流分布不均匀，生长首先发生在活化区。同时还取决于吸附原子的浓度，由于过电位较小，吸附原子浓度低，扩散速度缓慢。所以在进入生长点的过程中，吸附原子的扩散步骤控制着晶体的生长速度。1959 年 Seitef 和 Fiscbev 在铜单晶上采用脉冲电流，获得了螺旋生长的铜晶体，观察到具有明显的层状螺旋形结晶实验证明了这一理论。

总之，从金属离子电沉积历程来看，金属离子在溶液中要发生溶剂化作用，溶剂化离子在电场作用下，自溶液中转移到电极上放电，要经历多种步骤，包括部分脱水，在电极上形成吸附离子（或吸附原子)、表面扩散迁移到合适的晶格位置上（阶梯、棱角、扭结和空穴)、完全脱水并还原为金属原子、并入晶格中成为晶体的组元然后继续长大等。研究表明，金属离子的放电步骤（电化学极化）和表面扩散步骤对结晶速率影响很大，常常成为电极结晶的控制步骤。其中，伴随着晶核的形成，在电极上还要产生一种极化现象，称为相变极化。相变极化与晶核形成的状态有关。为此，有必要对电结晶中的相变极化进行一番深入探讨。

8.2.4 电结晶相变极化

8.2.4.1 形成三维晶核时的相变极化

物理化学的知识告诉我们两个不同半径的小液滴的蒸汽压关系式：

$$RT\ln\frac{p_2}{p_1}=\frac{2\sigma M}{d}\left(\frac{1}{r_2}-\frac{1}{r_1}\right) \tag{8-30}$$

式中，r_1、r_2 分别为两个液滴的半径（并假定 $r_1<r_2$）；p_1、p_2 分别表示不同的蒸汽压；σ 为界面张力；M 为参与相变物质的相对分子质量；d 为液体的密度。

对于一个液体平面，$r\to\infty$，式 8-30 可写成：

$$RT\ln\frac{p}{p_\infty}=\frac{2\sigma M}{d}\frac{1}{r}=\frac{2\sigma V}{r} \tag{8-31}$$

式中，V 代表液体中物质的摩尔体积；p_∞ 为液体平面的蒸汽压。

从式 8-31 可以看出，半径为 r 的液滴，其蒸汽压 p 大于平面液体的蒸汽压 p_∞，因此，p/p_∞ 可以作为生成半径为 r 的新相液滴的过饱和度。这个数值越大，界面张力 σ（超额表面能）就越大。式 8-31 是假定液滴为球形时所获得的结果，对于微晶体来说，一般不是球形，不能使用圆球半径 r 来表示其大小。但是对于热力学上处于平衡状态的晶体，曾经发现下面一条规律：相应晶面的距离 h 对相应晶面表面张力之比是一常数，即：

$$\frac{\sigma_1}{h_1}=\frac{\sigma_2}{h_2}=\cdots=\frac{\sigma_i}{h_i} \tag{8-32}$$

因此，式 8-31 中的 σ/r 项可用 σ_i/h_i 项代替，左边蒸汽压之比可用相应的溶解度之比来代替，即：

$$RT\ln\frac{C}{C_\infty}=\frac{2\sigma_i V}{h_i} \tag{8-33}$$

和 p/p_∞ 一样，比值 C/C_∞ 称为过饱和度。

由于任何新相形成时必须消耗功。首先从饱和蒸汽中形成新相液滴来讨论，这时消耗的功为 $A=\sigma S$。式中，S 为新相液滴的面积。但是，因为新相液滴必须由过饱和蒸汽形成，为使蒸汽从饱和状态转变到过饱和状态，每摩尔需要的功等于 $RT\ln\frac{p}{p_\infty}$，而半径为 r 的球形液滴的摩尔数为 $\frac{4}{3}\frac{\pi r^3}{V}$，因此，一个新相液滴获得的功为：

$$\frac{4}{3}\frac{\pi r^3}{V}RT\ln\frac{p}{p_\infty} \tag{8-34}$$

将式 8-31 右边代入 $RT\ln\frac{p}{p_\infty}$ 中，而 $4\pi r^2 = S$（面积），故：

$$\frac{4}{3}\frac{\pi r^3}{V}RT\ln\frac{p}{p_\infty} = \frac{8}{3}\pi r^2\sigma = \frac{2}{3}\sigma S \tag{8-35}$$

这就是说，由过饱和蒸汽中形成液滴时，所消耗的功应从 σS 中减去 $2/3\ \sigma S$，于是：

$$A_{液滴} = \frac{1}{3}\sigma S \tag{8-36}$$

已知面积 $S=4\pi r^2$，而 r 可从式 8-31 中求得，因此，S 可写成下列关系式：

$$S = 4\pi\left(\frac{2\sigma V}{RT\ln\frac{p}{p_\infty}}\right)^2 = \frac{16\pi\sigma^2 V^2}{R^2T^2\left(\ln\frac{p}{p_\infty}\right)^2} \tag{8-37}$$

将式 8-37 代入式 8-36 就得到过饱和度与生成新相的功 A 的关系：

$$A = \frac{16\pi\sigma^3 V^2}{3R^2T^2\left(\ln\frac{p}{p_{平}}\right)^2} \tag{8-38}$$

对于固体晶核新相的产生，也能导出类似的关系，例如对立方晶核可得：

$$A = \frac{16\pi\sigma^3 V^2}{3R^2T^2\left(\ln\frac{C}{C_\infty}\right)^2}\times 6 \tag{8-39}$$

因此，从式 8-38 或式 8-39 可以看出，形成新相的功随过饱和度 p/p_∞ 或 C/C_∞ 增加而减少。

从统计学得出，产生三维晶核的概率 ω 和功之间存在下列函数关系：

$$\omega = B'\exp\left(-\frac{A}{kT}\right) \tag{8-40}$$

式中，B'是比例常数；k 为玻耳兹曼常数。对于电化学过程来说，晶核生成的速率，即电流密度 i 同样是 ω 的函数：

$$i = B\exp\left(-\frac{A}{RT}\right) \tag{8-41}$$

对于电结晶过程来说，过饱和功 $RT\ln p/p_\infty$ 可用阴极极化的电功 $nF\eta_{阴}$ 来表示，因此：

$$\eta_{阴} = \frac{RT}{nF}\ln\frac{p}{p_\infty} \quad 或 \quad \eta_{阴} = \frac{RT}{nF}\ln\frac{C}{C_\infty} \tag{8-42}$$

将式 8-38 代入式 8-41，并用 $nF\eta$ 代替 $RT\ln\frac{p}{p_\infty}$，得：

$$i = B\exp \frac{-16\pi\sigma^3 V^2}{3(nF\eta_{阴})^2}\frac{1}{RT} \tag{8-43}$$

假设电极过程控制步骤是由于三维晶核生成而引起的，那么 $\eta_{阴} = \eta_{三维}$。式 8-43 取对数得：

$$\ln i = \ln B - \frac{16\pi\sigma^3 V^2}{3n^2 F^2}\frac{1}{RT}\frac{1}{\eta_{三维}^2} \tag{8-44}$$

移项并简化成：

$$\frac{1}{\eta_{三维}^2} = a - b\lg i \tag{8-45}$$

这就是形成三维晶核时相变极化 $\eta_{三维}^2$ 与 $\lg i$ 的关系式。对于 Ag、Hg 和 Pb 的析出，当用铂单晶作阴极时，这种关系已经证实。然而，在析出气体产物的试验中，这种关系尚未观察到。

8.2.4.2 形成二维晶核时的相变极化

当形成平面二维晶核是过程的控制步骤时，相变极化也和推导三维晶核的过程相似。这时，二维晶核的形成功 $A_{二维}$ 为：

$$A_{二维} = \frac{\pi S\sigma^2}{RT\ln \frac{p}{p_\infty}} \tag{8-46}$$

同样可以导出这种情况下相变极化的关系式为：

$$\frac{1}{\eta_{二维}} = a - b\lg i \tag{8-47}$$

8.2.4.3 表面扩散迟缓引起的相变极化

表面上的吸附原子必须经过扩散步骤才能进入晶格位置，这种情况下所要克服的阻力类似欧姆定律，即：

$$\eta_{表面扩散} = \Omega i \tag{8-48}$$

综合上面的讨论可知，相变极化也是由几种极化联合起作用，即由三维晶核、二维晶核形成和表面扩散迟缓而产生的：

$$\eta_{相变} = \eta_{三维} + \eta_{二维} + \eta_{表面扩散} \tag{8-49}$$

在实际结晶过程中，三种相变极化并不都是同样重要的，随着电解时间、电流密度、金属本性、溶液组成、添加剂、温度、搅拌和晶面缺陷等因素的影响，使其中一种或两种相变极化占优势而决定整个极化过程的特征。在上述三种极化中，表面扩散所引起的极化被认为是最重要的一种。

8.3 金属电结晶生长及影响因素

8.3.1 金属电结晶生长

对于电结晶层的形成，一般经历成核和生长两步骤。电沉积开始时一段时间内还原原子在表面的成核可表示为关系式：

$$N = N_0[1-\exp(-At)] \tag{8-50}$$

式中，N 为在不同反应时间单位面积上分布于电极表面核的数目；N_0 为活性位置的数目密度；A 是每个位置上稳态成核的速率常数。当 At 远大于 1 时（如可通过施加一个高的过电位实现），$N=N_0$，所以成核过程是瞬时进行的（称为瞬时成核）；当 At 远小于 1 时，$N=AN_0t$，即成核随反应的进行连续发生（称为连续成核）。这样由法拉第定律结合 Fleischmann 二维成核模型可推导出对应于动力学控制时瞬时成核及连续成核和生长过程的电流-时间暂态关系：

对于瞬时成核： $$i=2\pi nFM^2k^3N_0t^2\rho^{-2} \quad (8\text{-}51)$$

对于连续成核： $$i=2\pi nFM^2k^3AN_0t^3\rho^{-3} \quad (8\text{-}52)$$

对应于扩散控制时的瞬时成核和连续成核及生长的电流-时间暂态关系：

对于瞬时成核： $$i=\pi nF(2Dc)^{3/2}M^{1/2}N_0t^{1/2}\rho^{-1/2} \quad (8\text{-}53)$$

对于连续成核： $$i=4/3\pi nF(Dc)^{3/2}M^{1/2}AN_0t^{3/2}\rho^{-1/3} \quad (8\text{-}54)$$

式中，M 和 ρ 为电沉积物种的摩尔质量和密度；k 是电沉积反应的速率常数；D 为物种的扩散系数；c 为活性物种的本体浓度。因此，通过分析实验得到的电流-时间暂态曲线可以得到有关电结晶的机理。

对于成长机制目前认为存在两种基本机制：层状生长与三维（three dimension，3D）晶体生长（或称形核-积聚生长）。图 8-9 给出这两种机制的图解。在层状生长机制中，晶体生长通过逐层（逐步）铺展，即覆盖一层后再在其上生长第二层。一个生长层，或称一个覆盖，是附着沉积层的结构组元。覆盖或生长层，是金属电沉积中构筑多种生长模式的结构组元（如柱状晶、晶须或纤维织构）。可以区分出单原子层覆盖，多原子层微观覆盖和多原子层宏观覆盖。一般来说，存在这样的倾向，多个薄层覆盖堆垛成少量厚层覆盖构成的系统。许多单原子层覆盖可组成（堆垛和凝聚）多原子层覆盖。在 3D 晶体生长机制中，结构组元为 3D 晶体，附着沉积层是这些晶体积聚的结果。通过形核-积聚，镀层生长历程包含 4 个阶段：

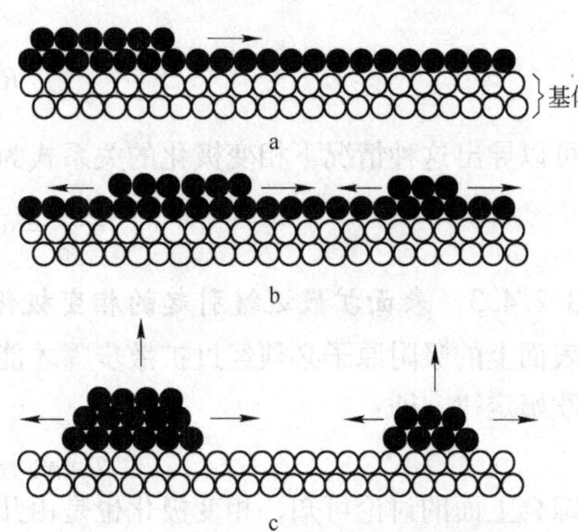

图 8-9 层状生长与形核-积聚机制图解

a，b—层状生长机制；c—形核-积聚机制

（1）孤核形成，并长大为 TDC（three dimension crystallites，3D 晶体）；

（2）TDC 聚合；

（3）耦合网状结构的形成；

（4）连续镀层的形成。

沉积层的生长通常呈现外延（epitaxy）、织构（texture）、孪晶（twin）和位错四大结构特征。外延是沉积层对基体金属晶体结构的一种继续。外延的程度取决于基体金属与沉积金属的晶格类型和晶格常数。两种金属是同种或异种的其晶格常数相差不大（点阵常数在平行方向相差小于 15%）的情况下都可以得到明显的外延。如果沉积金属和基体是同一金属，基体结构的外延可能达到 4μm 或更厚，晶体结构和金属差异增大，外延的困难程度也增加，基体对沉积层结晶定向的影响只能延伸到一定的程度，随着沉积层厚度的增加，外延生长终将消失。由于外延生长时基体与沉积层的原子的错位程度小，镀层的应力降低，不易出现开裂或脱落，因此外延生长显然有助于提高镀层与基体的结合力。许多试验证据表明，在平滑的基体表面，最初的外延生长是通过原子层的横向扩展进行的。而在实际的电沉积条件下，外延生长（除最初阶段）是通过三维扩展方式发展的，其横向尺寸与厚度大约相同，这种三维扩展方式被称为 TEC（three - dimension epitaxial crystallites），TEC 对于电沉积性能的影响，美国电镀工作者协会（AES）在其研究计划中广泛进行研究。TEC 是在外来物（溶液中添加剂）阻止沉积金属的原子层横向扩展时出现的，当一层的扩展停止，其上的另一层不能超过它生长时就形成了 TEC，TEC 的长大过程是通过形成许多 TEC 且彼此连接在一起的过程，也就是聚集成金属沉积层的过程。外延终止时首先生长一定数目的孪晶，而后沉积变成具有随机取向的多晶体沉积层。在多晶体生长的较厚阶段，沉积层趋向于建立一种占优势的晶体取向。它可以用织构来描述，织构是沉积金属在结构上的又一特征，它是在结晶过程中出现时，晶体学位向某种有规律排列的现象。织构本质上是一个取向程度的概念，沉积层中每一个小晶粒的取向是由晶体的结晶学方向和某一固定的参考系的各轴之间的角度决定的，所选的参考系是与宏观基体相关的一个参考系，在任意取向的多晶体中，描述小晶粒位向的三个轴与基体之间是任意取向的，如果三轴之一与基体有固定关系，其他两个轴是任意的，此时就可说是一维取向，或称织构。二维和三维取向在原则上也是可以得到的，三维取向的结果就是在基体上建立了一个单晶。在非外延的沉积中，组成沉积物表面的大多数晶粒具有平行于表面的某种原子面。处在这一原子面中的原子裂或特定的晶向在不同的晶粒中通常是任意取向的，当一定的原子面优先平行于表面，而且其中的晶向是任意取向时，就存在纤维状织构，即晶粒的一维取向。影响沉积层织构的因素很多，主要是溶液组成、电流密度、温度以及金属基体的表面状态等。为什么在无序的多晶基体上能沉积出带有织构的表面层，目前有各种不同的解释。其中比较主要的两种是二维成核理论和微观动力学对宏观形态影响的理论。最初用二维晶核的取向解释了电沉积锌中的织构。这些研究者认为，在过饱和溶液中，晶体的长大是从二维晶核开始的，因为二维晶核的形成功最小。根据最小能量原理，晶体的生长总是应该在晶核形成功最小的那些晶面上成核长大，并重复进行。根据前述成核理论，这些沉积金属原子应在二维晶核的基础上沿平行电极表面的方向继续生长，直到排满一层，而排满的层则是按垂直电极表面的方向层层生长的。显然这些层所对应的晶面是快生长面。多晶沉积层中的各个小晶体都依这种方式生长并相对基体取向，那么整个多晶体就会发生择优取向，即织构。不同的沉积金属，晶核形成功最小的晶面是不同的，但它都依原子的排列方式和金属原子之间结合能的大小，严格地与晶体学结构相对应。因而快生长面的轴（晶面的法线）一旦与电极表面的相对位置固定，那么对应的晶体就会发生择优取向。许多研究表明，过电位不同时，对应形成功最小的晶面也不同，因而择优取向轴也会发生变化。晶核形成理论虽然较好地解释了沉积层的织构特征，但事实上晶体的生长不一定经过成核过程，所以提出了微观动力学对宏观形态影响的理论。这种理论认为，沉积金属的不同晶面有不同的动力学参数，即有不同的生长速度，在经过一定生长时间后，晶体将发展有确定含义的，通常是低指数的慢生长的那些面，这些面按固定的晶体学晶面排列好。另外，当向外生长占优势时，由于电场的影响和基体表面附近的浓度分布，在垂直基体表面的方向上和平行基体的表面方向上生长的速度可能是不同的。因此，在一定的晶体学轴和基体的固定参考轴之间能够建立对应关系，也就是慢生长面本身垂直于电极表面排列，产生择优取向（快生长面应对应平行电极表面排列，沿垂直表面快速生长）。这个理论由于能概括添加剂、共沉积氢等的影响，它至少是对前一理论的补充。这种影响是由它们对不同晶面的动力学参数影响不同而造成的。如果某种添加剂的加入使某一晶面生长速度下降，织构也会相应发生变化。孪晶是电沉积金属除外延和织构之后的又一结构特征。产生孪晶的原因有以下几种：通过外延沉积可以再现基体表面的孪晶化区域；原子的轻度错排形成孪晶，错排的原因可能是添加剂，它们的反应产物或其他外来物与电沉积金属原子之间的尺寸差，错排也可能是外加的应力造成的；沉积层的再结晶中也能出现孪晶；晶粒取向的变化，由外延沉积向非外延沉积的转变，纤维状织构随沉积层厚度增加的改变；孪晶还在高电流密度下沉积，以及 TEC 发生聚集时出现；非常薄的电沉积层产生塑性变形的主要机理也多是孪晶。孪晶在形成沉积层表面的生长结构特征上也有作用，包括形成枝状晶和棱锥体，如有三个或五个面的棱锥。孪晶的晶界对化学腐蚀比较敏感。位错是有关电沉积材料的第四个结构特征。在一般晶体中位错线与外加力是垂直的，而电沉积中的位错线与外加力成一斜角。与孪晶不同，电沉积层中的位错不是由基体位错的延续而成的，而是在沉积过程中产生的。槽液中的添加剂影响位错的数目、长度和曲率。沉积层和基体之间原子间距的差别也会形成位错网，位错也可能来源于 TEC 的聚集和比较大的外延生长形态，因为在它们彼此相邻的部分有轻微的错误取向，位错能弥补取向错误。

在电结晶的早期研究工作中，非常注重描述晶体生长的各种形态，观测到金属电沉积得到的电结晶形态（图 8-10）一般有层状、金属塔状、块状、立方层状、螺旋状、须状和树枝状等，并发现影响电结晶形态的因素除施加的电极电位外，还有主盐浓度、酸度、溶液洁净度、基底表面形态、电流、温度和时间等有关。

（1）层状。层状是电结晶生长的常见类型。层状生长物具有平行于基体某一结晶轴的台阶边缘，层本身包含无数的微观台阶，晶面上的所有台阶沿着同一方向扩展。层状的形成是微观台阶聚拢作用的结果。层状形态的台阶平均高度达到 50nm 左右就可观察到层状结晶生长，有时每层还含有许多微观台阶。

（2）棱锥状。电沉积层表面有时呈棱锥状，常见的有三棱锥、四棱锥和六棱锥。棱锥状是在螺旋位错的基础上，并考虑到晶体金属的对称性而得到的，棱锥的对称性与基体的对称性有关，锥面似乎不是由高指数晶面构成，而是由宏观台阶构成的，锥体的锥数不定。

（3）块状。如果基体的表面是低指数面，层状生长相互交盖便成为块状生长。然而块状生长更常被视为棱锥状截去尖顶的产物，截头可能是杂质吸附阻止晶体生长的结果，截头棱锥向横向生长也可发展成块状。

（4）屋脊状。当溶液很纯时，屋脊状生长主要出现在（110）面上，如果溶液不纯也可能出现在其他取向的晶面上。屋脊状生长的形成机理有待进一步研究，不过有人认为屋脊状生长是层状生长的一种特殊形式。屋脊状是在吸附杂质层存在的情况下，层状过程中的中间类型，如果加入少量表面活性剂，屋脊状可以在层状结构的基底上发展起来。

（5）立方层状。立方层状是介于块状与层状之间的一种结构。

（6）螺旋状。在低指数面的单晶电极上偶然可以观察到螺旋状的生长形态。在铜和

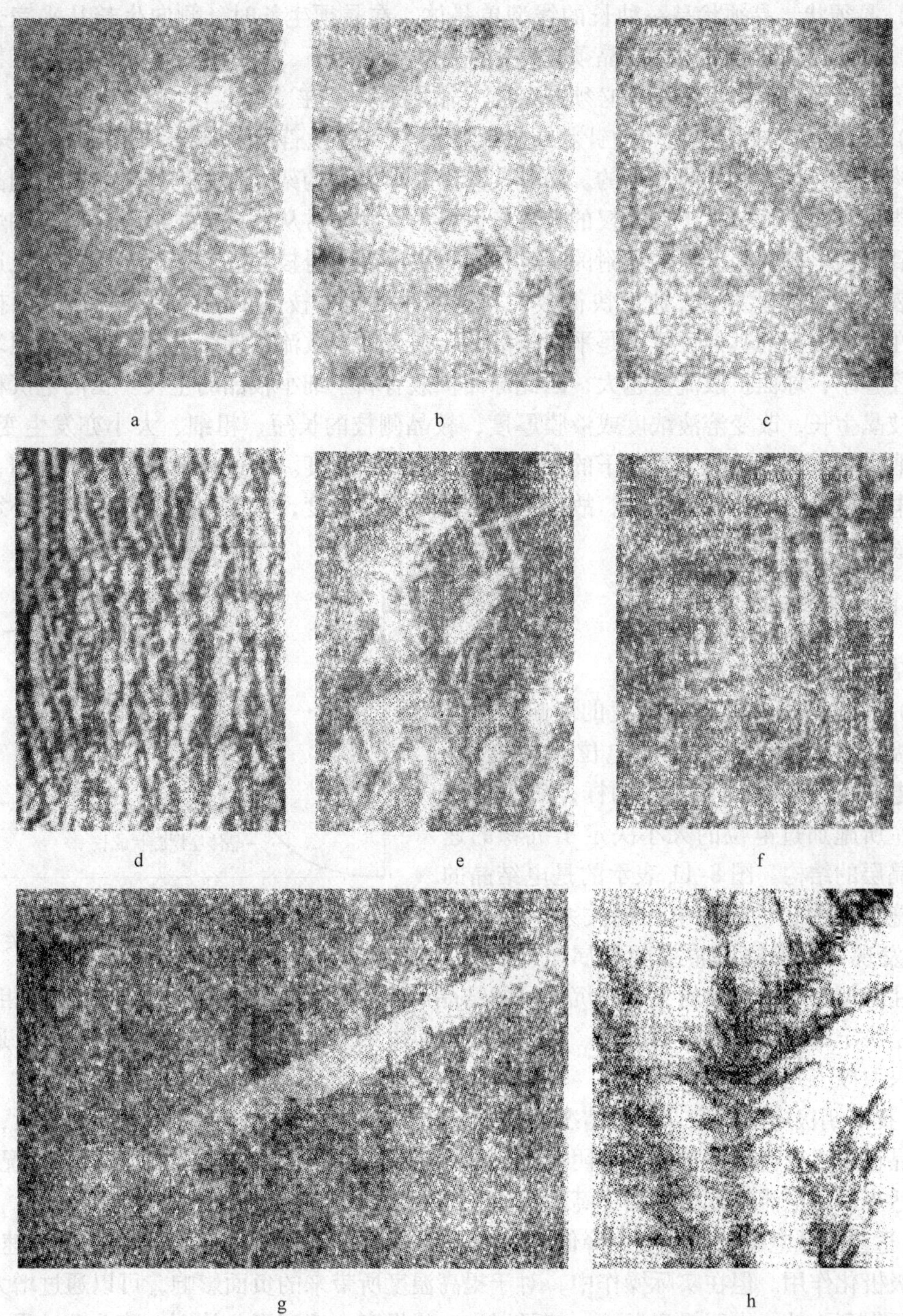

图 8-10 金属电沉积形态

a—层状；b—棱锥状；c—块状；d—屋脊状；e—立方层状；f—螺旋状；g—晶须状；h—枝晶状

银的电结晶情况下，只有当溶液的浓度很高时才能出现螺旋状生长。此种生长对表面活性物质很敏感，采用方波脉冲电流可以增加螺旋生长出现的概率。螺旋状是指顶部的螺旋形排布而言，它可以作为带有分层的棱锥体出现，台阶高度约为 10nm，台阶间隔为 1 ~ 10nm，而且随电流密度的减小而增大。

（7）晶须状。晶须状是一种长的线型单晶体，在晶须生长时，侧向生长几乎完全受到抑制，故没有侧向分支现象。晶须在相当高的电流密度下，特别是当溶液中存在有机物的条件下容易形成，而且溶液中必须有杂质（添加剂）存在。

（8）枝晶状。枝晶状是一种针状或树枝状结晶，是呈苔藓状或松树叶状的沉积物，其空间构型可能是二维的或三维的。枝晶实际上是单晶的构架，枝晶的主干与枝杈同晶格中的低指数晶向平行，主干与枝杈的夹角是固定的。它常常从低浓度的简单金属盐和熔融盐中得到，当电解液中有特性吸附的阴离子时，也容易获得枝晶。枝晶凸出物的生长速度比电极表面其他位置的生长速度快得多，其基本原因是在枝晶顶端的周围存在球面扩散场，而在电极表面的其他位置上是平面扩散的，前者的扩散流量比后者的大。枝晶顶端的曲率半径越小，球面扩散流量越大，因此球面扩散有利于细小枝晶的生长。铅的电沉积生长属于枝晶生长，改变溶液浓度或液膜厚度，枝晶侧枝的长短、粗细、大小亦发生变化，这主要取决于沉积体周围金属离子的数量和离子的传输速度。不过，枝晶的顶端越细，表面能对电极反应速度的影响越大，故为了达到最大生长速度，枝晶顶端的曲率半径必须保持某一最佳值。

8.3.2 电结晶的影响因素

电结晶的影响因素具体如下：

（1）过电位与交换电流密度的影响。对于任一电极过程，施加于电极的电位（过电位）决定了电极反应速率的大小。同样，对于电结晶过程，所施加过电位的大小决定了沉积的速度和结晶层的结构。图 8-11 表示的是电结晶的结构与施加于阴极的还原电位的关系。从图 8-11 上可发现，要得到所希望的金属电结晶层，就必须注意调节施加电位的大小。沉积层的结晶形态和生长方式与阴极过电位密切相关，过电位是决定结晶形态的首要因素。为了提高金属电结晶时的阴极极化过电位作用，通常可通过采取以下几种措施：

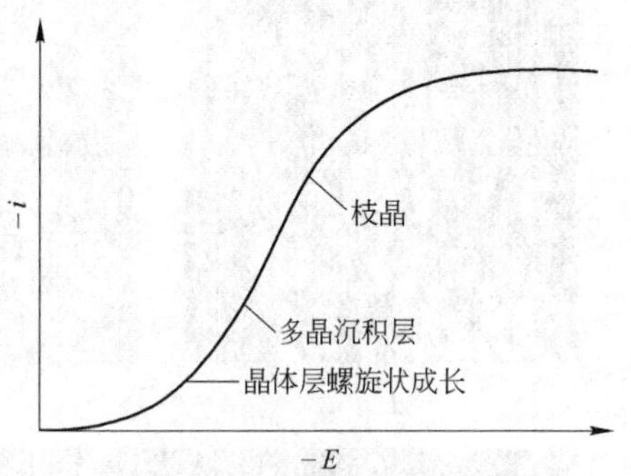

图 8-11 电结晶结构随电极电位的变化关系

1）提高阴极电流密度。一般情况下阴极极化作用随阴极电流密度的增大而增大，沉积层结晶也随之变得细致紧密。在阴极极化作用随阴极电流密度的提高而增大的情况下，可采用适当提高电流密度的方法提高阴极极化作用，但不能超过所允许的上限值。

2）适当降低电解液的温度。降低电解液温度能减慢阴极反应速度和离子扩散速度，提高阴极极化作用。但在实际操作中，对于提高温度所带来的负面影响，可以通过增大电流密度而得到弥补。由于提高温度，就可以进一步提高电流密度，从而加速电镀过程，因此在具体操作过程中，要根据实际情况调节电解液的温度。

3）加入配合剂。在电沉积生产中，能够配合主盐中金属离子的物质称为配合剂。由于配离子较简单离子难以在阴极上还原，从而提高阴极极化值。

4）加入添加剂。添加剂吸附在电极的表面而阻碍金属的析出，从而提高了阴极极化作用。总之，在实践中可根据实际情况，采取具体措施适当提高金属电结晶时的阴极极化作用，但是不能认为阴极极化作用越大越好。因为极化作用超过一定范围，会导致氢气的大量析出，从而使沉积层变得多孔、粗糙，质量反而下降。

在水溶液中从简单盐溶液析出金属颗粒的粗细，可以根据交换电流密度的大小把金属分成三组：第一组：交换电流密度比较大，$10^{-1}\sim10^{-3}A/cm^2$，例如Pb，Cd，Sn，它们沉积时过电位很小，沉积物颗粒粗大，其平均线性大小$\geq10^{-3}cm$；第二组：交换电流密度为$10^{-4}\sim10^{-5}A/cm^2$，相应的过电位约为$10^{-2}\sim10^{-1}V$，例如Bi、Cu、Zn，所得结晶颗粒大小为$10^{-3}\sim10^{-4}cm$；第三组：交换电流为$10^{-8}\sim10^{-9}A/cm^2$，过电位$\geq10^{-1}V$，例如铁、钴、镍，这组金属通常以细密的沉积物析出。因此，根据交换电流大小，可以预计沉积颗粒的粗细。

同一条件下不同晶面对过电位也有不同的影响，对于单晶Sn而言，当晶面从（001）转变为（100）时，过电位降低了一半以上。对于相同晶面，过电位的大小为Ni>Cu>Sn和Pb。

（2）电解液组成的影响。电解液成分（除主盐金属离子外）通常包括阴离子、不参加电还原的惰性阳离子、配合剂、有机添加剂等，这些成分对电结晶均有影响。在简单盐溶液中析出金属时发现，阴离子对过电位的影响随下列顺序而减少：

$$PO_4^{3-}>NO_3^->SO_4^{2-}>ClO_4^->Cl^->Br^->I^-$$

析出金属颗粒的线性大小也随这个顺序增大。阴离子对过电位的影响比晶面改变还要大，例如Pb从过氯酸溶液变为亚硫酸铵溶液时，其过电位几乎减少了2/3，而Pb从（111）面改变为（100）面时，过电位降低1/2。

有惰性阳离子存在时，可以增加金属析出的过电位。这种效应在析出镍、锌、铜和其他金属时，都能观察到。在冶金电解生产中，最常见的局外离子是氢离子。增加H^+离子浓度，常使用高酸度溶液。电镀中添加惰性阳离子有利于得到细密结晶。与简单盐溶液相比，配合物的加入常使金属离子析出电位明显负移。在电镀工业中，为了得到致密的金属镀层，对于一些析出电位较正的金属经常加入配合物。在冶金电解工业中，较少使用配合物，但在某些电解体系中，例如硫化钠浸出锑时，生成的硫代酸根配离子可直接进行电解生产金属锑。

（3）金属离子浓度和电流密度的影响。离子价态对沉积物结构亦有影响，如Pb^{2+}沉积的铅呈海绵状，Pb^{2+}沉积的铅为大结晶；用CrO_3沉积的铬是光亮的，而Cr^{3+}沉积的铬是粗大的结晶。

一般来说，在无添加剂的直流电沉积中，当阴极电流密度低时，阴极极化作用小，沉积层晶粒较粗；随着阴极电流密度的增大，阴极的极化作用随之增大，结晶也随之变得细致紧密。但当实际使用的电流密度超过极限电流密度时，扩散过电位（浓差极化过电位）会急剧增大，沉积层就会出现外向生长的趋势而停止层状生长，此时局部的电流密度还会更高，阴极附近将严重缺乏金属离子，只有放电离子能达到的部分晶面还能继续长大，而另一部分晶面却被钝化，此时不但不利于获得细晶电沉积层，而且会导致阴极上大量析氢和常常形成形状如树枝的枝状沉积层，或形状如海绵的疏松沉积层。如要提高成核速度，增加晶体的生长中心，从而得到结晶致密细化的沉积层，则必须设法提高界面反应的不可逆性而引起的过电位，即结晶过电位，使得结晶过程受界面反应速度步骤的控制。

在一定浓度范围内，晶核产生的数目与电流密度、析出金属离子浓度的关系可用下式表示：

$$N_{晶核} = a + b\lg \frac{i}{c} \tag{8-55}$$

式8-55表明，随着电流密度的增加和离子浓度的减少，晶核的数目增加。因而可获得细小的结晶。例如对银的析出，可获得上式的关系。当Ag^+离子浓度很低时，形成较细小的结晶；当Ag^+离子浓度高达0.5～1.0 mol/L时，则在单晶面上形成1～3个银晶体。

（4）晶体缺陷的影响。如果晶核在一平面上形成，并且这沿着这一平面成长，这就是二维晶核的形成与成长。然而在大多数实际晶体生长过程中，发现晶体生长可以连续发展下去而不必再度形成二维晶核，这种生长方式叫螺旋错位。因为实际晶面常有隆起的台阶，只要有原子层大小的台阶就足以引起螺旋错位，并由此形成块状和层状。螺旋错位也可以发生在平面上，螺旋不断上升似一座山，在银的析出时可观察到这样的生长。晶面上也可以出现两条以上的螺旋线，出现两个左右旋转的螺旋平面和上升。

（5）有机表面活性添加剂的影响。实验表明，在电沉积过程中加入少量有机添加剂，容易得到致密的沉积层，这在于它们能吸附在电极表面上，改变双电层结构，使极化增加，因此会使结晶变细。研究表明，表面活性物质对金属离子的放电具有选择性，它能抑制某种金属离子放电，而让另一种离子通过，这种抑制作用与表面活性物质的结构有关。对不同的晶面，表面活性物质的吸附作用也不一样，具有强烈吸附表面物质的晶面生长受阻，而吸附较少的晶面得到发展，这就会改变晶体的生长形貌。在表面活性物质覆盖的表面上，要使离子放电，必须使它穿过吸附层到达电极表面，因此需要一定的能量使离子活化。这一能量数值的大小取决于离子的性质，同时也与吸附的性质和表面活性物质的结构有关。目前对表面活性物质的选择和应用，尚没有明确的理论作指导，主要是依靠在实践中摸索。根据大量实验结果，归纳出下列规律：

1）凡含有N、O、S的有机化合物，一般都能在电极-溶液表面吸附，同一系列的有机化合物中（例如脂肪族的酸、醇、胺等），只要溶解度允许，其表面活性随碳氢键的增长而增大。胺类的表面活性顺序为：$NH_3<RNH<R_3N$（式中R为碳氢键）。

2）表面活性物质可能由于吸附物质与电极相互作用而加强。例如芳香族和杂环化合物在电极上的表面活性要比空气-溶液界面的活性大得多。

3）在电毛细曲线中已知，中性有机表面活性物质在零电荷电位附近有最大的吸附量。但实验指出，同一表面活性物质在不同的金属电极表面上脱附电位相差不大，可以忽略不同金属的“个性”，而认为各种类型表面活性物质的脱附电位范围大致是确定的。

需要指出：

1）吸附层主要是对电化学步骤和其他直接在表面上发生的步骤（如电结晶等）的反应速度有较大的影响，而对扩散步骤和表面液层中的转化速度不会有多大作用。因此，如果未加入表面活性物质时整个电极反应速度的控制步骤是扩散步骤或表面液层中的转化步骤，而在加入表面活性物质后电化学步骤和其他表面步骤的进行速度虽然受到阻止，却还不足以形成新的缓慢步骤，则整个电极反应的进行速度不发生变化。在这种情况下，并不是吸附层不引起阻化效应，而是所引起的阻化效应不会表现出来。作为一般性原则，可以认为任何阻化因素都只有在能影响整个反应的控制步骤或是能导致出现新的控制步骤时才会表现为有效的。有机添加剂往往对“慢”反应（界面反应速度控制）的效果比较显著，而对“快”反应（其稳态反应速度一般受扩散控制）却常常表现为“无效”，原因即在于此。当溶液中加入有机添加剂时，关键是吸附层的结构和覆盖度、在表面层中金属离子与添加剂以及来自溶液的其他组分（阴离子、溶剂分子等）组成什么形式的表面反应粒子，以及在吸附层中这些粒子具有怎样的反应能力和对相应电极过程的影响。

2）大多数表面活性物质不直接参加电化学反应，因此它们在阴极上应该是“非消耗性”的，然而实践表明，电解液中添加的活性物质大多需要定期补加。除可能在溶液中分解或是在阳极上氧化（如抗坏血酸）外，引起活性物质消耗的主要原因是它们常夹杂在镀层中，有些还能在电极上还原（如胡椒醛、香格兰醛等）。这些“阴极消耗性添加剂”在电镀实践中有时可用作“平整剂”或“光亮剂”。

3）与加入配合剂的方法相比，加入表面活性物质以控制金属电极过程的方法具有加入浓度小因而成本较低、对溶液中金属离子的化学性质没有影响致使废水较易处理，以及一般不具有毒性等优点，然而，易引起夹杂并使沉积层的纯度和力学性能下降，不宜在高温下使用，容易产生泡沫并由此引起新的废水处理问题，以及浓度的测定和控制较为困难。

（6）其他影响。温度上升，结晶变得粗大，这是因为极化减少以及有机添加剂的脱附。温度过高还会带来其他问题，因而应结合具体对象来选择温度。搅拌可使电解液流动，减少浓差极化，可在较高电流密度下防止树枝状、海绵状沉积物的生成及氢的析出。

当金属在异种金属表面还原结晶时，有时会观察到当电极电位还显著正于沉积金属的标准电极电位时就能在基材上生成单原子沉积层——欠电位沉积（underpotential deposition，缩写 UPD）。迄今为止，已报道了大量 UPD 实验现象。目前认为，欠电势沉积是发生沉积的金属与电极表面之间强相互作用的结果。发生欠电势沉积的前提是金属与电极表面之间的作用力比起纯金属的晶体中的相互作用力更强。实验观察到的欠电势沉积主要是单层的，这为上面的机理提供了支持。长期以来一直在镀 Pt 溶液中加入少量 Pb^{2+} 来增进铂黑的活性，其机理可能是 Pb 的欠电位沉积能加快晶核的形成速度。

8.4 金属离子共同放电规律

通常在电解质溶液中常常存在多种离子，因此，不可避免地会出现两种以上离子的共同还原过程。在水溶液中最常见的是 H^+ 离子与金属离子的共同还原，在氢气的析出中不仅使金属电沉积过程的电流效率降低，也会影响了金属沉积物的力学性能。在很多情况下，电解质中存在着多种金属离子，也会发生多种金属离子的共同还原，这也是一个很有实际意义的题目。例如，在电解制备纯金属或金属精炼时，必须设法抑制其他金属离子的共同还原。但是，为了得到某些特殊性能的合金，又必须采取一定的技术措施使得几种金属离子共同还原。这些都需要了解几种金属离子共同还原时的规律。

对于体系中存在多种金属离子发生共同还原时，有些体系表现出某种金属离子与其他离子共同还原，它只遵循自身的动力学规律进行还原反应，而不受其他离子的制约影响（称为理想共轭体系）；有些体系当几种金属离子共同还原时，则由于离子间相互影响，相互制约，使得其还原动力学明显偏离单独还原动力学规律（称为真实共轭体系）。离子间的相互影响与金属本性、双电层结构及离子在溶液中的状态均有关。

8.4.1 共沉积（codeposition）基本条件

对于单金属来说，其沉积电位等于它的平衡电位与过电位之和，可表示为：

$$E_{析} = E_e + \eta_c \tag{8-56}$$

即

$$E_{析} = E_e^0 + \frac{RT}{nF}\ln\alpha + \eta_c \tag{8-57}$$

式中，$E_{析}$ 为沉积电位（或析出电位），V；E^0 为平衡电极电位，V；η_c 为金属离子在阴极上放电的过电位，V，可由电极过程动力学因素及有关参数所确定；α 为金属离子的活度。

在电解过程中，阴极上有两种或两种以上的金属同时沉积的过程，称为金属的共沉积。目前人们对单金属电沉积的理论了解得还不够多，而对于金属的共沉积的理论则研究得更少。由于金属共沉积需要考虑两种或两种以上金属电沉积的规律，因而对金属共沉积理论和规律的研究则更加困难。合金电沉积的应用和研究目前仅限于二元合金和少数三元合金方面，下面重点讨论二元合金共沉积的条件。

（1）合金中两种金属至少有一种金属能单独从水溶液中沉积出来。有些金属如钨、钼等，虽然不能单独从水溶液中沉积出来，但可以与另一重金属如铁、钴、镍等同时从水溶液中实现共沉积。

（2）金属共沉积的基本条件是两种金属的析出电位要十分接近或相等，这是因为电沉积过程中，电位较正的金属总是优先沉积，甚至可以完全排除电位较负的金属沉积析出，该共沉积条件经常表示为式 8-56。欲使两种金属在阴极上共沉积，它们的析出电位必须相等，即：

$$E_{析1} = E_{析2} \tag{8-58}$$

$$E_{析,1} = E_{e,1}^0 + \frac{RT}{nF}\ln\alpha_1 + \eta_{c,1} \tag{8-59}$$

$$E_{析,2} = E_{e,2}^0 + \frac{RT}{nF}\ln\alpha_2 + \eta_{c,2} \tag{8-60}$$

一般金属的析出电位与标准电极电位具有较大的差别，而且影响的因素比较多，如离子的配合状态、过电位以及金属离子放电时的相互影响等。因此仅从标准电极电位来预测金属共沉积是有很大的局限性的。为了使电极电位相差较远的金属实现共沉积，一般采用以下措施：

1）改变溶液中的金属离子浓度。增大电位较负金属的离子浓度使其电位正移，或降低电位正金属的离子浓度使其电位负移，从而使两者的电位接近。根据能斯特公式计算，对于两价金属离子而言，其浓度改变 10 倍，平衡电位仅移动 0.029V。多数金属离子的平衡电势相差较大，故通过改变金属离子浓度来实现共沉积，显然是难以实现。

2）选择适当的配合剂。金属配离子能降低离子的有效浓度，使电势较正金属的平衡电势负移，从而使电势相差大的两种金属的平衡电势接近。例如，在硫酸盐的单盐溶液中铜和锌的平衡电势分别为+0.285V 和-0.815V，两者相差高达 1.100V，当铜和锌被氰化物配合之后，铜的平衡电势负移至-0.620V，而锌的平衡电势负移至-1.077V，两者相差缩小为 0.457V。当通过 0.5A/dm^2 电流时，配合物溶液中的铜和锌的极化电势分别为-1.448V和-1.424V，仅相差 0.024V，所以配合剂的加入使电势相差大的金属共沉积成为可能。另外，由于金属离子在配合物溶液中形成了稳定的配合离子，使阴极上析出的活化能提高了，于是就需要更高的能量才能在阴极上还原。所以阴极极化也增加，这样才有可能使两种金属离子的析出电位接近或相等，以达到共沉积的目的。

3）溶液中加入添加剂。添加剂对金属平衡电位的影响是不大的，而对金属沉积的极化则往往有明显的影响。添加剂在阴极表明的阻化作用常具有一定的选择性，对某些金属沉积起作用，而对另一些金属则无效。目前仅有少数例子通过添加剂使两种金属共沉积成为可能，例如含有铜离子和铅离子的溶液中，添加明胶可以实现合金的共沉积。为了实现金属共沉积，在电镀液中可单独加入添加剂，也可以和配合剂同时加入。

8.4.2 共沉积类型及沉积层结构类型

根据合金电沉积的动力学特征以及槽液组成和工艺条件，可将合金电沉积分为正常共沉积和非正常共沉积两大类。其中正常共沉积的特点是电位较正的金属总是优先沉积。依据各组分金属在对应溶液中的平衡电极电位，可定性地推断出在合金镀层中各金属的含量。正常共沉积又可分为三种：

（1）正则共沉积。这种金属共沉积的特点是受扩散控制。合金沉积层中电位较正金属的含量，随阴极扩散层中金属离子总含量增多而提高。电沉积工艺条件对沉积层组成的影响，可由槽液在阴极沉积层中金属离子的浓度来预测，并可用扩散定律来估计。因此，提高槽液中金属离子的总含量，减小阴极电流密度，提高槽液的温度或增加搅拌等，能增加阴极扩散层中金属离子浓度的措施，都能使合金沉积层中电位较正金属的含量增加。简单金属盐电沉积溶液一般属于正则共沉积。例如：镍钴、铜铋和铅锡合金，从简单金属盐溶液中实现的共沉积，就属于此类。有的配合物电解液也能得到此类共沉积。若能取样测出阴极溶液界面上各组分金属离子的浓度，就能推算出合金沉积层的组成。如果各组分金属的平衡电极电位相差较大，且共沉积不能形成固溶体合金时，则容易形成正则共沉积。

（2）非正则共沉积。这类共沉积的特点，主要是受阴极电位控制，即阴极电位决定了沉积合金组成。电沉积工艺条件对合金沉积层组成的影响比正则共沉积小得多。有的槽液组成对合金沉积层各组分的影响遵守扩散理论；而另一些却不遵守扩散理论。配合物槽液，特别是配合物浓度对某一组分金属的平衡电极电位有显著影响的槽液，多属于此类共沉积。例如：铜和锌在氰化物槽液中的共沉积。另外，如果各组分金属的平衡电位比较接近，且易形成固溶体的槽液，也容易出现非正则共沉积。

（3）平衡共沉积。平衡共沉积的特点是在低电流密度下（阴极极化非常小），合金沉积层中组分金属比等于槽液中各金属离子浓度比。当将各组分金属浸入含有各组分金属离子的槽液中时，它们的平衡电极电位最终会变得相等。在此类槽液中以低电流密度电解时（即阴极极化很小）发生的共沉积，即称为平衡共沉积。在通常的槽液中，属于平衡共沉积的类型并不多。例如：在酸性槽液中沉积铜铋合金和铅锡合金等属于此类。而对于非正常共沉积这类共沉积，目前对它的研究还不多，虽也提出了几种不同的机理，但还不够成熟。非正常共沉积又可分为异常共沉积和诱导共沉积。这两种共沉积现在还不能按基本理论预测。

1）异常共沉积。异常共沉积的特点是电极电位较负的金属反而优先沉积。对于给定槽液，只有在某种浓度和某些工艺条件下（即特定条件）才出现异常共沉积，当条件有了改变，就不一定出现异常共沉积。锌与铁族金属形成的合金或者铁族金属之间形成的合金，多属于此类共沉积，例如：锌铁、锌镍、锌钴、镍钴、铁钴和铁镍合金等。这类合金在沉积层中，电位较负金属的含量总是比电位较正金属组分的含量高。

2）诱导共沉积。从含有钛、钼和钨等金属的水溶液中是不可能沉积出纯金属沉积层的，但可与铁族金属形成合金而共沉积出来，这类沉积就称为诱导共沉积。诱导共沉积与其他类型的共沉积相比，则更难推测出电解液中金属组分和工艺条件的影响。通常把能够促使难沉积金属共沉积的铁族金属称为诱导金属。诱导共沉积的合金有：镍钼、钴钼、镍钨、钴钨和铁钨等。其中钼钨与铁族金属共沉积形成的合金，由于电沉积时阴极电流效率高，可作为高熔点合金。根据铁族金属的作用对于诱导共沉积的机理，曾提出了多核配合物的形成及接触还原和中间相生成等理论。

金属发生共沉积后，将形成不同的结构类型，主要有机械混合物合金、固溶体合金、金属间化合物、非晶态合金等。

（1）机械混合物合金。形成合金的各组分（金属或非金属）仍保持原来组分的结构和性质，这类合金称为机械混合合金。如电沉积得到的 Sn-Pb、Cd-Zn、Sn-Zn 和 Cu-Ag 合金等，它是各组分晶体的混合物，组分金属之间不发生相互作用，各组分的标准自由能也同纯金属一样，平衡电位不发生变化。

（2）固溶体合金。将溶质原子溶入溶剂的晶格中，仍保持溶剂晶格类型的金属晶体称为固溶体。通常把溶质原子分布于溶剂间隔中形成的固溶体，称为间隙固溶体；把溶质原子占据溶剂晶格的一些结点，即溶剂原子被溶质原子置换的固溶体，称为置换固溶体。形成固溶体时，虽然保持着溶剂金属的晶体结构，但由于溶质原子和溶剂原子的尺寸大小不可能完全相同，随着溶质原子的溶入，固溶体的晶格常数将会发生不同程度的变化，其变化程度和规律与固溶体的类型、溶质原子的大小及其溶入量（浓度）等有关。对于置换固溶体，若溶质原子半径大于溶剂原子半径，则晶格常数将随溶解度的增加而增大；反之，固溶体的晶格常数将减小。对于间隙固溶体，晶格常数总是随着溶质溶解度的增加而增大。

（3）金属间化合物。金属间化合物是合金组分发生相互作用而生成的一种新相，其晶格类型和性能完全不同于任一组分，一般可用分子式表示其组成。它与普通化合物不同，除离子键和共价键外，金属键也在不同程度上起作用，使这种化合物具有一定程度的金属性质，故称为金属间化合物，如 Cu-Sn 合金（Cu_6Sn_5）、Sn-Ni 合金（Ni_3Sn_2）等。金属间化合物一般具有复杂的晶体结构、熔点高、硬而脆。当合金中出现金属间化合物时，通常能提高合金沉积层的硬度和耐磨性，但会降低其塑性。金属间化合物的种类很多，根据其形成条件，可划分为正常价化合物和电子化合物。正常价化合物的特点是符合一般化合物中的原子价规律，成分固定，并可用化学分子式表示。通常由化学性能上表现出强金属性的元素与非金属或类金属元素组成，如 Mg_2Sn、Mg_2Pb 等。这类化合物具有很高的硬度和脆性。电子化合物则不遵守原子价规律，但其晶体与电子密度有一定的对应关系：电子密度为 3/2 的电子化合物，通常具有体心立方结构，称为 β 相，如 CuZn、Cu_5Sn 等；电子密度为 21/13 的电子化合物，具有复杂立方结构，其晶胞由 52 个原子组成，称为 γ 相，如 Cu_5Zn_6 等；电子密度为 7/4 电子化合物，具有密排六方结构，称为 ε 相，如 Cu_3Zn、$CuZn_3$ 等。电子化合物原子之间为金属键，因而具有明显的金属特性，它的熔点和硬度都很高，但塑性较低。

（4）非晶态合金。电沉积得到的非晶态合金，一般是以过渡元素（如铁、钴、镍等）为主，含有少量的磷、硼、钼、钨、铼等的合金，如 Ni-P、Ni-B、Fe-Mo、Co-Re 和 Cr-

W 等。非晶态合金的原子排序是无序的，所以没有晶粒间隙、位错等晶格缺陷，也不会出现某一成分的偏析现象，它是各向等同的均匀合金，由于其独特的结构，其化学、物理和力学性能均与晶体不同。非晶态合金属于介稳结构，它对热具有不稳定性，在加热过程中结构会发生变化，并引起原子重排而逐渐结晶化，就可以形成均匀置换固溶体，其晶格原子位置由该两种原子随机占据。

思 考 题

8-1 金属沉积的电极过程包括哪些步骤？各步骤的物理意义是什么？各步骤之间的关系及在沉积过程中的作用是什么？

8-2 金属还原的可能性为什么以铬分族分界？如果任意指定一种金属，该怎样来判断它是否自水溶液沉积？

8-3 新相生成与过饱和度有什么关系？在电极结晶中过饱和度用什么关系式来表示？

8-4 电极结晶过程中分哪些步骤进行？提出什么模型来解释电极结晶机理？

8-5 相变极化有哪些类型？

8-6 形核理论成立的条件及形核理论的基本观点。

8-7 影响电极结晶生长的因素有哪些？实际的结晶生长情况如何？

8-8 何谓结晶过电位，写出其表达式，如何确定结晶过电位的存在？

8-9 表面活性物质对电极结晶过程是如何发生影响的？

8-10 什么是外延？什么是织构？用最小能量原理和微观动力学理论简单解释织构的形成。

8-11 研究金属的共沉积有何重要意义？如何实现金属的共沉积？

8-12 离子共同放电的基本条件是什么？

8-13 金属共沉积有哪五种类型，说明其特点并举出应用的实例？

8-14 假设含有活度皆为 1 的两种金属离子 Ni^{2+} 和 Cu^{2+} 的电解液进行电解，试计算铜离子浓度降低到什么程度才有镍与铜共同析出？（$a_{Cu^{2+}}=1.08\times10^{-20}$）

参 考 文 献

[1] 杨绮琴，方北龙，童叶翔．应用电化学［M］．2 版．广州：中山大学出版社，2005.
[2] 蒋汉瀛．冶金电化学［M］．北京：冶金工业出版社，1983.
[3] 李荻．电化学原理［M］．修订版．北京：北京航空航天大学出版社，1999.
[4] 查全性．电极过程动力学过程导论［M］．3 版．北京：科学出版社，2005.
[5] 杨辉，卢文庆．应用电化学［M］．北京：科学出版社，2001.
[6] 吴辉煌．电化学工程基础［M］．北京：化学工业出版社，2008.
[7] 黄子勋，吴纯素．电镀理论［M］．北京：中国农业出版社，1982.
[8] 于芝兰．金属防护工艺原理［M］．北京：国防工业出版社，1990.
[9] 章葆澄，电镀工艺学［M］．北京：北京航空航天大学出版社，1993.
[10] Schlesinger M（加），Paunovic M（美）．现代电镀［M］．翻宏义，译．北京：化学工业出版社，2006.
[11] 屠振密．电镀合金原理与工艺［M］．北京：国防工业出版社，1993.
[12] 陈范才．现代电镀技术［M］．北京：中国纺织工业出版社，2009.
[13] 郭鹤桐，刘淑兰．理论电化学［M］．北京：宇航出版社，1984.

9　金属阳极电极过程

本章导读

相比于阴极过程，通常阳极过程略显复杂，而且阳极过程的研究在理论和实践上均具有重要的意义。在电解过程中，阳极过程直接与电能消耗、电流效率相关；金属精炼时，与阴极串联的阳极防止其发生钝化而保持正常溶解是维持正常生产的保障；湿法冶金金属或硫化物的浸出、低品位矿石的堆浸或就地浸出就是利用腐蚀原电池原理利用阳极加速溶解得以进行。本章将对冶金工业中涉及的典型阳极过程——电解阳极过程和电精炼及浸出中涉及金属阳极溶解相关问题进行简要阐述（气体氧的阳极析出参见第7章）。

9.1　不溶性阳极和可溶性阳极

包括冶金在内的电化学工业生产中广泛应用的金属阳极有两种，即可溶性阳极与不溶性阳极。电解阳极过程和阴极还原过程相串联，其电极过程对电解效率、电能耗等影响甚大。作为阳极过程的载体——阳极，选用不溶性材料时，可使得槽液免受阳极溶解离子的较大干扰。作为不溶性阳极材料的有贵金属（铂，金等）、石墨和具有电子传导的金属氧化物。用铂作不溶性阳极材料比较理想，它可在多种腐蚀性介质中使用（除王水之外），但铂作为贵金属价格高昂，为此，工业中常采用镀铂或其他代用品。石墨在熔盐电解中是不可缺少的阳极材料，它可以抵抗氟化物的侵蚀，且容易提到光谱纯，在高纯金属制取中也常采用石墨作为电极，但在水溶液中石墨容易受电解液及析出的气体氧化侵蚀而松散破坏。冶金或化工电解工业中也常采用一些表面形成了金属氧化物层的材料作不溶性阳极，这种表层氧化物不溶于相应的电解液或溶解度很低，并具有电子导电性，例如，以钛为基的形稳阳极（Dimension Stable Anode，DSA），其表面形成 TiO_2、RuO_2、IrO_2 等氧化物。表9-1罗列出了一些冶金等电解工业常用的不溶性阳极。从表9-1中可以得出：对于阳极

表9-1　冶金等电解工业常用的不溶性阳极

不溶性阳极组成	阳极表面氧化膜构成	应 用 工 况
	硫酸介质中	
磁　铁	Fe_2O_3	应用范围有限
Pb+（4%~12%）Sn	$PbO_2+Sn_2O_3$	铜电解
铁硅合金（含13% Si）	$Fe_2O_3+SiO_2$	铜电解
Pb-Ag合金	$PbO_2+AgO(+Sb_2O_3)$	锌、锰等电解
	其他电解质中	
Ti	$TiO_2+RuO_2+IrO_2$	氯化物电解
Pt	PtO_2	高纯金属及氯化物电解
Pb及Pb-Sn合金	PbO_2，SnO_2	电镀铬

电解材料选择上，要求阳极材料在所使用的环境具有很高的耐蚀性，同时具有良好的电化学活性，具有较低的主反应过电位（保证阳极反应迅速进行，避免造成对阴极反应的阻滞）、较高的副反应过电位（抑制副反应）及良好的导电性、机械加工性能和较好的经济社会效应。需要指出的是不溶性阳极并非绝对不溶，电解液中存在的 Cl^- 和 ClO_3^- 等侵蚀性离子，可能会破坏阳极表面的氧化膜而使得服役性能降低。

铜镍电精炼和大多数电镀和电铸生产中通常倾向于使用可溶性阳极。利用在电解过程中正常的阳极溶解，使得阴极电沉积消耗的金属离子可得以补充，从而便于维持沉积槽液的自然稳定性。理想的可溶性阳极应具备：

（1）溶解性能好，极限电流密度较高；

（2）阳极和阴极电流效率尽量接近；

（3）阳极溶解均匀，应尽量避免产生阳极泥；

（4）阳极尽量有足够的纯度，以免可溶性杂质污染槽液，恶化沉积层性能。阳极对于维持和保证正常的电沉积过程十分重要，阳极的正常溶解直接影响槽液的物料平衡，槽液、沉积层的性能稳定性。在金属电解精炼中，通常都用粗金属作可溶性阳极。工业上也还有用金属硫化物作阳极进行电解的（如矿浆电解），阴极上析出金属，称之为金属硫化物直接电解。此外，还可以用一些不溶性化合物作阳极，与电解析出物作用生成可溶性化合物而溶解，例如，某些不溶性金属氧化物与电解氯化物时析出的氯气作用，生成可溶性氯化物等。

可溶性阳极和不溶性阳极在一定条件下会相互转化。例如精炼/电镀镍溶液中氯化物含量过低、光亮硫酸盐镀铜中的磷铜阳极含磷过高致使磷膜太厚、光亮硫酸盐镀锡中的电流密度过高等，都会使可溶性阳极发生钝化，阳极电流效率降低，槽液组分失调。又如电镀铬中使用的铅合金阳极，如果镀液中的 F^-、Cl^- 浓度较高，铅合金阳极会发生阳极溶解成为可溶性阳极。实际生产中也可以采用可溶性阳极与不溶性阳极联合使用，这是对不溶性阳极的一种改进。槽液中消耗量大的金属离子，采用可溶性阳极补充，消耗量不大的金属离子，则用金属盐或氧化物补充。例如电沉积钴含量较低的镍钴合金时，用镍和不锈钢联合阳极，钴离子以硫酸钴或氯化钴形式加入补充。采用一部分不锈钢阳极是为了调节镍阳极的电流密度，防止镍阳极钝化。

9.2 阳极的活性溶解

金属的阳极过程比阴极过程要复杂得多，但从电加工生产的正常维持考虑，则要求金属的阳极必须是定量地溶解；在电解精炼金属时，金属阳极中虽含有多种组分，但只能允许其中一种组分以一定的离子形式定量地溶解，其他成分则以阳极泥的形式沉入槽底；实际上很多金属的阳极过程都是相当复杂的，随着电极电位的变化，不仅反应速度发生很大的变化，而且常常出现一些新的反应。此外，金属的阳极过程在金属腐蚀与防护领域中也是一个非常重要的问题，因此，研究金属阳极过程的反应机理及规律很有必要。

金属阳极溶解可分为化学介质中的溶解和化学介质中的电化学溶解（存在明确电场强化作用下的电解、精炼等阳极过程），作为阳极的电极过程则可出现阳极活性溶解和钝化两种状态。对于化学介质中阳极金属的活性溶解过程是金属基材与环境相互作用下因形成局部腐蚀原电池反应导致金属被不断消耗的一种状态。从腐蚀的角度看，它属于广泛发生的电化学腐蚀，服从于腐蚀原电池机理。对于金属在化学介质发生腐蚀，按照电化学反应历程，而不是选择化学反应历程，首先反应可以分成两个半反应，并分别在各自最适宜其进行的地点进行，而无须在所有反应粒子碰撞在一起时才能发生，反应的概率要大得多。其次，既然两个半反应可以同时地在不同的地点进行，它们就会分别选择在各自电极左侧反应物体系的吉布斯自由能最高、因而活化能位垒最低的地点进行，所以反应速度常数要远高于化学反应的速度常数。而且，化学反应路径中固体的反应产物是就地生成的，它们可能会阻碍反应物粒子进一步碰撞；而电化学反应在两个半电极反应进行时，最终的固体反应产物是由两个半反应生成的离子扩散后相遇生成的沉淀，它对两个半反应的进行影响很小或甚至可能没有影响。所以整个腐蚀过程按两个半反应进行的阻力远远小于按化学腐蚀的路径进行的阻力。金属材料阳极的电化学腐蚀溶解会造成材料的快速损伤，但对于湿法冶金浸出过程，则需要利用金属矿（包括废金属）和硫化矿等阳极快速腐蚀，实现高效浸出。例如在人造金红石的生产中，其中一种办法就是将钛铁矿中的铁还原成金属铁，然后将其腐蚀成氧化物，利用这种铁是氧化物，用重选等方法很容易与 TiO_2 分开而获得纯金红石。某些氧化镍矿被还原成金属镍后，可进行腐蚀浸出，因此，加速的阳极溶解过程可提高浸出效率。

对于酸液中锌的腐蚀来看，在锌表面有电位正于锌的杂质铜存在时，在铜上发生氢离子放电：$2H^+ + 2e = H_2$，而金属锌则发生离子化反应：$Zn = Zn^{2+} + 2e$，实际上，Zn 电极的腐蚀也可以看做是氢离子放电和金属锌离子化单个电极反应相互极化下的自动溶解，因此，这与化学介质中电化学溶解具有相同的反应实质。这一反应过程如图 9-1a 所示，其腐蚀速率取决于：

（1）锌的电极电位和在杂质铜上析出氢电位之间的差值；

（2）微电池的数量；

（3）锌的表面积；

（4）电解质的导电性能。硫化铅（矿）的浸出类似于锌的腐蚀原电池，如图 9-1b 所示。其阴极过程：

$$1/2O_2 + 2H^+ + e = H_2O \tag{9-1}$$

阳极过程：

$$PbS = Pb^{2+} + S^0 + 2e \tag{9-2}$$

影响浸出速度的因素依照腐蚀学中对于酸液中锌腐蚀的分析，可以得出其阴、阳极反应的平衡电位差是反应的驱动力，阴、阳极过程的反应极化率（电化学腐蚀过程中电极电位随电流变化的极化曲线的变化率，当电流增加时，电极电位的变化很小，表明电极过程受到的阻滞较小，即电极的极化率较小）、电解质的导电能力、作用的有效面积和数量均直接相关于浸出速度和效率。根据阴、阳极极化率与欧姆电阻的大小程度也可以将浸出控制因素，分为阳极控制、阴极控制和混合控制。在了解了影响浸出速度的因素后，就可以设法加速或阻滞浸出过程，以达到预期的目的。利用腐蚀电化学原理中的相关内容对调湿法冶金浸出的电化学机理分析、生产控制均具有重要的参考价值，这方面可参考曹楚南编著的《腐蚀电化学原理》相关内容。

金属阳极溶解过程通常服从电化学极化规律，当阳极反应产物是可溶性金属离子，由

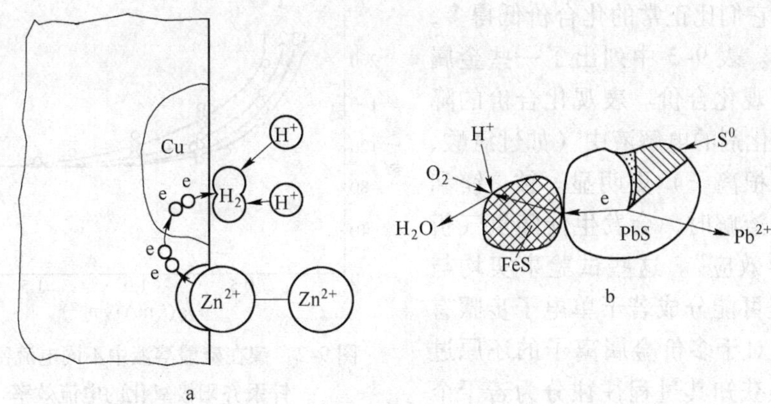

图 9-1 金属微电池腐蚀和硫化铅(矿)浸出对比示意图

a—金属微电池腐蚀；b—硫化铅(矿)的浸出

电化学极化动力学（参见第6章），阳极电流密度 i_a 与阳极过电位 η_a 满足 Butler-Volmer 方程，即：

$$i_a = \overleftarrow{i} - \overrightarrow{i} = i^0 \left[\exp\left(\frac{\beta F}{RT}\eta_a\right) - \exp\left(-\frac{\alpha F}{RT}\eta_a\right) \right] \tag{9-3}$$

在高过电位区，符合 Tafel 公式：

$$i_a = i^0 \exp\left(\frac{\beta F}{RT}\eta_a\right)$$
$$\eta_a = -\frac{2.3RT}{\beta F}\lg i^0 + \frac{2.3RT}{\beta F}\lg i_a \tag{9-4}$$

对于不同的金属阳极，交换电流密度 i^0 数值不同，因此阳极极化作用也不同。通常大多数金属在活性溶解时的交换电流密度 i^0 是比较大的，所以阳极极化一般不大。实验测定的阳极反应系数（表 9-2）往往比较大，即电极电位变化对阳极反应的加速作用比阴极过程显著，所以阳极极化度一般比阴极极化度要小。

表 9-2 一些金属电极的传递系数

电极体系	α(或 α_n)	β(或 β_n)	电极体系	α(或 α_n)	β(或 β_n)
Ag | Ag^+	0.5	0.5	Cd(Hg) | Cd^{2+}	0.4~0.6	1.4~1.6
Tl(Hg) | Tl^+	0.4	0.6	Zn | Zn^{2+}	0.47	1.47
Hg | Hg^{2+}	0.6	1.4	Zn(Hg) | Zn^{2+}	0.52	1.40
Cu | Cu^{2+}	0.49	1.47	In(Hg) | In^{2+}	0.9	2.2
Cd | Cd^{2+}	0.9	1.1	Bi(Hg) | Bi^{2+}	1.18	1.76

在金属阳极溶解时可能出现一类特殊现象——即有许多金属阳极溶解的电流效率大于 100%。例如，锌汞齐在过氯酸溶液中进行阳极溶解时，电流密度越小，电流效率越高(图 9-2)。较低电流密度时，按二价锌计算，其电流效率甚至达 200%。镍在硫酸溶液中阳极溶解时，当有氧化剂存在，电流密度分别为 1.5mA/cm² 和 5mA/cm² 时，电流效率分别为 178% 和 138%。在硫酸盐溶液中电解精炼铜时，阳极溶解电流效率大于阴极析出电流效率，因此就定期从电解液中沉淀出硫酸铜作为副产品。根据阳极溶解时表观化合价

的测定指出，它们比正常的化合价低得多，甚至是分数值。表 9-3 中列出了一些金属阳极溶解的表观化合价。表观化合价的降低，在含有氧化剂的电解液中（如过氯酸、氯离子和硝酸根离子）更明显。铍、镁和铝等金属阳极溶解时，会发生伴随氢气析出的“负差异效应”。这些试验事实均与金属阳极过程可能分成若干单电子步骤有关。在第 6 章对于多价金属离子的还原过程讨论中已经获知其过程往往分为若干个单电子，其中速度控制步骤常常为得到“第一个电子”的步骤[$Me^{n+}+e\rightarrow Me^{(n-1)+}$]，因此，阳极溶解反应的控制步骤很可能是“最后一个电子”的转移[$Me^{(Z-1)+}+e\rightarrow Me^{Z+}$]，所以阳极极化增大时中间价粒子的浓度应该显著增大。目前已有若干试验事实支持这一推论。例如，当铟汞齐和铋汞齐阳极溶解时可用第三电极检测到溶液中的 In^{+} 和 Bi^{+}。对于中间粒子累积到一定浓度，则可能发生某些其他反应（Cu^{+} 歧化反应造成铜的再沉积，高活性中间粒子被活性组分氧化产生负差异效应）。需要指出的，差数效应是指电解池（腐蚀电池）中常作为阳极的金属在一个外加的比金属自腐蚀电位略正的极化作用下作为阳极的金属的腐蚀变化，常见金属阳极在极化时与未极化状态相比，自腐蚀速率变小，称为正差数效应。而负差数效应是铍、镁和铝等金属在腐蚀介质中出现的一个特殊现象，即在外加阳极电流或电位的条件下，随阳极极化电位或电流的增加，材料的“自腐蚀溶解速度”反而增加。对于负差数效应产生原因不能以简单的动力学过程加以解释，腐蚀界曾提出过几种机制。

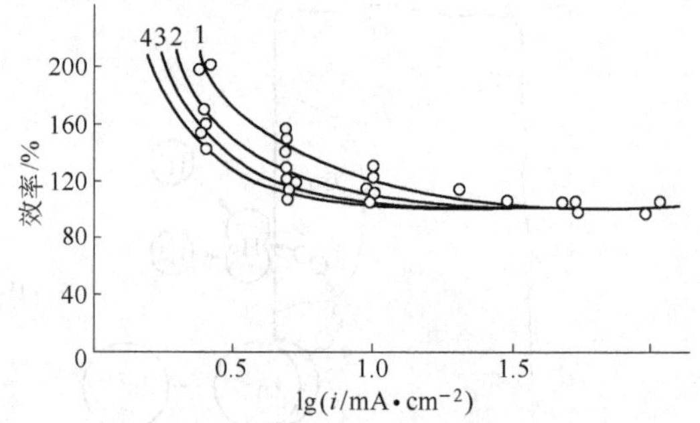

图 9-2 镍在硫酸溶液中不同电流密度下锌汞齐阳极氧化的电流效率

1—0.1183mol/L HCl；2—0.1mol/L HCl+0.9mol/L NaCl；3—0.1mol/L $HClO_4$；4—1mol/L $HClO_4$

表 9-3 水溶液中阳极溶解时某些金属的表观化合价

金属	Be	Al	Mg	Zn	Ti	Ga	In	Mn	Mg
正常化合价	2	3	2	2	3	3	3	3	2
表观化合价	1.0	1.3	1.2	1.4	1.5	1	1	1.7	1

（1）金属的阳极极化使金属的表面状况同极化前相比有了剧烈的改变，而这种改变又恰好能使金属的自腐蚀速度剧烈增加，这时就会出现负差数效应；

（2）某些金属在一定的条件下阳极极化时，除了阳极溶解外，还同时有未溶解的金属微小晶粒或粉末粒子脱落，在这种情况下，如果依靠称量试样的质量来测定腐蚀速度，就会得到过大的自腐蚀速度数值，从而出现负差数效应；

（3）有些金属在一些腐蚀介质中阳极溶解的直接产物是低价离子，然而溶于腐蚀介质中的低价离子可通过化学反应的途径被氧化为更高价数的最终产物，在这种情况下，如果按形成最终产物的价数来应用法拉第定律以外测阳极电流密度计算金属阳极溶解速度，就会得出金属的实际失重结果远大于按法拉第定律计算所得的失重结果，从而得到表观上看起来是负的差数效应。对于铜精炼时，类似于阴极分步放电一样，阳极上也能先生成低价离子，然后再转化为正常化合价离子。其平衡电位已知为：

$$
\left.\begin{aligned}
Cu^{+}+e &= Cu \qquad E_e^{\ominus}=0.51V \\
Cu^{2+}+2e &= Cu \qquad E_e^{\ominus}=0.34V \\
Cu^{2+}+e &= Cu^{+} \qquad E_e^{\ominus}=0.17V
\end{aligned}\right\} \tag{9-5}
$$

对于镁的表观化合阶小于2的解释,镁阳极溶解按下式进行是可能原因之一:

$$
Mg \longrightarrow Mg^{+}_{吸附}+e \begin{cases} \longrightarrow Mg^{2+} \\ \longrightarrow Mg^{+}+H_2O \longrightarrow Mg^{2+}+\frac{1}{2}H_2O+OH^{-} \end{cases} \tag{9-6}
$$

这也能同时说明为什么在这些金属阳极溶解时有氢的析出。但另一些金属(如锌、镉、锡等),它们的一价离子不是那么强的还原剂,因此不能与水起次级反应。如果溶液中有过氯酸或硝酸等强氧化剂时,它们将发生反应:

$$6Zn^{+}+ClO_3^{-}+3H_2O \longrightarrow 6Zn^{2+}+Cl^{-}+6OH^{-} \tag{9-7}$$

$$2Cd^{+}+NO_3^{-}+H_2O \longrightarrow 2Cd^{2+}+NO_3^{\,-}+2OH^{-} \tag{9-8}$$

$$8Sn^{+}+NO_3^{-}+6H_2O \longrightarrow 8Sn^{2+}+NH_3+9OH^{-} \tag{9-9}$$

可见,生成低价离子是阳极效率大于100%的可能原因。这种现象发生在极化较低时,提高极化后这种现象便会减弱或消失。

另外,用粗金属作阳极或用废合金作阳极进行电解精炼时,各组分的溶解规律与它们在阳极中的状态有关,从相图可知,组分间可以形成固溶体和化合物,其阳极溶解的电化学行为可从电位-组成图看出。例如锌-镉合金,其电位-组成图如图9-3所示。电位通过组成 Zn | 10.5mol/L $ZnSO_4$ | Zn-Cd 原电池测定,在锌大于10%时,锌和镉形成机械混合物,电位等于锌的电位,锌优先溶解进入溶液,当镉含量达93%以上时,形成固溶体,电位发生变化而表现出镉电位的特征。而对于Cu-Zn组成的黄铜合金,不同的组成会使中间过程形成一系列金属间化合物:Zn_6Cu,Zn_2Cu,ZnCu,$ZnCu_2$,每种金属间化合物都有它们的特征电位(图9-4),阳极溶解时也是从相对负电位的化合物开始。电解精炼时如果控制电位,使较正电位的杂质留在阳极泥中,在阴极析出时,使较负电位的杂质留在溶液中,从而达到了提纯金属的目的,使该过程反复进行可得到极纯金属,这就是电解精炼的理论基础。

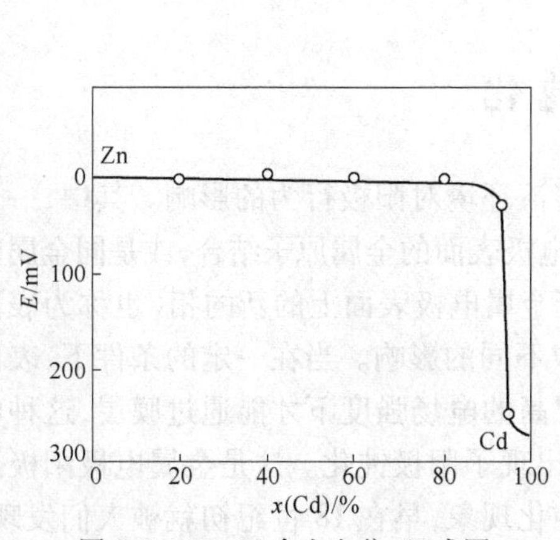

图9-3 Zn-Cd 合金电位-组成图

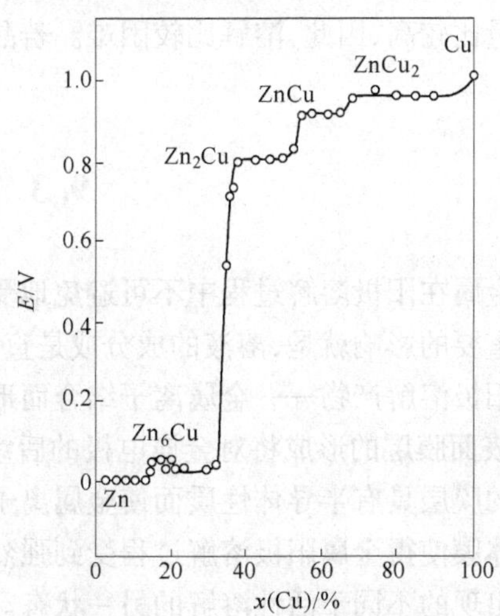

图9-4 Cu-Zn 合金电位-组成图

金属硫化物可以直接制备成阳极,同一般金属阳极一样进行电解精炼,而且能很好地抑制金属阳极的钝化。例如,工业上已经实现用高冰镍阳极电解制取金属镍。高冰镍的主要成分是 Ni_3S_2,并含有高达 3% 的硫化铜、硫化铁以及少量的金属镍。其阳极反应是按照负电位的组分首先被氧化,例如硫化镍可按下述方式溶解:

$$Ni = Ni^{2+} + 2e \qquad E = -0.25 + 0.030\lg a_{Ni}^{2+} \tag{9-10}$$

$$Ni_3S_2 = 2NiS + Ni^{2+} + 2e \qquad E = 0.039 + 0.030\lg a_{Ni}^{2+} \tag{9-11}$$

$$NiS = Ni^{2+} + S^0 + 2e \qquad E = 0.104 + 0.030\lg a_{Ni}^{2+} \tag{9-12}$$

$$Ni_3S + 8H_2O = 3Ni^{2+} + 2SO_4^{2-} + 16H^+ + 18e$$

$$E = 0.270 - 0.053pH + 0.01\lg a_{Ni}^{2+} + 0.007\lg a_{SO_4}^{2+} \tag{9-13}$$

硫化铜可能发生如下反应:

$$Cu_2S = CuS + Cu^{2+} + 2e \qquad E = 0.530 + 0.030\lg a_{Cu}^{2+} \tag{9-14}$$

$$Cu_2S = 2Cu^{2+} + S^0 + 4e \qquad E = 0.560 + 0.030\lg a_{Cu}^{2+} \tag{9-15}$$

$$CuS = Cu^{2+} + S^0 + 2e \qquad E = 0.590 + 0.030\lg a_{Cu}^{2+} \tag{9-16}$$

对于铁的硫化物也存在类似的反应。

金属阳极正常溶解的历程大致包括以下几个阶段,首先是金属晶格的瓦解破坏,变成吸附态的金属原子。然后是吸附态的金属原子失去电子变成金属离子,并且经水化成为水化离子(或者是金属离子与配合剂形成金属配离子)。如果产物疏散的阻力不大,则阳极极化的产生主要来自金属晶格的破坏及离子的水化。由于金属原子在晶格中所处的位置不同(图 9-5),其键能及与水分子的相互作用也不相同。例如,处在台阶、拐角处的原子,与它们相邻的原子数目少,需要克服的键能较小,而与其能接近的水分子数目较多,因而比较容易溶解。而处在晶面上的原子,有 5 个面被其他金属键束缚着,只有一个面能与水分子相接触,需要的能量比较高,因此,溶解比较困难。若晶体结构中存在着螺旋位错,对金属的溶解也是有力的。

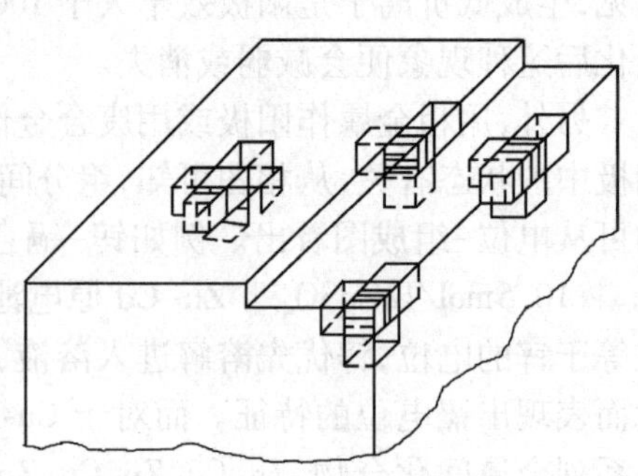

图 9-5 金属阳极溶解晶面模型

9.3 阳极钝化

金属在阳极溶解过程中不可避免地受到周围溶液环境对阳极行为的影响。其中,一个非常重要的影响就是,溶液的成分或是直接同金属电极表面的金属原子结合,或是同金属的活性阳极溶解产物——金属离子结合而形成覆盖于金属电极表面上的新的相(也称为表面膜),表面膜层的形成将对金属电极的后续溶解造成不同的影响。当在一定的条件下,表面生成的膜层具有半导体性质而使金属离子需要在很高的电场强度下才能通过膜层,这种电子导体膜使得金属阳极溶解过程受到强烈的抑制,出现了阳极钝化。这是金属电极阳极过程中出现的不同于活性溶解的另一状态。金属的钝化现象,早在 18 世纪初就被人们发现。例如,铁在稀硝酸中腐蚀很快,而在浓硝酸中则腐蚀很慢。1836 年,斯柯比(Schöbein)首先将金属在浓硝酸中获得的耐蚀状态称为钝态,这种现象被称为金属的钝化(passivation)。从此以后,人们对金属的钝化进行了更为广泛和深入的研究,使其在控制金属腐蚀和提高金属材料的耐蚀性方面发挥了十分重要的作用,同样的,在冶金生产过程中也存在钝化现象,维持正常电积/精炼生产和有效防止阳极钝化,也需要对其产生、特征和钝化本质和影响因素获得一定的认识。

根据金属钝化产生的条件,可将钝化分为化学钝化(chemical passivation)和阳极钝化(electrochemical passivation or anodized passivation)两种类型。

不论化学钝化还是阳极钝化,钝化时均表现出:

(1)金属变为钝态时,会出现一个较为普遍的现象,即金属的电极电位朝正的方向移动,例如 Fe 的电位为-0.5 ~ +0.2V,当钝化后升高到+0.5 ~ +1.0V;又如 Cr 的电位为-0.6 ~ +0.4V,钝化后为+0.8 ~ +1.0V。这样,由于金属的钝化而使电位强烈地正移,几乎接近贵金属(如 Au、Pt)的电位。由于电位升高,钝化后的金属失去它原有的某些特性,例如钝化后的铁在铜盐中不能将铜置换出来。

(2)金属钝态与活态之间的转换往往具有一定的不可逆性。例如将在浓硝酸中钝化的铝转置到本来不可能致钝的稀硝酸中,仍能保持一定程度的钝态稳定性,其稳定程度与环境的氧化性、温度和作用时间有关。

(3)钝化是一种表面化学性质的突变。在一定条件下,当金属的电位由于外加阳极电流或局部阳极电流而移向正方时,使原先活泼地溶解着的金属表面状态发生某种突变(以氧化物膜或吸附膜形式存在),由于这种突变,而使金属溶解速度急剧下降,金属表面状态发生突变的过程称为金属的钝化。金属钝化后所获得的耐蚀性质称为钝性。钝化后所处的状态称为钝态。化学钝化多是强氧化剂作用的结果,而电化学钝化则是外加电流的阳极极化产生的效应,尽管两者产生的条件有所不同,但是"电化学钝化"和"化学钝化"之间没有本质的区别。因为这两种方法得到的结果都使溶解中的金属表面化学性质发生了某种突变,这种突变使它们的电化学溶解速度急剧下降。对于浓硝酸中钝化的铝转置到本来不可能致钝的稀硝酸中,仍能保持一定程度的钝态稳定性,当使用外力在其表面轻擦导致表面膜层损伤,则钝态立即开始转变为最初的活性溶解状态。

需要澄清的是,还有一种称为"机械钝化"(mechanical passivation)的说法,即指在一定环境中,于金属表面上沉淀出一层较厚的、但又多少有些疏松的盐层。这种通常为非导体的盐层实际上起了机械隔离反应物的作用,从而降低了金属电化学活性和腐蚀速度。这类钝化现象显然不需要使金属的电极电位正移,甚至在盐的溶度积很低时,金属的电极电位还能负移。例如,铅在硫酸中、镁在水溶液里和银在氯化物溶液中等的情况就是如此。这与半导体电子钝化膜有本质区别。

9.3.1 有钝化作用的阳极极化曲线

金属在钝化现象出现之前,主要存在阳极的电化学极化和浓差极化,钝化后主要是钝化膜电阻极化占优势。通常金属在活化状态下,阳极极化变化不大,但到达钝态时,则阳极极化显著增大。因此,阳极钝化是金属钝态的特征之一。为了对钝化现象进行电化学研究,就必须研究金属阳极溶解时的特性曲线。图 9-6 是采用恒电位法测得的典型的具有钝化特性的金属电极的阳极极化曲线。Fe、Cr、Ni 及其合金在一定的介质条件下测得的阳极极化曲线都有类似的形状。图 9-6 中的整条阳极极化曲线被 4 个特征电位值(金属自腐蚀电位 E_{corr}、致钝电位 E_{pp}、维钝电位 E_p 及过钝化电位 E_{tp})分成四个区段。各区段的特点如下:

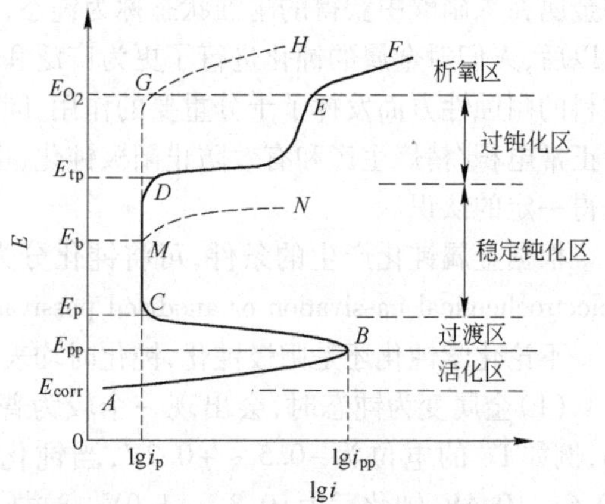

图 9-6　金属钝化过程的阳极极化曲线

AB 区:从 E_{corr} 至 E_{pp} 为金属的活化溶解区(active region)。金属按正常的阳极溶解规律进行,金属以低价的形式溶解为水化离子:

$$M+mH_2O \longrightarrow M^{n+} \cdot mH_2O+ne \quad (9\text{-}17)$$

对铁来说,即为:

$$Fe \longrightarrow Fe^{2+}+2e \quad (9\text{-}18)$$

曲线从金属的腐蚀电位 E_{corr} 出发,电流随电极电位升高而增大,溶解速度受活化极化控制,基本上服从 Tafel 方程式。E_{corr} 对应的金属腐蚀电流密度为 i_{corr}。

BC 区:从 E_{pp} 至 E_p 为活化-钝化过渡区。当电极电位到达某一临界值 E_p 时,金属的表面状态发生突变,金属开始钝化,这时阳极过程按另一种规律沿着 *BC* 向 *CD* 过渡,电流密度急剧下降。在金属表面可生成二价到三价的过渡氧化物:

$$3M+4H_2O \longrightarrow M_3O_4+ 8H^+ + 8e \quad (9\text{-}19)$$

对于铁,即为:

$$3Fe+4H_2O \longrightarrow Fe_3O_4+ 8H^+ + 8e \quad (9\text{-}20)$$

通常称 $B \sim C$ 区为钝化过渡区,相应于 *B* 点的电位和电流密度分别称为致钝电位 E_{pp} 和致钝电流密度 i_p。这标志着金属钝化的开始,具有特殊的意义。此区的金属表面处于不稳定状态。从 E_{pp} 至 E_p 电位区间,有时电流密度出现剧烈振荡。其真正原因目前还不十分清楚。在阳极极化过程中,如果切断电源,钝态金属的钝性即开始衰退而由钝态向活化态转变,与金属活化态的重新建立相对应的电位值即 Flade 电位,该电位可以被认为是使金属钝化的那个氧化物的平衡电位。但是到目前为止关于 Flade 电位的物理意义的看法仍不一致。

CD 区:从 E_p 至 E_{tp},金属处于稳定钝态,故称为稳定钝化区(passive region)。金属表面生成了一层耐蚀性好的钝化膜(passive film):

$$2M+3H_2O \longrightarrow M_2O_3+6H^++6e \quad (9\text{-}21)$$

对于铁,则为:

$$2Fe+3H_2O \longrightarrow \gamma\text{-}Fe_2O_3+ 6H^++6e$$

对于 *C* 点,有一个使金属进入稳定钝态的电位,称为维钝电位 E_p,并延伸到 E_{tp} 的维钝电位,从而形成 $E_p \sim E_{tp}$ 的维钝电位区。它们对应有一个很小的电流密度,称为维钝电流密度 i_p。金属以 i_p 速度溶解着,它基本上与维钝电位区的电位变化无关,即不再服从金属腐蚀动力学方程式。显然,在这里金属氧化物的化学溶解速度决定了金属的溶解速度。金属按式 9-21 反应来补充膜的溶解。故维钝电流密度是维持稳定钝态所必需的电流密度。因此,E_p、i_p 是钝化过程的重要参数。

DE 区:电位高于 E_{tp} 的区域,称为过钝化区(transpassive region)。当电极电位进一步升高,电流再次随电位的升高而增大,金属氧化膜可能氧化生成高价的可溶性氧化膜:

$$M_2O_3+4H_2O \longrightarrow M_2O_7^{2-}+8H^++6e \quad (9\text{-}22)$$

钝化膜被破坏后,腐蚀又重新加剧,这种现象称为过钝化(transpassivation)。对应于 D 点,金属氧化膜破坏的电位,称为过钝化电位 E_{tp}(transpassive potential)。

EF 区:当电极电位继续升高开始氧的析出区,即到氧的析出电位后,电流密度进一步增大,这是由于发生了下述氧的析出反应的结果:

$$4OH^- \longrightarrow O_2+2H_2O+4e \tag{9-23}$$

对于某些体系,不存在 DE 过渡区,直接达到 EF 析氧区,纯粹是 OH^- 离子放电引起的,这不称为过钝化。只有金属的高价溶解(或和氧的析出同时进行)才叫过钝化。

综上所述,阳极钝化的特性曲线至少有以下两个特点:

(1)整个阳极钝化曲线存在着四个特征电位(E_{corr}、E_{pp}、E_p、E_{tp})、四个特征区(活化溶解区、活化-钝化过渡区、稳定钝化区 $E_p \sim E_{tp}$、过钝化区)和两个特征电流密度(i_{pp}、i_p),成为研究金属或合金钝化的重要参数。

(2)金属在整个阳极过程中,由于它们的电极电位所处的范围不同,其电极反应不同,腐蚀速度也各不一样。如果金属的电极电位保持在钝化区内,即可极大地降低金属阳极的溶解速度。如果控制在其他区域,金属阳极的溶解就可能很大。

9.3.2 钝化理论

大量的研究使人们已经认识到金属发生钝化时,金属基体的性质并没有改变,而只是金属表面在溶液中的稳定性发生了变化。所以,金属钝化只是一种界面现象,是在一定条件下金属和溶液相互接触的界面上发生变化的现象。但究竟是什么引起金属表面钝化,其原因一直困扰着众多的研究者。为此,首先分析一下阳极极化过程中金属/溶液界面上可能发生的变化。在金属的阳极过程中,阳极极化使金属电极电位正移,氧化反应速度增大;金属的溶解使电极表面附近溶液中金属离子浓度升高。这些变化有助于溶液中某些组分与电极表面的金属原子或金属活性溶解的产物(金属离子)反应生成金属的氧化物或盐类,形成紧密覆盖于金属表面的膜层。由于金属的阳极溶解过程是金属离子从金属相向溶液相的转移,故其电极反应中的电荷传递是通过金属离子的迁移而实现的。当金属表面覆盖了膜层,且表面膜的离子导电性很低,即离子在膜中的迁移很困难时,金属阳极溶解反应就会受到明显抑制。然而,不同的膜有不同的电性质,若表面膜具有电子导电性(电子导体),如以电子和空穴为载流子的半导体膜,则虽然依靠金属离子从金属转移到溶液的金属阳极溶解过程受到抑制,但依靠电子转移电荷的其他电极反应仍可进行;若表面膜是非电子导体,则不仅金属阳极溶解被抑制,而且其他电极反应也被抑制。通常,只把前者看作钝化膜(能抑制金属溶解、而本身又难溶于介质的电子导体膜)。钝化膜通常极薄,可以是单分子层至几个分子层的吸附膜,也可以是三维的成相膜。钝化膜的存在使金属电极表面进行活性溶解的面积减小或阻碍了反应粒子的传输而抑制金属阳极溶解,或者因改变阳极溶解过程的机理而使金属溶解速度降低,从而导致钝化现象的出现。所以,金属表面生成钝化膜的过程就是钝化过程,具有完整的钝化膜的表面状态就是钝态,钝态金属的阳极行为特性则称为钝性。需要说明的是,膜的导电性质不仅与膜成分和结构有关,而且与膜的厚度有关。例如,较厚的铝合金氧化膜是非电子导体,然而该氧化膜在厚度小于几纳米时,电子可以借助隧道效应通过膜层而具有电子导体性质,这种极薄的氧化膜就是钝化膜,如铝合金在空气中形成的自然氧化膜。通常将金属表面与介质作用生成的较厚的非电子导体膜称为化学转化膜,例如铝合金表面的化学氧化膜、钢铁表面的磷化膜。

金属由活化状态转变成为钝态是一个相当复杂的暂态过程,其中涉及电极表面状态的不断变化,表面液层中的扩散和电迁移过程以及新相的析出过程等。前面介绍的诸因素又都可影响上述各过程的进行。因此,直到现在还没有一个完整的理论来说明所有的金属钝化现象。目前比较为大多数人所接受的解释金属钝化现象的主要理论有两种,即成相膜理论和吸附理论。

成相膜理论认为,金属钝态是由于金属和介质作用时在金属表面上生成一种非常薄的、致密的、覆盖性良好的保护膜,这种保护膜作为一个独立相存在,并把金属与溶液机械地隔开,使金属的溶解速度大大降低,亦即使金属转变为钝态。

吸附理论认为,金属钝化并不需要在金属表面生成固相的成相膜,而只要在金属表面或部分表面上生成氧或含氧粒子的吸附层就足够了。一旦这些粒子吸附在金属表面上,就会改变金属-溶液界面的结构,并使阳极反应的活化能显著提高而产生钝化。与成相膜理论不同,吸附理论认为金属能够呈现钝化的根本原因是由于金属表面本身反应能力的降低,而不是由于膜的机械隔离作用,膜是金属出现钝化后产生的结果。这种理论首先由德国人塔曼(Tamman)提出,后为美国人尤利格(Uhlig)等加以发展。

成相膜理论和吸附理论都能较好地解释相当一部分的实验事实,然而至今无论哪一种理论都不能圆满地解释各种实验现象。下面讨论两种理论存在的一些异同性和难以确定的问题。

两种理论的共同点是都认为,由于在金属表面上生成一层极薄的钝化层,从而阻碍了金属的进一步溶解。但该膜层的厚度、组成和性质如何,两个理论各有不同的解释。

吸附理论认为有试验表明在某些金属表面上不需要形成完整的单分子氧层就可以使金属钝化,但是实际上很难证明极化前电极表面上确实完全不存在氧化膜。界面电容的测量结果是有利于吸附理论的,但是对于具有一定离子导电性和电子导电性的薄膜,在强电场的作用下应具有怎样的等效阻抗值目前还不清楚。

两种理论的区别似乎不在于膜是否对金属的阳极溶解具有阻滞作用,而在于为了引起所谓钝化现象到底在金属表面上应出现怎样的变化。但是用不同的研究方法和对不同的电极体系的测量结果表明,不见得一切钝化现象都是由于基本相同的表面变化所引起的。事实上金属在钝化过程中,在不同的条件下或不同的时空阶段,吸附膜和成相膜可以分别起主导作用。

从所形成键的性质上来看,如果生成了成相的氧化膜,则金属原子与氧原子之间的键应与氧化物分子中的化学键没有区别,倘若仅仅存在氧吸附,那么金属原子与氧原子间的结合强度要比化学键弱些,然而化学吸附键与化学键之间并无质的差别。当阴离子在带有正电的电极表面吸附时更是如此。在电极电位足够高时,吸附氧层与氧化物层之间的区别不会很大。

成相膜理论与吸附理论之间的差别并不完全是对钝化现象的实质有着不同的看法,这还涉及钝化现象的定义及吸附膜和成相膜的定义等问题。为此有人试图将两种理论结合起来,以解释所有的钝化现象,这种观点认为:由于吸附于金属表面上的含氧粒子参加电化学反应而直接形成“第一层氧层”后,金属的溶解速度即已经大幅度地下降,然后在这种氧层基础上继续生长形成的成相氧化物层进一步阻滞了金属的溶解过程,不过这种看法目前还缺乏足够的证据。

从辩证的角度看，不应笼统地反对或支持某一种理论，而是应该研究个别发生钝态的情况，并得出在该条件下哪一种因素起主要作用。从这些特殊性质中以丰富和发展对钝化现象共同本质的认识。可以相信在借助日益先进的测试手段（原子力显微镜等表面分析、Mott-Scholtty电容分析等），在积累更多的实验数据基础上，突破性新理论的出现将在不远的将来。

9.3.3 影响金属钝化的因素

9.3.3.1 金属组成的影响

不同金属具有不同的钝化趋势，常见金属的钝化趋势按下列顺序依次减小：钛、铝、铬、钼、铁、锰、锌、铅、铜。这个顺序并不表明上述金属的耐蚀性也是依次减小，仅表示决定阳极过程由于钝化所引起的阻滞腐蚀的稳定程度。容易被氧钝化的金属称为自钝化金属，最具有代表性的金属是钛、铝、铬等。它们能在空气中或含氧的溶液中自发钝化，且当钝化膜被破坏时还可以重新恢复钝态。

9.3.3.2 钝化介质的影响

金属在环境介质中发生钝化，主要是因有相应的钝化剂的存在。钝化剂的性质与浓度对金属钝化产生很大的影响。一般钝化介质分为氧化性和非氧化性介质。不过钝化的发生不能简单地取决于钝化剂氧化性强弱，还与阴离子特性有关。例如 $K_2Cr_2O_7$ 没有 H_2O_2、$KMnO_4$ 和 $Na_2S_2O_8$ 的氧化能力强，但 $K_2Cr_2O_7$ 的致钝化性能却比后者强。对某些金属来说，可以在非氧化性介质中进行钝化，除前面提到的 Mo、Nb 在盐酸中、Mg 在氢氟酸中、Hg 和 Ag 在含 Cl^- 溶液中可钝化外，Ni 在醋酸、草酸、柠檬酸中也可钝化。

各种金属在各种不同的介质中能够发生钝化的临界浓度是不同的。应注意获得钝化的浓度与保持钝化的浓度之间的区别。如钢在硝酸中浓度达到 40% ~50% 时发生钝化，再将酸的浓度降低到 30%，钝态仍可较长时间不受破坏。

9.3.3.3 活性离子对钝化膜的破坏作用

介质中若有活性离子，如 Cl^-、Br^-、I^- 等卤素离子，则会促进金属钝态的破坏，其中以 Cl^- 的破坏作用最大。

对于 Cl^- 破坏钝化膜的原因，成相膜理论和吸附理论有不同的解释。成相膜理论认为，Cl^- 离子半径小，穿透能力强，比其他离子更容易在扩散或电场作用下透过薄膜中原有的小孔或缺陷，与金属作用生成可溶性化合物。同时，Cl^- 离子又易于分散在氧化膜中形成胶态，这种掺杂作用能显著改变氧化膜的电子和离子导电性，破坏膜的保护作用。恩格尔（Engell）和斯托利卡（Stolica）发现氯化物浓度在 3×10^{-4} mol/L 时，钝态铁电极上已产生点蚀。他们认为这是由于 Cl^- 离子穿过氧化膜与 Fe^{3+} 离子发生了以下反应：

$$Fe^{3+}(\text{钝化膜中})+3Cl^- \longrightarrow FeCl_3 \tag{9-24}$$

$$FeCl_3 \longrightarrow Fe^{3+}(\text{电解质中})+3Cl^- \tag{9-25}$$

该反应诱导时间为 200min 左右，它说明 Cl^- 离子通过钝化膜时有某种物质的迁移过程。然而，吸附理论则认为，Cl^- 离子破坏钝化膜的根本原因是由于它具有很强的可被金属吸附的能力。从化学吸附具有选择性这个特点出发，对于过渡金属 Fe、Ni、Cr、Co 等金属表面吸附

Cl^-比吸附氧更容易，因而Cl^-优先吸附，并从金属表面把氧排挤掉。我们已经知道，吸附氧决定着金属的钝态，尤利格在研究铁的钝化时指出，Cl^-和氧或铬酸根离子竞争吸附作用的结果导致金属钝态遭到局部破坏。由于氯化物与金属反应的速度大，吸附的Cl^-离子并不稳定，所以形成了可溶性物质，这种反应导致了孔蚀的加速。以上观点已通过示踪原子法实验得到证实。另外，Cl^-离子对不同金属钝化膜的破坏作用是不同的，Cl^-离子的作用主要表现在Fe、Ni、Co和不锈钢上，对于Ti、Ta、Mo、Wt和Zr等金属钝化膜破坏作用很小。成相膜理论认为，Cl^-离子与这些金属能形成保护性好的碱性氯化物膜。吸附理论认为，这些金属与氧的亲和力强，Cl^-离子难以排斥和取代氧。

9.3.3.4 温度的影响

介质温度对金属的钝化有很大影响。温度越低，金属越易钝化。反之，升高温度使金属难以钝化或使钝化受到破坏。其原因可认为是温度升高使金属阳极致钝电流密度变大，而氧在溶液中的溶解度则下降，因而钝化的难度增加。温度的影响也可用钝化的吸附理论加以解释，由于化学吸附及氧化反应一般都是放热反应，因此，根据化学平衡原理，降低温度对于吸附过程及氧化反应都是有利的，因而有利于钝化。

总之，钝化现象具有重要的实际意义，一方面可以用钝化现象提高金属或合金的耐蚀性，但另外一方面则在有些情况下要尽力避免钝化现象，如电镀/电精炼时阳极的钝化常造成阳极活性降低阻碍阳极溶解，导致槽液成分比例失调，从而影响电沉积效果。

9.4 影响金属阳极过程的因素

不同的金属电极阳极过程受电解质水溶液和电参数的影响，将表现出不同的电极反应，其中金属阳极溶解过程存在正常溶解和钝化两种状态。掌握这两种状态相互转化的条件，以根据生产的需要防止金属钝化或利用钝化现象，则是人们最关心的一个重要问题。尽管目前对产生钝化的机理还没有完全搞清楚，但人们从长期的实践中，积累了大量的实践经验，对影响钝化的主要因素有一定的认识，因而可根据已有的实践总结出若干规律，应用于阳极过程的控制。

9.4.1 阳极金属本性的影响

不同阳极金属的氧化还原能力不同，因而在相同条件下（如相同的阳极电位，或同种的溶液中）阳极溶解速度也是不同的。同样，不同阳极金属钝化的难易程度和钝态的稳定性也是不同的。最容易钝化的金属有铬、钼、铝、镍和钛等，这些金属在含有溶解氧的溶液中和空气中就能自发地钝化，并且有稳定的钝化状态，这种钝态在受到偶然因素的破坏时（如机械破坏等），往往能自行恢复。而其他的一些金属常常要在含有氧化剂的溶液中或在一定的阳极极化时才可能发生钝化。

如果固溶体合金中含有一定量的易钝化的金属组分，该合金也具有易钝化的性质，如铁中加入适当的铬、镍组分，经合金化后就可得到易钝化的不锈钢。有些金属阳极，如铁、铬、镍及其合金还会在一定阳极电位下发生过钝化现象，而另一些金属阳极（如锌）则没有这种现象。

金属阳极中少量杂质对于阳极溶解也往往会产生较大影响。如在电镀镍中使用S

0.02%镍阳极比采用电解镍阳极时的阳极极化值可降低400mV以上，而酸性镀铜中使用含P 0.05%的铜阳极极化值却会增大许多。在阳极金属自腐蚀溶解中也观察到大量有关微量组分对金属自溶解增速的例子。

9.4.2 溶液组成条件的影响

9.4.2.1 配合剂的影响

配合剂是很多电解液的主要组分，它不仅能形成金属配离子，提高阴极极化，而且对阳极过程也有重大影响。即游离配合剂的存在可以促进阳极的正常溶解，防止产生阳极钝化。例如，在氰化镀铜溶液中，游离氰化物都起着使氰化配离子稳定、增大阴极极化和促使阳极正常溶解的良好作用。当游离氰化物浓度增高时，阳极电流效率增大，可以正常溶解而不发生钝化，但阴极过程的电流效率则显著降低；反之，氰化物游离量降低时，阴极效率提高，但却会导致阳极钝化。可见，游离氰化物含量的高低，对阴极过程和阳极过程产生了不同的影响。如果考虑到氰化镀铜液本身的阴极极化已足够大，而不需要添加更多的游离氰化物来提高阴极极化时，那么如何控制游离氰化物的浓度在较低的范围，使阴极电流效率提高和允许采用较高的电流密度，使沉积速度加快，就成为首先应考虑的问题。目前对于配合剂一般认为增加阳极极化的配合会使得阳极表面溶解比较均匀，但也可能因此导致较易出现钝化。所以在实际生产中，选择配合剂及其含量时必须同时考虑它对阴极过程和阳极过程的影响。

9.4.2.2 活化剂的影响

有些物质有促进阳极溶解、防止钝化的作用，习惯上常称这些物质为“活化剂”。许多阴离子，特别是卤素离子，如 Cl^- 和 Br^- 离子等对阳极都有很好的活化作用，是电沉积中为防止阳极钝化时常用的活化剂。卤素离子对于阳极溶解的活化作用可能不限于通过改变双电层结构来影响电极反应速度，而是以一定的反应级数（可能形成表面配合物）直接参与电极反应。按照阴离子本身对于钝化电极的活化能力大小，一般可有如下排序：$Cl^- > Br^- > I^- > F^- > ClO_4^- > OH^-$。有时，因条件变化，这个顺序也可能有某些变更。例如在酸性精炼镍溶液中，镍阳极存在着显著的钝化倾向，即高的阳极极化下，OH^- 离子有可能在阳极上放电：$4OH^- - 4e \rightarrow 2H_2O + O_2$，氧的析出促使 Ni^{3+} 离子生成：$Ni^{2+} - e \rightarrow Ni^{3+}$；而 Ni^{3+} 不稳定，继而产生反应：

$$Ni^{3+} + 3H_2O = Ni(OH)_3 + 3H^+ \tag{9-26}$$

$$2Ni(OH)_3 = Ni_2O_3 + 3H_2O \tag{9-27}$$

棕褐色的 Ni_2O_3 覆盖在阳极上，使阳极的有效工作面减少，真实电流密度相应增大，从而又加速上述反应进行，使阳极钝化越来越严重。阳极钝化后，不能正常溶解导致溶液中镍离子浓度降低和 OH^- 离子放电造成溶液 pH 值下降。这些变化对于电沉积 Ni 会造成阴极镀层发脆，甚至出现片状脱落以及阴极电流效率降低（由于 pH 值降低而大量析氢的结果）。所以必须设法防止阳极钝化。目前有效的防止方法就是在电沉积镍电解液中加入大量氯化物（如 NaCl 或 $NiCl_2$）作为活化剂。

9.4.2.3 氧化剂的影响

溶液中存在氧化剂时，如硝酸银、重铬酸钾、高锰酸钾和铬酸钾等，均能促使金属发生钝化。而溶解于溶液中的氧、OH^- 离子、阳极反应析出的氧等，也是明显地促使金属钝化的钝化剂,上述镍阳极钝化的过程就是一例。

9.4.2.4 表面活性剂的影响

有些有机表面活性剂往往对金属的阳极溶解起阻化作用,如酸性溶液中添加含氮或含硫的有机化合物。这类表面活性剂称为阳极缓蚀剂,它的阻化作用可能是由于在电极表面的吸附,改变了双电层结构,引起电极反应速度改变。

9.4.2.5 pH值的影响

金属阳极在中性溶液中一般比较容易钝化,而在酸性溶液中则困难得多,这与阳极反应产物的溶解度往往有关。如果溶液中不含有配合剂或其他能与金属生成沉淀的阴离子,那么,大多数金属在中性溶液中阳极反应均生成溶解度很小的氢氧化物或难溶盐,引起金属表面钝化。而在强酸溶液中,则可能生成溶解度大的金属离子。某些金属在碱性溶液中也会生成有一定溶解度的酸根离子(如ZnO_2^{2-}),因而也不易钝化。

9.4.2.6 温度

介质温度对金属的钝化有很大影响。温度越低,金属越易钝化。反之,升高温度使金属难以钝化或使钝化受到破坏,阳极活性溶解因温度升高而加速。

9.4.3 电参数的影响

9.4.3.1 电流密度的影响

这是工艺因素中对阳极过程影响最显著的一个因素。当阳极电流密度小于临界钝化电流密度时,提高阳极电流密度,可以加速金属的溶解。从阳极充电曲线(图9-7)可以看到阳极电位随时间只缓慢地变化,这是由金属的阳极溶解使电极表面液层中金属离子浓度增大引起的。当阳极电流密度i_a大于临界钝化电流密度i_{pp}时,提高阳极电流密度将显著地加速金属的钝化过程。在图9-7中,电流通过一定时间后,阳极电位发生突跃,即阳极转为钝态,从开始通电到电位突跃所需的时间叫钝化时间,以t_p表示。可以看出,i_{pp}越大,t_p越短;i_{pp}越小,t_p越长。这说明阳极电流密度越大,越容易建立钝态。碱性电沉积Sn中,常见电流密度对阳极过程有明显的影响。图9-8所示为Sn阳极在碱性槽液中的阳极极化曲线,开始(B点)随着阳极电流密度的增加,阳极电位发生正移(BC),此时锡溶解生成Sn^{2+}:

$$Sn+4OH^- \longrightarrow Sn(OH)_4^{2-}+2e \tag{9-28}$$

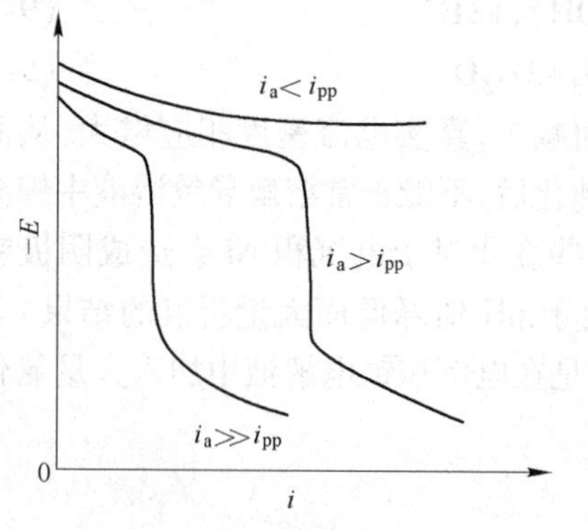

图9-7 阳极充电示意图

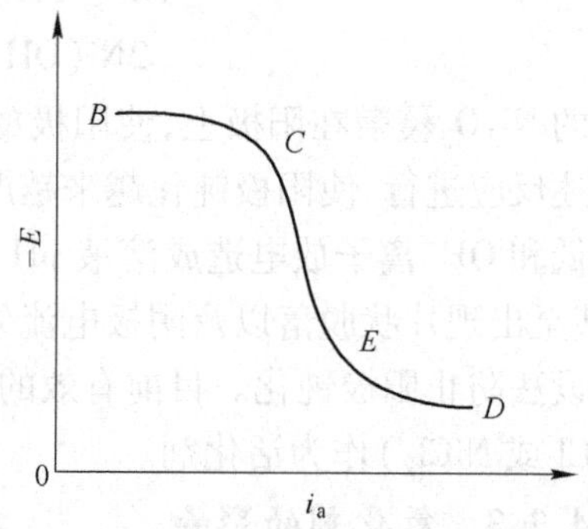

图9-8 锡在碱性槽液中阳极极化曲线

当阳极电流密度达到 C(临界电流密度)时,阳极电位急剧变正。在相应的阳极电位范围($E_C \sim E_B$)内,阳极表面生成金黄色薄膜。这时 Sn 保持正常溶解,生成 Sn^{4+}:

$$Sn+6OH^- \longrightarrow Sn(OH)_6^{2-}+4e \tag{9-29}$$

如果电流密度过高,超过 E 点,则阳极完全钝化,生成黑色钝化膜。这时金属 Sn 几乎不溶解,只有大量的氧气析出:

$$4OH^- \longrightarrow 2H_2O+O_2\uparrow +4e \tag{9-30}$$

阳极状态随着电流密度的明显变化,对于阴极过程也会产生严重影响:

(1)当阳极电流密度 i_a 过低(BC 段),阳极溶解产生大量 Sn^{2+} 时阴极沉积层疏松、发暗;

(2)当阳极电流密度 i_a 正常(CE 段),阳极为金黄色,溶解生成 Sn^{4+} 时阴极沉积层结晶致密,为乳白色;

(3)当阳极电流密度 i_a 过大(ED 段),阳极完全钝化,形成坚固的黑色钝化膜,有大量氧气析出,这时 Sn^{4+} 不断减小,破坏了槽液的稳定性。为此,在生产中应该特别注意电流密度的控制。

9.4.3.2　电流波形的影响

为了克服钝化现象,对于易钝化的金属阳极施加叠加交流波形的直流电,可使阳极容易溶解。最早应用这个方法的是电解精炼金工业,当金阳极中含有杂质银时,在氯化物电解液中会形成氯化银沉淀附着在阳极表面,阻滞阳极溶解。叠加的交流电成分可在周期变化瞬间把阳极变为阴极,使氯化银沉淀还原,消除了氯化银的阻滞作用。在直流电上叠加交流电的变化可从图 9-9 中看出,合并的电流强度和电位可用下列公式计算:

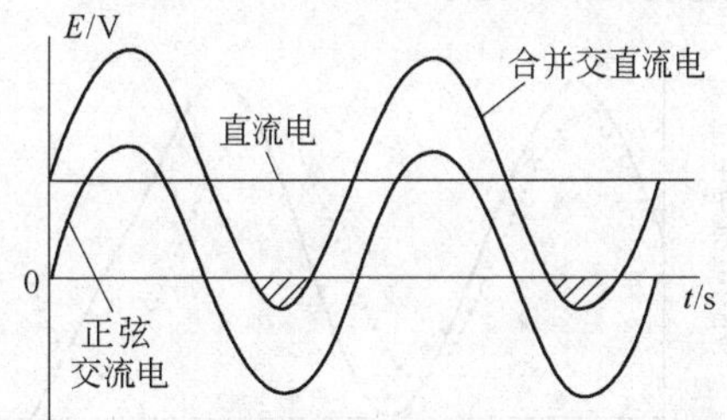

图 9-9　在直流电上叠加交流电图形

$$i_{合并}=\sqrt{i_{直流}^2+i_{交流}^2} \tag{9-31}$$

$$E_{合并}=\sqrt{E_{直流}^2+E_{交流}^2} \tag{9-32}$$

由图 9-9 还可以看到,选择适当的数值,合并的电位向正值改变,使阳极极化增大,相反负半周期时,电位符号发生改变,图中阴影部分就是使阳极瞬间转变为阴极,消除了阳极钝化。

叠加交流电不仅可以消除阳极钝化,而且能够促使阴极金属沉积物光泽平整。叠加交流电在 1948 年就应用于电镀工业中。在这个基础上发展了周期换向电流电解精炼。可控硅整流及电子技术的飞速发展,为冶金工业提供大功率的周期换向电流设备,目前这种方法广泛应用在铜、铅电解精炼生产中,从而大大地强化了冶金工业电解生产。我国在铜电解精炼方面,采用这种方法可比一般直流电解的电流密度高出 1 倍以上,阳极不出现钝化现象,而且阴极铜的结晶均匀致密。同样用这种方法在强化铅电解生产中也获得了成功。

在此非常有必要对叠加交流电成分获得的脉冲电沉积对阴极金属沉积物影响进行一番补充阐述。目前,除直流电电沉积外,电化学工业中还有三种周期性电流电沉积方式,即不对称交流电电沉积、周期换向电沉积和脉冲电沉积。不对称交流电电沉积是在直流上叠加 50~60Hz 的交流电波形,如图 9-10a 所示;周期换向电沉积是周期性地改变直流电方向的沉积,波形如图 9-10b 所示;脉冲电沉积则是采用脉冲电流(一系列阴极脉冲与一系列阳极脉冲相间出现的电流)的电沉积,波形如图 9-10c 所示。从广义上讲,脉冲电沉积可以包括周期换向电沉积和不对称交流电电沉积。因为换向电沉积可以认为是施加了一系列阴极脉冲和阳极脉冲相间的电流；不对称交流可以认为是非矩形的(正弦的)阴极脉冲，所以两者均可视为脉冲电沉积，脉冲可以是直电流脉冲，也可以是恒电位脉冲。脉冲出现的形式可以是矩形的，也可以是三角波、正弦波及其他的波形。不过由于各种电源在电化学工业中出现的时期不同，应用的范围不同，人们还习惯称这几种电沉积为换向电脉冲沉积和交直流叠加电沉积等。采用脉冲电沉积对金属沉积的阴极过程具有显著影响，它主要表现在对阴极传质过程和吸、脱附过程的影响。当脉冲电沉积采用瞬间电流很高的短脉冲电流时，阴极表面沉积金属离子浓度下降很少，而在断电周期中，离子还可以得到进一步的补充，这与直流电沉积的传质过程完全不同。脉冲沉积时，紧靠阴极表面的沉积金属离子浓度将随脉冲电流的频率变化而升高和下降，不会形成直流电沉积时的稳态扩散层，而形成脉冲扩散层。如果脉冲持续时间很短，脉冲扩散层来不及扩散到距阴极表面较远的对流区，其中消耗的沉积金属离子必须通过扩散由溶液本体向脉冲扩散层补充，此时形成了第二扩散层。该扩散层与同样条件下直流电沉积中建立起的扩散层一样。这两个扩散层在阴极表面的浓度分布如图9-11所示。图9-11中δ_p为脉冲扩散层的厚度，δ_N为稳态扩散层的厚度，δ_S为外扩散层的厚度。在脉冲电沉积中可以得到很高的电流密度瞬间值。根据扩散图像，电流密度取决于扩散速度，脉冲刚停时：

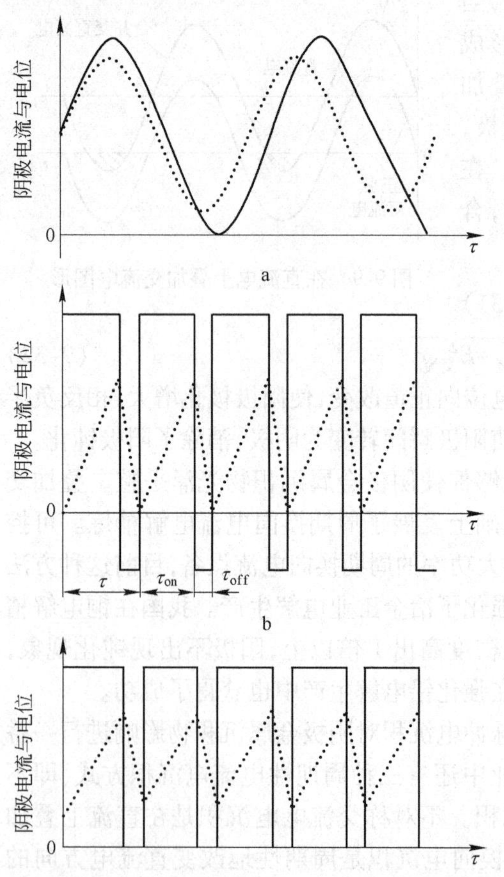

图9-10　阴极电流与电位随时间变化的波形示意图

a—不对称电流；b—周期换向电流；c—脉冲电流

—表示电位；┈表示电流

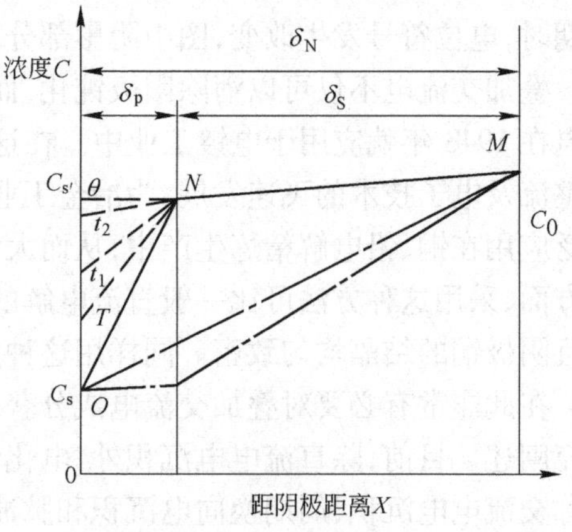

图9-11　脉冲电沉积中扩散层的浓度分布

(点划线表示断电期间的浓度回升线)

$$i_p = nFD(C'_s - C_0)/\delta_p \tag{9-33}$$

式中，i_p 表示脉冲电流密度；n 为沉积金属离子的价数；F 为 Faraday 常数；D 为扩散系数；C'_s 为脉冲扩散层表面 N 处沉积金属离子浓度；C_0 为脉冲刚停时，阴极表面处沉积金属离子浓度；δ_p 为脉冲刚停时，脉冲扩散层的厚度。由式 9-33 可知，即使（$C'_s - C_0$）不太大，如果 δ_p 很小，i_p 也会很大。在脉冲电沉积中：

$$\delta_p = \sqrt{2DT\left(1-\frac{T}{\theta}\right)} \tag{9-34}$$

式中，T 为电脉冲程度；θ 为脉冲周期，等于电脉冲长度和断电时间长度之和。T/θ 如果保持定值，δ_p 的大小就仅取决于 T，如果 T 很小，也就是脉冲时间很短，δ_p 必然很小，这时 i_p 会很大，就是短脉冲，有很大的瞬间脉冲电流。i_p 除取决于 δ_p 外，还决定于（$C'_s - C_0$），但从浓度分布可以看出，C'_s 最大不会超过 C_0 溶液本体浓度，C_0 最小为零。这种边界条件相当于直流电沉积时，稳态扩散情况下的极限电流密度对应的浓度，此时所用的扩散层厚度是稳态扩散层厚度 δ_N，而脉冲情况下则为 δ_p。因为 δ_N 比 δ_p 小得多，当然 i_p 也会很大，且 i_p 一定会大于稳态扩散时极限电流密度。脉冲电沉积的另一特点表现为对阴极吸附、脱附过程的影响。由于阴极吸脱附过程与其电位密切相关，高脉冲电流对应脉冲式很负的阴极电极电位，与直流电沉积的连续较高的阴极电极电位对阴极吸脱附过程的影响一定有所不同。与直流电单一电流（或电位）参数变化相比，脉冲电流参数变化很广，包括脉冲电流（或电位）的大小、波形和方向，电流通断时间比、周期长度。脉冲电流的这种较多参数变化对吸脱附过程产生的条件带来显著影响。在断电时间，由于气体（主要是氢）、离子和分子的解吸，使得沉积层夹杂减小，同时还会发生阻滞沉积质点的吸附。加之高阴极负电位促使形成新的晶核，使晶核继续长大中断，并在其他部位再形成新核，这就促使晶粒细化。总之，脉冲电沉积有利于获得均匀分布、成分稳定，并有利于避免“烧焦”和“树枝状”沉积缺陷等性能优异的沉积层。但是脉冲电沉积不宜用于含有机添加剂和不适用于非扩散步骤控制的阴极过程。

思考题

9-1 不溶性阳极使用有何特点，请列举生产中常用的几种不溶性阳极。

9-2 请解释金属阳极溶解时有许多金属阳极溶解的电流效率大于 100% 的原因。

9-3 何谓“负差数效应”？

9-4 利用腐蚀学原理分析说明如何提高浸出速度和效率？

9-5 何谓金属阳极的钝化，有何特征？解释阳极极化特征。

9-6 生产中如何防止阳极钝化？

9-7 请列举阳极溶解影响主要因素。

9-8 简述脉冲电沉积的电极过程特点和对沉积层的影响。

参考文献

[1] 杨绮琴，方北龙，童叶翔．应用电化学[M]. 2 版：广州：中山大学出版社，2005.

[2] 蒋汉赢．冶金电化学[M]. 北京：冶金工业出版社，1983.

[3] 李荻．电化学原理[M]. 修订版．北京：北京航空航天大学出版社，1999.

[4] 查全性．电极过程动力学过程导论[M]. 3 版：北京：科学出版社，2005.

[5] 杨辉,卢文庆．应用电化学[M]．北京:科学出版社,2001.

[6] 吴辉煌．电化学工程基础[M]．北京:化学工业出版社,2008.

[7] 黄子勋,吴纯素．电镀理论[M]．北京:中国农业出版社,1982.

[8] 于芝兰．金属防护工艺原理[M]．北京:国防工业出版社,1990.

[9] 徐卫军．镁合金腐蚀的负差数效应[J]．甘肃联合大学学报(自然科学版),2007,21(3):44～46.

[10] 许刚,林海潮,张鉴清,等．溶液中添加 In^{3+} 对铝电极负差数效应的影响[J]．腐蚀科学与防护技术,1997,9(4):271～275.

[11] 肖纪美,曹楚南．材料腐蚀学原理[M]．北京:化学工业出版社,2002.

[12] 郭鹤桐,刘淑兰．理论电化学[M]．北京:宇航出版社,1984.

[13] 刘道新．材料的腐蚀与防护[M]．西安:西北工业大学出版社,2006.

[14] 方兆珩．浸出[M]．北京:冶金工业出版社,2007.

10 水溶液中金属的电解制备过程

本章导读

水溶液电解获取金属不仅可避免火法冶金的严重污染，而且易于得到高纯度的金属制品，日益被作为重金属冶金首选的工艺方法广泛地应用于冶金工业生产。在实际生产中电化学提取金属作为浸出、过滤、净化、电沉积这四大湿法冶金基本过程中的最终过程，归因于冶金产品质量、种类等要求不同，而需要在电化学工业生产过程控制上有所区别。本章旨在通过典型金属电化学提取过程中的控制技术阐述为读者对水溶液中金属电积、精炼、粉末制备建立概念性的认识。同时，对于在长周期工业生产中面临的杂质离子对于电解生产的影响也初步给予总结，以便能为实际电解生产中的品质、成本控制和相关基础理论系统研究给以启迪。

10.1 水溶液中金属的电解提取过程

从水溶液中提取金属一般采用置换法或电沉积法。水溶液中电解沉积一般在低于100℃下进行，大规模用电解法从水溶液中提取和精炼的金属达30余种，最常用的是酸性电解液，电解质为硫酸盐或氯化物，或者是两者的混合溶液，部分使用碱性电解液（锑自硫化锑碱性溶液提取）。根据电解时使用阳极不同，水溶液中电解沉积可分为可溶性阳极电解和不溶性阳极电解，可溶性阳极电解是用粗金属作为阳极，电解时阳极粗金属逐渐溶解，阴极电沉积出高纯金属，实现精炼（也称电解精炼或电精炼）；不溶性阳极一般用铅阳极或石墨等（氯化物溶液多用石墨阳极，硫酸盐溶液多用铅或铅合金阳极）制作，电解时阳极不溶解，阴极上实现从水溶液中金属离子的电沉积（也称电解提取或电积）。目前全球至少有80%的Zn和15%的Cu是电解法制备的，其制备的电流效率高和操作条件较简单。另外，金属粉末作为粉末冶金的基础原料，加之纳米金属粉末具有不同于普通材料的光、电、磁、热力学和化学反应等方面的特殊性能，是一种重要的功能材料，极具广阔的应用前景，通过电解法制备金属粉末具有制备纯度高、比表面积大、粉末粒度可控、可实现自动化生产等优点，成为一种公认的适合于大规模工业生产的低成本金属粉末，特别是纳米金属粉末的重要制备方法，国内外研究者已经运用该法成功制备出了高纯度的铜、银、金、铂、锌、铁、镍等金属（纳米）粉末，在实际工业生产应用中也有规模化生产的实例。因此，电解法制备金属粉末也属于水溶液中电解提取的重要研究内容。

10.1.1 电积（electrowining）

锌和铜是水溶液电解提取的两个主要金属，已有大规模工业生产。钴、镍、铬、锰、镉、镓、铊、铟、银和金也可用湿法冶金方法提取，但其电解工艺规模较小。

10.1.1.1 锌的电积

湿法炼锌是生产锌的主要方法，整个生产流程分为五个阶段：

（1）沸腾焙烧：在沸腾炉内 ZnS 及其他金属硫化物在 850～900℃下与氧作用，主要反应为 $2ZnS+3O_2 = 2ZnO+2SO_2$。

（2）浸出：将锌焙砂用稀硫酸溶解，$ZnO+H_2SO_4 = ZnSO_4+H_2O$。浸出液最终 pH 值为 5.2～5.6 之间，高铁、砷和锑的硫酸盐便水解沉淀出来。

（3）净化：先用锌粉将浸出液的 Cu^{2+} 与 Cd^{2+} 置换出来，再用黄药使 Co^{2+} 成为沉淀物。

（4）电解：经过上述步骤得到符合要求的硫酸锌溶液供电解用。电解总反应为 $2ZnSO_4+2H_2O = 2Zn+2H_2SO_4+O_2$。

（5）熔铸：在低频感应炉中将阴极锌片加热至 450～500℃，使之熔化，铸成锌锭。

电解酸性硫酸锌溶液的阴极反应可能有 $Zn^{2+}+2e = Zn$ 和 $2H^++2e = H_2$；用氢过电位高的金属，如压延纯铝板做阴极（在其两边缘粘压有聚乙烯塑料条，便于剥锌），使阴极反应析出金属锌。电积时在新的铅阳极上首先发生铅的阳极溶解（从热力学上讲 Pb 在硫酸中可溶），并形成 $PbSO_4$ 覆盖在阳极表面上：$Pb+H_2SO_4 = PbSO_4$。随着溶解过程的进行，由于 $PbSO_4$ 的覆盖作用，铅板的自由表面不断减少，相应的电流密度不断增大，因而电位就不断升高，当电位增大到某一数值时，二价铅被进一步氧化为高价状态，产生四价铅离子 Pb^{4+} 并与氧结合成氧化铅 PbO_2：$PbSO_4+2H_2O-2e = PbO_2+4H^++SO_4^{2-}$，铅阳极基本上为 PbO_2 覆盖后，即进入正常的阳极反应：$H_2O = 1/2O_2+2H^++2e$，阳极上放出氧气，并使电解槽液中 H^+ 浓度增加。电解液中锌不断减少，硫酸不断增加，因此，必须连续抽出一部分电解液作为废液返回浸出工序，同时又将已净化的中性硫酸锌溶液连续注入电解槽，以便保持电解液中锌和硫酸浓度稳定。

电积中阳极材料的组成和性质，直接影响金属电积过程中的能耗、电流效率、阴极产品的质量等。对于锌电积的阳极的选择，目前电解工业可供选择的阳极有磁性氧化铁阳极、石墨阳极、铅及铅基合金阳极、表面处理活性阳极（二氧化铅、镀铂）等。由于铂族金属阳极昂贵，在高电流密度下容易消耗，增加电解成本，石墨阳极脆性比较大，磁性氧化铁阳极不适用于锌电积（质脆、尺寸有限、电位及过电位均高）中，因此长期以来，锌电积阳极主要采用铅及铅基合金阳极。但是，铅阳极固有的缺点无法克服，如：（1）铅阳极密度大、强度低，在使用中增加劳动强度，易发生弯曲变形，造成短路，降低电流效率；（2）铅阳极导电性比较差，铅阳极的析氧电位比较高，电能消耗大；（3）铅阳极表面形成的氧化物薄膜比较疏松，容易被冲刷到电解液中，同时，如果电解液中存在 Cl^-，Cl^- 会破坏 PbO_2 晶格，铅阳极被腐蚀，Pb 在电积过程也有可能进入阴极锌，影响锌的品质。基于纯铅阳极的缺点，许多国内外学者从提高阳极的强度以及催化活性方面，加入金属元素或非金属元素，如 Ag、Ca、Al、Ba、Sr、Sn、Mn、Co、Bi、Ti 等，以此来代替纯铅阳极，对此类合金阳极在硫酸盐中的电催化性能以及耐蚀性做了大量的研究。目前，主要研究的铅基合金阳极有：（1）铅银合金阳极，银作为合金元素加入到铅中（约 1%），具有催化性能，降低析氧电位（降低约为 100mV），在合金相中具有细化晶粒，能够促使阳极表面形成比较致密的氧化膜，增强耐蚀性。但是，由于加入贵金属银，增加阳极板的制造成本，而其银的加入并不能有效地提高阳极的强度，阻止铅被腐蚀进入电解液，进而进入阴极产品中，并且铅银阳极的析氧电位也比较高。(2) 针对铅银阳极的缺点，为提高阳极的强度，增强导电性，降低贵金属银的消耗，加入其他的合金元素来替代，如 Pb-Ag-Ca 、Pb-Ag-Sb 及使用钛锰合金等合金阳极，也是研究的热点和实际生产中普遍采用的。(3) 为了有效地降低湿法冶金中电能消耗，提高阴极产品的质量，各国冶金工作者也开展了不同的惰性阳极的研究，主要集中在 Ti 基电催化涂层阳极等。(4) 同时，采用新的电积工艺，主要是联合电解法、气体扩散法以及新的离子液体的应用研究。

对于硫酸锌电解液中若不加 Mn^{2+}，铅基合金阳极很容易被腐蚀，导致阳极寿命缩减，阴极产品含铅量高，产品的品质上不去，如果加入硫酸锰，则会增加电积锌的成本。同时，氧吸附电解液析出会造成酸雾，部分氧与溶液中的 Mn^{2+}发生作用：

$$2MnSO_4+3H_2O+5/2O_2 = 2HMnO_4+2H_2SO_4 \quad (10\text{-}1)$$

$$2HMnO_4+3MnSO_4+2H_2O = 5MnO_2+3H_2SO_4 \quad (10\text{-}2)$$

生成的 MnO_2不溶于酸，而与 PbO_2在阳极表面形成坚固的阳极保护膜，或脱落于槽底成为阳极泥，它可被返回浸出工序作为 Fe^{2+}的氧化剂。

增加铝阴极上析氢过电位，可有助于抑制氢析出，使其少析出或不析出，对于提高阴极电流效率有利。往电解液中加入适量的骨胶也能增大氢过电位。电解液存在的杂质如 Cu^{2+} 、Fe^{3+} 、Co^{2+}会大大降低氢过电位，因而必须除去。提高电解液中锌离子的含量，降低溶液的酸度，可减少氢的析出和锌的溶解。但是为了提高溶液的电导，必须加入适量的硫酸。温度升高，氧过电位降低，杂质的危害性增大，析出锌的溶解也增加，使电流效率降低，因此电解温度不宜高。电流密度增加，氢过电位增大，锌的相对溶解也减少，对提高电流效率有利。但在生产实践中，由于提高电流密度，相应要求加快往电解液中补充新液的速度，并要求保证电解液的冷却，因此电流密度不能提得太高。通常，锌电解液组成控制是 1.2mol/L H_2SO_4+(0.5～1.0)mol/L $ZnSO_4$，常用的添加剂为硅酸盐或动物胶（例如每生产 1t 锌约添加 0.8kg 骨胶）。电解温度为 30～55℃，电流密度为 300～750A/m^2，槽电压约为 3.3～3.5V。电解所得锌的质量为 99.995%～99.997%Zn，0.001%～0.002% Pb，电流效率为 85%～90%，电能消耗为 3000～3500kW·h/t。

锌的电积设备为内衬铅皮、软聚氯乙烯塑料或环氧树脂的矩形钢筋混凝土电解槽。电路按复联法连接，导电板多用钢板，用硅整流器整流供电。电解槽用单槽拱液。由于电积过程是放热过程，其产生的热量为 $Q=I^2Rt$（Q 为热量，I 为电流，R 为电阻，t 为时间），因此，在工业生产中须对电解液进行冷却。冷却方法有：在电解槽内设蛇形冷却管，在地下槽或高位槽内设冷却箱；冷却效果更好的是真空蒸发冷却或强制空气蒸发冷却；还有配合蒸发冷却器返回一部分冷却后的废电解液到电解槽内循环的冷却方法。

10.1.1.2 铜的电积

铜的电积也称不溶阳极电解。它是以铜的始极片作阴极，铅锑合金板作阳极，硫化铜精矿焙烧—浸出—净化除铁后的净化液作电解液。电解时，阴极过程在始极片上析出铜。在阳极的反应不是金属溶解，而是水的分解析出氧，这与锌的湿法冶金电积的阳极过程相同。这样，阴极反应为 $Cu^{+}+2e = Cu$，阳极反应为 $H_2O = 1/2O_2+2H^{+}+2e$，铜电积的总反应可写为：

$$Cu^{2+}+H_2O = Cu+1/2O_2+2H^+ \qquad (10\text{-}3)$$

电积的实际槽电压为1.8～2.5V，电流效率仅有77%～92%。铜电积和铜精炼有一定差别，由于铜电积的槽电压高和电流效率低，使得铜电积的电耗比铜电解精炼高10倍。

由于电积时电解液中的铜含量不断降低和硫酸浓度不断升高，因而要求选定与其相应的电流密度和电解液循环速度。一般入槽电解液保持在：含Cu 70～90g/L、H_2SO_4 20～30g/L；电积槽液含Cu 10～12g/L、H_2SO_4 120～140g/L。电解提取铜的电解槽可采用具有橡胶或塑料衬里的水泥槽，阴阳极交错地放入槽中，其间距为5～10cm，其排布示例于图10-1，电解槽按多级排列，使电解液顺次流经若干个电解槽之后，铜含量降至出槽要求的水平。阳极为片状的铅合金，它在硫酸溶液中形成二氧化铅覆盖层，添加一些其他金属，例如银，可催化氧的析出反应，从而降低阳极过电位。阴极上铜沉积到一定厚度后，便从槽中取出阴极。把沉积金属剥落后，始极片又可再用。电极面积一般为（0.6～0.8）m×(0.8～1)m，而阴极通常略大于阳极，以防止沉积的边缘效应，获得均匀的沉积物。电解液缓慢流过电解槽，太快则会使槽中的固体沾污阴极沉积物。为了增加电流密度，可用空气喷射阴极（让空气通过在阴极下面的喷嘴），能提高电流密度5～10倍。电解生产铜的电解液控制为2mol/L H_2SO_4+(0.5～1.0)mol/L $CuSO_4$，有少量添加剂，例如动物胶、硫脲、明胶。添加剂的作用在于改善沉积铜的质量，避免生长树枝状晶体；电解操作条件与电解液中杂质的含量有关，但通常选用电解温度为40～60℃，电流密度为150～1500A/m^2，沉积铜的纯度达99.5%～99.95%，电能消耗为1900～2500kW·h/t。

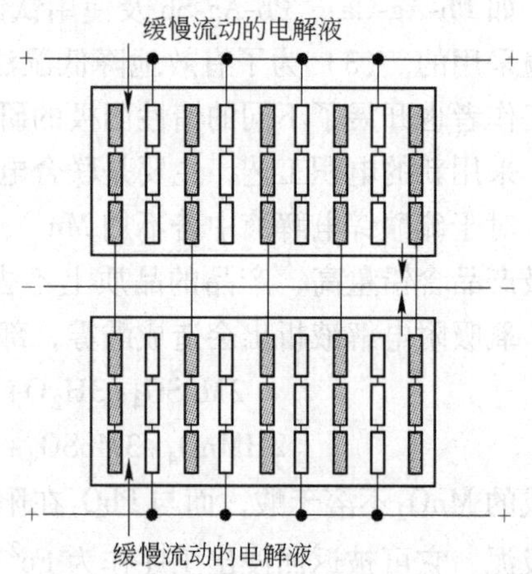

图10-1　电积铜电解槽排布示意图

从上可见电解提取金属的电能消耗是比较高的，这是因为分解化合物需要较高的能量，其中高的阳极过电位是造成电能消耗高的重要因素。例如铜电解提取槽的槽电压$E_{槽}$达2.12V，其中阳极过电位就占了总电压的42.9%。水法电解生产金属是可行的，但能源消耗较大，因此选择湿法冶金还是火法冶金，必须根据不同的环境和条件来决定。综合考虑，对锌来说是湿法有利，故半数以上由电解法生产。而铜则至今仍是以火法冶炼为主，火法得到粗铜再经电解精炼变为纯铜。

10.1.2　电精炼（electrorefining）

电解精炼比电解提取更普遍，全世界都有规模为每年生产1000～100000t纯金属的工厂。电解精炼所得的金属纯度很高，例如铜可达99.99%。表10-1列出几种金属精炼的工艺条件。从表10-1可见，电解精炼获得纯金属的电流密度比较低，电流效率相当高（锡例外）和槽电压较低，因而电能消耗较低，在200～1500kW·h/t的范围内。

对于电精炼电解液及其他条件的选择必须考虑使得阳极溶解与金属沉积的效率都很高，而杂质金属不要从阳极转移到阴极。因此，阳极不能发生钝化，阴极沉积物的结晶必须致密。为此要添加氯离子使阳极顺利溶解，添加少量有机物改善阴极沉积物的结构。粗金属阳极中较不活泼的金属杂质成为阳极泥，较活泼的金属杂质溶在电解液中。例如粗铜精炼时，阳极泥中主要含银和金，溶液中含的杂质有铁、镍、锌、砷、锑、铋。电解精炼需要回收有价值的金属，处理电解液以便循环使用。电解精炼槽和前述的电解提取槽类似，但阳极是可溶性粗金属。电解液缓慢流动，使阳极泥及其他泥渣沉在槽底，不与阴极接触。

表 10-1 常见金属电解精炼的主要技术条件

金属	电解液浓度/$g \cdot L^{-1}$	电流密度 /$A \cdot m^{-2}$	槽电压/V	温度/℃	电流效率 /%
Cu	$CuSO_4$(100~140) H_2SO_4(180~250)	200~300	0.2~0.3	60	95
Ni	$NiSO_4$(140~160) NaCl(90) H_3BO_3(10~20)	150~200	1.5~3.0	60	98
Co	$CoSO_4$(150~160) Na_2SO_4(130) NaCl(15~20) H_3BO_3(10~20)	150~200	1.5~3.0	60	85
Pb	Pb^{2+}(60~80) H_2SiF_6(50~100)	150~250	0.3~0.6	30~50	95
Sn	Na_2SnO_3(40~80) NaOH(8~20)	50~150	0.3~0.6	20~50	65
Au	Au($AuCl^-$)(250~300) HCl(250~300)	200~250	0.2~0.3	30~50	95
Ag	Ag^+(30~150) HNO_3(0~10) Cu^{2+}(5~80)	200~500	1.5~5.0	25~45	95

铜的电解精炼是最典型的冶金工艺。铜主要应用在电工上，要求纯度大于99.5%，一般火法冶炼很难达到此纯度（火法精炼铜含有0.3%~0.8%杂质），并且不能除去金、银等贵金属，而利用电解精炼很容易得到99.90%~99.99%的铜，还可回收金、银、硒、碲等。铜电解精炼所用的电解液由硫酸铜和硫酸所组成，阳极采用粗铜，粗铜铜含量在98%以上，主要杂质是镍、铅、砷、锑、铋、铁、硫、氧以及金、银等贵金属。不考虑杂质存在时，阳极上可能发生的反应为：

$$Cu \xlongequal{} Cu^{2+} + 2e \qquad E^{\ominus} = 0.337V\ (25℃) \qquad (10\text{-}4)$$

$$H_2O \xlongequal{} 2H^+ + 1/2O_2 + 2e \qquad E^{\ominus} = 1.229V\ (25℃) \qquad (10\text{-}5)$$

$$SO_4^{2-} - 2e \xlongequal{} SO_3 + 1/2O_2 \qquad E^{\ominus} = 2.420V\ (25℃) \qquad (10\text{-}6)$$

正常情况下只有铜溶解，但当阳极钝化时，氧的析出也有可能。在阴极上可能的反应为：

$$Cu^+ + 2e \xlongequal{} Cu \qquad E^{\ominus} = 0.337V \qquad (10\text{-}7)$$

$$2H^+ + 2e \xlongequal{} H_2 \qquad E^{\ominus} = 0V \qquad (10\text{-}8)$$

铜的$E^{\ominus}$比氢的正，而且氢在铜上的过电位也不小，正常情况下不会析出氢，但当铜离子浓度过低或电流密度过大时，就有可能析出氢。

在溶液中除 Cu^{2+} 外还有少量 Cu^{+}，存在 $Cu^{2+}+Cu \Longleftrightarrow 2Cu^{+}$ 的平衡，Cu^{+} 随温度上升而增加。由于在空气中会发生 $Cu_2SO_4+H_2SO_4+1/2O_2 \Longleftrightarrow 2CuSO_4+H_2O$，使电解液中 $CuSO_4$ 含量增加和 H_2SO_4 含量减少。溶液酸度不足时，Cu^{+} 会水解，$2Cu^{+}+H_2O \Longleftrightarrow Cu_2O+2H^{+}$，造成铜的损失。如果电流密度太低，$Cu^{2+}$ 在阴极上不完全放电，$Cu^{2+}+e \Longleftrightarrow Cu^{+}$，生成的 Cu^{+} 又在阳极上氧化，因而降低了电流效率。

由于粗铜含有杂质，所以必须考虑杂质对精炼的影响。粗铜阳极溶解进入溶液的金属离子中，Fe^{2+} 是有害的，因为 Fe^{2+} 会被氧化为 Fe^{3+}，Fe^{3+} 又在阴极上还原为 Fe^{2+} 会降低电流效率。溶进溶液的砷、锑、铋是极为有害的杂质，例如含 0.02% 砷会使铜的导电性降低 15%，用略为高的电解温度能抑制这些杂质在阴极上析出。砷、锑进入溶液会发生水解，产生飘浮的阳极泥黏附在阴极，降低铜产品的质量，因此必须保持溶液必要的酸度。

基于上述分析，铜电解精炼的主要条件选择如下：

（1）电解液成分。适中的铜离子浓度，常用 40～50g/L，使能采用较高的电流密度而又对溶液导电性影响不大。在溶液中加入硫酸增加电导和防止 Cu^{+} 水解，一般硫酸浓度为 200g/L 左右。加入少量有机物，例如牛皮胶（30～40g/t）+干酪素（30～40g/t 铜）+硫脲（20g/t），使阴极铜致密平整；加入 Cl^{-} 防阳极钝化，抑制砷、锑、铋离子的活性，通常采用加入 HCl 或 NaCl 的方法，如生产每吨铜加入 HCl 1000～2000g。

（2）温度。提高温度增加溶液电导，使电能消耗降低；有利于铜离子扩散，使铜在阴极均匀析出。但过高温度会促使 Cu^{+} 的生成、加速铜的化学溶解、增加电解液的蒸发。通常取 55～60°C。

（3）电流密度。为了避免 Cu^{2+} 的不完全放电引起电流效率下降，强化生产，宜采用较高电流密度。但是提高电流密度会使槽电压升高，从而增加电耗，同时会引起阳极钝化和阴极质量下降。通常采取电流密度为 200～300A/m²。

（4）极距。缩短极距既可降低溶液欧姆电位降，减少电能消耗，又能增加槽内极片数目，提高产率。但过小极距容易引起短路，增加阳极泥在沉降过程中黏附阴极的可能性，降低产品质量。一般采用同名电极（同为阴极或阳极）距为 100mm 左右。

（5）周期反向电流电解：电解时，先通入较长时间的阴极方向电流，然后再通入较短时间的反向电流，周期性交替供电。这种电解方法能够克服较高电流密度下阳极的钝化，能改善阴极沉积物状态，例如在含 Cu 48～58g/L，H_2SO_4 190～205g/L，Cl^{-} 0.07～0.09g/L 的流动电解液（65～75℃）中进行周期反向电流电解，阴极方向 250A，50s，反向 250A，2s。添加剂用量每吨产品为牛胶 160g、硫脲 100g、干酪素 50g。电解得到纯度为 99.97% 的铜，电流密度提高到 440A/m²，电耗为 291kW·h/t（直流电解的对比试验则为 273kW·h/t）。电耗增加不多，而产量却提高了 10%，提高电流密度的原因主要是通入反向电流消除了阳极表面附近铜离子的饱和状态。

10.1.3　电解法制取金属粉末

用电解法制取金属粉末的最大优点是产物纯度高，工艺过程简单，还可利用半成品或废料作原料。许多金属粉末和合金粉末可以用电解法来生产，例如 Fe、Ni、Cu、Pb、Zn、Fe-Ni、Fe-Ni-Co、Fe-Mn、Fe-Cr。用欲制取的金属做阳极，含有这种金属的盐作电解质，这与电解精炼相似，但因阴极产物是金属粉末，故其电解条件有异于电解精炼。

适合于制取金属粉末的阴极沉积物可分为三类：（1）硬而脆的沉积物，破碎后成粉末，如铁粉、铬粉。一般采用高氢离子浓度、低金属离子浓度、高电流密度电解，使金属被氢饱和，提高脆性而易破碎。（2）软的海绵状物，容易破碎，如银粉、锌粉等。生产条件是低电流密度，高溶液酸度，低电解质浓度。（3）松散的黑色沉积物，电解能直接得到高分散粉末。对于所有电解沉积金属来说，都可以得到松散沉积物，主要条件是采用大电流密度。

铜粉是粉末冶金工业的基础原材料之一，也是我国生产和消费量最大的有色金属粉末之一，在现代工业生产中发挥着不可替代的作用。铜粉为棕色或略带紫色的微细粉末，具有很高的活性，电导率好、强度高等特性，铜粉比表面积大、表面活性中心数目多。根据粉末粒径大小分为纳米铜颗粒（粒径在 $10^{-9}\sim10^{-7}$m 之间）和微细铜颗粒（粒径在 $10^{-7}\sim10^{-5}$m 之间）。微细粉末由于存在着小尺寸效应、表面界面效应、量子尺度效应及量子隧道效应等基本特征，因而，具有许多与相同成分的常规材料不同的性质，在力学、电学、化学等领域有许多特异性能和极大的潜在应用价值。电解法制备铜粉是一种比较成熟的铜粉生产方法。主要包括两种，一种为电解法，即采用可溶性铜阳极，利用铜电极的溶解制备金属铜粉；另一种为电积法，即采用不溶性阳极，利用铜电解液中的铜离子在化学电源的作用下阴极析出铜粉。电沉积法制备过程一般是间隔 10～20min 将沉积在阴极的铜粉刮掉，以避免颗粒长大。而且，还需经过球磨、筛分等工艺才能最终得到铜粉。另外，利用超声振动和空化作用产生高压或射流强化使沉积的铜颗粒脱离阴极表面，并以微小颗粒悬浮于电解液中。将其与传统的电解法相结合，是制备超细金属粉体的一种新方法，该方法不仅进一步降低了铜粉的粒度，而且解决了普通电解中的刮粉问题，也有相关研究报道。

当电解质溶液中通入直流电后，产生正负离子的迁移，正离子移向阴极，负离子移向阳极，在阳极上发生氧化反应，在阴极上发生还原反应，从而在电极上析出氧化产物和还原产物，这两个过程是电解的基本过程。而对于电解铜粉时电解槽内的电化学体系为（-）Cu（粉）/$CuSO_4$，H_2SO_4，H_2O/Pb 合金（+）。电解质在溶液中电离或部分电离成离子状态，当施加外直流电压后，溶液中的离子担负起传导电流的作用，在电极上发生电化学反应，把电能转变为化学能。加入酸是为了降低溶液的电阻。在阳极主要发生的是析氧反应：$H_2O = 2H^+ + 1/2O_2 + 2e$，在阴极主要是 Cu 离子放电而析出金属（伴随析氢）：$Cu^+ + 2e = Cu$ 和 $2H^+ + 2e = H_2$。但其电解制粉要求金属以粉末形态析出，因此，其电结晶过程不同于电积和电精炼过程。电化学法制备铜粉是在溶液中含铜反应离子处于极限扩散电流密度下进行的，枝晶化生长是铜粉生长的显著特征，枝晶生长过程如图 10-2 所示。

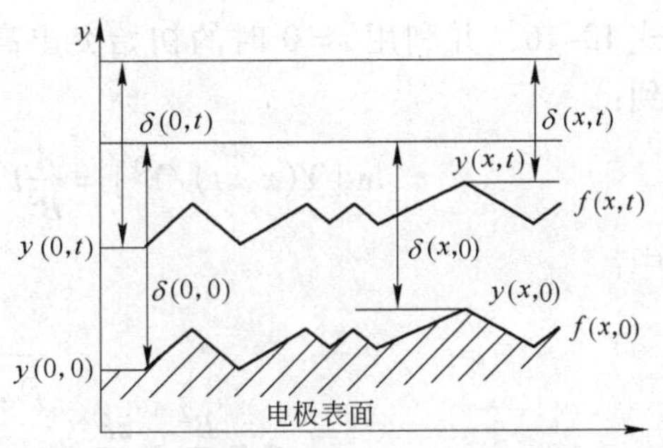

图 10-2　电解沉积层剖面及扩散层的延伸

假设原有基体表面上的高度分布为 $y(x,0)=f(x,0)$，而任一瞬间的剖面形状为 $y(x,t)=f(x,t)$。各点高度的增长速度为：

$$\frac{dy(x,t)}{dt}=\frac{V}{ZF}I(x,t) \tag{10-9}$$

式中，V 为金属的摩尔体积；Z 为反应电荷数；F 为法拉第常数；$I(x,\ t)$ 为该处的电流密度。当表面粗糙度显著小于有效层厚度 δ 时，可认为扩散层的外界为一平面，显然有：

$$\delta(x,\ t)=\delta(0,\ t)-[\gamma(x,\ t)-\gamma(0,\ t)] \tag{10-10}$$

式中，$\gamma(0,\ t)$ 为 $x=0$ 处（参考点）的高度。

金属的析出过程往往由浓度极化与电化学极化（包括极化过电位）联合控制，根据 Butler-Volmer 电化学方程（见式 6-170），可得：

$$I=i^0\left[\frac{C^s}{C^0}\exp\left(\frac{\alpha ZF}{RT}\eta\right)-\exp\left(-\frac{\beta zF}{RT}\eta\right)\right]=i^0\left[\frac{I_d-I}{I_d}\exp\left(\frac{\alpha ZF}{RT}\eta\right)-\exp\left(-\frac{\beta zF}{RT}\eta\right)\right] \tag{10-11}$$

整理后可得：

$$I=\frac{I_d\left[\exp\left(\frac{\alpha zF}{RT}\eta\right)-\exp\left(-\frac{\beta zF}{RT}\eta\right)\right]}{(I_d/i^0)+\exp\left(\frac{\alpha zF}{RT}\eta\right)} \tag{10-12}$$

各点的极限电流密度可写成：

$$I_d=I_d^*/\delta(x,\ t) \tag{10-13}$$

将式 10-10 ~ 式 10-13 代入式 10-9，整理后得：

$$\frac{\mathrm{d}\gamma(x,\ t)}{\mathrm{d}t}=\frac{V}{zF}\frac{I_d^*\left[1-\exp\left(-\frac{zF}{RT}\eta\right)\right]}{\frac{I_d^*}{i^0\exp\left(\frac{\alpha zF}{RT}\eta\right)}+\delta(0,\ t)-[\gamma(x,\ t)-\gamma(0,\ t)]}$$

$$=\frac{A}{B-[\gamma(x,\ t)-\gamma(0,\ t)]} \tag{10-14}$$

式中，$A=\frac{VI_d^*}{zF}\left[1-\exp\left(-\frac{zF}{RT}\eta\right)\right]$；$B=\frac{I_d^*}{i^0\exp\left(\frac{\alpha zF}{RT}\eta\right)}+\delta(0,\ t)$。

令"突出高度" $Y(x,t)=\gamma(x,t)-\gamma(0,t)$，代入式 10-14 后得到：

$$\frac{\mathrm{d}Y(x,\ t)}{\mathrm{d}t}=\frac{\mathrm{d}\gamma(x,\ t)}{\mathrm{d}t}-\frac{\mathrm{d}\gamma(0,\ t)}{\mathrm{d}t}=\frac{A}{B}\left[\frac{Y(x,\ t)}{B-Y(x,\ t)}\right] \tag{10-15}$$

在电沉积的初始阶段，$\delta(0,\ t)\gg Y\ (x,\ t)$。故式 10-15 可简化为：

$$\frac{\mathrm{d}Y(x,\ t)}{\mathrm{d}t}=\frac{A}{B^2}Y(x,\ t) \tag{10-16}$$

解式 10-16，并利用 $t=0$ 时的初始突出高度 $Y(x,\ 0)=Y^0$，求出积分常数，则整理后得到：

$$\ln[Y(x,\ t)/Y^0]=\frac{A}{B^2}t\quad 或\quad \frac{Y(x,\ t)}{Y^0}=\exp(t/\tau) \tag{10-17}$$

其中：

$$\tau=\frac{B^2}{A}=\frac{zF}{V}\times\frac{\frac{I_d^*}{i^0\exp\left(\frac{\alpha zF}{RT}\eta\right)}+\delta(0,\ t)}{I_d^*\left[1-\exp\left(-\frac{zF}{RT}\eta\right)\right]} \tag{10-18}$$

τ称为生长过程的“诱导时间”。当$t<\tau$时，$Y(x,\ t)\approx Y^0$，即突出高度变化不大。然而，当$t>\tau$时，突出高度随时间而指数性地增大，很快形成显著的突出物。因此，可以根据式10-18来分析出现枝晶生长的难易。τ越小，出现枝晶生长的可能性越大。

首先，如果$I_d^*\ll i^0\exp\left(\frac{\alpha zF}{RT}\eta\right)$，即电极过程主要是浓差极化控制，则可在式10-18中略去第一项。在这种情况下，$\exp\left(\frac{\alpha zF}{RT}\eta\right)=\frac{C^s}{C^0}$，故代入式10-18，并注意到$I_d^*\propto C^0$，得到：

$$\tau=\frac{zF}{V}\times\frac{[\delta(0,\ t)]^2}{I_d^*}\times\frac{C^0}{C^0-C^s}\propto\frac{[\delta(0,\ t)]^2}{C^0-C^s} \tag{10-19}$$

对于铜粉电沉积过程，是在溶液中Cu^{2+}的极限电流密度下进行的，电极表面反应离子浓度$C^s=0$，则式10-19简化为：

$$\tau=\frac{zF}{V}\times\frac{[\delta(0,\ t)]^2}{I_d^*}\propto\frac{[\delta(0,\ t)]^2}{C^0} \tag{10-20}$$

式10-19表示，当金属析出过程主要受浓差极化控制时，τ具有较小的数值，式10-18中分子较小，即容易出现枝晶生长。且若金属离子浓度越大，越接近完全浓差极化，则τ越小而出现枝晶生长的可能性越大，减小扩散层厚度也有助于实现枝晶生长。可见，增大电流密度能通过提高浓度极化和加强对流以减小扩散层厚度，将有助于促进枝晶生长。但如果交换电流密度i^0很小而极化度η不大，以致式10-18分子中括号内第一项占重要地位，则τ显著增大，表示电化学极化控制的金属析出过程不易出现枝晶生长。这一例子为电解制备金属粉末提供了相应的理论指导。

10.1.4 电解提取金属电化学工艺参数选取

有意识地从不同溶液中以不同形态提取相应金属应该选取各自适宜的电化学参数。下面以镍为例，对比说明其电化学参数选取的差异。对于电解镍可以分为三种情况，一是粗镍电解精炼；二是硫化镍阳极直接电解提取镍；三是电解制取金属镍粉。这三种情况的典型技术条件列于表10-2中。

表10-2 镍电解的主要技术条件

名　称	Ni^{2+}浓度/$g\cdot L^{-1}$	pH值	添加剂/$g\cdot L^{-1}$	温度/℃	电流密度/$A\cdot m^{-2}$
粗镍电解精炼	40~50	5~6	NaCl（50） H_3BO_3（4~6）	60~65	150~200
硫化镍电积	60~70	4.5~5.5	Cl^-（40~50） H_3BO_3（>6）	65~70	200~220
制取镍粉	5~15	6.3	NH_4Cl（50） NaCl（200）	约55	2000~3000

粗镍电解精炼的目的是除去其中的杂质铜、铁、钴、锌和硫等，以获得高纯度的金属镍，并回收粗镍中的贵金属。在精炼过程中，由于电流密度和阳极纯度不同，阳极电位波动在0.28~0.35V，在此阳极电位下，铁、钴会与镍一起溶解进入溶液，而杂质铜的标准电位是0.337V，与阳极电位相近，约有30%~50%进入阳极泥，50%~70%进入电解液。

而电位高于0.35V的Au、Ag及铂族金属则不会溶解而沉入阳极泥。镍阳极很容易钝化，这主要是因为阳极活性表面上生成了$Ni(OH)_2$薄膜。但加入氯离子可以使阳极活化，因此电解液中应当维持适当浓度的氯离子（以NaCl或$NiCl_2$形式加入），同时适当提高温度也有助于消除钝化。

高纯度的镍一般要求达到含Ni在99.9%或99.99%，因此对杂质的含量都有一定的限制。从阳极进入电解液的主要杂质是Fe、Co和Cu。由于铜的标准电位比镍正得多，因此，当其含量很低的情况下，都有可能在阴极上还原，使阴极产品质量达不到所要求的纯度。铁在阴极上还原不仅降低了阴极镍的品位，而且还会增加镍沉积物的内应力，使其分成零碎卷皮，形成非致密结晶。而钴的电位比镍正，且析出的过电位比镍小，因此很容易在阴极还原。为了不使阳极溶解产生的杂质进入阴极区，在生产实际中常采用隔膜电解，将阳极液与阴极液分开，而且维持一定的液面差，使电解液自阴极室通过隔膜不断向阳极室循环，而废液则被送去净化。另外，由于氢在Ni上析出的过电位不太高（见第7章，Fe、Co、Ni都属中等过电位金属），因此Ni和氢的析出电位相差不太大，故镍电解过程常有少量氢气析出。为了防止或减少氢气的析出，采用弱酸性电解液进行电解，所以pH值一般控制在4~5。但是如果碱性太强，pH值较高，则镍离子会发生水解析出$Ni(OH)_2$沉淀，而引起阴极板表面产生麻点，降低产品质量。为了使电解液稳定在适当的酸度，通常加入H_3BO_3作缓冲剂。而且硼酸有改进阴极质量的优点，它使阴极脆性变小，消除裂开和自然分层现象，使结晶结构明显。也有人认为这是由H_3BO_3加入减少了阴极镍中的含氢量所致。

根据第9章高冰镍阳极溶解分析，可以获知对于杂质的控制上，硫化镍阳极直接电解提取镍同粗镍电解精炼应该同样考虑，因此，在电解液组成上应该有所调整。同时，对于电能消耗上基于阳极反应驱动力的需要，故需要较大的阳极过电位从而导致其在电流密度和槽电压上高于精炼过程，电能消耗也较高。然而通过电解制取镍粉，一般需要在浓差极化控制产生枝晶条件下进行，所以，其制备的电流密度要远大于电积和精炼，通过采用含Ni^{2+} 5~15g/L的低浓度，在高出精炼镍10倍以上电流密度时可以得到电解镍粉。通常，离子浓度、电流密度、pH值、添加剂的差异也会对电解镍粉过程和质量造成一定的影响。

（1）金属离子浓度：电解制粉采用比电解精炼低得多的金属离子浓度，为的是抑制金属离子向阴极的扩散数量，使沉积速度降低到利于形成松散粉末。但浓度不能过低，以免粉末太细，降低产量和使溶液导电性变差，引起槽电压上升。金属离子浓度的选择取决于粉末粒度，一般为10~20g/L左右。

在电解过程中金属离子浓度常常会有所升高，其原因一方面是阴极粉末的再溶解，另一方面是由于断电时阳极可能发生化学溶解，同时有些情况下阳极氧化部分生产低价化合物，而后进一步被氧氧化成正常态，例如铜阳极溶解部分生成Cu^+，后再转化为Cu^{2+}。为减少金属离子浓度的波动，可在电解槽中放置不溶性阳极（如石墨、铅等），或更换部分电解液，或加水稀释并补加酸。

（2）电流密度：明显比电解精炼高得多。电流密度是控制粉末粒度的重要参数，电流密度越大，阴极上单位时间内放电的离子数目越多，以致金属离子的沉积速度会大于按点阵排列的颗粒长大速度。通常，形成晶粒数目随电流密度增加满足：

$$N_{晶核}=a+b\lg i/c \tag{10-21}$$

该式定量地表明了在一定浓度范围内，晶核产生数量（$N_{晶核}$）与电流密度（i）和析出金属浓度（c）的关系。

需要注意的是，电流密度增加也有利于提高产量，但会引起浓差极化增大，过电位增加，以至于使电能消耗增加，而电流效率降低。

（3）pH 值：多采用高氢离子浓度，使氢易于析出，利于海绵状及松散沉积物形成，而且溶液导电性好，尤其是对于硬质沉积物，易被氢饱和，从而提高了金属的脆性，有利于金属的破碎和研磨。但较低的 pH 值会造成金属粉末的化学溶解增加。由于粉末的再溶解和电解中析氢，电解液的 pH 值会升高，溶液的导电性将降低，特别在 pH 值接近 7 时，金属离子可能发生水解。因此必须适当控制 pH 值，一般在 5.5～6.5。

（4）添加剂：添加电解质是为了提高溶液的导电性或缓冲溶液的 pH 值，如电解制取 Ni 粉时加入 NH_4Cl 和 H_3BO_3。添加少量胶体（如糊精、明胶、甘油）、有机表面活性物质（如尿素，葡萄糖），则可能改变阴极沉积物形态。

（5）温度：电解制取金属粉末通常采用较低的温度，有利于细粉末的生成。因为温度升高，阴极附近金属离子容易得到补充，阴极沉积速度加快，有利于粉末晶核长大，易于得到粗粉末及致密金属膜层。但温度过低，溶液电阻增加，电流效率和产量都会降低，要根据粉末粒度来选择合适的温度。

注意：电解工程是投资密集型生产过程，不仅设备成本高，而且需要消耗大量的电能。电解过程的经济优化不仅是成本预算及考评的重要指标，而且对于电解过程工艺革新和技术发展也具有重要的指导作用。对于电解提取金属过程技术经济评价的指标有：电流效率、电压效率、能量效率、电能消耗等。

10.2　杂质对金属电解提取电化学过程的影响

电解提取冶金生产面向规模化、机械化和自动化的发展对电解提取工艺技术也提出了更高的要求。电积、精炼和金属粉末制备过程中电解液成分的稳定，电极过程的协调和反应的持续正常是维持连续生产的基本要求和保障。但由于生产原料的复杂多变，既定工艺的针对性有限，加之溶液中离子可能长期累积，必将造成电解槽液中出现杂质离子对金属电解提取的电化学过程产生不同的干扰，甚至严重影响其正常生产（或降低生产效率，或损伤金属品质，甚至导致生产无法进行下去）。因此，关注杂质对于金属电极提取电化学过程的影响，揭示不同杂质的影响机制，寻求解决途径这是电冶金技术工作者的一项重要工作内容。

对于不同的金属电沉积加工，受原料、工艺、操作等多种因素影响必将存在种类不同、程度不等的杂质影响，所以，影响情况和机制将十分复杂。为此，本节将以电沉积 Zn 为例来简要说明杂质对金属电极提取电化学过程的影响，如何揭示不同杂质的影响机制，怎样寻求解决途径。希望通过目前研究较为深入的这一个例子可为更多复杂情况分析解决提供示例。

对于酸性氯化物电镀 Zn 而言，由于阳极、配槽及补充成分时使用的原料、从前道工序带入等原因会引入不同的杂质，有些会对电镀质量带来不良影响，为了保证电镀制品的品质必须去除，表 10-3 给出电镀工作者对常见杂质影响规律及去除方法的总结。而对于

表 10-3 酸性氯化物电镀锌杂质影响及去除方法

常见杂质	影 响	去除方法
Cu^{2+}	镀层变灰黑色，甚至粗糙无光	锌粉去除
Pb^{2+}	微量时镀层变白色，但出光后变暗；过量时镀层呈灰暗变黑	可用不大于 0.2A/dm^2 的电流处理
Cd^{2+}	超过 25mg/L 时镀层变暗，钝化后呈灰黑色	可用锌粉 1～5g/L 处理
Cr^{6+}	Cr^{6+} 含量大于 80mg/L 时会导致镀液电流效率下降，甚至低电流密度全部无镀层	可用固体保险粉处理，沉淀后过滤除去
NO_3^-	NO_3^- 含量大于 0.25g/L 时会导致镀层光亮度下降，析氢严重	可用大电流电解处理
有机物	导致镀层发脆发暗，甚至造成镀层起泡或结合不良，镀层呈黑色条纹、黑灰色斑印	可用活性炭吸附，沉淀后过滤

Zn 电积过程中杂质对电积锌品质、经济技术指标、影响行为及如何消除杂质离子的不良影响方面也积累不少研究经验。普遍发现铜、钴、镍对电积过程甚为有害，砷、锑、锗是对锌电积危害更大的杂质，一般认为铁、镉、铅对其电流效率的影响不大或无影响。具体而言，根据电化学反应性质和发生地点的不同，可以把杂质分为三类。第一类为在阴极上放电的杂质离子。根据氢在其上超电压的大小和氢化物的稳定程度进一步将其分为三组：(1) 铅、镉、锡、铋等金属离子。这些杂质离子放电电位较锌正，且氢在这些金属上放电过电位比在锌上负，因此锌离子将优先氢放电并将杂质加以覆盖，对电流效率的影响不大，不会造成锌返溶，只有当溶液中此类杂质浓度很高时，才会由于锌和这些杂质金属组成的微电池而加大锌的溶解趋势。(2) 钴、镍、铜等金属离子。这些金属离子的析出电位较锌正，将优先锌在阴极上放电，氢在这类杂质上析出超电压都不高，金属锌也不会在其上析出将其覆盖，当电积液中存在一定浓度的这类杂质，就会给电解过程造成很大的困扰。(3) 锗、砷、锑等杂质离子。这组杂质的最大特点是优于锌在阴极上放电，且放电后能生成氢化物，这些氢化物是易于分解和挥发的气体，这些气体不会立即挥发而在电积液中又分解进入电积液，如此循环。第二类为在阳极上放电的杂质离子。这类杂质主要是可变价并处于低价状态的阳离子，如 Cu^+、Fe^{2+}、Mn^{2+}、Pb^{2+}等。第三类为在阴极上阳极上都不放电的杂质离子，如钾、钠、铝、镁、钙等阳离子和氟、氯等阴离子。尽管这些杂质不在阴极和阳极上放电，但是由于钙和镁两种杂质对电积液的黏度和电导率影响较大，且它们的硫酸盐溶解度很低，当在溶液中积累到一定浓度时，会在系统管道结晶析出阻塞管道，而氟、氯等阴离子会腐蚀极板。而根据对电流效率的影响程度，杂质大致可分为三类。第一类为铅、铬、铁、银等，在一般工业生产中，对电积锌的电流效率影响不大，但对锌质量影响较大。第二类为钴、镍、铜等，它们对电锌的电流效率有明显降低的作用。第三类为镉、锑、硒、碲、砷等，对电流效率的降低最为剧烈。现代电锌厂一般要求电积液含硒、碲、砷不能大于 0.1～0.3mg/L，而镉、锑不能大于 0.02～0.04mg/L。另外，根据对锌析出质量的影响，杂质可分成四类。第一类为 In、Cu、Co，在含量小于 10mg/L 时，对锌沉积物的结晶几乎无影响，其表面状态如纯锌溶液。但有时铜的存在会使沿电极面的垂直方向出现一些较深的孔。当含钴高时，钴能在阴极上析出，析出的钴成单独相存在，因此形成贯穿的小孔。第二类为 Ni、As、Cd、Pb，当含量小于 1.0mg/L 时，一般均

对锌的晶体长大有抑制作用，从而得到细小的阴极沉积，但是As含量大于30mg/L时，使阴极形成海绵状锌。Ni大于10mg/L时，则像钴一样，使阴极形成小的孔洞。第三类为Hg、Ag及Ga，当含量小于10mg/L时，得到有光泽的晶体，阴极沉积物呈现条纹状。第四类为Ge、Sb、Te、Se等，均易使阴极形态发生较大的变化，如电积液中Se含量由0.1mg/L增加到1.0mg/L时，使阴极锌穿孔数目增多，Te由0.01mg/L增至0.05mg/L时，使锌阴极表面迅速形成树枝状瘤，色泽发暗，在对应于树枝状瘤的基底，面向铝板的一面，可看到锌的穿孔溶解。Ge含量在0.1mg/L以下时，使阴极锌呈现较平的条纹状，当由0.1mg/L增加到0.5mg/L时，影响与Se类似，但小孔数量更多。又如Sb含量为0.1mg/L时，六方体晶体呈散乱分布，严重时表面凹凸不平并长瘤，Sb含量再增加时，则使阴极形成垂直沟状条纹，表面锌呈麦芽及海绵状。

截至目前关于杂质对Zn电积电流密度和阴极质量的影响在长期的生产实践和大量的工艺技术研究中已经积累较多的数据，而对于杂质对电极过程（阴极极化及反应机理等）的影响及机理揭示研究却仍有待于深入。杂质离子进入槽液后伴随着阴极还原，可能造成沉积离子的电极过程出现不同程度的影响。如果干扰离子与沉积离子共同还原时，沉积离子仍遵循自身的动力学规律进行还原反应，而不受杂质离子的制约，离子还原的速度是每种离子还原的速度之和，这是理想的情况，可将这一体系称为理想共轭体系，其中的杂质离子只是导致沉积物化合或夹杂。但如果离子间发生相互影响，相互制约，破坏了它们单独还原时的动力学规律，这种体系则为真实共轭体系。通常所称谓的杂质离子多是指这种真实共轭体系，但也不排除理想共轭体系中因杂质离子共同沉积（参见第8章）会造成沉积金属表面发花、变色、纯度显著降低等质量劣化的情况发生。对于真实共轭体系中，杂质离子对于电沉积过程的影响也甚为复杂。譬如根据电沉积锌的机理研究发现在电沉积锌中锌的沉积是分步进行的，而主要是两步反应。阴极反应如下：

$$Zn^{2+}+e \rightleftharpoons Zn^{+}_{ad} \tag{10-22}$$

$$Zn^{+}_{ad}+e \rightleftharpoons Zn^{*} \tag{10-23}$$

$$Zn^{*} \longrightarrow Zn \tag{10-24}$$

$$Zn \longrightarrow Zn^{2+}+e \tag{10-25}$$

$$Zn^{2+}+Zn^{*}+2e \longrightarrow Zn^{*}+Zn \tag{10-26}$$

$$Zn^{*}+H^{+}+e \longrightarrow ZnH_{ad} \tag{10-27}$$

$$ZnH_{ad}+H^{+}+e \longrightarrow Zn+H_2 \tag{10-28}$$

上述方程式中Zn^{+}_{ad}为吸附的锌正一价离子；Zn^{*}为活性锌分子，在电沉积锌中主要发生反应式10-22和式10-23，同时伴随式10-27和式10-28的析氢反应。杂质离子对于电沉积锌过程的影响，可能是改变锌的两步沉积的机理，相应的反应的控制步骤也发生了变化，进而对电积机理有一定的影响；或并没有改变锌的两步沉积的机理而只是交换电流密度和传质系数发生了变化，反应动力学速度出现变化。为寻求揭示杂质离子对于电沉积锌过程的影响机制，可利用电化学测试技术获得有无杂质离子及不同浓度杂质离子对于电极过程的影响。譬如通过Tafel曲线以计算出动力学参数如交换电流密度、传递系数、标准速率常数和扩散系数，来推算反应级数等。因为当过电位足够大时，过电位η与电流i符合Tafel方程：

$$\eta_c = -\frac{2.3RT}{n\alpha F}\lg i^0 + \frac{2.3RT}{\alpha F}\lg i_c \tag{10-29}$$

式中，α 为表观传递系数；n 为反应电子数；F 为法拉第常数；R 为理想气体常数；T 为温度；i^0 为交换电流密度。利用 η-$\lg i$ 极化曲线，线性拟合就可求出交换电流密度 i^0 及传递系数（α_n），对比不同浓度杂质离子对于电极过程的交换电流密度 i^0 及传递系数（α_n）的影响，进而能获知杂质离子对于电极极化、传质等的影响，从而揭示出对反应历程的影响。Mg^{2+} 离子对电沉积锌的影响机理的研究表明，随着镁离子浓度的增加，析氢加重，在电积锌过程中，有电化学控制向传质控制的转变。

杂质离子对金属电极提取影响研究的最终目的是为了克服杂质离子的干扰作用，因此，从工艺上进行有针对性的必要调整和开展槽液维护保养是保障正常生产和保证产品品质的有效途径。但冶金电积生产不同于表面电镀生产，因此，在具体的工艺操作上需要从杂质来源、积累过程、电极反应影响机理等方面展开有效控制，通过例如锌粉置换，设立专门的净出工艺（Cu、Co、Ni 在一段净化时被除尽，Cd、Fe 在二段净化去除等），添加适宜的添加剂，如骨胶、明胶，碳酸银等途径来实现。

思考题

10-1　电积和电精炼与电解制取金属粉末在技术条件上的主要差别是什么？为什么？

10-2　电解过程中槽电压主要由哪几部分组成？

10-3　镍电解精炼的电解液含 Ni^{2+} 为 45g/L，假定镍析出的过电位为 0.34V，铜析出的过电位为 0.10V，氢在镍上的过电位为 0.42V。试求溶液中允许的 Cu^{2+} 含量是多少？溶液中的 pH 值不低于多少？对比实际生产中电解液内的 Cu^{2+} 含量小于 0.001g/L 就可满足生产要求，试说明为什么。

10-4　简述如何评价电解金属提取工艺的技术经济性。

10-5　试总结电积锌过程中杂质离子的影响规律和控制途径。

参考文献

[1] 王成刚，王齐铭．金属提取冶金学［M］．西安：西安地图出版社，2000.

[2] 蒋汉瀛．冶金电化学［M］．北京：冶金工业出版社，1983.

[3] 陈维平，王眉，杨超，等．电解方法制备纳米金属粉末的研究进展［J］．材料导报，2007，21（12）：79～82.

[4] 杨辉，卢文庆．应用电化学［M］．北京：科学出版社，2001.

[5] 杨绮琴，方北龙，童叶翔．应用电化学［M］．2 版．广州：中山大学出版社，2005.

[6] 吴辉煌．电化学工程基础［M］．北京：化学工业出版社，2008

[7] 邱竹贤．有色金属冶金学［M］．北京：冶金工业出版社，1988.

[8] 李具康．锌电积用聚苯胺/碳化硼阳极材料制备及性能研究［D］．昆明：昆明理工大学，2011.

[9] 梁永宣．粗硫酸铜净化除杂及电积法制备铜粉的研究［D］．长沙：中南大学，2010.

[10] 马燕生，王欣然．金属粉末掘金［J］．宁夏科技，2002，(3)：7～10.

[11] 敖自立，黄清福．电解法制取金属钴粉［J］．宁夏科技，1996，31（1)：16～18.

[12] 许克昌．提高锌电解过程的电流效率的系统研究［D］．昆明：昆明理工大学，2007.

[13] 胡东风．镉对长周期锌电积影响的试验研究［D］．昆明：昆明理工大学，2008.

[14] 张怀伟．镍对锌电积过程影响及浸出液净化中脱镍的试验研究［D］．昆明：昆明理工大

学，2008.

[15] 田林．镁对电积锌的影响研究［D］．昆明：昆明理工大学，2010.

[16] 章葆澄．电镀工艺学［M］．北京：北京航空航天大学出版社，1993.

[17] 徐采栋，林蓉，汪大成．锌冶金物理化学［M］．上海：上海科学技术出版社，1978.

[18] 梅光贵，王德润，周敬元，等．湿法炼锌学［M］．长沙：中南大学出版社，2001.

[19] 俞小花，谢刚，李荣兴，等．三元杂质砷锑钴对锌电沉积阴极过程的影响［J］．中国科学：化学，2010，40（4）：344～349.

11 冶金熔盐电化学过程

本章导读

熔盐作为冶金生产中又一重要的离子电解质，应用在熔盐电解生产，存在于火法熔炼熔渣中，而且熔融盐可供制备具有高的比能量、高动力的熔融盐燃料电池，成为新兴的能源提供者。在现代冶金中，熔盐电解是生产一系列有色金属的重要方法之一（目前大规模用熔盐电解提取的金属有30余种，其中Al到目前也仅能通过该工艺实现大规模制备）。熔盐电解、熔盐电池等已成为现代化学中极具活力的一分支。为此，本章首先主要对熔盐电解制备工艺过程进行简要阐述，随后对熔渣的电化学性质给予简要说明，最后对于熔融盐燃料电池的制备发展情况作了简单介绍，以供开阔视野。

11.1 熔盐电解工艺基础

11.1.1 电解过程的阴极和阳极反应

熔盐电解也是将电能转化为化学能的电化学过程，电解过程的总反应是阴极反应和阳极反应之和。熔盐电解遵从熔融电解质条件下电化学过程的一般规律。通过熔盐制取金属的过程中，金属的沉积发生在阴极上，氧化反应得到的产物发生在阳极。熔盐电解阳极材料一般选择导电性好且不溶于熔盐或金属的惰性材料、碳材料等。阴极反应一般表现为：金属离子得到电子转化为金属原子，如：

$$2Al^{3+}+6e \longrightarrow 2Al \tag{11-1}$$

$$Mg^{2+}+2e \longrightarrow Mg \tag{11-2}$$

阳极反应比较复杂，有可能表现为多元反应，多数是气体生成的过程，如利用金属氯化物电解阳极产生氯气：

$$2Cl^{2-}-2e \longrightarrow Cl_2(g) \tag{11-3}$$

工业铝电解过程，阳极会有碳的氧化物产生：

$$3O^{2-}+1.5C-6e \longrightarrow 1.5CO_2 \tag{11-4}$$

该反应会造成碳阳极材料的消耗，所以铝电解时要经常更换碳阳极。

当熔盐中有多种离子存在时，对阴极和阳极遵从析出电位低的元素先析出的基本规律。在理想情况下，析出量服从法拉第定律。

11.1.2 分解电压

在可逆情况下使电解质有效组元分解的最低电压，称为理论分解电压（E_e）。理论分解电压是阳极平衡电极电位（$E_{e(A)}$）与阴极平衡电极电位（$E_{e(C)}$）之差：

$$E_e = E_{e(A)} - E_{e(C)} \tag{11-5}$$

当电流通过电解槽，电极反应明显进行时，电极反应将会明显偏离平衡状态，而成为一种不可逆状态，这时的电极电位就不再是平衡电位，而发生阳极电位正向偏移，阴极电位负向偏移。这时，能使电解质熔体连续不断地发生电解反应所必需的最小电压叫做电解质的实际分解电压。显然，实际分解电压比理论分解电压大，有时甚至大很多。实际分解电压简称分解电压（E），是阳极实际析出电位（$E_{e(A)}$）和阴极析出电位（$E_{e(C)}$）之差。

$$E_e = E_{(A)} - E_{(C)} \tag{11-6}$$

显而易见，当得知阴、阳极在实际电解时的偏离值（称为过电位或超电位）就可以算出某一电解质的实际分解电压。

分解电压符合能斯特方程，可以表示为：

$$V = V^{\ominus} + \frac{RT}{nF}\ln\frac{a_{\text{氧化态}}}{a_{\text{还原态}}} \tag{11-7}$$

式中 V, $V^{\ominus}$——分别表示实际和标准状态下组元的电极电位；

R——理想气体常数，等于 8.314472 J/(K·mol)；

a——组元的活度（活度=浓度×活度系数）；

n——组元在熔盐中的化合价（半反应式的电子转移数）；

F——法拉第常数，等于 96485.3399 C/mol。

可以看出，温度和电解质组成均会影响分解电压。表 11-1 为镁电解质中部分组元的分解电压。温度系数大表示分解电压随温度的变化较大。

表 11-1　镁电解质中部分组元的分解电压（800℃）

电解质组元	分解电压/V	温度系数	电解质组元	分解电压/V	温度系数
LiCl	3.30	1.2×10^3	KCl	3.37	1.7×10^3
NaCl	3.22	1.4×10^3	$MgCl_2$	2.51	0.8×10^3
$CaCl_2$	3.23	1.7×10^3	$BaCl_2$	3.47	4.1×10^3

11.1.3 槽电压

对一个电解槽来说，为使电解反应能够进行所必须外加的电压称为槽电压。阳极实际电位（$E_{e(A)}$）与阴极实际电位（$E_{e(C)}$）之差，即电解槽两极端点电位差或所谓实际分解电压 E，是槽电压的一个组成部分。V 由两部分组成，即：

$$V = E_e + E_\eta = [E_{e(A)} - E_{e(C)}] + (\eta_{(A)} + \eta_{(C)}) \tag{11-8}$$

式中，E_e是为了电解的进行而必须施加于电极的最小外电压，也可称之为相应原电池的电动势；$E_\eta = \eta_{(A)} + \eta_{(C)}$ 这部分外加电动势，叫做极化电动势。

除此以外，还有由电解液的内阻所引起的欧姆电压降 E_Ω 以及由电解槽各接触点、导电体等外阻所引起的电压降 E_R，也都需要附加的外电压补偿。因此，槽电压是所有这些项目的总和，并可以下式表示：

$$E_T = E + E_\Omega + E_R \tag{11-9}$$

式 11-9 右边第一项 E，所包括的 E_e 由能斯特公式求出；E_η 中的 $\eta_{\text{阳}}$ 和 $\eta_{\text{阴}}$ 的理论分析和

计算常利用塔费尔公式或通过交换电流数据进行计算，也可从有关书刊中引用已知数据。E_{Ω} 无论是在电解沉积或是在电解精炼中都是槽电压的组成部分，它与电解液的比电阻、电流密度或电流强度、阳极到阴极的距离（即极距）、两极之间的电解液层的纵截面积以及电解液的温度等因素皆有关系。

在电解实践中，每个电解槽内的电极是按一块阳极一块阴极相间地排列着，最后一块也是阳极，故阳极板比阴极板多一块。但是，靠电解槽两边的两块阳极各自只有一个表面起电极反应。从而，进行电极过程的阳极表面和阴极表面的数目是相等的。电解槽与电解槽是串联的，但每个槽内的相同电极则是并联的，从而构成了一个所谓的复联电解体系。在这样的电解体系中，每个电解槽内全部电解液所呈现的电阻与一个极间电解液层所呈现的电阻彼此有以下的关系：

$$\frac{1}{R}=\frac{1}{r_1}+\frac{1}{r_2}+\cdots=\frac{n_{\mathrm{d}}}{r} \tag{11-10}$$

式中，R 为一个电解槽内全部电解液所呈现的电阻，Ω；r_1，r_2，…分别为第一个，第二个…极间的电解液层所呈现的电阻，并且 $r_1=r_2=\cdots=r$，Ω；n_{d} 为一个电解槽内的极间数目，等于起反应的电极表面的数目，亦即 $n_{\mathrm{d}}=2n_{阴}=2(n_{阳}-1)$，其中 $n_{阴}$ 和 $n_{阳}$ 分别为每个电解槽内的阴极板和阳极板的块数。

由于每个极间电解液层所呈现的电阻与极距成正比而与其截面积（实际上可以电极表面积替代）成反比，亦即 $r\propto\frac{l}{A}$。由此，得到：

$$r=\rho_{\mathrm{r}}\times\frac{l}{A} \tag{11-11}$$

式中　ρ_{r}——比例系数，也叫做比电阻，Ω · cm；

l——两极之间的距离，简称极距，cm；

A——起反应的电极的表面积，cm^2。

将式 11-11 代入式 11-10，便可得到：

$$R=\frac{r}{n_{\mathrm{d}}}=\frac{1}{n_{\mathrm{d}}}\times\rho_{\mathrm{r}}\times\frac{l}{A} \tag{11-12}$$

加之，温度对 R 的影响是随着温度的升高，电解液的电阻降低。它们的关系可用下式表示：

$$R_{\mathrm{t}}=R_0\left[1-\frac{\mathrm{d}R}{\mathrm{d}t}(t-t_0)\right] \tag{11-13}$$

式中，$\frac{\mathrm{d}R}{\mathrm{d}t}$ 为电解液电阻的温度系数。至此可得出用于计算一个电解槽内电解液欧姆电压降的关系式如下：

$$E_{\Omega}=IR=I\times\frac{1}{n_{\mathrm{d}}}\times\rho_{\mathrm{r}}\times\frac{l}{A} \tag{11-14}$$

式中，I 为通入电解槽的电流强度，A。

若不用电流强度而用电流密度，而且往往是指阴极电流密度，则在此情况下，则有：

$$D_{\mathrm{K}}=\frac{I}{2n_{阴}A_{阴}}=\frac{I}{n_{\mathrm{d}}A_{阴}} \tag{11-15}$$

式中，D_{K} 的单位通常是以 A/m^2 表示。这样式 11-14 可改写成以下的形式：

$$E_{\Omega} = \frac{D_K}{10000} \times \rho_r \times l \qquad (11\text{-}16)$$

式中，D_K为阴极电流密度，A/m^2；ρ_r为比电阻，$\Omega \cdot cm$；l为极距，cm。

比电阻ρ_r可以通过实测，也可以通过计算求出。

附带指出的是，水溶液电解槽电压组成部分中的接触电压降通常不是用公式进行计算的，而是按以下经验数据取值：阳极上的电压降可取0.02V，结点上的电压降可取0.03V，阴极棒中的电压降可取0.02V，而槽帮导电板的电压降是0.03V，阳极泥中的电压降可取等于电解液欧姆电压降的25%～35%。

11.1.4 熔盐电解电流效率及电能效率

熔盐电解电流效率类似于水溶液中的电流效率的定义（参见10.1.5节），是指阴极上金属的析出量与在相同条件下按法拉第定律计算出的理论量之比。因为阴极沉积物是主要的生产成品，所以电流效率通常是指阴极电流效率。电流效率按式11-17进行计算：

$$E_I = \frac{b}{qIt} \times 100\% \qquad (11\text{-}17)$$

式中，E_I为以分数表示的电流效率，%；b为阴极沉积物的实际量，g；I为电流，A；t为通电时间，h；q为电化当量，g/(A·h)。表11-2为常见金属的电化当量。

表11-2 常见金属的电化当量

元 素	原子化合价	相对原子质量	电 化 当 量	
			1C析出的物量/mg	1A·h析出的物量/g
Al	3	26.89	0.0932	0.3356
Bi	3	208.98	0.7219	2.5995
Fe	2	55.85	0.2894	1.0420
	3		0.1929	0.6947
Au	1	197.00	2.0415	7.3507
	3		0.6805	2.4502
Cd	2	112.41	0.5824	2.0972
Co	2	58.94	0.3054	1.0996
Mg	2	24.32	0.1260	0.4537
Mn	2	54.94	0.2847	1.0250
Cu	1	63.54	0.6584	2.3709
	2		0.3292	1.1854
Ni	2	58.71	0.3042	1.0953
Sn	2	118.70	0.6150	2.2416
	4		0.3075	1.1013
Pb	2	207.21	1.07360	3.8659
Ag	1	107.88	1.1179	4.0254
Cr	3	52.01	0.1797	0.6469
	6		0.0898	0.3234
Zn	2	65.38	0.3388	1.2198

同样还有阳极电流效率，它与阴极电流效率并不相同，这种差别对可溶性阳极电解有一定的意义。所谓阳极电流效率，是指金属从阳极上溶解的实际量与相同条件下按法拉第定律计算应该从阳极上溶解的理论量之比值（以分数表示）。一般说来，在可溶性阳极的电解过程中，阳极电流效率稍高于阴极电流效率。在此情况下，电解液中被精炼金属的浓度逐渐增加，如铜的电解精炼就有此种现象发生。

大量实验已证明，法拉第定律对熔盐电解过程仍然适用。但是，在实际电解过程中，电流效率一般都低于100%，有的甚至只有50% ~70%。为什么会出现这种偏差呢？原因大约有三个方面：（1）电解产物的逆溶解损失；（2）电流空耗；（3）几种离子共同放电。在这三种损失中，第一种形式的电流损失是主要的。除以上三方面电流损失外，还有由于金属与电解质分离不好而造成的金属机械损失，金属与电解槽材料的相互作用以及低价化合物的挥发损失等。对法拉第定律出现偏差的第二种原因是电流空耗。电流空耗有两种途径，一种是离子的不完全放电，例如，$Al^{3+}+2e \longrightarrow Al^{+}$和$Mg^{2+}+e \longrightarrow Mg^{+}$，低价离子仍然存在于电解质中，由于挥发或歧化等原因而造成电流空耗。电流空耗的另一种形式就是电子导电，这种电流损失形式是熔盐电解过程所独具的。第三种电流损失的原因是几种离子在阴极上共同放电。当体系中几种离子析出电位较为接近时容易出现这种情况。各种离子的析出电位取决于自身的标准电位、浓度及电极极化程度。例如，在$MgCl_2$-KCl熔体中电解制取镁时，在电流密度为0.5A/cm^{2}的情况下，镁与钾共同析出时$MgCl_2$的临界浓度为7%，低于这个浓度就会因钾放电而造成电流损失。又如在铝电解过程中，钠离子在石墨上放电比在铝上放电更容易，因此要设法避免石墨的电解槽衬露出，防止因钠离子放电造成电流损失。

影响电流效率的主要因素有以下几个方面：

（1）温度。温度过高，电流效率会降低。这是由于温度升高，增加了金属在电解质中的溶解度，加速了阴、阳极产物扩散，加剧了金属低价化合物的挥发等。但温度又不能过低，因为温度过低又会使电解质黏度升高，而使金属的机械损失增大。电流效率与温度的关系可用图11-1的曲线表示。为了降低电解温度，同时保持电解质流动性良好，实际电解时常在体系中加入熔点较低的添加剂。如镁电解中所采用的电解质体系通常是四元系$MgCl_2$-KCl-NaCl-$CaCl_2$。

（2）电流密度。一般来说，电流密度增大则电流效率提高，但是不能无限地提高。这是因为电流密度过高，将会引起多种离子共同放电，反而会降低电流效率。此外，电流密度过高，会使熔盐过热，导线和各接点上电压降增大，造成不必要的电能消耗，如图11-2所示。

（3）极间距离。极间距离对电流效率的影响主要表现为金属产物的溶解速度与极间距离有关。极间距离增大，使得阴极附近溶解下来的金属向阳极区扩散的路程加长，因而减少了金属溶解损失，而使电流效率提高。但是，极间距增大，电解质中电压降也增大，电能消耗增大，电解质也可能过热。所以，必须在改善电解质导电性能的情况下调整极间距离。

（4）电解槽结构。电解槽内的结构直接影响到电解质在槽内的循环对流情况，影响到阳极气体是否易从槽内排出，影响到阳极气体是否易与阴极产物发生作用，还影响到槽

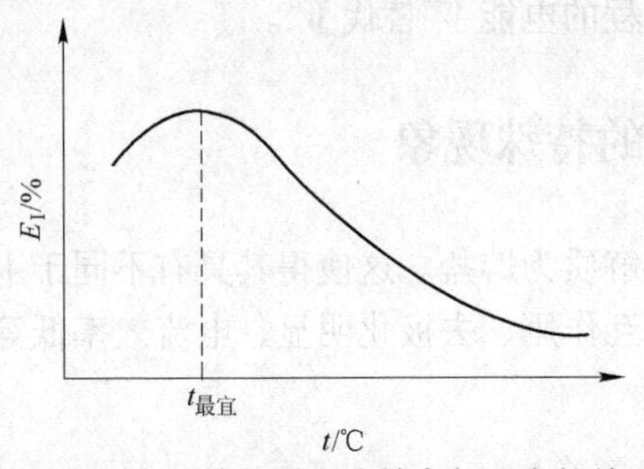

图 11-1 电解熔盐时电流效率与温度的关系

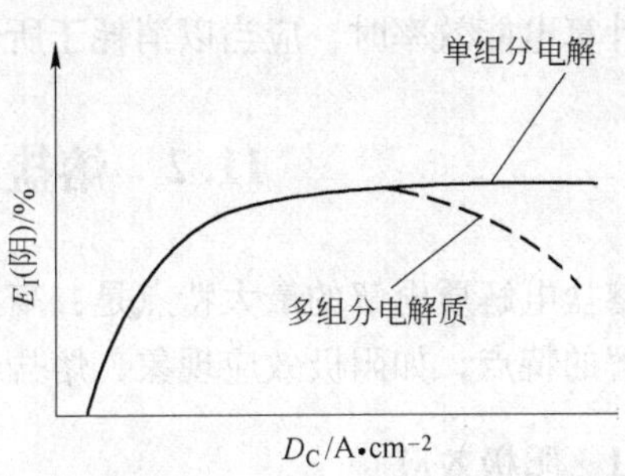

图 11-2 电解熔盐时电流效率与阴极电流密度的关系

内温度、电解质浓度的均匀性，因此对电流效率有很大影响。实践中研究合理的电解槽结构（槽型）是提高电流效率及其他指标的重要途径。

（5）电解质组成。体系的一系列物理化学、电化学性质，如密度、黏度、表面张力、金属的溶解度、电导、离子迁移性等，都与电解质组成有关。所以改变电解质组成必然影响电流效率。因此可见，影响电流效率的因素是很复杂的。在研究电流效率时应该全面考虑各种因素的影响，重要的是，要找出影响电流效率的主要因素，以便采取改进措施，以提高电流效率。

值得一提的是，在进行熔盐电解过程中电流效率多为 60% ~80%，但是再以液态阴极金属为阴极的时候，往往也会发生电流效率超过 100% 的情况，这在于：

（1）合金化作用放出热量为体系提供了多余热量，使得温度升高；

（2）液态金属在电解温度下，与待电解离子发生金属热还原作用；

（3）在液态阴极上去极化作用明显使得第二种金属离子共同析出（含量不为 0 时常被忽略），因而表观电流效率超过 100%。但这不是真正意义上的电流效率，只是计算基准的问题。

所谓电能效率，是指在电解过程中为生产单位产量的金属理论上所必需的电能 W' 与实际消耗的电能 W 之比值（以分数表示），即为：

$$E_W = \frac{W'}{W} \times 100\% \tag{11-18}$$

因为，电能=电量×电压，所以得：

$$E_W = E_I E_V \tag{11-19}$$

式中，$E_V = V_{min}/V$（参见第 10 章），称为电压效率。必须指出，电流效率与电能效率是有差别的，不要混为一谈。如前所述，电流效率是指电量的利用情况，在工作情况良好的工厂，很容易达到 90% ~95%，在电解精炼中有时可达 95% 以上。而电能效率所考虑的则是电能的利用情况，由于实际电解过程的不可逆性以及不可避免地在电解槽内会发生电压降，所以在任何情况下，电能效率都不可能达到 100%。从式 11-19 中可以看出，若要提高电能效率，除了靠提高电流效率以外，还可以通过降低槽电压。为此，降低电解液的比电阻，适当提高电解液的温度，缩短极间距离，减小接触电阻以及减少电极的极化以降低槽电压，是降低电能消耗、提高电能效率的一些常用方法。

还应当指出，通常说的“电能效率”并不能完全正确地说明实际电解过程的特征，因为电能效率计算式的分子部分并未考虑到成为电能消耗不可避免的极化现象。因此，在确切计算电能效率时，应当以消耗于所有电化学过程的电能 W''替代 W'。

11.2　熔盐电解过程的特殊现象

熔盐电解质电解的最大特点是：高温过程，电解质为熔盐。这使得其具有不同于水溶液电解的特点，如阳极效应现象、熔盐与金属的相互作用、去极化明显、电流效率低等。

11.2.1　阳极效应

阳极效应是熔盐电解中采用碳阳极时发生的一种特殊现象。以铝熔盐电解为例，当冰晶石氧化铝体系熔体对炭素电极润湿良好时，阳极反应所产生的气体能够很快地离开阳极表面，电解能够正常进行。若润湿不好，则阳极会被阴极反应生成的气体形成一层气膜覆盖，不能和电解质正常接触，这时将会发生阳极效应。发生阳极效应时，电解过程的槽电压会急剧上升，电流强度则急剧下降。同时，在电解质与浸入其中的阳极之间的界面上出现细微火花放电的光环。覆盖在阳极上的气膜并不是完全连续的，在某些点，阳极仍与周围的电解质保持简短的接触，在这些点上，产生很大的电流密度。产生阳极效应的最大电流密度称为临界电流密度。临界电流密度和许多因素有关，其中主要有：熔盐的组成和性质、表面活性离子的存在、阳极材料以及熔盐温度等。表 11-3 为部分熔盐用碳作阳极时的临界电流密度值，为了比较，还列入了各种熔盐在碳表面上的润湿角数据。从表 11-3 中可以看出，熔盐氯化物的临界电流密度（考虑到温度的差别）比熔融氟化物的临界电流密度大；碱金属氯化物的特点是临界电流密度比碱土金属氯化物的临界电流密度大，并且各种碱金属卤化物的临界电流密度按 LiX→NaX→KX 顺序递增，这个顺序与这些盐在熔体-碳界面上的界面张力随阳离子半径由 Li^+向 K^+增大而降低的顺序一致。因此，临界电流密度与润湿角处于相反的关系，也就是说，熔盐润湿阳极表面越良好，即熔盐与阳极界面上的界面张力越低，则临界电流密度越高，亦即阳极效应发生的可能性越小，反之亦然。

表 11-3　部分熔盐的临界电流密度和润湿角数据

熔　盐	温度/K	临界电流密度/A·cm^{-2}	润湿角/(°)
KCl	1073.15	6.30	28
NaCl	1123.15	3.28	78
LiCl	923.15	2.03	—
$BaCl_2$	1273.15	0.83	116
KF	1123.15	6.33	49
NaF	1273.15	4.12	75
LiF	1123.15	0.48	134
Na_3AlF_6	1273.15	0.45	134
95% Na_3AlF_6+5% Al_2O_3	1273.15	8.65	109

在二元熔盐体系中，临界电流密度随着熔体中表面活性组分的浓度增大而增高，这些

表面活性组分能降低熔盐与固体表面间的界面张力，也就是能改善电解质对阳极的润湿性。例如，$Na_3AlF_6-Al_2O_3$体系的润湿边界角变化曲线与临界电流密度变化曲线的反向进程，如图11-3所示，可说明阳极效应与电解质润湿边界角的直接关系。在这个体系中，Al_2O_3便是能降低熔融冰晶石与碳界面上的界面张力的表面活性组分。从图11-3中可以看出，随着熔体中Al_2O_3含量的增高，临界电流密度增大，而润湿边界角却降低。相反，在非表面活性的氟化钙和氟化镁（Ca^{2+}和Mg^{2+}离子）的影响下，冰晶石的临界电流密度则会降低，而润湿边界角却相应增大。就阳极材料来说，一种盐对某种材料润湿性越好，则临界电流密度也越大。研究结果表明，熔盐对非碳质材料（如金属、氧化物等）的润湿边界角比对碳质材料的润湿边界角要小得多。因此，临界电流密度在用非碳质材料进行熔盐电解时比用碳质阳极要高，温度升高时熔盐的流动性增大，从而熔盐对固体表面的润湿性得到改善。因此，升高电解质的温度将导致临界电流密度增大。

由上述可知，电解质与阳极的润湿性对阳极效应的发生起着决定性作用。例如冰晶石氧化铝的熔盐电解，当熔体中有足够量的Al_2O_3时，电解可以在相当大的阳极电流密度（在工业条件下为0.8~1.0A/cm²）下进行。在此情况下，由于阳极电解质之间的界面张力的数值很小（即润湿边界角很小），故阳极气体不能保持在阳极表面上而是呈小气泡形状离开阳极，如图11-4a所示。随着电解的进行，溶解在电解质中的氧化铝的浓度相应降低，电解质与阳极间的界面张力（润湿边界角）便增大，因而气泡变大难于与阳极分离，如图11-4b所示，开始发生阳极效应。当向熔体中加入氧化铝时，阳极效应即可消失，于是正常的电解又可恢复。

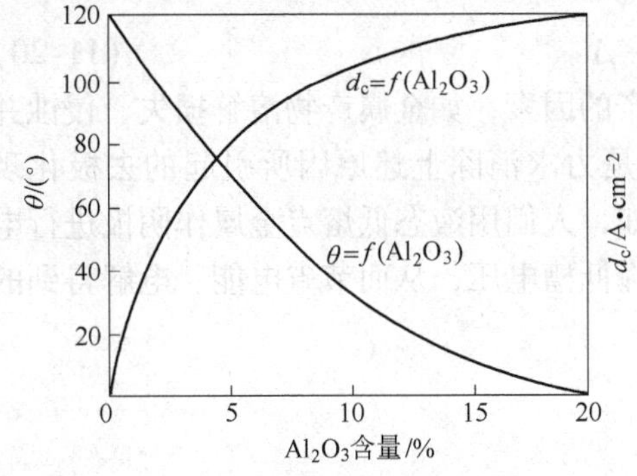

图11-3 冰晶石氧化铝熔体的临界电流密度和润湿边界角与Al_2O_3浓度的关系

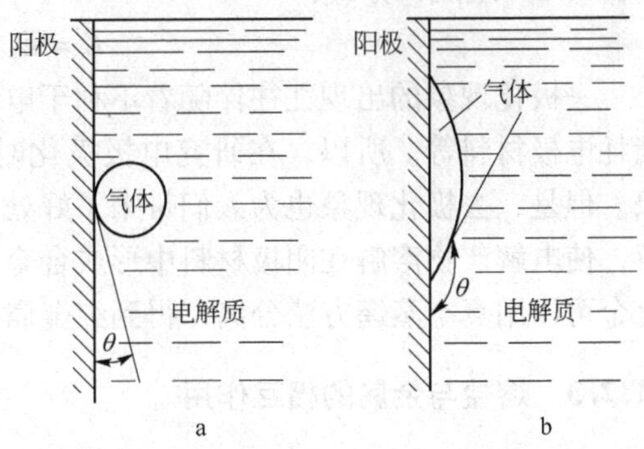

图11-4 阳极上气泡的形状

a—正常电解时；b—发生阳极效应时

11.2.2 去极化

去极化作用是熔盐电解过程中特有的现象之一。所谓去极化作用是指降低超电位，使电极过程向平衡方向移动。熔盐电解过程中，阴极的去极化现象是比较显著的。去极化和极化是电极过程中的一对矛盾，彼此是相互制约的，凡是能使电极过程的最慢步骤的速度变慢的影响因素都会加强极化，相反，凡是能加快最慢步骤速度的因素都能去极化。增大浓度和升高温度可以加快扩散步骤的速度，它们对浓差极化有去极化作用。通常为了降低浓差极化超电位，就可以适当采取这些措施。关于电化学反应步骤，促使其变化的影响因素比较多，也比较复杂。

在熔盐电解中，阴极去极化作用由下列各种原因引起：

（1）已析出的金属在电解质中溶解。如果在阴极析出的金属能显著地溶解于熔盐之中，在阴极电流密度低时，几乎全部金属都溶解在电解质中，金属在电极表面的活度将降低，因此阴极的电极电位朝着正方向移动。这种现象在电解碱金属和碱土金属熔盐时，表现得特别明显，因为这些金属在熔盐中的溶解度大。

（2）金属离子有时不发生形成原子的放电反应，而是进行高价离子还原成低价离子的过程，此时显示出一个与中间还原阶段对应的电位，这种阴极的电极电位也朝着正方向移动。

（3）如果金属沉积在一种液态金属上并溶解于其中形成合金，阴极的去极化作用会非常显著，而离子放电也变得容易了。去极化作用在电解制取铝镁、钠铅、钙锡、锌镁等合金时，具有特别的意义。

阳极过程同样也有降低超电位，使电极过程向平衡方向移动的去极化作用发生。造成这种现象的原因是：

（1）阳极产物（卤素、氧等）可以同电解质相互作用生成高价化合物。此外，阳极产物也可能溶解于电解质中。

（2）阳极产物与阳极材料间相互作用，即阳极析出的卤素、氧能与阳极材料作用生成相应的化合物。例如，采用碳阳极时，会生成 CO，CO_2，CF_4等产物。

考虑到电极上的去极化作用，析出电位应由平衡电位（E_e）、过电位（η）和去极化电位（Δ）组成，亦即：

$$E = E_e - \eta - \Delta \tag{11-20}$$

去极化现象的出现往往伴随着不利于电解生产的因素，如金属产物溶解损失、侵蚀并消耗电极材料等。所以，在研究电极极化时，总是力求消除上述原因所引起的去极化现象。但是，去极化现象也为人们带来了好处。比如，人们用液态低熔点金属作阴极进行电解，使电解产物溶解在阴极材料中形成合金，可降低槽电压，从而节省电能。电解得到的合金可以用真空蒸馏方法分离，得到纯金属产物。

11.2.3　熔盐与金属的相互作用

金属溶解在它本身的熔盐中而使熔体变色，Lorenz 称这种现象为“金属雾”。例如：Na-NaOH 和 K-KOH 为红褐色，Li-LiCl 和 Ag-AgCl 为黑色，Ca-$CaCl_2$为紫色，Zn-$ZnCl_2$为蓝色，Cd-$CdCl_2$为褐色。

关于金属溶于熔盐的形式有生成胶体、低价化合物、真溶液三种说法。胶体说已渐被抛弃。近来又把金属-熔盐作用后的溶液分成“金属性”和“非金属性”两类。该熔体的电导与原来熔盐相比升高的叫“金属性”，反之叫“非金属性”。碱金属、碱土金属、稀土金属属于前者；过渡金属中的 I_B族、II_B元素属于后者。金属性溶液意味着金属溶解所引入的电子并不局限于金属核，而是自由“流”动着，“非金属性”意味着金属-熔盐间进行强烈相互作用（氧化还原作用），电子局限于金属离子。

熔盐与金属的相互作用是熔盐电解时必须加以注意的特征现象。这种作用将导致在阴极上已析出的金属在熔盐中溶解，致使电流效率降低。金属在熔盐中的溶解多少以溶解度来量度。所谓金属在熔盐中的溶解度，是指在一定温度和有过量金属时，在平衡条件下溶入密闭空间内的熔盐中的金属量。在非密闭的空间中，所溶解的金属会向熔体与空气的界面上或者向熔体与阳极气体的界面上迁移，并在那里不断地受到氧化。这样，平衡便被破坏，所溶解的金属因氧化而减少的量不断地被继续溶解的金属所补充。因此，尽管溶解度本身在多数情况下是个不大的数值，但是，由于熔盐与金属的上述相互作用，仍然会导致大量的金属损失。

如表 11-4 和表 11-5 所示，碱土金属和稀土金属在其氯化物中的溶解度，随其原子序数增大而增加。有趣的是，随着稀土溶解度增大，电解制备稀土金属时，电流效率相应地降低。大量资料确证，在阴极上析出的金属溶于电解液里，随之被氧化，之后再获得电子而还原；还原所得金属又再被溶解，如此循环往复，空耗电流，这是降低电流效率的一个重要原因。显然，降低温度可以有效地减少金属在熔盐中的溶解损失。此外，添加异种金属卤化物盐类也能有效地减少金属在熔盐中的溶解损失，例如，向 $LaCl_3$熔盐中加入 KCl，因为价径比（Z/r）小的 K^+离子会取代价径比大的 La^{3+}，促使 $La+2La^{3+}$（熔体）$=\!=\!=$ $3La^{2+}$（熔体）平衡向左移动；此外，KCl 与 $LaCl_3$可生成堆积密度大的化合物，同时，KCl 的加入强化了 $La^{3+}-Cl^-$键，所以可使金属镧的溶解损失减少。

表 11-4 碱土金属在其 900℃氯化物中的溶解度

原子序数	元素符号	阳离子半径/m	金属在自身氯化物中的溶解度（摩尔分数）/%
12	Mg	0.66×10^{-10}	1.2
20	Ca	0.99×10^{-10}	16.0
38	Sr	1.12×10^{-10}	20.0
56	Ba	1.34×10^{-10}	30.0

表 11-5 单一轻稀土金属在其自身熔融氯化物中的溶解度和电流效率关系

金属	熔盐	温度/℃	金属在自身氯化物中的溶解度（摩尔分数）/%	电流效率/%
La	$LaCl_3$	1000	12	80
Ce	$CeCl_3$	900	9	77
Pr	$PrCl_3$	927	22	60
Nd	$NdCl_3$	900	31	50.1
Sm	$SmCl_3$	>850	>30	

根据现代观点，金属在熔盐中溶解是由于化学作用，并且这种作用可分为两类：

（1）金属与该金属熔盐或是与含有该金属阳离子的熔体之间的相互作用。

（2）金属与不含同名阳离子的熔盐之间的相互作用。第一类相互反应的结果是在熔体中有低价化合物（阳离子）形成：

$$MeX_2+Me =\!=\!= 2MeX \quad 或 \quad Me^{2-}+Me =\!=\!= 2Me^- \tag{11-21}$$

式中，X 为卤素阴离子。钙在熔融氯化钙中的溶解（$CaCl_2$+Ca ══ 2CaCl）以及铝与氟化铝的相互作用（AlF_3+2Al ══ 3AlF）是第一类相互作用的典型例子。金属与其熔盐形成低价化合物（离子）的原因，是金属原子能够在一定条件下不完全失去价电子，而是失去与原子核结合较弱的电子。在第二类的相互作用中，金属在熔盐中的溶解是由于发生一种金属被另一种金属所取代的金属热还原反应：

$$Me'X+Me = MeX+Me' \quad 或 \quad (Me')^{+}+Me = Me^{+}+Me' \qquad (11\text{-}22)$$

结果，Me 呈相应的离子形态进入熔体中。对于这类相互作用来说，AlF_3 与 Mg 之间的反应（$2AlF_3+3Mg = 2Al+3MgF_2$）可作为典型例子。

通常，因为在熔盐电解时与被溶金属同名的阳离子在电解质中经常有足够高的浓度，所以第一类导致形成低价化合物（离子）的相互作用是主要的金属溶解反应。金属在熔盐中的溶解度与一系列因素有关，其中主要的因素是：所溶解金属的原子或阳离子的半径、温度以及金属熔盐界面上的界面张力。随着金属原子（或阳离子）半径的增大以及电子壳的复杂化，外层价电子与核的结合更微弱，金属原子更容易失去外层电子，因而其在熔盐中的溶解度增大。显然，金属在其熔盐中的溶解度应随着温度的降低，金属熔盐界面张力的增大以及熔盐中同名阳离子浓度的降低而降低。前面已经提到，在熔盐电解的条件下，电解质中所溶解金属的平衡浓度经常会由于氧化作用（例如 $3Al^{+}+1.5O_2$（空气中）$\longrightarrow 3Al^{3+}+3O^{2-}$ 和 $3Al^{+}+3CO_2$（阳极析出的气体）$\longrightarrow 3CO+3Al^{3+}+3O^{2-}$）而受到破坏，从而金属的损失量总是比溶解度的数值高。影响金属损失的因素，除了上面已说过的影响溶解度的那些以外，还有其他一些，如金属与盐相接触的时间、电解槽的结构等都会影响到溶解度。熔盐电解时的金属系处在一定的阴极电位下，所以与此有关的阴极电流密度对金属的损失有很大影响，在金属的损失与阴极电流密度的关系曲线上有最高点出现，如图 11-5 所示。图 11-5 中 a 点相当于阴极电流密度为零（相应地阴极电位也为零）时的金属损失，随着阴极电流密度（阴极电位）的升高，金属的损失起初是增大，并在 b 点达到最大值。在 b 点，形成低价阳离子的反应（$Me^{z+}+(z-1)Me = zMe^{+}$）得到最大的发展。问题在于当阴极电流密度逐渐升高时，阴极电位也相应地增大，并且高价离子在阴极层中的浓度越来越大；在相当于 b 点的电流密度下，只可能发生离子的价随着阴极金属的溶解而降低，这就导致了最大的金属损失。当电流密度继续增大时，阴极电位便变得足以使低价离子放电：$Me^{+}+e = Me$。因此，金属反过来变为离子状态的可能性减小，而且金属的损失随着电流密度的升高相应地降低，并在 c 点达到相当于零电位时的数值。在适当的阴极电流密度下，当阴极电位达到足以使正常价的阳离子（例如 Al^{3+} 或 Mg^{2+}）完全放电的数值时，金属的损失可降低很多，但以后电流密度的继续升高只能使金属损失减少一些（如 d—e 线段）。后面的这种情况是因为电解质中低价阳离子的平衡浓度由于氧化作用而受到破坏，从而引起相应数量的阴极金属溶解，以恢复电解质中金属离子的平衡浓度。

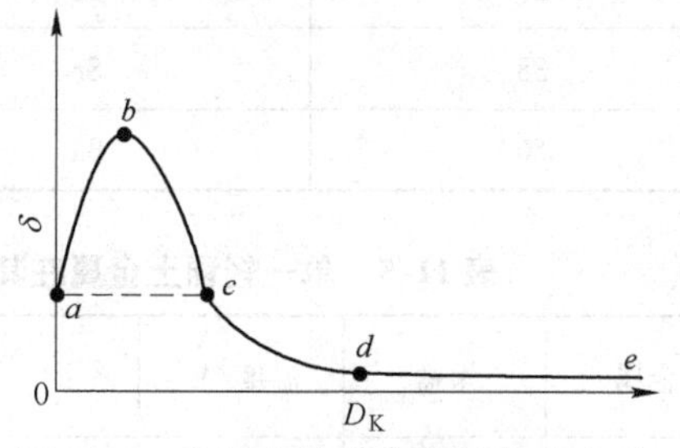

图 11-5　金属在熔盐中的损失（δ）与阴极电流密度的关系曲线的特点

11.3 对熔盐电解质的一般要求

熔盐电解质虽然也有溶剂、溶质和溶液之别，但不如水溶液和有机电解质那样泾渭分明，因为有时是三位一体无法区分的。这与热交换熔盐的情况相仿，很难说谁是溶质或溶剂。在熔盐电解冶金中所说的电解质、体系、熔体等名称也没有严格区分，研究者各行其是，似有进行专业规范的必要。如熔盐电解制备稀土金属所采用的氧化物-氟化物体系 $MF-M'F_2-REF_3-RE_2O_3$，熔体中的 RE_2O_3 才是真正的溶质，但这里的体系、熔体就常常混用。相比之下，体系这个概念较为明确，它以熔盐中阴离子种类为特征来区分熔盐的类别，常见的有氟化物体系、氯化物体系、氢氧化物体系、氧化物体系，硝酸盐、硫酸盐、碳酸盐及硼酸盐体系。

熔盐体系的选择是熔盐电化冶金中应优先考虑，而且是至关重要的内容。各种体系往往长期相互竞争。比如稀土电解一直采用氯化物体系，可是近年氧化物-氟化物体系颇受称道；相反，铝电解一直用 Hall-Heroult 法，以冰晶石-氧化铝为电解质；然而近年 Alcoa 法 $AlCl_3-MCl$ 新工艺很受重视。一个实际的熔盐体系总有优点缺点两重性，如何扬长避短，不断改进，增加其竞争能力正是科技工作者的责任。熔盐电解质应具备的性能为：

（1）所用熔盐体系必须满足产品质量要求。比如电解精炼要求金属产品纯度高，一般多采用氟化物混合盐而不用含氧化物溶质的体系，也不用纯氯化物体系。因为它们都不易控制产品氧的含量。

（2）采用的熔盐体系要经济方便。如果有两三种体系均能达到质量要求，就要全面衡量，采用最经济的体系。所用的熔盐体系要经济方便，必有考虑：溶质、溶剂制取过程的简繁难易以及它们对环境的危害性，特别是熔盐本身对结构材料和绝缘材料的腐蚀作用；还要求熔盐、泥渣回收处理方便。

（3）原料类型应尽可能接近原生矿物。原料接近矿物，可缩短从矿物提取分离过程，最理想的是直接由矿物制取金属或合金产品，以实现无需将矿石运出矿山的“就地冶炼”方案，此种方案已有一些尝试。然而，一般来说，矿物中总伴生某些非所希望而又难于通过电解分离的成分；此外，适于作电解质的熔盐对矿物的溶解性能有时并不理想，能溶解矿物溶剂，如某些硼酸盐又未必适于作电解质成分。

（4）原料在溶盐中的溶解度要求大，而金属或合金产品在熔盐中的溶解度应当小。在电解温度下 Al_2O_3 在冰晶石中的溶解度高达10% ~15%（质量分数），这是 Hall-Herowlt 法成功的重要因素。Balke 法炼钽获得工业应用也是因为 Ta_2O_5 在含 K_2TaF_7 的氟化物熔体中具有相当大的溶解度。稀土氧化物-氟化物体系虽然也被工业上采用，但因 REF_3-MF 中 RE_2O_3 的溶解度不大，只有2% ~4%（质量分数），电解过程中必须连续加料，加料速度还须严格控制；东北大学正在研究电解冰晶石-稀土氧化物，初步得出 La_2O_3 在其中的溶解度可达15%以上，这是有希望的熔体。与此相反要求金属或合金产品在熔盐中的溶解度要小，已如前述，这是熔盐电解冶金中一个比较重要而又难实现的问题。

（5）电解质的初晶点应尽可能地低。从节能和减少电解质挥发损失来看，降低操作温度无疑是很有意义的，显然这还有利于减少熔盐、金属、气体、结构材料之间的相互作用，以提高电流效率和回收率。一般而言，如果电解产品为固态，电解湿度只需高于电解质初晶点 30 ~ 50℃。可惜，初晶温度低于 300℃而又适于熔盐电解冶金用的熔盐体系很难找。$AlCl_3$ - MCl 和 $ZnCl_2$ - MCl 体系虽然初晶点低，可是它们的分解电压不高，限制它们为溶剂使用。如果电解产品为液态金属或合金，电解温度的确定则要兼顾熔盐和产品两者的初晶点或熔点。

(6) 电解质中有害杂质要少。由于凡是析出电势比阴极产品的析出电位正的杂质将优先在阴极上析出；析出电位比主要放电阴离子析出电位较负的杂质将优先在阳极上析出，这样的杂质都是不应有的。因为杂质常常是决定熔盐电解研究和生产成效的一个重要因素。这里以稀土金属电解为例讨论。

1）非金属杂质：

①水分。前已述及，水分危害很大，所以当使用氯化物体系时，常采用通 HCl 或 Cl_2 和预电解方法严格除去水分。

②SO_4^{2-}根和 PO_4^{3-}根。硫酸根和磷酸根危害很大（表 11-6），而且不易用一般方法从熔盐中除去，故必须严格控制原料中这两种离子的含量。

表 11-6　不同质量分数的硫酸根和磷酸根对电解的影响

<table>
<tr><th>电解质体系</th><th>PO_4^{3-}的质量分数/%</th><th>电流效率/%</th><th>备注</th><th>电解质体系</th><th>SO_4^{2-}的质量分数/%</th><th>电流效率/%</th><th>备注</th></tr>
<tr><td>$CeCl_3$ - KCl</td><td>–</td><td>60</td><td>大块金属</td><td>$LaCl_3$ - KCl</td><td>—</td><td>80</td><td>大块金属</td></tr>
<tr><td rowspan="3">加 PO_4^{3-}</td><td>0.5</td><td>58</td><td></td><td rowspan="3">加 SO_4^{2-}</td><td>0.01</td><td>64</td><td></td></tr>
<tr><td>1.8</td><td>22</td><td>阴极上生泥</td><td>0.27</td><td>32</td><td>阴极周围结出一簇发黑物质</td></tr>
<tr><td>2.7</td><td>18</td><td>金属为分散小球</td><td>1.1</td><td></td><td>金属小球分离不出来</td></tr>
</table>

③碳的影响。当 $RECl_3$ - KCl 熔盐中加入 0.4% 的石墨粉熔体就发黑，金属分散，电流效率只有 6%；石墨粉加到 0.75% 就得不到稀土金属。在 $RECl_3 \cdot 6H_2O$ 熔盐脱水电解工作又发现当电解质中剩余碳含量大于 0.05% 时，电流效率不高于 40%，有时甚至也得不到金属，而当剩余碳含量降到 0.05% 以下时，电流效率就达到 80% 以上。

2）金属杂质。如表 11-7 所示，在电解金属镧时，电位较正的杂质在金属镧中的含量在大多数情况下都比氯化镧中的增高了。杂质铁还因发生 $Fe^{3+} + e = Fe^{2+}$ 反应而消耗电流。曾经就发生过当处理矿物的方法不当，$RECl_3 \cdot 6H_2O$ 中铁含量较高，难于进行电解，经进一步除铁后，电解就恢复正常的事例。

表 11-7　氯化镧和金属镧中的金属杂质　（质量分数，%）

杂质元素	Mn	Fe	Cu	Al	Ca	Pb	Si	Mg
氯化镧	0.0003	0.005	0.003	0.002	0.15	<0.002	0.008	0.01
金属镧	0.0006	0.012	0.003	0.02	<0.01	0.002	0.008	<0.01 ~ 0.14

3）钐、钕等对混合稀土电解的影响。图 11-6 表明钐是影响电流效率的一个重要因素。当使用三种不同的原料，其中 Sm_2O_2 含量分别为小于 0.3%，1.5% ~ 2.2%，

6%在3000A 稀土电解槽中，各自电解7天所得的平均电流效率分别为48%，42%，28%。

在混合稀土中电解，$NdCl_3$溶解度大对电流效率也有明显的影响。不含钕的镧、铈、镨的混合氯化稀土电流效率达77%，而混合稀土中含钕15.5%时，电流效率只有58%。

（7）溶剂的分解电压应比溶质的高。从理论上讲作为溶剂的分解电压越高越好，这有利于防止第二种离子共同放电。但实践中常常出现两者相差不多的情况，比如作为溶质成分的RE^{3+}、Mg^{2+}、Al^{3+}离子与作为溶剂成分的碱金属、碱土金属离子的分解电压相差不过0.2～0.7V；当两者分解电压（确切地说它们的析出电位）相差不大于0.2V时，不可避免地发生共沉积。从图11-7看出，KCl-$RECl_3$中$RECl_3$的摩尔分数x应当大于0.0185（相当于7%）。

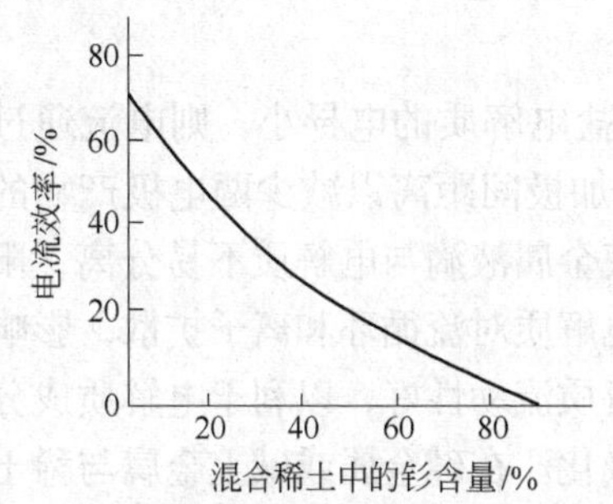

图11-6　混合稀土氯化物中钐含量（质量分数）对电流效率的影响

（电解质组成PCl_3：KCl=1：3（mol），温度为850～870℃，阴极电流密度为6A/cm²）

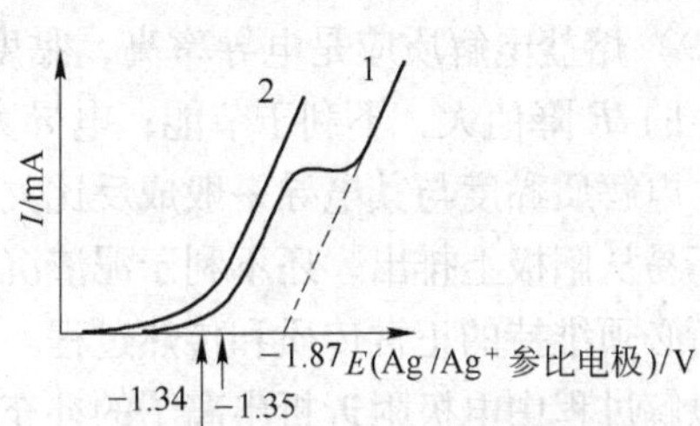

图11-7　KCl-NaCl-$LaCl_3$熔体中碱金属析出与$LaCl_3$含量的关系

1—$x(LaCl_3)=0.0185$；

2—$x(LaCl_3)=0.035$

（8）蒸气压低、挥发损失少。一般情况是氟化物体系的挥发损失比氯化物的小得多，而且氟化物熔体对氧化物有很大的溶解能力，但氟化物腐蚀性强。所以人们对氟化物-氯化物混合熔盐或氯化物中添加少量氟化物熔盐感兴趣。通常是稀有金属高价氯化物比低价的蒸气压高，但高价氯化物与碱金属卤化物配合后可以降低其蒸气压，卤素离子中尤以F^-离子配合能力最强，所以氟阴离子降低熔盐蒸气压的效果最好。不仅溶剂的阴离子对熔盐热稳定性，对其蒸气压有影响，而且溶剂的阳离子的影响也是重要的。例如：$TiCl_4$、$ZrCl_4$、$HfCl_4$与LiCl生成不稳定的配合物，在1000K时$TiCl_4$、$ZrCl_4$、$HfCl_4$与LiCl所生成的不稳定配合物的蒸气压是相同条件下，其与Cs形成稳定配合物时蒸气压的1000倍。而且，电解质的挥发损失和熔盐中溶质含量有密切关系，从表11-8可知，$LaCl_3$、NaCl、$SmCl_3$以及KCl的热失重随$RECl_3$浓度增高而增加。同时还看出850℃的挥发损失（热失重）比750℃时高约1倍，由此亦可看出电解温度应力求降低。

表11-8　稀土氯化物熔体（KCl-NaCl-$RECl_3$，其中KCl-NaCl为等物质的量）的热失重分数

稀土氯化物种类	温度/℃	熔体中$RECl_3$含量（质量分数）/%					
		0	10	20	30	40	50
$LaCl_3$	750	0.2	0.3	0.5	0.6	1.0	
	850	0.5	1.0①	1.5	1.7	2.4②	

续表 11-8

稀土氯化物种类	温度/℃	熔体中 $RECl_3$ 含量(质量分数)/%					
		0	10	20	30	40	50
NaCl	750	0.2	0.6	0.7	0.8	1.0	1.7
	850	0.5	1.2	1.6	1.8	2.3	3.1
$SmCl_3$	750	0.2	0.7	1.0	1.5	1.9	2.2
	850	0.5	1.3	2.6	2.7	5.5	5.8
RE(Y)Cl_3	750	0.2	0.7	1.1	1.2	1.5	2.0
	850	0.5		2.5	2.6	2.9	3.3

① $LaCl_3$ 含量：15%；

② $LaCl_3$ 含量：45%。

（9）熔盐电解质应是电导率高，黏度小。如果熔盐电解质的电导小，则电流通过熔盐所产生的 *IR* 降值大，不利于节能；电导大则可适当增加极间距离以减少两电极产物的二次作用。电解质黏度与其电导一般成反比关系，黏度大使金属液滴与电解质不易分离，阳极气体也不易从阳极上排出，还不利于泥渣沉降，也妨碍电解质对流循环和离子扩散，影响正常电解所必须维持的正常传质和传热过程。因此要求电解质流动性好，以利于电解质成分的均匀和电解过程中电极附近析出离子的补充，减少浓差极化。在碱金属或碱土金属与稀土金属的混合氯化物熔盐中，稀土氯化物浓度越高，电导越小，而黏度越大（图 11-8 和图 11-9）。

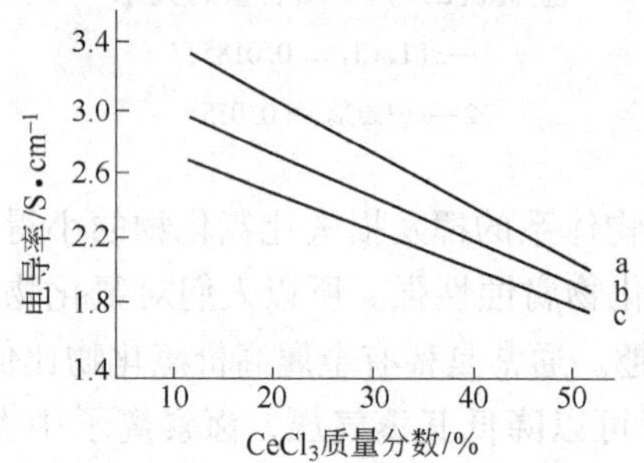

图 11-8 KCl·NaCl-$CeCl_3$熔体的电导率

a—850℃；b—800℃；c—950℃

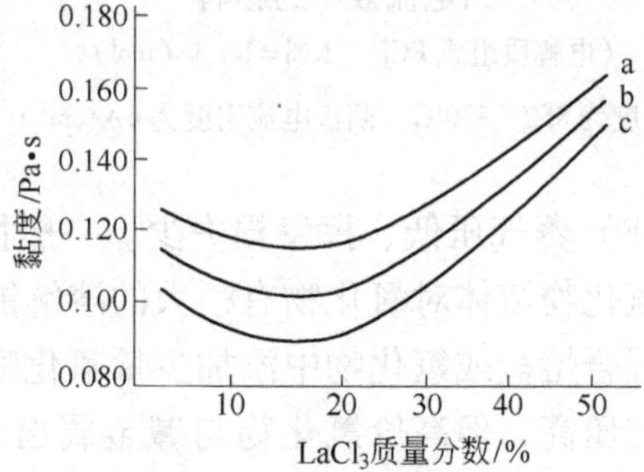

图 11-9 KCl·NaCl-$LaCl_3$熔体的黏度

a—750℃；b—800℃；c—850℃

（10）电解质密度要适宜。电解质与金属（或合金）、泥渣比重差别的大小对于它们的分离有影响，尤其在电解制取金属及其合金时，它决定着金属或合金是浮在熔盐之上，还是沉于其下，抑或悬于电解质之中。当金属或合金与电解质密度相近时，为了使产物上浮，可在电解质中增添加重剂，比如在制取钇基稀土-铝合金时，通过往电解质中加入适当的 $BaCl_2$，这样可克服氟化物熔盐中接收坩埚材质难以解决的问题。在电解钇基镁合金时用 Mg-Y 基合金代替纯镁作阴极，以使阴极合金始终下沉于坩埚底部。在电解精炼铝时，在粗铝中添加铜作加重剂，以保证三层法得以顺利进行。过去电解制钙时用 $CaCl_2$ 为电解质，适当添加少量 KCl 或/和 CaF_2，在 800℃左右电解，钙上浮在电解质表面，很大部分钙会溶于电解质，溶解度约为 13%（质量分数），并与氯气发生逆反应或受空气氧化，使电流效率大为降低，后来采用 Cu-Ca 合金（50% Cu+50% Ca）作下沉阴极，克服了旧法的缺点。然后用真空蒸馏法将钙从Cu-Ca合金中蒸馏出来，得含钙量为98.7%～99.3%的产品。

（11）适宜的表面张力。无论在氯化物体系或氧化物-氟化物体系中，阳极效应或多或少都有可能发生。欲使阳极效应不发生或少发生，则要求电解质与石墨阳极的湿润性好，即要求电解质与石墨的界面张力小。与此相反，要使熔盐、金属、泥渣分离得好，则须它们相互之间的界面张力要大。因此寻找那些能增加电解质-金属，电解质-泥渣，金属-泥渣之间的界面张力，同时又能减少电解质与石墨阳极界面张力的添加物，必将有助提高电流效率和减少金属中的夹杂。

（12）电解质的稳定性好。除了上述要求电解质的电解冶金温度下蒸汽压低，不发生热分解的热稳定性以及能经受水分和空气影响的化学稳定性——不生成氧化物或氧卤化物；还要求不形成不溶的原子簇化合物，不发生或少发生歧化作用。

需要指出，实践中很难找到完全符合上述全部要求的熔盐体系，这里只是作为理想要求供实际选择时参考。

11.4　熔盐电解在冶金中的应用

11.4.1　熔盐电解金属

从原则上讲，只要电极电位足够负，任何金属离子都有可能在电极上还原。但是，在水溶液中，即使在高氢过电位金属表面上，当电位达到-1.8～-2.0V，也会发生氢的猛烈析出。因此，那些析出电位比氢更负的金属离子的电解析出，几乎都要在熔盐中实现。因此熔盐在冶金和化学上有广泛的应用。采用熔盐电解法生产的金属主要有：铝、镁、钙、碱金属（锂和钠）、高熔点金属（钽、铌、锆、钛）、稀土金属、锕系金属（钍、铀）等，非金属元素有氟和硼等。其中氟、铝、钠、镁，混合轻稀土金属等，熔盐电解法一直是唯一的或主要的生产手段。随着需求量的逐渐增大，电解金属的产量日益提高，围绕着节能、降低成本等课题，新的熔盐电解法在不断地研究和发展中。

11.4.1.1　熔盐电解制取液态金属

熔盐电解制取液态金属在工业上占据重要位置，现将其主要工艺指标、现状、发展趋势简要总结（表11-9）。除表11-9所列液态金属外，过去也曾采用熔盐电解制取其他的碱金属钾、铷和铯及碱土金属锶和钡，但现已被淘汰，而采用金属热还原法。主要理由是在电解制取这些液态金属的温度下，金属蒸气压很高，这些金属的沸点与电解用熔盐的熔点或初晶点相差不很远，这一点对电解极为不利，而对从反应混合物中蒸馏出倒是有利的。此外，这些金属较轻，若熔盐电解制备之，还有另一麻烦是必须设计这样的装置，既防止空气沾污金属，又可把金属和气体产物分开。

表11-9　熔盐电解制备液态金属

金属	工艺条件	主要技术指标	生产现状	新工艺及其发展趋势
铝	Hall-Heroult法电解质：冰晶石-氧化铝； 温度：960℃； 炭阳极、铝阴极	电流效率η：88%～90%； 电耗率：13000～15000kW·h/t Al	原铝生产全用电解法，1981年全世界原铝产量为1600万吨	（1）$AlCl_3$电解处于工业性试验中； （2）大型预焙槽23×10^4A； （3）生产自动化（计算机控制生产过程）； （4）净化含氟废气； （5）惰性阳极、惰性阴极、惰性侧壁材料

续表 11-9

金属	工艺条件	主要技术指标	生产现状	新工艺及其发展趋势
镁	DOW 法：电解质：$MgCl_2$（1.5% MgO-20% NaCl-57% $CaCl_2$-20% KCl-21% CaF_2）； 原料：$MgCl_2 \cdot 1.5H_2O$； 温度：700℃ G 法：原料：无水 $MgCl_2$ 温度：790℃；陶瓷槽体	η：75%～80%； 电耗率：16～17kW·h/kg Mg； 石墨单耗：100kg/t Mg η：90%； 电耗率：16～18kW·h/kg Mg； 石墨单耗：15kg/t Mg	1978 年世界镁产量 21 万吨，用熔盐电解法生产的占 80%（其余用硅热还原法）	（1）改进无水 $MgCl_2$ 制取工艺； （2）无隔膜槽； （3）密封电解； （4）加大电解槽电流强度； （5）轻质电解质； （6）自动出镁排渣； 挪威新法：用空气 + HCl 将 $MgCl_2 \cdot 6H_2O$ 在流态化床中制成 $MgCl_2$ 粉末，密闭电解，η：85%～90%，电耗率：13～14kW·h/kg Mg
钙	电解质：（75%～85%）$CaCl_2$-（15%～25%）KCl； 电解温度：650～710℃ 阳极：石墨； 阴极：Cu-Ca 合金； 800～850℃ 温度下电解； 85% $CaCl_2$-15% KCl 熔体	η：>90%； 从 Cu-Ca 合金真空蒸馏得的钙的纯度：98.75%～99.3%； η：75～80% 产品含钙 99%	小部分采用电解法，主要采用热还原法（SiFe 还原 CaC_2；Al 粉为还原剂还原 $CaCl_2$）	Cu-Ca 合金阴极代替上浮钙金属阴极
锂	电解质：45% LiCl-55% KCl； 温度：400～450℃； 石墨阳极，钢阴极； $J=0.5A/cm^2$； 槽压：6.8V	η：80%～90%； 电耗率：40kW·h/kg Li 回收率：95%	30000A 槽，电解法是唯一生产方法，美国年产约 300t	研究防止结构材料的腐蚀；提高锂的纯度； 防止锂与氯和空气作用； 电解制取 Li-Al、Li-Mg、Li-Zn 和 Li-Pb 等二元合金及 Cu-Al-Li 三元合金
钠	DOW 槽 电解质：NaCl-$CaCl_2$ 或 NaCl-$CaCl_2$-$BaCl_2$ 温度：650℃	η：80%； 电耗率：13～14kW·h/kg Na	全用电解法生产； 美国 1975 年年产 15 万吨	提高电流效率； 提高金属纯度； 寻找隔膜新材料
稀土金属（混合轻稀土金属、铈等）	氯化物体系：$RECl_3$-KCl-$CaCl_2$； 温度：850～900℃； 氟化物-氧化物体系：RE_2O_2-REF_3-LiF-BaF； 温度：850～950℃	η：30%～70%； 电耗率：25～35kW·h/kg，50%～90%纯度 RE； 电耗率：6～13kW·h/kg RE	800A，3000A，10000A 及 50000A 槽并用，成千吨混合稀土金属全用电解法生产，工业用镧、铈也用电解法生产	（1）提高电流效率，减少能耗 （2）减少原料中 Sm、Nd 等影响 η 的 RE 成分； （3）改善 $RECl_3$ 质量，减少水和水不溶物； （4）密封电解； （5）氟化物-氧化物体系要寻找适用的金属接收器材质； （6）电解稀土与铝、镁、锌、铜、铅等合金

也有一些工作利用熔盐电解方法制取铅、锑、锌等熔点不太高的有色金属，其出发点有二：一是简化提取分离流程，将矿石稍加简便处理即得相应的粗产品，甚至精矿作为原料直接进行电解；二是避免水溶液电解产品或多或少含有氢沾污的问题，但是和水溶液电解法相比，熔盐电解制取这些金属是否经济尚无定论。

过去也曾利用氟化物熔体电解制取液态金属铀和钕等熔点高于1000℃的金属，其中铀已取得中试结果；也曾在高达1400～1700℃的电解温度下制取钇、钆、钛等金属，但在工业上应用极其困难。原因是：耐高温的结构材料和盛装液态金属的容器难于解决；碳和氧等杂质沾污厉害；熔盐挥发损失大；电解槽热平衡（要维持阴极区、熔盐和金属接受部位之间有一定的温度梯度）不易控制等，但是利用氧化物熔体制取锰的工业已经进行了上万安培的电解槽的扩试。

11.4.1.2 熔盐电解制取固态金属

熔盐电解制取的固态金属有下述几种：（1）难溶金属：钛、锆、铪、钒、铌、钽、铬、钼、钨；（2）锕系金属：钍、铀等；（3）中重稀土金属：钕、钇、钆等；（4）铍、硼；（5）轻金属铝等。前四类多因金属本身熔点高，电解获得液态金属困难；第五类金属熔点不算高，但为了节能而尽量降低电解湿度。

然而，熔盐电解制取晶体颗粒在工业上获得应用的只有三个：

（1）熔盐电解制取金属钽，以 $KCl-K_2TaF_7$ 为熔剂，Ta_2O_5 为原料，敞口的兼作阳极的石墨坩埚槽中，用镍作阴极，于700～750℃下电解，产品中金属钽含量99.7%～99.9%。阴极电流效率为74%，由于此法从阳极扩散来的CO会增加金属钽中碳和氧含量，因此进行了 $K_2TaF_7-KCl-NaCl$ 的电解研究。但是这又导致KF的积累，使熔盐变黏，后来又研究出在含有氟化物的电解质中，以 $TaCl_5$ 作原料，于850～950℃下，11500A规模的连续电解，具有发展前途。

（2）熔盐电解制取金属铍，以氯化物作原料，改进后的电解液为 $BeCl_2-NaCl$，电解温度较低，只有370℃，减轻了熔体腐蚀，产品取出时不致迅速氧化，不锈钢电解槽以多孔不锈钢内衬作阴极，电解完成之后可将其取出，槽中心是石墨作的阳极。世界上只有Pechiney公司用此法生产，铍的纯度为99.4%。

（3）熔盐电解制取硼，工业上同时采用电解法和热还原法制取硼。电解法中，以 KBF_4-KCl 或 $B_2O_3-KBF_4-KCl$ 为电解液。前者经改进后用 BCl_3 为原料，以防电解液积累氟化物。电解温度为800℃，3000A槽，电流效率为75%，产品纯度为99%左右。除上述三种金属工业化之外，实验室中研究对象不少，但只有钛、锆、铪、铌、钒、钍、铀进入中间工厂试验，主要困难之一在于金属与50%左右的黏附熔盐的分离不便解决，前述的铝、镁、钠、锂、轻稀土等之所以能成功地用熔盐电解法大量生产，就在于金属产品呈液态，调节好液态金属与熔盐之间的界面张力，使金属在熔盐中能凝聚好，而与熔盐自然分开，而高熔点金属的产品只得采用选矿操作流程来分离，不仅成本高，而且沾污严重。实验证明金属颗粒越细，比表面积越大，沾污就越严重。

熔盐电解制取金属钛，1975年美国用热还原法约生产了18500t海绵钛。Howmet公司进行了以 $TiCl_4$ 为原料的熔盐电解扩大试验，获得了200t钛。我国对钛的熔盐进行了大量工作，已经扩大到12000A规模。熔盐电解氯化钛的熔剂主要为Na-K-Cl或Li-Na-Cl。因为$TiCl_4$不能有效地溶入熔剂，且蒸气压高，需要将$TiCl_4$通入熔体形成$TiCl_4^{2-}$、$TiCl_4^{3-}$等较低价态的配合物，有资料表明为了获得高的电流效率和结晶质量好的沉积钛，熔盐中钛的平均态应控制在2.0~2.1，不能高于2.4。电解钛的主要困难是钛的变价特性带来的。在阴极被还原而得的低价离子遇氯和高价氯化物又会发生氧化；低价和零价金属遇水和氧则生成不溶物或氧化膜：

$$Ti^{3+}+3Cl^-+\frac{1}{2}Cl_2 = TiCl_4 \tag{11-23}$$

$$Ti^{2+}+\frac{1}{2}Cl_2 = Ti^{3+}+Cl^- \tag{11-24}$$

$$Ti^{3+}+Cl^-+O^{2-} = TiOCl \tag{11-25}$$

$$Ti^0+H_2(O_2) \longrightarrow TiO_2 \tag{11-26}$$

而且低价离子又会发生歧化反应如下：

$$2Ti^{2+} \longrightarrow Ti + Ti^{4+} \tag{11-27}$$

$$3Ti^{2+} \longrightarrow Ti + 2Ti^{3+} \tag{11-28}$$

解决这个问题的办法，通常是在密封体系下借隔膜把阴阳极区间分开。但是有实用价值的绝缘隔膜材料（长期使用而不龟裂、不腐蚀）至今未见公开报道。目前多用铁网或孔板上沉积海绵钛来起隔膜作用，发展成所谓“篮筐阴极”，但这又带来电流效率低和产品含铁高等缺点。

11.4.1.3 熔盐电镀

长期以来人们苦于将电沉积的产品与熔盐相分离，一直探索致密金属沉积的途径，希望成功发展熔盐电镀和熔盐电铸。早在20世纪50年代，Senderoff和Davis等人便在600℃的条件下，分别在$KCl-LiCl-K_3MoCl_6$熔体中的钨电极上电镀获得了钼，而在$NaLiB_2O_4-NaLiWO_4-WO_3$熔体中的镍电极上电镀获得了钨。Mellors和Senderoff提出的以碱金属与难熔金属的氟化物组成的低共熔物为电解质的方法得到了发展，熔盐经过干燥、纯化，在氩气保护下，获得了除钛以外的各种难熔金属及铍和铀等的致密镀层，电镀槽示意绘于图11-10。沉积金属密度达99.90%，密度与理论值接近，钽抗腐蚀性能良好，但价格昂贵，往镍和不锈钢件上镀钽可获得良好的抗腐蚀性镀层，和钽一样，镀件不受浓硫酸、浓硝酸或者王水的腐蚀，明显地改善了镀件在酸、碱或熔盐的抗腐蚀性。

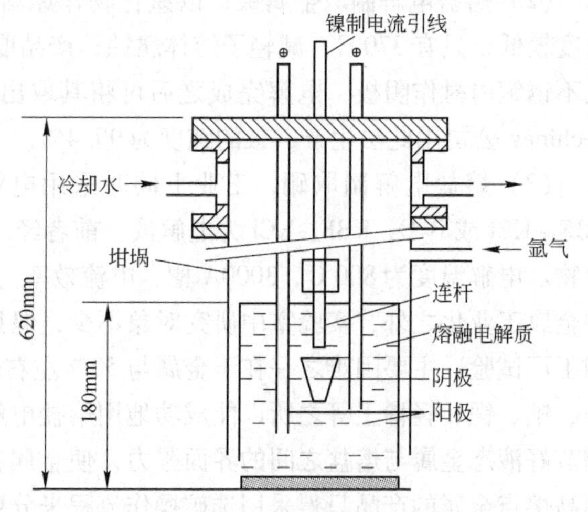

图11-10 电镀槽示意图

与目前广泛采用的溅射法和气体扩散法相比，熔盐电镀法设备简单，操作方便。熔盐电镀钽是在石墨坩埚或镍坩埚中进行的，钽作阳极，电解液为 K_2TaF_7(10%)-LiF · NaF。当温度为 800℃，沉积电压为-50 ~ -500mV，钽从熔融氟化物中电沉积到不锈钢或镍镀件上。钽的沉积过程分两步进行，如式 11-29 和式 11-30 所示：

$$TaF_7^{2-} + 3e \rightleftharpoons TaF_2 + 5F^- \text{（可逆）} \tag{11-29}$$

$$TaF_2 + 2e \rightleftharpoons Ta + 2F^- \text{（不可逆）} \tag{11-30}$$

电流密度低（$10mA/cm^2$）时，沉积层晶粒粗大，电流密度高（$100mA/cm^2$）时，沉积层变得比较光滑，沉积时间为 0.5 ~4h 不等，不锈钢上的钽沉积有良好的结合力，与基体金属没有发生表面合金化。而镍上的钽沉积层，如果在高温下长期加热或电沉积时间很长，钽则向镍中扩散，形成合金化表面层，有时产生分层剥落现象，严重影响产品质量，只有在短期内采用高电流密度进行钽的电沉积，才能避免分层剥落，获得结合力良好的钽电沉积镀层。

除了熔盐电镀外，还可应用于电铸各种异形工件（如坩埚、管子等），厚度视需要而定，从几微米到几毫米。熔盐电铸也能获得耐高温或抗腐蚀的合金保护层，如表 11-10 所示，低温电镀或电铸铝在经济上具有实际意义。Howie 和 Macmillan 声称用 $AlCl_3$-NaCl 熔体在 175℃往钢上镀铝成功，即使共沉积出氢气，阴极产品仍是平滑的；林忠夫教授说日本也用于电镀小钢件。然而，至今在工业上熔盐电镀、电铸被采用的仍不多。因为在理论上和技术上都有许多困难。一方面在固体阴极表面上同时进行着电化学过程和结晶过程，

表 11-10 从熔盐中电沉积密实的金属涂层

熔体	沉积的金属	基体	说明
二元和三元碱金属（Na、K、Li）氟化物低共熔物+沉积金属的氯化物	Zr、Hf、V、Nb、Ta、Mo、W、Cr、Be、U、RE-W	石墨、低合金钢、不锈钢、Cu、Ni 难熔合金、Zr-Al、Mo-W、Zr-Ti 合金等	沉积的金属若能连续沉积便可给结构材料镀上难熔金属涂层，即难熔金属的电沉积
碱金属（Cs、K、Na、Li）卤化物（氯、溴、碘化物）的混合物+沉积金属卤化物	Mo、Nb、Ta、Ni-Ta、V、Ti-V、Hf	各种金属（Fe、Ni、Cu、Ti、Mo、…）	保护涂层的沉积。沉积金属在熔盐中要有合适的价态
低温（120 ~ 240℃）卤化物混合物：$AlCl_3/NaCl/AlBr_3/KBr$/被沉积金属卤化物	Al、Ag、Fe、Ni、Cr、Fe-Ni	钢、Pt、Au、Fe、Cu、Ni、Al	主要作保护涂层的沉积。要在钢上得到紧密附着的无树枝状的沉积，必须有不少于 0.07%（质量分数）$MnCl_2$ 添加到电解液中，这样可以得到光亮的铝镀层。镀铝和镀锌都能在低温电沉积
Li、Na 偏硼酸盐/钼酸盐或钨酸盐（或钼、钨的氧化物）	Mo W	铬镍铁合金、Cu、石墨、Mo	连续的 Mo 和 W 镀层
NaCN/溶解的 Ir、Rh	Ir Rh	Mo Mo、W	镀 Ir 的 Mo 抗氧化温度可达 1000℃，镀 Rh 的 Mo 和 W 抗氧化温度可达到 1270℃和 1300℃，氩气气氛下 600℃电解
$(Na、Li)BO_2/(Na、Li)_2TiO_3/TiO_2$	TiB_2	Inconel	TiB_2 抗氧化温度可达 1500℃

很难分析处理数据；另一方面不断发生着电极表面的生长和破坏，很难计算真实电极面积和电流密度，故在解决实际问题时，现有理论所起的作用是有限的。在技术上，熔盐电镀涉及复杂的高温熔体，多个因素很难控制，要找到一个理想的工艺是较为困难的，而且费钱费力。但是前景毕竟是诱人的，熔盐工作者已经做出卓有成效的研究，大量的工作获得下面一些初步认识：

(1) 熔盐电镀和水溶液的相似，过电位较大时金属镀层往往具有较好的物理性质，这和电解正好相反。它要求采用配合能力强的盐类作电解质组成，因为金属配离子在电极上析出往往比简单离子更困难，因此电沉积时出现的过电位较高。

(2) 可以定性地认为，只有电解质中具有合适的、具备热力学稳定性的配阴离子时，金属才以紧密状态析出，如配阴离子解离常数过大，则自由的金属阳离子将被还原而导致枝晶与粉末析出；相反如配阴离子解离常数过小，碱金属将同时析出，造成二次还原细粉。

(3) 采用强制对流，使电沉积过程不受扩散控制，大量反应粒子输送到电极表面，促使更多的晶核生成，有利于形成平滑而致密的沉积。

(4) 使用脉电源（半波整流、方波），或直流中叠加交流成分阻止枝晶的形成和长大。

(5) 电解液的布散能力是很重要的因素，它决定着在电极凸凹部分沉积层的均匀程度。凭借熔盐体系成分和性质的差异，以抑制凸部分的生长和促进凹部分的生长。自然，电流在电极上分布还依赖于电极的形态和配置情况。

11.4.2　熔盐电解精炼和电解分离

熔盐电解精炼可以除去金属中的杂质，用以制取高纯金属。如果是为了回收合金中的有用成分，则称电解分离。在电解槽中，于一定电位下通过电流，金属从阳极溶解而在阴极点上析出。阳极中电位较正的一类杂质形成阳极泥，或仍留在阳极合金中；电位较负的杂质溶于电解质，之后或者被沉积于阴极成为杂质，或者仍留于电解质中，这取决于它们的析出电位。另一种情况是把阳极中杂质溶于电解质，并沉积于阴极上，阳极材质本身被精制。

与水溶液电解精制相比，熔盐电解精制需要在高温下进行，固然要多消耗能量，而其优点在于熔体中没有 H^+ 离子；铝、镁、稀土之类活性高，电位较负的金属只有在熔盐中才能实现电解精炼；另一优点是在电解温度下，电极常处于熔融态，过电位可以忽略；交换电流密度 i^0 大，可在高电流密度下操作；还有，在液态电极中的扩散速度很大，这就可能将杂质电解到阴极上，而把阳极材质纯化这种方式的显著特点是只有少量金属迁移而跨越电解质，除电解精炼熔点较低的金属外，电解精炼高熔点金属的研究也不少，主要用来除去其中的氮、氧、碳等非金属杂质。熔盐电解精炼的研究工作很多，但被采用的有限。

11.4.2.1　熔盐电解精炼铝

Hall-Heroult 法电解原铝中的一些杂质铁、硅、钛、锌、钒、磷和夹杂物，不适于采用控制氧化的方法除去，因为铝本身的活性高；又由于铝的沸点太高，也不适于采用蒸馏法精炼。一般采用三层法电解精炼。该法的依据是控制粗金属、电解质和纯金属三者之间的相对密度，使它们在电解温度 760～800℃下按顺序排列：上层，精铝（阴极），230g/cm^3；中层，电解液（40% 亚冰晶石 $Na_5Al_3F_{14}$ +60% $BaCl_2$），270g/cm^3；下层，Al-Cu 合金（65% Al+35% Cu，Cu 作加重剂，有时加少量 Si 以降低熔点），3.2～3.5g/cm^3。

在电解精炼中，铝是可溶性阳极，从图 11-11 可以看出，图中所列几种金属的溶解电位都比铝正。就是说，电解时，电位较负的铝首先溶解，阳极合金中的钼、铁、硅等金属不被溶解而在阳极中累积，若阳极合金中含有钠、钾、钙等电位更负的金属，则它们会比铝先溶解，在电解过程中形成两种电池：

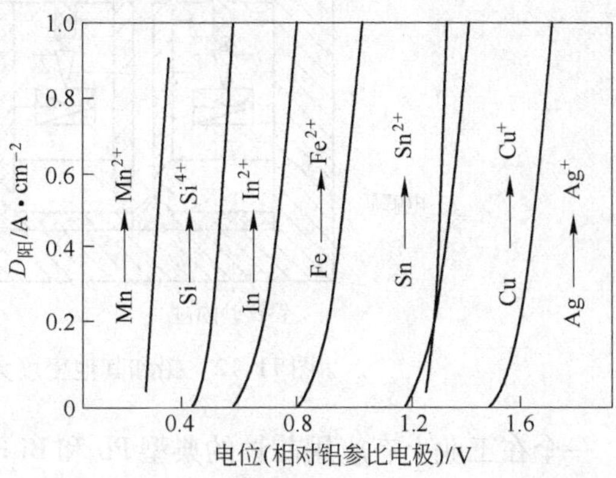

图 11-11 850℃时，$BaCl_2$-AlF_3-NaF 熔体中金属阳极溶解时的极化曲线

（1）汞齐型电池：

阳极 阴极

Al（Cu） | 电解质 | Al

a_2 a_2

则 $E_1 = \frac{RT}{3F}\ln\frac{a_2}{a_1} = \frac{RT}{3F}\ln\frac{1}{a_1}$ （11-31）

（2）浓差电池：

阳极	Al^{3+}	电解质	Al^{3+}	阴极
Al	a_1'		a_2'	Al

则
$$E_2 = \frac{RT}{3F}\ln\frac{a'_2}{a'_1} \tag{11-32}$$

$$E = E_1 + E_2 = \frac{RT}{3F}\ln\frac{a'_1}{a_1 a'_2} \tag{11-33}$$

在工业铝精炼电解槽上，极化电位为 0.36V，比一般铝电解槽的极化电位 1.7V 低得多，原铝（99.5%～99.8%）经过电解精炼可得 99% 的纯铝，阴极电流率可达 99%。现在全世界精铝年产量为 5 万～6 万吨。

三层法也应用于研究镁及其他合金的精炼。

11.4.2.2 熔盐电解精炼铅、铋、锡、锑

众所周知，铅是经过复杂冶炼过程而后从水溶液制得纯铅的。现已提出熔盐电解精炼可以制得廉价阴极产品。起初熔盐电解质是 KCl-NaCl-$PbOCl_2$，在 500℃，1A/cm^2 下电解，铅在槽底，Mapckuu 用 $PbCl_2$-NaCl-KCl（500℃），在电流效率 97%～98% 的情况下，阳极中杂质总量的 0.7% 迁移到阴极上去。铋、锑和钾留在阳极中，而铜、银、金和锌汇集于电解质，锡损失于蒸发作用，110A 的中间规模试验槽（图 11-12）运行 80h，阳极原来含铅 85.3%，铋 14.7%，所得阴极产品含铅 99.4%，而阳极含铋升至 48.4%，Mapckuu 还以 NaOH 为电解质，进行 Pb-Bi 分离，350℃时得到的阴极铅中铋可能小于 0.0005%，而在高一些的温度（400℃）阳极中铋可能富集到 70%，这一方法优点是阳极为铋的富集提取，阴极为铅的提纯过程，他们还做了熔盐分离 Bi-Sb 和 Pb-Sn 等合金的工作。

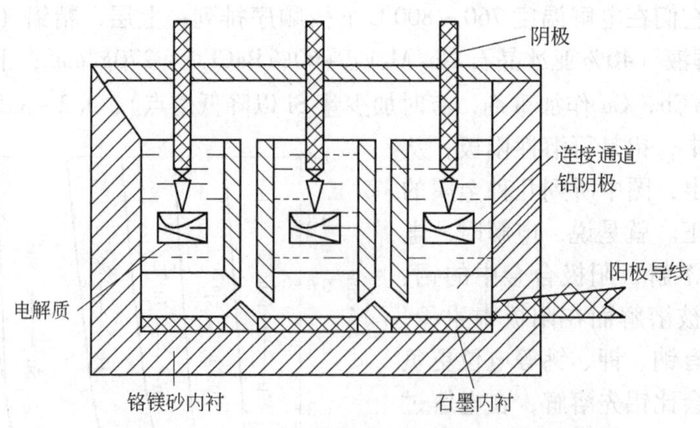

图 11-12　铅和其他密度大的金属的电解精炼槽

一个在工业上有应用前景的典型 Pb 和 Bi 电解精炼是基于 $PbCl_2$-ZnCl-KCl，在 420℃，电流密度为 $1A/cm^2$ 时进行，其电流效率达 100%，产品纯度为 99.999%。Chovnyk 报道了用 KCl-$CaCl_2$-$PbCl_2$ 在钨阴极上电解精炼铅的工作。Mapckuu 等提出了电解精炼锡和锑的两种有趣的过程。这两个过程都是基于去除液态电极中的杂质，而不需要被提纯金属本身跨越于两极之间。一个是以粗锡作熔融阴极，K-Na-Ca-Cl 熔体作电解质，惰性石墨阳极悬于电解质中，碱金属离子在阴极析出，与锡中杂质形成金属间化合物。这些化合物再移或扩散到阳极。另一种是将粗锑中的杂质阳极溶解到 KCl-NaCl 低共晶熔体中，锑中铅量从 10% 减少到 0.1%，同时锡、铜、银、镍、铁、锌和铋也同样减少了。相关文献也有相似的报道，其操作温度为 750～850℃，电流密度为 $0.22A/cm^2$。

11.4.2.3　钚、铀和其他放射性金属元素的分离提纯

用 KCl-NaCl-$PuCl_4$-PuF_4 熔体做电解质，在 740℃（Pu 的熔点为 639.5℃）下电解精炼钚的电解槽，图 11-13 为其示意图，操作在氩气气氛中进行。不纯的阳极位于容器中央，阴极为多孔钨管，与阳极同心而高于阳极，它的直径大于阳极，提纯了的钚落于盛钚圆筒，一次得钚可达 250g。Pigford 提出一个在 $CaCl_2$-UCl_4 熔体中采用阳极溶出将钚和铀的放射性裂变产物分离的巧妙方法：铀沉积于锰阴极上，而后将锰真空蒸馏出去，裂变产物主要是锌、钼、钚和铑进入阳极泥，钚则溶于熔体中，而后钚以挥发氯化物形态再从熔体中被蒸馏出来。Mavtinottffuw 目前仍在继续研究从 LiCl-KCl 熔体中电解分离回收钚、锌和铀的工作。

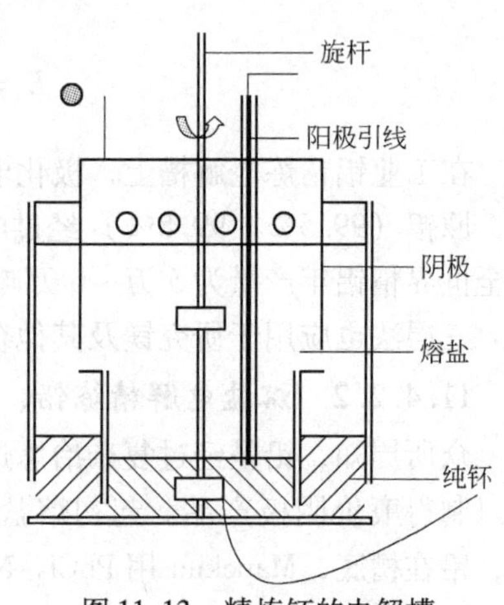

图 11-13　精炼钚的电解槽

11.4.2.4　电解精炼熔点高而活性较大的金属

重稀土金属（钇和钆等）钡、钛、锆、铪、钨、钼、铌、铍、钍等金属的熔点都高于 1200℃，常常将它们用作耐高温、耐腐蚀，适应极端条件的特种合金之重要组成或添加剂，随着宇航、原子能和军事科学技术的不断发展需要此种合金，对这些金属和合金材料的要求越来越高，特别是其中影响合金性能的非金属杂质；氮、氧、碳等的含量，有极

严格的限制。此外在这些金属和合金的生产和加工过程中，常有不少废品和废屑，无论从经济还是从环境保护出发，都应当回收利用其中有用成分。在这方面，普遍认为熔盐电解精炼是一种有效手段。

A 钆的电解精炼和分离

金属热还原法获得的钆和钇中的杂质，除钽外，主要是氧、氮、碳，由于钆和氧化钆在1700～1800℃下的蒸气压几乎相等，两者很难用蒸馏法分离。美国人和日本的永井宏在这方面作了一些工作。他们以 LiCl-LiF-GdF_3、LiF-GdF_3和 LiCl-YCl_3为电解质，钽为容器，金属热还原粗钆为阳极，纯钆为阴极，在600～850℃温度范围内以0.5A/cm^2电流密度电解。电解产品在10^{-6}～10^{-7}mmHg（1mmHg=133.3224Pa）压下800℃蒸馏除去附着的熔盐然后电弧熔炼，金属中余氧量小于100×10^{-6}，比原料中的氧770×10^{-6}显著降低。氮、碳也不同程度地减少。电解精炼的钆和钇中金属杂质也显著降低，这一方法也同样适用于合金，例如 Y-Fe、Y-Ni、Y-Fe、Y-Cu、Y-Fe-Mn、Y-Mg 中分离提纯稀土金属（表11-11）。

表 11-11 电解精炼低级 Y-Fe 合金过程中杂质的迁移

元素名称	阳极料的杂质含量	阴极产品中杂质的含量			
		开始周期	中间周期 A	中间周期 B	最后周期
Al	1000×10^{-6}	$<10\times10^{-6}$	$<10\times10^{-6}$	$<10\times10^{-6}$	$<10\times10^{-6}$
Ca	4×10^{-6}	4×10^{-6}	5×10^{-6}	3×10^{-6}	3×10^{-6}
Cr	110×10^{-6}	9×10^{-6}	8×10^{-6}	10×10^{-6}	7×10^{-6}
Cu	500×10^{-6}	3×10^{-6}	3×10^{-6}	3×10^{-6}	4×10^{-6}
Fe	14.7×10^{-6}	10×10^{-6}	17×10^{-6}	12×10^{-6}	2×10^{-6}
Pb	120×10^{-6}	$<25\times10^{-6}$	$<25\times10^{-6}$	$<25\times10^{-6}$	25×10^{-6}
Mg	$<10\times10^{-6}$	$<10\times10^{-6}$	$<10\times10^{-6}$	$<10\times10^{-6}$	$<10\times10^{-6}$
Mn	430×10^{-6}	2×10^{-6}	2×10^{-6}	2×10^{-6}	2×10^{-6}
Mo	120×10^{-6}	$<15\times10^{-6}$	$<15\times10^{-6}$	$<15\times10^{-6}$	$<15\times10^{-6}$
Ni	300×10^{-6}	4×10^{-6}	2×10^{-6}	3×10^{-6}	9×10^{-6}
Si	$<20\times10^{-6}$	$<20\times10^{-6}$	$<20\times10^{-6}$	$<20\times10^{-6}$	$<20\times10^{-6}$

B 钛的精炼和分离

钛及其合金生产的迅速发展，尖锐地提出了如何回收钛和钛合金废料这一重要而复杂的问题，据调查，在工业生产钛和钛合金零件过程中，材料利用率只有15%～20%，而废料中的钛占30%～35%，因被氧、氮、碳污染而不能返回真空重熔自耗电炉再熔炼，国内外资料表明，电解精炼是回收废钛和钛合金最有前途的方法。钛-铝、钛-铁和成分更复杂的钛合金均可作为阳极。电解质有 NaCl-$TiCl_x$（电解温度830℃）和 LiCl-KCl-$TiCl_4$（在480℃下电解）等多种体系。装在多孔篮筐里的钛合金碎片悬在电解质中。惰性气体如氮或氦作保护气氛。美国、苏联等国出现了近 2×10^4 A 的电解槽对不合格废钛料进行卓有成效的回收，市场上有三种不同级别的电解精炼钛出售。国内外也正在研究电解分解钛合金 Ti-6Al-4V 的课题。1973 年提出了 Ti-6Al-4V 合金经氢化-磨碎-碱浸-酸浸-脱氢-电解精炼流程，其优点是可以深度分离钛、铝、钒，产品质量高。主要缺陷是流程复杂。高玉璞等对此提出了一个简单方法：采用 $CaCl_2$ +9% NaCl+3% 低价钛盐，在较低的阴极电流密度下，将不合格废钛 Ti-6Al-4V 车屑直接入炉电解，阴极金属中的铝含量可降至 0.09%，钒含量可降至 0.69%，可供扩试参考。该法选用氯化钙作为电解质主要成分，是基于钙的电位很负，对相邻的 Cl^- 离子有强极化作用，与碳金属氯化物相比，$CaCl_2$ 与 $AlCl_3$ 不易生成稳定配合物借 $AlCl_3$ 有很大的挥发特性来分离铝。

由上看出为了获得好的电解精炼结果，必须选择合适的电解质组成，使用纯的电解质和阴极，防止金属和电解质在高温下与空气水分、电极和坩埚材料相互作用，此外还要选定合适的电流密度和电位以防止杂质离子从阳极溶出和在阴极上放电。

11.4.3　熔盐电解合金

熔盐电解合金具有重要意义，因为所得合金有两方面用途。一是作制取金属的中间合金，比如首先电解制取 Y-Zn 合金，而后蒸馏除锌得纯钇。一是用作母合金，或以添加剂形式加入黑色和有色合金中，例如将 Y-（基）-Al 合金加入 FeCrAl 合金做抗渗碳电热丝；或是当作合金主要基底成分补加少量其他合金元素而直接应用，如混合稀土金属配以适当铁以及少量镁、锌、铜（有的还加锡、铬）做成打火石合金。

电解用以制取锡的中间合金，阴极金属如何选择，则要视中间合金后处理的方式是电解精炼还是蒸馏而定，如果是将中间合金进行阳极溶解。通常则用电位较正的金属如铜、铅、铁族元素等为阴极。如是借真空蒸馏，就要分以下两种情况：欲制取金属的沸点低蒸气压高，则用高沸点金属或合金为阴极。例如由 Cu-Ca 中间合金制钙，就是以 Cu-Ca 合金（50% Ca-50% Cu 时初晶点是 560℃）作阴极，在 700℃ 下电解 $CaCl_2$-KCl 来制取。因为钙和铜的沸点差别甚大（铜的沸点为 2595℃，钙的沸点为 1487℃），故可将钙从 Cu-Ca 合金中蒸馏出来。若是被取的金属沸点高，则用沸点低的金属（锌的沸点为 907℃，镁的沸点为 1107℃，锑的沸点为 138℃，铋的沸点为 1560℃）作阴极。Behobckuu 报道采用锌阴极，从氟化物-氯化物混合熔盐中回收锆和铌液态锑已用来回收锕系元素（如钍和铀）和镧系元素，而且很早以前 Trombe 就曾用锌、镝和 Cd-Mg 合金液态阴极来制取钇、钆、镨、镝的中间合金，经真空蒸馏除去前者就获得后面这些金属，但不能从 Mg-Sm 合金中分出钐，因为两者会一起被蒸馏出来。

电解合金的方式有两种，合金成分的两种离子在惰性阴极上共析以及在金属（合金之组元）阴极上电解析出另一种合金组元，后一种方法用得较多。

11.4.3.1　两种离子共同放电

欲将两种离子在阴极上同时析出生成合金是一个比较复杂的电化学问题，这就必须使这两种金属离子的析出电位彼此接近，而金属离子的析出电位是给定条件下的平衡电位和极化电位或去极化电位的代数和。使两种金属离子析出电位接近的一般措施是：

（1）减少电位较正的离子的浓度，使其析出电位向负方向移动；相应地将电位较负的离子的浓度增大，使其析出电位向正的方向移动。

(2) 选择适当的添加剂，使其阴离子与电位较正的金属离子形成比较稳定的配合物降低该金属离子活度，使它的析出电位变负。

(3) 采取一定的措施，例如装置隔膜，降低电位较正的离子的极限电流密度，从而使两种离子同时放电。

(4) 选用一液态阴极，在金属沉积并合金化之后，使电位较负的金属在阴极上的去极化作用比电位较正的大，即将电位较负金属的析出电位向正方向变得更大；或者说电位较正的金属的合金化所产生的去极化作用比较小，以使两者析出电位接近。

由于熔盐、金属、合金在高温下相互作用以及高温熔盐、金属合金的腐蚀性和操作困难，欲电解获得一定组成合金，比之于水溶液或有机非水溶剂中困难得多。在一定的电解工艺条件下，大多靠控制电解质组成来大致确定析出合金的组成。比如欲制含稀土 10% 的 RE-Al 合金，实际生产控制在 9% ~11% 之间是完全可靠的。

A 在铝电解槽中共析 Al-Si 合金

过去生产 Al-Si 合金是将粉碎的硅粉加入熔融铝，其缺点是未被溶解的硅粉会直接进入合金锭。后来发现将硅粉直接加入铝电解槽就可克服这一缺点。不论从技术或经济观点出发，自然考虑到用 SiO_2 与 Al_2O_3 一起加入电解槽，亦即以二氧化硅代替硅粉势必更为合适。在澳大利亚对此方案进行了一个月的工业规模试验，平均电流为 83000A，冰晶石-氧化铝中二氧化硅的浓度为 0.5%，熔体平均温度为 980℃，Al-Si 合金中的硅含量为 0.64%，平均电流效率为 84.4%，SiO_2 的总收率达 97%。

主要还原过程是：

$$SiO_2\text{（溶解配合物）} \rightleftharpoons Si^{4+}\text{（电活性物质）} \tag{11-34}$$

$$Si^{4+}\text{（电活性物质）} + 4e \rightleftharpoons Si\text{（溶于 Al 中）} \tag{11-35}$$

这里，电活性物质的扩散系数及 Si^{4+} 的平衡常数分别为 $D = 6.24 \times 10^5 cm^2/s$ 和 $K = \dfrac{[Si^{4+}]\ \text{电活性物质}}{[Si]\ \text{溶解配合物}} = 1.36$。

除了上述主要过程外，还有两个反应。

(1) 化学交换反应：

$$3SiO_2\text{(溶解配合物)} + 4Al\text{(液)} = 2Al_2O_3\text{(溶解配合物)} + 3Si\text{(溶解于 Al)} \tag{11-36}$$

由于化学交换对电化学反应的增补，就硅而言，计算得到的电流效率超过 100%，就铝而言则很低，因为一部分铝参与置换硅的反应了。

(2) SiC 的生成反应：

$$3SiO_2\text{(溶解配合物)} + Al_2C_3\text{(固体或溶解)} = 2Al_2O_3\text{(溶解配合物)} + 3SiC$$

$$\Delta G(1300K) = -104kcal(1cal = 4.1868J) \tag{11-37}$$

$$3SiO_2\text{(溶解配合物)} + 4Al\text{(液)} = 3Si\text{(固体)} + 2Al_2O_3\text{(溶解配合物)}$$

$$\Delta G(1300K) = -94kcal \tag{11-38}$$

$$3Si\text{(固体)} + Al_4C_3\text{(溶解)} = 3SiC\text{(固体)} + Al\text{(液)}$$

$$\Delta G(1300K) = -104kcal \tag{11-39}$$

实验获得合金中硅的含量和电解质中 SiO_2 含量的关系如图 11-14 所示。

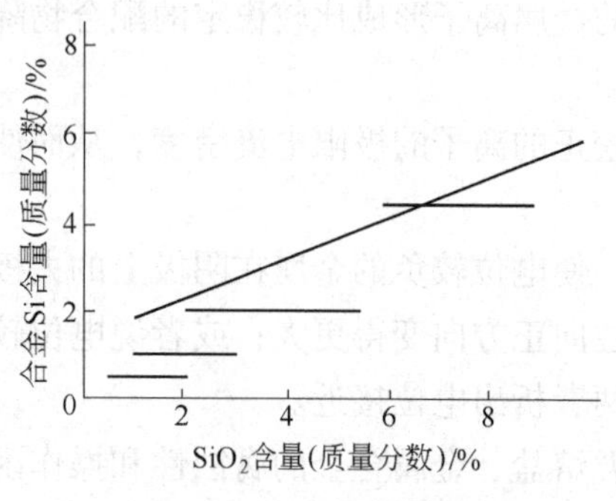

图 11-14　合金中硅含量与熔体中 SiO_2 含量的关系

B　混合稀土离子的共析出

混合稀土金属的电解生产，是工业上采用的几种离子共析出的典型实例，由于稀土离子的标准电位极其相近，所以氯化物或氧化物中的主要稀土成分：镧、铈、镨、钕都共同沉积出来，只是钐、铕和镱例外。由于：

$$Sm^{3+} + e \longrightarrow Sm^{2+} \tag{11-40}$$

$$Sm^{2+} - e \longrightarrow Sm^{3+} \tag{11-41}$$

$$Eu^{3+} + e \longrightarrow Eu^{2+} \tag{11-42}$$

$$Eu^{2+} - e \longrightarrow Eu^{3+} \tag{11-43}$$

$$Yb^{3+} + e \longrightarrow Yb^{2+} \tag{11-44}$$

$$Yb^{2+} - e \longrightarrow Yb^{3+} \tag{11-45}$$

所以钐、铕和镱富集于电解质中。虽然镧、铈、镨、钕四个轻稀土金属在阴极上共同沉积，但是它们在熔盐、金属、泥渣中的含量与原料中的仍不一样（表 11-12）。从表 11-12 可以看出，铈在电解质中的含量比原料中的增加了，金属中镧的含量比原料中的略有降低。铈在金属中的含量比原料中的有所增加，而电解质中的 CeO_2 比原料中的少约 1/2，说明铈最易还原。镨在金属中的含量比原料中的高约 1%，电解质中的 Pr_6O_{11} 却比原料少约 1/2（总是维持在 3% ~4% 范围内）。而且镨在金属、电解质、渣、泥中的含量基本上不随电解时间变化。钕在金属、电解质、渣、泥和灰中的含量大体保持在原料中的含量附近，即 20% 左右。钐在混合稀土金属中含量很少（在 X 萤火分析下限），说明在固体阴极上 Sm^{3+} 离子是极难被电解还原为金属的，一部分钐积累于电解质中，一部分进入渣泥，主要去向是烟灰（由物料平衡计算而得）。由两种离子共析制取合金的例子还有 Mg-Y、Al-Y、Ti-Al 等。

表 11-12　镧、铈、镨、钕、钐在电解过程中的分布（以氧化物形式计算）　（%）

元素	镧				铈					镨		
	类别											
时间/d	电解质	金属	电解渣	阳极泥	电解质	金属	电解渣	阳极泥	烟灰	电解质	金属	电解渣
1	49.1	20.0	33.4	61.1	17.3	50.8	35.4	8.2	25.8	3.1	8.3	5.4
3	40.2	20.3	33.4	51.4	20.9	50.5	37.7	12.5		3.5	7.8	5.6
5	41.6	22.2	31.8	47.9	18.9	48.2	35.9	8.7	26.7	3.1	8.3	4.3
7	41.2	21.3	34.0	48.9	18.5	51.6	33.7	6.5		3.1	7.1	4.4
9	40.9		32.3		18.0	51.9	31.0	9.7		3.2		4.8

元素	镨		钕					钐				
	类别											
时间/d	阳极泥	烟灰	电解质	金属	电解渣	阳极泥	烟灰	电解质	金属	电解渣	阳极泥	烟灰
1	4.4	5.9	18.8	20.9	21.2	18.6	22.0	11.8	—	4.8	7.7	11.0
3	4.7	5.7	19.5	21.4	14.5	21.0	20.8	15.9		4.9	10.5	12.8
5	4.6	5.1	18.4	21.3	19.6	23.7	19.4	18.1		8.5	14.2	12.8
7	4.3	4.7	18.9	20.0	18.9	22.6	19.3	18.3		9.0	16.2	
9	4.4		19.8		21.8	23.6		18.1		10.5	17.1	13.6

11.4.3.2 在液态阴极上沉积另一种合金成分

这是汞齐式冶金在熔盐中的应用和发展。利用它来制取合金的研究工作和应用开发比较广泛。按液态阴极和熔盐电解质密度的差别，合金有上浮和下沉两种形式，重金属锌、镉、铅、锑、锡等阴极比电解质重而下沉，轻金属镁比电解质轻而上浮，当向镁阴极中逐渐电解析出密度较大的金属时，合金密度逐渐增大，当密度大于电解质时，合金下沉。上浮合金有被空气和阳极气体沾污、氧化等问题，但也具有无需金属盛收器的好处。

采用液态阴极制取中间合金的优点有：

（1）可将高熔点金属在较低温度下，于液态金属上沉积为熔点较低的合金（可控制其成分接近低共熔组成），从而可避开对掺法必须先制出高熔点金属所遇到的困难，同时可以提高收率和节约能源。例如电解熔融稀土氯化物制混合稀土金属需要850~900℃的温度。电解钕需要1050℃，电解钆、钇需要1300℃以上。为了避免高温带来的一系列困难，不少人从事熔盐电解制取低温（低共熔）稀土合金的研究，研究的最多的是铝合金、镁合金，而前人电解制取Al-La、Al-Ce、Al-Y合金，多在800~1050℃下进行，已有提出在690~750℃的低温下电解混合轻稀土-铝、镧-铝、铈-铝中间合金，在660~700℃电解钕-铝合金和800℃电解钇基稀土-铝合金的工艺。

（2）高活性金属如钙、钡和稀土等在熔盐中的溶解度高，与空气中氧和水分作用严重。用液态金属阴极可降低金属活性，减少损失和污染，因此电流效率较高。比如电解制取纯钡的电流效率几乎等于零，而以液体铅为阴极制取Pb-Ba合金的电效率高达90%。以液体铅作阴极电解NaCl制取Pb-Na合金的方法，由于电流效率高，也曾被大规模地应用于工业上。

（3）利用还原能力强的液态金属铝作阴极，因金属铝的卤化物挥发性强，可同时收到化学还原与电化学还原的双重作用。因此对被沉积金属的电化学还原而言，由于化学还原的贡献，表观电流效率很高，有时超过100%。

（4）金属离子在液态金属阴极上的析出电势比固体阴极上的低。这是因为被沉积金属中的活度降低，以及其后生成合金，放出合金化能的缘故。

以上所述液态阴极的优点，可以通过低温熔盐电解制取RE-Al中间合金的例子得以体现：

（1）低温电解稀土-铝合金的电流效率很高，比电解稀土金属约高1倍。在较佳生产条件下，电流效率均可达100%（表11-13），从图11-15还可看出电流效率随温度的升高而下降，显然，这是由于金属与熔盐（以及与材料气氛）作用随温度升高而增强所致。

（2）因电解温度较低，熔盐挥发损失减少，金属回收率提高，如表11-8所示，$RECl_3$-KCl-NaCl熔体在850℃的热损失比750℃时高1倍，所以在长期电解试验中，稀土总的回收率在800~850℃为86%，而在690~750℃提高到91%。

（3）RE^{3+}离子的析出电位变正，降低了槽电压。从表11-14看出，RE^{3+}离子在液态金属阴极上的析出电势比在固态钼上要正0.7~1.0V。离子析出电位变正，意味着分解电压降低。当然，被沉积金属离子的析出电势除了取决于该离子自身的性质，还与液态金属本性有关。如表11-14所示，这种关系主要由阴极电负性的大小差异所致。

表 11-13　低温电解稀土-铝中间合金最佳条件和实验结果

稀土合金种类	熔剂组成（质量分数）/%	$RECl_3$熔体中含量（质量分数）/%	电解温度 /℃	D_K /A·cm^{-2}	合金 RE 含量（质量分数）/%	电流效率 /%
铈族稀土-铝	KCl·NaCl① 70	30	69～750	2	9～11	90～100
镧-铝	KCl·NaCl① 70	30	750	2	10～11	90～100
钕-铝	KCl·NaCl：NaF（69～89）：1	10～30	660～700	1～2②	16～20	100～110
钇族稀土-铝	KCl 60～70	20～40	800	2	10～14	

①KCl·NaCl 为等物质的量的 KCl-NaCl。

②未加搅拌。

表 11-14　Nd^{3+}和 Y^{3+}在各种液态阴极上的析出电位（800℃）

阴极金属（M①）	Nd^{3+}		Y^{3+}	
	E_M②	ΔE③	E_M②	ΔE③
Mo	−3.28		−3.31	
Sb	−2.05	1.23	−2.18	1.13
Bi	−2.21	1.07	−2.29	1.02
Ca	−2.23	1.05		
Sn	−2.25	1.03	−2.40	0.91
Al			−2.43	0.88
Zn	−2.38	0.90	−2.65	0.66
Pb	−2.40	0.88	−2.59	0.72
In	−2.42	0.86	−2.59	0.72

①M 为固态阴极，各元素电负性顺序：Mo > Ca > Sn > Bi > Zn > Pb > In。

②E_M为 RE^{3+}在各阴极上的析出电势，相对于 Cl_2/Cl^-电极。

③$\Delta E = E_M - E_{Mo}$。

（4）有可能利用液态金属阴极进行分离或富集。Hob 等 1965 年报道钇和某些稀土元素在液态铅、锌、铝、镉或铋阴极上电解时的行为，以 90% KCl·LiCl-10% $RECl_3$熔体为电解质，在 500℃下，阴极电流密度 2～2.5A/cm^2时电解，稀土元素在铅阴极上的富集速度顺序是：Ce > Pr > La > Nd > Sm > Eu > Y > Lu。在等物质的量 KCl-NaCl 熔体中，当稀土氯化物的摩尔分数为 2.14% 时测得镧系元素的析出电位（图 11-16）有如下规律：从镧到钕的析出电位随原子序数的增加而降低，这可从镧系元素的金属半径逐渐收缩，因而越容易获得电子的规律加以说明在钐、铕和镱处析出电位值骤然上升，和水溶液相似，形成“双峰效应”，这与铕和镱的金属半径最大而电负性最小恰相对应。众所周知，Sm^{3+}、Eu^{3+}、Yb^{3+}常获得一个电子还原为二价。再由二价还原成零价，需要在更低的电位下才能实现。根据上述规律利用恒电位电解应当可以将这三个元素富集于电解质中。

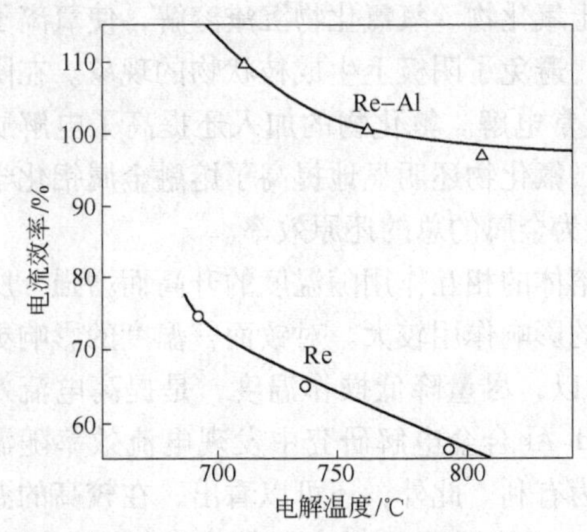

图 11-15　电解温度对电流效率的影响

（电解质组成：$NdCl_3$: KCl · NaCl : NaF = 30 : 69 : 1；

阴极电流密度：$2A/cm^2$；电解电量：354A · s/g Al）

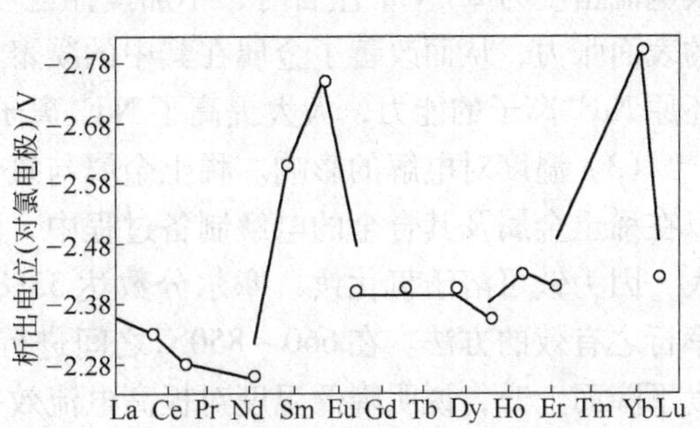

图 11-16　镧系元素在铝阴极上的析出电位

液态阴极电解制备合金金属时受搅拌、添加剂、温度及电量的影响，对于制备过程的电流效率、生长形态及产品品质均会产生一定影响。

（1）搅拌对电解的影响。液态阴极电解制取合金的控制步骤多半是被析出金属向液态金属内部的扩散过程，故当阴极电流密度过大时，析出金属不能及时地扩散到阴极内部，重新溶解于熔盐中的金属增多；由于被析出金属在阴极表面的比例增大，达到合金相图上的两相共存组成时，便生成高熔点固相金属间化合物，继而发展成枝晶，造成阴阳极两极短路。为了防止这类现象的发生，过去通常用高温、低电流密度办法来使析出速度与扩散速度相适应，但这不利于提高产量和自热生产。为此采用了简单易行的机械搅拌，即可获得良好的效果（表 11-15）。实验发现，不进行搅拌时，无论是 750℃ 还是 850℃，合金表面都生成硬壳、枝状物，而且渣多以致无法维持正常电解，这时电流效率很低，加了搅拌之后，电流效率和直收率都提高了。

表 11-15　搅拌对电解的影响

搅　拌	电解温度/℃	合金中稀土含量（质量分数）/%	电流效率/%	稀土直收率/%
有	750	12.17	约 100	约 100
无	750	3.69	28	31
有	850	10.20	89	98
无	850	4.2	30	41

注：70% KCl · NaCl（60 : 40）-30% $RECl_3$；$D_C = 2A/cm^2$。

（2）氟化物添加剂对电解的影响。机械搅拌熔盐电解，操作不那么方便，搅拌棒材质也或多或少有所溶解、腐蚀。因此，不施机械搅拌，也可通过别的途径来减少造渣现象，防止枝晶生长，如选择合适的添加剂来改善熔体性能是有意义的。在电解 Al-Nd 合金时看出，氯化物熔体中，由于铝阴极部分表面覆盖有一层沉渣，造成阴极有效表面积变小，阴极表面出现局部电流密度过大，这就提供了枝晶生长发育的条件。而向氯化物熔体中添加

1% ~2% 的热源化钠等氟化物，即可将熔体中稀土氧化物、氧氯化物沉渣溶解，使氧离子在阳极析出，有效地防止阴极电流密度局部过大，避免了阴极上生成枝状物的现象。在阴极电流密度为 $2A/cm^2$ 左右时，不加搅拌也可以正常电解。氟化物的加入还提高了电解质的表面张力，从而改善了金属在其中的凝聚性能；氟化物还明显地提高了熔融金属铝化学还原 Nd^{3+} 离子的能力，大大提高了 Nd^{3+} 离子转变为金属的总的还原效率。

（3）温度对电解的影响。稀土金属与氯化物熔体的相互作用随温度的升高而增强，所以在稀土金属及其合金的电解制备过程中，温度的影响作用较大。对钕而言温度的影响更大，因为钕可溶于氯化钕，摩尔分数达 33%。所以，尽量降低操作温度，是提高电流效率行之有效的方法。在 660 ~850℃之间进行的 Nd-Al 合金电解研究中发现电流效率随温度下降而上升，说明降低温度对提高电流效率极为有利。此外，还可以看出，在较高的温度下，电流效率下降较缓慢，这显然是温度升高，铝热还原 Nd^{3+} 离子的作用加剧，增大了热还原对电流效率的贡献，部分地补偿了温度升高所引起的电流效率的下降。电解温度低于 700℃，表现为电流效率明显上升，这是因为低温减少了金属钕溶于熔体的损失。800℃以上的电解，虽然电流效率可达 95% 以上，但这时电解质容易变黑。850℃时，电解质发黑更严重，熔体挥发也加大了，电解装置上方可直接看到白色雾状挥发物，可见温度高，挥发损失相当可观。800℃时氯化钕的蒸气压是 700℃时的 20 倍，这些都说明温度升至 800℃以上，对电解便产生不良影响，而要求在较低温度下电解制备铝-钕母合金，实验证明 700℃以下电解较为合适。

（4）电解电量对电解的影响。过去在制取 RE-Al 合金时，片面追求提高稀土含量，通常通过提高电解温度来获得液态合金，然而降低电解温度，将合金中稀土成分控制在低共熔组成附近，实验结果表明这是可取的。图 11-17 中，电解时每克铝通过 354 C 电量（即 354A · s/g Al），相当于制备低共晶铝-钕合金的电量，这是一个特征性的电量。小于这个电量，阴极电流效率随电解电量的增大下降缓慢；而大于这个电量，阴极电流效率下降迅速。因为随着电解的进行，合金中通过的电量越高，合金中钕含量也越高，而合金内部与表面间钕的浓度也越来越小，必然影响钕的扩散速度。显然，通电越多，合金含量越高，越不利于钕向阴极深处扩散。滞留阴极表面的为熔盐卷走或被氧化，或成渣而损失。当每克铝通过 502 C 电量时，电解进行到后期，熔融盐内氯气流中有点点火星，便是未及时扩散的金属钕被熔盐包裹，遇氯气而烧毁的现象。然而，当阴极电流密度为 $1.0A/cm^2$ 时，出现了反常现象。即使电解电量为 502A · s/g Al 时，其电流效率也相当高（见图 11-17 中曲线Ⅳ）。究其原因有三：1）阴极电流密度较小时，双电层中 Nd^{3+} 离子的贫化不严重，有利于钕的电解沉积，故阴极电流效率较高。2）阴极电流密度较小即钕的生成速度较小，有利于沉积的钕向阴极深处扩散。3）主要还是温度的影响，尽管电解温度均控制在 700℃，但阴极金属的实际温度随阴极电流密度增大而升高。

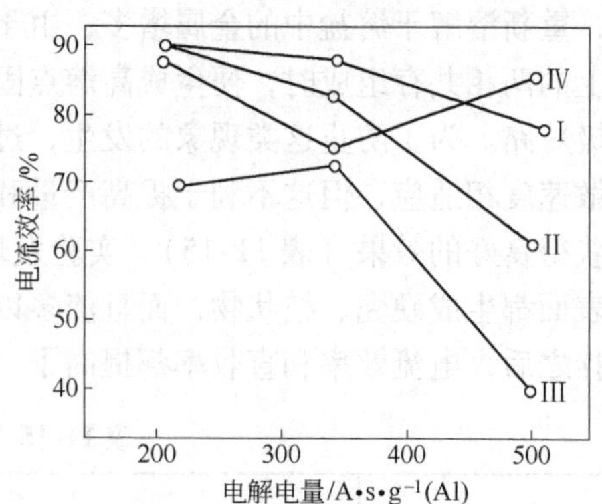

图 11-17　电流效率与电解电量的关系

阴极电流密度：Ⅰ—$1.5A/cm^2$，Ⅱ—$2.0A/cm^2$，Ⅲ—$2.5A/cm^2$，Ⅳ—$1.0A/cm^2$

温度升高，虽然有利于消除浓差极化，有利于提高阴极中钕扩散速度，可是以下两个因素却不可忽视，一是温度升高时，金属在电解质中溶解量增大；二是温度高时，阴极内部金属对流剧烈。在钕含量高于低共晶组成后，激烈的对流可将形成的金属间化合物 $NdAl_4$ 推举起来，到达阴极反应表面，增大那里钕的浓度，减少浓度梯度。而温度较低时，出现相反的情况，固体 $NdAl_4$ 沉底的居多，因而阴极反应表面上，钕的浓度较小，有利于钕的继续电解沉积。而且，从铝-钕合金相图上看，钕含量高于低共晶组成时，温度越低，液相合金中钕的浓度越低。这又一次证明，电解温度接近或稍高于合金低共晶点是可取的。

11.4.3.3 在可溶性固态阴极上形成合金

实验中常遇到合金组元的析出电位相差甚远，不能采用共析法来制取合金，它们的熔点又都相当高，不能采用液态阴极进行电解，在这种情况下，如果合金的熔点较低时，可采用可溶性固态阴极，比如银、铜、铁、钴、镍、铬等都已被利用作为阴极。虽然电解温度不能或不便控制在该阴极金属和析出金属的熔点之上，但可采取缩小阴极面积，增大阴极电流密度的办法令其局部过热，达到下述两个要求：一是让析出的金属立即与阴极合金化，二是阴极表面温度高于合金熔点，以便液态合金从阴极表面陆续滴落下来或者被收集在特备盛收器中，或落在凝固熔盐层上。就稀土合金来说，已经利用此法制备出如下合金：Fe-Gd、Fe-La、Fe-Nd、Fe-Sm、Fe-Y、Fe-Dy、Ni-Y、Ni-Sm、Co-Ce、Co-Pr、Co-Nd、Co-Sm、Co-Y、Co-Gd、Co-Dy、Co-PrNd、Co-Ho、Co-Er、Co-Mn、Mn-Gd、Mn-Y、Cr-Gd 和 Cr-Y 等。实际研究中，还有以固体铜为阴极，以 KCl-$RECl_3$ 为电解质，在 800 ~ 1000℃温度范围内，对电解工艺条件进行了比较细致的研究，详见表 11-16 ~ 表 11-18。

表 11-16 电解质中稀土氯化物含量对合金中稀土含量的影响

合金种类	电解质中 $RECl_3$ 含量（质量分数）/%	合金中 RE 含量（质量分数）/%	备 注
Ce-Cu	5	—	未能得到合金
	7	30.0	
	10	31.0	密实的金属锭
	20	51.1	密实的金属锭
	30	49.1	密实的金属锭
La-Cu	5	18.9	密实的金属锭
	10	22.4	密实的金属锭
	20	25.4	密实的金属锭

表 11-17 阴极电流密度对合金组成和电流效率的影响

合金种类	阴极电流密度 D_c /A·cm^{-2}	合金中稀土含量（质量分数）/%	电流效率/%
Ce-Cu	0.25	22.1	49.9
	0.50	26.2	48.0
	1.00	39.8	32.7
	3.00	38.0	27.2
	5.00	36.2	25.0
La-Cu	0.5	15.6	58.7
	1.0	24.6	69.7
	3	27.3	66.8
	5	26.3	46.0

表 11-18 电解质温度对合金组成和电流效率的影响

合金种类	温度/℃	合金中稀土含量（质量分数）/%	电流效率/%	备 注
Ce-Cu	800	46.6	23.2	合金呈松散块状
	850	42.0	49.0	合金成锭
	900	36.2	51.2	合金成锭
	950	16.7	52.5	合金成锭
	1000	11.9	54.2	合金成锭
La-Cu	800	40.1	70.3	合金成锭
	850	38.2	76.0	合金成锭
	900	30.0	89.0	合金成锭
	950	21.8	72.1	合金成锭
	1000	13.6	55.2	合金成锭

用固态可溶性阴极制得的中间合金，可用作阳极对稀土电精炼，也可将这些合金进行真空蒸馏而获得稀土金属，而最多的用处是作冶金添加剂。

总之，熔盐电解法制取合金的设备简单，可从原料一步制得合金，生产可以连续或半连续，和金属热还原法相比，该法不用预先制备其他金属还原剂，而大多数还原剂如镁、钙、铝、稀土金属等又都是电解法生产的。它比合金组元对掺法简便，需先制成金属（而某些金属的活性高，如稀土的制备、保管和使用均不方便），无疑采用电解法制取母合金，特别是以液态阴极低温电解制备稀土中间合金，是有发展前途的。

11.5 冶金炉渣

11.5.1 炉渣的来源、化学组成及其作用

11.5.1.1 炉渣的来源和化学组成

冶金的目的是从矿石或精矿中提取各种金属或合金。在火法冶炼中，除了获得金属或合金外，同时还产生一定数量的另一熔体——熔渣，其来源如下：

（1）来源于矿石或精矿中的脉石。这些脉石在冶金过程中未被还原，如在高炉冶炼中来源于铁矿石中脉石的氧化物有 SiO_2、Al_2O_3、CaO 等。

（2）在冶金过程中，部分粗炼和精炼的金属被氧化产生的氧化物。如在氧化精炼中产生的 FeO、Fe_2O_3、MnO、TiO_2、P_2O_5等。

（3）被侵蚀和冲刷下来的炉衬材料。如在碱性炉炼钢时，由于炉衬被侵蚀使渣中含 MgO。

（4）根据冶炼要求加入的熔剂，如 CaO，SiO_2，CaF_2等。

冶金熔渣的主要成分是各种氧化物及少量其他化合物，一般由 5 ~ 6 种以上化合物组成，是一种极复杂的体系，其化学组成因冶炼方法和要求不同而不同。表 11-19 列出了钢铁冶金炉渣主要化学组成范围，表 11-20 列出了某些有色冶金炉渣的成分。

表 11-19 钢铁冶金炉渣的化学组成（质量分数） （%）

组　分	高炉渣	转炉渣	电炉氧化渣	精炼渣	电渣重熔渣
SiO_2	35～40	15～25	10～20	15～18	—
Al_2O_3	10～12	6～7	3～5	6～7	30
CaO	35～50	36～40	40～50	50～55	—
FeO	0.5～1.0	8～10	8～15	<1.0	—
MgO	1～5	5～7	7～12	0～10	—
MnO	0.5～5.0	9～12	5～10	<0.5	—
CaF_2	—	—	—	8～10	70
P_2O_5	—	1～2	0.5～1.5	—	—
S	0.3～2.4	—	—	—	—

表 11-20 某些有色冶金炉渣的成分 （质量分数,%）

炉渣成分	铜反射炉渣 锍熔炼	冰铜转炉吹炼	硫化镍矿电炉 造锍熔炼	铅鼓风炉 还原熔炼	锌鼓风炉 还原熔炼	锡精矿 电炉熔炼
SiO_2	34～49	22～28	35～45	20～27	14～22	26～32
CaO	5～13	—	3～5	9～20	16～30	32～36
FeO	38～50	$FeO+Fe_3O_4$ 60～70	30～50	25～35	30～42	3～5
Al_2O_3	3～7	1～5	5～10	1～4	5～9	10～20
MgO	—	0.3～0.5	5～20	—	—	—
ZnO	—	—	—	5～30	4～10	—
Cu	0.2～0.4	1.5～2.5	—	—	—	—
Ni	—	—	0.1～0.25	—	—	—
Pb	—	—	0.5～1.3	—	0.4～0.6	—
Sn	—	—	—	—	—	0.25～0.9
S	0.7～1.6	1～2	—	—	—	—

11.5.1.2 炉渣在冶金过程中的作用

炉渣在冶金过程中的作用具体如下：

（1）在冶炼过程中，熔渣起熔炼和精炼金属的作用，熔渣几乎容纳了炉料中的大部分杂质，如脱硫、脱磷等精炼反应均在钢渣界面间进行，其产物进入熔渣中。

（2）熔渣能汇集、分离有用金属或合金。

（3）炉渣覆盖在金属熔体表面上，使金属不被空气直接氧化，同时减缓气氛中 H_2O、N_2 等有害气体溶入金属熔体。

（4）在焙烧过程中，渣料起黏合剂作用，使烧结块或烧结球团具有一定强度。

（5）在电渣重熔中，熔渣不但对金属进行渣洗精炼，更主要的是熔渣为熔炼过程的发热体。

（6）炉渣可得到综合利用。如高炉渣制作水泥和建筑材料，炼钢所得高磷渣可制作肥料。我国复合共生矿冶炼中产生的炉渣有时比金属还贵重，如高炉产生的稀土渣；在电炉中还原冶炼钛铁矿富砂时，产生的高钛渣是提取钛的原料，而金属却是副产品；氧化吹炼含钒或铌铁水所得的钒渣或铌渣等。

（7）炉渣对炉衬有侵蚀作用，使炉子寿命缩短。另外，如果炉渣物理化学性质控制不当，炉渣中将夹有金属颗粒和未还原的金属氧化物，使金属回收率降低。这些作用对冶炼是有害的。合理地选择炉渣成分，可获得所需的物理化学性能。

11.5.2 熔融炉渣的结构

冶炼过程要求炉渣具有良好的物理化学性质，如熔点、黏度、密度等。炉渣的性质与炉渣的结构有着内在的联系。由于炉渣熔化温度高，故目前对熔渣的研究方法和实验手段尚不完善，难于直接观察熔渣的结构。目前有关熔渣的结构理论是通过固态渣的结构和熔渣的某些性能间接推测得出的，因而尚不够成熟。关于熔渣的结构已提出分子理论、离子理论和共存理论。

通常组成炉渣的各种氧化物可分为三类：

（1）碱性氧化物：CaO、MnO、FeO、MgO 等，这类氧化物能供给氧离子 O^{2-}，如

$$CaO \rightleftharpoons Ca^{2+}+O^{2-} \tag{11-46}$$

（2）酸性氧化物：SiO_2、P_2O_5等，这类氧化物能吸收氧离子而形成配合阴离子，如：

$$SiO_2+2O_2^{2-} \rightleftharpoons SiO_4^{4-} \tag{11-47}$$

（3）两性氧化物：Al_2O_3、ZnO、Fe_2O_3、PbO 等，这类氧化物在酸性氧化物过剩时可供给氧离子而呈碱性，而在碱性氧化物过剩时则又会吸收氧离子形成配合阴离子而呈酸性，如：

$$Al_2O_3 \rightleftharpoons 2Al^{3+}+3O^{2-} \tag{11-48}$$

$$Al_2O_3+O^{2-} \rightleftharpoons 2AlO_2^- \tag{11-49}$$

炉渣的酸性或碱性取决于其中占优势的氧化物是酸性或碱性。钢铁冶金中普遍采用碱度表示炉渣的酸碱性，而对于有色冶金炉渣，习惯上常用硅酸度表明渣的酸碱性，有时也用碱度表示：

$$\text{碱度}=\text{碱性氧化物}/\text{酸性氧化物} \tag{11-50}$$

$$\text{硅酸度}=\text{酸性氧化物中氧的含量之和}/\text{碱性氧化物中氧的含量之和} \tag{11-51}$$

接近熔点的炉渣，它的结构更接近于固体而不是无规则排列的气体。化合物在固态往往不是按一种键结合。氟化物、氧化物和硫化物的离子键结合分数依次递减，共价键分数则增大，这种键型的特点会在化合物熔化为液态时在一定程度上保留下来。由于炉渣温度很高，大部分卤化物、碱金属及碱土金属氧化物（碱性氧化物）会分解为离子态，而 O^{2-} 又会与 SiO_2 等酸性或中性氧化物结合为离子团。熔渣的导电性和可电解性说明它本质是离子的，组成熔渣的离子化合物越多，渣中离子化程度就越高。但是熔渣中还是有部分的分子化合物存在。研究炉渣结构，对了解炉渣物理化学性质之间的内在联系具有重要意义。

11.5.2.1 分子理论

熔渣的分子理论可归纳为如下三个要点：

（1）与固态渣相似，熔渣中存在各种简单化合物（如 CaO、SiO_2、FeO…）和复杂化

合物（如 $2CaO\cdot SiO_2$、$2FeO\cdot SiO_2\cdots$）的分子。这些简单化合物和复杂化合物存在离解—生成的平衡：

$$2MeO\cdot SiO_2 = 2MeO + SiO_2 \tag{11-52}$$

其平衡常数为：

$$K_C = a^2(MeO)\cdot a(SiO_2)/a(2MeO\cdot SiO_2) \tag{11-53}$$

平衡常数 K_C 随温度升高而增大。温度升高，复杂化合物离解程度增加，游离的简单化合物浓度加大。

（2）熔渣中只有简单化合物才能参与反应，而复杂氧化物只有离解或被置换成简单氧化物后，才能参与反应。

（3）认为熔渣是理想熔液，因而渣中简单氧化物的摩尔分数可用活度表示。

以熔渣结构的分子理论来分析有熔渣参与的反应的热力学规律和进行一些热力学计算，其结果往往符合经验公式，因而该理论得到广泛应用。然而分子理论有着明显的不足之处在于：首先，就确定熔渣中简单氧化物的浓度来说，渣中某氧化物的含量可由化学分析得出，然而在熔渣中该化合物既有简单的，也有结合成各种非简单化合物的，往往只能根据经验确定生成化合物的种类进行计算，而复杂化合物的离解度也缺乏准确数据。其次是，实际上只有在稀溶液的情况下，熔渣才符合理想溶液，而一般情况下必须用活度来代替浓度进行热力学计算。尤为重要的是，分子理论与熔渣性能间缺乏有机的联系，分子理论不能说明熔渣的电导、黏度等性质。

11.5.2.2 炉渣熔体结构的离子理论

由于分子理论的缺陷，人们对熔渣的电化学进行了大量的研究工作，首先发现熔渣可电解，如用铁做电极，对 $Fe\text{-}SiO_2\text{-}CaO\text{-}MgO$ 和 $Fe_2O_3\text{-}CaO$ 的渣电解，发现在阴极上析出了金属铁。在对熔渣的其他性质进行测定时发现，熔渣具有电导值，熔渣组元的最小扩散单元为离子等。特别是近代测试技术，如 X 射线分析的应用，发现固态炉渣具有离子特性，即随温度升高，其离子性增强。另外，统计热力学为离子结构理论的建立提供了理论基础。

离子理论的基本观点有如下几个方面：

（1）离子理论认为，熔渣是由荷电质点所构成的，其间的作用力为库仑力，熔渣中正负离子存在形式与荷电质点作用力有关。正、负离子间作用力，正离子 Z^+ 与负离子 Z^- 间作用力 F（图11-18），由库仑定理决定，即：

$$F = (n_+e)\cdot(n_-e)/r^2 = Z^+Z^-e^2/r^2 \tag{11-54}$$

式中，n_+ 和 n_- 为正（Z^+）、负（Z^-）离子荷电荷数；e 为电子电量；r 为正负离子中心的距离。

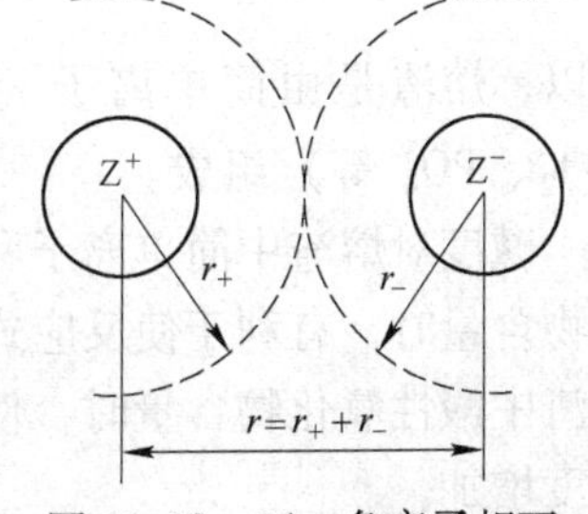

图 11-18 正、负离子相互作用示意图
（r_+ 和 r_- 分别为正、负离子半径）

当氧化物（ZO）熔渣电离后，熔渣中的金属正离子（Z^+）和氧负离子（O^{2-}）间的相互作用力为：

$$F = (n_+e)(2e)/(r_+ + r_{O^{2-}})^2 = 2n_+e^2(r_+ + r_{O^{2-}})^2 \tag{11-55}$$

式中，n_+ 为金属正离子荷电荷数；r_+ 为正离子半径，$2e$ 为 O^{2-} 电荷值；$r_{O^{2-}}$ 为 O^{2-} 半径。

设

$$I=\frac{2n_+}{(r_+ + r_{O^{2-}})^2} \tag{11-56}$$

式中，I 为静电势，则式 11-55 可改写为：

$$F=Ie^2 \tag{11-57}$$

由式 11-54 和式 11-55 知道，n_+越大，r_+越小，则 I 越大，F 亦越大，这说明金属氧化物中阳离子（Z^+）与阴离子（O^{2-}）间引力越大，这时，该氧化物便不易离解成简单正离子和氧负离子。反之，氧化物则易离解为简单正离子和氧负离子。用式 11-55 计算不同氧化物中正离子与 O^{2-} 间的静电势值如表 11-21 所示。

表 11-21 氧化物中正离子半径及正离子与氧离子间的静电势

阳离子 M^{n+}	K^+	Na^+	Ca^{2+}	Mn^{2+}	Fe^{2+}	Mg^{2+}	Cr^{3+}	Fe^{3+}	Al^{3+}	Ti^{4+}	Si^{4+}	P^{5+}
离子半径 $r/\mu m$	0.133	0.095	0.099	0.080	0.075	0.065	0.060	0.050	0.068	0.039	0.034	—
$I/C\cdot\mu m^{-2}$	0.27	0.36	0.70	0.83	0.87	0.93	0.60	1.50	1.66	1.85	2.51	3.31

（2）不同离子之间存在相互反应。碱性氧化物（如 CaO、MnO、MgO、FeO 以及硫化物 CaS、FeS 等），由于其中正离子的静电势 I 值较小，在高温液态时，呈简单正、负离子状态存在。离解反应为：

$$\left.\begin{aligned}&CaO \rightleftharpoons Ca^{2+}+O^{2-}\\&MnO \rightleftharpoons Mn^{2+}+O^{2-}\\&CaS \rightleftharpoons Ca^{2+}+S^{2-}\\&\cdots\cdots\end{aligned}\right\} \tag{11-58}$$

酸性氧化物（如 SiO_2、P_2O_5、Al_2O_3、Fe_2O_3 等），由于其中正离子的 I 值较大，对 O^{2-} 引力较强，易形成复杂阴离子。

$$\left.\begin{aligned}&SiO_2+2O^{2-} \rightleftharpoons SiO_4^{4-}\\&Fe_2O_3+O^{2-} \rightleftharpoons 2FeO_2^-\\&P_2O_5+3O^{2-} \rightleftharpoons 2PO_4^{3-}\end{aligned}\right\} \tag{11-59}$$

所以，熔渣是由简单离子（Ca^{2+}、Mn^{2+}、Mg^{2+}、O^{2-} 和 S^{2-} 等）和复杂阴离子（SiO_4^{4-}、FeO_2^-、PO_4^{3-} 等）组成。

碱度对熔渣中简单离子和复杂阴离子浓度的影响：增加渣的碱度，即增加渣中碱性氧化物含量时，有利于使反应式 11-58 向左进行，渣中 O^{2-} 浓度增大；降低渣的碱度，即增加渣中酸性氧化物含量时，使反应式 11-58 向右进行，将消耗渣中 O^{2-}，渣中复杂阴离子浓度增加。

另外，还存在复杂阴离子的聚合和解体。当向熔渣中添加 SiO_2 时，使反应式 11-59 向右进行，首先生成 SiO_4^{4-}，其反应式为：

$$SiO_2+O^{2-} \rightleftharpoons SiO_4^{4-} \tag{11-60}$$

硅氧四面体 SiO_4^{4-} 的结构如图 11-19 所示（黑点代表 Si^{4+}，圆圈代表 O^{2-}）。这种硅氧四面体周围价键未饱和，此时向渣中再加入 SiO_2 时，将进一步发生聚合，生成更复杂的硅氧复合体。其聚合反应为：

$$SiO_4^{4-}+SiO_4^{4-} \xrightleftharpoons{\text{聚合解体}} Si_2O_6^{7-}+2O^{2-} \quad (11\text{-}61)$$

$$3SiO_4^{4-} \xrightleftharpoons{\text{聚合解体}} Si_3O_{10}^{8-}+2O^{2-} \quad (11\text{-}62)$$

通式为 $Si_xO_y^{z-}$。向渣中添加碱性氧化物时（如 CaO），使反应向左进行，这时复杂阴离子解体。

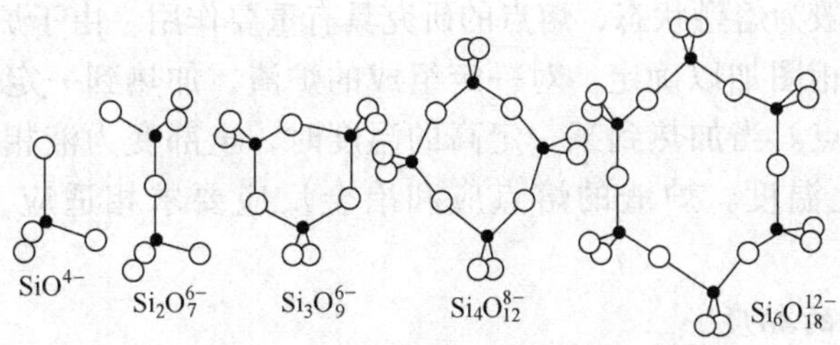

图 11-19 硅氧离子团结构及化学式

（• 表示 Si^{4+}；○表示 O^{2-}）

（3）利用离子浓度可以建立熔渣结构和活度之间的关系。如对 CaO，其活度由氧离子浓度和钙离子浓度决定，如能求得自由状态存在的氧离子浓度和钙离子浓度，即可得到 CaO 活度：

$$a_{MeO}=N_{MeO}=N_{Me}^{2+}N_{O}^{2-} \quad (11\text{-}63)$$

有些离子的形态通过结构分析可予以证实。但有些离子，却无法最终确定，如对铝氧离子，有人认为是 Al_2O_3，另有人认为是 AlO_2^- 或 $Al_2O_4^{2-}$，为此，其应用受到一定限制。

11.5.2.3 共存理论

鉴于分子理论和离子理论均有不足，提出了共存理论。共存理论对炉渣的看法可概括为：

（1）熔渣由简单离子（Na^+、Ca^{2+}、Mg^{2+}、Mn^{2+}、Fe^{2+}、O^{2-}、S^{2-}、F^- 等）和 SiO_2、硅酸盐、磷酸盐、铝酸盐等分子组成。

（2）简单离子和分子间进行着动平衡反应：

$$2(Me^{2+}+O^{2-})+(SiO_2) \rightleftharpoons Me_2SiO_4 \quad (11\text{-}64)$$

$$(Me^{2+}+O^{2-})+(SiO_2) \rightleftharpoons MeSiO_3 \quad (11\text{-}65)$$

将 Me^{2+} 和 O^{2-} 同置于括号内并加起来的原因是 CaO、MgO、MnO、FeO 在固态下即以类似 NaCl 的面心立方离子晶格存在，它们由固态变液态时的离子化过程不起主导作用。

不论在固态或液态下，自由的 Me^{2+} 和 O^{2-} 均能保持独立而不结合成 MeO 分子，因而表示 MeO 的浓度时不能采用离子理论的形式，而应采用以下形式：

$$a_{MeO}=N_{MeO}=N_{Me}^{2+}+N_{O}^{2-} \quad (11\text{-}66)$$

正负离子的这种性质即称为它们的独立性。

其次由于形成 Me_2SiO_4 或 $MeSiO_3$ 时需要 Me^{2+} 和 O^{2-} 的协同参加，因为单独增加 Me^{2+} 或 O^{2-} 的任何一个不论到多大的浓度均不能促进形成更多的硅酸盐。这就是 Me^{2+} 和 O^{2-} 在成盐时的协同性。由于协同性，水溶液中的所谓“共同离子（common ions）”在熔渣中是不会起作用的。

（3）熔渣内部的化学反应服从质量作用定律。利用共存理论中，各种化合物的平衡热力学数据，可以计算各化合物的实际浓度，即活度，为解决困扰冶金工作者的活度问题的求解提供了一条途径。

11.5.3 熔渣的物理性质

11.5.3.1 熔渣的熔点

冶金过程炉渣一般为熔融状态，熔点的研究具有重要作用。由于炉渣的复杂性，尚无理论公式，需要通过相图加以确定。对一定组成的炉渣，加热到一定温度开始有液相出现，该温度称为初熔点。当加热到某一定高的温度时，全部变为液相，此温度称为全熔点，一般以此为熔化温度。炉渣的熔点应和冶金反应要求相适应，应低于冶炼温度80~150℃。

11.5.3.2 熔渣的黏度

黏度是熔渣的主要物理性质之一，它代表熔渣内部相对运动时各层之间的内摩擦力。黏度对于渣和金属间的传质和传热速度有密切关系，因而它影响着罐钢反应的反应速度和炉渣传热的能力。过黏的渣使熔池不活跃，冶炼不能顺利进行。过稀的渣容易喷溅，而且严重浸蚀炉衬耐火材料，降低炉子寿命。因此，冶金熔渣应有适当的黏度，以保证产品的质量和良好的技术经济指标。

黏度与工业生产中常用的流动性成反比关系。流动性与渣中不溶物有关，如石灰、镁砂、氧化铬等微小颗粒使渣的内摩擦力增大，增加了黏度。

由实验测得的熔渣和钢液的黏度是在均匀状态下测定的，而实际炼钢炉中熔渣的温度和组成是不均匀的，并常含有固态质点使黏度增大。表11-22列出常温下某些物质的黏度和炼钢温度下钢、渣的黏度。合适的炉渣黏度在0.02~0.1Pa·s之间，相当于轻机油的黏度。钢液的黏度在0.0025Pa·s左右，相当于松节油的黏度。熔渣比金属熔池的黏度高10倍左右。

表11-22 一些物质的黏度

物 质	温度/℃	黏度/P	物 质	温度/℃	黏度/P
水	25	0.0089	生铁液	1425	0.015
松节油	25	0.016	钢液	1595	<0.025
轻机器油	25	0.80	稀渣	1595	0.02
甘油	25	5.0	正常渣	1595	0.2~1.0
蓖麻子油	25	8.0	稠渣	1595	>2.0

注：1P=0.1Pa·s。

在二元渣系中，质点间的作用随组成的变化而不同，它是影响熔渣黏度的基本因素。若质点间的结合能E较小，则该物质的黏度较低。图11-20为$E_{BB}>E_{AA}$的二元系，所以B的黏度略高于A。组成熔体AB，若为$E_{AB}\geqslant E_{BB}$，黏度在等温线中部突出；$E_{AB}\leqslant E_{BB}$时，中部可出现黏度的最低点；若E_{AB}、E_{AA}、E_{BB}近似相等时，黏度随组成变化曲线近似于直线。在熔体中出现某种稳定化合物时，该组成处将有较大的黏度。从现代熔渣结构概念出发，认为黏度升高是由于在熔体中形成复杂的离子团，它的排列有秩序，堆积得较为紧密，所以使溶体中的质点由某个平衡位置移动到另一平衡位置时发生困难，即增大了黏滞流动的阻力。

对冶金生产来说，熔渣黏度的稳定性极为重要。所谓熔渣黏度的化学稳定性是指一定温度下熔渣成分在一定范围内变化时，黏度不急剧变化；热稳定性是当渣组成一定时温度变化对黏度变化的影响大小。为了顺利地进行冶炼，不希望熔渣黏度急剧波动。三元或多元等黏度图中，等黏度线靠得很近的区域表明熔渣黏度的稳定性小，所以此成分范围的渣不宜选用。图 11-21 为 $CaO-SiO_2-Al_2O_3$ 渣系等黏度曲线。由图 11-21 中可以看出，1500℃时，当 CaO 含量高于 50% 时，等黏度线很密，黏度随 CaO 含量升高而急剧增大，表明化学稳定性变差，不适合冶炼工艺要求。

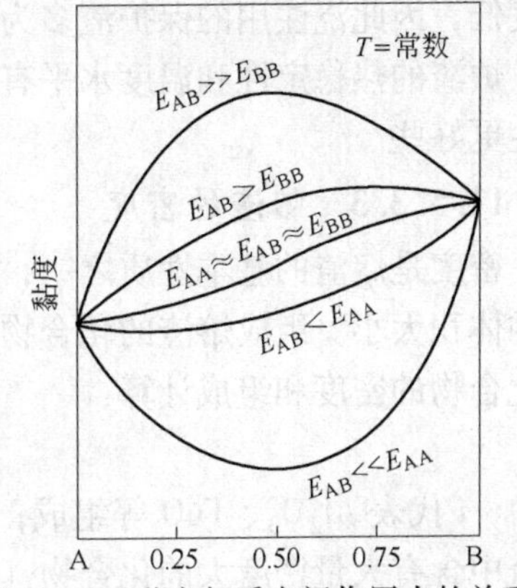

图 11-20　黏度与质点间作用力的关系

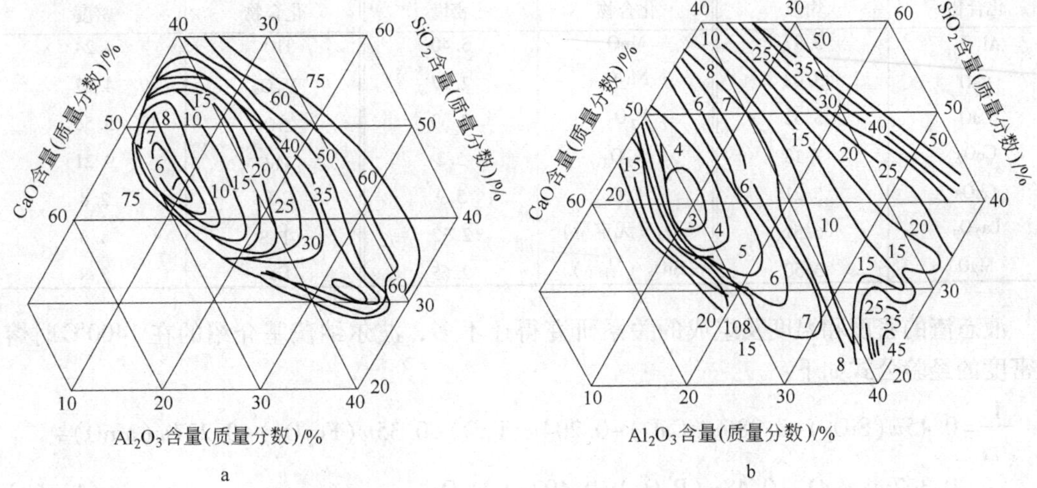

图 11-21　$CaO-SiO_2-Al_2O_3$ 渣系等黏度曲线

a—1500℃；b—1600℃

碱度对炉渣的熔化特性有明显影响。图 11-22 给出了不同碱度炉渣的黏度和温度关系曲线。从图 11-22 中可以看出，CaO/SiO_2 的碱度从 0.9 ~ 3.2，温度在 1550 ~ 1600℃时，黏度都小于 0.075Pa·s。碱度在 4.2 或更高时，温度降低时黏度突然急剧增加，此时热稳定性变差，此种渣常称为短渣。黏度增高的原因是由于析出 CaO 或 Ca_2SiO_4 微粒，它们都是高熔点的固体，析出得越多，黏度增加得就越快。炉渣碱度为 0.9 的酸性渣，温度降低时黏度平稳增大，此种类型的炉渣称为长渣。一般情况下，同样温度的酸性渣比碱性渣的黏度大，主要因为渣中 SiO_2 以 SiO_4^{4-} 或更大的离子团存在的缘故。而温度在 1450℃以下，酸性渣比碱性渣的

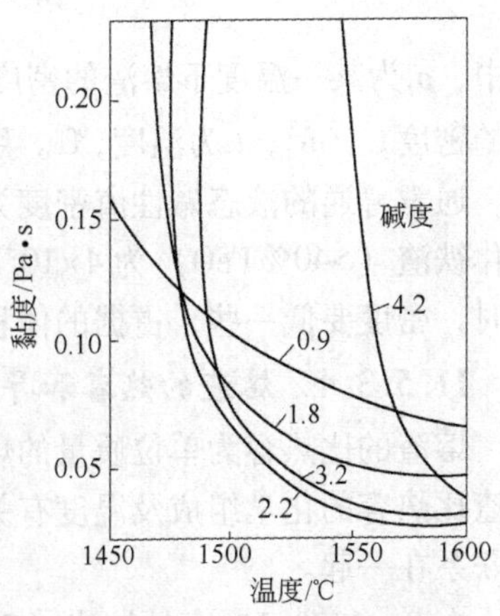

图 11-22　氧化性炉渣碱度、温度和黏度的关系

黏度低，因此浇注用的保护渣多为偏酸性的熔渣。

炉渣的热稳定性和温度水平有关，碱性渣高温下热稳定性好，而酸性渣在低温下热稳定性更好些。

11.5.3.3 熔渣的密度

密度是熔渣的基本性质之一，它影响着液滴与介质间的相对运动速度，也决定渣所占据的体积大小。组成熔渣的化合物的密度如表 11-23 所示。固态的炉渣密度可近似地用单独化合物的密度和组成计算：

$$\rho_{渣} = \sum \rho_i W \tag{11-67}$$

式中，i 代表 Al_2O_3、FeO 等组成；W_i是渣中各化合物的质量分数；ρ_i是它们本身的密度。在渣中含有大量密度大的化合物（FeO，MnO，…）时，熔渣的总密度就大。一般氧化渣密度大于还原渣的密度。

表 11-23 各种化合物的密度 (t/m^3)

化合物	密度	化合物	密度	化合物	密度
Al_2O_3	3.97	MnO	5.40	TiO_2	4.24
BeO	3.03	Na_2O	2.27	V_2O_3	4.87
CaO	3.32	P_2O_3	2.39	ZrO_2	5.56
CeO_2	7.13	Fe_2O_3	5.2	PbO	9.21
ChOs	5.21	FeO	5.9	CaF_2	2.8
La_2O_3	6.51	SiO_2（无定型）	2.32	FeS	4.6
MgO	3.50	SiO_2（结晶）	2.65	CaS	2.8

液态渣的密度和温度及组成的关系研究得还不多，波尔纳茨基介绍的在 1400℃时熔渣密度的经验公式如下：

$$\frac{1}{\rho_{渣}} = 0.45w(SiO_2) + 0.286w(CaO) + 0.204w(FeO) + 0.35w(Fe_2O_3) + 0.237w(MnO) + 0.367w(MgO) + 0.48w(P_2O_5) + 0.402w(Al_2O_3) \tag{11-68}$$

高于 1400℃时熔渣的密度可用下式求出：

$$\rho_t = \rho_{1400} + 0.07 \times \left(\frac{1400 - t}{100}\right) \tag{11-69}$$

式中，ρ_t为某一温度下熔渣的密度，t/m^3；ρ_{1400}为由式 11-68 求出的某组成熔渣在 1400℃时的密度，t/m^3；t 为温度，℃。用此公式计算时，误差不大于 5%。

通常普通的液态碱性渣密度为 $3.0\times10^3 kg/cm^3$，固态碱性渣为 $3.5\times10^3 kg/cm^3$，而高氧化铁渣（>40% FeO）为 $4\times10^3 kg/m^3$，酸性渣一般为 $3\times10^3 kg/cm^3$。渣中存在弥散的气泡时，密度要低一些，占据的体积也就更大一些。

11.5.3.4 熔渣的热容和导热性

熔渣的比热容为单位质量的熔渣温度升高或降低时所吸收或放出的热量，它的大小与熔渣比热容的化学组成及温度有关。在实际生产中熔渣的比热容常和热的利用及热平衡计算联系在一起。

在 0～1300℃时高炉炉渣（$CaO-Al_2O_3-SiO_2$）的比热容（kJ/(kg · ℃)）为：

$$c = 0.679 + 1.785\times10^{-2}t - 3.570\times10^{-6}t^2 + 2.274\times10^{-9}t^3 \tag{11-70}$$

以此可以计算炉渣的升温与熔化吸热。

熔渣的导热性对冶炼的热工制度有很大影响，这方面的数据发表的不多。硅酸铁二元渣系的导热系数和成分、温度的关系见表11-24。从上述数据看出，熔渣导热系数和成分有关，也和温度的高低分不开，温度越高导热系数越大。

在炼钢操作中，没有搅拌和对流也没有气泡的多元系炉渣的导热系数为8～13kJ/(m·h·K)，在渣层厚度d为0.1～0.15m时，其热阻为0.00096～0.0144m^2·h·K/kJ。

炉渣在钢液搅拌沸腾时的导热系数和热阻会明显改变，见表11-25。从上述数据看出，沸腾炉渣的导热性比静止的高20～40倍，在冶金操作中应注意并利用炉渣的这种性质，如在沸腾时供给大的电功率或热功率等。无论在平静的还是在沸腾的情况下，渣的导热性都比金属液低（沸腾的金属液热阻d/λ为0.0005m^2·h·K/kJ，比炉渣低3～4倍）。

表11-24 炉渣的热传导性数值

熔体成分/%		导热系数/kJ·m^{-1}·h^{-1}·K^{-1}		
FeO	SiO_2	1350℃	1500℃	2000℃
66.7	33.3	18.8	23.3	56.7
57.0	43.0	5.6	8.4	20.4
50.0	50.0	2.8	4.4	12.8

表11-25 不同渣在搅拌时炉渣的热传导性数值

炉渣种类	λ/kJ·m^{-1}·h^{-1}·K^{-1}	d/λ/m^2·h·K·kJ^{-1}
微流动的碱性泡沫渣	16.7～25.1	0.0048～2.1603
活跃的碱性沸腾渣	418.0～936.0	0.0003～0.0004
活跃的酸性沸腾渣	250.8～418.0	0.0029～0.0048

11.5.3.5 熔渣的导电性

熔渣电导率表明熔渣导电能力的大小，电导率越大，导电能力越大，电导率χ是电阻率的倒数，又称比电导，单位是$\Omega^{-1}\cdot cm^{-1}$。根据熔渣的电导率可以判断熔渣导电是离子导电特征：熔渣的比电导在$10^{-1}\sim10^{0}\Omega^{-1}\cdot cm^{-1}$水平，而电子导电的金属熔体的比电导为$10^4\sim10^5\Omega^{-1}\cdot cm^{-1}$；熔渣的比电导随温度升高而增大，这也是电介质导电的特点。熔渣的比电导满足：

$$\chi=AE_{\chi}^{-E/RT} \tag{11-71}$$

式中，E_χ是电导活化能；A为常数。

熔渣导电能力的大小不仅取决于离子数目的多少，也取决于正、负离子间的相互作用力，即离子在渣中移动的内摩擦力，对于一定渣系的电导率和黏度满足关系：

$$\chi^n\eta=常数 \tag{11-72}$$

式中，n为大于1的指数。实验证明，式11-72对许多熔融盐和硅酸盐都是适用的。从式11-72看出电导率增长要比黏度减小来得慢，因为电导性取决于活动性较大的离子，而黏度取决于活动性较小的离子。实际上电导活化能比黏滞活化能小。

向FeO中加入SiO_2时，熔体的比电导值随SiO_2含量的增加而减小，如1400℃熔体中含SiO_2为4.5%，比电导值为6.3S/cm，SiO_2含量为20.6%时比电导为4.5S/cm，SiO_2含量为36%时比电导为0.98S/cm；这主要是由于SiO_2形成了SiO_4^{4-}阴离子，致使导电能力

强的 O^{2-} 离子浓度降低的缘故。Al_2O_3-SiO_2 系的电导率很小，这是因为 Al_2O_3 为两性化合物，在渣中导电质点主要是 Al^{3+}，在 Al_2O_3 浓度小时，渣中 Al^{3+} 数量很小，而复合离子 $Si_xO_y^{z-}$ 很多，因此电导率很小；当 Al_2O_3 的浓度增高时，Al 又形成铝氧阴离子团，故导电性仍很小。

碱性氧化渣的电导率和成分的关系，根据实验确定了如下公式：

$$\lg \chi_{1600℃} = -0.032-0.054w(Al_2O_3)-0.0569w(SiO_2)-0.062w(P_2O_5)+ 0.015w(S)+0.753w(MnO)+0.34w(FeO)-0.35w(Fe_2O_3)- 0.13w(MgO)-0.145w(CaO) \quad (11\text{-}73)$$

式中，渣中组元的含量为质量分数，适用的范围是：Al_2O_3 5% ~11%，SiO_2 18% ~25%，P_2O_5 1% ~3%，S 0.1% ~0.3%，MnO 9% ~16%，FeO 7% ~14%，Fe_2O_3 0.6% ~3.5%，MgO 8% ~13%，CaO 24% ~40%。

11.5.3.6 熔渣的表面张力和界面张力

熔渣表面张力和渣钢界面张力是熔渣的重要性质，对于冶金过程的动力学以及钢液中熔渣等杂质的排除等都有很大关系。

（1）熔渣的表面张力。熔渣的表面张力和成分有关，也和气氛的组成与压力有关。主要决定于熔体质点间化学键的性质。在二元系熔体中，溶剂分子间的作用力如果比溶剂和溶质间的作用力大，加入的溶质分子容易被排斥到表面，降低溶液的表面张力，这种溶质就是表面活性物质。FeO-M_xO_y 渣系中 P_2O_5、Na_2O、SiO_2、TiO_2 等都是表面活性物质，降低了熔渣的表面张力。在 CaF_2-M_xO_y 渣系中提高 Al_2O_3、MgO、CaO 的含量都会增加 CaF_2 的表面张力；相反，增加 SiO_2、TiO_2 和 ZrO_2 含量将降低其表面张力。如果缺乏渣系的表面张力测量值，可以用加和性规则进行估算。由二元系硅酸盐求出各种氧化物的表面张力因数 F，则多元硅酸盐渣的表面张力为：

$$\sigma_{渣} = \sum N_i F_i \quad (11\text{-}74)$$

式中，i 代表 SiO_2、CaO、Al_2O_3、MnO、…。用式 11-74 计算熔渣表面张力时，各氧化物的表面张力因数列于表 11-26。例如，设有熔渣组成为：SiO_2 35.5%、Al_2O_3 12.5%、CaO 42%、MgO 8.4%、FeO 16%。计算 1400℃ 时的表面张力。可将质量分数换算成摩尔分数，代入式 11-74 可算出 1400℃ 时的表面张力（N/m）为：

$$\sigma_{渣} = 0.35\times285+0.07\times640+0.45\times614+0.12\times512+0.01\times584 = 0.487 \quad (11\text{-}75)$$

表 11-26 各氧化物的表面张力因数

氧化物	表面张力因数 F_i			氧化物	表面张力因数 F_i		
	1300℃	1400℃	1500℃		1300℃	1400℃	1500℃
K_2O	0.168	0.153		MgO	—	0.512	0.502
Na_2O	0.308	0.299		ZrO_2		0.470	
BaO		0.366	0.366	Al_2O_3		0.640	0.630
PbO	0.140	0.140		TiO_2		0.380	
CaO		0.614	0.586	$SiO_2$①		0.285	0.286
MnO		0.653	0.641	$SiO_2$②		0.181	0.203
ZnO	0.550	0.540		Ba_2O_3		0.336	0.960
FeO		0.584	0.560				

①从 SiO_2 含量高的 Mn_xO_y-SiO_2 中算出。

②从含量低的 SiO_2 二元系算出。

用最大压力法测得上述组成熔渣在1545℃时的表面张力为0.495N/m，与计算值相差不多，证明了式11-74可用。

（2）渣钢间界面张力金属和渣接触时，可将熔渣、金属液与大气之间的界面张力关系简化为图11-23所示的平面汇交力系，力的方向是在三相平衡点处某两相的切线方向，当三个方向的力在某一点处达到平衡时，即图中各相的存在形状不变时，其合力应等于零，即：

$$\sigma_{m-g}=-\sigma_{m-s}+\sigma_{s-g}\cos\theta \tag{11-76}$$

所以：

$$\cos\theta=\frac{\sigma_{m-g}-\sigma_{m-s}}{\sigma_{s-g}} \tag{11-77}$$

式中，θ称为润湿角，从图11-23中看出润湿角越大越有利于分离，当$\theta=0°$时则金属液与渣完全润湿，两者不容易分离，有利于金属液和渣间的反应；当$\theta>90°$时，润湿程度不好，渣钢容易分离。

熔渣和钢液由分离状态转变为接触状态，自由能发生以下变化（渣、钢均为单位面积），见式11-78：

$$\Delta G=\sigma_{m-s}-\sigma_{m-g}-\sigma_{s-g} \tag{11-78}$$

将式11-77代入式11-78整理可得：

$$\Delta G=-\sigma_{s-g}(1+\cos\theta) \tag{11-79}$$

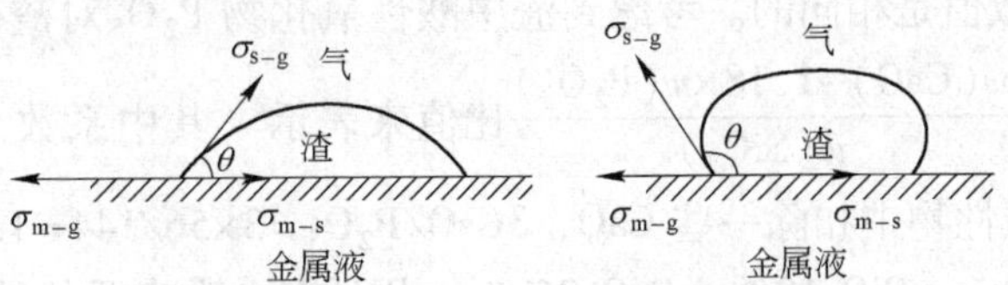

图11-23　渣-金属液-气三相界面示意图

分析ΔG可确定其润湿状态。$\theta\to0$，$\cos\theta\to1$；即$\Delta G\approx-2\sigma_{s-g}$，是负值，表示熔渣和金属的润湿是自发进行的。$\theta\to180°$，$\cos\theta\to-1$；$\Delta G\approx0$，表示熔渣和金属极易分离。实际的渣钢间的$\theta$有两类：在0°~90°之间的润湿性良好，在90°~180°之间的不润湿，渣和钢液容易分离。

应当指出，界面张力和表面张力这一物理量是在两相间达到化学平衡时测得的，如果两相间产生化学变化，即未达平衡时，那么界面张力或表面张力值就较低。如两相间存在激烈的化学反应，其中的化学反应自由能负值越大，钢、渣的界面张力越低；在反应趋于平衡的过程中，界面张力逐渐增大。不难看出，脱氧和渣洗过程应选择开始反应快而最终钢渣界面张力很大的。脱氧生成物和渣系，使钢中非金属夹杂和夹渣都容易降低。

11.5.3.7　熔渣中组元的扩散

熔渣中组元的扩散速度一般小于金属液中扩散速度，在熔渣中分子扩散系数和熔渣的黏度成反比，可写成：

$$\eta D=常数 \tag{11-80}$$

式中，η为熔渣黏度；D为熔渣中某组元的扩散系数。

启普曼等人最早用同位素Ca^{45}成功地测量了$CaO-Al_2O_3-SiO_2$系渣Ca^{2+}的扩散系数，

温度在1600℃时 $D_{Ca}^{2+}=10.4\times10^{-6}cm^2/s$。其他测定表明，该渣系中 O^{2-}、Al^{3+}、Si^{4+} 的扩散系数多在 $10^{-6}\sim10^{-7}cm^2/s$，活化能 E_D 则为 209 ~ 292.6kJ/mol，硫的扩散系数 D_{1450}^{2+} 为 $(0.9\sim1.5)\times10^{-6}cm^2/s$。在1550℃，对炼钢用的 $CaO\text{-}FeO\text{-}SiO_2$ 系的黏度较小，渣中的有效扩散系数比 $CaO\text{-}Al_2O_3\text{-}SiO_2$ 系大1~2个数量级。

在一定组成和一定温度下的熔渣中组元的扩散系数可用半经验公式描述：

$$D_i r_i^3 = 常数 \tag{11-81}$$

式中，D_i 为离子 i 的扩散系数；r_i 为其离子半径。从此式可以看出离子半径大的质点扩散系数较小。

11.5.4 熔渣的化学性质

11.5.4.1 熔渣的碱度

碱度是判断熔渣碱性强弱的指标。去磷、去硫以及防止金属液吸收气体等都和熔渣的碱度有关，它还决定着熔渣中许多组元的活度，因此碱度是影响渣金属间反应的重要因素。

熔渣碱度常用碱性最强的 CaO 和酸性最强的 SiO_2 含量之比表示，氧化物含量以质量分数（%）或摩尔分数（N）表示，有时也用100g 熔渣中组元的物质的量（n）表示，如：$\frac{w(CaO)}{w(SiO_2)}$；$\frac{N(CaO)}{N(SiO_2)}$；$\frac{n(CaO)}{n(SiO_2)}$。实际上在同一熔渣中用 $N(CaO)/N(SiO_2)$ 和 $n(CaO)/n(SiO_2)$ 表示的碱度数值是相同的。考虑到渣中酸性氧化物 P_2O_5 对渣碱度的影响，可采用 $\frac{w(CaO)}{w(SiO_2)+w(P_2O_5)}$，$\frac{w(CaO)-1.18\times w(P_2O_5)}{w(SiO_2)}$ 比值来表示（其中系数1.18是考虑到生成 $3CaO\cdot P_2O_5$，应从碱性物中扣除一些 CaO，$3CaO/P_2O_5=3\times56/144=1.18$）。

若渣中含 CaO 40%，SiO_2 18%，P_2O_5 2%时，用质量分数表示的碱度如下：

$$\frac{w(CaO)}{w(SiO_2)}=\frac{40}{18}=2.22 \tag{11-82}$$

$$\frac{w(CaO)}{w(SiO_2)+w(P_2O_5)}=2.0 \tag{11-83}$$

$$\frac{w(CaO)-1.18\times w(P_2O_5)}{w(SiO_2)}=2.08 \tag{11-84}$$

当渣中磷含量高时计算结果是有差别的，在吹炼含磷高的铁水时要考虑采用包含 P_2O_5 的碱度公式。在讨论冶金中的理论问题时多用摩尔分数或100g 熔渣中的物质的量表示，如：

$$\frac{N(CaO)}{N(SiO_2)},\ \frac{N(CaO)+N(MgO)}{N(SiO_2)},\ \frac{N(CaO)-4N(P_2O_5)}{N(SiO_2)},\ \frac{n(CaO)}{n(SiO_2)},\ \frac{n(CaO)+n(MgO)}{n(SiO_2)}$$

碱度常用符号 R 表示，依据表示式中组元的多少分为二元、三元、多元碱度。

11.5.4.2 熔渣的氧化性

熔渣的氧化能力取决于其组成和温度。通常用渣中最不稳定的氧化物（氧化铁）的多少来代表氧化能力的强弱。渣中氧化铁有 FeO 和 Fe_2O_3 两种形式，把 Fe_2O_3 折合为 FeO

有两种计算方法：

（1）全氧法，$w(\sum FeO)=w(FeO)+1.35w(Fe_2O_3)$，其中折算系数 $1.35=(3\times72)/160$，表示各氧化铁中全部的氧为 FeO，1mol Fe_2O_3可生成3mol 的 FeO。

（2）全铁法，$w(\sum FeO)=w(FeO)+0.9w(Fe_2O_3)$，其中折算系数 $0.9=(2\times72)/160$，表示各氧化铁中全部的铁为 FeO，1mol 的 Fe_2O_3 可生成2mol 的 FeO。全铁法比较合理，因为在渣样冷却时，有少量低价铁被氧化成高价铁，使全氧法计算结果偏高，而全铁法可避免这种误差。

因为熔渣不是理想溶液，熔渣氧化能力也和其他成分首先是碱度有关。因此应该用 a_{FeO}来代表渣的氧化能力。已知熔渣和铁液间氧的分配比：

$$\lg\frac{w(O)}{a_{FeO}}=-\frac{6320}{T}+2.734 \tag{11-85}$$

测定某种熔渣下的平衡含氧量，就可由式11-85 计算出该种渣的 a_{FeO}。

在 CaO 饱和的 FeO-CaO 渣系中，CaO 对 FeO 的活度有影响根据有关实验数据，由 CaO 饱和的 FeO 渣，其氧化铁的活度比纯氧化铁渣降低了69%～70%。由 SiO_2饱和的 FeO 渣，氧化亚铁活度也比纯氧化亚铁渣降低约60%。氧化铁的活度计算值和氧化亚铁比较接近。用此数据可计算 SiO_2饱和的 FeO-SiO_2系熔渣下面的铁液中的氧含量。

FeO-MnO-SiO_2三元系的等活度曲线如图 11-24 所示，可用来估计酸性熔渣（SiO_2饱和）的氧化性。

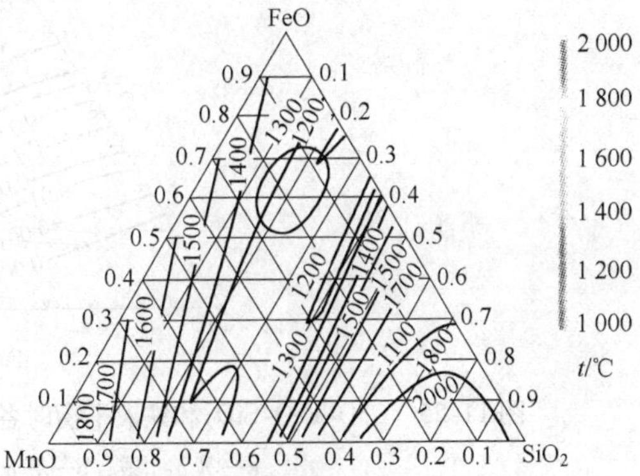

图 11-24 1550℃时 FeO-MnO-SiO_2三元系的等活度（a_{FeO}，a_{MnO}，a_{SiO_2}）曲线图

碱性氧化渣中组元的活度可由 CaO-FeO-SiO_2三元系、CaO-Al_2O_3-SiO_2三元系等活度图查出（图11-25）。

11.5.4.3 熔渣的还原性

在平衡条件下熔渣的还原能力（即还原性）也主要取决于氧化铁的含量和碱度，在还原性精炼时常把降低熔渣中氧化铁的含量和选择合理的碱度作为控制金属液中氧含量的重要条件。对电炉还原渣和炉外精炼用渣常把 $w(\sum FeO)$ 降到0.5%以下，碱度控制在3.5～4.0 范围内。保护浇注用酸性渣，碱度要控制在1以下，$w(\sum FeO)<0.5\%$。在生产操作中为充分发挥熔渣的还原作用，除控制氧化铁含量和碱度外，还要控制熔渣中还原物质（C、Si 等）的数量，熔渣的流动性、搅拌程度和还原渣的保持时间，这些都和金属液中的氧含量有直接关系。

为估量 CaO-Al_2O_3-SiO_2系渣对金属液中氧含量的影响，可采用此三元系的等活度曲线，如图11-26 所示。例如某酸性渣含 CaO 20%～25%，SiO_2 50%～55%，Al_2O_3 15%～20%，FeO<0.5%；在1600℃时 $a_{CaO}\approx0.02$，$a_{Al_2O_3}\approx0.025$，$a_{SiO_2}\approx0.5$。应当指出的是，因为熔渣组元的活度总是小于1，渣金属界面反应消除了脱氧生核的困难，所以实际金属

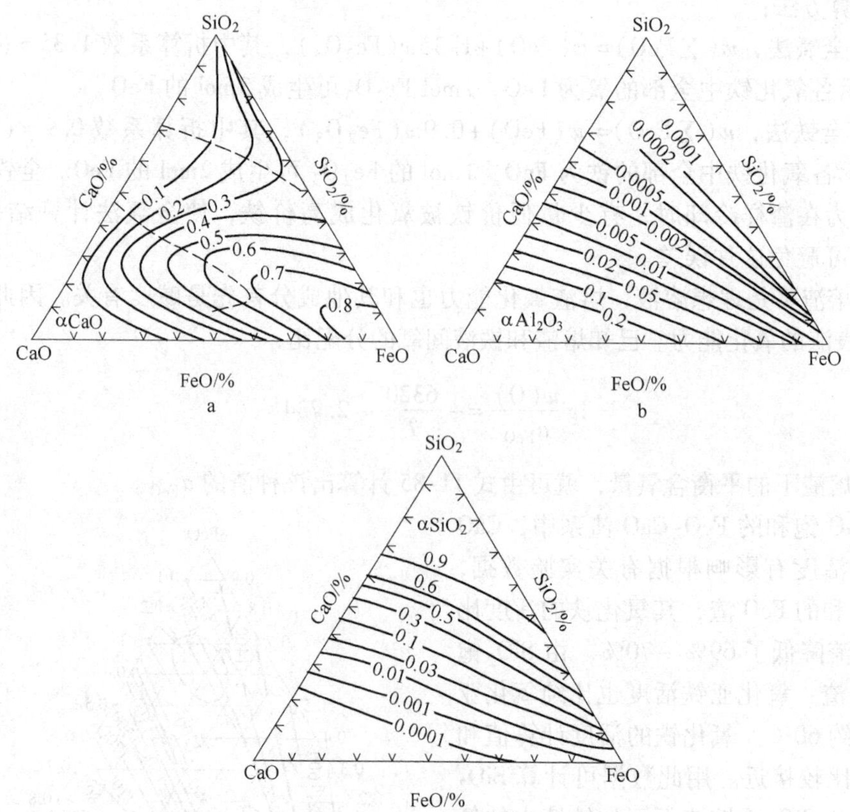

图 11-25 CaO-FeO-SiO_2和铁液平衡时各组元的活度和组成的关系（t=1600℃）

a—等 a_{FeO}线；b—等 a_{CaO}线；c—等 a_{SiO_2}线

液和熔渣的界面脱氧能力很强。

11.5.4.4 气体在渣中的溶解

以前认为熔渣对金属熔池有隔离气体的作用，但近些年来在实验室和工业生产中都发现，熔渣能溶解气体并且有不同的透气性。氮能溶解在熔渣中，在还原渣（电炉、高炉）中氮的溶解能力较大，而在氧化渣中溶解的数量较少。氮在碱性还原渣中可能以 CN_2^{2-}，CN^-，N^{3-}离子形式存在。氢在渣中以 OH^-离子形式存在，由 H_2O+2O^{2-}══$2(OH^-)O^{2-}$反应生成。

相关研究表明，溶解氢的数量和 p_{H_2O} 成正比。对 CaO-FeO-MnO-SiO_2 四元系熔渣，OH^-的含量服从以下经验公式：

$$N_{OH^-}=[(83.39+14.55N_{O^{2-}}^{1/2})\times10^{-4}-9.36\times10^{-5}(t-1370)]p_{H_2O}^{-1/2} \tag{11-86}$$

式中 N_{OH^-}——渣中 OH^-的摩尔分数；

$N_{O^{2-}}$——渣中 O^{2-}的摩尔分数；

t——温度，℃；

p_{H_2O}——水汽的分压力，Pa。

实验分析熔渣中的氢含量时，析出的气体基本上都是水汽。

渣中 O^{2-}越多，溶解氢的能力越强。O^{2-}是碱性氧化物解离产生的，所以碱性渣溶解氢的能力比酸性渣大得多。碱度越高，氢的溶解度越大。熔渣中的氢向金属熔体的溶解可根据熔渣的离子模型写成反应式：

$$2(OH^-)+(Fe^{2+})=\!=\!=[Fe]+2[O]+2[H] \quad K=\frac{(OH^-)^2(Fe^{2+})}{[O]^2[H]^2} \tag{11-87}$$

式中，(　)表示在熔渣中，[　]表示在金属熔体中。

根据实验数据整理得到 K 和温度及 $\Delta G^{\ominus}$ 的关系：

$$\lg K=\frac{38800}{T}-16.2;\Delta G^{\ominus}=155000-74.0T \tag{11-88}$$

炉渣含 CaO 53%、Al_2O_3 42%、SiO_2 3% 和 MgO 2%，在温度为 1500℃、氢气分压力为 1atm(1atm=101325Pa)时，熔渣中溶解的水汽为 30.4mL/100g，其余温度下的溶解度见表 11-27，该渣和几个钢种间的氢分配比见表 11-28。

表 11-27　H_2O 在渣中的溶解度和温度的关系

t/℃	1500	1600	1700
$(H_2O)/mL\cdot 100g^{-1}$	304	420	489

表 11-28　氢在渣洗用渣和钢液间的分配

钢　号	40Cr	GCr15	30CrMnSi
(H)/[H]	1.7	4.4	4.0

氧化性熔渣中氢的溶解数量较少，所以金属熔池溶解的氢也较少。氧化熔炼的脱碳沸腾作用，使渣中(OH^-)也降低了。金属熔池中的[O]较高时，也有利于[H]的降低。

熔渣传递氢的能力称为透气性，透气性可用单位渣层厚度在单位时间内吸收氢的数量来表示。透气性和熔渣的组成及物理性质有关，提高熔渣的黏度能减少其透气性。实验结果指出，熔渣碱度为 2.5 时，还原性熔渣黏度最低，透气性也最大；碱度超过或小于 2.5，黏度都增大，熔渣透气性也相应减小。

思 考 题

11-1　熔盐理论分解电压可用哪些方法确定？

11-2　熔盐中的主要极化类型有哪些？举例说明。

11-3　试说明铝电解阴极和阳极过程机理。

11-4　试说明稀土 Nd 电解阴极和阳极过程机理。

11-5　金属与熔盐相互作用可分成哪些形式？重要的研究方法和原理如何？

11-6　金属在熔盐中的溶解机理有哪些解释？

11-7　金属在熔盐中溶解的主要影响因素有哪些？

参考文献

[1] 沈时英，胡方华．熔盐电化学理论基础[M]．北京：中国工业出版社，1965.
[2] 查全性．电极过程动力学导论[M]．北京：科学出版社，1976.
[3] Cliffira H. Encyclpedia of electrochenustry[M]. New York：Acodemic Press，1964.
[4] Kuhu A K. Industrial electrochemical processes[M]. New York：Acodemic Press，1971.
[5] 弗姆金．电极过程动力学[M]．朱荣，译．北京：科学出版社，1957.
[6] 杨文治，电化学基础[M]．北京：北京大学出版社，1982.
[7] 马尔科夫．熔盐电化学[M]．彭瑞伍，译．上海：上海科学技术出版社，1964.
[8] 哥宾克．钛的熔盐电解精炼[M]．北京：冶金工业出版社，1981.
[9] 张明杰．熔盐电化学原理与应用[M]．北京：化学工业出版社，2006.
[10] 董元篪．冶金物理化学[M]．合肥：合肥工业大学出版社，2011.
[11] 谢刚．熔融盐理论与应用[M]．北京：冶金工业出版社，1998.
[12] 吴辉煌．电化学[M]．北京：化学工业出版社，2004.
[13] 高颖．电化学基础[M]．北京：化学工业出版社，2004.
[14] 杨绮琴，方北龙，童叶翔．应用电化学[M].2 版．广州：中山大学出版社，2005.
[15] 小久见善八．电化学[M]．郭成言，译．北京：科学出版社，2002.
[16] 阿伦·巴德．电化学方法原理和应用[M]．邵元华，译．北京：化学工业出版社，2005.
[17] 蒋汉赢．冶金电化学[M]．北京：冶金工业出版社，1983.
[18] 殷淑贞，乔芝郁．熔盐化学：原理和应用[M]．北京：冶金工业出版社，1990.
[19] 邱竹贤．铝冶金物理化学[M]．北京：冶金工业出版社，1985.
[20] 傅崇说．冶金溶液热力学原理与计算[M]．北京：冶金工业出版社，1989.
[21] 毛裕文．冶金熔体[M]．北京：冶金工业出版社，1994.
[22] 希尔伯特．合金扩散和热力学[M]．赖和怡，译．北京：冶金工业出版社，1984.
[23] 魏寿昆．活度在冶金物理化学中的的应用[M]．北京：中国工业出版社，1964.
[24] 黄子卿．电解质溶液理论导论[M]．北京：科学出版社，1983.
[25] 游效曾．结构分析导论[M]．北京：科学出版社，1980.
[26] 安特罗波夫．理论电化学[M]．吴仲达，译．北京：高等教育出版社，1982.
[27] 刘业翔．现代铝电解[M]．北京：冶金工业出版社，2008.
[28] 维丘科夫．铝镁电冶金学[M]．邱竹贤，译．沈阳：辽宁教育出版社，1989.

冶金工业出版社部分图书推荐